城下町のまちづくり講座

松本都市デザイン学習会

信濃毎日新聞社

はじめに――「都市デザイン」のはじめの一歩

松本都市デザイン学習会　代表　山本 桂子

そもそも「都市デザイン」という言葉すら知らなかった私が、みんなでそれを題材にした本を出してしまった。この本には私たちの暮らす城下町松本の都市デザインについて学び、考えた日々の記録がつづられている。

「松本のジェイン・ジェイコブスになりたい」

そんな話をナワテ通りにある小さな店の二階で夜な夜な話していた日々。専門家や行政マンが街を〝造〟っていた時代から市民の力でも街を〝創〟りたい。自分一人では何もできないかもしれないが、小さな声でも上げさえすれば共鳴する波動がふわふわと広がり、一人が二人になり、気がつけば幾人もが集まり「みんなで一緒にやろう」と始まった。

「松本都市デザイン学習会」での活動は大変なこと、つらいことも多々あったが、みんなで真剣に学び、熱く語り合い、時に飲みながら激論になるのも結構楽しかった。大変さも楽しさも共有するのが、城下町松本に暮らす私たちのまちづくりだ。

松本都市デザイン学習会は、メンバーの数人が「松本市総合計画策定委員会」に参加した経験から、市民が行政とカウンターパートになることが必要だと考え、都市デザインについて学び、まちづくりに関して議論・提言できるようになりたいと二〇一〇年に結成された。
最初のスタディは、中心市街地にほど近いエリアにある巨大な敷地の再開発計画についてみんなで考えることだった。それは松本の街の未来を左右する大きな問題であったが、同時に「街を変える大きなチャンス」と捉えていた。
《まち》の姿をつくるのは、その時々を生きる人たちの選択だ。積み重なる選択には、知識を持ち、常に未来を見据える目、松本市民としての「誇り」やアイデンティティとは何かを考えることも重要だ。そして一人ひとりが「自分のこと」として考えたときに初めて、残すべき「《まち》の姿」が描けるように思う。

＊ジェイン・ジェイコブス（一九一六〜二〇〇六年）
〝都市計画の教科書〟とも評される「アメリカ大都市の死と生」を書いたジャーナリスト。近代都市計画が排除してきた用途の混在やすべてを新しくリセットするような再開発を批判し、さまざまな目的で訪れる人びとの活動の多様性やその舞台となる街路、新旧の建物の混在など、都市における「多様性」の大切さを訴えた女性活動家。

目次

MATSUMOTO 都市D

言の葉散歩

P.9、P.27、P.28、P.47、P.64、P.69、P.121、P.161、P.199、P.249 ～ 252 の地図は、
松本市長の承認を得て、松本市作成の松本市基本図 1/2,500 を使用したものである。
（承認番号 平 30 松建政指令第 468 号）

みんなで始めた都市デザイン

まちづくりの想像力

「あなたがたは何をしたいのですか？　古い建物を残したいだけですか？　残せば、活気がある街作りにつながるのですか？　私はそうは思いません。…（中略）…松本には巨大モールが必要なんです。有るのと無いのとじゃ、人口増加に大きな影響を及ぼします。松本はもっと人口を増やさなければいけないんです。カフラス［注1］の建物に興味がある人間なんてほんのひと握りです」

この文章は、松本都市デザイン学習会の活動が始まってまもないころ、学習会宛てに寄せられた匿名の市民からの意見である。もとより学習会はショッピングモールに反対するための団体ではないが、発足の背景として巨大モールの開発計画［注2］があったことは事実である。そこには、次世代にまで影響を及ぼすような都市開発が十分に議論されないまま進められるのではないかという強い危機感があった。この市民の意見もまた私たちと同じように、ある種の危機感から表明されたものであるが、こうした多様な意見と向き合い、議論して、まちづくりを実践していく力を養うために学習会は立ち上げられた。

戦後日本のまちづくりを振り返ってみれば、それは近代化という看板を掲げ、今を生きる私たちがもっとも便利な生活空間を実現するにはどうすればよいかを追求する営みであった。そうした努力の結果は、街なかに点在するコンビニ、郊

外のショッピングモール、安価で高機能な（すなわち標準化された）マンションや戸建住宅、車社会に最適化された道路網といったかたちで、全国津々浦々の都市の街並みと生活を大きく変えてきた。たしかに、これらの取り組みはその時点でもっとも活気のある街を実現したのかもしれない。

しかし、そのような「活気」は長続きしないのが宿命である。現在の一般的な大型店舗に設定された償却期間が十五年程度であるように、その期間で投資が回収できれば、その後、その空間はどうなるかわからないというのが「標準設計」なのである。これは、償却期間の長さこそ違えど、コンビニやマンションでも同じである。このような近視眼的な（ビジネス的には「スピード感のある」）まちづくりの発想を受け入れることで、私たちはまちづくりに不可欠な「想像力」を失ってしまったように思われる。それは、いま自分の住む街並みが過去のどのような蓄積の上にあるか、いま自分の選んだことが未来の街並みに何をもたらすのかという想像力である。

こうした想像力を働かせれば、当初は松本城の保存に「ほんのひと握りの人間」しか興味を持たなかったという事実や、一度は埋められた松本城の堀が相当の費用をかけて復元されようとしている意味を考えないわけにはいかない。安直な懐古主義に陥ってはいけないが、これまでの歴史が教えてくれるのは、過去のまちづくりを振り返り、その価値や意味を検証し、今の私たちだけでなく、五十年後、百年後の市民にとっても幸福な選択とは何かを考えることの重要性である。

行政のカウンターパートとしての市民

まちづくりは一般に、都市の基本的な構造を誘導する「都市計画」、それに対する行動化と空間化に道筋を付ける「都市デザイン」、最後に具体的な形に落とし込む「建築」や「ランドスケープ」から構成される。しかしながら、日本では都市計画や都市デザイン分野の職能が未だに確立されていない。多くの地方自治体では、建築や土木を専門とする職員はいても、都市計画や都市デザインを専門とする職員はほとんどいないのが現状である。そのため、都市計画や都市デザインを実践する土壌や仕組みが不十分で、それが問題であるという認識すらほとんどない。

その一方で、成熟した現代社会においては、市民の専門性が高まっている。急速に都市化が進んだ時代には、たしかに行政主導による効率的なまちづくりが適していた。しかし、人口が減少に転じて効率性よりも持続可能性や地域性が重視されるようになった現在、行政と対等な立場で協力的にまちづくりを進める専門性の高い市民の存在が注目されるようになっている。実際、魅力ある街をつくりたいという目的を共有した多くの市民が、まちづくりに対する評価や提言をさまざまなメディアで発信し始めている。このような時代のまちづくりにおいて、予算と権限を持ち、市民に委任された「団体自治」がより良い方向に向かうためには、「住民自治」によるまちづくりの想像力、思考力、構想力、実践力などの補完が不可欠である。そのために今必要とされているのは、市民が行政の「カウンターパー

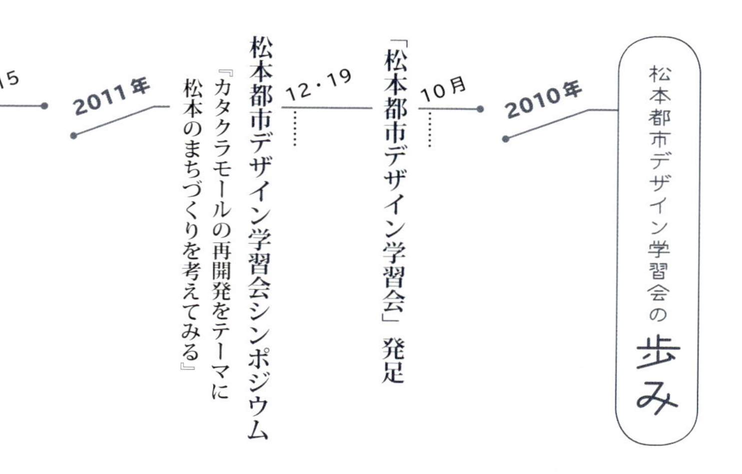

ト（対等の立場にある相手）」となるための努力だろう。

以上のような考え方を背景に、松本の商店主、建築士、大学教員、市職員などが中心となって二〇一〇年一〇月に発足したのが「松本都市デザイン学習会」である。組織の名称に掲げた「都市デザイン」には、都市計画や建築の専門職による物理的なデザインだけでなく、多様な市民がかかわるデザイン、コミュニケーションや行動のデザインという意味も込められていた（以後、本書で用いる都市デザインという用語もそうした広義の概念を指し示している）。

学習会の起点となったのは、当時、現実味を帯びてきた大型ショッピングモール再開発の動きをきっかけに開催したシンポジウム「カタクラモールの再開発をテーマに松本のまちづくりを考えてみる」である。これに続いて講座や勉強会、ワークショップを相次いで企画し、それらの活動をもとにまとめられた最初の成果は、二〇一一年一〇月に「松本のマチを紡ぐ――片倉工業松本社有地再開発計画に対する要望と提案」として松本市へ提出された（「活動記録集」P.232に掲載）。この『要望と提案』には、再開発が単なる一民有地の計画ではなく、松本の中心市街地全体のビジョンにもとづく開発となることを願う市民の視点から、私たちが考える松本中心市街地の空間構成、具体的な再開発のイメージ、行政に求める取り組みが書き込まれた。その思想は、翌年の八月に松本市が行政としての立場を示した「松本市の目指すまちの姿と開発計画に対する基本的な考え」にも直接的に反映されている（「基本的な考え」はP.206に掲載）。

1・22……**まち歩き勉強会**
『シルクがデザインした近代の城下町』

1・27……松本市中央公民館講座
都市デザインナイトレクチャー1
『フランスのまちづくり』
講師：望月真一（カーフリーデージャパン）

2・23……**都市デザイン連続ワークショップ**
『中心市街地とはなんだろう？』

3・2……松本市中央公民館講座
都市デザインナイトレクチャー2
『松本の歴史とまちづくり』
講師：小松芳郎（松本市文書館）

3・15……**都市デザイン連続ワークショップ**
『防災とまちづくり』

4・20……**都市デザイン連続ワークショップ**
『片倉工業再開発が魅力的になるためのアイデア』

「都市デザイン」を学ぶ

『要望と提案』が学習会のコアメンバーによって取りまとめられた一方で、都市デザインに関心を持つ市民を広く募り、ともに学ぶことで活動の裾野を広げる必要もあった。そこで企画されたのが、「松本都市デザイン連続講座」である。

連続講座は月一回の講座を一年間、シリーズで開講する形式で、二〇一一年度の連続講座のテーマは「新しい松本をデザインする」とされた。市の広報やSNSを通じて応募があった四十人ほどの受講者に、初回のオリエンテーションで伝えられた講座の目標は次の三つである。

① 都市デザインに関する基礎的な知識を学ぶ
② 現代の都市デザインの潮流を理解し、都市デザインのための創造力を養う
③ 松本の歴史や現状を学び、都市デザインを提案する能力を身に付ける

これにしたがって、連続講座は都市デザインの基礎知識を体系的に学ぶことから始められた。まずは市民の相手方となる行政の論理を学ぶため、講師には松本市の商工観光部長や計画課長、地域づくり課長など、行政の現場で中核を担う職員を招き、松本市の都市計画やマスタープラン、景観計画、交通政策についての考え方、コンパクトシティや大規模再開発に対する行政のスタンスなどについて学んだ。受講者はまちづくりに関心の高い層ではあったが、計画や政策の背景を現場の担当者から学ぶことにはさまざまな発見があった。

基礎知識の習得をふまえて、講座は都市デザインの各論へと進んだ。たとえば、

2011～2012年

都市デザイン学習会
連続講座 スタート

テーマ：
新しい松本をデザインする

TOSHI D

5・16
オリエンテーション
『都市デザインとは何か？』
講師：武者 忠彦（信州大学経法学部）

6月
松本市議会議員に対する中心市街地およびカタクラ再開発に対する意識調査の実施

地元の建築家である山田健一郎は公共空間としての街路に焦点を当て、松本の街路には表層的なデザインに加えて生活舞台としてのデザインが重要であることを論じた。都市計画家の倉澤聡は、松本の都市景観の重要な要素である山岳眺望に着目し、山を眺める場の設定、城下町の街路と山並みとの関係などについて解説した。さらに、松本の都市デザインを掘り下げるだけでなく、他都市の事例から松本を相対化して考えるため、元横浜市都市デザイン室長で、横浜市立大で教鞭を執っていた国吉直行を招いた講座も企画された。国吉からは、横浜がいかにして都市デザインの先進的都市となったのか、都市空間における個性の創造などについて、現場経験にもとづく具体的な示唆があった。

6・13
第1回講座
『都市デザインの基礎知識
――専門家に都市計画のイロハをきく』
講師：上條 一正（松本市計画課）
矢久保 学（松本市地域づくり課）
大久保 裕史（松本市松本城周辺整備課）
大石 幹也（松本城管理事務所）

6・18
特別講義
『都市デザイナーと巡る街の魅力』
講師：NPO景観デザイン支援機構

7・11
第2回講座
『都市空間の活用と産業振興』
講師：平尾 勇（松本市商工観光部）
『交通とまちづくり』
講師：小林 浩之（松本市交通政策課）

8・8
第3回講座
『街路から景観を紐解く』
講師：山田 健一郎（建築家）
『松本から山の景観／都市のシルエット』
講師：倉澤 聡（都市計画家）

横浜での取り組みも参考に、松本でアクションを起こしていくための第一歩として、続く講座では各受講者が松本らしい都市デザインを具体的に提案し、これらの提案を評価・分類して都市デザインの方向性を俯瞰的に整理するワークショップを実施した。ワークショップでは、生活者や歩行者の視点に立ったデザインが多く提案されたことから、次のステップでは、暮らしを軸にしたまちづくりとして興味深い取り組みが進められている長野県飯田市へフィールドワークに訪れた。現地では「飯田まちづくりカンパニー」が取り組む事業について説明を受け、飯田のまちづくりを象徴するりんご並木周辺エリアの景観や空間利用の事例を観察した。このフィールドワークをふまえて、次の講座では受講者がフィールドワークで撮影した写真を素材に松本の都市デザインに対する提言をそれぞれ発表して、初年度の連続講座は幕を閉じた。

歩行者と都市の魅力

初年度（二〇一一年度）の都市デザインについての基礎的な学びをふまえて、次に私たちが構想した、より実践的な都市デザインのテーマは「まちの回遊性」である。

街なかで歩行者がたくさん見られるかどうかは、働く、学ぶ、遊ぶ、憩うといった密度の濃い街の多様な活動のバロメーターとなる。人間の移動の方法の中で、歩くという行為は環境や空間のディテールをもっとも認識できる交通モードでもある。街が生きているという安心感、さまざまな人とのコミュニケーションを生

8・29
ナワテ通り商業協同組合主催
松本都市デザイン学習会共催
松本まちづくりシンポジウム
『中心市街地の問題とこれからの松本ビジョン』
基調講演：三橋 重昭（NPOまちづくり協会）

9・10
「片倉工業への再開発コンセプト提案」発表会

9・12
第4回講座
『都市の歴史とまちづくり
——都市形成史と都市デザイン』
講師：大石 幹也（松本城管理事務所）

10・17
第5回講座
『横浜の個性と活力を創る
——横浜市の都市デザイン活動40年の経緯』
講師：国吉 直行（横浜市立大学国際総合科学部）

10・21
「松本のマチを紡ぐ——片倉工業社有地再開発計画に対する要望と提案」を松本市へ提出

活動記録集
P232 参照

み出す出会いのチャンス、見る見られるという相互関係の中から生まれる文化などが、街なかの密度の高い歩行の風景によって保証されるのである。実際に、人を惹きつける大都市では歩行者のにぎわいは相当なものであるし、都市デザインに長年力を入れ、魅力的とされる世界各国の都市では、歩く目的も、歩く魅力も多い。世界の都市デザインの先進地は、「歩くこと」の重要性を早くから認識し、「歩きたくなる」、「歩いて暮らせる」都市づくりに注力してきた。

一方、日本の地方都市ではモータリゼーションにともなう郊外化が進展し、かつては街なかでしかできなかった仕事や買い物、遊びなどの活動も次第に人間が歩ける範囲を超えて、自動車移動を前提とする都市化が進められてきた。松本でも昔に比べて街に活気が無くなったと一抹の寂しさを語る人が多くなっている。一九七八（昭和五三）年から現在まで続けられている中心市街地約五十カ所における「歩行者通行量調査」の変遷を見れば、歩行者数は四十年前の四割程度にまで落ち込んでいる。この間に市全体の人口が一割以上増えたにもかかわらず、中心市街地に住む人口は半数程度にまで減っている。街に来る人も、住む人も少なくなるなかで、多くの人が松本の街を歩かなくなったことはデータでも裏づけられている。

このような段階で松本市の中心市街地にショッピングモールの再開発計画が持ち上がったとき、再開発のあり方を考えるワークショップで語られた危機感の一つは、松本の街なかを行き交う人びとがさらに失われてしまうのではないかというものであった。一方、ショッピングモールに客を奪われるという観点からでは

11・14

第6回講座

『都市デザイン評価・分類ワークショップ』

講師：武者 忠彦（信州大学経法学部）

12・17

フィールドワーク（長野県 飯田市）

2012年

1・16

第7回講座

『松本の都市デザインに対する提言・討論
——飯田フィールドワークを通じて』

講師：武者 忠彦（信州大学経法学部）

2・13

第8回講座

『一年の振り返りと来年度のテーマ』

講師：武者 忠彦（信州大学経法学部）
倉澤 聡（都市計画家）

なく、そもそも既存の街を歩き回って楽しめるかどうかが松本の魅力として基本的な条件であるとの意見も数多く出された。そうした意見もふまえ、二年目の都市デザイン連続講座では街の重要な要素である「歩くという行為」に着目して、「まちの回遊性」というテーマが選ばれた。

回遊性をデザインする

二〇一二年度最初の講座では、低炭素社会や高齢化社会、都市経済の持続可能性などの論点から、なぜ今「まちの回遊性」を考える必要があるのかという問題意識が共有された。それをふまえて、次の講座では回遊性についてのグループディスカッションが行われたが、その中では特に、中心市街地に対する価値観が変化し、街への期待や街の存在感が希薄になっていることが回遊性を阻害しているという問題が提起された。こうした中心市街地に対する悲観的な見方に対して、続く講座では回遊性が高い欧米の諸都市の現状と政策、松本の中心市街地で行われるイベント「工芸の五月」[注3]における回遊性の高さが説明された。これによって、車社会の常識が揺さぶられ、中心市街地の価値や可能性が見直されることになった。夏には中心市街地を回遊する取り組みが進められている新潟県村上市でフィールドワークを実施し、「町屋の屏風まつり」などを実際に歩いて観察することで、松本の回遊性を高めるためのヒントを探した（その成果をまとめた「松本都市デザイン新聞」は「活動記録集」P.253に掲載）。

連続講座の後半はまず、かつて回遊性の象徴的空間であった商店街に着目し、『商

2012～2013年

都市デザイン学習会
連続講座 スタート

テーマ：

まちの回遊性

TOSHI

4・2 オリエンテーション
『なぜ松本で回遊性なのか』
講師：武者 忠彦（信州大学経法学部）

5・16 第1回講座
『回遊性について考えるワークショップ』
講師：武者 忠彦（信州大学経法学部）

6・5 第2回講座
『都市とは何か？』
講師：倉澤 聡（都市計画家）

店街はなぜ滅びるのか』（新雅史著）を読み合せるとともに、著者を招いて商店街の存在価値の変遷などについて議論が行われた。松本に居住経験のある社会学者の祐成保志による講座では、住まいの視点から中心市街地のあり方が問い直された。また、回遊性は交通政策とも密接に関係するため、行政が進める公共交通利用の促進と歩行者空間の質の向上を目指す次世代交通政策についても学んだ。

これらの学びや市の政策方針を共有したうえで、受講者全員が「まちの回遊性」についての政策・施策提言をすることになった。受講者への課題は、各自の問題意識と現状に対する客観的な分析を示し、回遊性を高める手法を提案するというものである。特に、提言は思い込みではなく観察による評価が重要であるという視点から、提言に関係する地点において三十分以上の歩行者通行量調査を課した。最終的に、子ども連れで街を歩きやすくする提言、街なかの駐輪場を増やす提言、遊休地を活用したパークアンドライド［注4］の提言、定期市を集積させる提言、一定規模以上の開発に小路の設置をルール化する提言など、二十六の回遊性を高めるための提言が行われた（「政策・施策提言集」の一部は「活動記録集」P.244に掲載）。

このように、問題意識にもとづいて調査を設計し、実証的な分析をふまえて提言を行うという経験は、受講者にとっては慣れない作業であり、苦労や戸惑いも多かったが、こうした経験は今後市民が行政のカウンターパートとなるためには大きな意味を持つはずである。もっとも、松本市に提出された政策・施策提言集は、その後、行政でも松本都市デザイン学習会でも生かすことができていない。都市デザインには試行錯誤の実践が重要であるが、二年間の連続講座を終えて、学ん

7・4
第3回講座
『これからのまちづくりへの視点
——クラフトフェアにおける回遊性の分析』
講師：武者 忠彦（信州大学経法学部）

9・15〜16
フィールドワーク
（新潟県 村上市・越後妻有トリエンナーレ）
TOSHI
活動記録集
P253 参照

10・3
第4回講座
『「商店街はなぜ滅びるのか」を読む』
講師：武者 忠彦（信州大学経法学部）

11・18
市民公開セミナー
『中心市街地とはどのような場所か？
——「住まい」と「商い」から考える』
講師：祐成 保志（東京大学人文社会系研究科）
新 雅史（学習院大学政治学研究科）

だ知識を実践にどう結びつけていくかという課題は残された。
　以上のような連続講座を開催する一方で、学習会ではカタクラ再開発に対する議論の喚起や提案にも継続的に取り組んできた。二〇一三年には、開発主体のイオングループによる出店計画の公表に合わせて、松本商工会議所などとの共催によるシンポジウムを開催し、多様な立場から計画の是非を議論した。さらに、学習会に参加する建築家は、スケッチや3Dモデルによりショッピングモールのプランを独自に提案する展示発表を行った（展示の内容は「活動記録集」P.240に掲載）。

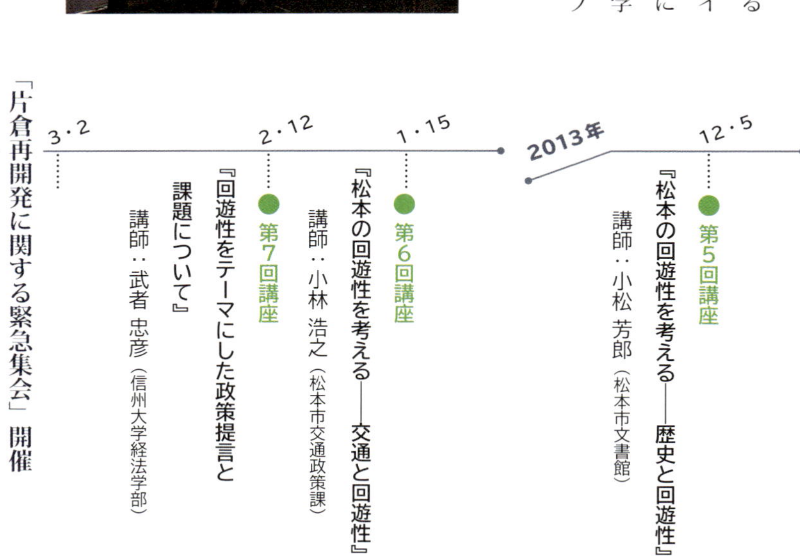

12・5
第5回講座
『松本の回遊性を考える――歴史と回遊性』
講師：小松 芳郎（松本市文書館）
2013年
1・15
第6回講座
『松本の回遊性を考える――交通と回遊性』
講師：小林 浩之（松本市交通政策課）
2・12
第7回講座
『回遊性をテーマにした政策提言と課題について』
講師：武者 忠彦（信州大学経法学部）
3・2
「片倉再開発に関する緊急集会」開催

都市デザインの「作法」を探る

大型ショッピングモールの再開発を一つの契機として二〇一〇年に発足した都市デザイン学習会であるが、二〇一一年と二〇一二年の二回の連続講座を通じて、行政のカウンターパートとして市民が都市デザインの基礎的な素養を身に付けるという当初のねらいに一定の成果があったことは、参加者の声からもうかがえた。その一方、都市デザインの一般論を学んでいくなかで、私たちは「松本における都市デザインの基準をどこに求めればよいのか」という課題に直面することになった。都市計画学者の大谷幸夫が「(都市設計の)目的の正当性・妥当性といっても、いかなる価値体系によってなされる設計であるかが問題にされなければならない」(大谷、二〇一二)と指摘しているように、松本という都市をデザインしていくうえでも、そこには何らかの価値体系が必要となる。

そもそもの都市デザインが、市民一人ひとりの価値観や理想にもとづいてデザインした建築や行為の集合体であることを考えれば、大谷のいう価値体系とは、市民の間に共有された都市の理想像である。都市プランナーの第一人者である田村明は、それを「市民意識、ココロの景観」と呼び、それによって初めて都市は優れた個性を発揮し、美しくなると述べている(田村、二〇〇五)。私たちは、こうした価値体系や市民意識を都市デザインの「作法」と呼ぶことにした。作法は、意識的であれ無意識的であれ、過去から現代まで市民の間で継承され、共有されてきたはずのものである。もちろん、歴史的な都市や流動性の低い都市の方が作

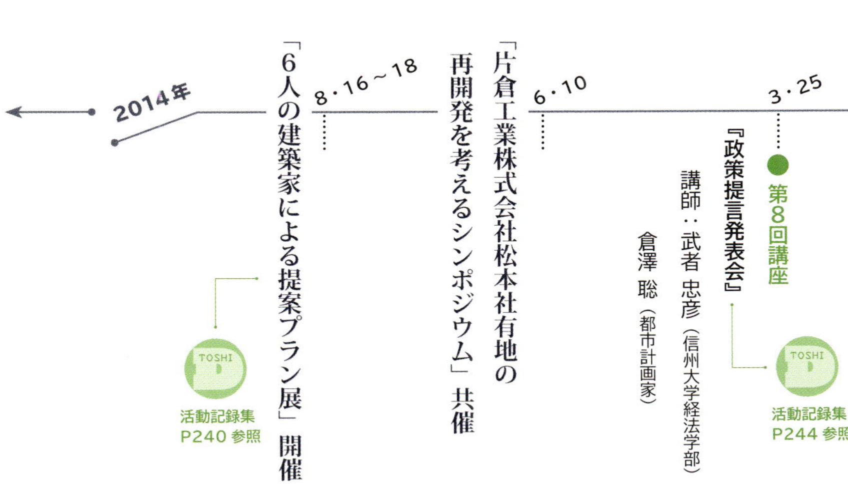

法が見えやすく、流動性の高い現代的な都市ほど作法が見えにくいという傾向はあるだろうが、その場所のデザインの作法とは何かという問題意識に共鳴し、作法について多様な主体が議論する場があることが、都市の都市たる所以でもある。

このようにして松本の都市デザインの作法を考えてみるとき、私たちは城下町という都市の原型にたどりつく。しかし、松本に暮らしていながらも、城下町について深く考える機会は決して多くない。そこで、一年間のブランクを経た二〇一五年、松本都市デザイン学習会では城下町をテーマにした連続講座を開講することになった。

2015年

2015〜2016年

都市デザイン学習会
連続講座 スタート

テーマ：

記号としての城下町

4・18

オリエンテーション

『記号としての城下町』

講師：武者 忠彦（信州大学経法学部）

講師：内田 真輔（名古屋市立大学経済学研究科）

5・16

第1回講座

「歴史」から考える新しい城下町

——都市空間形成史マトリクスから見えるもの

講師：大石 幹也（松本衣デザイン専門学校）

記号としての城下町

そもそも城下町とはどのようなものだろうか。近世には、藩の石高を一万石以上の規模に限れば、百万石を超える金沢市を筆頭に、全国各地に二百二十二の城下町が存在した。それらは必ずしも軍事的な機能に特化していたわけではなく、封建的身分制度にもとづくゾーニング（住み分け）によって、居住や市場などの都市機能が合理的に配置された空間システムであった（佐藤ほか、二〇〇二）。このような城下町の空間システムには、近代以降、物理的には建て替えや区画整理、街路整備などによって、機能的には官公庁やオフィスの立地、商店街の発展と衰退などによって、現代にいたるまでさまざまな改変が加えられてきたが、城下町という都市の基層は、多くの都市で未だ色濃く残っている。それは、近世城下町が風や水の流れ、周辺の山々との関係など、その土地の自然環境を巧みに読み取ってデザインされたことと無関係ではないだろう。城下町はその土地において必然性のある都市デザインであり、城下町を起源とする現代都市のデザインもまた、そうした地理的、歴史的な文脈と切り離して議論することはできない。その前提は松本でも同じであるように思われる。

松本は石高が六万石（全国六十七位）、城下町人口が一・四五万人（全国四十一位）ほどの規模であった（西村、一九八八）。近代以降、松本が都市としてどのような発展経路をたどったのかについては、後に詳しく述べられているが、城下町をベースに都市デザインの作法を考えるにあたって、現代の松本に暮らす私たちは次の

6・27
第2回講座
「空間」から考える新しい城下町
――近代都市松本のデザイン
講師：武者 忠彦（信州大学経法学部）

7・18
第3回講座
「芸術」から考える新しい城下町
――城下町の感性論
講師：金井 直（信州大学人文学部）

9・19
第4回講座
ワークショップ
――絵葉書に描かれた城下町を歩く
『実感するまちの変遷』
講師：藤松 幹雄（建築家）
野口 大介（建築家）
米山 文香（建築家）

10・17
第5回講座
「都市計画」から考える新しい城下町
――これからの都市松本を意図する
講師：倉澤 聡（都市計画家）

ような問題を抱えている。それは城下町という概念の意味内容が十分に吟味されることなく、反射的に都市デザインの要素として取り入れられているということである。たとえば、そこにあるはずのない格子窓のデザインで城下町らしさを表現したり、広告や商品に「城下町松本」という表記が乱用されたりするとき、城下町はもはや漠然とした歴史性を表す記号以上のものではない。ひとたび城下町が記号化されると、なまこ壁風のペイントのように、城下町の文脈から切り離されたデザインが都市の内部で複製――往々にして劣化コピー――されていく。

本来、城下町が指し示すものは、その土地の歴史・空間・社会・文化をつなぎ合わせるような懐の深い概念であり、このような平板な意味内容しか持たない記号としての城下町ではないはずである。私たちが本書を通じて見出したいのは、表層的な記号としての城下町ではなく、城下町の文脈を丹念に読み解くことによって明らかにされるであろう城下町松本ならではの都市デザインの作法である。

11・21
第6回講座
「資源」から考える新しい城下町
――資源制約の有無とまちの発展の関係性
講師：内田 真輔（名古屋市立大学経済学研究科）

12・19
第7回講座
「建築」から考える新しい城下町
――建築と街の間合い
講師：山田 健一郎（建築家）

2016年

1・23
第8回講座
ワークショップ
――CGで城下町をシミュレーションする
講師：長谷川 繁幸（建築家）

2・20
第9回講座
「コミュニティ」から考える新しい城下町
講師：矢久保 学（松本市政策部）

参考文献
＊大谷幸夫（二〇一二）『都市空間のデザイン――歴史のなかの建築と都市』岩波書店
＊佐藤滋・城下町都市研究体編（二〇〇二）『図説 城下町都市』鹿島出版会
＊田村明（二〇〇五）『まちづくりと景観』岩波新書
＊西村睦男（一九八八）「藩領人口と城下町人口」（矢守一彦編『城下町の地域構造』名著出版、四三五～四五五ページ）

注釈

注1　「イオンモール松本」の計画敷地内に残されていたカフラス（婦人向け下着製造・販売）の旧事務所棟。一九二九（昭和四）年に建てられた。

注2　旧片倉製糸紡績松本製糸工場などの跡地で、現在は片倉工業株式会社が所有する約六万三千平米の土地に、イオンモール株式会社が計画した「イオンモール松本」の出店計画。

注3　毎年五月の一カ月間にわたって、松本の中心市街地を中心に約七十の会場で工芸関係の企画展が開催されるイベント。

注4　自宅から自家用車で最寄りの駅またはバス停まで行き、車を駐車させた後、バスや電車などの公共交通機関を利用して目的地に向かうシステム。

3・19
第10回講座
「福祉」から考える新しい城下町
講師：井上 信宏（信州大学経法学部）

4・16
第11回講座
ワークショップ
――城下町に賑わいをもたらす
講師：山本 桂子（松本都市デザイン学習会代表）

※講師の所属はいずれも当時

ごく日常的に使われる「城下町」という言葉だが、
使われる文脈の中で
この言葉が何を意味するのか、
この言葉をどう捉えたらいいのだろうか？

二〇一五年に一年間をかけて実施した連続講座
「記号としての城下町」をプランニングするにあたって、
これは運営側の共通の問いだった。

「城下町」に対して受け手それぞれが
さまざまな解釈やイメージを思い描いている。

ロマンチックな城下町、キャッチコピーとして消費され
なんとなく使われている城下町、
アカデミックな議論の対象として
地道な研究の土台となった城下町もある。

「城下町風」のデザインや
「城下町に配慮した」と語られる場合の多くは、
デザインの本質が抜け落ち、
表象的な部分だけが取り上げられる傾向にある。
たとえば「蔵造り風」などは
ステレオタイプなコピーの代表的なものだ。

そしてこの言葉の裏に蔓延する思考停止によって、
現代の創造力に負の影響を与えている側面もある。

城下町の切り口は無数にあり、
一人ひとりが「自身の城下町」について
問いを深め、多くの人に理解され、
歴史に耐えうる共有知が描き出される。
その期待と想いが都市デザイン講座の
狙いの一つだった。

MATSUMOTO
都市D

城下町を考える
連続講座「記号としての城下町」より
松本市立図書館
旧開智学校
開智小
安原町
和泉町
東町
片端町
松本城天守
本丸
黒門
二の丸
三の丸
上小路
中小路
大名小路
土手小路
四柱神社
大手門
千歳橋
中央大手橋
開智橋
全久院
浄林寺
伊勢町
生安寺
生安寺小路
本町
乾瑞寺
鍋屋小路
飯田町
小池町
宮村町
瑞松寺
長松院
広福寺
本立寺
本立寺小路
大橋
鍛冶橋
大昌寺
念来寺
念来寺橋
山家小路
金剛院
正行寺
正行寺小路
恵光院
塩屋小路
作左衛門小路
長称寺
長称寺小路
林昌寺
宝栄寺
摂取院
松本市美術館
あがたの森通り

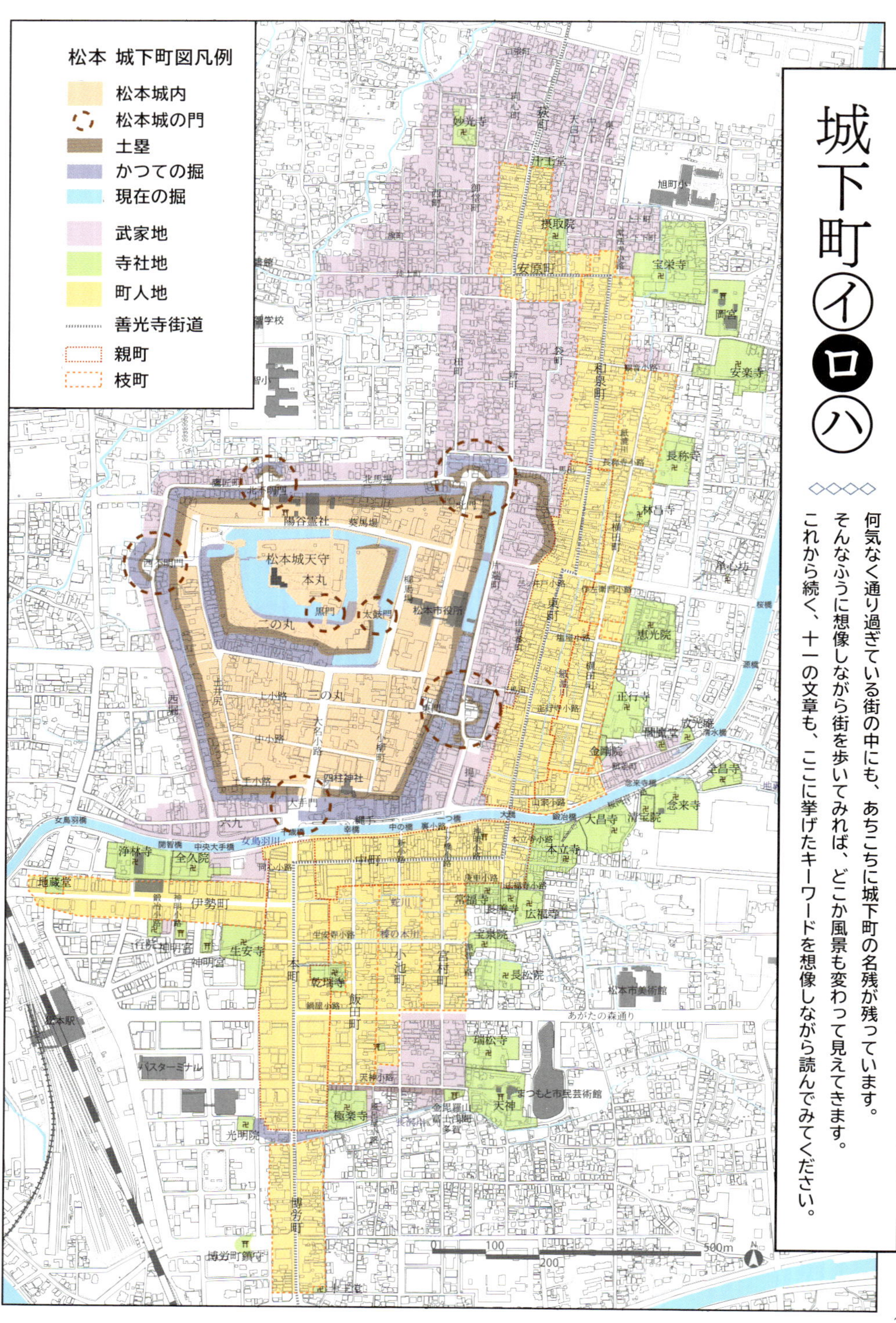

城下町イロハ

何気なく通り過ぎている街の中にも、あちこちに城下町の名残が残っています。そんなふうに想像しながら街を歩いてみれば、どこか風景も変わって見えてきます。これから続く、十一の文章も、ここに挙げたキーワードを想像しながら読んでみてください。

㋑ 武家地・町人地・寺社地

城下町の町割りでは、武家地と町人地が明確に区分されていた。主要な武家地には、木戸があり、町人が自由に入ることはできなかった。寺社地は主に町の端に配置され、特に城下町の東側に多く、明治四年の廃仏毀釈後も現在まで多くの寺が残されている。町人地では、旅籠（はたご）が多い町、職人が多い町などそれぞれと特色があり江戸時代にも界隈（かいわい）性があった。餌差（えさし）町の武家地は江戸時代後期に町人地化した。

中ノ丁（武家地）と辻井戸跡のマンホール

㋺ 親町・枝町・小路

松本の町人地における町の単位は親町（本町、中町、東町の三町）、枝町（伊勢町、博労町、飯田町、小池町、宮村町、安原町、和泉町、上横田町、下横田町、山家小路の十町）、小路（二十四）に分類されていた。親町と枝町は自治やコミュニティの単位として機能し、名主、肝煎（きもいり）などと呼ばれた町人の役職が設けられた。親町では大名主が置かれ、親町に付随した枝町を統括する影響力を持っていた。

親町であった現在の本町

㋩ 街道

松本を起点とする、または通る街道には、善光寺街道、野麦街道、千国街道（糸魚川街道）、五千石街道、武石峠に向かう道などがある。善光寺街道は城下の基軸としての重要な役割を果たし、街道筋には町人地が配された。松本における善光寺街道は北国西脇往還と呼ばれ、中山道洗馬（せば）と北国街道丹波島を結んだ。現在、東京に行くには甲府経由が当たり前だが、江戸時代は岡田宿の北で善光寺街道から分かれる保福寺峠を上田に抜け、北国街道と中山道を使って江戸に向かうことが多かったらしい。

現在の善光寺街道、城下町の北側入口

ニ 松本城

松本城の起源は一五〇四年島立（しまだち）氏による深志城に始まると伝えられる。一五八二年に小笠原貞慶（さだよし）が松本城と改称し、城下町整備に着手。現存の天守はその後入城した石川数正、康長親子により一五九四年の完成とされる。松本城は本丸、二の丸、三の丸と三重構造。本丸には天守と本丸御殿（一七二七年に消失）、二の丸には二の丸御殿、古山寺御殿、蔵など、三の丸には上級武家の屋敷があった。

松本城遠景

ホ 門・桝形（ます）・馬出し

復元された太鼓門

城の郭内への出入口は虎口とも呼ばれる。三の丸へは大手門、東門、北門、北不明門、西不明門と五つあり、大手門には桝形、そのほかの虎口には馬出しと呼ばれる防御の構造があった。馬出しの外側は堀で囲まれていた。埋められた現在でも北門と東門では道の形状により堀跡を探ることができる。二の丸へは太鼓門、本丸へは黒門があり、それぞれ桝形が設置されている。これらすべての門は明治四年から破却されたが、黒門は一九六〇年に再建、太鼓門は一九九九年に復元された。

ヘ 堀

内堀、外堀、総堀の三段構造で、外堀と総堀の多くは明治九年ごろから昭和にかけて埋め立てられた。東外堀は一九七九年に復元され、南西外堀も現在復元計画が進行中。埋め立てられた堀周辺を歩くと、高低差があり堀の痕跡がうかがえる。また、城下の本町と博労町の間には長沢川を利用した小さな堀が設けられていた。

総堀跡の地形が残る路地

ト 土塁

城郭の防御を主な目的として盛土をした場所で、上には塀が築かれることが多かった。

明治四年以降、ほとんどの土塁が崩されたが、西総堀土塁公園、北門の東、市役所の南東には総堀内側の土塁の一部が残り、片端付近にも捨堀の土塁の痕跡が残っている。

西総堀の土塁が保全されている公園

チ 十王堂

十王堂は死後の冥界を支配する十人の王がまつられるところである。江戸時代には各地の村の入口や中心地に疫病や災厄が入るのを防ぐために建てられていたと言われている。

松本城下には城下と在（城下の外）との境界である東西南北の城下への入口部分に十王堂が置かれたとされる。東の十王堂にあたる、餌差町の閻魔堂には十王の像が現在でも残されている。（ただし、もとの十王堂の場所は現在よりも東側であった）北の十王堂は安原町に（萩町ができる前はここが城下の北端であった）、南は博労町に置かれた。西の伊勢町には元禄期以降、地蔵堂が置かれたが、それ以前に十王堂が置かれていたかどうかは不明である。このように城下の境界部分に十王堂や地蔵堂を配し、城下を守る願いが込められていた。

餌差町の十王像

リ 丁字路・鍵の手・食違

城下町は軍事都市としての意味合いも強い。松本城防御のための計画的な都市構造が見られ、敵が進みにくい遠見遮断などの工夫が凝らされている。現在の道の交差は十字路にすることが多いが、城下町には丁字路が多い。丁字路は直進性を弱めたり、見通しを遮る効果があった。また直進性を弱めるために、善光寺街道沿いの東町や武家地だった袋町には鍵の手という、道に角を付けてずらした構造が見られる。袋町の鍵の手は現在も残っている（東町は明治一九年の大火後に直線化）。

また意図的に道を直行させないで少しずらす食違と呼ばれた構造が、中町に二カ所残っている。

中町の食違

MATSUMOTO 都市

第一講

城下町空間の文脈化

「空間」から考える 城下町

武者 忠彦

◉むしゃ・ただひこ
一九七五年、長野県生まれ。信州大学経法学部教員。専門は人文地理学で、テーマは都市計画を社会科学的に考えること。これまでに居住経験のある城下町都市は松本のほかに浜松、高槻、大分、岩村田。

それにしても松本は寛容な都市だと思う。
東京で人文地理学を学ぶ大学院生だったころ、地方都市のまちづくりを知るために、各地の役所や商店街を訪ね歩いたことがあった。

当時はまちづくりといっても土木系や建築系の仕事。
どこも対応はしてくれたが、どんな研究をするつもりなのかと
怪訝そうに尋ねられた。
文系の学生が来るところではないと、
都市計画図をお土産に追い返されたこともあった。
ところが、松本だけは違った。
よくわからないけど都市計画は専門じゃなさそうだからと、
制度を一から丁寧に教えてくれた。
遠くの書庫まで一緒に資料を探しに行ってくれたり、
松本城を案内してくれたりする人もいた。
なんだこれは。
たまたま親切な人が多かったという話ではない。
自分の専門性にとらわれず、
新しい視点でまちづくりを考えてみたいという寛容さが、
会う人会う人に共有されていたような気がする。
あれから十七年。
こうして多様な専門分野や職業をもった人びとが集まり、
都市デザインを語り合う光景を見ると、
当時の感触は間違っていなかったようだ。

城下町という空間の原理は、今から四百年あまり前に考えられたものである。そのため、現代人の私たちにとっては、道が狭く急に曲がったり、建物が密集していたり、中心に城があるから迂回しなければならなかったりと、いろいろ不便なことが多い。それなら全部真っさらにしてしまえばよいかというと、そういう問題でもない。城下町ならではの空間原理が地域の経済資源やアイデンティティに結びついているから、そう簡単には過去と断絶できないのである。だからといって、城下町の空間原理をすべて維持することも現実的ではない。

では、二一世紀に生きる私たちはどのような道を選ぶべきなのか。ここで考えてみたいのは、城下町空間の将来像をめぐる「第三の道」である。

城下町空間の特徴

城下町とはどのような空間なのだろうか。まず考えてみたいのは、その範囲である。もっとも、それはどこまでが城下町なのかという話ではない。松本についても、古地図や絵図に描かれる城下町の輪郭は、「結界」を表す東西南北の十王堂の位置と合わせて比較的明瞭に示されている。ここで考えたいのは、城下町の範囲の意味についてである。

図:1は、松本、静岡、大垣の各城下町に加えて、ヨーロッパの代表的な城郭都市であるアヴィニョン(フランス)とボローニャ(イタリア)の五都市について、それぞれの範囲を比較したものである。

ここから読み取れるのは、いずれの都市も、中心となる天守や王宮、教皇庁から一~二キロほどの範囲に収まっているように、洋の東西や人口の大小を問わず、近世以前の都市の範囲には、そこまで大きな違いが見られないということである。こうなる理由は明らかで、当時の都市住民の交通手段が徒歩であったからである。

近代になると、都市には大量の労働力が集中し、空間的な範囲も急速に拡大するが、それを可能にしたのは交通技術の革新であった。そして、都市拡大の過程も交通手段の変化と連動するものだった。図:2は、このことをモデル的に示したものである。この式は、限界通勤時間(場所や時代によらず通勤に使える時間)tを定数とすると、都市の大きさLは、その時代の主たる通勤手段

図：1　城下町・城郭都市の面積

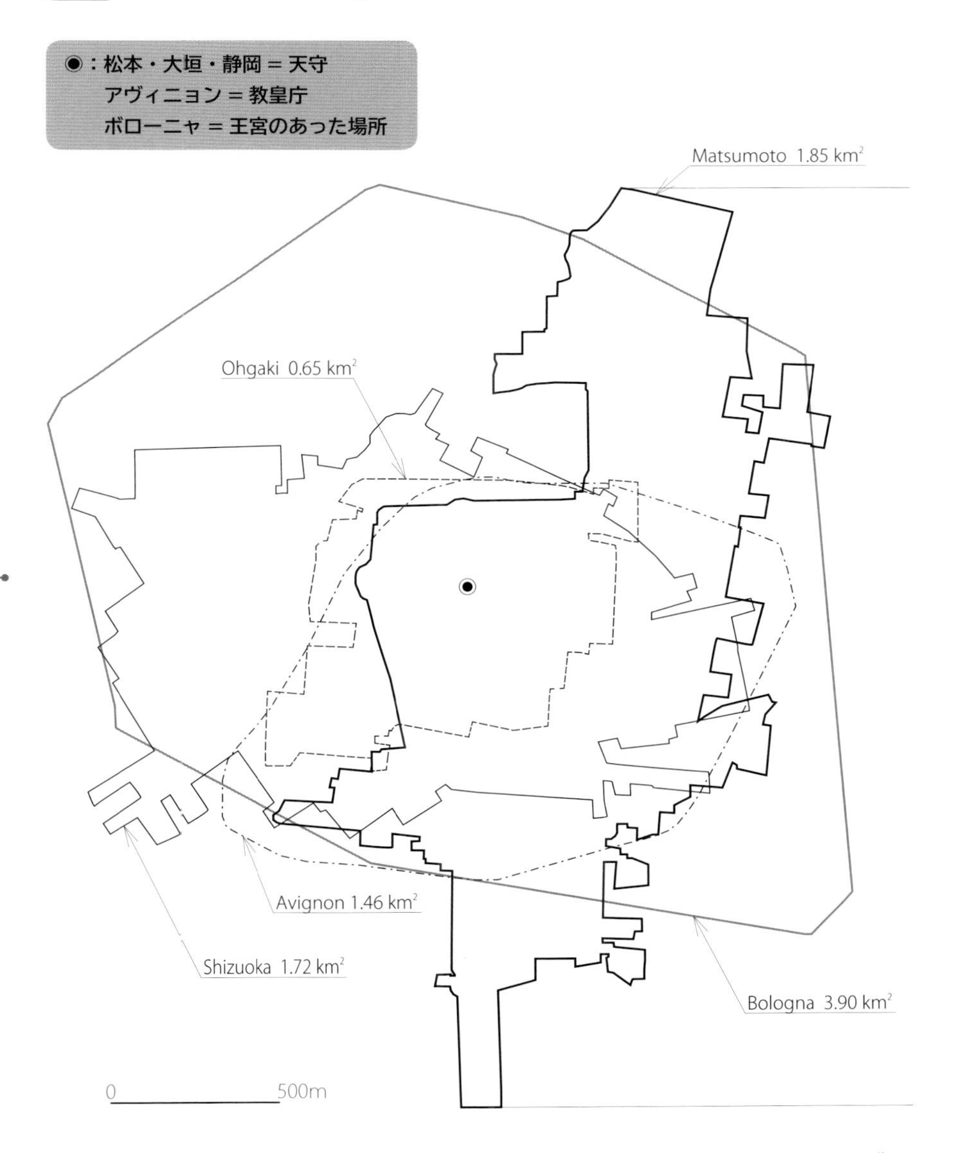

1）松本城下絵図（1728）、美濃国大垣城絵図（1645～48頃）、駿河国駿府古絵図（1624～45頃）、Grande atlante geografico d'Italia，Michelin, atlas routier France 2010をもとに作成。
2）アヴィニョンとボローニャは現在の外周道路の内側をトレースした。

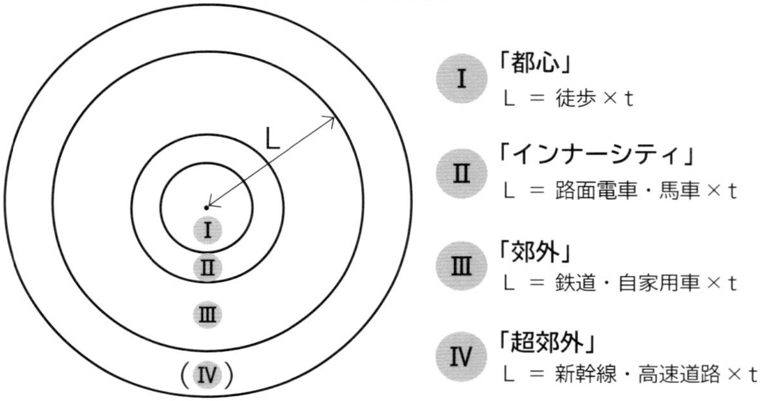

の速度に比例することを意味している。
　近世以前の都市の大きさは、〈徒歩の速度×t〉となり、通勤時間tを三十分程度とすれば、図1の結果にも当てはまる。この範囲は、現在の都市では「都心」と呼ばれるエリアで、松本でも官公庁やオフィスが集まっている範囲である。近代になって産業革命とともに馬車や路面電車などの移動手段が導入され、都市の範囲が拡大すると、そうした都心のエッジには多くの工場が立地するようになった。このエリアは、現在では「インナーシティ」と呼ばれ、東京の城南地区や大阪東部などの住工混在地域が知られている。松本で言えば、小さな工場が点在する埋橋（うずばし）、深志、本庄、白板あたりを中心に、おおよそ明治期に合併した旧村部（すなわち旧城下町のエッジ）がそれに該当する。戦後になると、都市部では鉄道、地方では自家用車が移動手段として急速に普及して都市は大きく拡大した。いわゆる「郊外」の出現である。松本では昭和の大合併によって編入した旧村部にあたり、現在も商業集積や宅地開発が続くエリアである。近年では、新幹線や高速道路を移動手段として、都市の範囲はさらに「超郊外」へ拡大しているという見方もできるだろう。
　このように、交通技術の革新によって都市は段階的に拡大していったが、かつての城下町は、もっとも古典的な移動手段である徒歩にもとづく空間であり、現代の都

図：2　「都市の大きさ」モデル

都市の大きさ（L）＝ 通勤速度 × 限界通勤時間（t）
通勤速度：交通技術革新により変化
限界通勤時間（t）：定数

L
Ⅰ
Ⅱ
Ⅲ
（Ⅳ）

Ⅰ「都心」
L ＝ 徒歩 × t

Ⅱ「インナーシティ」
L ＝ 路面電車・馬車 × t

Ⅲ「郊外」
L ＝ 鉄道・自家用車 × t

Ⅳ「超郊外」
L ＝ 新幹線・高速道路 × t

図：3　領内人口と城下町人口

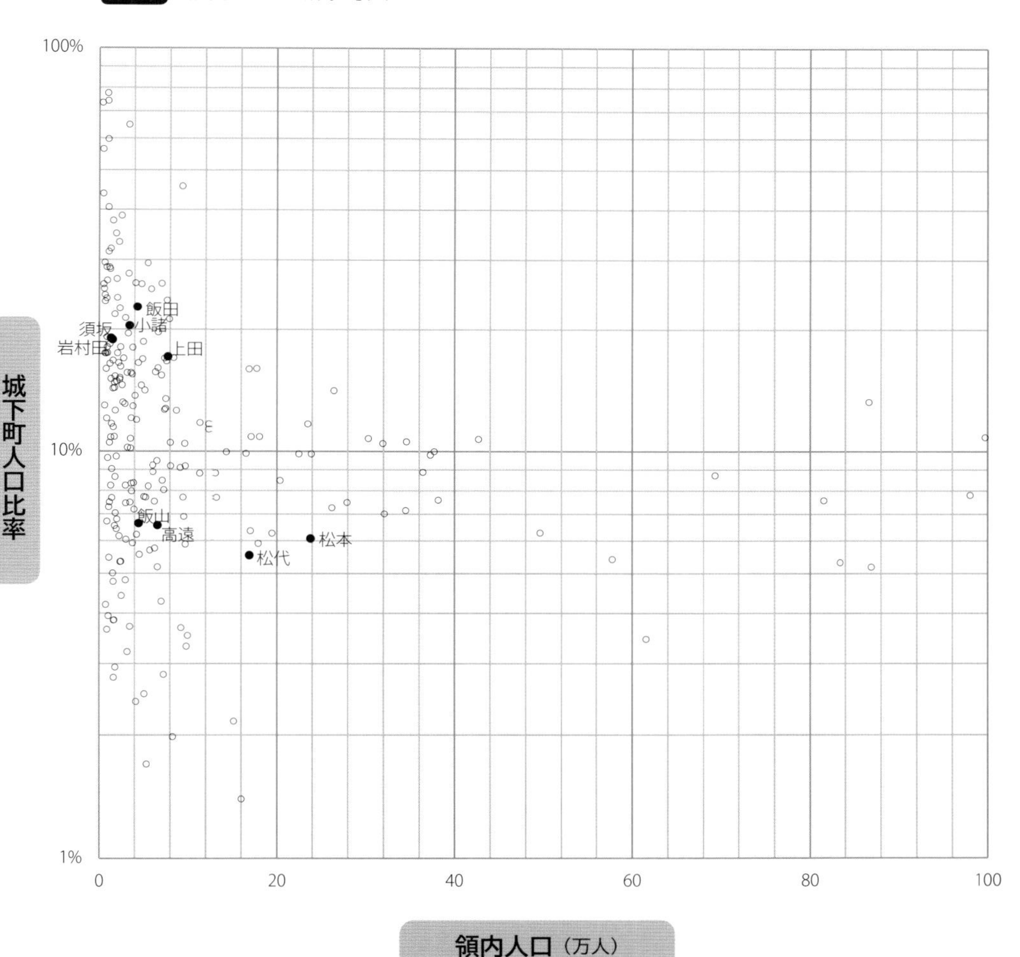

1）１万石以上の 222 城下町を対象とした。
2）領内人口、城下町人口、石高は、いずれも西村（1980）による。
3）西村睦男（1980）藩領人口と城下町人口．歴史地理学 111：1-15.

市と比べて、その範囲はきわめて小さい。この小さな空間に、城下町として必要な政治、行政、交易、防衛などの機能を収めるとなると、必然的に人口や建物は高密度

表：1　松本城下町の人口密度

	面積（㎢）2)	人口（人）3)	人口密度（人／ヘクタール）
侍屋敷地	0.32	6702	109.8
従士屋敷地	0.23		
町人地	0.50	8206	163.6
寺社地	0.20	-	-
その他 1)	0.82	-	-
城下町全体	1.85	14278	77.3

1）城内、堀、河川、街路、その他オープンスペース。
2）松本城下絵図（1728年）から計測した推計値。
3）松本市史［旧版］に記載された1925年の値。

となる。江戸期の各藩の領内人口と城下町人口の関係を示した 図：3 によれば、小規模の藩にはばらつきがあるものの、松本をはじめとする一定以上の石高の藩は、領内人口のおよそ十パーセントが城下町に集住していた。松本藩の城下町人口は一万四千人あまりだったが、人口密度は一ヘクタールあたり約八十人であり、町人地では百六十人を超えていた。…… 表：1 これは、現在の中心市街地の人口密度が一ヘクタールあたり五十人程度であることを考えると、きわめて高密度と言える。

城下町という空間の特徴は、このように小さく高密度な徒歩移動圏であり、現代では都心に該当するエリアになる。この城下町空間が、近代以降どのような変遷をたどり、これからどこへ向かおうとしているのか。以下では、城下町空間をめぐる四つの支配的な考え方＝パラダイムを示し、この問題を考えてみたい。

城下町空間の〈近代化〉〈古典化〉〈テーマパーク化〉

城下町を基層とした現代都市の一部を構成する城下町空間には、明治期以降、〈近代化〉と〈古典化〉という

二つのパラダイムが見てとれる。〈近代化〉とは城下町の空間的特徴を「消去」することを是とするパラダイムであり、たとえば、旧町人地の短冊状の地割りを土地区画整理事業によって再編成し、建物の高層化を実現したり、車社会に適合した幅の広い街路を整備したりすることで、近世以前の城下町の構造や景観が更新されてきた。もっとも、こうした都市空間の〈近代化〉は城下町に限らず、政権与党の重要な支持基盤であった地方圏の旧中間層のために、全国各地で展開してきたものである。

一方、歴史都市ならではのパラダイムである〈古典化〉は、城下町空間を「保存」することを是とするものであり、城郭の史跡指定や武家町の重伝建地区指定のように、特定の対象を文化財として保護する文化政策の文脈から、空間の〈古典化〉が進められてきた。このほかにも、街並み環境整備事業のように一般市街地を対象とした景観施策として展開してきたものもある。多くの城下町空間は、こうした〈近代化〉と〈古典化〉という二つの相反するパラダイム（規範）が作用する空間のパッチワーク（継ぎ接ぎ）として形成されてきたと言える。

松本には、盆地の豊富な水資源を利用した堀に囲まれた松本城が一六世紀に築かれ、歴代城主によって計画的に城下町が整備されてきた。城郭を中心として、武家地、町人地、寺社地の順に配置された同心円構造の城下町であり、善光寺街道や三州街道の宿場町としても発展した。明治期以降は、紡績業の隆盛を背景に生糸の一大生産地となったことで、商都松本の性格も強まった。

このような城下町を基層とした都市空間は、戦後になると商店街の高度化事業などでビル共同化や街路の拡幅が図られ、さらに松本駅周辺や中央西地区などの大規模な土地区画整理事業によって〈近代化〉が進められてきた。その一方で、松本城は国宝指定を受けて公園として整備され、かつての城下町の広い範囲で街並み環境整備事業が導入され、近年では外堀の復元が事業化されているように、城下町空間の〈古典化〉も平行して進められてきた。

こうして商店街には近代的なビルが建ち、街道沿いは修景が施され、城や堀は公園として残された。政策や制度だけなぞれば、まさに〈近代化〉と〈古典化〉のパッチワークとしての城下町松本の姿が浮かび上がってくる。しかし、松本をつぶさに歩いて観察すると、〈近代化〉

や〈古典化〉というパラダイムでは捉えきれない微妙な空間が広がっていることに気づく。

たとえば、善光寺街道沿いの中町通りは、蔵造りの街並みとして知られているが、「蔵造り風」の建物や、蔵造りでもない「歴史的建築風」の建物も少なくない。背景の一つには、修景補助をめぐる問題がある。建物の修景に対する補助は、本来、固有のデザインや技術を用いた施工など、個人の負担では手が出しにくい部分への公的支援を目的としているが、実際には、そうした付加価値を付けるよりも、補助金によって所有者の負担を最小化しようとする意識が働き、単なるリフォーム補助となるケースも多い。ここに設計・施工をする側の文化的無関心が重なると、景観によって街を豊かにするという考えは後景に退いて、蔵をモチーフとした安易なデザインが複製されていくことになる。このほかにも、なまこ壁をイメージとしたと思しき平板な外壁、城の石垣のような柄のペイントを施した電柱、景観形成基準への適合が目的化した陳腐な建築デザイン、大正ロマンや蔵造りを謳（うた）った看板など、歴史をモチーフにしたレプリカで構成された空間は、市内のいたるところで観察される。

これは端的に言えば、松本の城下町や近代以降の歴史を脈絡なく「複製」することによって、城下町空間を〈テーマパーク化〉するパラダイムである。そして、城下町空間の〈近代化〉と〈古典化〉というパラダイムが、政策や文化的規範といった「大きな力学」によって動いているとすれば、この〈テーマパーク化〉という第三のパラダイムは、個々人の判断や行為という「小さな力学」によって支えられていると言ってよい。

城下町空間の〈文脈化〉に向けて

ここで城下町空間の〈テーマパーク化〉というパラダイムを全否定するつもりはない。実際、蔵造り風の建築であっても、何となく歴史を感じる街並みであっても、来街者からの人気は高く、まちづくりの成功事例とする見方に正面から異論を唱えることは難しい。しかし、テーマパーク化は個々人の行為を束にした集合的な力によって推し進められるがゆえに、なかなか制御が難しいという点には注意しておきたい。施主をはじめ設計者もデザイナーも、都市空間のテーマパーク化など、もとより意図してはいない。景観に少しだけ配慮するといった良心にもとづく場合もある。それでも、歴史が脈絡なく複製され、その複製が繰り返され、ひいては歴史的「元ネタ」のない複製が生まれることで、空間のテーマパーク化は確実に進んでいく。たとえば、彦根城(滋賀県彦根市)の京橋から城下に伸びる通りは、「夢京橋キャッスルロード」として幅十八メートルの街路に拡幅され、両側には白壁と黒い格子窓で統一された城下町のような街並みが新たに出現した。脱色アスファルト、石畳の歩道、電柱の地中化など、歴史を醸し出す工夫も随所に見られる。さまざまな評価があるだろうが、一つ言えるのは、これは行政や地権者など多くの関係者の街を良くしたいという「思い」が結実した空間だということである。

　これからの城下町空間に求められるのは、このような〈テーマパーク化〉と対峙する〈文脈化〉のスタンスではないかと思う。〈テーマパーク化〉が、城下町の歴史的な空間やデザインを「複製」することであるとすれば、〈文脈化〉とは、城下町の空間やデザインの歴史的文脈を読み解いたうえで、維持したり、加工したりすること、すなわち城下町空間を「継承」する営みである。この文脈化もまた、テーマパーク化と同様、政策や制度による公的なまちづくりというよりは、建物のリノベーションや維持管理など、個人的な行為の集合体としてのまちづくりである。しかし、「複製」が受動的な行為であるのに対して、「継承」はあくまで主体的に空間の文脈を読み解く行為である。そこには、城下町の空間構成や建物の内部を現代の都市機能に合わせて利活用する「デザインの継承」だけでなく、老舗の看板を残したり顧客を引き継いだりする「信頼性の継承」や、建物の立地を生かして外部空間との連続性を維持する「関係性の継承」なども含まれるだろう。

　トップダウンによる合理的、科学的な手法で、城下町空間をすべて消去したり、そのまま保存したりして都市を形成する「大きな力学」の時代は半ば終わりを告げている。今後、われわれに残された方法は、個人的な行為にもとづいて歴史を複製したり、継承したりする「小さな力学」で城下町空間を形づくっていくことである。

　そこで城下町松本の空間が〈テーマパーク化〉されるのか、はたまた〈文脈化〉されるのかは、空間を読み解くわれわれの主体性にかかっている。

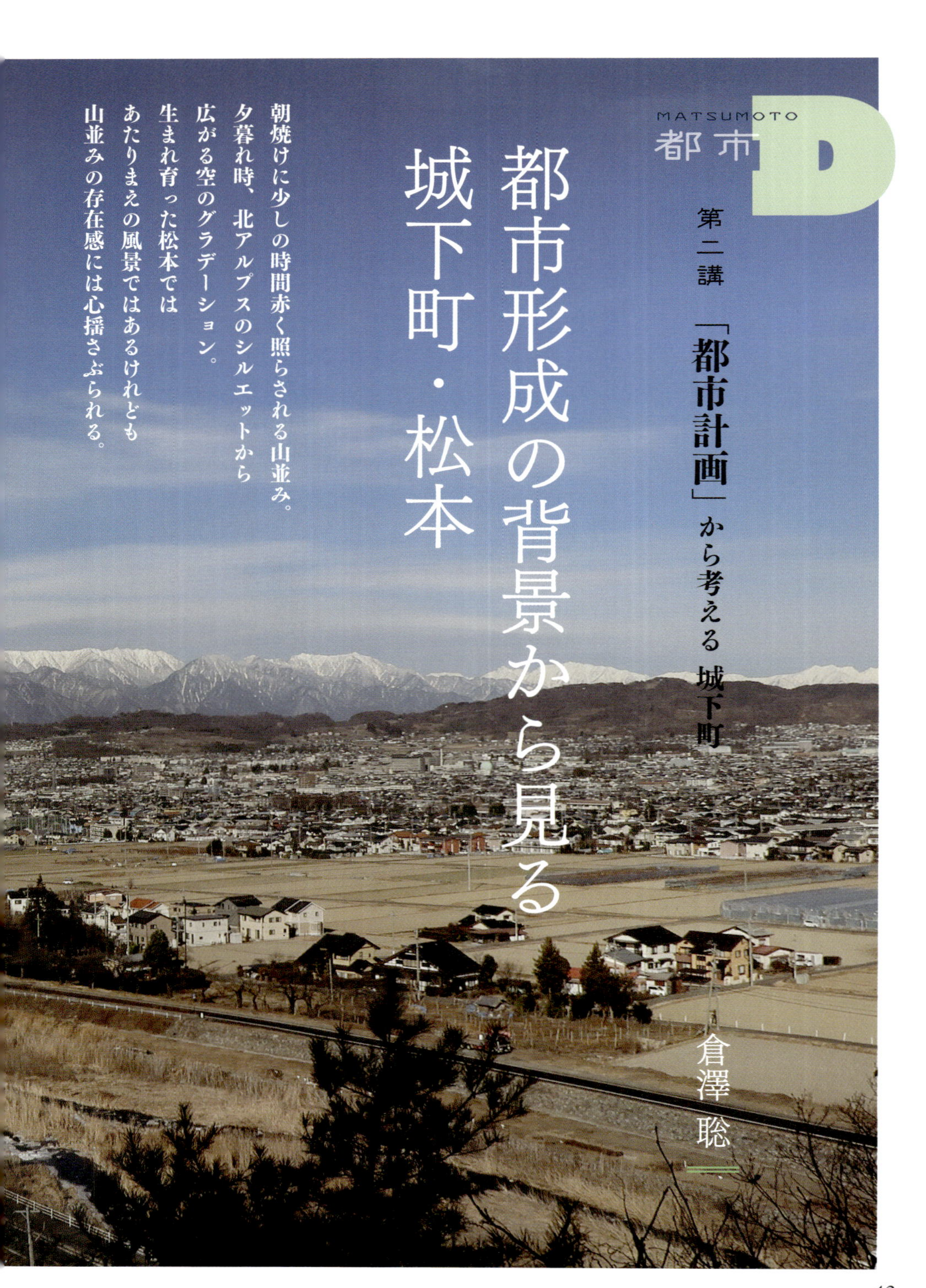

MATSUMOTO 都市D

第二講 「都市計画」から考える 城下町

都市形成の背景から見る 城下町・松本

倉澤聡

朝焼けに少しの時間赤く照らされる山並み。
夕暮れ時、北アルプスのシルエットから
広がる空のグラデーション。
生まれ育った松本では
あたりまえの風景ではあるけれども
山並みの存在感には心揺さぶられる。

そんなあたりまえが隠れてしまったとき、
山並みが綺麗に見える街が
できないものかと一つの問いが湧いた。
芸術や音楽、科学や文学といった文化、
新たな価値やビジネスが生み出され
小さいながらも創造力にあふれる街。
松本はそんな創造性ある街に
育つ可能性を秘めてはいないかと
根拠もなくほんの少しの希望を感じていた。
そんな問いや希望が頭の片隅に
残っていたとき、
たまたまめぐり会ったのが
都市デザインの研究室だった。
それから十五年。
松本の都市デザインはほんの少し前に進んだ。
でもそれ以上に街は融解の速度を増している。
私たちは融解に打ち勝つだけの挑戦を
していると言えるのだろうか。

◉くらさわ・さとる
都市計画家、松本市の都市デザインアドバイザー。一九七五年松本生まれ。学生時代は東京・パリ。松本の都市デザイン環境の土壌を耕すことに汗をかき、工芸の五月やクラフトフェア交通対策にもかかわっている。山並みが美しく見える、楽しめる街へと松本を育てたいと思っている。好きなお店のメニュー　懐柔の焼・蒸餃子。

城下町を由来とする現代の都市は数多く、城下町という言葉に、多くの人が愛着を持っている。長い歴史を感じさせ、なんらかのイメージを共有された存在でもあり、いろいろな場面で広く使われている。

しかし、城下町をイメージするとき、残されてきたものの形だけに捉われ過ぎてはいないだろうか？　これからのまちづくりに対して城下町の歴史を生かすことを考えるとき、残されてきた形だけでなく、その形を生み出すまでの試行錯誤や創造の営みという歴史にもう少し光を当てる必要があるのではないだろうか？　未来では私たちも歴史になってしまう。そのとき愛着を持って迎え入れられる歴史を私たちは創造しているのだろうか？

そんな思いから松本の城下町創造、都市形成について考えてみたいと思う。

未来に挑戦する都市デザイン

城下町を考える切り口として都市デザインや都市計画的な観点から、後に城下町と呼ばれる都市がどのように構想され、デザインされてきたのかを明らかにすることは大切だろう。昭和三〇年代に線が引かれた都市計画道路の計画意図すらよくわからなくなってしまった現代の松本において、それを解明することは至難の業かもしれないが、城下町形成の**からくり**について少し考えてみたいと思う。

松本地域の都市化の変遷を城下町以前から詳細にたどることは難しいが、小笠原貞慶（さだよし）が一五八五年ごろから城下町形成のための地割りを始めたと言われている。城下町形成前夜にその基盤となるさまざまな開発が行われてきたことが松本における都市の起源と言ってもいいだろう。江戸時代後期には、一・四キロ平米程度の狭い範囲に人口二万人を抱えるまでに発展した。明治以降も、その基本的な都市構造は変わっていない。つまり私たちは今も当時の城下町の基盤の上に生きているし、天守や城郭もすべてではないが目に見える形で残されてきた。そういう意味では、過去に城郭と街の空間的、制度的な強い結びつきがあったところを、**なんとなく**城下町と呼んでいるのかもしれない。しかし、そんな松本にも生まれた瞬間があり、成長があり、衰退がありとさまざまな変化があった。城下町という言葉がなんとなく消費される現代だからこそ、未来につながる城下町の意味を掘り起こしながら、改めて城下町という言葉を考え直す必要がある。

昔を振り返り、今の真実を見つめ、未来への思いをめぐらすなかで現在の都市問題を的確に問い、何が必要で、何を変化させ、何を守るべきか考えることとは、都市計画、都市デザインにとって重要だ。これからより良い松本を創造していくためのヒントが得られるのではないかと思う。また、街の始まり、創造について触れようと思ったのは、松本の行く末を思うとき、個人的に少し心配な点があるためだ。

現在の松本は、自ら考えて新たな価値を生み出す挑戦をするという文化が、なんとなく弱いと感じる。松本も豊臣家や徳川家という中央の論理や技術で形成されてきたのは否めない。しかし当時、城下町を新たに生み出す営みにおいて、未来を切り拓くさまざまな挑戦があったはずだ。将来が展望しにくい混乱の現代だからこそ人真似や右向け右ではなく、自ら考え、意図を持って〝未来に挑戦する都市デザイン〟を行うことが必要だ。松本は遺跡になるのではなく、伝統や歴史を積み重ねながら都市として生き続けていかなければならない。そのために都市形成の歴史の中で新たな挑戦をしてきた先人たちに思いを馳せることは、現代の私たちにも刺激を与えてくれるのではないだろうか。

城下町都市形成の力学を考える

城下町前夜は、戦国の世であった。室町幕府の統治が効かなくなると、諸国の領主や有力者が実力を付け、自由度が高まった。治安的には領土の維持や拡大が緊張関係を生み、戦も増えたが、有力者による自治の高まりから技術や経済における新たな力学やイノベーション（技術や制度などの革新）を起こす環境が結果的に生み出された。特に、戦や防御のための縄張りや治水に対する土木技術の進展がその後の城下町都市形成の基盤になっていった。そして技術の進展と同時に、新たな技術をうまく使いこなす構想力や計画技術、経済的手腕を備えた武将や都市こそが、技術や知恵を持つ人をより多く集め、さらに勢力を伸ばしたことは現代にも通底するところだろう。

たとえば農業生産や暮らしに向いた平坦な土地であっても、頻繁に水害に見舞われるようでは困る。武田信玄などに代表されるように、治水を安定させることで農業や暮らしの場を守り、広げることができたのだ。そして治水技術は土木技術そのものであり、堀や城など防御や軍事のための施設の造成力にも大きな関係がある。土木技術に発展をもたらし、大規模な工事を実際に行える経済力と技術力、マネージメント力を拡大できたかどうかが、戦国大名の生命線であったと考えられる。土木技術はまた灌漑や新田開発といった農業生産性の向上に必須の条件で、都市への上水の供給のための基礎でもある。それらは結果的に農器具の進化や生産性向上につながったはずである。

大規模な土木工事が可能になったことは、治水上の土地の安定、防衛力の向上、農業生産性、都市基盤となる土地の造成力を向上させ、計画的に都市を構築する土台をつくったと言える。

特に戦国の世における農業生産性の向上はのちに安定的な時代をつくり、人口増加をもたらし、新たな商工業の成長を生み、都市経済に必要な分業体制が成り立つ大きな要因でもあっただろう。そう考えれば、混乱の時代が日本各地における城下町という都市形成および発展の技術的バックグラウンドを育成したとも言える。

さまざまな地方の自治力の形成と、統治を守り広げるための緊張関係が、土木技術のイノベーションを起こす土壌となり、経済や農業の進展に道筋を付けることになったが、一方で安定的な統治機構へのパラダイムシフト(社会全体の仕組みや価値観などの劇的変化)には、既得権益の変革をともなう数々の戦を経なければならなかった。全国各地でのそうした動きが、戦や支配関係の変化をもたらし、発展、統合し、安定的な広域の統治を遂げ、抜本的な社会の構造改革がなされた。そして新たな経済、統治のシステムによって各地に誕生したのが城下町なのだろう。

やがて武力的な緊張関係が弱まると、農業生産性の向上や貨幣経済がさらに進み、経済発展に結びつき、人口増加をもたらして城下町が発展していく。そのような全国的流れの中、松本でも深志城周辺に、時の権力者の思惑と技術力が色濃く反映した都市基盤が形成され、確固としたものになっていく。

図：1　等高線と城下町立地

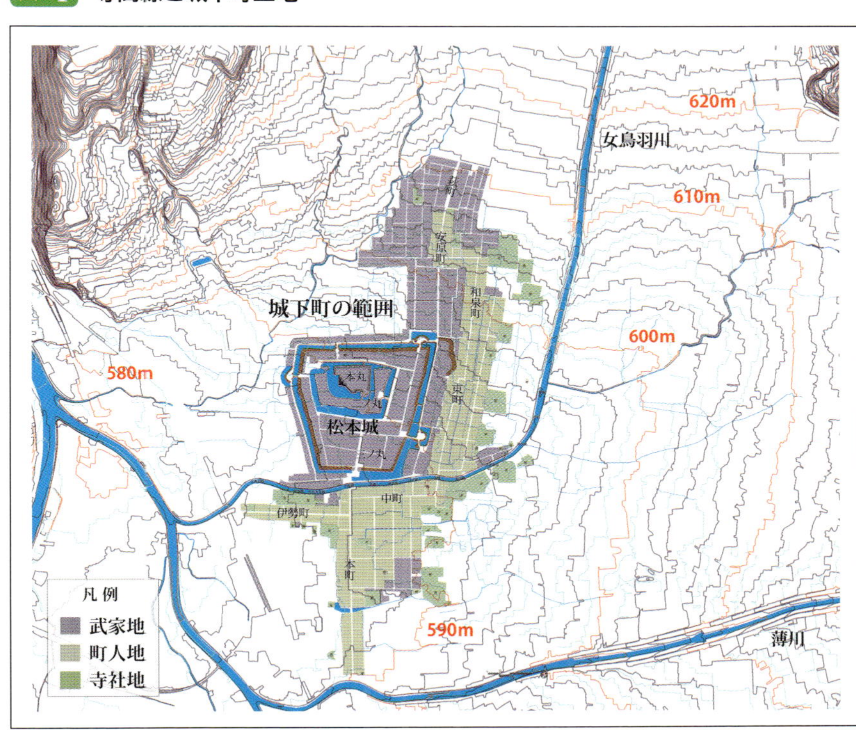

松本城下町の都市計画　その①

治水と河川

城下町形成に対して、治水、城郭の地選、都市規模の設定、経済振興、町割りや都市構造のデザイン、街道との接続、景観といった都市計画的な要素はどのような意図をもとに決定されてきたのか。そのためのプランニングの技術はどうであったのか。統治システムや経済システム、測量、土木、建築などの技術的、施工的課題はどうであったのか。それを当時の技術者たちがどう克服してきたのか。このような問いには興味を引かれる。ここではその一つ、都市形成のために必須な治水について考えてみたい。

松本の城下町は、地勢的に見ると女鳥羽川と薄川の複合扇状地の扇端部分に位置している。南が開け、西には城山が迫り、奈良井川と梓川が流れ、北と東はなだらかな傾斜地が続く。……図：1　扇状地の扇端部分は湧水に恵まれ、暮らしには欠かせない水の確保が行える半面、洪水に見舞われる確率も大きい。江戸から明治にかけても洪水は頻繁に起きている。近代でも昭和三四年八月一四日の女鳥羽川水害があり、床上浸水や橋が流されるなど大きな被害があった。そう考えると、城下町以前は、土地の多くが大雨のたびに頻繁に水に浸かっていたと考えられる。もともと交通の要衝であり、都市をつくりやすい平地、あるいはなだらかな傾斜土地であり、山から木を運び出すのにも利便性の高い梓川と奈良井川の合流地点に近い場所ではあったが、治水の壁が大きく立ちはだかっていたと言えるだろう。

のちに松本城になる深志城は、一六世紀初頭の一五〇四年に小笠原氏一族の島立氏の築城に始まるとされる。一五五〇年の武田氏による修築後、信濃国の拠点としてその統治が三十二年間続いたと言われる。武田氏の修築がどのようなものかはよくわかっていない。女鳥羽川の流路変更について諸説あるが、治水を考えたうえでの防御にも資する河川改修や堀・土地の造成が行われ、水害に強い土地に改変するために、武田氏の土木技術がなんらかの形で発揮され、都市成長のパラダイムシフトに寄与してきたと推測できる（扇状地の氾濫原には本来複数の流路があったはずだから、川を都合の良い一つの流路にまとめる改変が行われたのだろう）。今に続く松本の城下町都市計画の嚆矢である小笠原貞慶、現在に続く松本城の城郭整備と城下町建設を続けた石川氏など、その後の為政者にとっても治水は大きな課題であったはずである。治水の経緯については未知の部分が多いが、

写：1　**航空写真**

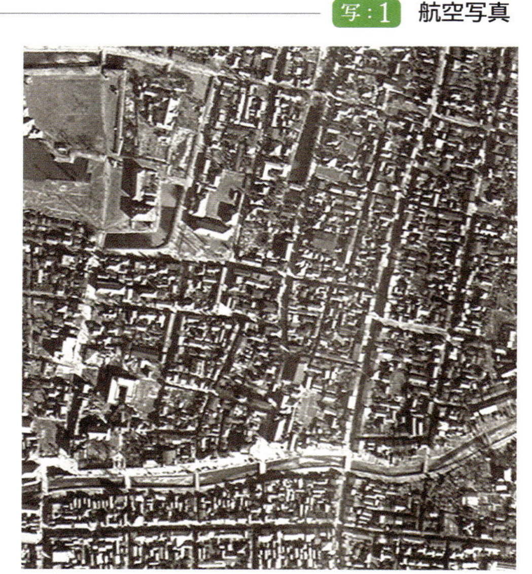

昭和23（1948）年　出典：国土地理院空中写真

土地が開けた湧水の豊富な場所に、それなりに安定的な治水が可能になったことで、松本は都市形成のスタート地点に立つことができたのだろう。

女鳥羽川や薄川など、治水的な意味合いでの都市形成の基盤となってきた河川改修は現在も続いている。現代の都市計画や都市デザインの課題として河川を見つめ直すとき、治水はもちろん重要だが、自然流路をかなり拡大させてきた現代の河川空間は管理が行き届かず荒地の様相を見せ始めている。そのため治水を超えた積極的二河川空間の意味を見出す、つまりパブリックスペース、オープンスペースとしての価値を問い直し、今後松本の暮らしにもっと取り込んでいく必要があるのではないだろうか。ここにイノベーションの大きな可能性がある。

松本城下町の都市計画　その②

都市構造

松本城下町は南北が約二・四キロメートル、東西が約一・四キロメートルの範囲に収まる、大手門から南に街道が伸びるタテ町型である。町人地や武家地の町割り構成もタテ町が主流を占める。ヨコ町は、町人地では中町

平成23（2011）年

昭和50（1975）年

および伊勢町、安原町の一部、山家小路、武家地では徒士町、六九、口張町、旗町の一部、上下町、下下町などとタテ町に比べて少ない。織豊期の特徴的な城下町とされるタテ町型が踏襲され、南北を基軸とした構造が長く続くことになる。松本に都市的な東西の軸ができるのは、明治三五年の松本駅の開業のころ。町割りは短冊形であるが、道で囲まれる街区の長方形の大きさはバラバラである。南北を基軸にしているが、厳密に街路が東西南北で整然としているわけではなく、地形やそのほかの要因によって対応したのであろう。

松本の城下町都市計画に取り組んだ最初の為政者である小笠原貞慶の代（一五八二〜一五九〇）には、現在の三の丸の中にある泥町や市辻（地蔵清水や柳町）の町人地は本町に移され、中町や東町も含めた親町三町が定められたとされる。親町とは親町・枝町・小路と階層化された町人地の中で基軸となる、つまり城下町のメインストリートのことだ。重要な街道筋に商業地である親町を配し、集客の得られる道筋に商業機能を集約するという都市経済の発展を考えた現代より厳格な用途地域が採用された。さらに伊勢町や安原町、小池町、和泉町・横田町・飯田町・小池町・宮村町などの枝町もこの時期に定められたようだ。その後、水野氏（一六四二〜一七二五）の時代まで武家地が拡大し、寺社地は主に城下町の境界に配された。近現代のスプロール化（都市が無秩序に拡大してゆく現象）に比べて、城下町としてのまとまりを担保しながら拡大していった。江戸時代が終わっても、用途の変更や機能の変化はあったろうが、明治、大正期には拡大する町の構成原理は城下町と同じ考えを踏襲したところが多かった。昭和三〇年代までは都市機能と都市活動の中心として、水野氏の時代に完成された都市構造がそのまま生きていたと言ってもいい。しかし、その後は町割りの構造は残っているにせよ、人口や都市機能など土地利用的には徐々に空洞化が進んでいくことになる。写:1

城下町形成期までに編み出されてきた〝両側町（街路の両側を合わせて町のコミュニティ単位とする町）と町屋〟という都市的で美的感覚をともなった都市建築における構成原理は、近代化以降それに代わる様式は現在も創造されておらず都市デザイン、建築の課題となっている。また昭和四〇年から次第に旧町名から現町名への変

更がなされ、都市計画や都市デザイン的にも、コミュニティ単位としても意味を持たない住所表記になってしまった。街としてのまとまりをどう定め、イメージとしても捉えやすくすることは都市計画や都市デザインを考えるうえで非常に大切で、問い直すことが必要だ。

都市構造は都市の持続性にとっても非常に重要だ。現在の構造は時代の変化に対応できておらず、空洞化、郊外化、人口減少などにより不安定になっている。解決すべき問題を的確に設定し、都市の継続性を維持できる計画技術を高める必要がある。

城下町創生当時は、都市構造の基本構成要素である町割りや町屋は中央のアイデアや技術によってもたらされた。近代以降も中央集権の論理で都市計画が進められてきた側面が強い。しかし現代においては地方都市自らが次代に通じる生存戦略、都市経営、町の構成原理、様式を編み出す努力が必須となり、そのための試行錯誤と実践が求められている。しかし、まだまだ議論も深まっていないのが松本の現状であり、一歩踏み出す必要に迫られている。

松本城下町の都市計画　その③

天守の眺め

江戸期の古地図を見ると、城下町の外からは天守がよく見えたはずだが、城下の町人地からはほとんど天守が見えない構造になっていた。天守が城下の道上で見えた可能性のある場所を地図から推定すると、博労町の城下町入口周辺から西側の町並みの屋根越しに見えた可能性があるのと、本町において木戸と大手門に続く塀の奥に、ひょっとすると屋根程度は見えていたかもしれない。また、天守のみならず町人地を通る道筋からは堀や門など城郭の様子をほとんど見せない構造になっている。街道を行き交う人が城郭で目にすることができたものは、大手門ぐらいではないだろうか。

「城下でも町の外からは天守が見えるようにする、しかし城下の町の中からは見えないようにする」。そこには防御的な理由もあっただろうが、初期の天守には金瓦が施されていたとされ、〝見られる〟という意図も当然あったはず。そう考える天守は城郭の中枢やシンボルとしてだけでなく、城下町の威厳を外に示すという狙いも含めデザインされていたのだろう。

現在は「天守が見えないから、通りから見えるようにしよう」という議論も多いが、短絡的に見せることを考えるのではなく、現代的な問題意識と意図を問い深めることが必要だ。そこに、天守の眺めと街並みに関する都市デザインのヒントが浮かび上がってくるはずだ。

松本城下町の都市計画　その④

山岳眺望と山アテ

城郭の整備に関しては、地選（ちせん）（城を築く位置の設定）、地取（じとり）（狭い範囲の城の場所決め）、経始（けいし）（縄張りの決定）、普請（ふしん）（土木工事）、作事（さくじ）（建築工事）という段階を踏むと言われている。しかし、実際にどんなプロセスを経て城郭と城下の都市構造を総合的に構想したのかは未知なところが多く、街路と町割りの計画において、山アテという手法が取り入れられていたかどうかはわからない。

山アテとは山頂に向けて意図的に街路を直線的な道を配置する、山の眺望景観も意識して街路を設計する方法である。山アテが意識されたかどうかにかかわらず、松本という北アルプスや美ヶ原などの山岳眺望が特徴的で、三百六十度どこを見ても山がある風土にあって、城下町都市計画で山岳眺望を取り入れるという景観的意図が城下町形成当時に考えられていたかどうかは気になる。これらを明らかにするには、当時の町並みを想定し、城下町の中からどのように山が見えていたのかをシミュレーションし、特徴的な景観の分析をすることが必要だろう。山アテが行われるためには、名峰や信仰の対象などの文化的背景や、測量のための目印に利用できるかどうか、方位としての指標となるかなどさまざまな理由が必要になる。

また、山が街路設定の指標として測量に使われたことを確かめるには、当時の測量技術を再現しながら都市計画をシミュレーションすればいい。指標となる山のある点と、たとえば街路の中心線が一致する道に対して、当時の測量法が可能かどうか実際に試してみると、街路のプランニングの段階で山アテが意図された可能性を探ることができるかもしれない。ただ個人的には、南北・東西の方向性を基本として防御や治水上の問題とともに地形的な要因を考慮し、城下町内のそれぞれの町に武家や町人の収容を考えた町割りを行ったのではと考えている。つまり南北、東西の町割りという視点が城下町松本の都市構造をデザインするための主要な論点だったのではないだろうか。

当時のプランニングは、未知な部分も多く、研究が待

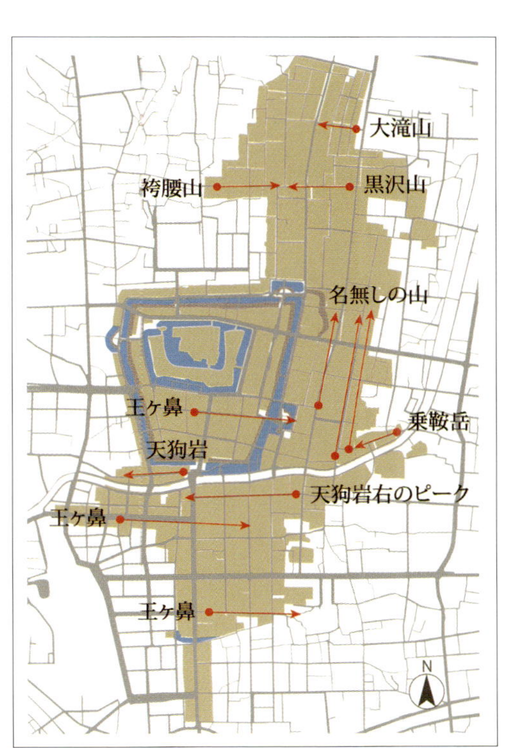

図：2 山頂方向に向いている街路

たれるところだ。山アテや山岳眺望といった町なかからのランドスケープなどの工夫は、城下町形成にとってどれだけ考えられたのだろう。周囲を山に囲まれた松本は、当時意図されたかどうかにかかわらず、結果的には山アテ的に山が見える街路も多い。……図：2 写：2

歴史的な経緯は歴史家の論証を待つこととして、現代、そしてこれからの松本にとって、山の見え方は都市計画のコンセプトを検討するために重要である。山岳眺望の取り入れ方、そのための工夫やプランニング環境の整備が、松本における都市計画と都市デザインにとっての大きな課題なのだ。

写：2

天神小路と王ヶ鼻

東町と名無しの山

自ら考え挑戦する
～未来に愛着をもたれる都市を送り届けるために～

城下町形成の時代は「世の中の変化を安定させる」ことが急務だった。戦国大名の勢力争いを力学とした各国の自治により国力が蓄えられ、勢力が競合しながらも、やがて中央集権化による安定に至った。その流れの中でイノベーションを連鎖的に発生させる環境が生み出され、変革に呼応して都市の必要性が高まり、江戸時代に引き継がれる都市の成長の基礎がつくられた。もともと都市だった京都や大坂なども、豊臣秀吉により移住や区画整理などの大規模な都市改造がなされた。松本にとっては初めての〝都市の出現〟だったかもしれないが、古くからの都市では新たな町割りや町屋に改変するなど、歴史を上書きする都市刷新が行われ城下町が形づくられてきた。

歴史ある都市の代名詞にもなっているフランス・パリは、ナポレオン三世に権限を与えられたセーヌ県知事オスマンによって、馬車による交通・物流機能や衛生環境の向上、治安維持などの観点から一八五三年から強烈な都市改造が行われた。長いパリの歴史から見れば、たった二百年も経ない再開発であるが、それが今は歴史的魅力ととらえられ、アイデンティティにもなっている。長い歴史の中では、都市が生き延び、新たな活力を生むために大改造が必要な時もある。城下町の形成、都市の近代化に共通するのは、社会や経済を動かすなんらかの根本的なルールが変わる、または変える力学が働いていた。今後も、そのような時代には、都市の微修正では対応できず、都市改造が必要になる局面が意図するかどうかにかかわらず訪れるだろう。

歴史の文脈を生かす、見捨てられたような古いものに新たな価値を吹き込み、次につなげることは、歴史ある都市にしかできない重要な使命である。かつ、時代の変化を敏感にとらえ、その先手を打って新たな創造を行い、長い時間を経ても未来の人に愛されるような新たな歴史を積層させていくことも重要だ。都市の魅力を高めながら都市を持続させるには、これら背反する努力が必要である。

時代の変革の中で生み出された城下町松本は、その後の長い安定期を経て近代に至り、都市として現在までに四百年を超える歴史を持つ。一方、近代から現在までは江戸時代以上に中央集権の構図が強く、都市経営を自ら考えて自治を行うための基礎力が備えられてこなかった。その松本で、長きにわたり積み重ねられてきた記憶をひも解き、社会を動かす根本的なルールの変化を読み解きながら、生き続ける都市としての文脈を編み出し、歴史に負けない未来を創造する努力は、都市計画、都市デザインにおいて今後ますます必要となる。それは都市存続のためのヒントも与えてくれるだろう。

城下町形成やパリ改造など都市形成のダイナミズムを考えると、新たなイノベーションが渦巻く変革の時代においては、変化と果敢に戦い、新たな力に変換する未来を切り拓く人びとが活躍し、彼らが都市にさらに集まるような構図を生み出せるかどうかが都市の行方を左右するだろう。現在は変革の時であり、歴史に敬意を表しながらも、新たな挑戦が求められている。松本が乗り越えなければならない壁は大きい。

言の葉 散歩

KOTO noHA SANPO

松本城周辺の高さ ―市民の選択―

上條一正

昭和四七年、北アルプスを望む天守の真ん前に黄色のマンションが突如現れた。国宝を預かる市教育委員会は、松本城景観保護審議会を設置、東京大学の大谷幸夫先生に依頼し、提案された「大谷報告」と言われている「松本城の景観とその周辺整備計画」をもとに、「松本城とその周辺の景観保護対策(建築物の高度規制を中心として)」を策定、周辺の高度規制を「行政指導」として取り組み始めた。……図：1

この報告書は高さの在り方を中心としているが、都市工学の専門家として中心市街地全体の整備の在り方(道路・交通を含む)にも言及した報告書であったことはあまり知られていない。さらに建設系部局で検討した記録もない。高さ規制は当初報告書にもとづくブロック別規制であったが、地域住民の要望をふまえ緩和した仰角規制に変更して運用していた(ブロック別規制は城の近くから十メートル・十五メートル・東側のみ二十メートルもあるというブロック内統一した高さの規制であったが、アルプス側に向けて仰角二度以下、美ヶ原に向けて仰角三度以下という、傾斜型に緩和した)。……図：2

それ以後、規制区域内土地所有者が開発計画を強めていないこともあり、規制値を超えた計画は出てこなかったが、平成一一年、区域内人口の空洞化にともない土地取得したディベロッパーによるマンションが計画された。松本市はその土地を買収し、公共施設(現大手公民館・市営住宅)を建設することで事なきを得たが、今後同じ事態の発生を防ぐために法的な規制を導入することとした。これが高度地区「松本城周辺地区」を都市計画決定した経過である。その後、景観法の施行にともない策定した松本市景観計画に、用途地域別高さ制限を設けて全市域で高さ誘導をはじめ、景観計画にもとづく高さ制限の実効性を高める取り組みを行っている。

図：1　松本城とその周辺の景観保護対策　高度規制対象範囲図

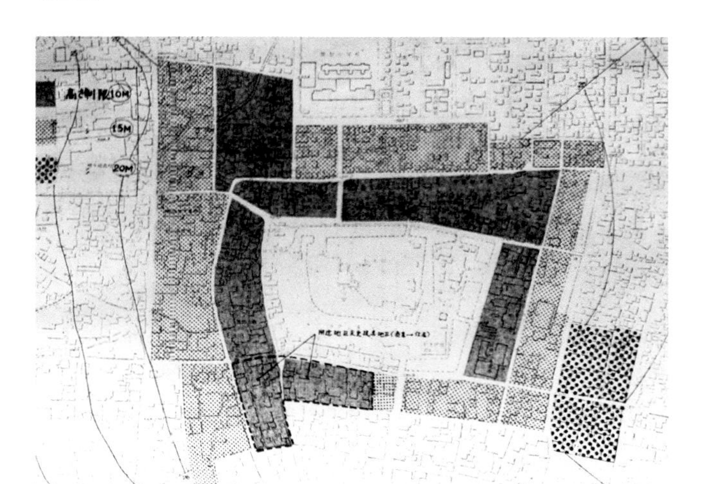

大谷報告

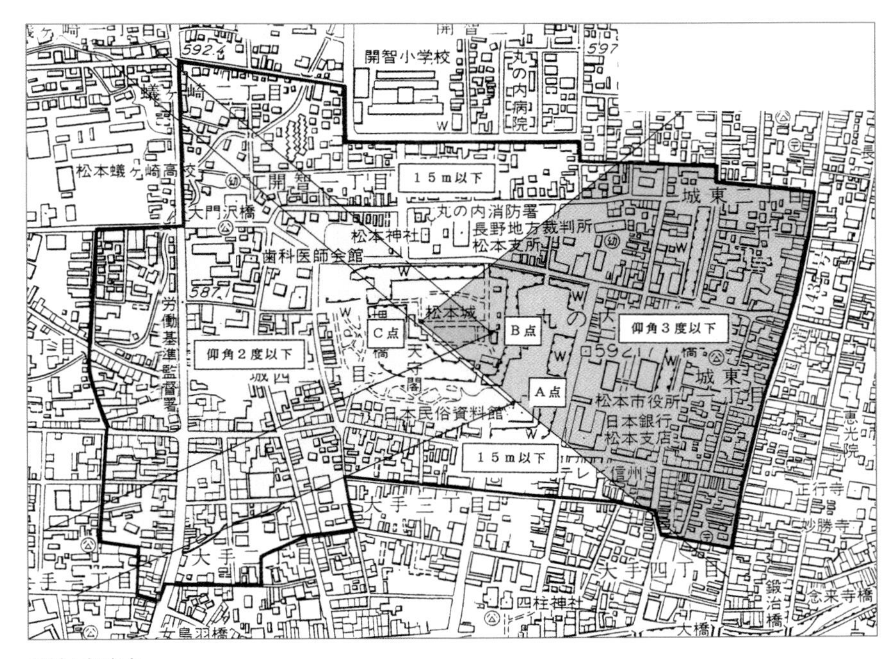

資料：松本市

行政指導から高度地区都市計画決定と景観計画による高さ制限への経過と背景について見てみる。「行政指導」の高さ規制は、松本城天守の存在を周辺建物に埋没させないために取った手段であり、「松本城天守ありき」で城下を含めた中心市街地のまちづくりとか都市デザインとまでは言えない。また、高度地区は松本城公園を除く周辺三十一・六ヘクタールにとどまり広がりに欠けている。これは、契機となったマンション計画に関する地元住民の意向が大きく関係している。それは、市議会本会議で紹介されている地元自治会から松本市に提出された、「松本城の景観を守るため周辺地域での建築物の高さ規制についての報告書」から読み取れる。この報告書では、「構成する一部町会から反対意見があるなか、松本城の景観はぜひとも守らなければならないとの意思統一への賛同を得、松本城とその周辺の景観を守り、後世に引き継ぐことを責務と考え、数々の協議を重ね、そのうえで中央地区町会連合会の総意として報告書を作成した」と記載されている。しかしこの報告書の背景には、従来取り組んでいた行政指導を継続し、規制強化をしないでほしいとの思いがあったと考えられる。また範囲を広げることに対しても、そのほかの地権者から地価の高い中心市街地での規制に強い反対があり、法的規制を急ぐため「大谷報告」にもとづく誘導範囲を対象とすることに。その後、規制エリア外を景観計画で高さ誘導していくことになった。

そして現在、高度地区隣接地で景観計画制限値のもととなった高さ二十九メートル（松本城天守の高さと同じ）、その後二十八メートルのマンションが建設されている。

図：2

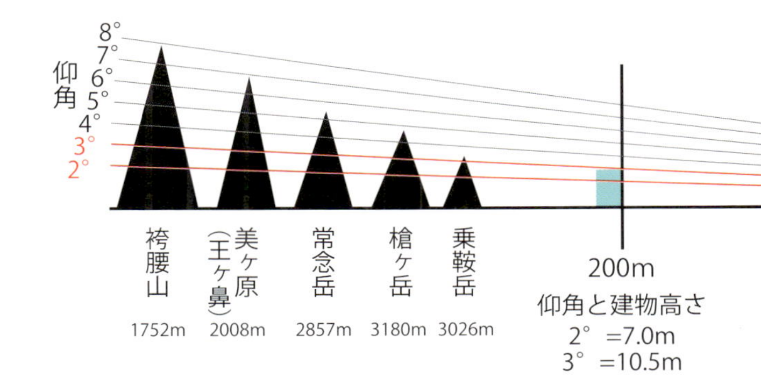
8°
7°
6°
5°
4°
3°
2°
仰角
袴腰山
1752m
美ヶ原（王ヶ鼻）
2008m
常念岳
2857m
槍ヶ岳
3180m
乗鞍岳
3026m
200m
仰角と建物高さ
2°　=7.0m
3°　=10.5m

都市 D

第三講 「歴史」から考える 城下町

城下町松本の都市空間形成史を読む

大石 幹也

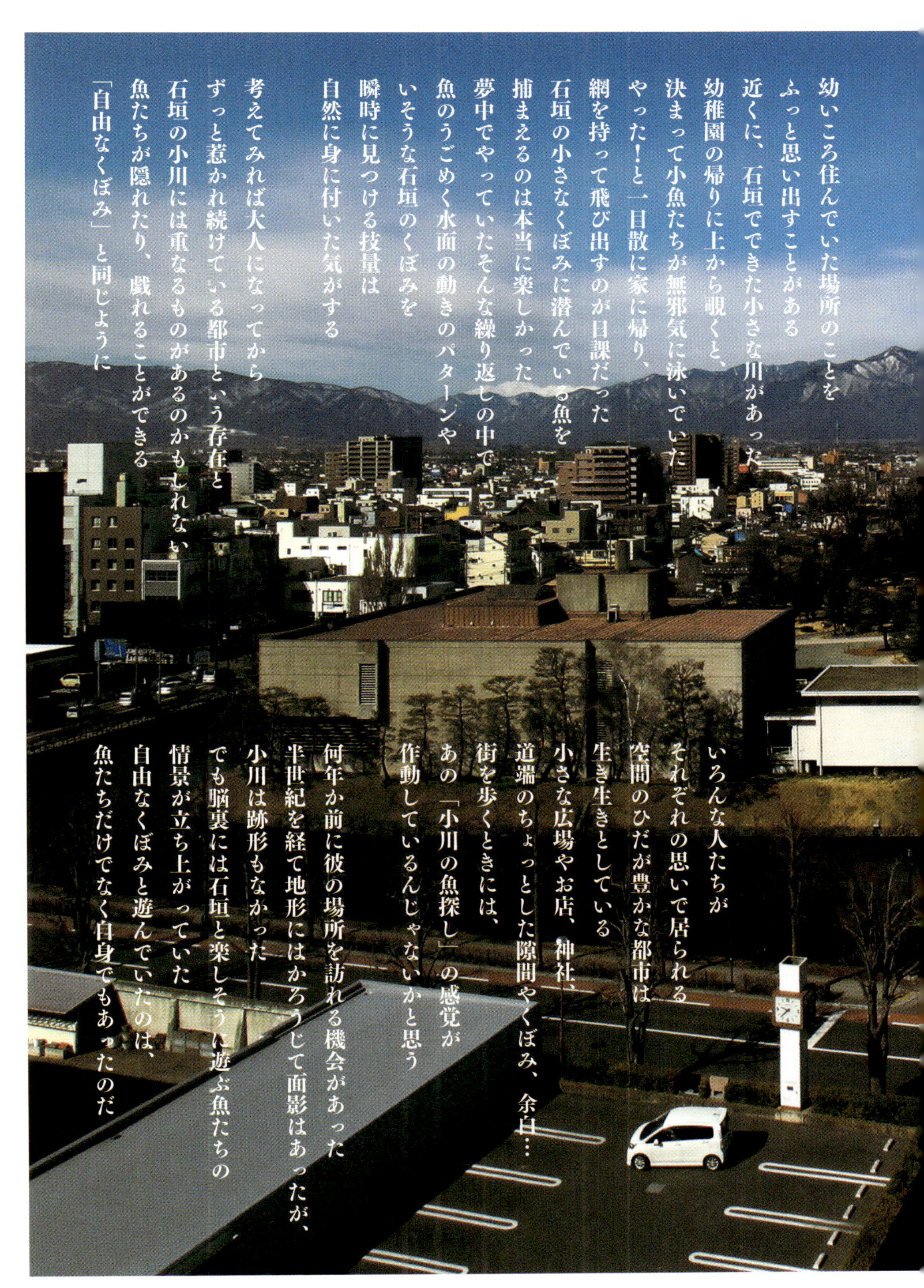

幼いころ住んでいた場所のことを
ふっと思い出すことがある
近くに、石垣でできた小さな川があった
幼稚園の帰りに上から覗くと、
決まって小魚たちが無邪気に泳いでいた
やった！と一目散に家に帰り、
網を持って飛び出すのが日課だった
石垣の小さなくぼみに潜んでいる魚を
捕まえるのは本当に楽しかった
夢中でやっていたそんな繰り返しの中で
魚のうごめく水面の動きのパターンや
いそうな石垣のくぼみを
瞬時に見つける技量は
自然に身に付いた気がする

考えてみれば大人になってから
ずっと惹かれ続けている都市という存在と
石垣の小川には重なるものがあるのかもしれない
魚たちが隠れたり、戯れることができる
「自由なくぼみ」と同じように

いろんな人たちが
それぞれの思いで居られる
空間のひだが豊かな都市は
生き生きとしている
小さな広場やお店、神社、
道端のちょっとした隙間やくぼみ、余白…
街を歩くときには、
あの「小川の魚探し」の感覚が
作動しているんじゃないかと思う

何年か前に彼の場所を訪れる機会があった
半世紀を経て地形にはかろうじて面影はあったが、
小川は跡形もなかった
でも脳裏には石垣と楽しそうに遊ぶ魚たちの
情景が立ち上がっていた
自由なくぼみと遊んでいたのは、
魚たちだけでなく自身でもあったのだ

「歴史を生かすまちづくり」というフレーズはよく耳にするけれど、なまこ壁などの歴史モチーフを安易に使用することではないだろう。背後にある先人の「考え方」を理解したうえで、現代に生かす想像力が必要になる。

そのときに時間軸のフィルターを通して都市を観察してみると、歴史の中で蓄積してきた固有の都市構造や場所の分脈が浮かび上がってきて、これからのデザインのヒントにつながるのではないかというのが本稿の仮説である。歴史のレビューとリフレーミグの上に物事のデザインをアップデートしていく「ひと手間」について考えてみたい。

都市の個性を探りデザインに生かす

脱工業化や情報化、人口減少の時代と同調するように、都市の魅力づくりがクローズアップされている。工業化時代の画一的な都市づくりへの反省や魅力向上によって定住・交流人口を増やすことがその背景にある。都市が持っている個性をいかに捉え、生かすかが問われるが、そもそも都市の個性とは何だろうか。

都市計画家の田村明が明快な言葉を遺している。

「一口でいえば、都市の個性とは、他の都市と異なる特性であり、その都市らしさである。その都市でなければ持っていない独自性である。個性とは量的な相違ではなく、質的な特性、特色をいう」[注1]

また、『新・観光立国論』を著したデービッド・アトキンソンは、観光立国の条件として「気候、自然、文化、食事」の四つを挙げている。[注2] これらはそのまま訪れた都市の個性にも当てはまるだろう。

注目したいのは、個性の成り立ちについての田村の指摘である。

「都市の個性がどんなふうにできているか。個性が形成されてゆく構造を見ると、かんたんにいえば次のようにいえるだろう。都市個性＝〝風土〟×〝歴史〟×〝人の営み〟風土と歴史をもとにして、そこに加えられた人の営みにより、変化が加えられ、蓄積が行われ、個性が形成されてゆくのである」[注3]

しかも、「個性とは自律的で、主体性ある行動や考えを積み重ねているうちに培われてくるものである」とも述べている。[注4]

気候、自然、風土は天恵の資源だが、ただ賦存するだけでは個性ではなく、人の主体的な関与とその積み重ねで培われていくという指摘は示唆に富んでいる。たとえば、日照や風雨という気候に対して建物の軒を深くする人間の側の対応が積み重ねられると、総体として特色ある街並みが形成されていく。形の問題ではなく、その形を生み出す人のふるまいや選択が都市の個性の源である。とすれば、都市の姿をプロセス＝都市形成史として理解しないと背後にある考え方は見えてこないだろう。

都市の成り立ちを把握する方法としてよく行われているのは、出来事を時系列で整理した都市年表と併せ、昔の地図や写真などのビジュアル情報で補完する方法である。この方法は都市の出来事の経過を理解には適するが空間的関係（都市の文脈）はつかみにくい。たとえば、松本城を基点として大名町・本町が南北の基軸として先行してあったからこそ、近代に東西のあがたの森通りが直行軸としてできたというような連鎖的な分脈の形成である。都市のデザインには、歴史的・空間的に全体を俯瞰しながら、都市の成り立ちに重要な役割を果たしているキーファクター（たとえばランドマークやパブリックな場所、物語など）を捉えることが求められる。そこから都市の魅力づくりにつながる要素をすくい取り、デザインの筋を探っていく。しかし実際には、ある場所がどういう都市の文脈の中でできてきて、どんな方向に向かおうとしているのかを表層の姿だけで判断するのは難しい。その場所を生み出している社会的背景や下敷きになっている歴史的な都市構造（町割りや都市計画）を踏まえたうえで、今の課題に対する解としてのデザインが必要になる。こうしたことから、「場所の意味を浮かび上がらせる都市年表」をつくれないかと考えていたとき一枚の図がヒントを与えてくれた。

デザインツール、都市空間形成史マトリクスをつくる

図1は松本における城下町の明治以降の堀の埋め立て年代を示した図である。眺めていたらその順番に恣意性があることに気づいた。総堀の南端にある大手門枡形を基点に、埋め立て前線が左右対称にU字型で北上してゆく。この図が語っているのは、先達の行為を続く世代が引き継ぎ、人びとの「意図の連鎖」により都市空間が

図：1 明治以降の堀の埋め立て順　旧武家地　旧町人地

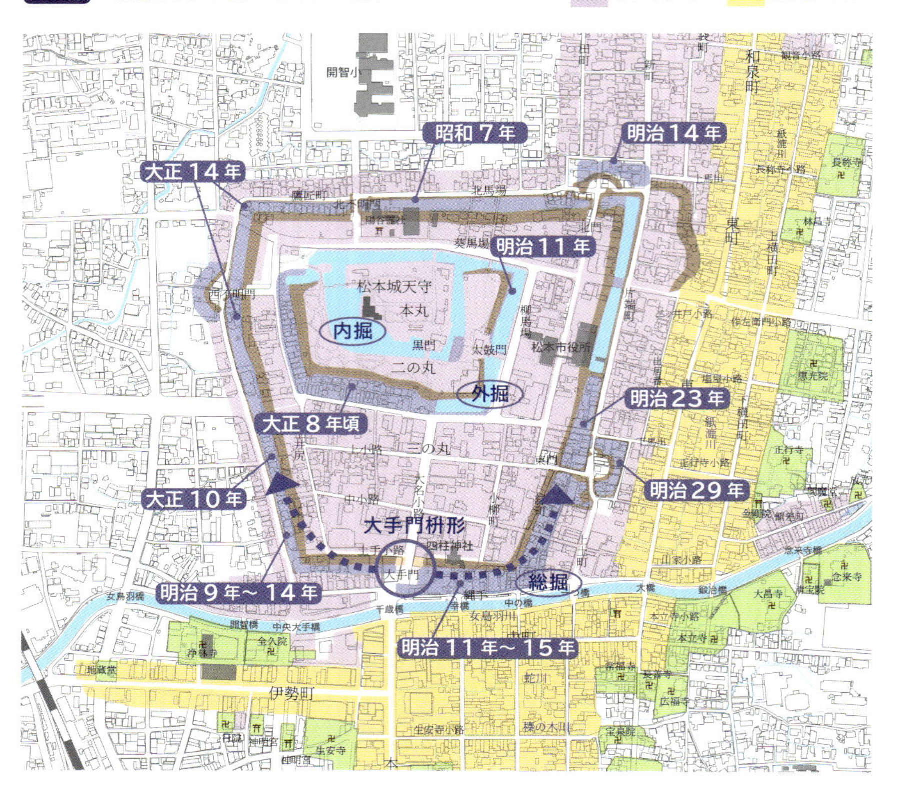

更新されてきたことだ。大小の差はあれ都市のどの部分もこれと同様な無数の意図や選択の積み重ねの結果として今の姿がある。ただ、表層の混沌した状況や移り変わる動態の中にデザインの手掛かりとなる文脈やキーファクターを見出していくことは容易ではない。この都市空間の煩雑なあり様を、都市活動のダイナミズムの中で生まれていく空間的な意味として捉える視点が建築家・貝島桃代の著書に記されていた。「都市の中にある様々な場所が…中略…使われることで新たな都市のまとまりが発見されている」（傍点筆者）［注5］

この言葉に出合ったとき、頭の中で堀の埋め立て図とつながり次の問いが浮かんだ。「堀は埋め立てられてその後どんな使われ方がされ、新たな都市のまとまりを形成したのだろうか？」。堀に隣接するエリアの更新情報をリサーチすれば場所の変化や影響関係が見えてくるだろう。近接という「距離」が肝になるから、都市全体を隣接しあう複数のエリアの集合体と考え、たとえば「堀」とか「町人町」など、一定のエリアごとに更新情報をプロットすれば、場所ごとの履歴を示す都市年表ができる。新旧の松本市史に始まり図書館や松本市文書館で文献資料と地図を渉猟し、建築、開発、災害などの都市形成や更新にかかわる情報を集め、どこの出来事なのか複数資料から場所を特定していった。問題は集積した履歴としての情報群をどう解釈するかだった。

そのヒントが松岡正剛の著書『情報の歴史』にある、「板書」で複数情報のつながりを視覚化するという方法である。［注6］

エリアごとの更新情報に共通点を見つけ、KJ法（ブレーンストーミングなどにより得られた発想を整序し、問題解決に結びつけていく方法）のように「新しい街」、「近代化」、「都市域拡大」などエリアの特徴を一言で表す見出しを付け、必要に応じて相互に矢印で結ぶ（たとえば、「史跡保存」→「都市のシンボルゾーン」）。こうしてできたツールが〝歴史〟と〝場所〟と〝人の営み〟をクロスさせた「松本の都市空間形成史マトリクス」である。……図：2

マトリクスは横に時間軸、縦に空間軸をとり、都市形成にかかわる出来事をA３一枚に凝縮している。「時間軸」は、江戸から現代までの都市のつくり方や考え方の変わり目で四期に分けた。

❶江戸期：「都市の原型形成期」
（一六世紀末〜一八六七）

❷明治〜戦前：「近代都市の基盤形成期」
（一八六八〜一九四五）

❸戦後：「都市の高層化と郊外拡散期」
（一九四五〜一九八八）

❹現代：「都市空間の熟成期」
（一九八九〜現代）

である。縦の「空間軸」は天守、二の丸、三の丸、堀、城下、周辺、郊外という、城下町の空間構造をベースにエリア分けしている。マトリクスにすることで都市形成史を空間構造をともなったレイヤーとして捉えることができる。都市空間の変容は地図などのビジュアル資料からも追った。

r's	3 1945～1988 <都市の高層化と郊外拡散> 45year's	4 1989～現在 <都市空間の熟成> 20year's
と 基軸》	松本城が都市のシンボルとなり，都市景観形成を目指す一方，中心市街地の高層化と郊外の拡散が進展した時代	成長経済の終焉，超少子高齢型人口減少社会を迎え，都市空間の高質化と既存ストックの創造的利活用の時代
開化 定義	1954 S29 昭和の大合併　1955 S30 松本城解体復元修理→都市の象徴 1959 S34 新都市建設五ヵ年計画　1964 S39 内陸唯一の新産業都市指定 1974 S49 大規模小売店舗法　1979 S54 松本市都市再開発基本構想 1988 S63 松本市都市景観基本計画　駅と車社会が都市空間を定義	1992 H4 松本市都市景観条例　ライフスタイルが都市空間を定義 1998 H10 まちづくり3法(2006改正)　2000 H12 特例市指定 2001 H13 松本城周辺高度地区指定　2007 H19 松本市景観計画策定 2005 H17 四村合併　2011 H23 松本市歴史的風致維持向上計画策定
基軸 西軸	①中心市街地の近代化·高層化 + 道路網整備による郊外拡散 ②モータリゼーション：幹線道路・高速交通網 ③農業・工業・観光の一体的振興，大型商業の進出·郊外化	①集約型都市構造 + ＩＴによる都市機能のバーチャル化 ②公共交通，歩行者交通へのシフト ③１次·２次·３次産業のバランスとミックス
場 建築	①インターナショナル·スタイルのビル　⑧大型店舗　⑩高層ホテル ②マンション　④百貨店　⑥共同ビル　⑨高層ビル　⑪コンビニ ③アーケード　⑤駅ビル　⑦ショッピング·モール　⑬ロードサイドショップ	①チェーン店　④スーパー銭湯　⑥シネコン ②大型店の郊外型店舗村　⑤介護付きマンション　⑦ネットショップ ③アメリカンスタイルのコーヒーショップ　ライフスタイルの変化
	1964 S39 旧開智学校移築保存	1991 H3 松本市中央図書館 1993 H5 旧カトリック松本教会司祭館移築保存 2009 H21 武家屋敷・高橋家住宅保存
保存 定	1952 S27 天守：国宝再指定→1955 S30 松本城解体復元修理 1972 S47 松本城景観保護審議会→1973 S48 東大大谷レポート 1974 S49 高さ規制(10m，15m，20m)→1986 S61 見直し(仰角，15m)　【象徴】	【都市のシンボルゾーン】 1993 H5 国宝松本城400年まつり 1999 H11 松本城およびその周辺整備計画
近代都市の中枢機能	1945 S25 史跡指定　1957 S32 中央公園指定 1960 S35 黒門再建 1977 S52 松本城中央公園整備計画　【史跡保存】	1990 H2 黒門枡形復元(高麗門，袖塀) 1993 H5 国宝松本城400年まつり
校	1945 S25 史跡指定　1957 S32 中央公園指定 1967 S42 日本民俗資料館　1977 S52 松本城中央公園整備計画 1978 S53 中央公園整備(噴水・裁判所撤去，二の丸園路) 1985 S60 二の丸御殿跡史跡公園　1987 S62 児童遊園地撤去	1990 H2 二の丸裏御門橋架け替え 1992 H4 太鼓門枡形石垣復元　1993 H5 国宝松本城400年まつり 1999 H11 太鼓門枡形復元 2008 H20 二の丸内掘石垣改修
新しい街	【中心市街地の形成】 1946 S21 縄手：モダンな中劇開業(1960 S35 シネサロン) 1948 S23 松本市民会館(大名町)→1955 S30 焼失 1958 S33 日銀松本支店(丸の内) 1959 S34 松本市役所(丸の内)　1965 S40 松本ビル(大名町) 1966 S41 厚生文化会館　1973 S48 大名町近代化事業 1974 S49 松本城景観保護=高さ規制(10m，15m)→1986見直し　【近代化】	【中心市街地の変貌】 1991 H3 市営大手駐車場建設に伴う三の丸土井尻発掘調査 1992 H4 松本城北外堀沿いに宮渕・新橋・上金井線開通 2000代 H12-「街の映画館」の閉館相次ぐ――都市の娯楽の変化 2009 H21 お城下町街なみ環境整備
つなぐ	1975- S50 堀の浄化対策着手　1984 S54 東外堀復元(裁判所跡)	2005 H17 東総堀石垣改修 2007 H19 西総堀土塁史跡追加指定 2009 H21 西総堀土塁公園整備　2010 H22-南西外堀復元事業着手
火 商業の隆盛	1960 S35 ニュー大映(上土)→1963 S38 ピカデリー 1974 S49 松本城景観保護=高さ規制(20m)→1986 S61見直し　【商店街の近代化と変容】	
町) 駅周辺の集積	1949 S24 旧開智学校：重文指定　1956 S31 はやしや百貨店 1965 S40 千歳橋架け替え，女鳥羽川護岸改修 1966 S41 本町近代化事業，伊勢町近代化事業 1967 S42 六九アーケード(松本初の全蓋) 1984 S59 松本パルコ　1987 S62 中町，蔵のあるまちづくり	2003 H14 中央西土地区画整理事業 2001 H13 中町街なみ環境整備 2002 H14 女鳥羽川ふるさとの川整備，六九リバーサイド
	1964 S39 路面電車廃止　1970 S45 松本駅前通り商店街近代化 1970 S45 大手近代化事業　1972 S47城西：高層マンション計画 1974 S49 高さ規制　1985 S60 松本駅周辺土地区画整理事業　【大型店の進出】	2003 H14 中央西土地区画整理事業 2004 H16東宝セントラル閉館 2007 H19 松本駅自由通路及びアルプスロ 2011 H23 松本駅お城口広場整備
産業→都市域拡大	1945 S45 国立松本病院(旧松本陸軍病院)　1949 S24 信州大学 1959 S34 松本市民会館，ＮＨＫ松本放送局，ＳＢＣ(深志公園) 1964 S39 路面電車廃止　1973 S48 旧制松本高等学校保存運動	2002 H14 松本市美術館　2004 H16 まつもと市民芸術館 2007 H19 旧制松本高等学校保存改修，国重要文化財指定 2010 H22 中央東地区街なみ環境整備
の郊外移転・建設	1962 S37 松本空港　1963 S38 R19バイパス(新橋－平田間)→沿道開発 1967 S42 木工団地，市場　1969 S44 西南団地　1972 S47 大久保団地 1976 S51 三才山トンネル開通　1988 S63 長野道開通	【郊外化】 (3つづき)1978 S53 イトーヨーカドー(駅前)，やまびこ道路(国体) 1979 S54 カタクラモール(日の出町)，井上百貨店(駅前) 1999 H11 イオンタウン松本ＳＣ(村井)　2004 H16 なぎさライフサイト

図：2 松本の都市形成史マトリクス（サイズ縮小版）［注＊］

時代区分 ／ エリア		1 16C末〜1867 ＜都市の原型形成＞ 280year's	2 1868〜1945 ＜近代都市の基盤形成＞
時代の特徴		松本城と城下町の町割りにより，都市としての原型が形成された時代 《天守（核）と基軸》	堀が埋め立てられ，城下町を下敷きにしな 都市域の拡大により都市の姿が変貌した
主なできごと		1585- 小笠原貞慶：城下町基本構造整備（三の丸，親町3町，枝町10町） 1592-93 石川数正・康長親子：天守築造 【城と街道が都市空間を定義】 1642-1725 水野氏の時代：城下町ほぼ完成 【信濃国第一の都会】 1814 十辺舎一九「町並みよく商家数多軒を並べ往来殊に賑わいたり」	1871 M4 廃藩置県：松本城の櫓・門破却，松本深志 1873 M6- 松本城博覧会 1876 M9 堀の埋立（〜19 1902 M35 鉄道開通，松本駅→駅前通り形成 1907 M40 市制施行→都市整備を促進 【旧街道と駅
都市基盤	①構造 ②交通 ③経済	①天守・城郭を核とした城下町（親町3町，枝町10町） 【都市の基軸】 ②街道（善光寺街道，野麦街道，千国街道）＋ 犀川通船（1832） 【南北軸】 ③領国経済→物流集散拠点，商人・職人の集積	①城下町構造の継承 ＋ 郭内・城下町周辺の開発 ②鉄道（篠ノ井線，中央線，信濃鉄道，筑摩鉄道，路面 ③殖産興業（製糸業の隆盛），商業，金融
ビルディングタイプ ＊時代のイコン 【枠囲み】：現存		【①天守】 ④御殿 ⑦役所 【⑩寺】 【②門】 ⑤大名屋敷 ⑧町屋 【⑪神社】 ③櫓 【⑥武家屋敷】 【⑨土蔵】 【⑫民家】 【枠囲み】：今も現存	【①擬洋風建築】 ④官公庁 【⑦医院】・病院 ⑩写真 【②洋館】 【⑤学校】 ⑧映画館・劇場 ⑪ホテ 【③ビル】 【⑥銀行】 ⑨公会堂 ⑫駅舎
城下町	北部	1613- 小笠原秀政：城下町整備（和泉町） 1617- 戸田康長：御徒士町，堂町に武家屋敷整備，安楽寺を移設 1633- 松平直政：六九馬場，新町，田町，片端の武家屋敷整備 1642- 水野氏：萩町，天白町周辺，北馬場，鷹匠町に武家屋敷整備 【宅地の拡大】【地型小さい】	1871 M4- 廃仏毀釈による寺院の廃寺（真宗寺院：宝 1886 M19 大火（996戸焼失） 1912 M45 大火（1,464 1927 S2 市立松本病院（田町）
松本城の城郭《郭内》	天守	1592〜93 石川数正・康長親子：天守築造 1636 松平直政：月見櫓を増築（太平の世） 【平城】	1871 M4 松本城：旧物破壊の矢面 1872 M5 松本城 1873 M6- 松本城博覧会 1876 M9 市川量造ら：松本 1913 T2 天守閣保存会：天守修復 1936 S11 松本
	本丸	1590- 石川氏：本丸御殿建設 1727 本丸御殿消失	1873 M6 市川量造：天守保存のため博覧会開催（18 1880 M13 松本農事会：植物試験場（〜1897）→新し 1901 M34 松本中学校の校庭運動場 1930 S5 史跡
	二の丸	1590- 石川氏：二の丸御殿，古山地御殿建設 1727 二の丸御殿を政庁として使用（本丸御殿消失） 1868 戸田光則：二の丸御殿で朝廷帰順を伝える 【大きなスペース】	1871 M4 太鼓門の破却 1871 M4 廃藩置県→二の丸御殿を県庁→1876 M9 1873 M6 刑務所 1878 M11 東外堀埋立→松本裁判 1885 M18 松本中学校→M21焼失 1944 S19 官立松
	三の丸	1585- 小笠原貞慶：三の丸縄張り（郭内町人町を本町へ移転） 1590- 石川氏：葵の馬場に武家屋敷整備 1797 戸田氏：松本神社を祀る 【平坦な土地】【地型大きい】	1871 M4 大手門，東御門，北御門の破却 1877 M10 長野県師範学校 1878 M11 武家地開発（ 1880 M13 本願寺別院，神道社殿 1886 M19大火 1889 M22 司祭館 1902 M35 東筑摩郡役所 1916 T5 演技座（緑町） 1917 T6 松本市公会堂（ 1937 S12 第一勧銀松本支店
	堀	1582- 小笠原貞慶：「三の丸」縄張り→堀の造成 【結界】	【埋立】 1872 M5 筑摩県：外堀払下げ 1876 M9 南総堀 1878 M11 南総堀の東側埋立→1880 M13 神道 1917 T6 松本電気館 1921 T10 西堀埋立→市
城下町	東部	1590- 石川氏：片端，袋町の武家屋敷整備，正行寺，十王堂 1642- 水野氏：出居番，上土に武家屋敷整備	1871 M4- 廃仏毀釈，松本公立病院 1886 M19大 1926 S1 開明座 1913 T2 松本市役所（上土） 191
	南部	1582- 小笠原貞慶：三の丸から町人町，生安寺を本町移転，浄林寺 1592- 石川氏：町屋整備，極楽寺，十王堂 1613- 小笠原秀政：飯田町，小池町，宮村町，博労町，深志神社 1642- 水野氏：西堀町に武家屋敷 1727戸田氏：六九：郡所・町所 1776 綿屋火事：本町，中町，伊勢町焼失→本町，中町拡幅 【商業集積】【地型小さい】	1871 M4- 廃仏毀釈→1876 M9 全久院跡：開智学校 1875 M8 開産社（六九南）：織物 1876 M9 千歳橋 1877 M10- 第十四国立銀行（本町） 1880 M13 電信 1888 M21大火 1902 M35 松本駅開業 1914 T3 1908 M41 商工会議所 1920 T10代- 縄手賑わい 1
城下町周辺	西部	【賑わい】	1902 M35 篠ノ井線開通，松本駅→駅前通り形成→ 1915 T4 信濃鉄道開通→北松本駅集客→今町，西堀 1924 T13 路面電車（駅-浅間）→駅前通り形成 19
	東部 北部	深志城の鬼門除け・岡の宮神社（島立右近貞永）	1890 M23 片倉製糸所 1908 M41 五十連隊 1909 1911 M44 キナパーク 1919 T8 松本高等学校，長野 1923 T12 二中 1924 T13 路面電車 1936 S11 松
郊外		小笠原家の菩提寺・廣澤寺（1542 曹洞宗） 石川氏の鎮守神社としての薄宮（1593 お城を向く神社） 1843 城山に桜・楓を植え借楽の地とする 水野家の菩提寺・玄向寺（1669）	1872 M5 城山公園 1902 M35 村井駅開業 1935 S10 松本中学松本城から移転（蟻ケ崎），護国 【産業都市への変貌】→【人口集中を誘引】

（図中縦書きラベル：武家地，都市のシンボルゾーン，町人地，中心市街地）

「松本の都市空間形成史マトリクス」を読む

マトリクスの濃淡は都市の更新の密度を端的に示している。白いところはあまり変化がなく、濃いところほど更新が多い。一瞥（いちべつ）して第二期の明治～戦前、第三期の戦後は変化が激しかったことがわかる。エリアを固定し横に見ていくと「変容」が、時代を固定し縦方向に見ていくとエリア間の「同時代的な相互の関係」が読み取れる。たとえば、「堀」の場合、江戸時代は「結界」であり、明治以降は埋め立てられ両岸を「つないで」新しい市街地を形成し、戦後は「保全・復元」の対象となった。堀という「場所の意味」が四百年間の中で時代とともに変わってきたことがわかる。

都市の現場では「見えるものがすべて」である。背後にある歴史は何となく感じられるが、詳細はわからないことが多い。しかし、エリアごとにまとめたマトリクス状の年表にしてみると、そのエリアを形成してきた流れが見えてくると同時に、これからどういう方向に向かおうとしているのかもイメージできる。このマトリクスを片手に、昔の地図や画像などと併せて現場を眺めていると、城下町をベースに都市空間に刻まれてきたさまざまな特徴や傾向が読み取れる。たとえば、

①地形を生かした城下町建設
②各時代の都市の本質（原型、近代的基盤など）
③今も基層に色濃く残る城下町の町割り構造
④それを鋳型にしながら表層（構築物）が更新されていったこと
⑤堀の埋め立てから誕生した近代スタイル
⑥新旧の振れ幅を許容する市民性
⑦その結果、江戸から現代までの歴史性がまだら状に織りなす一見雑多な都市景観
⑧都市空間形成の大きな流れや因果（例：大名屋敷の大きな敷地が後世のビル街を準備したなど）
⑨時の中で育まれてきた都市空間形成上のキーファクター（例：松本城、二つの都市軸、女鳥羽川、大手門枡形のノード〈結接点〉など）
⑩場所の意味の時代的な変化（例：堀）
⑪エリアが向かっている方向性（例：二の丸は百年の時を経て歴史的シンボルゾーンへ）

図：3　松本の主要な骨格

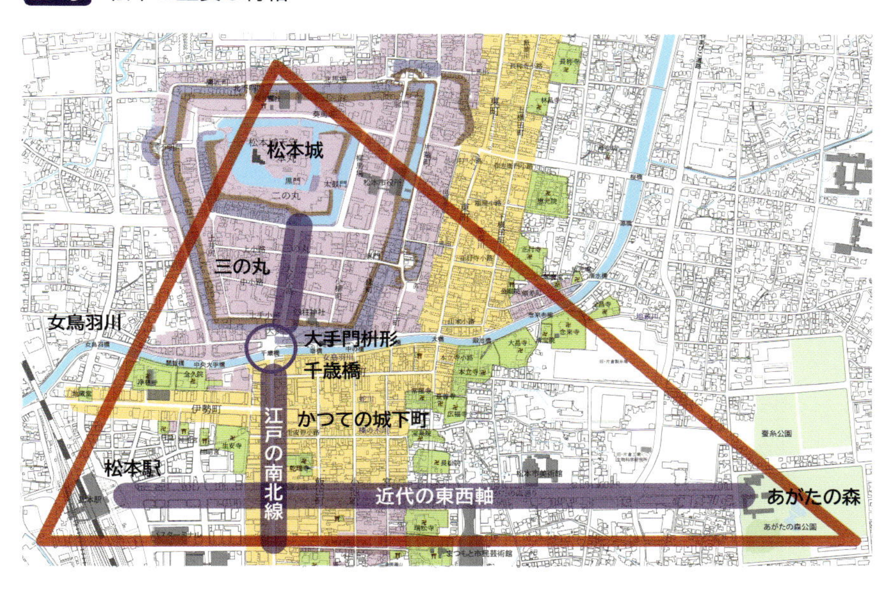

⑫都市空間形成の現代的課題（例：中心部の商業地の変貌）

などである。歴史の中で獲得してきた場所の意味や個性が浮かび上がってくる。

「城下町」の現代的意義

マトリクスを読み込みながら「城下町」の現代的な意義を総括してみたい。

一つ目は「基本構造」としての城下町＝現代都市の「基」である。城下町は権力の表出形態であり、本質的に中心性、階層性、軸性などの強い構造を持っている。松本はこの城下町構造を下敷きに近現代の都市ができている。基点としての松本城があり、そこから伸びる南北軸（現大名町・本町）を基軸に、直行する東西軸（現あがたの森通り）が近代につくられ、この二本の都市軸と三つの極（松本城、松本駅、あがたの森）によって現在の中心市街地のコンパクトなトライアングル構造ができている。街路パターンの町割り（親町三町枝町十町二十四小路）や町家の敷地形態も現代まで原型を継承しているものが多い。こうした都市のOS（オペレーションシステム）とも言える基盤は城下町構造がもとになっている。その上に歴史、文化、商業、建築、湧水、イベントなどのコンテンツやディテールが、アプリケーションソフトのように載り、コンパクトで回遊性に向いた固有な中心市街地を形成している。……図:3

二つ目は「象徴」としての城下町＝市民共有の「物語」である。松本城は都市のシンボルであり、立ち戻れる原点をいつでも享受できる空間的な存在である。歴史遺産であり未来を構想する基点でもある。マトリクスからは、「二の丸」が松本城を核としたシンボルゾーンへと百年以上の時を経て熟成された時代の意志を読み取ることができる。南・西外堀の復元はその文脈の延長線上にある。そして、このシンボルゾーンと旧城下の商業ゾーンを結ぶ中間にある「三の丸」は回遊を橋渡しする「要」のエリアになるだろう。

三つ目は「プラットフォーム」としての城下町＝日常の都市活動の舞台である。歩くスケール、回遊性、街なかの身近な水辺など、城下町の構造やヒューマンスケールには人が楽しく使える可能性が潜在している。その空間構造を現代の眼から再解釈し良いところを生かせば、新しい都市活動を生み出すプラットフォームになる。たとえば、今まであまり市民活動の舞台とならなかった女鳥羽川（かつての自然の堀）を、ひろばのような日常のパブリックスペースとして捉え直すことはできないだろうか。パリのセーヌ川や京都の鴨川などの河床を活用するスタイルは、環境を使い楽しむ機知にあふれている。そのほか堀や街路など、新しい時代における伝統的な都市構造の魅力的なリノベーションやリユースで回遊型・屋外型のアクティビティを生み出す可能性は無限にあるだろう。

新しい城下町のデザイン

城下町の現代的意義をふまえ、これからの松本の都市デザインのキーワードを挙げてみたい。

まず、「歴史を生かした都市空間のブラッシュアップ」である。城下町のオーソドックスな構造や要となる場所、たとえば松本城周辺や目抜き通りの高さの誘導、大手門枡形などの広場や女鳥羽川・お堀などの水辺空間の演出、

図：4　松本クラフトウォーク（2017）　「工芸の五月実行委員会」発行のマップに加筆

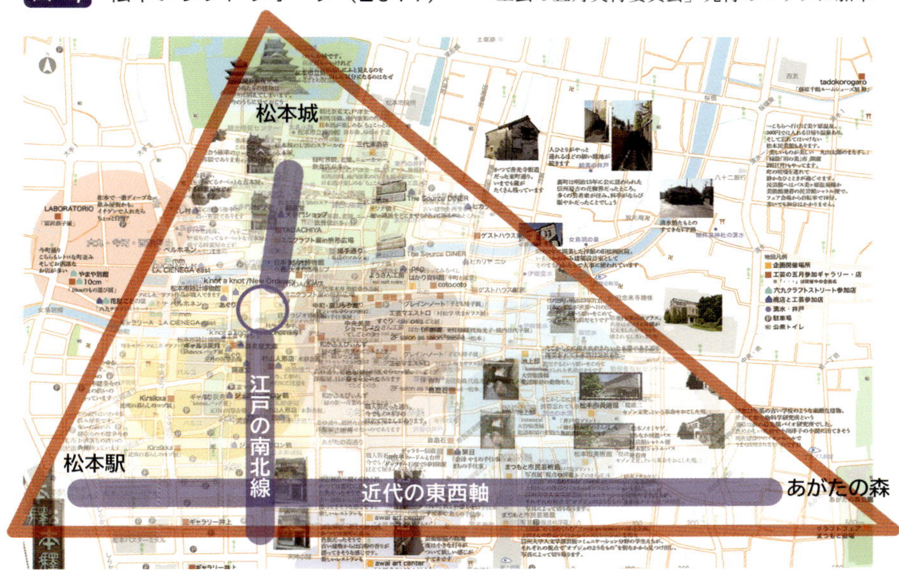

高砂町から中町界隈の城下町スケール感の継承、これらの場所を結ぶ歩行者空間のネットワーク化などが挙げられる。

二つ目は「都市を楽しむアクティビティ」を広げることである。魅力的な都市が親しまれるのではなく、親しまれる都市が魅力的になっていく。歩くスケールの城下町構造を新しい使い方へと翻訳し、生き生きとしたアクティビティに仕立てている例として「工芸の五月」がある。回遊性に優れた城下町構造を下敷きにクラフトと組み合わせることで新しい《まち》の使い方を引き出している。城下町＝歴史という直訳ではないコンテンツ（工芸）により城下町のアップデートが図られている。……図：4

また、新しい使い方は場所の再発見にもつながる。「水辺のマルシェ」ではパブリックスペースとしての女鳥羽川の使い方に挑戦している。普段下りない河床をうまく生かしポップアップショップや人びとが楽しげな水辺の風景をつくっている。（P.194に紹介あり）

三つ目は「家族連れで楽しめる場所づくり」である。中心市街地の変貌の中で映画館の閉館とともに都市のアミューズメント機能が変わり、街なかは今、買い物や飲食など「大人の空間」になっている。老若男女が心地良く過ごせる「時間」をテーマに、家族連れが再び訪れるような「街なかのリ・デザイン」が今求められている。楽しく歩ける道、日常的にイベントが生まれる広場、憩える緑や水辺、神社のようなにぎやかな場所、歴史的なたたずまい、魅力的な個店など、さまざまな心地良さをネットワークできるのは、多様性を内包してきた都市本来の強みである。家族連れで楽しめる居場所づくりはショッピングモールに学ぶべきものがあるが、城下町にしかない特徴を現代の目から再評価し、その良いところをみんなが楽しめるような都市デザインやアクティビティとして伸ばしていけたらと思う。

リアルな都市の究極の価値とは、一元的に管理されない多様性と、終わりのない市民の選択が許容されていることだろう。市民の都市であり続けるために、都市形成史の視点を踏まえた歴史のレビューと批評の上に新しい時代の都市デザインをコツコツと積み重ねていくことが必要とされているのではないだろうか。

注釈

注1『都市の個性とはなにか』田村明　岩波書店（一九八四）P.181

注2『新・観光立国論』デービッド・アトキンソン　東洋経済（二〇一五）P.56

注3　田村明　前掲書　p194「まず、基本になるのは風土である。風土とは、気象的条件と土地の条件とを掛け合わせたものをいう。温度、湿度、雨量、積雪、日照、風、地震、地盤、地形、地味、植生など天然広く与えられたものである」と述べている。

注4　同P.182

注5『建築からみた まち いえ たてもの のシナリオ』貝島桃代　INAX出版（二〇一〇）P.42

注6『情報の歴史』松岡正剛　NTT出版（一九九〇）

注＊『松本の都市形成史マトリクス』はサイズ縮小版を掲載しています。正規A3版のPDFデータの提供を希望されるかたは、matsuseicre490712@gmail.com までご連絡ください。

◉おおいし・かんや
松本市生まれ。元松本市職員。古地図片手にブラッと出かけるまち旅(machi・tabi)愛好家。アルプスの稜線で縁取りされたオレンジ色のトワイライトは松本の絶景の一つです。アナログレコードとペペロンチーノのファン。

桜の下で思い思いに過ごす共有された水辺「女鳥羽川」
高低差は見る見られる関係をつくっている

風に揺れる風船やポップアップショップの
カラフルな彩りが街を生き生きと楽しくしている

MATSUMOTO 都市D

第四講

「建築」から考える 城下町

街路と建物のかかわり

～江戸・現在・未来～

山田健一郎

◉やまだ・けんいちろう
東京藝術大学で建築を学ぶ。曽根幸一環境設計研究所で建築や都市デザインの仕事にかかわった後、松本にUターンして独立。建築の設計をする一方で、長野県内の景観やまちづくりにも取り組む。
趣味は登山・JAZZ・まちあるき。

生まれてから十九年間松本に暮らす。
小学校に入るまでは、まだ自宅の前の道は砂利敷きだった。
大学生と建築家修業時代の十四年間を東京で暮らす。
大都会での生活は刺激に満ちた毎日だった。
郷里にUターンして、設計事務所を始めた。
高校生時代、JAZZ喫茶に出かけては
一杯のコーヒーで半日粘ったものだが、
今は一晩の間に
何杯もウィスキーグラスを空ける御身分になった。
大人になると時間が過ぎるのが早く感じるらしい。
いつのまにかUターンして二十一年も経っている。
その間、自分が建築家として松本の街に
何ができたのかと考えると、
少し怠け者過ぎたのかと感じている。

「松本らしさ」

松本でまちづくりや景観の問題にかかわるとき「松本らしさ」あるいは「城下町らしさ」というフレーズを耳にする。一年を通して雨が少なく、暑い夏でも朝夕は涼しく、冬の冷え込みは厳しいものの天気の良い日は温かい陽だまりが心地いい気候は「松本らしさ」であろう。城を中心にして古くから商家が集まり、多くの人の交流が今も続いているのは「城下町らしさ」の一面である。

では、街のたたずまいや風景はいかがだろうか。ヨーロッパの古くからの街を訪ねると何百年も前からの石造りの建物にそれぞれの都市の魅力を感じるが、松本は明治の大火で多くの建物を消失し、蔵の街・中町の屋並(やなみ)も百年そこそこの歴史しかない。しかし、外国人や観光客からは歴史を感じる蔵の街・中町として親しまれている。その理由として、日本独特のなまこ壁や漆喰の蔵造りの建物が、イメージをリードしていることは否定しないが、街を構成する街路と建物の関係が、日本の城下町らしさを今に残していると考える。表層のデザインに捉われると、自動販売機を白と黒のなまこ壁模様にしたり、電柱に石垣のペイントを施して「松本らしさ」を演出する滑稽な風景が生まれたりもするが、街を形づくる本質的な街路と建物の関係と人の交流について考えてみたい。そこで、中世ヨーロッパの都市と日本の城下町の構成、ヨーロッパと日本の建物を比較しながら、そこでのパブリック、パーソナル、コモン、プライベートの関係について整理してみた。都市の構成に関しては、大谷幸夫著『都市空間のデザイン』（二〇一一年　岩波書店刊）に詳しいので、興味のある方は併せて読んでみると面白い。

都市・建築の構成

建物と人の活動を「餅」と「餡子（あんこ）」になぞらえてみると、中世ヨーロッパの都市は饅頭（まんじゅう）型で、日本の城下町は牡丹餅（ぼたもち）型と言える。また、石を材料に建物や街をつくったヨーロッパと木を材料にした日本の城下町では、関係性のあり方もまったく違う。

饅頭型のヨーロッパの建物は、餅に餡子が包まれるように、人びとの活動がロの字型に石の壁に囲まれ、その集合体としての街区は、スペインのパティオ（コの字型やロの字型の建物に取り囲まれる形で設けられた庭）型の集合住宅をイメージするとわかりやすく、さらに都市自体も、石の城壁によって囲まれている。

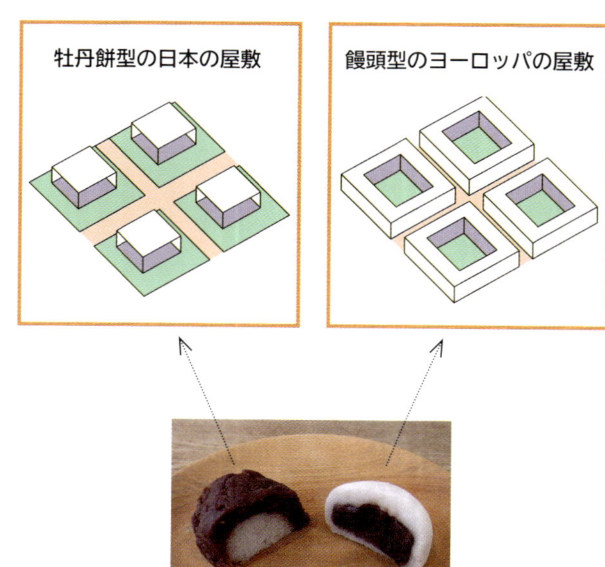

牡丹餅型の日本の屋敷は、街の核としての城や寺を中心にして、その周りに人びとの生活が広がり、明確な境を持たないまま周囲の田畑に溶け込んでいく。建物も頑強な壁で囲わずに高床式の床とそれを覆う屋根によって構成され、家族は床と屋根を拠り所として生活している。
両者では、当然そこでの人びとの活動・関係性も異なり、「パブリック＝不特定多数に開かれた場所や空間」（街路や都市公園など）、「パーソナル＝所有を限定しない個人向けの場所や空間」（公園のベンチや公衆トイレブースなど）、「コモン＝限られたコミュニティの構成員共有の場所や空間」（地区公民館やパティオの中庭など）、「プライベート＝所有が限定されている個人向けの場所や空間」（住宅の寝室など）の関係はまったく違う。
グラナダやコルドバなどスペイン中世の街を訪ねると、日本の都市空間には無い石造りの街並みと石畳の街路に心が躍る。三、四階建ての建物が街路に面して建ち、パティオと呼ばれる中庭を囲んでいる。……図：1　パティオには居住者以外は立ち入ることができず、パティオを囲んで生活する人びと共用のコモンスペースとなっている。それぞれの家族の住居へはパティオの中庭からアクセスし、さらに個々の住居の中には個人のための寝室（個室）がプライベート空間として設けられている。街路に面した一階には店が並んでいるが、店と住居とは直接行き来できず、居住者はパティオから一旦街路に出てそれぞれの職場（店）へ通勤する。強固な石の壁に囲われた住居では、パブリックな街路とプライベートな住居とは壁一枚で離隔され、都市全体の人口密度は非常に高い。このようにパブリック→コモン→プライベートというグラデーションで都市空間が構成されているが、パーソナルスペースという概念は登場しない。

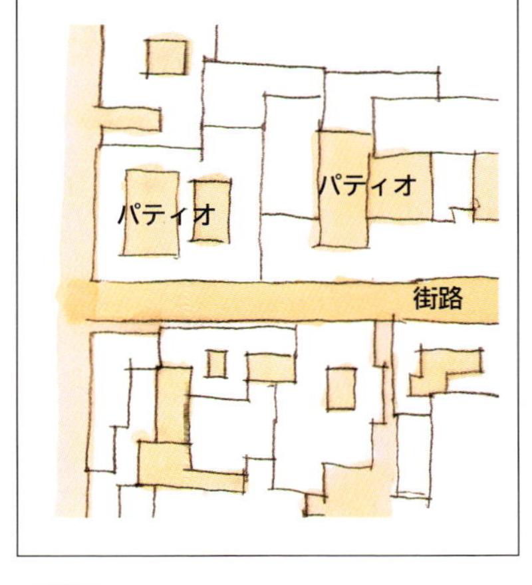

図：1　スペインのパティオ型の街

一方、牡丹餅型の日本の集落や住居の構成は、昔ながらの萱(かや)ふき屋根の農家が集まっている岐阜県・白川郷集落を例にするとわかりやすい。個々の農家は適度な距離を保って集落の中に点在し、家々の周りのスペースは、なんとなくここまでが家の庭、という程度で道や隣家と明快な仕切りを持っていない。それぞれの住居は農作業場、炊事場を兼ねた土間からアクセスし、職住が混在している。家族のスペースは下足を脱いで一段上がった床や畳であり、スペースの境界となる壁はなく障子や板戸で仕切られているのみで、建具を開け放つと床と屋根だけの開放的な空間が広がる。従って、住人にとってプライバシーが守られたプライベート空間は存在せず、布団一枚を広げた寝場所がパーソナルスペースとして与えられる。すなわち、集落にはコモンスペースもプライベートスペースも存在しない。村人の寄り合いはどこで行われていたかというと、村の有力者（庄屋・名主）屋敷の座敷や土間で、つまりそれらが村人のコモンスペースとして機能していた。

では、城下の町人町はどのような空間で構成されていたのだろうか。街路はだれもが往来するパブリックスペースであり、街路に面して店が立ち並ぶ。図：2 店には土間と店があり、客は土間で用を済ませる。この土間は通り庭として、奥の住居へとつながり、農家と同様に職（店）と住居の入口は混在している。奥につながる通り庭には炊事用の竈(かまど)があり、通り庭の脇に店の裏方スペース兼家族や使用人の食事スペース、坪庭を挟んで家族の居住スペースが連続する。図：3 隣家とは壁で仕切られているが、店から食事スペース・坪庭・居住スペースを仕切る壁はなく、床と障子や板戸で仕切られて、個人の明確なプライベート空間は、町家にも存在しない。

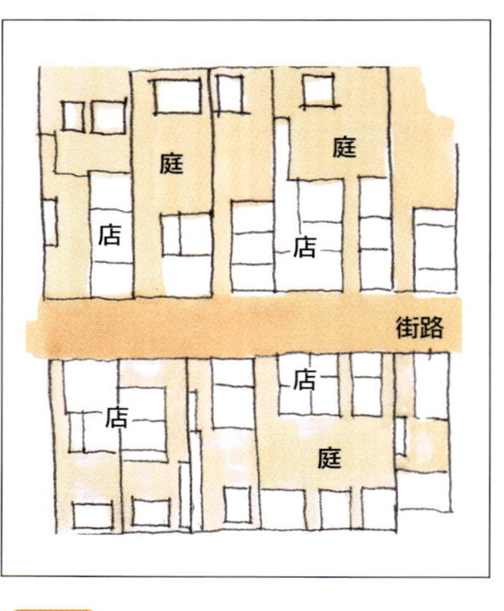

図：2 城下の町人町

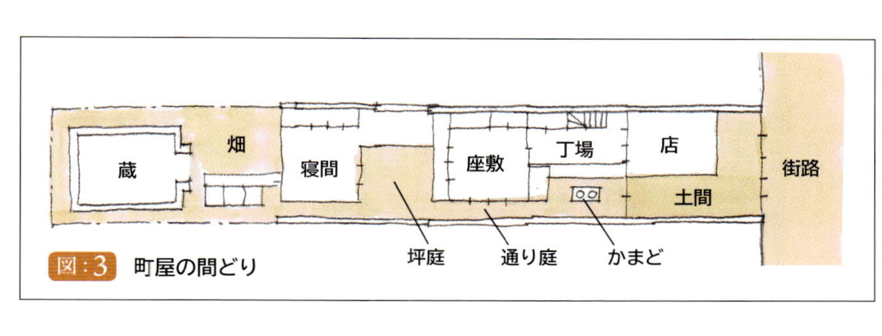

図：3　町屋の間どり

さらに、居住スペースの奥には小さな畑があり、奥の隣家との間も、水路一本で隔てられているのみである。スペインのパティオのように、職場（店）と住居が分けられ通勤するという生活スタイルではなく、職住が混然一体となった構成で、白川郷の農家を細長く潰して街路に沿って並べたに過ぎない。城下の町人町は街路型の都市構造になってはいるものの、スペインの都市とはまったく違う関係性で構成されており、城下の町人町と白川郷のような集落とでは、建物構成は根本的に変わらない。

町人町では寄り合いのコモンスペースはどこが受け持っていたかというと、通りごとの突き当りにある寺だった。余談になるが、城の防御のために丁字路や鍵の手の街路をデザインし、有事の際の武者だまりとして寺を町人町の周りに配した、というのが城下町の構造の定説である。しかし戦国時代が終わり天下泰平の世の中で造営された城下町に対して、これは合理的な説明ではないだろう。むしろ、《まち》のコミュニティ単位を明確にするために丁字路や鍵の手で街路を分節し、コモンスペース確保のために町人町周辺に寺を配した、と考える方がはるかに合理的で理に適うと個人的に感じている。

さて、城下町における武家地はどのような構成でつくられていたかというと、これも農村と大きくは変わらない。武家地の原型となったのが農村から発展した豪族屋敷村であることからしても、町人町よりも農村に近い形体であった。とは言え、隣との距離が近いことから街路と隣家の庭の間に板塀をめぐらして境界を明確にし、耐火のために屋根を瓦葺きにし、農作業の土間を狭くして執務や打ち合わせ用の座敷に転用したに過ぎない。

そして、ここでも丁字路や鍵の手の街路の説明と同様に、城の防御のために堀をめぐらしたと考えるよりも、まったく異なる密度と地割りの町人町と武家地を同じ城下に共存させるために、堀と土塁という広い空間をバッファーゾーン(緩衝地帯)として、異質な空間を一つの《まち》にフレーミングしたと考えるのが、やはりはるかに合理的だと感じる。

江戸時代から明治への変革

このような城下町に、明治になって大きな変革が訪れた、と言いたいところだが、都市デザインや建築としては、実はあまり変わらなかったのではないかと考える。明治になって、国あるいは町を統治する主体が、江戸幕府から明治政府(＋明治天皇)に移行し、これにより、身分制度の廃止、廃藩置県、廃仏毀釈が行われ、松本では総堀を埋め立てた上に統一神道の四柱神社が建立された。廃藩置県は、松本藩が筑摩県に変わっただけで、二の丸御殿がそのまま県庁として使われていたし、武士が県の役人になったケースも多かったのではないかと想像できる。また、廃仏毀釈は一旦行われたが、明治二〇年代には多くの寺が復興している。これは、寺に代わる町人町のコモンスペースを用意できなかったのが大きな原因の一つではないかと推察する。

松本城下町における一番の大きな変容は、総堀の埋め立てと四柱神社の建立で、これにより町人町と武家地を隔てるバッファーゾーンが無くなり、城下町が一つの空間へと統合されたにとどまる。

明治から大正にかけて、駅や大きな工場、いくつもの官公庁や映画館などそれまでにはなかった用途の建物ができたが、都市を構成する建物の多くは、職住混在の町家と、庭と住宅からなる武家地スタイルの住居で、《まち》のコモンスペースとしては相変わらず寺があった。そのほかに学校や町内公民館がコモンスペースとして新たに加わったが、都市の構成、人びとと建物の関係に大きな変革はなかったというのが私の認識である。明治時代の三回の大火により多くの町が消失した後に、同じ地割りに同じような構成の建物が建てられたのも、都市と建物の関係性が変化しなかった実例である。

昭和五年に道路が舗装された当時の伊勢町の写真を見てもわかるように、洋館や電柱が昭和の姿を物語ってい

昭和五年の伊勢町の風景　写真協力：松本市立博物館

るが、江戸時代から続く建物の構成単位はそのままで、現在の中町のような風景がつながっていた。

都市の構成が変わる　都市の近代化

昭和三〇年代、高度成長期の城下町の変革が、都市デザイン・建築から考える城下町の主題になる。

高度成長期に都市に大変革をもたらしたのは、企業の巨大化、生活の西欧化、建物の耐火要求などに起因する。

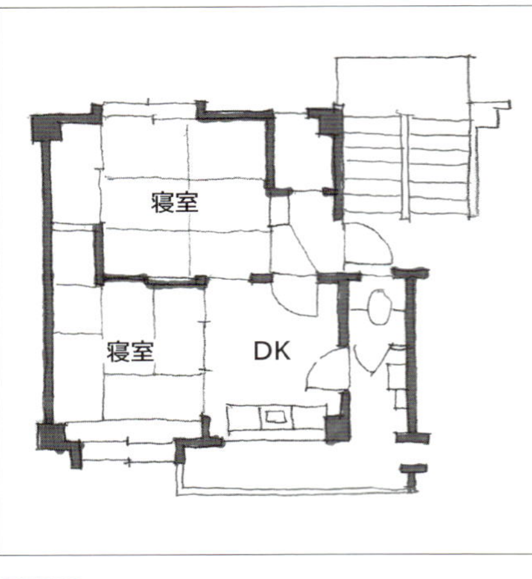

図：4　DKスタイルの公団住宅

明治期に堀の埋め立てにより、町人町と武家地のバッファーゾーンが無くなる構造的な変化があり、町人町が武家地に侵食していったが、それは変化の範疇から抜けてはいない。ところが、高度成長による企業の巨大化により、巨大なオフィスビルという建物スタイルが地方都市にも現れ始める。オフィスビルは、もと町人町の本町、もと武家地の大名町、新しくできた駅前通りの区別なく町の目抜き通りに林立した。これは今までの城下町には無い建物スタイルである。オフィスビルは壁に囲われた饅頭型の建物であり、居住という機能を持たない建物は昼間と夜間の街の人口を変えて、オフィスビルの周りには夜には人影の無い街をつくり出した。オフィスビルには通りに面して一カ所のエントランスがあるのみで、街路と建物の密接な関係は無く、昼間も窓に人影が見えるだけである。この新たな都市の建物スタイルは、建物と街路の関係性を変えてしまった。そして、オフィスビルに通勤する働き方の中では、人びとは家から職場へと通勤するようになる。職場と切り離された住宅では、生活の西欧化とともに「ｎＬＤＫ」という住宅内部にプライベート空間を持った住居形体がもたらされた。……図：4

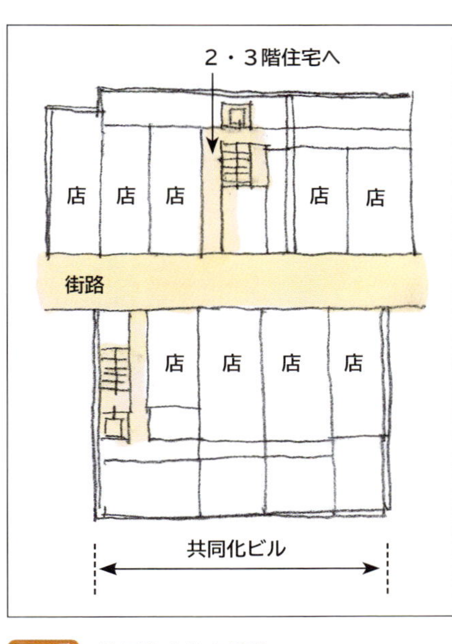

図:5　共同化された建物

その憧れのスタイルに引っ張られるように、町人町の町家の形体も、それまでの、店（兼玄関）＋居住スペースというスタイルから変貌する。店が一階に並び、店の脇にそれぞれが階の住宅に上がる玄関を設え、店＋玄関＋プライベートを確保した居住スペースに建て替えられていく。

そこに追い打ちをかけるように、都市の耐火・都市の近代化という大義名分のもとに、江戸時代から続く町家がさらに大きく変化する。三、四軒の店と住宅を一体の鉄筋コンクリート造りで共同化し、隣家と壁を共有するスタイルの建物が、日本各地の地方都市に建てられた。（図:5）

しかし、共同化された建物にパティオの中庭のようなコモンスペースはなく、建物を共有したコミュニティがコモンスペースを持たない、壁を共有する者同士のコミュニティが無い、なんとも不思議な建物が立ち並んだ。現在では、当時建てられた共同化ビルは、建物リニューアルや建て替えの際に、互いの意思疎通や足並みがそろわないために、空き家・空きビル化問題の大きな足かせになっている。

人びとが暮らす街を取り戻すために

このような状況の中で、城下町はパブリック空間としての街路からパーソナルへとグラデーションを持って連続していた日本の都市空間の作法を見失ってしまう。かと言って、スペインのパティオのようにパブリック→コモン→プライベートという空間のヒエラルキーも無いために、パブリックとプライベートが敵対し合う関係だけを都市の中につくり出した。松本も含めて、現在、多くの城下町が抱えているさまざまな問題はここから始まったと考えられる。そこに、都市の高層分譲マンション、巨大ショッピングセンターなどが拍車をかけ、都市の構成は混とんとした状況にある。

これを、具体的にどのように解決していくかの議論は先に譲るが、都市の中に、パブリック、パーソナル、コモン、プライベートという人びとと空間の関係性をどのように構築するかを主題として、都市の建物や構成を再編成するのが、その道筋ではないかと考える。なぜならば、松本のような地方都市においては、東京銀座のように暮らしが存在しない「ハレの場」だけの街はありようが無く、人びとが暮らし続けることでしか都市が意味を持たないからである。

経済の低成長期の中で、空き家を活用し、そこに住みながらカフェやギャラリーを始める若い人など、かつての城下町の作法を取り戻そうという動きも見え始めている。しかし、巨大なオフィスビルの活用や解体、共同化ビルの活用や解体、老朽化して住人が離れた高層分譲マンションの建て替えなど、個人の努力の積み重ねでは解決し得ない問題をわずか五十年の間に抱えてしまい、何らかの公共投資や大きな力に頼らざるを得ないのが四百年の歴史を持つ城下町松本の現状である。

建物の建て替えサイクルを五十年とすると、現在も高層分譲マンションが無秩序に建てられ、巨大ショッピングセンターが街なかに建設される状況の中では、城下町の作法を都市形体として取り戻すのには百年かかるであろう。

日本の《まち》は「パブリックの意識が低い」と言われている。しかし、五十年前までは《まち》に人が暮らし、豊かなパブリック空間の街路とそこに面した店、そして都市の中のパーソナルスペースとしての住まいまで、グラデーションを持った関係性の中に人びとの生活があった。そんな《まち》を百年かけて取り戻すのが、今、城下町にかかわる私たちが取り組むべき、建築と暮らしから考える城下町のあり方ではないだろうか。

平成の中町の風景

MATSUMOTO 都市 D

第五講

「庶民の暮らし」から考える　城下町

城下町松本、庶民の暮らしの向こう側

井上 信宏

確かに昔はあったのだ。
夏休み最後の日曜日の、三角ベースのバッターボックスに立ったとき、
乾ききった空き地に夕立が当たるときに立ち上がってくるあの感じ。

◉いのうえ・のぶひろ
一九六五年生まれ。松本の片隅に置いてもらって二十年目の大学教員。「住むだけで健康になれるまちづくり」を研究中だが、「城下町」や「歴史」は素人。松本の一推しは上土の赤提灯「酔い亭」の「手づくりさつま揚げ」。

放課後の校舎の向こう側に、彼女とは言えないあの娘（こ）と一緒に眺めた
夕日が暮れてゆくあの感じ。
こっち側でもなく、向こう側でもない、
どっちつかずの宙ぶらりんなあの感じ。
こっち側にも、向こう側にも行きたくない、
このままずうっと宙ぶらりんなままでいたいあの感じ。
僕はそれを〈あわい〉と呼びたい。
〈あわい〉は僕らの日常のあちこちにあって、
すうっと僕らに寄り添い、
いつのまにか離れがたい場所をつくり出してくれる。
縄手通りにあったそこは、
消えかけた城下町の〈あわい〉の一つだった。
夏は軒先で麦酒を傾け、家路を急ぐ仲間の薄くなったうしろ髪を引く。
秋は釣瓶（つるべ）落としに日が暮れるなか、暖をとりたくて重い木戸を開ける。
冬は最初の酒が覚めたころ、次どうしようかと千鳥足で、
ガラス窓から漏れる灯に引き寄せられる。
待ち遠しかった松本の春には、
また軒先で麦酒が呑めるねと仲間と語らう。
この小稿は、縄手通りのそこで生まれたものである。
そこは、城下町で暮らす今人（いまびと）と昔人（むかしびと）をつなぐ〈あわい〉だったに違いない。

住吉三神

信州・松本の睦月は極寒の時季である。上土の赤提灯で体の中から暖を取り、ひと心地ついたところで暖簾を抜けて路地を歩く。上土の裏から下馬出しを経て出居番町に筋を取り、少し歩いて右折し東町を貫く善光寺道を横切って塩屋小路に入る。右手に〃菊屋〃の粋な看板を思い出しながら恵光院の門前を左折し、下横田から上横田を経て岡宮神社を目指して上っていくころには、靴底から凍みる寒さと手袋を突き抜ける痛さに酔いも覚めてしまう。城下町の鬼門除けである岡宮神社と安楽寺の間を抜けると横田温泉奥の陋居まであと少しといったところだ。

この時季、この路地を、一人で凍えながら歩くのが好きだ。いずれも昔の松本の庶民（ひと）が通ったと思われる小径と重なるからだ。時間にして小半刻ほど。振り返ると住吉三神（オリオン）が南中している。澄んだ空気に瞬く冬の星座を見ながら「昔の庶民もこの星空を眺めていたのか」と過去に想いを馳せる。足元に目を落とし、路地の背割に設えられた溝に立ち止まり「松本の城下町に暮らす庶民はどんな暮らしをしていたのか」と想像を膨らませる。

近世松本の城下町に暮らす庶民の生活を復元するのは容易いことではない。庶民の生活は記録されることがないためだ。それでも江戸に暮らす庶民の生活なら黄表紙などでその一端を垣間見ることはできる。戦災を免れ、比較的旧い街並みが残ることから、考古学的な資料の発掘も少なくない。中山道の洗馬宿から分岐する善光寺道や糸魚川から大町を経て松本に至る千国道があり、人や物の流通の中で書き残されたものもいくつかある。ここではそうした社会史の成果も借りながら、限られた資料とそれを補ってあまりある想像力で、近世松本の城下町に暮らす庶民の生活を振り返ることにしよう。

豆腐百珍

近世松本の城下町に暮らす庶民の生活はどのようなものか。

いくつかの古地図に記されているが、松本の城下町は、松本城の本丸とその周りを迂回する善光寺道という二つの磁極に引き寄せられるように武家地と町人地が配置されている。庶民が暮らす町人地は、善光寺道を取り巻く親町三町（本町、中町、東町）と枝町十町（博労町、伊勢町、飯田町、小池町、宮村町、山家小路、下横田町、上横田町、和泉町、安原町）である。小笠原貞慶が城下町を整備したとき（一五八二～九〇年）にはすでに親町三町がつくられており、一六〇〇年代前半には枝町十町が整備されている。江戸時代前半に豊かな町人文化を華開かせた元禄年間（一六八八～一七〇七年）と重なる水野家時代には、松本の城下町整備は落ち着き、庶民の暮らしも安定期に入っていたことがうかがえる。

「水野家（元禄）時代の松本市中の諸職人」は、『水野家資料 雑典雑記之部』にある「松本市中記」（年次不詳）から抜粋整理したものである。庶民の暮らしが安定してきた一六八〇年代から一七〇〇年代初めの、松本の城下町に暮らす庶民の姿を俯瞰で眺められる貴重な資料である。……表［注1］

これを見ると、松本の城下町でもっとも数が多い職人が豆腐屋（八十人）であることがわかる。予想通りだっただろうか。合点がいく感じにこの事実を理解するためには、もう少し別の資料と想像力が必要だ。

今の私たちの日々の暮らしにもなじみ深い豆腐づくりには、大豆と豊かな水、そして苦汁（にがり）が欠かせない。弥生時代に中国から渡ってきた大豆は、鎌倉時代には日本各地で栽培されるようになって

表 水野家（元禄）時代の松本市中の諸職人

職人	人数（人）
豆腐屋	八十人
桶屋	六十人
綿打屋	五十六人
酒屋	五十四人
味噌屋	四十七人
大工	四十六人
鍛冶屋	四十六人
質屋	四十二人
油屋	四十人
紺屋	三十九人
畳屋	三十四人
挽屋	三十二人
ところてんや	二十九人
旅籠屋	二十六人
檜物屋	二十五人
米春屋	二十五人
刻たはこ屋	二十三人
魚屋	二十二人
木挽	二十一人
煮売屋	十七人
指物屋	十六人
研屋	十五人
町医	十四人
糀屋	十三人

1）抜粋、表記は資料表記のままとした。

いた。戦国時代に武田信玄によって推奨された味噌づくりからもわかるように、松本平では良質の大豆が豊富につくられていた。女鳥羽川より南の親町三町には豊富な湧水があり、第二の条件も満たしている。そして、松本が糸魚川から連なる千国道、別名「塩の道」の途上にあることを考えれば、隠元和尚が伝えたと言われる製塩過程の副産物である苦汁が手に入る環境にあったことは容易に想像される。一つひとつの来歴をたどることで、近世松本の城下町に暮らす庶民が日々の食事で豆腐を頬張る姿が見えてくるのである。

　豆腐をめぐる想像は、いくつかの史実とも符合する。豆腐が本格的に庶民の食べ物として広まるようになったのは江戸時代だと言われている。一つの証左は、一七八二年に刊行された『豆腐百珍』にある。醒狂道人何必醇の手になるこの本は、百種類の豆腐料理を紹介するレシピ集で、当時の大坂を中心にベストセラーとなったらしく、『豆腐百珍続編』『豆腐百珍余録』といった続編がつくられた。豆腐は日持ちしないから、つくったその日に天秤棒を担いで「振り売り」されていたのではないだろうか。それぞれのだいどこに贔屓の豆腐屋がいて、どこの豆腐がうまいのか、とっておきのレシピは何なのか、今とさして変わらぬ評判が、松本城下のあちこちの井戸端で語られていたに違いない。

　こうして全体を眺めると城下町の日々の暮らしを支える「食」に関する職人が多いことに改めて気づかされる。豆腐とくれば相方は味噌だが、味噌屋（四十七人）も上位に位置している。多くの家では手前味噌が仕込まれていただろうが、独り者ではなかなか難しい。手前味噌を仕込むには、城下町暮らしでは手狭であったかもしれない。酒屋（五十四人）も見逃せない。この時代にも酔人がいることを微笑ましく思うばかりである。挽屋（三十二人）は挽いた穀物を商うもので、信州の地を考えると、ここでは蕎麦も扱われていたであろう。ちなみに蕎麦切りやは市中に四人いた。まんちう（饅頭）や（十二人）、菓子屋（八人）など甘いものも扱われていた。もちろんあめや（十二人）もいる。米舂売（二十五人）は玄米を搗いた白米を商うもので、ところてんや（二十九人）も目を引くところだ。魚屋（二十二人）や煮売屋（十七人）も意外に思われるかもしれない。内陸の松本でどのような魚が売られていたのか。塩とともに日本海から届けられた魚なのか。煮売屋とは今で言うデリカテッセンだが、魚も煮売も、当時の庶民にしてはちょっとしたぜいたくな副菜であっただろう。

「衣」に関する職人も目に付く。綿打屋（五十六人）は種から取ったばかりの綿からゴミを取り除いて柔らかくする仕事で、紺屋（三十九人）は染物である。「住」もまた大工（四十六人）に始まって、畳屋（三十四人）、材木を扱う木挽（二十一人）と市中に多くいることがわかる。庶民が身にまとうものが麻から木綿に変わり、肌触りの良いものを身に付け、清潔な毎日を送ることができるようになったのは江戸時代の前半のこと。この間、夜具も藁を用いたものから木綿の褞袍や布団を使うようになっていったと思われる。

「松本市中記」には、全九十二種、千百十三人の職人が記録されている。この資料を眺めていると、城下町の暮らしが自給自足で成り立っているのではなく、域内外での分業とそれらをつなぐ流通という豊かなネットワークによって支えられていることが見えてくる。そこに暮らす庶民もまた、貨幣を媒介にして暮らしをあがない、家族との日々の暮らしを、町屋の片隅で隣家の仲間とともに紡ぎ上げているのである。松本の城下町で、庶民が「日々の暮らし」を通じてお互いに支え合う姿が立ち上がってこないだろうか。

鍛冶屋

それでは、近世松本の城下町に暮らす庶民の生活はどこで営まれていたのか。

松本の小学六年生が全員手にする副読本『わたしたちの松本城』によると、近世の庶民の生活は「現在の地表から深さ一メートル七〇センチまでの間」にあるという。「発掘成果から復元した当時の町屋」は、発掘調査をもとに描き出した松本の城下町に暮らす庶民の暮らしぶりである。細かく見てみよう。……資：1 [注2]

この家は鍛冶屋を生業とするらしい。「松本市中記」をひも解くと鍛冶屋は市中に四十六人、そのうち伊勢町には彦右衛門、博労町には源右衛門という二人の鍛冶頭がいたと記されている。発掘された町屋が二人の住まいなのかは定かでないが、表土間には火を熾こす箱鞴が設えられ、向こうの壁には熱い鉄をつかむやっとこが置かれているので、イラストの職人もまた独り立ちしていることがわかる。つくり付けられた神棚の御神札は深志神社のものだろうか。上り框を兼ねた板敷きでは、この家に住む職人が一服している。庶民も「刻み煙草」を嗜むことができる生活水準であったようだ。その向こうに階段があるので上階があることがわかる。厨子二階を持つ町屋となると、この家は表通りに面しているかもしれない。手前には通り土間もあることから、三間口の町屋と思われる。通り土間をよく見ると、この町屋が柱を土中に埋め込む掘立柱建築ではなく、土台となる石の上に柱を組み上げる礎石建築を採用していることがわかる。礎石建築は柱が腐りにくく、町家が長持ちする。この時代、町家という居住スタイルが世代を超えて住み継ぐことができる仕組みとなっていたことが見えてくる。

引戸を挟んだ隣には畳部屋がある。六畳ほどの広さで、帳簿と思しきものが置かれた机

資:1 発掘成果から復元した当時の町屋

資料：副読本「わたしたちの松本城」編集委員会（編）・上條宏之（監修）『わたしたちの松本城』松本市教育委員会、2013年（改訂）、52ページ。

があり、向こうには先祖を祀る仏壇がある。手前には、皿に炉心を入れて油を注ぐ置行燈がある。その小さな引き出しには炉心や火打ち石が入れられているにちがいない。日中はこの部屋で帳簿を付けて飯を食べ、夜は寝ていたのかもしれない。

畳部屋の奥の板敷きの部屋では、お内儀さんが竈の前で煮炊きをしている姿がある。竈には二つの火口があり、それぞれに羽釜が用意されている。お内儀さんの後ろには、お櫃や手桶、皿や膳、貧乏徳利がつくり付けの棚に収められている。つくり付けの棚があるということは、片づけが必要なほどに日用品に囲まれた暮らしを営んでいたということである。ところで、貧乏徳利を抱えた旦那は、松本市中にいた五十四人の酒屋のどこを贔屓にしていたのだろうか。

隣との間仕切に設えられた木戸の向こうに一畳ほどの押入れが確認できる。布団などの夜具が収められているかもしれない。板敷きから下がった裏土間には、井戸から汲み置きした水を入れる樽が置かれている。板敷きの手前には銘々膳が用意され、飯碗と汁椀に副菜がある。羽釜で炊き上げた飯に豆腐の味噌汁、副菜の一つは香の物、もう一つは野菜の煮物だろうか。今日は奮発して煮売屋の惣菜が供されていたかもしれない。

復元したイラストの町屋の時代を確定する記述はないが、復元の根拠となる礎石や竈の配置を考えると、おそらく一八〇〇年前後の暮らしぶりではないだろうか。ここには、調度は古風だが、私たちが既視感を抱く庶民のふつうの生活が感じられる。

松本初市

近世松本の城下町に暮らす庶民の生活の豊かさを見ておこう。

「正月十一日 松本 初市」は、美濃国今尾藩に仕える豊田利忠(庸園)が、幕末直前の一八四三年に善光寺道を踏査の上で書き上げ、一八四九年に刊行した『善光寺道名所図会』のものである。……資:2 [注3] 同書において松本は「城下の町広く、大通り十三街、町数凡四十八丁、商家軒をならべ、当国第一の都会にて、新府と称す。相伝ふ、牛馬の荷物一日に千駄附入て、また千駄附送るとぞ、実に繁盛の地也」と紹介されている。

資：2

「正月十一日 松本初市」『善光寺道名所図会』より

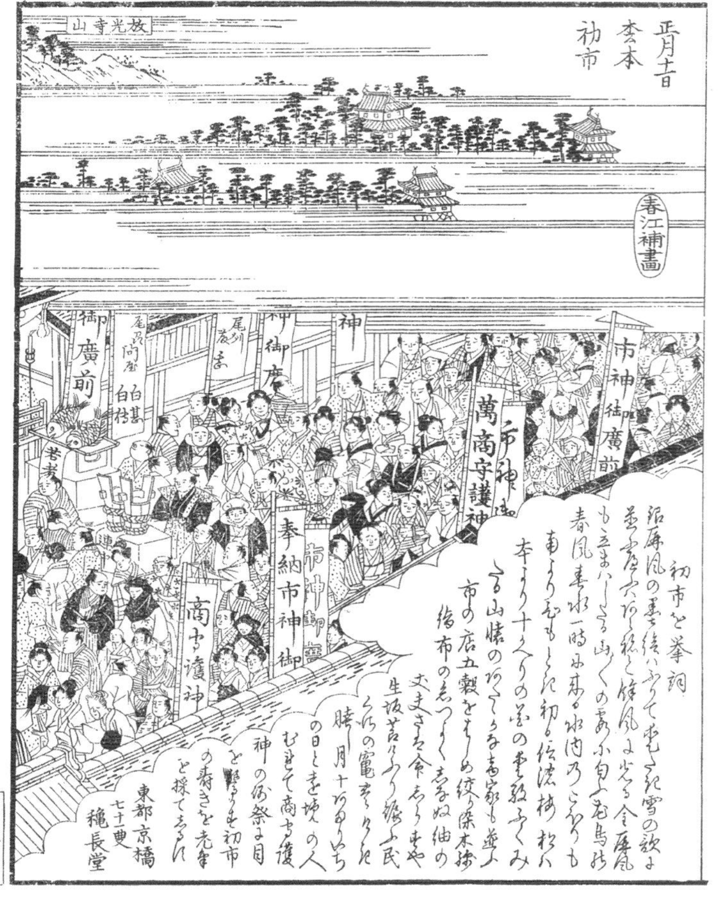

「松本あめ市」として現在まで継承されている松本の初市は、〝塩止め〟を食らった武田信玄に敵将の上杉謙信が送った「塩」が松本に届いた故事（一五六八（永禄一一）年一月一一日）にちなむ「塩市」に由来していると伝えられている。

この初市は、深志神社内の「市神宮（市神社）」に祀られている「市神様」を神輿に乗せて、本町、中町、伊勢町を練り歩き、本町の仮宮に迎えて商売繁盛を祈る例祭である。「正月十一日松本 初市」の絵の中心に「市神社」と描かれているゆえんである。

つぶさに見ると「奉納萬商守護神」と書かれた幟（のぼり）が数多くあることから、初市が商売を生業

資料：豊田庸園（著）、小田切春江（絵）『善光寺道名所図会』巻一、一八四三年。

とする庶民の例祭として営まれてきたことがわかる。通りを埋め尽くした人びとを見ると、着物を着流した庶民や裃（かみしも）を身に付けた者のほかに、被衣（かずき）をまとった女性がおり、白髪らしい老女や童女、月代（さかやき）のない童児の姿も見られる。「若者中」と描かれた奉納には酒樽や尾頭付もあり、初市が松本の新春を飾る大きな例祭であったことがよくわかる。

奉納幟の一つに「生坂烟草店」という名が記されている。現在の生坂村でつくられていた「生坂烟草（たばこ）」は、近世中期における同地の特産品の一つであった。落語の噺にも出てくる「生坂烟草」ではあるが、その後、生坂の葉烟草生産は明治時代の養蚕に圧されてしまうことになる。とはいえ、この時代に「生坂烟草店」が奉納幟に見られるというのは、初市が松本の城下町だけではなく、近隣の村落を含む大きな例祭として営まれていたことを表すものではないか。
　その下に「書物」と書かれた柱看板がある。そこには「高美屋甚左エ門」と記されている。高美屋甚左衛門は、松本で書籍の印刷発行を担っていた書肆（本屋）である。「創業寛政九（一七九七）年」の「高美書店」の前身であることを考えると、庸園が描いた「初市」は仮宮が置かれた本町から伊勢町にかけての様子を表したものだろうかと、現在人として対面の「牛つなぎの石」から眺めながら思うのである。

新田開墾

「東山（甲斐・信濃・飛騨）の推計人口」は、歴史人口学の成果をもとに、松本を含む東山エリアの人口変動を表したものである。……資:3 ［注4］一目見てわかるように、九〇〇年代から一五〇〇年代中ごろまで変化がなかった人口が、江戸時代に入ると急激に増加している。江戸時代直前の一六〇〇年に四十二万八千人であった東山の人口は、江戸時代の元禄期（一七二一年）には百二十六万三千人へと約三倍に膨れ上がっている。
　歴史人口学は、過去帳や宗門改帳などを手掛かりに当時の人口を推計する学問であるが、平安時代末から戦国時代の史料が薄くこの間の人口動態を明らかにできていない。現在の研究では、図に描いた傾向線よりもう少し早いころから人口増加が始まっていたのではないかと考えられているが、いずれにせよ安土桃山時代から江戸時代の初期にかけて人口増加が顕著であったというのは多くの研究者によって支持されている。
　ではなぜこの時期に、急激な人口増加が起こったのか。一つには、ここでも歴史人口学が興味深い仮説を示してくれる。すなわち、当時人口の大半を占めていた農村の暮らし方が大きく変わってきたのである。［注5］
　かつて農村では「世帯（生計をともにする生活集団）」の規模を大きくすることで荘園領主に安定して年貢を納め、自らの暮らしを維持していた。農村の「世帯」には世帯主となる夫婦とその子という直系親族以外に、傍系親族や名子と言われる小作者（非血縁関係）が同居して

資：3　東山（甲斐・信濃・飛騨）の推計人口

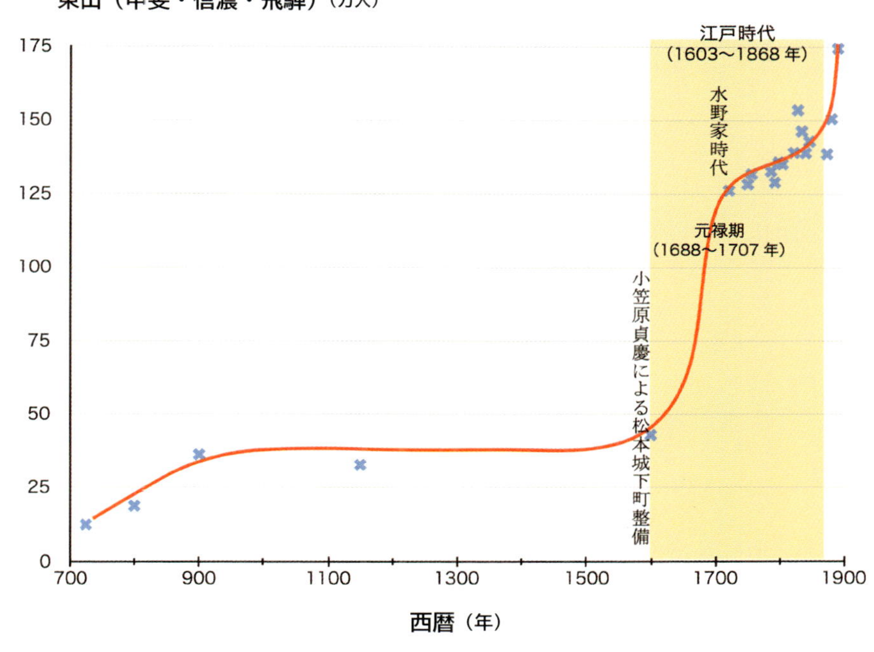

いた。一人でも多くの労働力を抱えて生産性を保持するという〝大農経営〟である。こうした傍系親族や名子らの多くは晩婚であったり、一生独身であることも多かった。結果として子どもが生まれがたい社会だったのである。

しかし近世になると「世帯」の規模の縮小傾向が見られるようになる。傍系親族や名子らが独立して家族を構成するようになり、子どもを持つことができるようになったのである。この背景にあるのが、豊臣秀吉の太閤検地（一五九〇年前後）から徳川家康に引き継がれる農村管理であった。これによって旧来の複雑な農村の所有関係が整理されるとともに、農村の世帯規模が、文字通り家族労働力を中心とする〝小農経営〟へと切り替わっていったのである。

二つには、全国規模での統一的な市場経済の形成とそれにともなう農村における生産性の向上である。

なによりも豊臣秀吉による戦国時代の終焉は、統一的な市場経済の形成を可能とした。太閤検地は石高制を統一し、新たな貨幣鋳造が行われた。楽市楽座や関所の廃止は全国規模の流通を促進した。市場経済の統一にともない、農村でもかつて現物貢納であった年貢を貨幣で納めることができるようになった。農民が貨幣と接触する機会を得たのである。

折しも時代は城下町の整備期と重なっている。城下町に集住する町民らが生活のために農産物を買い求めることが日常化し、そうした流通を見越した農民が農産物をより多く生産し、城下町で販売して日銭を稼ぐことが増えていった。こうした農産物市場の出現によって、農民らは生産量を拡大するようになり、効率的な生産方法を模索する志向が芽生えてきたのである。このように考えると、小農経営への転換もまた、傍系親族や名子といった食い扶持(ぶち)を抱えるコストの切り下げという合理的な説明が付く。

江戸時代に入り、文字通り急激な人口増加が起こると、水田や畑を開墾する新田開発が進められることになった。人口増加と相まって不足しがちな食料を確保するためだけではなく、傍系親族や名子らの新天地として開墾地が位置づけられたのは想像に難くない。

三つには、この間の死亡率の改善を指摘しなければならない。この背景にあるのは、近世における衣食住の全般的な変化、つまり生活水準の向上であり、衛生的な暮らしの拡大である。

普段着が麻から木綿に変わったのは江戸時代の初めのことであった。戦国時代から普及した木綿は、江戸時代に入ると各地で自給されるようになり、庶民の普段着に肌触りが良く清潔な綿が用いられることになったのである。

一日三食の習慣が生まれたのもちょうどこのころである。火加減の調節が難しい囲炉裏では雑穀や芋などを入れた混飯や雑炊が中心となるが、江戸時代になると、これに醤油や塩で味を付けた副菜、味噌汁や漬物を銘々で食べるスタイルが庶民にも広がってきた。町家に竈が設えられ、鉄製の羽釜が普及することで、ようやく火加減を細かく調整する炊飯が可能となり「白飯」が膳に並ぶことになった。

居住空間も大きく変わった。掘立づくりから礎石づくりへの転換は、床や畳の間を庶民の暮らしにも普及させることになり、木綿の拡大とともに夜具が一般化することになった。土間から一段上がったところで、褞袍や布団を被って眠りに就くことが一般化したのである。

暮らしの作法

こうして近世の庶民の暮らしを振り返ってみると、今の私たちの日常に通じる部分が多いことに気づかないだろうか。近世の庶民の暮らしに既視感を覚えるのは、私たちが「時代劇」を見慣れているからではない。私たちの生活と近世の庶民の暮らしに通底するものがあるからこそ、違和感なく「時代劇」を受け入れられるのである。朝起きて飯を食らい、日々働いて銭を稼ぎ、夜になると小さなぜいたくに酒を飲み、布団に包(くる)まる。同じ町で仲間とともに暮らし、時に諍(いさか)い、困ったときには助け合いながらも適度な距離感を保ちながら、日々の暮らしを紡ぎ、「松本の城下町」を織り上げてきたのである。そうした暮らしの向こう側に、現在(いま)とつながる糸を手繰り寄せられるのが近世の庶民の暮らしなのだ。

そうした庶民の暮らしは、戦国時代を経て天下統一とともに出現した市場経済と城下町によって形づくられることになった。江戸時代を代表する「元禄文化」や「化政文化」は、城下町に暮らす庶民が日々の暮らしを重ねるなかで織り上げたものにほかならない。考えてみれば、庶民が後世に遺る文化を牽引したというのは、近世以前にはなかったことだ。近世の庶民の日々の暮らしは、そうした文化を遺せるほどに豊かであり、遊びを生み出す余裕さえ持っていたのである。

城下の町屋で生業を持ち、木綿の着物を身に付けて、白飯とともに贔屓の豆腐の味噌汁をすすっていた庶民が日々の暮らしの中で豊かな文化を育んでいったのが近世であった。初市を祝って御神酒を味わい、高美屋の黄表紙を読みながら、松本の城下町をつくり上げたのは、ほかならぬ城下に暮らす庶民であったのだ。

こうした庶民の暮らしを、豊かな文化を織り上げた生き方を、城下町に生きる「作法」と私は呼びたい。

この「作法」、現在(いま)の松本の城下町に、どれほど遺っていると言えるだろうか。

注釈

注1　長野県（編）『長野県史 近世史料編 第五巻（二）中信地方』社団法人長野県史刊行会、一九七四年、二八三〜二九六ページ

注2　副読本「わたしたちの松本城」編集委員会（編）・上條宏之（監修）『わたしたちの松本城』松本市教育委員会、二〇一三年（改訂）、五二ページ。イラストの転載を許諾してくださいました松本城管理事務所に心より御礼申し上げます。

注3　豊田庸園（著）、小田切春江（絵）『善光寺道名所図会』巻一、一八四三年。本稿の執筆にあたっては、『善光寺道名所図会』（版本地誌体系一五）臨川書店、一九九八年（復刻版）、五六〜五七ページを参照した。

注4　鬼頭宏『人口から読む日本の歴史』（講談社学術文庫）、講談社、二〇〇〇年の「表一　日本列島の地域人口」一六〜一七ページから「東山」エリアのデータをもとに井上が作図した。赤線は統計的に求められた傾向線と必ずしも一致しない。

注5　これ以降は鬼頭前掲書の他に、深谷克己『江戸時代（日本の歴史6）』（岩波ジュニア新書三三六）岩波書店、二〇〇〇年、スーザン・B・ハンレー（著）、指昭博（訳）『江戸時代の遺産：庶民の生活文化』（中公叢書）一九九〇年を参考にした。

参考文献（注で取り上げたものは除く）

＊『松本・中部の城下町（太陽コレクション城下町古地図散歩3）』平凡社、一九九六年

＊石川英輔『実見江戸の暮らし』（講談社文庫）講談社、二〇一三年（元本は二〇〇九年）

言の葉 散歩

KOTO no HA SANPO

松本城下町への思い

大久保 裕史

私にとっての城下町

一般の人が思い浮かべる松本の城下町とはどこなのだろう。多くの人は、本町、伊勢町や大名町などの中心市街地一帯を思い浮かべるのではないだろうか。しかし、私にとっての城下町はそれに加え松本城北側の旧武家地を含んだものと捉えている。それは、私が旧武家地、北深志の堂町で生まれ育ったからである。

この一帯は、明治の大火でほとんどが焼失しているが、道や区画割は幕末期の様子を残しており、徒士町の高橋家住宅に代表されるように、樹木の植えられた前庭と裏庭を持つ戸建て住宅が並ぶ静かで緑豊かな場所である。

そして、私はこの歴史ある雰囲気や環境が大好きで住み続け、また、この環境が失われないことを願っている。

昭和35年ごろと平成31年の堂町の街並み（同じ場所）

現在の安原町・新町

昭和半ばごろの武家地周辺と近隣商店街を変えたもの

昭和三〇年から五〇年ごろの武家地の近くには近隣商店街として旧町名の新町、安原町、萩町があった。これらの町は、善光寺街道筋の町人地や武家地から発展したもので、米穀店、八百屋、豆腐屋、食肉屋、鮮魚屋、パン屋、酒屋、和菓子屋、駄菓子屋や靴屋、洋服店、文具店、日用品店などさまざまな個店が軒を連ねていた。買い物も歩いてできたので生活するのに特に不便はなかった。しかし、現在その面影はほとんどなくなり、わずかな個店が残っているだけになってしまった。

お中元やお歳暮などの特別な買い物は、中心市街地の老舗や百貨店でそろえるのが一般的であったが、それも今では失われつつある。

この商店街が徐々に歯抜けになっていった原因の一つにスーパーマーケットの出現がある。時期は不明確であるが記憶をたどってみると、昭和四〇年代半ばに萩町に小さなスーパーマーケットができた。個人経営であったが、一カ所で品物がそろい、かつ、ほかの個店になかった値引きがあったので、近隣住民はこれまでの個店から徒歩圏内のスーパーへ買い物に行くことが増え、客の減ったこれまでの個店は知らず知らずのうちに閉店していった。

その後、昭和五〇年代半ば以降、マイカーの普及により郊外の幹線道路沿線に県外資本による大型チェーン店が出店するようになった。また、人口増による宅地開発も土地利用制限の弱い松本市郊外では盛んに行われ、マイカー通勤の時代となった。大型チェーン店の店内は広く品数豊富、交通事故の心配もなく一日中過ごせるので、若い世帯は郊外に家を建て、買い物はマイカーで郊外大型店へと行動が大きく変化したことで、中心市街地の老舗や百貨店も苦しい時代が続くことになった。

このことは、行き過ぎた経済至上主義と規制緩和、また将来を見据えない市民の利便性追求によるところが大きいと私は感じている。

生活の意識を変えよう

最近は、高齢化の進行もあり、マイカーの利用ができない人たちは日常の買い物にも出かけられなくなっている状態が深刻さを増している。元気で運転できるうちは何も不便を感じなかった人たちが今は困っているのである。私たちには、目先の利便性だけに捉われないような生活の意識に変えていくことが求められる。では、どのように変えるのがいいのだろうか。私の考えをつづってみたい。

①住まいの場所を考える
移動手段がマイカーのみの郊外の土地に新居は建てない。高齢になってマイカーに乗れなくなることを考えておく。

②近所の店で買い物をする
もし近所に個人商店が残っているなら、できる限りそこを利用して店がなくならないように応援する。

③マイカーの利用を控える
自分たちの公共交通を失ったのは、マイカーに頼りすぎて利用しなくなったためである。もし、鉄道やバスがあるのなら利用して残すように努める。

これまで失ってきた個人商店が少しでも残り、公共交通が残り、交通利便の良いところに人が集まること。このことが将来の自分の生活を守り、中心市街地を守り、城下町を守ることにつながると思っている。

ぜひ、皆さんの協力をお願いするとともに、行政機関においても、商店街活性化、土地利用の誘導並びに公共交通の利便性向上のための政策を推進していただきたい。

◉おおくぼ・ひろし
元松本市職員、土地区画整理事業、都市計画（都市マスタープラン、区域区分など）を担当。一九五五年生まれ。好きな店は、大手五丁目穂高酒店（善哉酒造直営店）。湧水めぐりのついでに水もお酒も「女鳥羽の泉」。

MATSUMOTO 都市D

第六講

〝街なか〟の温故知新

「昔の風景」から考える城下町

藤松 幹雄
野口 大介

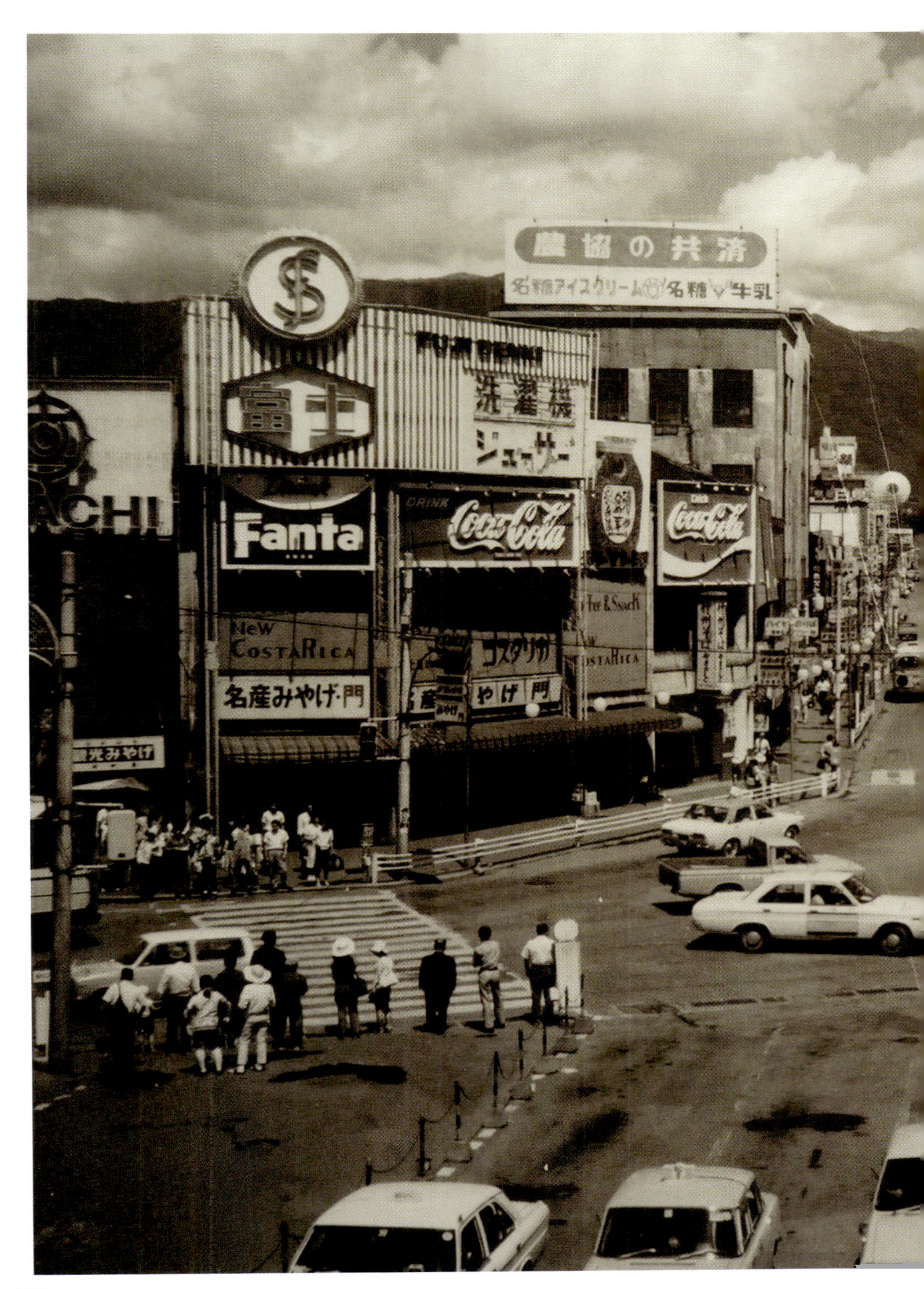
農協の共済
名糖アイスクリーム 名糖 牛乳
洗濯機
Fanta
DRINK Coca-Cola
Coca-Cola
New CostaRica
コスタリカ
名産みやげ・門
やげ 門
光みやげ

街角を訪ねて

まち歩きのフィールドワークをしばしば行なっている。古地図と重ね合わせた現代マップを片手に歩いてみると、いろいろな発見がある。妙な道の曲がり、食い違い、段差、路地のような狭さなど、普段何となく「なぜだろう？」と思っていたことが、実は城下町の名残りだったんだと気づかされることが少なくない。

明治四一年ごろ——
大名町の店先。人が軒下に集まり、建物に寄り添うような親密感が漂う。幟が立ち、商いと暮らしが一体となった当時のにぎわいがうかがえる。

中町 ②

明治時代――
美ヶ原方面を望む。

身体は現代の《まち》を歩きながら、頭の中は歴史感覚の中へちょっとしたタイムトラベル。現代の姿形の背景に「時の流れ」を意識してみる感覚は、単なるノスタルジーとは異なる。過去の人びとの選択を見聞きすることは、何らかの気づきや学びがある。特に写真の力は大きい。文字で表せない事物を知ることができ、その量も実に豊富である。

上土 ③

昭和五年ごろ——
大正ロマン風の看板建築が建ち並ぶ。
江戸時代は松本城の玄関口としての
機能を持った東門周辺。
モダンで流行を競い合った街並みから
当時の世相がうかがえる。

＊看板建築：伝統的な町屋の正面に洋風の外観を
持った店舗併用の都市型住居。

松本電氣館
木曽路の旅笠
日活京都
支那事変ニュース
東日国際ニュース
讀賣ニュース
松竹独専同盟ニュース
東京同時封切
電氣館
演伎座
見よ我等を守る皇軍の勇姿を
銀盤の女王
ラモナ
廿世紀FOX
天然色映画
本日午前十時開館

昔の写真が印刷されている絵葉書を片手に街を訪ねてみた。かつて街路は身体感覚にフィットする生活の舞台だった。近代化により車が増え歩車分離が進み、道路の幅や建物のスケールが拡大し都市空間が再編されていった。それは人と街路や建築との親和性が希薄になっていく過程でもあった。古い写真には私たちがどこかに置き忘れてきたデザインのヒントがある。昔と今を見比べ気づいたことをまず言語化してみると、そこから新たな問いや発見につながっていく。

大正一〇年——
小池町天神祭の風景。
町屋と道幅のスケールが融合し、
暮らしが町と
一体化しているのがうかがえる。
現在も道幅は当時のままだが
都市計画道路に指定されているため
新築建物は道路からの後退が求められる。

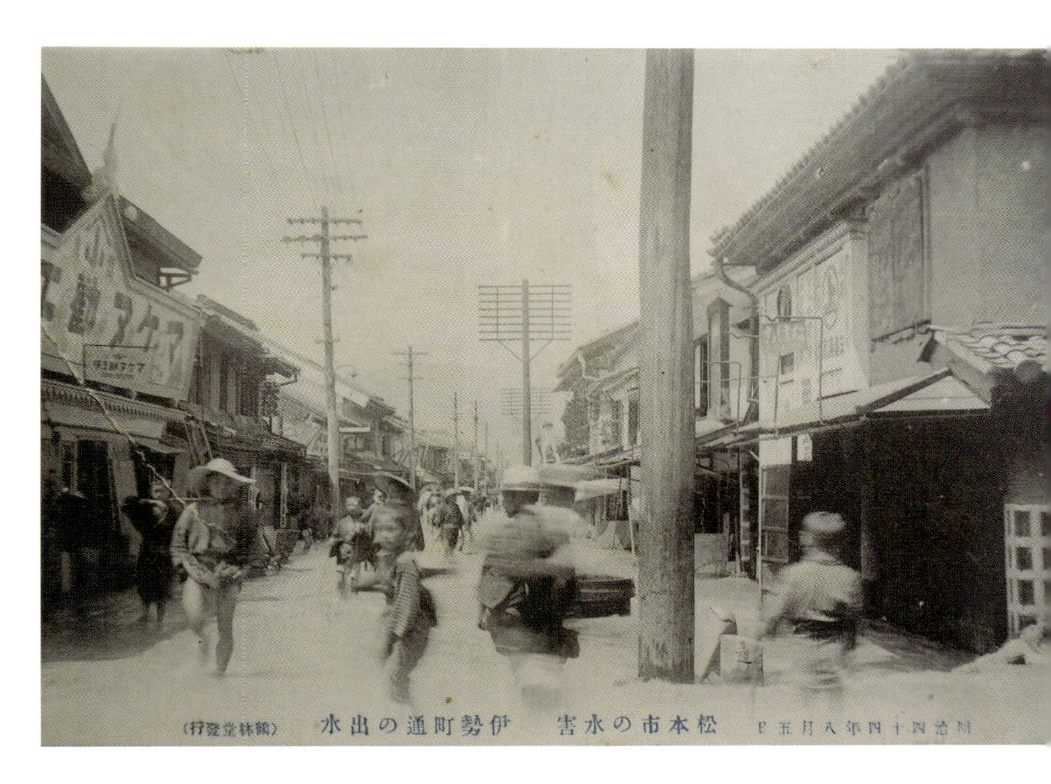

明治四十四年八月五日　松本市の水害　伊勢町通の出水　（鶴林堂發行）

明治四四年八月五日――
松本市の水害
伊勢町通りの出水
この年は焼岳噴火により松本に降灰とある。
《まち》が変化するきっかけの一つに
災害からの復興がある。
《まち》の何を大事にするか
早急に問われたときの判断力を身に付けたい。

本町 ❻

明治中期——

本町 ❼

明治後期——
千歳橋側から見た本町通り。
松本市に電灯がともったのは
明治三二年から。
電柱が増えていくさまが見て取れる。
左手の日影が途切れているところが中町入口。

❽ 本町

本町、中町は東町とともに「親町三町」と呼ばれ、江戸時代より商いを中心ににぎわっていた。多くの店が問屋的機能を持ち、明治以前からの暖簾を守り、重厚な店構えを誇っていた。

明治に大火があり、不燃化を進めるため土蔵造りの町並みが生まれた。牛車の時代であり、道幅や建物は人のスケールの延長にあることが読み取れる。

昭和初期——

大名町より千歳橋と本町を望む。

古くは大手橋と呼ばれた千歳橋は、いつの時代も松本の中心であった。

本町 ❾

昭和四一年

⑩ 松本駅前通り

本町は昭和四〇年代初頭に近代化事業を行いアーケードが取りつけられた。

手前の本町と女鳥羽川が交差する橋が千歳橋で、かつては大手橋と大手門枡形があった。この橋詰めの広場に面するように、明治になって警察署や電信局など近代の都市施設が建てられ、街の中心になった。

現在の千歳橋には、写真の右側の歩道が広場状に広がり憩いの場となっている。

昭和四六年——
鍋屋小路と言われた通りはチンチン電車が走っていたが、車社会となり廃線。
駅前再開発前の写真。
高い建物が少なく、美ヶ原がランドマークとして松本を訪れる人を出迎えた。

⑪ 縄手通り

大正時代——
右奥は旧松本市役所。
木造二階建て。

女鳥羽川の風景

明治から現代までの女鳥羽川の風景写真を集めてみた。時代とともに女鳥羽川に対する人びとの感覚が移り変わってきたことが読み取れる。

女鳥羽川は街の真ん中にあるのに、街路や公園などの公共空間に比してそれほど積極的には使われていない空間……と思いきや、明治時代の子どもたちが原っぱのように遊ぶ写真を見つけた。拡大してよく見ると奥の橋の下に帽子をかぶって見守る大人の姿が写っている。プールのない時代の開智学校の授業風景だろうか。この子たちと行き交う人びととの元気なやりとりがあったことを想像させてくれる。水質や水難、災害の問題などはたしかにあるが、街の真ん中を流れている川だからこそ、リスクも含め人とのより豊かな関係をつくっていくことが求められているのではないだろうか。

一ツ橋付近 ⑫

明治四一年ごろの本より——女鳥羽川で水泳をする子どもたち。右岸は中町の裏小路。

千歳橋付近 ⑬

大正一一年ごろ――
大正時代の千歳橋と松本郵便局。

江戸時代はここからがいわゆる松本城内で、石高の多い大名屋敷が建ち並んでいた。明治になっていち早く開放的（公共的）になった場所でもある。今はオフィスビルが建ち並ぶビジネス街になっている。江戸時代の町割りを継承し比較的広い敷地が残されたため、諸官庁やビルが建てられた。

幸橋付近 ⑭

大正時代――
松本名勝絵葉書より縄手通り付近
右手に幸橋。
女鳥羽川は河床が浅く町と近い。
鳥居奥の建物は増築され
現在店舗となって現存している。

中の橋付近 ⑮

昭和三八年ごろ
完成後の中の橋。
水害で護岸が整備され街も近代化された。
現在は河床が複断面化され自然が増えてきている。

写真協力：松本市立博物館・旧開智学校

千歳橋付近 ⑯

昭和三九年ごろ――
水害により
護岸が近代的に整備された。
建物も近代化されて
上に伸びていく。

平成三〇年――
同じアングルから現代の風景。
現代は多自然型の河川づくりにより
自然が増えている。
建物はさらに高くなり、
街のスケールが小さく見えてくる。

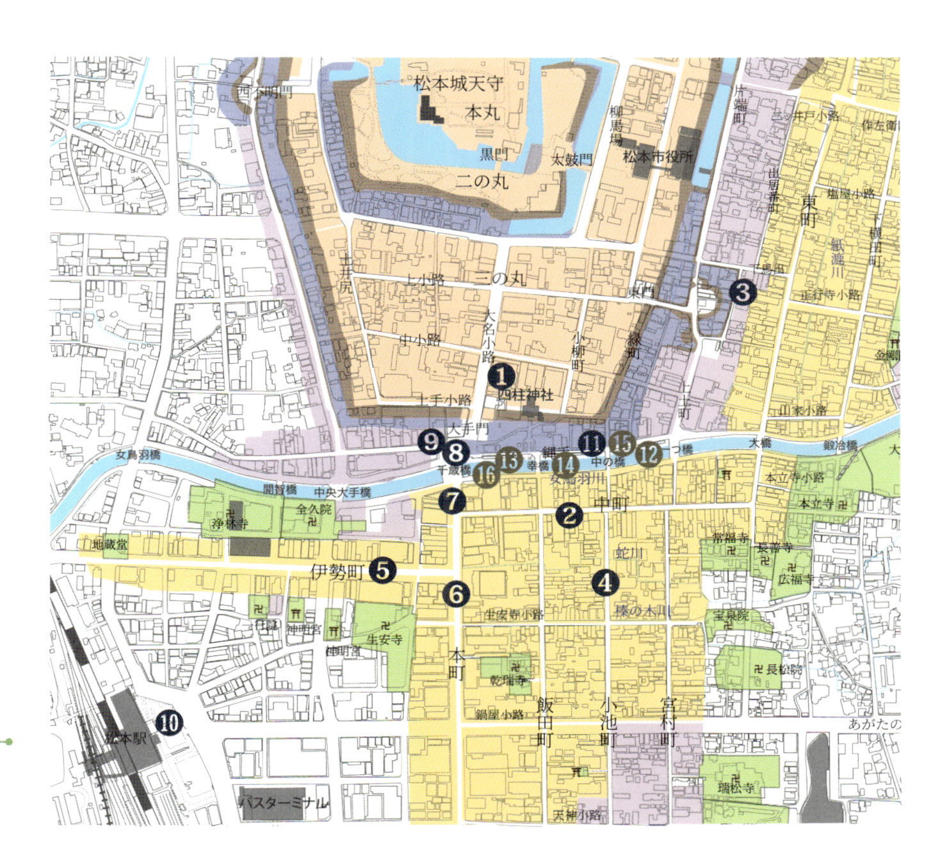

◉ふじまつ・みきお
一九五八年生まれ。一級建築士。工芸の五月では「建築家と巡る城下町・みずのタイムトラベル」で案内人をしています。水と歴史をキーワードに城下町松本をひも解き歩きます。今ではまち歩きが趣味になっています。好きな店「チャイナスパイス食堂」。

◉のぐち・だいすけ
一九六六年生まれ、東京都出身。二十三年前Iターンで松本へ。現在野口大介建築設計室主宰。建築の設計を通して、松本の町にいろいろな面でかかわらせてもらっています。好きな場所はガラス工房「RITOGLASS（リトグラス）」。

MATSUMOTO 都市D

第七講

「データ」から考える　城下町

城下町の成長物語～これまでとこれから～

内田　真輔

●うちだ・しんすけ
名古屋市立大学経済学研究科准教授。一九七八年三重県生まれ。専攻は環境資源経済学、応用計量経済学。座右の銘は「七転び八起き」。翁堂駅前店のバジリコはクセになる味。

二〇一二年春、大学教員として
人生最初の赴任地となった松本へやってきた。
松本に居を構えるのは人生初めてのことだった。
それからわずか三年の滞在ではあったが、
異邦人としてかかわる松本はとても魅力的で、
毎日が新しい発見と興奮に包まれた至福の時でもあった。
とりわけ大自然と歴史文化が
生活レベルで融けあった城下の街並みは
いつ見ても飽きることがなかった。
一方で、街なかをゆく地元の若者の声からは、
灯台下暗し的なコメントを多く耳にした。
普段の生活空間に当たり前に存在するがゆえなのか、
はたまたありがちな世代間ギャップなのか、
気になったまま彼の地を離れることになった。

データで読む城下町の成長

近年、少子高齢化や人口流出による地域経済の弱体化に歯止めをかけるため、地方創生が声高に叫ばれている。持続的な経済成長を目指す地方自治体は、特色ある地域活性化策探しに奔走している。ここ松本もしかりで、歴史ある城下町を基盤とした松本「らしさ」をつくり上げようと、市民や行政があれやこれやと策を練っているところだ。

「城」や「城下」と聞くと、悠久の歴史や固有の文化を感じさせてくれるユニークかつ魅力的な価値を持った資源として、だれもが認めるところである。松本以外にも、城下町を観光資源として地域活性化の切り札とすべく、再整備にまい進する自治体は少なくない。しかし、魅力ある資源とはいえ、実際にその魅力が観光業ひいては地域経済の発展にどれほど寄与する(してきた)のか。「客観的証拠(エビデンス)」を持って計画を進めている自治体はどれほどあるのだろうか。

現在の城下町はさまざまな歴史的蓄積がつくり出した

資源ストックであると考えられる。それらは有形ストック（都市構造や建築物）や無形ストック（芸術や文化）という形を取り、今日に至る都市の形成になんらかの影響を及ぼしてきた。しかし、その影響ははたして良いものなのか悪いものなのか、その良し悪しはどの程度のものなのかについて、データを駆使した定量的エビデンスをもって精査した分析は私の知るところ存在しない。

そこで、本稿では現存する統計データを用い、日本全国に点在する城下町を起源とする都市（以下、城下町都市と呼ぶ）とそれ以外の都市の成長過程を比較することで、城下町の固有な特徴の有無が都市の成長にもたらしてきた影響をあぶり出していきたい。具体的には、都市の成長を大きく左右する人口の変化に着目し、城下町固有の特徴と明治以降の人口推移の関係を明らかにしていく。当分析から得たエビデンスを通じて、松本を含めた城下町都市の「らしさ」を見出し、今後の地域活性化の鍵となりうる要因を模索することが本稿の目的である。

分析では、明治時代（明治二二年現在）の人口が一万人に達していた主要百十七都市における一八七三年から二〇〇五年までの長期的な人口推移を観察した。[注1]

明治期の主要都市の約七割は城下町起源であり（百十七都市中八十四都市）、城下町以外に起源を持つ都市は半数にも満たない。地域別に見ると、東北、四国中国、九州などの地方では城下町が主要都市の大半を占める一方で、都市圏（関東、中部、近畿）においては非城下町起源の都市数と拮抗していた。

分析を進めるなかで、城下町が元来有していた二つの特殊な機能―地方の中枢都市（政治経済）機能と都市の防備機能―が、明治期以降の都市の成長過程に顕著な違いをもたらしていたことが明らかになってきた。また、城下町は観光資源として大きな魅力をあわせ持つ。この歴史的遺産が都市の成長に与える影響についても興味深い結果を得た。

以下では、これら三つの城下町の特徴と都市の成長に関する分析結果をふまえた考察を行っていく。

城下町の凋落と県庁所在市の興隆

江戸時代の城下町は政治経済の中心都市として地方の中枢をなした。しかし、一八七一年に廃藩置県が行われ

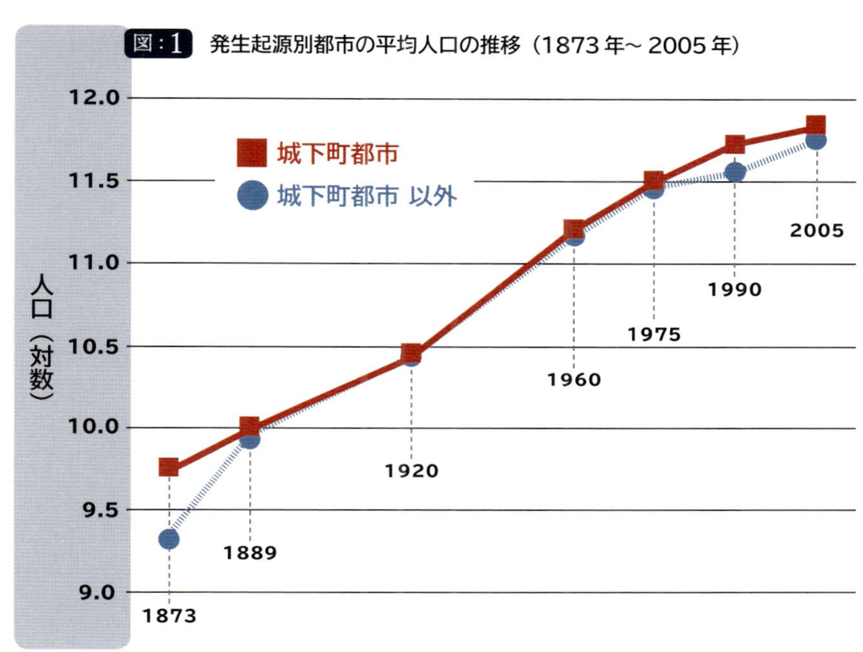

資料：人口データは浮田（1987）と総務省の人口推計より、都市の発生起源は浮田（1987）より入手。

て旧体制の影響が弱まるにつれ、城下町であることの優位性は次第に失われていったようである。その変化は、上述した百十七都市の人口推移からも見て取れる。……図：1

図1は、百十七都市を城下町都市群とそれ以外の都市群に分け、各都市群の人口の平均値を年代別にプロットしたものである。これを見ると、明治初期（一八七三年）の城下町都市の平均人口は、非城下町都市に比べて多いことがわかる。［注2］

しかし、明治中期になるとこの違いは見られなくなり、以降、城下町都市と非城下町都市の平均人口の推移はほぼ等しくなっている。

城下町都市の優位性の喪失は、廃藩置県後の新体制下で政治経済機能を持つことになった県庁所在市との関係をあわせて見ることで、より示唆に富んだ知見を得られる。図2は図1を県庁の有無によって細分化したものである。新・旧体制下においてそれぞれ地方中枢都市機能を持つ県庁所在市と城下町の人口推移を四つのグループに分解している。……図：2

これらの比較から、以下二つの重要な結果を得た。

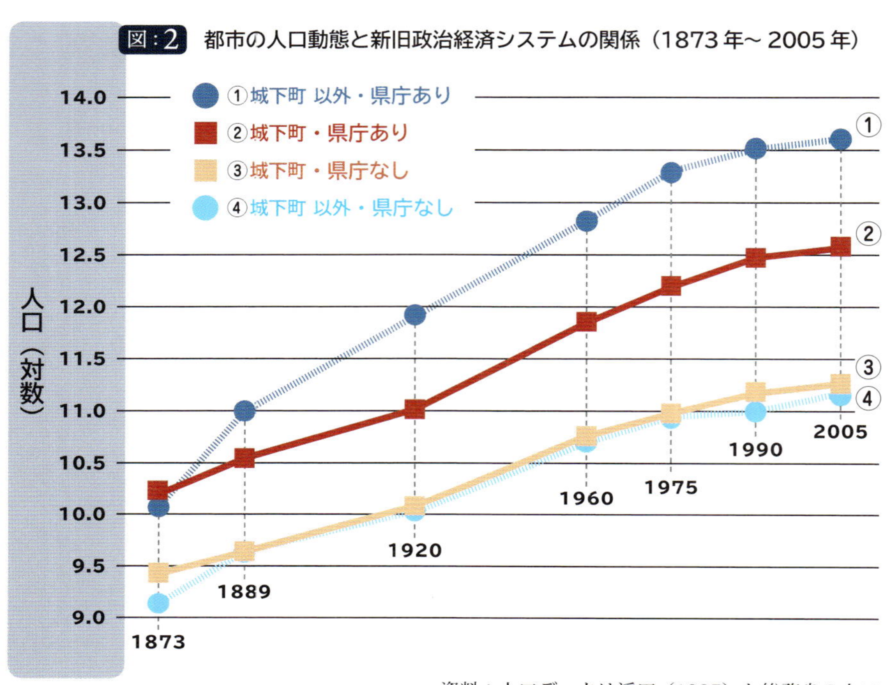

資料：人口データは浮田（1987）と総務省の人口推計より、都市の発生起源は浮田（1987）より入手。

ア 県庁所在市（①②）と非県庁所在市（③④）の比較

県庁所在地となった都市は、城下町起源であるか否かにかかわらず、非県庁所在市と比べてもともと規模の大きい都市であり、かつ、廃藩置県以降の人口成長率（≒グラフの傾き）も相対的に大きい。［注3］

イ 県庁所在市間の比較（①と②）ならびに非県庁所在市間の比較（③と④）

県庁所在市（①と②）においては、城下町都市の人口成長率が非城下町都市のそれを大きく下回っている。一方で、県庁所在地に選定されなかった都市（③と④）の間には、図1と同様の傾向が観察できる。

まず、③と④の比較より、政治経済機能の消失が城下町都市の優位性を損なわせたことがわかる。また、アの結果より、旧制度下と同様、新制度下における地方中枢都市機能も都市の成長を促す要因となっていたことがわかる。

これらに加えて興味深い点は、城下町起源の県庁所在市の成長スピードが、それ以外の県庁所在市の成長スピードよりも遅れていたことである（①と②の比較）。言い換えるならば、城下町には近代都市の成長の足かせとなるなんらかの特徴（制約）が存在していたことを示唆している。この制約については、後述する城下町の防備機能とどうやら関係がありそうだ。

ところで、県庁所在市でない城下町松本は、図2の②と③の間を縫うような比較的高い成長過程を経てきた。これは、松本市が、県庁所在市である長野市とは異なる中信経済圏の中心的役割を廃藩置県以降も担っていたことから合点がいく。

城下町の防備機能と都市の成長

戦国時代から江戸時代初期にかけて数多く築かれた城下町には、行政や商業の中枢機能だけでなく、城を守る防備施設としての機能も備わっていた。そのなかには、濠や石垣、土塁（城壁）のような大規模なものだけでなく、丁字路や鍵の手、喰い違いといった非直線的な道路や袋小路、寺社の戦略的な配置などさまざまな防備機能が城を守る盾として城下（町の内部）に張りめぐらされていた。

ところが、明治以降、これらの防備機能は無用の長物となる。そればかりか、これらの特徴は、近代以降の都市開発（区画整理や交通インフラの拡充など）において、都市化の進展を妨げる制約要因と化してしまった可能性があるのだ。

本稿では、このような土地利用における構造制約の有無が都市の成長率に与えた影響を観察するうえで、濠の残存範囲データと第二次世界大戦における被災データに着目した。前者は城下町が有する構造制約を表す指標の一つとして、後者は構造制約を緩和する指標として用いることができる。すなわち、濠の残存範囲（歴史的遺構）が大きいほど成長率は低いと考えられるが、一方で大戦中の空爆被災はそれら従前の構造制約を無効化（破壊）することで、都市の再構築（リストラクチャー）とそれにともなう高い成長を促すと考えられる。［注4］

図３は各都市における年平均人口成長率（一八七三年～二〇〇五年）と現在の濠の残存範囲の関係をプロットしたものである。図の左側は大戦中に戦火を免れた都市群（福島や松江など）、右側は被災した都市群（岡山や甲府など）を表す。……図：3

また、各プロットのうち県庁所在市を赤字で示している。観察できる顕著な点として、戦火のなかった城下町の中でも特に県庁所在市において、濠の残存範囲と都市の成長率にとても強い負の相関関係が見られた（相関係数＝マイナス〇・八二）。また、これら県庁所在市のプロ

図：3　城下町都市人口の年平均成長率（1873年～2005年）と濠の残存範囲、戦災の関係

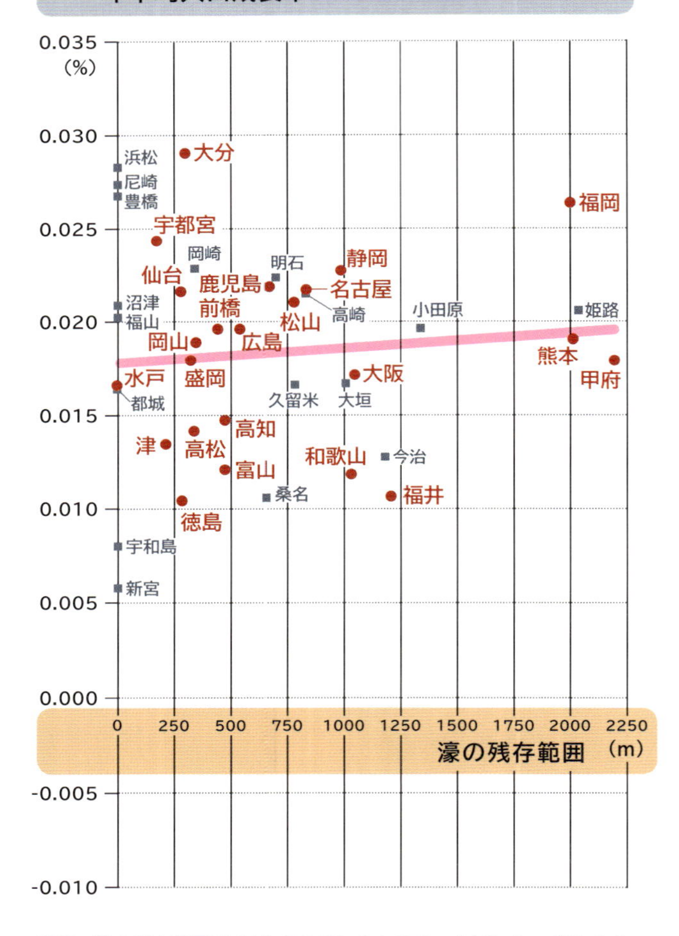

資料：濠の残存範囲は本城（2012）より入手。本城にない値はＧＩＳソフトウェアを使用して独自に計算を行った。戦時中の罹災データは建設省計画局区画整理課の「罹災状況調」と第一復員省の「大東亜戦戦災被害状況」より入手。

ットを近似した回帰直線の傾きも有意水準一パーセント以下で負の値を取った。[注5]

一方、被災のあった城下町では、濠の残存範囲と都市の成長率の間に明確な関係は見られない。これより、戦火によって市街が大きな被害を受けた結果、戦後の復興都市計画において従前の構造制約の影響を受けることなく、効率的な産業立地や交通インフラなどを再整備できたことが示唆される。このような構造制約効果は、図2で見られた城下町起源の県庁所在市（②）における成長率の低さを説明できるメカニズムの一つと言えるだろう。

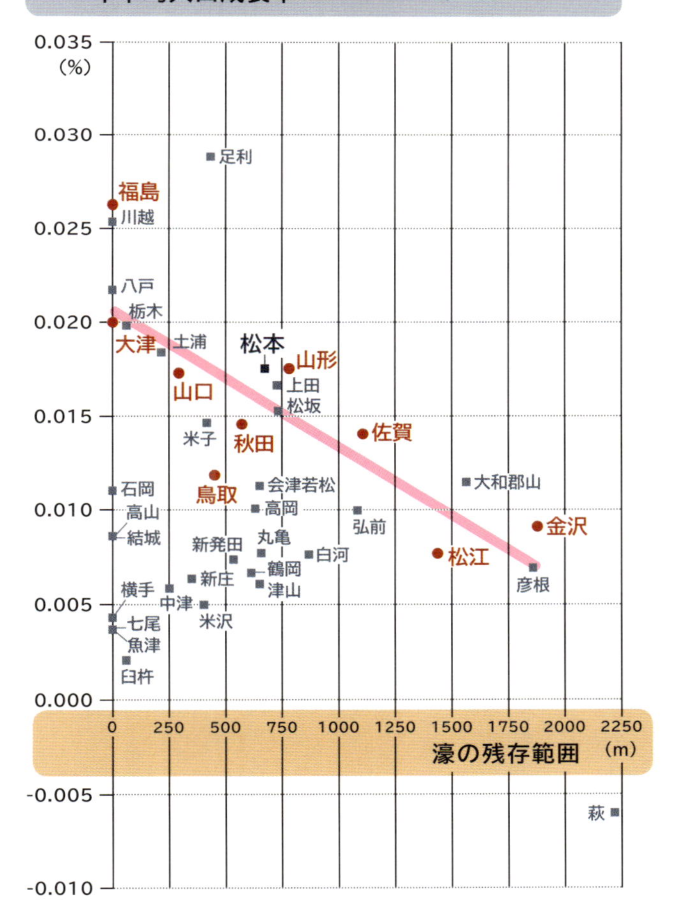

注：
1）濠の残存範囲の指標として、残存する全濠跡が含まれる最小の円の直径を用いた。
2）本分析では、戦後の特別都市計画法によって戦災復興特別都市に指定された都市を被災都市として定義した。

観光資源としての城下町の可能性

ここまでの結果を見る限り、城下町の遺構はもっぱら負の影響をもたらす印象を受ける。しかし、城下町のさまざまな有形・無形遺産は、観光資源として外部人口を誘引する経済効果をもたらすことも忘れてはならない。他方、これらの資源に依存して観光業に特化するあまり、経済成長の長期的な停滞を招く可能性も指摘されている(Deng, Ma, and Cao, 2014)。[注6]

このような議論に対する一つのエビデンスとして、本稿では総務省が提供している産業ごとの競争力指標をもとに、各城下町都市の観光業への依存度を指標化し、人口成長率との関係性を調べた。……図:4

図4に、各城下町都市における年平均人口成長率(一八七三~二〇〇五年)と観光業への依存度の関係をプロットしたものである。これらには負の相関があり(相関係数=マイナス〇・四〇)、また、プロットを近似した回帰直線の傾きも有意水準五パーセント以下で負の値を取った。[注7] つまり、観光業に依存する城下町都市ほど低い成長率を示していることになる(彦根や新発田など)。ほかに核となる産業が相対的に少なかったために、観光業への依存が深まったという解釈もできるだろう。

裏を返せば、観光以外にも競争力を持つ産業をより多く有する城下町都市(松山や鹿児島など)は、より高い成長率を達成してきたということだ。この傾向は県庁所在市でない松本にも当てはまる。

松本の魅力的な城下町資源は、言うまでもなく多くの観光客を呼び込んできた。他方、松本には電子部品や情報通信産業をはじめとする多数の基幹産業が発展し、経済成長を牽引してきた。城下町としての風情を色濃く残しつつ、各産業分野における堅調な歩みを重ねてきた松本は、新旧の融合がうまく進んだ成功例の一つと言えるのかもしれない。

城下町のこれからを考える

以上の分析より、城下町の構造的な制約が都市の長期的な成長に負の影響を及ぼしうること、また、観光資源としてそれらに依存すればするほど都市の成長が鈍化す

図：4　城下町都市人口の年平均成長率（1873年〜2005年）と観光業依存度の関係

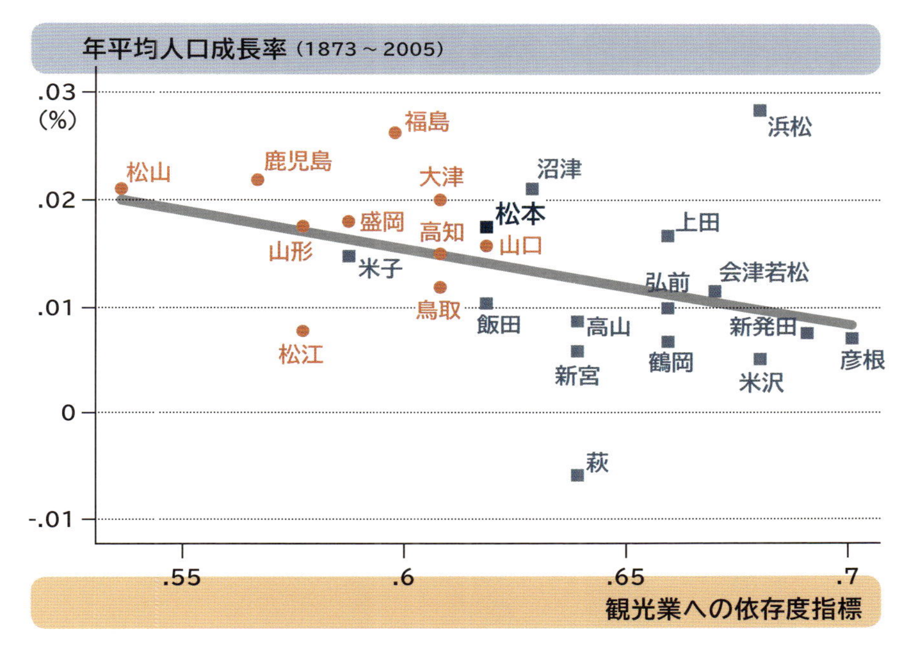

資料：総務省の「地域の産業・雇用創造チャート—統計で見る稼ぐ力と雇用力—」より、市町村における2009年度の産業ごとの競争力指標（修正特化係数）を入手。

注：競争力指標（修正特化係数）が1より大きい産業が、当該地域における基盤産業の目安となる。本分析では、観光産業への依存度指標を以下の要領1）〜3）に沿って作成した。
1）宿泊業の競争力指標が1より大きい城下町都市を抽出する。
2）1）で抽出した都市ごとに、競争力指標が1より大きい産業（宿泊業と低成長産業である農林水産業を除く）の割合を計算する。この値が1に近づくほど基盤産業の数が多い、つまり、観光業への依存度が低い（宿泊業が盛んなのは、多くの基盤産業の経済活動に起因する）ということになる。
3）2）で求めた値を1より減ずることで、観光業への依存度を求める。

る傾向にあることがわかった。[注8]

城下町資源の使い方次第では、貴重な歴史的遺産が都市の成長にブレーキをかけてしまうことになりかねないということだ。これは城下町資源へ過度に依存したまちづくりへの警鐘とも言える。

これら二つの観点をふまえると、国内外で見られる歴史都市のゾーニング戦略（旧市街と新市街を明確に区分けし、それらを別個に、もしくは相補的に最大限生かすことを考えた戦略）は、都市政策として正しい方向性を持ったものと言える。また、同時に、既存の城下町資源を生かした観光業を維持しつつも、各都市の特性にあった基盤産業などの育成も肝要である。現代において城下町の本質的な「らしさ」を形成するには、歴史「プラスアルファ」が必要であるとも言えるだろうか。

今回の分析で用いたデータの標本サイズや相関分析には一定の制約はあるものの、本分析結果が今後の城下町都市の成長に向けた一つの手がかりとなることは間違いない。[注9]

歴史に寄り添うのか、新しい道を歩むのか、それとも双方バランス良く取り入れた成長戦略を取るのか……。城下町遺産の付加価値を高めていくためにも、城下町の行く末を決める慎重な舵取りが今求められる。間違っても、窮余の策として城下町資源にすがるほかないような事態だけは避けたほうが良さそうだ。

注釈

注1　データは浮田（一九八七）より。浮田では百二十八都市を扱っているが、本稿ではそのうちの百十七都市を用いる（外れ値とみなす東京都と本分析期間中に合併して消滅した十都市を除く）。

注2　一八七三年の城下町都市群と非城下町都市群の平均人口には、有意水準五パーセント以下で統計的有意差あり。「有意水準」とは、統計的処理によって得られた推定値（ここでは平均人口に有意な差があること）の信頼性を表したもので、一般的にはこの有意水準が五パーセント以下であると、推定値の信頼性はある程度高いものと見なされる。

注3　県庁所在市と非県庁所在市の間には一八七三年当時の人口に大きな違いがあるため、人口の推移を単純にビジュアルから比較することは難しく、厳密には成長率を計算して比べる必要がある。実際に計算し、統計的処理を行うと、県庁所在市と非県庁所在市における一八七三年～二〇〇五年の平均成長率には有意水準一パーセント以下で統計的有意差が見られた。

注4　このようなリストラクチャー効果は、Joseph A. Schumpeter（一九四二）によって提唱された「Creative Destruction（創造的破壊）理論」に通ずる。Creative Destruction とは、技術革新などのイノベーションによって既存の技術やインフラストラクチャー、社会構造が駆逐され、新しい経済システムが確立されることで、経済が発展していく一連の新陳代謝プロセスを指す。

注5　相関係数とは、二つのデータ（変数）間の直線的な関係性の

強さを表す指標のこと。マイナス一から一の間の値を取る。おおまかな基準として、係数がマイナス〇・四より小さい値を取ると二つの変数には「負」の関係があるといい、マイナス一に近くなればなるほどその関係は強くなる。反対に、〇・四から一に近くなればなるほど二つの変数には強い「正」の関係があることを示している。一方、回帰直線の傾きは、変数（x）がもう片方の変数（y）に「どの程度」影響を及ぼしているかを数値化したものである（y＝Axの係数Aに相当する）。

注6　資源と経済成長にこのような負の関係が存在する可能性を経済学では「Resource Curse（資源の呪い）」仮説と呼ぶ。もともとは、天然資源が豊富な国ほど経済成長が遅れる現象を指すが、天然資源以外のものにも応用されている。

注7　萩市と浜松市は外れ値の可能性が高い。これらの都市を除いた場合の相関係数はマイナス〇・六四まで上昇する。

注8　そのほか、本分析では、都市の成長に影響を及ぼしうる諸要素として、地域別（太平洋、日本海、瀬戸内・九州、内陸部）や地形別（氾濫原や扇状地、デルタなどの平野部と段丘や砂丘などの丘陵地）に都市をグループ分けし、それぞれの年平均人口成長率を比較した。都市の地理的属性データは藤本（一九八七）より入手した。その結果、城下町を起源とするか否かで統計的に有意な違いは見られなかった。また、都市の成長に大きくかかわる要因の一つとして鉄道などの交通インフラ整備が挙げられる。これに関しても別途分析を行ったが、本稿で見てきた「城下町資源と都市成長」の関係が交通インフラ水準の高低によって質的に変わることはなかった。

注9　相関分析に使用した各変数を用いた重回帰分析（非説明変数：城下町都市における年平均人口成長率（一八七三年～二〇〇五年））をあわせて行ったところ、ほぼすべての係数が一パーセント以下で有意となり、かつ、個々の相関分析の結果と整合的な符号が得られた。

参考文献

＊浮田典良（一九八七）「明治期の旧城下町」、矢守一彦編『城下町の地域構造』、名著出版、四五七～四六五ページ．
＊建設省計画局区画整理課「罹災状況調」．
＊総務省「人口推計」．
＊総務省「地域の産業・雇用創造チャート―統計で見る稼ぐ力と雇用力―」．
＊第一復員省（一九四六）「大東亜戦戦災被害状況」．
＊藤本利治（一九八七）「近世城下町の自然環境と立地条件」、矢守一彦編『城下町の地域構造』、名著出版、四〇九～四三三ページ．
＊本城貴之（二〇一二）「城下町における濠跡の残存パタンの分類と隣接土地利用分析」、九州大学大学院人間環境学府都市共生デザイン専攻アーバンデザイン学修士論文．
＊Deng, T., Ma, M., and Cao, J. (2014). Tourism Resource Development and Long-Term Economic Growth–A Resource Curse Hypothesis Approach. Tourism Economics, 20(5): 923-938.
＊Schumpeter, Joseph A. (1942). Capitalism, Socialism and Democracy. New York: Harper and Brothers, pp. 82-85.

MATSUMOTO 都市D

第八講

空間・場所・らしさ

「体験」から考える 城下町

長谷川繁幸

●はせがわ・しげゆき
建築CGシミュレーションをフリーランスで行う。一九七三年、埼玉県に生まれ、函館、長野、松本に転住。共著者の倉澤聡氏と公民館講座にて松本看板学会（なんちゃって学会）を立ち上げ、初代学会長に就任。まじめなところでは、地元建築士会のまちづくり委員長を務める。

さいたまの実家でまちづくりを叫んでも
都会の喧騒にかき消されていたと思う。
松本は僕みたいな人間でも
都市デザインにかかわることができて、
自分たちや子どもたちの生活の舞台のデザインに
加わることができる。
これはとても幸せなことだと思う。
全国的に地方都市では街のにぎわいが薄れ、
まちづくりで『何とかせねば』という機運があるが、
バブルアゲインを夢見て頑張ることよりも、
日々の暮らしを楽しむことを
まずはちゃんとやっていきたい。
松本を訪れる人はあいさつ代わりに
『いい街ですね』と言ってくれるが、
『いい街でしょ』と胸を張って返せる街であってほしいし、
その良さの中身を僕自身もちゃんとわかっていたい。

『らしさ』を考えて二十余年

僕は普段、建築のビジュアライゼーション（見える化）の仕事をしていて、実在の場所とヴァーチャルな空間との違いについて考えることがしばしばある。以前は建物の形を描いて、どんな建物ができるかを示せばよかったのが、近年では官民を問わずプロジェクトや利権が複雑化するなか、合意形成が重要視され、建物がどういう使い方をされ、どういった場所になるかまでを示す必要性が高まってきた。人間が主人公になり、そこで体験されることや物語性が重視されるようになったとも言えるのかもしれない。

また、僕自身が大学時代に街並みの『らしさ』について研究をしていたこともあるのだが、近年まちづくり関連で『らしさ』がキーワードとして重要度を増していると感じている。同時に〝中身の無い『らしさ』論〟の危険性も感じることが多くなってきている。言葉とは便利なもので、それっぽい言葉を使えば何かを言った気になってしまう。そのような言葉の代表格が以前は『社会』

や『文化』などであったが、『らしさ』という言葉も同じような立ち位置、種類になってきている。たとえば、選挙公約などで『松本らしさを大事にしたまちづくりをしていきます』などと言った場合、その『らしさ』の内容は受け手任せになっている。何も語っていないのに語った振りをして、愛郷心を煽っているに過ぎない。

『らしさ』はアイデンティティやシビックプライド（都市に対する市民の誇り）につながる重要なテーマだが、何をもって『らしい』と言っているのか、また、『らしさ』とはどんな言葉なのかきちんと把握しておく必要がある。

僕の担当回講座では、『空間』『場所』『らしさ』という言葉の定義を見直し、そこにつながる体験や疑似体験についても考えてみた。

コトバの定義①

『空間』と『場所』

この二つの言葉は普段ほぼ同義に扱われているが、違いを理解することで現実を読み解く便利な道具ともなる。近代以降これらの言葉をしっかりと再定義したのは、さまざまな場所について考える地理学者の方々だった。彼らは場所性・空間性とその間にある風土性も定義した（話が複雑になるので今回は風土性については割愛する）。空間と場所の最大の違いは、言葉が示す地点という実体を持つか否かにある。

場所とは、実際にある街などのどこか一点、または範囲を示す。地図上の一点ではなく、対応する実体があるということが特徴である。また、その中には地域性や時代性なども含まれている。対して空間には特に実体としての地点は不要で、概念だけでも語ることができるのが特徴となっている。

数式のように単純に表すと

場所＝空間＋実体性

という等式にすることができる。これが成り立っているなら、等式の性質上、実体性を移項して

空間＝場所－実体性

と言い換えることもできる。場所はリアル、空間はヴァーチャルと位置づけるとわかりやすいだろうか。

『場所』と『空間』の体験

これまで場所と空間は実際に体験できるかどうかで区別されていた面もあった。しかし、近代の建築のグローバル化やＶＲ（ヴァーチャル・リアリティ）技術の進化などで体験のあるなしによる区別が難しくなってきている。

- **空間的な場所の発生**
- **場所的な空間の発生**

さらには

- **場所と空間の融合**

が始まっている。

空間的な場所というのは個性を持たない場所で、たとえばチェーン系スーパーやコンビニがそれにあたる。買い物を終えて外に出たときに場所の認識が狂って、「あれ、ここの店に入ったんだっけ？」と驚いた経験はないだろうか。逆に、初めて入る店でもどこに何の商品があるかわかってしまうことがないだろうか。

一番身近な家庭という場所もプライベート・閉鎖的になり、転居先などどこでも再現できるよう（＝モバイル的）になってきているので、場所性を失いつつあるのかもしれない。

反対に、実在しない場所でも体験ができる**場所的な空間**がある。映画や小説、寝ているときに見る夢などがその代表で、最近ではGoogleのストリートビューやＶＲも仮想空間での体験の質を高めている。

空間的な場所、場所的な空間の両者に共通することとして、体験中に自分がどこにいるかわからなくなることが挙げられる。これは白昼夢を見たときや酔っ払っているときと同じで、生命的には危険な面もある。

場所と空間の融合というのは、ドローンなどの遠隔操作とＨＭＤ（ヘッドマウントディスプレイ＝両眼に覆いかぶせるように装着して大画面や立体画像などを演出する）の視覚体験などを組み合わせることで可能となる。最近の例では、テレイグジスタンス（遠隔臨場感）の研究開発や、ラジコンのマルチコプターでのＦＰＶ（First Person View ＝一人称視点）などが挙げられる。機械に憑依（ひょうい）する形で自分の分身が離れた場所で動き出し、そこでの現実を体験したり介入したりできるようになる。

たとえば

- **簡単に観光気分が味わえる**
（リアル版 Google ストリートビュー）
- **出張や現場に行かなくても済む？**
- **寝たきりの人でもほかの場所を体験できる**
（究極のバリアフリー？）
- **原発の修理などでの利用の可能性**

など、明るい未来が感じられるかもしれない。

しかし、残念なことに**場所と空間の融合**を現在一番有効に活用しているのは軍事技術かもしれない。米国の無人攻撃機MQ-1プレデターは湾岸戦争後二〇〇〇年ころから中東などで実戦投入されるようになった。そこではわが身を危険にさらさず、一方的な破壊や殺りくが可能となり、戦争のゲーム化や兵士のサラリーマン化が起こっている。人殺しのリアリティが喪失され、精神に変調を起こす兵士もいるという話も聞いたことがある。刑

最小構成での FPV の例

事ドラマで重要視されるアリバイが意味をなさず、今ここにいるという実感が薄れるなど、リアル〜リアリティやアイデンティティに関する哲学を再構築する必要性に迫られている。

いずれにせよ、先ほどの定義でせっかく『場所』と『空間』を分けたのに、その両者が融合しつつあるという現実がある。しかし、この現実は『場所』と『空間』をしっかり定義したことで認識可能になったとも言える。

僕自身の体験としては、CGでシミュレーションした現場に行ったときに、すごいデジャヴ感に襲われることがある。シミュレーション通りに仕上がっていることはうれしいことのはずなのだが、初めて体験するはずの空間を知っている感覚は何度味わっても慣れることができない。

なぜ今城下町を考えるのか？

本書の共著者である武者忠彦先生が『場所のコモディティ化（経済価値化）』と言っているように、場所そのものから場所性が失われつつある。これまで個人・行政さまざまなレベルでバナキュラー（土着）なものを捨て、グローバルなものを受け入れることが都市化（都会化）だとして、場所の『らしさ』の喪失と標準化された街並みの導入が進められてきた。また、わかりやすく記号化された『らしさ』の演出（街のテーマパーク化）も本来の『らしさ』を損なう危険性をはらんでいる。観光客に媚を売って、住民からそっぽを向かれる街ではシビックプライドも育たないし、観光客も一度来れば飽きてしまう。

暮らしていると慣れ親しみ過ぎているので『らしさ』の存在は知覚しづらく、失って初めて気がつくことも多々ある。曖昧で気づきにくい『らしさ』を曖昧のままにせず、言葉の定義と実際の両面から再認識する必要がある。松本において『城下町』を考えることと『松本らしさ』を考えることはかなりの範囲で同義になるはずなので、『らしさ』という観点から考察を進めてみる。

『らしさ』の喪失

では、実際にどんな形で『らしさ』が喪失されているか、程度を分けて考えてみたい。

■ 地割りの消失 ―― 松本市安原の例

昔ながらの細長い敷地は狭い間口に対して面積が大きく、現代的には使い勝手が悪く、売り買いも難しい。第一段階として道路に面した町家をつぶして駐車場にしたり、全体が空き地化することで歯抜け状態になり、街並みが不連続になる。第二段階ではいくつかの敷地がまとめられミニ開発・分譲されることで地割りが完全に消失する。

初期段階　細長い敷地（地割り）に同一モジュールで建てられた町家が整然と並ぶ

第一段階　建て替えにともなってつくられた前面駐車場や空洞化で街並みが不連続になる

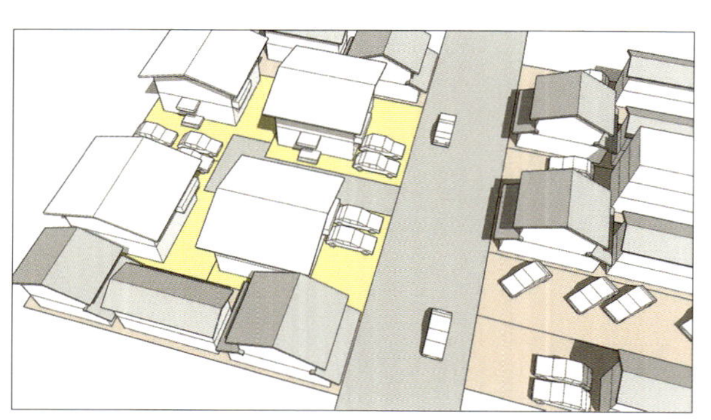

第二段階　複数の敷地がミニ開発にかけられ旧来の地割りが消失する

■ 街の突然変異 ——埼玉県 浦和の例

僕の実家はさいたま市（旧・浦和市）で、たまに帰省すると、以前は緑が豊富なお屋敷や、文化人の住んだ落ち着いたたたずまいが見られたが、相続のため小分けにされ、同じような形の木造三階建ての建売住宅が密集して建てられたスポットがいくつも見られるようになった。旗竿敷地（道路に接する出入口部分が細い通路状になっており、その奥に家が建つような敷地）や目一杯の容積率の利用など、建築基準法をギリギリでクリアする、見た目にもおかしな建物の塊が街を侵食している。以前はマンション乱立が問題になったが、さらに一歩進んでマンション独特の土地権利の区分所有を嫌う、個人的でエゴイスティックな住まいづくりが最近流行っているようだ。発注者側の倫理観や美学があればこのようなオーダーは発想すらされないだろうが、複雑な法規をかいくぐって、法規的・経済的な合理性を重視した売り手側の理論で街がつくられている。

■ スペースコロニー的都市
――埼玉県 越谷レイクタウンの例

　武蔵野線の窓から初めてこの光景を目にした時、昭和の某国民的アニメ冒頭部のスペースコロニーのシーンが頭に浮かんだ。巨大マンション、巨大ショッピングモールに人工の湖。日用品から住まいまで含めた消費や労働がもっとも効率的に回るようにデザインされた、売り手側が描く理想の住まいが巨大なスケールで実現されている。

　もともとは郊外地区だったので、大規模な開発によっても歴史的な連続性の喪失は少なく、『らしさ』の喪失というよりも、全く新しい形でできあがった現代的な『らしさ』なのかもしれない。

　人工的という点において松本とある意味対極的なこの新しい『らしさ』は、今後どのような暮らしの舞台になり、どのような形で次の世代に引き継がれていくのだろうか。

コトバの定義②

『らしさ』

では、『らしさ』とはどんな言葉なのか、どう使えばいいのか、どう付き合っていったらいいのかを考えてみよう。

『らしい』という言葉自体、そうとも言えるし言い切れもしない、断定を避けている言葉なので、もともと曖昧さを持っている。曖昧な言葉を適当に振り回したのでは、冒頭に述べたように何も語ったことにならない。ハッキリ言えないから『らしい』と言って逃げているとも言える。

『らしい』という言葉の使われ方から見てみよう。『松本らしい……と言えば……』、『彼らしい振る舞いと言えば……』などのように『AらしいBと言えばC』のような形で使うことができる。

AらしいB＝C　これは何となく　**f（x）＝y**という関数と似ている。つまり、『Aらしさ』にBを当てはめればCという結果が予測できる、入力により応答が予測できる形と似ている。『らしさ』とは傾向や予測可能性という側面を持っていることは普段の使い方からも確かだろう。

ある『らしさ』が妥当であるかどうかはf（x）という関数のようなものをどうやってつくり上げるかが問題になる。数学（統計学）では、多数のサンプルから統計的に傾向を導き出す相関分析（回帰分析）という手法をよく用いる。例として中古車の車種別の年式と価格の相関図を挙げているが、走行距離と価格、年式と価格などいろいろな切り口で『らしさ』を探ることができる。もちろん、クルマはほかにもデザインやアクセルフィールやハンドリング、居住性など『らしさ』を語るのに事欠かない。……図：1

文化人類学では一九五〇年から六〇年代に構造主義（さまざまな事象を、関係的な純粋な差異からなる体系としての「構造」を明らかにすることによって把握しようとする立場）という考え方が流行り、これもたくさんのサンプルからその裏に潜む構造（明文化されていない慣習・f（x）のようなもの）をあぶり出す手法だった。

『らしさ』とは、それが持つ傾向をほかと比べたときに現れる違い（ふるまい、特徴）と言えそうだ。それが持つ傾向を知っていることだけでは不十分で、ほかのものが持つ傾向（ほかの『らしさ』）と比較していることが必要となる。つまり、松本らしさを語るにはほかの街の『らしさ』を知っていないと信憑性が生まれない。

『らしさ』の持つ心理作用

『らしさ』とは各個人の体験の蓄積（＝経験）から個人のものとして築かれ、そしてほかの人と共有されるものになる。僕の思う松本らしさがあったとして、それはほかの人にもある程度共感できなければ設定ミスがあり、逆にほかの人にも共感できるものなら、その『らしさ』は強固なものになっていく。

また、たとえば『いかにもアイツらしい……だ』など語るとき、その裏には付き合いの長さや深さを表す愛着のようなものがある。街の『らしさ』に目を向けるということは、シビックプライドの形成につながっていく。

これからの松本らしさをつくるには

図：1　中古車 車種別年式 - 価格相関図

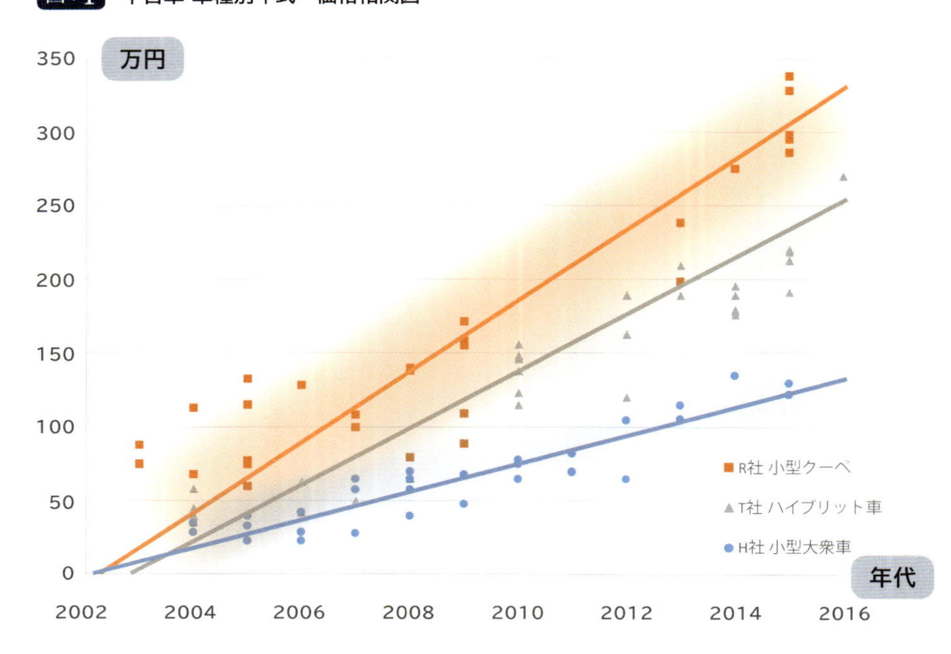

未来の松本らしい街並みをつくるには、

・**これまでの歴史**

・**ほかの街の『らしさ』**

・**現在の松本らしさ**

など、たくさんのサンプルが必要となる。

点と点を結びベクトルをつくり、その延長上を見据えることで、松本らしさを持った街並みをつくっていくことが可能になるはずだ。

また、我田引水ではあるが、僕のやっているCGによる空間シミュレーションも仮想的な未来におけるサンプルをつくり出すことで、より『らしさ』の精度を上げることが可能になると考えている。その際、単なる空間をシミュレートするのではなく、なるべく**場所的な空間**をつくり上げることを大切にしている。たとえば背景となる山並みは欠かすことができない。

『らしさ』にまつわる問題点

本稿や僕の担当回の講座では『らしさ』とはどんなものかというメタの部分に注目し、松本らしさが何であるかにはほとんど触れていない。言い訳になってしまうが、それだけ『らしさ』という言葉の扱いは難しい。

『らしさ』にまつわる問題点をまとめると

◎**何かを言った気になる**

『らしさ』というただでさえ曖昧な言葉をいい加減に使いがち。

◎**失って初めて『らしさ』気づく**

失う前に気づけないか？ よそ者目線も有効。

◎**安直な『らしさ』に飛びつく**

街のテーマパーク化ではシビックプライドを育めない。歴史やほかの街との比較など造けいを深める必要がある。

◎**『らしさ』の強要**

横綱らしい、高校球児らしい振る舞いなど、部外者がもっともらしい規範をつくっている。

◎**ポピュリズムとの親和性・同調圧力**

大勢の意見として免罪符的に『らしさ』を語

り、根拠を曖昧にして極端な結果に結びつける。

『ノロウイルスが危険らしいから餅つきは中止』

『松本らしさを考えた巨大ショッピングモール』など。

◎ネガティブ要素も受け入れる必要性

サイレントマジョリティ、訴訟・クレーム、ネットの蔓延などを背景に目立つようになってきている。

細い道や古い街並み、田舎っぽさなど、『あばたもえくぼ』で取り入れる必要がある。

◎新しい『らしさ』をどう培うか

古いものを保存するだけではダメ。新しい建物や街並みをどうつくるか、自分たちにとっての暮らしやすさとともに考える。

というようなことがある。

まず『らしさ』という言葉の曖昧さや便利さに振り回されないよう注意し、歴史的知識や考察、ほかの街の体験を積みながら松本を見つめていくことが今後ますます大事になっていく。

松本らしさを考えるにあたって

最後に、今後どのような姿勢で松本らしさを探っていくべきか考えてみたい。

身近なところでよく言われている松本らしさとしては、なぜかネガティブなものが目立つ。自動車で強引に信号交差点を右折する『松本走り』や、最後の一個を食べない『信州人の一個残し』がそれだ。だが、ほかの地域に住んでみると普通にどこでもだれかがやっていて、松本で目立つということでもない気がする。だれかからの批判に先回りしたような自虐的なアイデンティティの持ち方は、何かと空気を読む昨今の時流に乗っているものの、ほかの地域との対比を忘れていることが多い。根拠のない自信も困るが、胸を張れない姿勢は何とも情けない。

では、何に注目していけばいいのだろうか？

僕自身としては、これまでの松本での生活や、まちづくりにかかわってきたなかで、おぼろげなヒントが見つかってきている。

まず、なるべく客観的な視点から松本を見るには松本の地理的条件や歴史を学ぶ必要がある。学問的に掘り下げるとキリがなく、それほど深掘りできているわけではないが、何か自分が「いいな」と思ったときや、松本の好きなシーンを見つけたときに地理的条件や歴史に思いをめぐらせながら言語化すれば、松本らしさのエッセンスはスクラップ記事のように溜まってくる。

たとえば川沿いにジョギングをしてみると、壮大な北アルプスの景色だけでなく、かなり狭い範囲内で都市的な市街地から山村地区までのグラデーションを感じることができる。松本の住み良さはそのグラデーションの中で自分に合った暮らしのポジションを見つけやすいことなのかもしれない。

城西地区で住宅地越しに松本城を見かけたとき、城が暮らしの背景にあり続けることに安心感と先人への感謝が一体となった幸福な気持ちに包まれたこともある。城を持つ街としてのモジュール（基準寸法）は街路や街並み、生活様式や精神面に、明文化されないがアイデンティティとして確実に組み込まれていて、『郷に入っては郷に従え』というときの『郷』の存在を感じることができる。

主語が『私たち』となると途端に無責任さや胡散臭さが出るので、個人的な主観や体験が大切になる。自分の好きなシーンを言語化して溜め、時にはほかの人と語ったりしながら熟成させ、ウイスキーのように味わうことができれば松本らしさの達人になれると思う。

災害や経済的合理性などで街の新陳代謝は進み、失われていく松本らしさに比べて生まれてくる松本らしさはあまりにも少ない。にもかかわらず、松本らしさを見つけて未来のビジョンへ組み込んでいく術は確立されていない。以前は地域の産業特性や地場産建材しか利用できないなどの理由で街並みの個性はいや応なしに存在したが、今では、意図的に『らしさ』を考慮しなければ新陳代謝の中であっという間に無個性な街になってしまう。

これから先、何を大事にすべきかという難しい問いが投げかけられているわけだが、大事にすべきことを主体的に選択できるというのは恵まれているという見方もできる。課題というと重石になりそうなので、楽しみながら松本らしさを見つけていきたい。

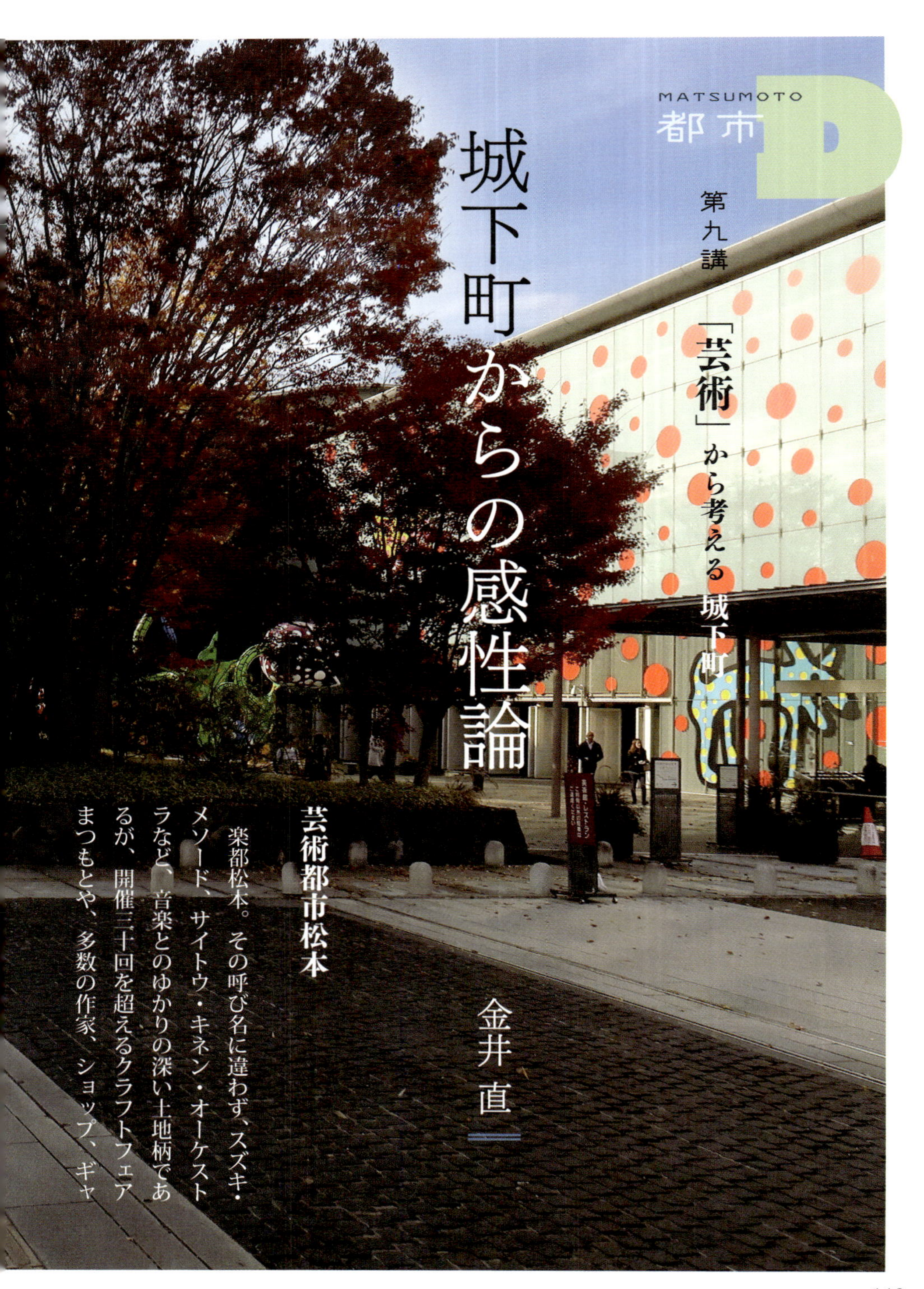

MATSUMOTO 都市D

第九講

城下町からの感性論

「芸術」から考える城下町

金井直

芸術都市松本

楽都松本。その呼び名に違わず、スズキ・メソード、サイトウ・キネン・オーケストラなど、音楽とのゆかりの深い土地柄であるが、開催三十回を超えるクラフトフェアまつもとや、多数の作家、ショップ、ギャ

二〇〇七年に美術館を辞めて、松本にやってきた。
大学勤務では美術との付き合いも
限られてくるなあと思いきや、
ゼミで始めた小展示が案外うまくいって、
また参加アーティストにも恵まれ、
今では恒例イベント化。
美術館では難しかった実験的な展示にも
挑戦できて、とても楽しい。
それもこれもこの街のおかげだな、と思っている。
感覚的に言うと、
街のすみずみにアートの欠片のようなものが
転がっていて、
うまく見つけ出せば、すばらしく輝くのだ。
この汲めども尽きぬ感は何だろうか。
どうやら、この街の城下町としてのレイヤーに
その訳がありそうだ。

ラリーの存在によって、「工芸のまち」としてもよく知られている。さらに松本出身のアーティスト、草間彌生の新旧作品を展観する松本市美術館や、良質のパフォーマンスや演劇を紹介するまつもと市民芸術館の存在など、松本は二十万規模の地方自治体としては例外的と言ってもよいほどの芸術文化の基盤とコンテンツを擁し、また、それらを維持・活用している街である。

もちろん松本を包む芸術の香りは、現代の表現にのみ負うものではない。視点を変えれば、街の中心にそびえ立つ松本城天守閣もまた、一つの芸術作品であり、建築史・文化史的にも織豊（しょくほう）時代の特徴を色濃く示す建築物として極めて高く評価されている（要するに国宝だ）。

あるいは、いっそう興味深いのは、戦災を免れた城下町の存在かもしれない。大きく迂回する女鳥羽川と、屈曲する通りと路地によって分節された市街は、それ自体、

一個の芸術作品と呼びたくなるほどの変化・密度・洗練を示し、訪れる者を魅了する。近世から近代そして現代に至る都市の積層と交差は、歴史の肌理(きめ)をよく伝えるだろう（単に江戸時代にタイムスリップするのではなく、経年を隠さぬ正直な質感が《街》を包んでいる）。そうした《街》の厚みを生かすように、伝統的な祭事に加え、パフォーマンスや屋外コンサート、ワークショップ、さらには気軽な街歩きやオープンカフェなど身近なイベントも市中で繰り広げられる。実際に参加するとよくわかるのだが、クルマではなく歩行者の視点や歩幅、リズムに即してつくられた近世の《街》の構造が、人と人の距離を縮め、コミュニケーションのインターフェイス（共有部分）として、うまく機能している。その様態と展開は、現代風の表現を借りるならば、開かれた公共性の芸術、参加型アート、関係性のアート実践の優れた事例とみなすことも可能だろう。松本は確かに〝芸術の街〟なのである。

生成する「城下町」

右に述べたとおり、松本と芸術を結びつける磁場として機能しているのが、その城下町としての性質なのだが、ところでこの「城下町」とは一体何だろうか。歴史的に振り返りつつ、確認を試みたい。

まず気になるのは、言葉の初出である。「城下」という言葉はいつ生まれたのか。諸橋轍次の『大漢和辞典』によれば、この語の使用は、『左氏』『史記』『後漢書』にさかのぼる。また、近世日本での用例にも事欠かない。実際、松本の古地図を見れば、「御城下」の文字も見える（植松幸一氏寄贈『松本城下絵図』松本城管理事務所蔵、裏面）。一方、「城下町」という語は少々面倒である。『大漢和辞典』には登場しない。『日本国語大辞典』には「御城下町際にて」という近世（文政七／一八一九年）の用例が紹介されているが、これはむしろ「御城下・町際」と読めるが、どうだろうか。とすると、谷崎潤一郎の「大都会よりも昔の城下町くらいな小さな都市がいい」（『蓼食ふ虫』一九二九年）あたりに初期の用例が下ってくる。実際、夏目漱石『坊っちゃん』（一九〇六年）では「廿五万石の城下だって高の知れたものだ」といった具合に、「城下」の二文字で、ほぼ城下町の意をにじませている。

この城下＝城下町という用法は、実は正しい。『大漢和辞典』も「城下」を「昔、大名の城のあった町」と説明している。「管見(かんけん)による限り、士屋敷などを含めた云わゆる「城下町」は、江戸時代においては、等しくすべて「城下」と称せられたのであり、「城下町」と呼ばれた例はこれを見出しえないのである」とする小林清治の見解も極めて示唆的である（小林清治「いわゆる「城下町」の構造」『福島大学学芸学部論集』一九五八年より）。

要するに「城下町」という語は、少々冗語(むだ話)的な、いささか特殊な〝新出表現〟なのである。書名に「城下町」が登場するは小野均『近世城下町の研究』（一九二八年）あたりからだろうか。一九三三年の『松本市史』には「城下町」の文字が見える。おそらくは一九二〇年代後半、つまり大正末年から昭和初頭にかけて、出現・普及した造語／冗語、それが「城下町」なのである。

「城下町」という語の発生については、さらに専門的な調査研究が求められるだろうが、ひとまず私なりの仮説として、ここで提起しておきたいのは、時代傾向、すなわち大正デモクラシーとの関係である。「城下」という語が城からその下へという視線のヒエラルキー、非対称性を打ち消しがたくはらんでいるのに対して、「城下町」という冗語には、その支配論理をはぐらかす弛(ゆる)みがありはしないか。「町」をあえて重ねることによって、見られる側、統(す)べられる側に、重心を流していっているように思うが、いかがだろうか。時は普通選挙法成立・施行の時代である。また松本に限らず城址の公園化の進むころである。天守閣が一般開放される時代、近世の支配原理は象徴的に（実体的にいかに温存されたかはともあれ）崩れ去る。その事実と「城下町」という語の誕生は分かちがたく結びつくように思う。

消費される「城下町」

さて、「城下町」という語は、その後、どのような成長を遂げたか。注目されるのは、戦後高度経済成長期、メディアの中に登場する「城下町」である。一つのハイライトとして思い浮かぶのが、小柳ルミ子のデビュー曲「わたしの城下町」（一九七一年）の大ヒットではないだろうか。安井かずみによる歌詞は次のようなものである。

格子戸をくぐりぬけ
見あげる夕焼けの空に
だれが歌うのか 子守唄
わたしの城下町

好きだともいえずに
歩く川のほとり
往きかう人に
なぜか 目をふせながら
心は燃えてゆく

家並が とぎれたら
お寺の鐘がきこえる
四季の草花が咲き乱れ
わたしの城下町

要するに、「わたし」の恋愛感情を投影する背景・点景として、城下の要素・雰囲気は漠然と歌われるのみで、具体性を著しく欠く。ちなみに小柳ルミ子も安井かずみも典型的な城下町の出身ではないという事実（小柳の出身地福岡は五十二万石の城下町ではあるが、そもそも福岡城の印象が薄い。商都博多の存在感が勝るだろう）が、この曖昧さをいっそう宙吊りにする。まさしく城下町一般、イメージの中の城下町ソングなのである。時はまさに「ディスカバー・ジャパン・キャンペーン」のころ。一九七〇年の大阪万博への動員の反動を嫌う国鉄が打ち出した鉄道利用者数維持の方策が、見知らぬ日本の発見へと国民をかき立てていた時期である。テレビ番組「遠くへ行きたい」（国鉄提供）の開始も一九七〇年のこと。ご当地ソングではなく、日本国内のあらゆる城下町が代入可能の「わたしの城下町」は、「わたしの」という身近さ、収まりの良さで、個人ないし少人数の旅行者層の、幻想のふるさと探しを後押ししたことだろう。

城下町イメージの消費は「わたしの城下町」の曖昧な感傷世界とは別の形でも進行する。特に注目したいのは高度経済成長期の天守の復元・復興である。威容を誇る外観復元天守（外観のみを再現）の代表は、名古屋城（一九五七年）そして熊本城（一九六〇年）であろう。ほかに、広島城、和歌山城、岡山城などの堂々たる天守が、この時期復元されている。さらに興味深いのは、一群の復興天守である。存在は史実としても、その詳細の知れない天守が、岐阜、岡崎、小倉、小田原、島原など各地で「復興」(想像的に復元)された。こうした「虚実」をひとくくりにするかのように、城下町関連本の出版も相次ぐ(鳥羽正雄・櫻井成廣編『日本の名城と城下町』一九七〇年、鳥羽正雄『日本城下町一〇〇選』一九七二年など)。これらすべてが高度経済成長期の出来事である。多くの都市の中心に、シンボル、一種の依り代を得て(鉄筋コンクリートでも実証性を欠いても構わないわけだ)、城下町イメージはいっそう一般化、標準化されながら、とりわけメディアの中で、要するに大衆の意識の中で、消費されていくのである。

芸術作品としての城下町　その可能性

以上見てきたように、「城下町」とは、実は近代的な造語であり、安定した意味内容を持つ実体というよりも、可塑的・流動的なイメージの集合である。このことはわれわれに何を教えるだろうか。もちろん(無理は承知で)精密な城下町の定義を目指しても、「城下町」とポスト近代風の言辞と戯れてもよいわけだが、私はむしろ「城下町」の変化と曖昧さのうちに、一つの可能性を見い出したい。すなわち「芸術としての城下町」である。たとえば以下のような芸術・芸術作品の定義を、まずは踏まえてみる。

> ひとつの芸術作品はさまざまな種類の価値をもちうる。たとえば、認識的価値、社会的価値、教育的価値、歴史的価値、感傷的価値、宗教的価値、経済的価値、セラピー的価値。…芸術とはひとつの実践(プラクティス)なのだ。そして、その複雑な実践とは、典型的には、さまざまな仕方で評価され、しかもその評価のされかたも、しだいに発展していくものだ。
>
> ステッカー『分析美学』より

文中の「芸術」ないし「芸術作品」をともに「城下町」に置き換えてみると、どうだろうか。違和感どころか、むしろ、城下町という言葉とともにわれわれが歩むべき道が見えはしないだろうか。さまざま価値と評価を引き受ける実践としての城下町。城下町は〝ある〟のではない。日々のわれわれの実践が紡ぎだすのだ。こうした視点は、芸術をめぐるネルソン・グッドマンの至言とも真っすぐに響き合う。

ほんものの問いは「どのようなものが（恒久的に）芸術作品なのか」ではなくて、「あるものが芸術作品であるのはいかなる場合なのか」あるいはもっと短く「いつ芸術作品なのか」である。

グッドマン『世界制作の方法』より

大切なのは、どのようなものが芸術作品／城下町なのか、ではなく、「いつ芸術作品／城下町なのか」という問いそのものである。つまり、われわれの意識や活動がその場所、すなわち近世の城郭遺構のある市域に有機的にかかわるときにこそ、城下町は生起するのである。城下町とはわれわれの実践の中で〝なる〟のではないか。

先述のとおり、松本は確かに芸術の街である。アートがあり、美しい城と街並みがあり、山があり、空がある。そして、それにもまして、われわれがここを城下町と呼び、育む日常の営為のうちにこそ、芸術と呼ばれるに値する輝きがあるということだ。城下町とは、枠にはめられた保存地区のことではない。世界遺産を目指して純化・復元されるお堀のある街のことでもない。

今、あなたの眼差しや意識、思考や行為が自由に稼働するところ、そこにこそ城下町は生まれるのである。

参考文献
＊ステッカー『分析美学』（晃洋書房　二〇一〇年）
＊グッドマン『世界制作の方法』（ちくま学芸文庫　二〇〇八年）

◉かない・ただし
福岡県生まれ。信州大学人文学部教員。元豊田市美術館学芸員。専門は美術史、とくにイタリア美術と彫刻について。大学では学芸員系の授業も担当。趣味はオリーヴの世話と自転車通勤（寄り道多し）。

水垣千悦「水口」(「工芸の五月」みずみずしい日常 2011 より)

言の葉 散歩

KOTO noHA SANPO

茂原 奈保子

二〇一六年四月末、松本市深志に「awai art center（アワイアートセンター）」を開いた。もう少し細かくいうと場所は深志三丁目・天神深志神社の参道で、センターはコンテンポラリーアートのギャラリーにカフェを併設したアートの拠点である。

城下町松本という街の視点から、この拠点に二つの視座を与えたい。一つに「アートセンター」の機能について、もう一つに地理的なこの「場所」について。

awai art center

街に「開く」アートの拠点

　まず「アートセンター」について。アートへのアクセスの方法はいくつもあるが、一番わかりやすいのは美術館に行くことだろう。長野県は全国でもっとも多くの美術館を有する自治体で、松本にも二〇〇二年開館の松本市美術館がある。ここは立地的にもアクセスしやすく、精力的な企画展に加え、地元作家の作品を多数常設する魅力的な美術館だ。しかしアート作品に触れるという意味では、時代の気配を多分に含む同時代の表現はもっと私たちの生活の近くにあってもいいはずだ。

　東京都台東区に「undō」というスペースがあった。東京メトロの三ノ輪駅にほど近く、大通りに面したその小さなスペースではコンテンポラリーアートの企画展をはじめ、さまざまなイベントが行われていた。作品を見ること以外の目的をもった人びとが思わず立ち寄ってしまうその場所に多様な価値観が集う様子を目撃し、街や人の暮らしとが地続きになる位置にセンターをつくることに可能性を見出した。アワイアートセンターは建物と面する道路との境に段差すらなく、文字通り地続きの場所にある。やみくもに敷居を下げるわけではないが、このような拠点をつくることでより開いたアートの在り方を考え、提示することができると思っている。

太田遼・武政朋子「ダムの底」（2017 年 10 月 21 日〜 12 月 3 日開催　展示風景より）
作品：武政朋子／撮影：平林岳志〈grasshopper〉

そして松本という「場所」について。この街は、日本中の大きな都市から離れている。コンテンポラリーアートにまつわるものごと（つくる人、見る人、見せる人、見せる場所）もほかと例外ではなく都市部に集中しているためか、頻繁に「なぜ松本でやっているんですか」と聞かれる。しかし裏を返せば、松本からほぼ均一な距離にさまざまな都市が位置しているため、車で三時間も走れば多様な文化圏にアクセスできる。つまりこの街でスペースを運営することで、それらの都市のハブ的な存在になり得ると考えているのだ。

また、深志三丁目・天神というエリアは市街地の中でも観光スポットから外れた静かな住宅街だが、ひとたびこの場所が持つ時間をひも解くと、元来花街、職人・商人の街といった文化豊かなエリアであったことがわかる。天

天神小路。突き当たりに深志神社が見える。

神小路の入口から東の突き当たり真正面に見える神社の鳥居、その背景にそびえる美ヶ原の風景が美しい。城下町の南辺のこの通りに新たな文化が根づき、それが松本における「芸術のエリア」という付加価値をもって拡張していけばいいと思う。そして人びとと街の「あわい」にこのような拠点や出来事が起こっているという事実をもっと楽しむことができれば、この街で暮らすことの深みや魅力も増幅するだろう。

●しげはら・なおこ
長野県佐久市出身。大学進学を機に松本に引っ越して以来、同市内に居を構える。大学卒業後民間企業や都内の美術関連施設に勤務し、現在は自身でアートの拠点・awai art center を運営する。

松本の映画館

蒲原みつみ

劇場が〝街なか〟にあふれていた街、松本

　イオンシネマ松本が二〇一七年九月に開業しました。それまで七年、松本の街なかに映画館はありませんでした。昭和八年刊行の市史には戦前から映画館や芝居小屋が多数あったことが記されています。松本は、二〇〇〇年代初めまで、県内でも「映画館の多い街」でした。……図：1

　映画とそれを上映する真っ暗な空間に魅了され、いつのころからか映画館でアルバイトをと思うようになった私は、朝日新聞金曜夕刊の映画特集で紹介される、ミニシアター系の作品を上映する東京の映画館に憧れを募らせていました。しかし、二〇〇〇年代はそうした個人経営の映画館の閉館が相次いだ時期でもありました。

　大学進学で神奈川県から松本に移住した二〇一三年四月、松本シネマセレクト（以下セレクト）のスケジュールガイドを手にして驚きました。地方では観る機会が少ないミニシアター系の作品が毎週のように上映されていたからです。どうやってこれだけの上映会ができるのか。そんな興味から私はスタッフになりました。

　セレクトは二〇〇六年にNPO法人化した自主上映団体で、松本市中央公民館やまつもと市民芸術館などで上映会を行っています。スタッフは多くが会社員や学生で、街なかで映画を観られる機会をつくりたい、映画とかかわりたいという思いを共有しています。理事長の宮嵜善文さんは高校時代に縄

資：1「松本座」の散らし。女性奇術師の松旭斎天勝（しょうきょくさいてんかつ）のマジックショーを興行。

図：1　街なかにあった映画館・芝居小屋予想分布図

資料：『松本市史』。『松本いまむかし』『わたしたちの松本城』郷土出版（1980）。

手の中劇でアルバイトを始め、社員になって一九八九年より、中劇二階のシネサロンで番組編成を手伝いながら自主上映企画を始めた方です。

中劇は戦後に開館した洋画専門の映画館。一階では大作を上映し、一九六〇年の改築時に併設したシネサロンでは、名画座作品からミニシアター系の作品も上映するようになりました。〝まち〟の映画館の中でも、とりわけて多様な作品を観られる場として、松本の映画文化を支えた映画館でした。

映画館のできた地域、できなかった地域

そもそも松本にはいつから映画館があったのでしょう。

明治初期、武家屋敷の民間払い下げや外堀の埋立てといった都市開発により、藩政時代には町人が立ち入ることもままならなかったエリアが民間に開放されました。城下に常設劇場を建設してはならないという禁令も解かれ、芝居小屋ができ、明治末から昭和初期にかけて八つの映画館が開場しました。

その分布は、明治以降の新興開発地域（旧耕作地や湿地帯）、旧町人地、総堀近辺にある旧武家地で、もっとも映画館が集まったのは明治から大正に形成された片端・上土・緑町・辰巳・小柳一帯を指す上土界隈でした。

上土は城郭外の旧武家地で、町人地との境が近く、藩政期は米蔵や獄（囚人収容所）が置かれていました。獄があったため士族や名主の居住地・所有地が少なかったうえに、獄の移転、明治一五年の上土から東門にかけての堀の埋立てで、新規参入者が進出できる空き地が多くできたのではないかと思われます。大正二年には上土町南部の女鳥羽川沿いに市役所が移転したのをきっかけに、映画館やダンスホールなどの娯楽施設、飲食店や楽器店が建ち並びました。上土界隈の映画館は、経営者交代はあったにせよ、第二次世界大戦を乗り越え二〇一〇年まで存続しました。

上土町の松本電気館（写真 P.109）や新町の松本キネマなど、旧武家地にできた映画館のほとんどは城郭外で、小柳町の演伎座だけが土地の階級区分ではもっとも内側の三の丸内にありました。それよりも内側、二の丸以内に建設されることはありませんでした。二の丸は明治維新後に県用地となり、筑摩県庁や裁判所、松本中学といった公的施設がつくられたため、民間の進出は制限されたようです。

ほかにも映画館がなかったエリアがあります。町人地の中でもっとも格の高い本町、維新後の武家屋敷払い下げ

により一般開放された大名町です。劇場が建設されなかった理由は、地域商店の結束の固さや地価の高さも考えられますが、新興の映画館が入り込む広い空き地がなかったのかもしれません。たとえば、本町の銀映座は、戦後、本町通り南部（旧博労町）に空き地ができた際、ほかの興行の進出による同業者同士の競争激化を避けるため、松本の映画館の組合で土地を購入して建てられたものだったそうです。広い土地の有無が劇場分布に与えた影響は大きいと思われます。

資：２「松本電気館」の散らし。日活作品、洋画作品、ニュース漫画、ニュース映画を上映したほか、知能犬トミーの実演なるショーも行われた。『人語を解し、小学６年程度の学力のある国宝的名犬』と宣伝。

芝居小屋と戦後の劇場

常設の映画専門館ができる以前から戦後しばらくは、歌舞伎や浪花節などを上演した芝居小屋で活動写真が上映されていました。一九三九年に映画専門館になった開明座には、海軍の活動写真の上映記録が残っています。小池町の建国座では大都映画が上映されていました。

芝居小屋は事跡不明なものが多いのですが、その分布は、映画館と同様に階級性のあいまいな地域に立地していたと予想されます。また女鳥羽川以北に多く分布している点も共通しています。

戦後も経営を続けた映画館四館に対し、戦前にできた芝居小屋はほとんどなくなってしまいました。片端の松本座は戦後も芝居小屋として続いたようですが、のちに大映作品の上映館になりました。反対に、ピカデリーホールは今では上土劇場という多目的ホールとして利用されています。

資：３「演伎座」の散らし。サーカスシリーズ…國光映画株式会社による製作。『本映画は（日本三大サーカスの）シバタサーカス松本公演の際撮影』とある。優待券であった部分が切り取られている。

まつもと市民芸術館

二〇〇四年に開館したまつもと市民芸術館のある場所には、長野県内初の常設映画館キナパークがありました。資:4　この地では博覧会やサーカスなども行われ、深志神社から西側に伸びる天神通りは料理屋や芸者さんたちでにぎわった参道ですが、ここにも芝居小屋があったようです。

映画館とまちづくり

松本の映画館の歴史を調べることは、〝街なか〟のにぎわいの歴史をたどることでもあります。

二〇一七年九月、片倉製糸工場のあった場所にイオンシネマ松本ができました。片倉製糸工場にもキナパークから出張映写が行われたようですし、仕事終わりや休日に多くの女工さんたちが映画を楽しんだことでしょう。そう考えれば、映画とまったく無縁の地とい

資：4　キナパークの上棟開館式を告知した散らし（明治44年）

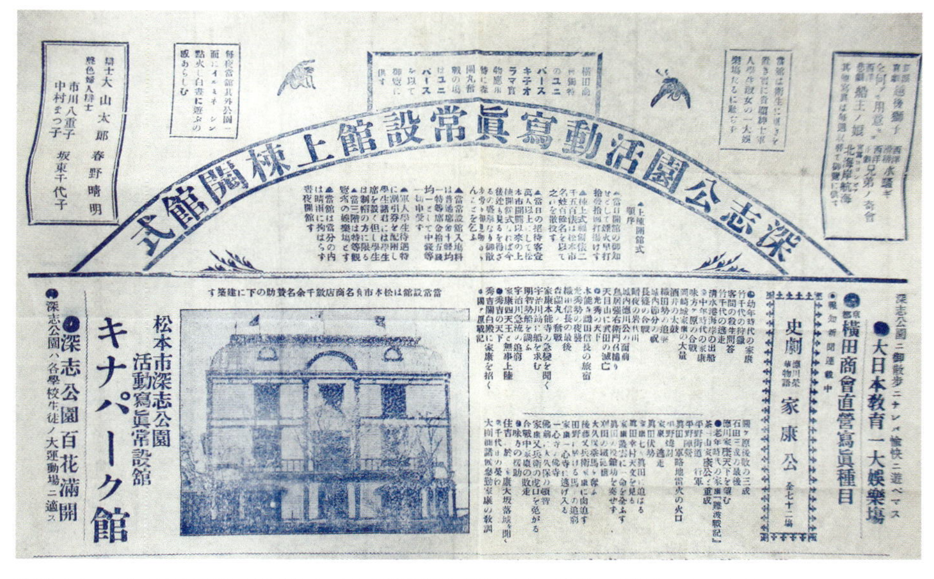

資料（1～4）：松本市文書館『松本市文書館所蔵小里家文書　映画・文芸チラシ』より。

うわけではありません。イオンシネマ松本の存在や、松本シネマセレクトの活動が、まちの歴史を再発見する文脈の入口となること、そしてこれからの松本のまちづくりに、街なかで映画が楽しめる機会の増加へのきっかけになることを期待して止みません。

資料4　キナパークの上棟開館式の案内。建物は「松本の有名商店数千余名の賛助の下」建築されたもので、この式典への招待客一万人以上とあります。松本市内の多くの人が注目したイベントであったことが想像されます。まちの芸者さんたちにお餅を投げる役目を依頼するなどして、式を華やかなものとしました。

●かもはら・みつみ
松本シネマセレクトのスタッフ。八ミリ映写機を手に入れたので、安曇野市に倣い「ホームムービデイ」を松本で企画できたらと模索中。資料が増えてきたので資料庫に手ごろな空き家も探しています。

言の葉 散歩

KOTO noHA SANPO

城下町とジャズ

大久保 裕史

松本市は、城下町であるとともに〝三ガク都〟を全国に向けて発信している。ご存知のように山岳の岳、学問の学、そして音楽の楽である。

楽都として松本市民が思い浮かべるのは、まず小澤征爾マエストロが総監督を務めるセイジ・オザワ 松本フェスティバル、そしてスズキ・メソードに代表されるクラシック音楽や吹奏楽ではないだろうか。しかし、松本にはそのほかのさまざまな音楽ジャンルで活動している人やグループがある。小生がアマチュアのビッグバンドで活動しているため、「ジャズについて書いてよ」ということになった。ジャズについて特別詳しいわけではないので、間違いなど多々あると思うが、ご容赦願い、ビッグバンドについて書いてみたい。気楽におつきあいを。

ジャズのビッグバンドとは、多数でジャズを演奏する形態を指す。人数に決まりはないが、アマチュアのビッグバンドは、サックスセクション五人、トランペット四人、トロンボーン四人にピアノ・ギター・ベース・ドラムのリズムセクション四人を加えた十七人編成を基本とし、ビッグバンド用に編曲された楽譜を主に、一部にアドリブ(即興演奏)を加える演奏をしている。これは一九四〇年代から活動する代表的なアメリカのビッグバンド、カウント・ベイシー楽団の編成を習ったもので、名曲が多く、アマチュアバンドのお手本であるとともに楽譜も手に入りやすいからである。

ほかには、グレン・ミラー楽団、デューク・エリントン楽団、ベニー・グッドマン楽団などが特に有名で、コマーシャルや映画のバックによく使われている。これらのバンドは、一九三〇～四〇年代に流行したダンスホールでの演奏に代表される「スウィング」を主なレパートリーに、リーダーは交代しているが、今も活動を続けている。

また、ほかにも数多くのビッグバンドがあり、時代に合わせたいろいろな音楽要素を取り入れた曲を演奏して活動している。

　しかし、シンセサイザーの登場により、プロのビッグバンドは経営的に成り立ちにくくなって、数を大きく減らしているのが現状である。一昔前のNHK紅白歌合戦では、紅白それぞれにビッグバンドが付き、ほとんどの曲を伴奏していたが、現在では一つのバンドが数曲伴奏するだけになってしまった。ビッグバンド好きには残念なことである。

　松本市を拠点として活動しているアマチュアのビッグバンドを紹介しよう。

高校では、松本深志の軽音楽部FLMC、松本蟻ケ崎の軽音楽部ジャズ班J@M。学校・学年の枠を超え松本市周辺の中高生で編成するThe BigBand of MusicToys。社会人バンドでは、Maple Sound Jazz Orchestra、NEW Ever Green Orchestra、Joy Swing Jazz Orchestraがある。

　ジャズと言われると、一般にはとても難しいと先入観を持たれているようだが、ビッグバンドは楽譜を見ながら演奏するなどクラシックや吹奏楽に似た部分もある。ビッグバンドと意識せずに聞きなじんでいる曲も多いと思う。クラシックのコンサートとは違い、普段着で聞くことができる気楽なものなので、新聞のイベント欄などでプロ、アマにこだわらずビッグバンドの演奏情報を見かけたらぜひ聞いてみてほしい。きっと楽しめることと思う。

Maple Sound Jazz Orchestra

Joy Swing Jazz Orchestra

MATSUMOTO
都市

第十講

次代に引き継ぐべき〝松本〟とは

「松本人特有の気質」から考える 城下町

矢久保 学

●やくぼ・まなぶ
一九五八年生まれ スーパーの食品売り場から一九八四年に松本市役所へ転職。公民館での地域おこし、福祉ひろばの構想・施設整備から運営、松本独自の地域づくりシステムの構築を手掛け、「住民主体の地域づくり」を三十年間追い求めてきた。松本市教育部長を最後に二〇一九年三月退職。

「今、松本の城下町はどこにあるのだろうか？」
松本都市デザイン学習会連続講座の企画は、この問いかけから始まった。
「えっ、江戸時代の城下ではないんだ？」
城下町の機能や範囲が変貌していることに、今さらながら気がついた。
さらにこの講座で教育的側面から城下町を考える機会をいただき、
「学都松本」が、城下町はじめ住民気質にもかかわることに、
気がつくことができた。

松本には「松本らしさ」にこだわりを持つ人たちが大勢いる。
金太郎飴ではない、城下町・松本らしい街に暮らしたいと願い、
松本城を史跡として保存するとともに、
城下町・松本を魅力にあふれ、輝き続ける街にしていきたいと考えている。
《まち》は生きているのだ。

この街を松本らしく生かすためには、「松本人特有の気質」を持つ、
個性的な面白い〝人財〟を次々に育んでいくことが大切である。
「松本人気質」の科学的根拠はさておき、その機微を共有できれば、
必ずや城下町・松本らしい「いいまちづくり」につながるはずである。

「宇宙人はいる」と思わなければ、つまらないものだ。

なぜ松本山雅FCのサポート活動はあれほど熱狂的なのか？

「松本の人たちは、何事にもこだわりが強く、すごいパワーを持っていますね」

研修会や観光で松本を訪れる方々から、松本人に対するこうした印象を伺うことがよくある。私も松本人の一人としてうれしい限りだ。「松本人」というのは、あまり一般的な表現ではないが、ここでは松本市民や松本に暮らす人のことを松本人と呼ぶこととする。

二〇一八年、松本山雅FCがJ2リーグ優勝に輝き、松本は大いに盛り上がった。山雅の二〇一八年シーズンの一試合平均観客動員数は一万三千人を超えたが、都市の人口規模から考えると、これは驚異的な数字である。この年にJ2で一試合平均一万人を超えたのは、新潟と松本だけだ。その松本山雅FCに対する熱狂的なサポート活動は、松本人のパワーの象徴である。

山雅サポーターは、応援旗の製作をはじめ、運営の支援、スタジアムの清掃、試合後のごみの回収などのボランティア活動にも取り組んでいる。寒い日に松本を訪れるアウェイサポーターのために携帯用カイロを購入して配布したこともある。山雅のホームスタジアムのある地元、神林地区には、町会連合会の呼びかけで誕生した「神林山雅の会」というユニークなサポータークラブもある。山雅の応援を通じて、地区の世代を超えた交流が展開されている。

「神林山雅の会」の懇親会

山雅サポーターの活動は、単にクラブチームやサッカーが好きで応援したいという個人的な理由に留まるものではなく、そこには、松本に対する郷土愛があり、松本を良くしよう、松本の街を盛り上げようとする強い思いが感じられる。

これは、「セイジ・オザワ 松本フェスティバル」や「信州・まつもと大歌舞伎」の盛り上がりとそれらを支える松本人のパワーとも共通する。気がつけば、松本では毎週末に何らかの大型イベントが繰り広げられているが、それにも多くの松本人がかかわっている。

「セイジ・オザワ 松本フェステイバル」のサポーター
撮影：山田毅

さらに松本人は、まちづくりや地域づくりに熱心である。文化財を保存する活動や河川をきれいにする活動、子どもの安全を守る活動などの地道な取り組みにも大勢が参加する。松本人の自治意識は高く、各地域の町会活動がしっかりしたベースとなって地域での生活を支えているのだ。

ちなみに松本人は、自分たちの街を綺麗に保つ意識が高く、花見や花火見物の後にもごみを持ち帰るといった真摯な社会性を有する。各家庭のごみは、全国でもトップクラスの八区分十九種類に分別され、その多くは町会が管理するごみステーションに集積されていく。資源の再活用に対する意識は高く、それが松本発祥の「残さず食べよう！30・10（さんまる いちまる）運動」にもつながっている。そして、松本の街はイベントや観光客が多いにもかかわらず、街なかにごみのない綺麗な環境が維持されているのである。

このように何かとこだわりが強い松本人であるが、そのこだわりは、理屈っぽいことや自己主張が強いことにも通じ、人からあまり良く思われない側面もある。そのうえ、松本の言葉がつっけんどん……なこともあり、松本人に対する最初の印象は必ずしも良くないようだ。

このような事例から、松本人には、松本人ならではのこだわりと市民パワーの強さ、郷土愛などを見出すことができる。「ボーっと生きてんじゃねぇよ!」とだれかに叱られそうだが、その根底に松本城とその城下町を原点とする特有の「松本人気質」があるように思えてならない。

城下町に暮らす「松本人」の誇りと気質

松本人の多くは、「自分は城下町に暮らしている」と認識している。かつて松本の城下は、天守のある本丸と二の丸、三の丸を含めた城郭を中心に、その北に配された武家地と、善光寺道の東側に沿った寺社地、「親町三町、枝町十町、二十四小路」とうたわれた町人地で構成されていた。それが松本の城下町の原型であるのだが、明治以降の経済成長とともに、新たな都市デザインとして城下町が拡大・発展してきたものだ。現在では、「文化薫るアルプスの城下町」を市のキャッチフレーズとしてきたこともあり、合併地区を含めた全市域を「城下町・松本」として捉えることも珍しくなくなっている。

このことは、松本城とその城下町を誇りに思い、松本城を中心としたまちづくりを多くの松本人が受け入れ、承認してきた証でもある。

松本城は全国で十二城しか残っていない現存天守の一つであり、国宝五城の一つでもある。松本人は、松本城を心のシンボルとして愛し、城下町・松本に暮らすことにとりわけ強い誇りとこだわりを持っている。さらに、松本城を市民の力で解体や倒壊の危機から守ってきた歴史が松本人の誇りをより強固なものとしてきた。

こうしたことから、松本人の心の原点に松本城とその城下町があり、「松本人気質」は、松本城とその城下町への「思い」が原点となり、無意識のうちに培われてきたものと考えられるのだ。

『名古屋学』や『広島学』といったベストセラー本を上梓している岩中祥史氏の著書、『「城下町」の人間学』(二〇一三年/潮出版社)には、城下町は、四百年の伝統を持つ憧れの「都市ブランド」であり、城下町に住んでいる人は、「城下町特有の気質」を有していることが書かれている。

この本を参考に「松本人気質」をまとめると、プライドが高く、頑固で、気位が高く、新しモノ好きなのが松本人である。また、教育に熱心で、文化・芸術に関心が高く、愛郷心が強いという特質を持つ。さらには、お洒落だが見てくれや世間体を気にし、社会的なルールは守り、古い体質も宿しているが、長いものには巻かれない反骨精神もある。松本人であれば、いくつかの「あるある感」を共感できるのではないだろうか。

「松本人気質」などというものは、血液型判断と同様に、科学的には証明されないことだとして冷たくあしらわれるのが一般的である。しかし、最先端の科学では、「直観」や「第六感」、「暗黙知」などの人間が持つ不思議なメカニズムに注目が集まっている。また、金融経済用語には、「アノマリー」という言葉がある。「一月効果」や「曜日効果」、「小型株効果」などの理論的に説明できない相場の経験則や事象を指すものだ。人間には、合理的には説明できない何かがあるから面白い。

現段階では科学的とは言えない「松本人気質」ではあるが、多くの人が「あるある感」を直感し、それを共感しながら日々暮らしているとすれば、まちづくりや文化の形成に何らかの影響を及ぼしているに違いない。ＡＩやＩＯＴの発達によって、近い将来「松本人気質」の存在が明らかになる日を楽しみに待ちたい。

「松本人気質」を育む「学都松本」の原点

「松本人気質」は、「学都松本」のまちづくりと大きく関連している。松本市の公式ホームページの「学都松本」の項目には、「先人たちが残した思いや財産を大切なものとして継承するなかで、学びと文化芸術を尊ぶ松本固有の市民気質が育まれてきた」と紹介されている。

松本市が「学都」と称され、それを標榜することには、歴史的な背景が存在する。

江戸時代、松本藩は教育に対してすこぶる熱心であった。一七九三（寛政五）年には、戸田氏が新町学問所を移転して藩校「崇教館」を設置した。また、松本藩内には、天保年間（一八三〇～四四）を頂点として多くの寺子屋があったと伝えられる。『東筑摩郡・松本市・塩尻市誌』によると、松本藩内には、五百～八百程度の寺子屋があったと推察できるのだが、正確な数は不明だ。

明治時代になると松本は、一八七一（明治四）年の廃藩置県ののち、筑摩県の県庁所在地となる。筑摩県の初代権令（現在の知事）永山盛輝（もりてる）は、教育を立県の指針とした。その筑摩県は、現在の長野県の中南信地域と飛騨地方を中心とした県で、一八七六（明治九）年に長野県と合併した。
「学都松本」の象徴として知られる「開智学校」は、一八七二（明治五）年八月の学制発布を受け、翌年の五月に筑摩県学を改め、新制の「第二大学区筑摩県管下第一番中学区第一番小学」として開学に至る。
国立教育研究所編『日本近代教育百年史』や長野県教育史刊行会編『長野県教育百年史』によれば、一八七五（明治八）年の統計で、筑摩県内には六百五十六の「小校」があり、全国的にも高い設置率であったという。
そして驚くべきことに、全国の就学率が三十五・六二パーセント、長野県（現在の長野県の東北信地域を中心とした旧長野県）の就学率が五十四・九七パーセントなのに対し、筑摩県は、実に七十一・五パーセントという高い就学率を達成していた。松本人の教育に対する熱心さは全国有数であった。

シカゴ万博の出品写真に納まる開智学校（明治25年）

開学当初の開智学校は、女鳥羽川河畔にある全久院廃寺の建物を仮校舎として活用していた。筑摩県でいち早く小学校が広まったのは、松本城の最後の城主である戸田光則が廃仏毀釈で廃寺になった寺院を学校に転用したことも背景にある。

一八七六（明治九）年四月には、松本人の熱い期待のもと、新校舎が完成した。建設費の約七割は、住民からの寄附によるものであった。

新校舎は、永山盛輝の命を受け、地元の大工棟梁・立石清重が設計施工したもので、「広大華麗・地方無比」とうたわれた大変立派な擬洋風建築の建物であった。この校舎は、一九六一（昭和三六）年に重要文化財に指定され、現在は教育博物館として年間十万人ほどの観光客が訪れている。

開智学校には、「すべての子どもに教育の機会を提供する」という現代に通じる教育理念があった。教育の機会に恵まれない子ども

開智学校の行事風景（明治30年代）

たちのための「子守教育」や「芸妓教育」にまで力を注いでいた。当時附設された教育機関は、その後それぞれが独立し、現在の信州大学教育学部、長野県松本深志高校、松本市立松本幼稚園、松本市中央図書館、松本市立博物館、長野県松本盲学校などに引き継がれている。開智学校は、初等・中等教育に留まらず、幼稚園、高等教育、特別支援教育、社会教育の礎を築き、その現代にもつながる先進性は、高く評価されている。開智学校は、まさに「学都松本」のシンボルである。

大正期になると、松本市は、旧制高等学校の誘致に成功する。松本高等学校（松高）は、帝国大学入学者のための予備教育学校である文部省直轄の「旧制高等学校」として一九一九（大正八）年九月に開校した。

明治政府は、西欧文明を学びながら近代国家の建設を目指そうと、高度な研究・教育機関として帝国大学を設置するとともに、帝国大学に進学して学ぶために必要な語学を中心とする高度な知識を習得するための予備課程として旧制高等学校を設置した。

松本人の悲願であった松高の開校は、一八九九（明治三二）年から二十年におよぶ誘致運動の成果であった。誘致が成功した背景には、初代松本市長の小里頼永（おりよりなが）や松本出身の教育者・沢柳政太郎の貢献があった。松本市は建設にあたり、市の年間歳出予算の一・五倍にあたる二十万円を拠出している。

旧制高等学校は、開校順に第一から第八まで、いわゆるナンバースクールとして、校名に番号が付されており、松本人は、何としても次の第九高等学校を松本に開校したいと熱望していた。ところが誘致合戦は、新潟と松本の中傷合戦にまで熱をおびたことから、国は、これ以後の校名に番号ではなく地名を付すこととし、松本、新潟、山口、松山高等学校の四校を同時に設立した。

松本人の中には、「九高」と自称した者もいて、松高の記章には、「九高」を意識したデザインが施されたという逸話も残っている。

旧制高等学校は、国の主軸となるエリートの養成に向け、学生の豊かで柔軟な発想を育むため、自由と自治を尊重したことが知られている。そのような校風が松本人気質と響き合い、松高生による公開講演会や寮祭などの催しには多くの市民が集まった。そして、今でも往時の松高への愛着を示した思い出話を耳にする。

松高の対寮駅伝（昭和11年）

しかし、昭和の初期には、国家主義の高まりとともに、思想や言論に対する取り締まりが強化され、治安維持法により第一次から五次にわたり、松高生百人前後が検挙された「松高事件」など、自由と自治が制約を受ける激動の時代を迎えた。戦時下には学徒出陣も行われ、尊い命が犠牲となった歴史も背負っている。こうした負の歴史から教育の自由と独立性確保の大切さを学び、次代に伝えていかなくてはならない。自由にものが言えない閉塞感が漂っている社会では、明るい未来を築けないことは言うまでもない。

松高は、各界の著名人を多く輩出し、まさに近代日本のリーダーを育成する大きな役割を担ってきた。しかし、学校制度の改革にともない、一九五〇（昭和二五）年三月に三十一年間の歴史を閉じ、同年の四月から新制大学として現在の信州大学として生まれ変わった。

一九七三（昭和四八）年に信州大学が旭町キャンパスに移転すると、松高の旧校舎は、市民や同窓会の保存・活用運動の末、建物と土地の一部を松本市が国から買い取り、一九七九（昭和五四）年に公民館と図書館を併設した「あがたの森文化会館」として開館した。現在も、

松高講堂棟の耐震工事(平成30年)

サークル活動やコンサートなどが行われ、年間十万人を超える利用者があり、地域住民による文化財活用事例として日本一を誇っている。松高の校舎は、文部省が設計したもので、同時期の松山、山口、山形の各校と同じデザインであるが、玄関屋根上の小塔に松高の特徴がある。四分の一円形の玄関ポーチに独自のデザインが施された講堂とともに、大正期木造学校建築の典型として評価され、二〇〇七(平成一九)年に重要文化財に指定された。

平成三〇年度から始まった耐震工事にともない漆喰壁の内側や床下の状況を調査したところ、基礎工事から釘の打ち方に至るまで、これ以上ないほど丁寧な仕事が施されていることに関係者は驚いた。校舎の建設だけ見ても、この当時の教育への思いは半端ではなかったことがうかがえる。

学校教育に加え、近世・近代には「文化サロン」とも言うべき書画会をはじめ学術・芸術談義をする松本人の集いが市域に息づいていた。戦後直後からは、地域での青年団や婦人会の活動が活発で、「神田塾」、「深志学院」、「本郷自由学園」、「松本読書会」、「人民移動大学」などの住民の自主的な活動が各地域で展開された。さらに、公民館を中心とした民主的な社会教育の普及が「学都松本」の一翼を担ってきた。
現在、松本市の主な社会教育施設として、公民館が中央公民館一館とほぼ小学校区にあたる全地区に三十五館配置され、身近な地域における絆と地域づくりを進めている。図書館は、本館一館と分館十館が設置され、博物館は市域すべてを博物館として捉える「松本まるごと博物館構想」の理念にもとづき、松本学の学習拠点として、市立博物館（基幹博物館）一館と十四の分館が設置されている。このように松本市の社会教育は、全国でも屈指の施設整備と職員配置を行い、市民の学習・文化の向上に大きく寄与している。社会教育については、戦後の疎開文化人の活躍もあった。
このように「学都松本」は学校教育と社会教育が両輪となって、教育に熱心な松本人を育て、その松本人がさらに学びや文化を発展させ、「松本人気質」を再生産してきた。江戸時代には、松本藩が教育に熱心であり、藩校や寺子屋での教育は高い水準にあった。下級武士などが寺子屋の教師を勤める環境があったからこそ成し得たものだ。「学都松本」の原点は松本城とその城下町にあることは間違いなさそうだ。

「松本人気質」が生み出す城下町・松本

「松本人気質」とは、単なる性格や特徴ではなく、文化的な共通認識や日々の暮らしの在り方、地域への誇りなどのさまざまな環境因子が総合的に積み重なり、時代を超えて受け継がれてきた「松本人の生き方」そのものだと捉え直したい。
「松本人気質」は、日々の暮らしの中で先輩の松本人の仕種や言動を見聞きする体験を繰り返し、「城下町・松本」にふさわしいものか否かを吟味する感性を磨きながら蓄積した強固なものだ。
松本人は、自分だけが良ければいいという考え方や行動を「恥」として慎み、「城下町・松本」にふさわしい街並みを大切にし、古いものを残してきた。さらに、お互いさまの精神で助け合っていくことを、「城下町・松本」を守り育てていくための「暗黙知」として代々受け継いできたに違いない。
信州大学の井上信宏教授は、松本の城下に暮らす庶民が、豊かな文化を織り上げた生き方を城下町に生きる「作法」としている。この関連で言えば「松本人気質」は、松本城を愛し、「城下町・松本」に誇りを持ちながら、松本人として城下町で生きていくための作法を生み出す「精神的な原動力」だと考えられるのである。

そこで、次に課題となるのは、「城下町・松本」を次代に引き継いでいくため、「松本人気質」をどのように育み継承していくかである。

「松本人気質」は、日々の暮らしを通じて身に付いたものであり、少しばかり松本の歴史や文化を学んだからといって育まれるものではない。コンビニやスマホなどの便利さに過度に依存し、人と人の微妙な関係づくりを「面倒なこと」と感じ、住民同士の交流を「煩わしい」と考える傾向が強くなるなか、地域で自然に「松本人気質」が育つことは、もはや当たり前ではなくなっている。

今後、AIやロボット化が進み、生活がさらに便利になると、ますます人や地域との関係が面倒で煩わしいものとなり、人が助け合って暮らすことを感覚的に理解できない人が増えていくことが心配される。

そのためには、学校、家庭、地域が関係性を強化し、子どもと地域の大人が自然に交流できる機会と安全で楽しく集える仕組みをことさらに考えていく必要がある。たとえば、地区の行事や川の清掃、雪かきなどに子どもを参加させ、大人たちとの交流を頻繁にすることだ。それにより、人と人とが信頼関係を築き、地域で支え合うことの大切さと、それには面倒な煩わしさがともなうことをぜひ教えていきたいものだ。

そもそも便利さや快適性を求める科学の進歩が、本当に人類の幸福につながるかを疑ってかかる必要がある。十年後にはAIやロボットなどの先端技術が、車の自動運転や農業、介護などに広く普及しているに違いないが、その反面、旧来の仕事の半分が不要となり、徐々に貧富の格差が広がるとの危惧もある。さらに現在の働き方や社会保障という概念が大きく変わり、ベーシックインカム導入の是非についての議論も熱をおびてきている。

はたしてイスラエルの歴史学者ユヴァル・ノア・ハラリ氏の世界的ベストセラー『ホモ・デウス』（二〇一八／河出書房新社）が示唆するような、ごく一部の超人類と多数の「無用者階級」に二極化された超階層社会が現実のものとなるのであろうか。

今や科学の進歩は、生命の自然淘汰の法則を打ち破り、神の領域にまで発展していく可能性を持っている。科学の驚異的な進歩に人間の倫理が追いついていかない極めて憂慮すべき現状がある。これは科学ではなく哲学レベルで考えていかなくてはならない大変大きな問題である。

私たちは、そんな文明的な転換点とも言われる時代に生きている。しかし、そのことは理解や関心を持ったところで個人の力ではいかんともしがたいのが現実である。

だからこそ今大切なのは、どんな社会が訪れようとも、時代に流されることなく、自らが主体となって考え、他者との関係性を保ち、自分らしく生きがいのある暮らしを創造していくことである。そのために共有したい価値観は、「地域共生社会」だ。

「地域共生社会」の構築に向けて

松本市は、「地域共生社会」の先進地である。

一九九五（平成七）年に始まった松本市独自の「地区福祉ひろば」事業は、今で言う「地域共生社会」を目指す全国の先駆けとして評価されている。「平成一二年版厚生白書」では、松本市の福祉ひろばがコラムで紹介された。福祉ひろばは、サービス提供型福祉から自治型・創造型福祉へと発想を転換し、まだ介護保険制度が始まる前の措置制度の時代に、身近な地域に拠点施設を配置し、住民主体でともに支え合う地域づくりを開始した。今では市内の三十六館で地域に根ざした活動を継続している。

松本市における「地域共生社会」の実現に向け、まず必要なのは価値観の共有である。松本市は、早い時期から福祉ひろばや公民館で「地域共生社会」に関する学習や啓発に取り組んできたこともあり、住民の意識が高い。また、次代を担う子どもたちに対しては、各小中学校で地域と連携した松本版コミュニティスクールの取り組みが進められている。松本版コミュニティスクールの一番の特徴は、各地区の公民館長が学校と地域をつなぐコーディネータとなり、子どもたちが地域でたくましく生き抜くための「生きる力」を育んでいくことだ。

「地域共生社会」の構築には、こうした教育とともに地域づくりのシステムが必要である。各地域の課題が増大し深刻化しているため、従来のような地域単独での解決が難しくなり、地域が公民館や福祉ひろばをはじめとする行政機関、社会活動団体や企業も加わった多様な団体や機関と連携した地域づくりの仕組みが必要となっているのだ。

　そのため松本市では、新たな「地域づくりシステム」を二〇一四（平成二六）年四月から導入した。

田川地区福祉ひろばでのひろば喫茶

島内地区運動会での旗ひろい

　地域づくりシステムは、自分たちの目指す地域をどのようにデザインするか決定し、自分たちで課題を解決し、具現化していくためのシステムである。

　各地区にある町会などを核とした既存の自治の仕組みと、市が各地区に整備してきた公民館と福祉ひろばに、地域づくりセンターを新たに加えた行政側の地区支援の仕組みを組み合わせたものだ。地区が大学や市民活動団体、民間企業などと連携していくことも想定している。

　システムの核となる地域づくりセンターは、支所・出張所を地域づくりセンターに移行する一方、市長の英断により新たに十三名の正規職員を配置し、市の中心部を含む三十五地区ごとにセンターを設置したものである。

　なぜ「地区ごと」に設置するのか。松本市の「地区」とは、江戸時代から続く「旧村」を基本とする住民の基本的な生活と文化を共有するエリアであるからだ。地区は、まさに住民生活の基盤であり、医療、福祉、防災、子育て、生涯学習、生涯スポーツ、買い物に至るまでおおむね地区内で完結できる日常生活圏である。地区には、住民同士の絆や支え合いがあり、地区町会連合会を核とする歴史ある地区自治の仕組みがあり、生活に必要な施設や機関、店舗などが整えられている。このような三十五の自治地区が集まって一つの市を構成していることが、「地域共生社会」を目指す松本の強みである。これは松本の都市デザインを考えていくときの必須条件でもある。

「松本人気質」が希薄になると、地区の目指すべき方向性が曖昧となり、一時のブームや大手資本の論理に取り込まれたまちづくりへと揺らぎかねない。当然「地域共生社会」からは遠ざかり、「城下町・松本」にふさわしい街ではなくなっていく。「城下町・松本」が理解されないまま民間の極端な開発が進むと、目には見えにくいのだが、地区の生活が大きな影響を受け、安定した生活を壊しかねない場合も想定されるのだ。

「地域共生社会」の構築は、頭では理解できても地域で住民同士が連携していくことは簡単なことではない。

そこで松本市は、東京大学の牧野篤教授と連携し、地区よりもさらに身近な町会地域で、町内公民館を活用しながら、できるだけ経済的な負担を抑えて、楽しく助け合って暮らしていく新たな社会システムの構築に向けた研究とモデル的な実践に取り組んでいる。二〇一八（平成三〇）年一二月二六日の信濃毎日新聞の一面トップでそのことが報じられた。

今後社会が大きく変化するなかで、「城下町・松本」を維持していくためには、こうした思い切った発想の転換と実践にもチャレンジしていくことが重要である。

松本市では、まだしばらくの間「松本人気質」が響き合い、城下町・松本にふさわしい、いいまちづくりが保たれていくだろう。しかし、その先の将来に不安がないわけではない。

いい意味での誇りを大切にし、「松本人気質」にさらに磨きを掛け、「松本人気質」を持った「人財」を育て、次の世代に松本城と「城下町・松本」を受け継いでいきたいものである。

写真提供：セイジ・オザワ 松本フェスティバル実行委員会
写真協力：松本市立博物館

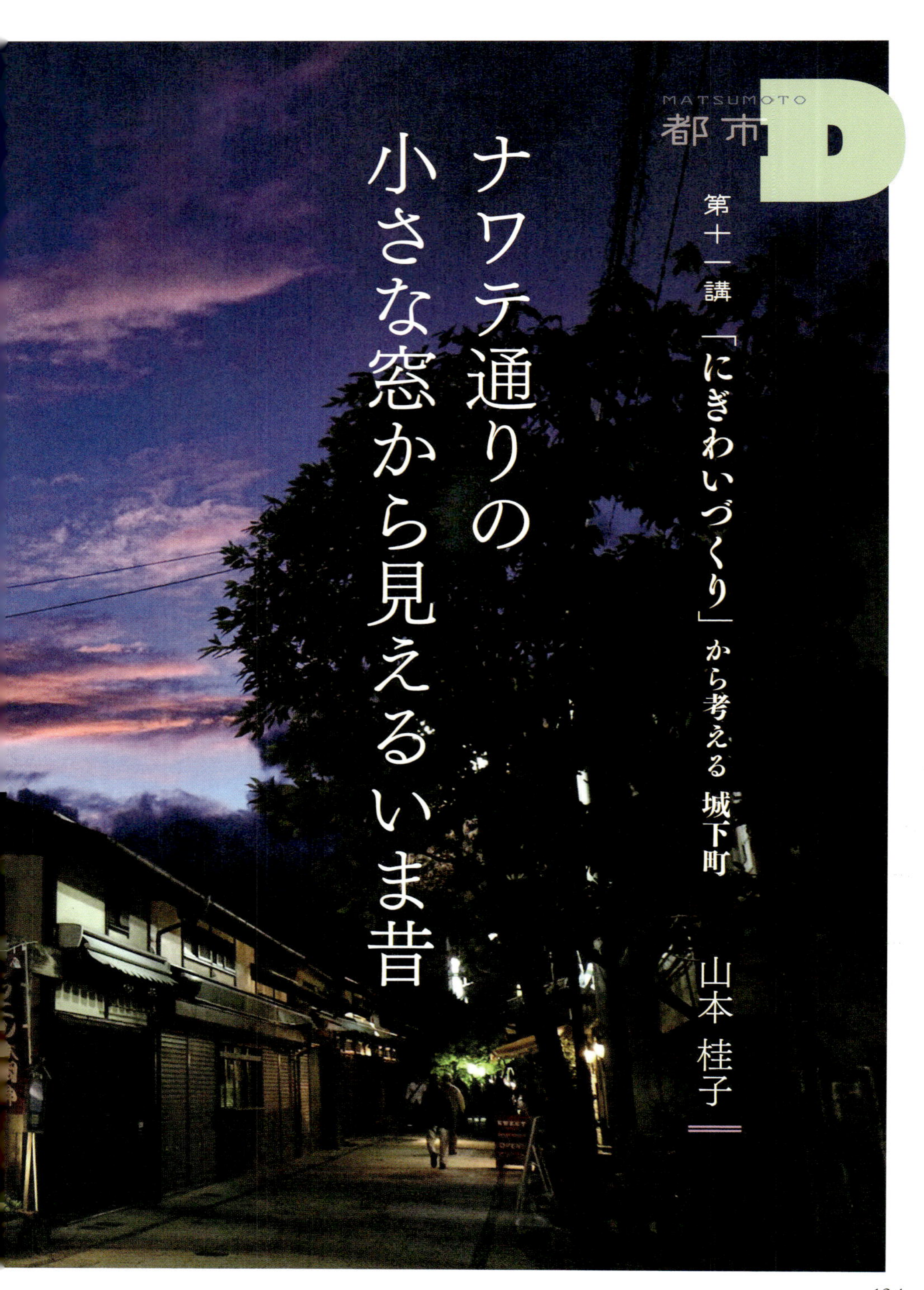

MATSUMOTO 都市D

第十一講 「にぎわいづくり」から考える城下町

ナワテ通りの小さな窓から見えるいま昔

山本 桂子

終戦まもないころナワテ通りに、
中国から引き揚げてきた女性が始めた
昔ながらの製法である
「一本焼き」のたい焼き店があった。
私は家族で半年ほど世界中をぶらり旅をして、
田舎暮らしに憧れた連れ合いのわがままに応えて
山間部にある旧四賀村に移住していた。
旅から流れつき、縁もゆかりもない土地でありながら、
ふとしたことから、
ナワテ通りのたい焼き屋を継いで二十二年が経った。
十年間は旧四賀村から山を越え店に通い、
仕事に子育てにと追われる日々だった。
十一年目からは徒歩で三十分ほどのところに居を構え、
なんとなくこのまま
終の棲家になってしまうのかなぁ、と思いながら
松本に暮らしている。

昭和 31 年のナワテ通り
写真中央に見える白いビルが「松本中劇」

街なかから映画館が消えていく…

ナワテ通りは明治の初めまでは、女鳥羽川と総堀に挟まれた土手だった。湿度の少ない松本の街なかでも、当時は格段に気持ちのいい風が吹いていたのではないだろうか。時は流れ、現在はわが店の目の前にある高層ビルの影響で、時折吹く激しいビル風に悩まされている。

明治時代、最初に行われた都市計画事業は、明治天皇のご巡幸の際にお城の南総堀が埋め立てられ、四柱神社が建立されたときだと思われる。神社から東側の埋め立てられた一帯も、経緯はわからないが四柱神社の所有地になっていた。

当時の地図を見ると通りには小さな店がひしめき、多くの人が新しい土地を四柱神社から借りて商いを始めていた。ナワテ通りでは、アメリカのシアトルに店舗を持っていたパン屋「開運スヰト」が大正二年に開店した。土手であったナワテ通りは、いつのまにか神社の参道として栄え、大正時代には馬車止めされ百年以上経った今も歩行者天国として続いている。

私が「たい焼きふるさと」を継いだ当時（一九九六年）は、店の前に「松本中劇」という大きな映画館があった。私は、愛知県に住んでいた中学生のころから映画館が大好きで、名古屋の名画座に一人で通っていた。松本に住んでみて、街の規模のわりに映画館がたくさんあることに驚いた。仕事帰りに時々街なかの映画館に行けるのはとてもうれしかった。

中劇の前身は百貨店だったが、戦中に閉店していた。終戦後の建築材料が乏しい時代だったが、中劇は、飛行機の格納庫の材料を使って一九四六年に建てられ、ランドマークとして長く街を潤してきた。多くの人に夢を与え、思い出をつくった華やかな時代から半世紀あまり、二〇〇四年二月、中劇は突然その歴史の幕を降ろしてしまった。茫然とするなか、中劇にかかわっていた方からのお声掛けで、中劇を再生する活動が始まった。しかし集まったメンバーは、まちづくりのノウハウはおろか、資金も、ネットワークも、政治力も持ち得てはおらず、手探りの活動は、ただただつらい日々だった。今でこそリノベーションなど古い建物のいろんな活用方法が一般的になっているが、二〇〇四年ごろの松本では、外部資本による古い建物を保存するより、新しい高層建築の価値が高いという経済的視点での建て替えが進んでいた。そんななか、私たちは募金・署名、映画上映会、街なかの拠点としての再生プランを企画・発表するなど数々の活動を行ったが努力は実らずに、新しく所有地を購入した会社の「マンションを建てる」という一言で活動は終った。

縄手（縄手商業会）の昔からのお店の方たちは、四柱神社から土地を借りて商売をされている。「商売を止めるときは、神道（四柱神社）に土地を返す」という話を聞いたことがある。ここにはある種の「《まち》の作法」があったように思う。しかし、中劇の建物とその土地はとある経緯で、経営者の所有になっていたので、土地ごと売却された。

ほどなくして中劇は壊されたが、跡地から古い水路が発見された。片端の総堀の水を女鳥羽川に流すために、大正時代に石組みされた水路だった。長い間、暗闇に閉ざされた清らかな水は陽を浴びて、わずかな間に水路にはクレソンが生い茂るようになった。それは失われたものの下に隠されたお宝のようだった。私は水路をそのまま残せないかと新しい所有者に相談したところ「残していい」と許可をもらえたため、水路は市道であるから市役所の維持課に一人で出向いた。しかし前日に近所の店の人たちが、水路を埋めるように陳情に来たそうだ。なぜそんなことが……。昔、各店が水路を埋めた経緯があるためだろうか？　そこだけに水路が残ることを良しとしなかったのだろうか。本当の理由は教えてもらえなかったが、当時の中心人物に言われたことは「事を荒立てるな」。これは《まち》の作法ではなく、暗黙の《まち》のルールというものなのだろうか。せっかく陽の目を見た水路は蓋を閉じられ、再び長い眠りについてしまった。本当に残念な出来事だったが、その事実を何かに残したいという思いでつくったのが、「**まつもと城下町湧水群マップ**」だった。蓋をされた水路には、清らかな水が流れていることを多くの人に知ってもらいたいという願いが込められている。

中劇跡に顔を出した水路

松本にはあちらこちらに湧き水のスポットがある

もうひとつの堀のはなし

昔、四柱神社の西側に十階建ての細長いビルの本屋さんがあった。一八九〇年創業の街なかの本屋さんは多くの人に親しまれていたが、二〇〇七年に閉店し、その後親族の方により土地は松本市に建物ごと寄付された。ビルは壊され、発掘調査が行われると、枡形の跡地で総堀の痕跡が出てきた。見学会で目にしたのは、石垣の積み石が堀の中に無造作に投げ込まれた残骸だった。文明開化という名の破壊だろうか。時代が激しく変わるとき、新しい価値観を受け入れるためには、古いものを葬り去る行為が必要だったのかもしれない。

現在は「枡形跡広場」として週末になると多くの市民がイベント会場として使用している。広場がないのは城下町の特性であるので、新しくできた街なかの憩いの空間はとても貴重だ。〝堀の上に建ったものたち〟はそれぞれの運命を生きている。

私たちのにぎわいづくり❶ 二〇〇八年～
新まつもと物語プロジェクトメンバーで「城下町松本湧水マップ」制作。

南から「水の生まれる街」「時代とともに守られた水」、そして「お堀の水をたどる」と三つのコースに分かれている。「湧水」という点をコースにしてつなげたことで、以降多くの人が松本の湧水に関心を持ち、その魅力を何倍にも高め、日常的にも観光のコンテンツとして広がった、大きな成果を上げたプロジェクトだった。

その中の一つ、城下町を歩く「お堀の水をたどるコース」は、現在唯一残る新町から片端の総堀と、その水が流れる水路をたどりながら歩くコースだ。

〈二〇一八年　改訂版を製作〉

アンダーグランドなナワテのはなし

松本は小さな街ながら通り（地域）ごとに商店街がある。その中でもナワテ通りは、七百メートルほどの短い通りにもかかわらず、二つの組織に分かれている。一つは総堀を埋め立てた場所で商いをしている「縄手商業会」、もう一つは私の所属する「ナワテ通り商業協同組合」。後者には、かつて三つのタイプの人たちがいた。終戦後に中国から引き揚げてきた者、戦中に東京などから疎開してきた者で、彼らは毎日リヤカーで荷物を運びテントを立てて商いをしていた。そして三つ目は人がにぎわうときにだけ来て、いい場所を陣取っていたらしい露天商たち。一九七一（昭和四六）年に行政指導のもと、それらが一つの組合になるという条件で、テントの商いの人たちのためにプレハブの仮設店舗が建てられ、ナワテ通り商業協同組合は誕生した。店舗は市道の上に建つ仮設建築なので番地がない。つまり「番外地」である。その言葉からはアウトロー的な立ち位置も感じられ、自由な雰囲気がある。

昭和 26 年のナワテ通り

『道はそこを歩くすべての人のもの。人の心を弛め、ブラブラ歩きながらたい焼きを食べる、歌をうたう、踊りをおどる、なんでもありのこの場所を大切にしていきたい』。そう思っていたことが、私にとっての〝こと〟の始まりだった。

全国区になった松本かえるまつり

二一世紀に入り、ナワテ通り商業協同組合の店舗は老朽化などの理由で全店が新しく建て替えになり、新たな歴史を刻むセレモニーが行われた。一旦廃れてしまった通りがよみがえり活気を取り戻したが、箱だけ新しくなっても、息を吹き込み続けなければ再生にはつながらない。「通り」という自由な空間を活気づかせるために、商店主だけではなく、地域の人、学生の力を一つにして立ち上げたのが「**なわて通りで遊ぼうよ！プロジェクトチーム**」だった。その活動の中で二〇〇一年に「松本かえるまつり」が生まれた。

ナワテ通り商業協同組合がスタートした翌一九七二年、皆の力を結集して商店街を盛り上げる目的で、当時

私たちのにぎわいづくり❷ 二〇〇二年～
なわて通りで遊ぼうよ！プロジェクトチームで「松本かえるまつり」開催

カエル大明神

毎年地元の大学生が実行委員会を結成。「水辺の遊び場」「かえるスタンプラリー」「装飾」などなど手づくり感いっぱいの企画が楽しめるカエル尽くしのお祭りだ

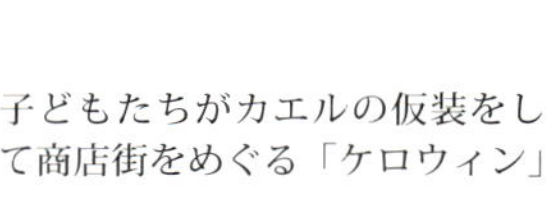
子どもたちがカエルの仮装をして商店街をめぐる「ケロウィン」

汚れていた女鳥羽川をきれいにし、清流を好むカジカガエルが再び棲めるようにしたいと願い「カエル大明神」を祀った。しかし年月とともにカエル大明神は忘れられていってしまう。全店舗建て替えの際、まるで運命のように私の店の隣にカエル大明神が祀られた。たい焼きを焼きながら見ていると、カエル大明神の前でカエルのぬいぐるみを持って写真を撮る人が多くいた。そのことをとても不思議に思い、調べてみると、世の中にはカエル好きがたくさんいることを知り「かえるまつり」の開催を思いついた。

思い思いのカエルの衣装で祭りを盛り上げてくれるカエラー

かえるまつりコンサート

私たちのにぎわいづくり③ 二〇〇九年～
中心市街地のお店が主体となり街なかの回遊性を高める「まつもと百てんプロジェクト」

個店と公共施設が協働して「M100はしごマップ&チケット」を作成。参加店で買い物・飲食、施設に入館した方にはしごチケットを配布し、次の店で買い物した際、チケットに掲載のアンケートに答えればサービスを受けられるという街を回遊する仕組みだ。二〇一六年より英語版を発行。観光客に加え市民も活用でき、多くの方に街なかを楽しんでいただいている。参加店主の「心意気」が結集した活動として継続中。しっかりとしたコンセプト（骨格）と思いがあれば同じ志を持つ者同士つながることができる。

現在「ナワテ通り=カエルの通り」というイメージが定着し、関連グッズを扱う店も増え、カエル好きの間では「聖地」と呼ばれるなど「かえるまつり」も全国的に有名なお祭りに成長した。商店主だけではなく、多くの市民・学生と協働プロジェクトを起こしたのは当時としては先進的な試みと言えた。十七年も継続できているのは、学生の間で、代々引き継がれているイベントだからである。卒業した学生が、十年以上経過してもOBとして東京などから来てくれる力は大きい。

この「かえるまつり」をきっかけに、気がつけば私は無意識のうちに、城下町の特性を生かした活動をいくつも立ち上げてきた。

こうした活動は、城下町の掌で踊らされている感も否めない。新しいことをやっているようでも、それはいつも時代の重なりの中の一部にいるように思うからだ。

私たちのにぎわいづくり❹ 二〇一一年〜
地元の手づくり作家・農家の方たちと始めた「水辺のマルシェ」

「なわて通りで遊ぼうよ!プロジェクト」発足から十年後に「なわて通りプロジェクト」と名を改め、再び新たな活動を立ち上げた。通りの空間に加え、並行して流れる女鳥羽川の水辺の価値の見直し、ゆったり過ごせる空間をつくり滞在時間を増やすこと、朝と夜の時間づくりなど課題を挙げて事業を計画した。今年で九年目の水辺のマルシェは、市民のリーダーを中心に続いている。自由な雰囲気とおしゃれ感がある演出が、その後に続く近隣のイベントに影響を与えた。

水辺のマルシェ

まちづくりで感じたのは、改めて「継続が力なり！」

店を継いで二度目の冬（たぶん）五十年に一度と言われるような大雪が松本に降った。ナワテ通りの端々に山積みされた雪は、数日経過しても一向に融ける気配がなかった。ある日頑固な雪の塊を誰かがスコップで雪を砕いて片づけているのを見て、私も手伝いはじめた。その後徐々に手伝う人が増えて、二時間ほどで雪を片づけることができた。その出来事をきっかけに私はようやく商店街の一員として認めてもらえたように思った忘れられない出来事だった。

一九九八年ごろ、建て替え前のナワテ通りは、シャッター街だった。シャッターが閉まった店の前で、「自由市場」と名づけたフリーマーケットを開催した。これが最初に私が企画したイベントだった。おそらく皆で雪を片づけたことが、商店街の人たちも私の提案を快く協力してくれたのかもしれない。

『初めの一歩、だれにでも簡単にできることからまちづくりは始まる』

平成 30 年のナワテ通り

まちづくりが活発な松本では、いろんな人がイベントを企画している。時にドーンと花火を打ち上げて終わってしまうイベントも少なくない。そんな様子を見ながら、私はつい斜に構えて「長く続く企画ならいいんだけど」と思ってしまう。継続することで、街自体が変化していくのが見えてくるように思う。十七年目の「かえるまつり」は前述したような成果を上げている。十年目の「M100」では、最近お客さんから「はしごマップのスタンプラリーをしながら、健康のために歩いて街なかのお店を回っているのがとても楽しくて、仲間にも勧めているんだよ」といううれしい言葉をいただいた。

大事なのは、イベントから得られることによる自己満足ではなく、継続することで街やそこに暮らす人びとがつながり輪が広がっていくことなのだろう。そして継続のための後継者を育てていくことが大きな課題だと思う。

◉やまもと・けいこ
一九九六年に長野県にIターン。趣味は旅と映画。子どものころは、電車、二十代は、オートバイ、バブルのころは、世界放浪旅、松本に来てからは山旅も。今でも隙があれば旅に出たいと絶えず夢想。松本市内の好きな店のメニューはリストロコクトーズのランチ。心のこもったお料理を疲れたときにいただくと癒されます。

城下町松本——これからの都市デザイン

行政からみた都市デザイン学習会活動

――片倉再開発を通して

上條　一正

二〇〇九年（平成二一年）四月、
松本市職員であった私は
都市計画を担当する部署へ異動を命じられた。
平成の大合併から五年が経過し、
合併地区の土地利用に関する課題が
待ったなしの状況であった。
そして、松本市の都市計画に関する基本的な方針を示す
都市計画マスタープランの改訂と、
松本市第９次基本計画（基本構想二〇二〇）策定作業の
真っただ中であった。
折しも片倉再開発計画が松本市に示され
具現化に向けた話が始まろうとするときと重なり、
都市政策関連の協議窓口として、
都市計画への影響や松本市の基本計画に大きく関係する
事業の担当として
実にやりがいを感じる立場となった。

片倉再開発対策と都市デザイン学習会

松本都市デザイン学習会（以降「学習会」という）が二〇一一年一〇月二一日、松本市へ提出した「片倉再開発への提案と要望」は、行政のカウンターパートとしての一つの実践であった。

　二〇一〇年当時の松本市の都市政策の状況を振り返れば、人口減少社会に対応する都市計画マスタープランおよび都市交通計画の見直しと、都市政策というより広い視点から街のあり方（交通のまちづくり）を検討していた。一方、二〇一二年には松本市長選挙が予定され、新聞紙上で当時の市政の基本「市民が主役」の総括として、中心市街地の現状と行方を考えたときに、市民と行政の役割がどのような分担で行われているかが検証されていた時期でもあった。私は片倉再開発にかかわる都市政策の担当であったことから学習会が主催するそうしたテーマのシンポジウム、勉強会に出席し、多様な情報を含む市民の意見を聞く機会を得ながら再開発計画に対応する

こととした。また、これまでの行政経験から一市民としてまちづくり、特に開発関係への関心が高かったこともあり、学習会メンバーからの声掛けに応じ、その発足の経過と目的に共感し活動をともにしていた。そうした流れの中で学習会が市に「松本のマチを紡ぐ——片倉工業松本社有地再開発計画に対する要望と提案」を提出することになった。この行動へのかかわりについて、悩んだ末に私が出した結論は、「まちづくりは市民が学んだうえの確かな考えで声を上げ、行政を動かすことが必要である。だからこそともに学ぶ学習会の活動は継続するが、この行動（片倉再開発についての行政への要望と提案）には行政の直接担当者であるため関与しない」というものであった。そして、再開発計画に対する松本市の考えは二〇六ページに掲載した通りのものであった。

出店へ

「商圏変わる」他社警戒感

イオンモール（千葉市）が27日発表した松本市街地での出店計画で、片倉工業（東京）から賃借して再開発する敷地は約6・25㌶に及ぶ。敷地面積だけなら、県内の商業施設でイオンモール佐久平（佐久市、約5・3㌶）を上回り、アリオ上田（上田市、約6・26㌶）と並ぶ。総店舗面積は未決定だが、現在の松本カタクラモールの1万3500平方㍍を大きく上回る可能性もあり、同業他社には「商圏が大きく変わる」などと警戒感もある。

【1面参照】

信濃毎日新聞　2013年（平成25年）5月28日掲載

松本カタクラ再開発 イオンモール

イオン側 景観に配慮

けいざい 構造線

イオングループが再開発で建設する新モールのイメージ図

イオンモールにとっては従来型で多い郊外立地ではなく、JR松本駅からも近い中心市街地での計画で、同社は景観や街並みに配慮する方針。松本市街地の特性も考慮して「観光色も取り入れた計画を検討していきたい」とし、現在より商圏を広げて県内全域からの集客を目指す構えだ。

これに対し、アピタ岡谷店（岡谷市）の山口明店長は「イオンモールが開発する敷地は自店のほぼ倍。非常に脅威」。諏訪地方からは山梨県昭和町のイオンモールにも買い物客が流出しているとし、警戒感をあらわにする。

JR松本駅前のアリオ松本（松本市）の山口敏隆店長も「イオンモールの開店で人の流れ、車の流れががらっと変わるだろう」と予測。「駅前の周辺の他店も一緒に対策を講じ、お客さんに買い回る楽しさを感じてもらって相乗効果でプラスにしていきたい」としている。

信濃毎日新聞　2011年（平成23年）10月22日掲載

カタクラモール一帯の再開発計画

松本の有志 将来像提案

「中心街の今後左右」市と民間 連携求める

松本市民有志でつくる「松本都市デザイン学習会」は21日、カタクラモール（中央4）一帯での片倉工業（東京）の再開発計画に対し独自にまとめた要望・提案書を市に提出した。より良い中心市街地の形成に役立つことを願い「中心市街地ビジョン」と「再開発イメージ」を盛った。市は内容を踏まえ今後、片倉工業と意見交換する方針だ。

坪田副市長（右）に、要望・提案書の内容を説明する松本都市デザイン学習会のメンバーら

同社は昨年8月、約8㌶の社有地を再開発していく方針を発表。具体像は明らかになっていない。同会は再開発が「中心市街地の今後のあり方を左右する大きな課題」としつつ「中心市街地をさらに魅力的にする可能性」を持つと認識。昨年からシンポジウムや講座などで提案内容を考えてきた。

中心市街地ビジョンでは、再開発予定地やあがたの森、市美術館などの地域を「松本イーストエリア」と命名。明治以降に同社の製糸業が松本の近代化に貢献した歴史を踏まえ、再開発を軸にエリアを発展させたいとした。

再開発イメージでは、モール内に交流や商業活動を閉じ込めるのではなく、時間、空間、人をつなぐ交流の場になることを期待。「歴史ある建物の保存」「中心市街地の公共交通拠点」などでの活用に言及している。

市への要望として、民間と行政が一緒にまちづくりに取り組む常設組織「松本都市デザイン室」の創設、再開発予定地周辺の交通調査などを求めた。坪田明男副市長は、同社と市の意見交換を「皆さんの意見を踏まえ、そう遠くないうちにしたい」と説明。常設組織の必要性は既に庁内で検討しているとした。

要望・提案内容は今後、同会ホームページで公表する。

松本市の「基本的な考え」

開発予定の片倉工業株式会社（以後「片倉工業㈱」という）に対しては、現状より店舗規模が拡大することによる中心市街地への大きな負の影響を懸念する声があった。その一方、中心市街地の新たなまちづくりにつなげられる機会でもあり、まずは都市計画マスタープランにおける都市集約化理念の共有を図り、「身の丈に合った開発」が松本市全体の発展につながることを期待した。そのため、協議にあたって「目指すまちの姿と開発計画に対する基本的考え」を取りまとめた。法令にもとづく対応が行政の大原則であるが、松本市の都市計画マスタープランを含む各種計画が目指している、中心市街地全体のあり方をまとめたものを示すことが必要との判断からであった。

この「基本的な考え」には学習会の提案資料をベースに用いていることから、学習会からは「提案した中身そのままではないか?!」との指摘をもらったが、私としては、行政のカウンターパートとして学習会が大きくかかわった好例であると認識している。

学習会からの提案は松本の中心市街地の現状を独自視点で分析し、街のあり方を空間的なビジョンで示すとともに、わかりやすくデータを整理、資料をまとめた優れたものであった。この提案内容を突き詰めれば、市の施策ベクトルと同様であるという考えから、「基本的な考え」に反映させることが必然と受けとめられたのである。なお、「基本的な考え」は、民間開発に対する松本市のまちづくりの「作法」を示したものであり、カタクラモールの再開発を阻害するものでないことは言うまでもない。

一方、学習会も本書ですでに記載されている通りの活動を続けていたが、いずれの要望に対しても片倉工業㈱およびイオンモール株式会社（以後「イオンモール㈱」という）からの回答はなかった。

松本市の基本的な考えと、学習会の提案は「全国各地で見られる郊外型大規模店舗出店による中心市街地衰退の経験をふまえつつ、松本の都市規模、歴史を考慮した

松本市の目指すまちの姿と開発計画に対する基本的な考え

『松本市ホームページ』より抜粋

1 まちづくりの基本的な考え

50年先を見据え「健康寿命延伸都市・松本」を将来の都市像として掲げ、量から質へと発想を転換し、市民一人ひとりの命と暮らしを大切に考え、だれもが健康でいきいきと暮らせるまちを築く

2 まちの構成と諸計画

(1) まちを構成している要素

ア 中心市街地を構成する軸

松本駅、松本城、あがたの森を結ぶトライアングルが骨格

イ 歴史的、地形的背景と景観

(ア) 交通の要衝

(イ) 城下町の町割りが残り、路地、小路が多く存在し、特徴ある資源を巡る歩行者道のネットワークが潜在

(ウ) 扇状地地形から湧水に恵まれ、数多くの井戸など市民に身近な水辺環境が随所に存在

ウ にぎわいを創出するイベント

(ア) 商都松本の冬を代表する伝統行事である「松本あめ市」が毎年1月に開催

(イ) 庶民のための工芸が暮らしに寄り添い市民の生活に溶け込む

(2) 都市計画マスタープランに定める土地利用方針

中心市街地を含む中央部地域（中央、第1、第2、第3、東部）は松本市の都市中心拠点であり、松本駅からあがたの森を結ぶ軸は中核都心軸として、広域的中核都市としての都市機能を重点的に集積する歴史的・文化的・経済的な都市活動の中心

(3) 交通計画、道路計画

「交通のまちづくり」として、歩くことを基本（車から人を優先）とした道路空間の再配分

---

3 目指すまち（中心市街地）の姿

(1) 安心で多様な都市空間に住まう魅力が高まる　まち

(2) 若者が、勉強をしたり、集まって会話をしたくなる　まち

(3) お年寄りが、買い物をしたり、集まって談話をしたくなる　まち

(4) 親子連れが、安心して、気軽に買い物や散歩ができる　まち

(5) 週末や仕事帰りには、家族や仲間と、ともに学び、憩う場所となる　まち

(6) 子どもが、安心して、遊べる　まち

(7) 観光客がゆったりと歩きながら、歴史的なまちなみを観光することができる　まち

4 開発において留意すべき注意事項

(1) 地域特性を活かした松本らしい開発

ア 歴史的背景の尊重

イ 景観特性に配慮

ウ 開発地固有特性の向上

(2) 適正規模

ア 商業施設は商業活動の魅力創出と中心市街地商業と共存共栄を図る規模

イ 居住、事業系施設は周囲の景観やまちなみに相応しく、地域コミュニティーに負担をかけない規模

ウ 開発地周辺道路、交通状況に応じた規模

(3) 回遊性

ア 周辺のまちなみとの連続性を最大限に考慮した要素としまちに開かれた計画

イ 市民生活に密着した歩けるまちを構成する施設として、道路、交通、環境に配慮

開発であれば松本の発展につながるため、これを中心市街地の活性化につなげたい」という、開発を前向きに捉えたものである。松本の発展につながる開発の内容は、片倉工業㈱および最終開発事業者となったイオンモール㈱が展開している従来型の店舗ではなく、中心市街地でこそ可能な既存建物のコンバージョン（変換）などによる、付加価値の高い新しい店舗（イオンモール形態）の創出というものであった。しかし、これらの協議の背景には、法令にもとづく出店手続き上の事前協議であるとする開発事業者の立ち位置に対し、松本市は両社が法定手続きに入る前に「基本的な考え」にもとづく想いを計画に入れてもらうために行うものとする考え方の相違があった。協議の場では、事業計画推進に向けた開発事業側担当者の使命と、行政側交渉担当者として立場を超えた私の「強い《まち》への想い」が交錯し、さまざまな駆け引きが行われた。これに対し多くの市民の声は、全国各地にあるイオンモールが松本にできれば便利になるという消費者目線で出店を望み、出店による既存商店、近隣住民、まちづくり（交通含む）へ与える負の影響を生活者目線で訴える声は少なかった。松本市としてもこうした市民の声と、身の丈に合った開発による松本の発展という両方のバランスに苦慮した協議が続いた。

結局、イオンモール㈱は松本市から「基本的な考え三原則」への留意要請や、学習会からの提案に対しても、最後まで具体的計画を明かさないという社の方針を貫き、大規模店舗立地法に沿った手続き開始に合わせて建物計画案を公表した。それは、形態などは景観計画の制限値は遵守している。中心市街地から消えた映画館が設置されるなどの配慮は見られる。しかし、分散した敷地条件ゆえ、それぞれに店舗群を配してはいるが、これまでと同じ囲い込み型の巨大な箱ものであった。また、敷地条件をふまえた本棟とは別のアウトモールでの対応で、当初のイメージパースで強調されていた「観光モール」の姿はなくなっていた。観光モールとは、イオンモール天童開発計画で示された新たな店舗構想で、高齢化社会を見据え、地域の名産・名品を扱い観光客に対応していこうというものだ。

開発協議方程式

これらの背景を市が提示した「基本的な考え三原則の一つ　地域特性を活かす（歴史ある建物の保存活用）」を事例に振り返ってみることにする。

二〇〇九年に始まった協議は片倉工業㈱の開発計画見直しにより中断されたが、二〇一二年に再開された。二〇一三年に入り、片倉工業㈱が自社用地を開発する一次方程式から、片倉工業㈱から土地を借りたイオンモール㈱が開発する二次方程式となった。協議はこれを境にして様相が変わった。

再開発地は片倉製糸とその創始者である今井五助によって松本市の近代化の礎を築いた地で、歴史的文脈・遺産として現存する貴重な資産が残っており、その系譜を引き継いでいるのが当初の開発主体・片倉工業㈱であった。そのため、松本市としては片倉工業㈱とはこれからのまちづくりに、一緒に携われる基本的な共通点を持った協議ができていると考えていた。こうした視点は学習会も持っていたはずである。しかし、イオンモール㈱に開発主体が変わった更地前提の定期借地方式では、残存していた片倉製糸の建物を解体することが前提となるため、片倉資産を活用した開発計画の協議にさらに大きなハードルが立ちはだかることとなった。

そして、それら建築物の活用法については、地区住民や一部市民を交えた活動につながりかけたが多くを巻込むまでに至らず、一旦は解体せずに残されたカフラスも「耐震性を満たせない」という理由で開発と同時に解体（イオンモール㈱は壁面タイルを新設建物内に再利用することで配慮したとする）された。また、別敷地の生物科学研究所の建物は残して具体的活用は先送りするとされたが、開業から一年を経過した二〇一八年九月、老朽化による不特定多数への安全配慮の視点から解体された。跡地は単に駐車場とされ、一帯はただの箱もの空間になった。これは、一年をかけて定期借地契約にもとづく当初計画を完成させたということとも考えられる。

日本の小売業を代表するイオン株式会社にとっては、資本論理をもとに自らのビジネスモデルを変えることな

く、一般消費者である市民の関心を引く「イオンモールブランド」を背景に、法律に沿う容で松本市や学習会などの市民活動に一部配慮しつつ計画を実現させたということではないか。これまでの経過、イオンモール㈱および行政などが実施した開店前後の渋滞対策（本来開発事業者であるイオンモール㈱がやるべきこと）、並びにここでは触れていないが、店舗構成を含む出店そのものに対する評価は、今後それぞれの視点で行われるであろう。しかし、その評価には市民がイオンモール松本出店にともなう正負の影響をしっかり理解したうえで、出店を望む声を上げたのかを評価対象としなければならない。

まちづくりと行政組織

学習会の提案と要望には、片倉再開発への提案のほかに、将来を見据えた片倉再開発を契機とした行政組織内への「都市デザイン室」設置の要望があった。都市デザイン室とは、中心市街地の空間的なビジョンを考えながら、さまざまな課題に対して主体的・恒常的に取り組む部署である。提案提出直前に連続講座の一つとして開催された、元横浜市都市デザイン室長・国吉直行氏による「横浜の都市デザイン四〇年」の講義は、景観施策にかかわる全国自治体職員が参考としたい実例であり、こうした機会を直接松本で持つことができたのは学習会活動の賜物である。

松本市の対応は、提案から遅れること二年半後の二〇一四年四月一日になるが、都市計画課を都市政策課に改組するなかで、都市デザイン担当を係相当の位置づけで新設した。これは、市役所が必要性を認めたためではあるが、学習会の提案が実を結んだもので、活動成果として評価するべきだ。しかし、今日までその動きは景観行政の延長として、身近にある広場や道路の改修に止まり、今後の松本の都市デザインの進める方向性を示しきれていない状況にある。中心市街地の空間的ビジョンをどうするかを考え、次の手を打つためには、イオンモール松本の開発協議経過を自らの問題として検証するとともに、交通を含めた将来の松本の街の姿を見据え、主体的・恒常的な取り組みを深めていくことをさらに求めたい。学習会の勉強会などに参加している市職員もいるが、自らが学ぶ場であると同時に職員も市民であるからこそ、まちづくりにその想いを生かせるという情熱を持つとともにチャンスとして、さらに多くがさまざまな市民団体活動に参加し、心を通わせた会話を増やすことが市民を巻き込んだ都市デザインにつながるはずである。また、学習会はカウンターパートとして引き続き行政の動きを検証することが必要である。

市民の選択と都市デザイン

これまで学習会が行政のカウンターパートとしてかかわった片倉再開発に対し、松本市における再開発型のまちづくりと都市デザインについて考察してきた。最後に私たちが暮らす街の現在の姿がどのような経過をたどっているかを振り返り、そこでの市民の選択と都市デザインの関係について明らかにしていきたい。

松本の中心市街地（おおむね松本駅から松本城、あがたの森を囲んだ範囲）は、昭和三〇年代の主要公共施設などの再配置による個別施設整備［注1］以後、昭和四〇年代以降の都市計画事業により形づくられてきている。詳しくは本編『城下町を考える――連続講座「記号としての城下町」より』に記されているが、本町、大名町、今町の商店街近代化事業による共同建化、松本駅東口における二つの土地区画整理事業施行［注2］（松本駅周辺＝二十三ヘクタール・中央西＝十二ヘクタール）による道路、公園、宅地整備。法定再開発事業［注3］による六九リバーサイドの建設。城下町（中町、緑町・上土）、本町東側の住環境協整備制度［注4］を活用した、既存道路の高質化と建物のファサード（正面）整備など、高度成長からオイルショック、バブル期から継続的に実施された事業である。

これら「まちづくり」と言われる事業の実践者はだれであったのか。明治には、江戸時代に殿様がつくった町（城内、城下）＝古いものを壊して新しいものへとつくり替えた（堀を埋め立て武家地と町民地を一体化し、場内に新行政機関などを設置したが、新しい産業施設や鉄道は城下を外して設けた）が、戦前までのまちづくりはどこかに日本古来のものを大切にしようとする伝統的な考えがあったと思う。しかし、昭和四〇年代以降の都市計画事業などは、それまであった価値観を捨て去るように、「松本城天守は大切にする」が、経済重視のもと、どこにでもある街並みに変えたまちづくりであった。そして、事業の実践者は全国一律基準の都市計画法、建築基準法による松本市役所（筆者もその一人）主導であったが、選択をしたのはその事業で大きな影響を受ける権利者（土地所有者、借地者）である住民、すなわち松本市民である。そして、補助金制度を用いて経済・都市政策を誘導したのは国であった。

現在の形に姿を変えることになった、最初に実施された商店街近代化事業の背景には、戦後復興から成長への政策転換にともない、昭和三七（一九六二）年に策定された「第一次全国総合開発計画」（現在は一次から五次までの量的拡大開発計画から質的向上を図る計画、国土形成計画「国土のグランドデザイン２０５０」）がある。中身は、所得倍増計画施策として「太平洋ベルト地帯」と「新産業都市」の認定による拠点開発方式と呼ばれるものであり、松本市も、現在は廃止されているが「松本・諏訪地域」として内陸唯一の認定を受け、各種税制・補助金などの優遇措置を得てこの制度を使っている。

当初の商店街近代化事業時には関与していないが、これら行政側の実践者の一人でもある私が総括するとすれば、大枠の計画は市の土木系の職員、建築物は地主などに頼まれた建築士、いわゆる土木・建築の専門家が別々に担当し、連携はそれほどなかった。また、意思決定のプライオリティは復興から成長への政策を背景に経済、個の権利にあり、地主（商店主）の意向が第一で、そこにはそこで暮らす住人、来街者との想いの「共有」まではやり切れていなかったと思う。さらに、全国一律制度の事業と現憲法における日本固有の土地至上主義と言っても過言ではない強力な所有権のもとでは、「松本に相応しいものをつくる」という点において、権利ごとのデザイン調整はしたが、都市としてのデザイン調整は機能しきれなかった。その一方で、対外的には、「松本の発展のために国が定めた制度で事業を推進することが正しい都市政策（都市デザインではない）である」とまったく疑問を抱くことはなく、他都市に先駆けての取り組みと自負していた。こうしたまちづくりは、整然とした街並みや車社会に対応した広い道路空間の創出が成功事例の評価を得て、行政主導の典型と言われた。しかし、事業実施においては、一部反対はあったものの、総論として市民（直接的関係者を含む）が推進志向であったことも事実である。すなわち行政主導ではあったが、これら事業の選択をしたのは国の政策・制度を拠りどころに一部専門家に実践を委ねた松本市民であったと言ってもよいだろうと考えている。だからこそ、市民はまちづくりの選択に責任を持つことが大切なのである。そのうえで、行政のカウンターパートとして都市をデザインし、市民自らがまちづくりの実践者となることが必要なのではないだろうか。

◉かみじょう・かずまさ
一九五五生まれながらの松本人。民間建設会社を経て松本市職員で定年を迎える。在職中は土地利用、景観形成などを主に担当。都市デザインは中央西土地区画整理事業を担当したときに、それ以後の付き合いの仲間が都市デザイン学習会に多くいる。好きなメニューは、「キッチン南海」のロースカツカレー。

注釈

注1　事例：松本市役所移転（上土から丸の内）、松本警察署移転（現在の美術館から渚）、郵便局移転（二の丸内から本町）、信濃毎日新聞社移転（現在の医師会館から宮田）など。その他事業は本編「城下町松本の都市空間形成史を読む（都市空間形成史マトリクス）」参照

注2　土地区画整理事業：都市計画の母とも呼ばれる。公共施設の整備改善および宅地の利用の増進を図るために行われる、土地の区画形質の変更および公共施設の新設または変更に関する事業で公共施行と組合施行などがある。事例は松本市施行の公共施行で、事業費は減歩と言われる地権者から提供される土地による公共施設の整備に関する国・県の補助金などで賄われる。

注3　法定再開発事業：都市再開発法にもとづき行われる公共施設の整備をともないながら、「建設する床」を売ることにより事業費を調達して行う再開発事業。容積率や高さの制限緩和が可能で都市計画決定が必要。

注4　住環境整備制度（街並み環境整備事業）：生活道路などの地区施設が未整備であったり、住宅などが良好な美観を有していないことなどにより住環境の整備を必要とする区域において、ゆとりとうるおいのある生活空間形成のため、住環境の整備改善を行う事業で、松本市では、国宝松本城とその城下町の街道筋に代表される歴史的街並み景観などを生かしながら、地域の活性化として商業空間を含めた住環境整備に取り組んでいる。まちづくり協定の締結が必須で建物のファサードなどの統一化が規定されている。

この本の締めくくりとして、未来に向かい、学習会としてこれまでの活動をふまえて今後どんな動きをしたらいいのかをメンバーが集って話し合った。
ここに掲載しているのは、その座談の一部――。

【座談会】――松本の都市デザインの未来

[参加メンバー]

大久保 裕史　上條 一正　倉澤 聡
長谷川 繁幸　武者 忠彦　山田 健一郎
山本 桂子（五十音順）

――松本都市デザイン学習会をやってきて、現状で感じる成果を教えてください。

倉澤　いろんな分野の市民が集まり、建築だけでなく街のアクティヴィティ、観光なども含めて都市デザインを考えてこられたことかな。まだまだプラットフォームはできていないけど、街のあちこちでまちづくりに関する活動が活発になってきている気がします。

山本　松本でワークショップブームをつくったのは私たちかもしれません。ワークショップに参加して自分の考えていることを整理しながら、何らかの手応えを得る体験を重ねていった気がします。

大久保　まちづくりのようなテーマにも、一般の市民が気軽に参加して話し合えるようになりましたもんね。

長谷川　その流れもあってタレントがそろってきたと思います。一つには行政に対してもある程度力を持った言葉を発せられるようになってきた。もう一つは、街のコンテンツ化が進んできた気がします。街歩きなどいろんな活動が形をなしてきて、その担い手も増え、街を楽しむということができてきたように思います。

山田　活動の成果かどうかは別として、ファッションはストリートをいかに楽しむかが大事で、ファッションに影響を与え、あるいはファッションから影響を与えられる。松本はセレクトショップやカフェなど路面店が健在。しかも散らばっていて、まだまだ増えている。これって楽しみじゃないですか？「道を楽しむ」ことは学習会がずっと言ってきたことだから。

山本　私も個性的なセレクトショップが好きで、服を買うのはパルコか路面店です。

――松本はカフェなどにしても、こじんまりした店が多いですよね？

山田　小ささはすごく大事。私もレストランの設計を頼まれることがあるけれど、父ちゃんが料理をつくり、母ちゃんが注文を取るというスタイルで動かせる席数は20席が限度なんです。それ以上だとお客さんを待たせてしまう。今、若い人たちが小さなお店を始めようとする流れがあるけど、街に散らばっている小さなスペースとすごくマッチしている。しかも資本がなくてもスタートできるわけです。

武者　城下町の間口の狭い町割りと親和性がある、ちょうどいいスペースだということですよね。そういう活発な起業家精神を城下町の気質やプライドに還元する考え方もありますが、城下町の空間構造や経済規模が起業に適しているということもありそうです。

倉澤　そこは松本の強味かも。お店の規模を拡大することだけが元気というわけじゃない。ビジネスとしては不安もある

行政のカウンターパートとして
市民の活動に多少なりとも影響を与えることができた

かもしれないけれど、小商人ががんばり集まるという多様性は重要で、活気にもつながっていきます。

上條　僕の立場から考えると、市の職員がいろんな活動をしている人たちの中に交って、多様な専門家たちと勉強して語らう、そうしたかかわりが始まったことが一番良かった。その一方で、市民とは一線を画すべきだと入ってこない職員がいるのも事実。その姿勢を変えていくことが今後の大きな課題だと感じています。

山田　市という公共事業の発注者としては、相手方に業者となる人もいるわけですからね、そこはきちんと線を引かないと、というタイプの行政マンもいます。

上條　僕なんかそういう意識が希薄だと周りから言われました（笑）。でも自ら飛び込んで学び、何かを生み出そうとする姿勢は重要。公務員の皆さんがサラリーマン的になってしまっていて、「松本のことを考えている」と口では言っても、実際にそのために動いているんですか？ということですよ。

――でも昔よりは良くなったと？

上條　それはうんと良くなりましたよ。

山本　官民協働の意識が浸透し始めてから、協働事業や市の会議に参加するうち、市の職員との距離が少し縮まったように思います。依然として上から目線や居心地の悪くなる下から目線もありますが。

長谷川　イオンモールに関する活動を始めたころは、一般にも「なぜ人様の土地にものを言うの」的な風潮もありました。今はそこがだいぶ緩和されてきましたね。

武者　そういう問題意識があって、私たちはまちづくりで行政のカウンターパートになりたいというテーマから出発したわけです。それまでのまちづくりのプロセスを壊したかったから。九〇年代からまちづくりにも市民参加が叫ばれて、行政もワークショップやパブリックコメントなどに取り組んできたけれど、形骸化したり、アリバイづくりだったりで実質的には機能していない。そこに風穴を開けたい人たちが学習会に集まってきた。とはいえ、まだ風穴を開けたとは言えない。意見を表明するルートがなかった市民が、それを話し、共有する場ができたのは市民側から見た一つの成果でしょう。でも行政の見えない壁は想像以上に高くて、これを私たちが少しずつ崩していかないといけない。まだ最初の冒険者が何人か壁を超えただけにすぎないですから。

――市民参加という考え方は素晴らしいと思いつつ、多様な意見の集約作業は難しいと思うんです。ましてや松本は魅力的な切り口がたくさんある。そこをどうするかが気になりました。

上條　学習会活動と取り組んだ講座の原点はそこで、みんなで松本がどんな街かを勉強しようよ、そうすればベクトルが同じ向きになっていくと。多様な意見も否定ぜず、学ぶことがいい街をつくる一歩だよと、すべてそこに行き着くと思うんです。

倉澤　そのときに、思っていることだけで突き進むのではなく、常に問い直す、そこから未来を考えることが大事なんですよね。今まで問い直す作業はほとんどやられていないから。良い悪いは簡単に言えますが、意見の集約というより市民参加で問い直すことこそ創造の原点だと思います。

武者　たしかに、今まで城下町についての問い直しがなく、一人ひとりが安易に城下町のイメージを受け入れてしまっていたのは間違いありません。みんながみんな、ぼんやりとした「私の城下町」を抱いている、その状態をなんとかしたいというのが二〇一五年の連続講座のスタートでした。僕は講座の中で「文脈化」という言葉を使っていますが、「過去・現在・未来」あるいは「外・中・内」という時空間の中に自然な都市のあり方はあるはずなんです。だからこそ文脈を外しちゃいけない。

都市の文脈化を通じて市民参加で多くが共有・共感・納得できる街の「らしさ」を探ることが重要

倉澤　都市はいろんな人が集まっているからこそ、いかに「私の」という部分を「コモン」にし、共有化・客観化していくかという作業、共有化するための選択肢をつくっていくことが大事かなと。

長谷川　もしくは先ほどおっしゃっていたベクトル、合意形成と言ってもいいのかもしれないけど、強引に進めるのではなく、掘り下げて、これなら納得できるねというものを探してきたと思いますね。

山田　選択肢に付け加えるならば共感できるイメージの必要性です。たぶんそれは文脈化から生み出されるもの。「私はこれが好き、私はこれが好き」と言っているうちは強烈なルールに閉じ込めるしかない。いろんな街にある景観条例はまさにそれなんだけど、結構みんなルールを欲しがるんです。でもそこに一足飛びで行くより、考えるべきことがある。

大久保　学習会前も「松本らしさ」を大事にしましょうというイメージはずっとあったんだけど、「松本らしさって何?」と言われれば、実際には具体的にわかっていなかったんじゃないですか。講座をやることで、自分も含め、語るイメージができてきたと思います。松本の個性はなんだろうといろいろ考えるいいきっかけになりました。どこへ向かっていくのかはこれからで、基盤づくりを続けている段階かなという気がしますね。

長谷川　「らしさ」ってもともと持ってしまっているものだから、問い直さないと見つからないんですよね。プライドを持ってしまっている良さも悪さもあって、まずその「らしさ」にどうやって目を向けるかが大事だと思います。

上條　うん、そういう漠然とした話なんだけど、学習会のきっかけになった実例をどう評価するか、まず私たちがやらないといけないのはそこ。イオンモールに対して、欲しい、欲しいと八割の市民が声を上げ、現に週末は駐車場がいっぱいになる。その一方でメイン棟の晴庭(通称)から離れた敷地の空庭(通称)からは店舗が撤退しているという実態をどう捉えていくのか。

倉澤　検証という意味では、今まで僕らが考えていろいろ提示してきたことに対しても、すぐに評価できるものもあるし、十年しないとできないものもある。

──街の人の流れに変化を感じることは?

倉澤　街とモールが相対化できたのかもしれないですね。イオンモールの駐車場の共有化が、街歩きのために使われるようなところもあるかもしれない。

山田　駐車場は大きいですね。イオンと路面店の話で言えば、路面店では店主がお客さんに育ててもらうという関係性が成り立つけれど、イオンに入っている有名ブランドはお客さんに一方的に与え続けることで成り立っている。イオンのあの空間の中では、お客が店を育てるのはすごく難しいんですよ。その差は大きくて、戻ってきたとすればその関係がつくれないもどかしさをほかのところに求めているんじゃないのかな。たとえば日の出町のお惣菜屋さんで「あれが美味しかった、今度はどんなものをつくってくれるの?」なんて会話が成り立つわけです。

倉澤　路面店についても松本の商売が進化してきているかと言えば、相変わらず殿様商売のところも多いと言われている。そういうことも都市デザインとして考えていくことは重要ですね。

山田　よその街のまちづくりにかかわったりすると、「どうして中心市街地は維持していかなければならないの？」という話になったりする。松本が不思議なところは、中心市街地はダメにしてはいけないというのが大前提なんです。周りに住んでいる人たちもそう思っている。それは市長が代わろうがずっと共有されてきたことだと思いますね。

武者　たとえば、仮にヘンな市長がやってきて、ヘンなまちづくりの方向性を出したときに、市民の側にちゃんと文脈化ができているかはとても大切になってくる。山田さんがおっしゃった中心市街地が重要だというのは、そこそこの文脈化が松本ではできているということだと思うんです。でもそれは、そこそこであって、中心市街地でどう暮らし、生きていくかまでは文脈化できていない。そこで邪魔をするのが中心市街地や城下町に対する市民の「想い」という言葉。「想い」があるから大事ということで思考停止になってしまうんですね。「想い」があるのは大前提、そこからどう論理的に文脈化していくかが重要だと思うんです。

山田　もう一個のNGワードは「雰囲気」。仕事を始めたころの僕は先輩から都市デザインの論考を書くときに「雰囲気」という言葉は絶対に使うなと言われました。

武者　社会科学における「想い」と建築における「雰囲気」は同じ意味合いかもしれないですね。

倉澤　都市が目指すベクトルという意味では、たとえば暮らしたい、働きたいと思われる場であり続けることも重要です。でもそれを実現するにはいろんな場面を検討して具体的な未来のイメージを提案する必要がある。それをやらないとわかりにくいんですよ、都市デザインって。

武者　城下町もそういう意味では、文脈をふまえながら常に変わっていかないといけない。戦前から戦後のある時代まで、松本城や城下はハレの場、いわば祝祭の空間でした。その名残りとして現在もイベントやパレードの会場に使われることにもつながっていく。でも未来永劫、松本の城下町が祝祭の空間であり続けるのがいいかはたぶん別問題で、これからの都市デザインを考えたときに、祝祭的な非日常性よりは日常性が重要になってくるかもしれません。

上條　僕は都市デザインについてうんと単純に思っているんです。日本は民主国家で資本主義だと言われているけれど、ある学者さんに言わせると社会主義が過度に入っている部分があると。つまり純粋に資本の原理だけで動いていかないところが日本の良さだというわけです。松本も資本の原理だけで動いていると、松本の街が松本らしくなくなってしまうし、目指す方向は変わってしまう。そこをどうするかが都市デザインで、歴史的、時間的、空間的な文脈をどう読み取って問うていくことだと思うんです。

長谷川　仕掛ける側はその視点が大事だと思います。でも受け取る側の楽しいとか、暮らしやすいというバロメーターも大事で、そこのバランスも必要です。

倉澤　文脈も、過去の文脈だけをたどっているだけでは、うまくいっているときはいいけど、それが成り立たなくなる場面もあって。その時に意味を持って壊すのと、ただ壊すのとでは全然違う。だから歴史も調べるし、今の街並みも考える。過去の文脈をつなぎながら未来を起点とした文脈をつくるのが都市デザインだと思うんです。

——これまでの活動をふまえて、松本都市デザイン学習会としてはこれから何をやっていけばよいかとお考えですか？

倉澤　学びの場や道具、実践事例を増やすということですね。その第一弾として、今回「書籍」というメディアに取り組んでいるんですけど。今後さらにいろんな領域の人たちを交えて具体的なプロジェクトや機会、場、ツールをつくることで、将来の変化に向けた具体的な提案を増やしたり、変化をもっと生み出しながら見える化をやっていく必要があります。

武者　行政が今の政策のプロセスに市民の意思決定を制度として組み込んでいくところまでいかないと、私たちがいくら良い提案をしたところで現実空間は何も変わらない。でも一方で、大きな都市計画、マスタープランで街が変わることは考えにくい時代なので、まず自分たちで小さなスケールの空間から変えていくことも大事で、それを行政が追いかけていくようなスタイルが都市をデザインしていくという意味では現実的かもしれません。

長谷川　僕も建築士会でまちづくり委員会をやってきましたけど、建築士がやっていくべきものとしては一つ、場づくりがブレずにあるのかなと思います。街をつくるのはリアルな場所でしかありえないわけですから。街なかの空き地にしても、どういう場がふさわしいかを示していくことですよね。そのときに、「何をやっちゃったの」と言われるのではなく、納得してもらえるものを示したいですね。

上條　小さなものをつくっていく積み重

小さな空間でもいいから
リアルな場所での実践&積み重ねの実現

ねにつきるんでしょうが、だれがつくるかといったときに、それが非常に難しい。そこへ誘導するように仕掛けられる組織をつくったほうがいいのかなとずっと思っていますね。それがアーバンデザインセンター（ＵＤＣ＝地域課題の解決に向け、公・民・学の組織がそれぞれ資金や人などを提供し合って、連携しながら統合的なまちづくりを行うプラットフォーム）なのか、もっと違うスタイルなのか。

武者　僕は学習会がそのまま民営のＵＤＣになるのが一番自然だと思いますね。すでに事例はいくつもある。

山田　たとえば松本に住むとして、マンションを購入して住むか、街なかに土地を買って一戸建てに住むか、郊外に広い一戸建てを立てるか、それでは選択肢が少なすぎる。もっと多様な街なかでの住まい方を都市デザインが提示できたら地方都市が魅力的になる。

武者　それは住まい方だけではなくて、街なかでの暮らし方ですよね。都市デザインは箱をつくることだけに止まらない。

大久保　私は学習会の継続性が重要だと思っていて、次の世代を引き込んでいかなければいけない。そのために考えを広げていくこと、共感者を増やすことが重要です。

山本　学習会を通じて、それまで接点のなかった人が出会ったり、人が人を呼んだりしたけれど、やっぱりチーム感はすごく大事。そのためには出会うべくしての出会いの中からチームが広がっていけばいいと思います。それをみなさんが言ったようなことにつなげていかれるかですね。これから何をするかを自己満足にならないようなものを、真剣に考えていかなければいけないと思います。

——松本のまちづくりに関して、みなさんが感じている「キー」になる言葉を一つずつください。

山本　無意識であっても一人ひとりの意思がつくり上げるもの。

大久保　すでにある周辺環境との「調和」です。

山田　街路を楽しむ。

上條　講座で井上先生が言われている「作法」だと思います。

長谷川　いろいろな「場のデザイン」を仕掛けていくことかと思います。

武者　繰り返しになりますが「文脈化」ですね。

倉澤　遊び心ある「チャレンジ」かなと。

松本都市デザイン学習会に参加して

上條 裕久

私が、都市デザイン学習会とかかわりを持つようになったのは、仕事の関係によるところが大きな理由であると思う。景観や都市計画の仕事に携わっていたときは、都市デザイン学習会（以下、「学習会」と言う）が活動を始めたころであり、都市デザインとかかわりあったことから、学習会の講演会や講座などに参加した。また、片倉開発が具体的になってきた時期にも重なり、こちらも仕事で携わることとなったこともあり、学習会への参加は、知識を高める良い機会となった。

「都市デザイン」という言葉を聞いたのは、この学習会が初めてであったと思う。学習会に参加して感じたことは、松本のまちづくりに積極的に取り組んでいる多くの市民がいるということである。片倉開発に関しては、建築に携わる方々が中心となり松本にとってどのような開発が望ましいか市へ提案をいただいた。この提案を参考に、市として「目指すべきまちの姿と開発計画に対する基本的な考え」

●かみじょう・やすひさ
一九六〇年生まれ　松本市建設総務課職員。現在まで主に社会資本整備に関係する業務を担当。好きなお店とメニューは、福州軒のモヤシそば。

をまとめ、開発計画時における事業者の手引き書とした。
　学習会の活動で、講座などから得たことで特に記憶に残っていることは、ジェイン・ジェイコブズが『アメリカ大都市の死と生』で言っている都市の多様性を生み出すのに必要な四つの物理的条件である。松本の街を歩いてみるとなるほどと気づくところがあり、街を見るヒントになったと思う。また、さまざまな書籍を紹介いただいた。今も時々開くのが、『まちづくりと景観』（田村明著）である。「まちづくり」とはどのようなことか、「住むに値する都市」とはどのような街かなど、仕事の参考になることが多い。
　学習会では、参加しなければ得ることができないさまざまなことに触れることができた。自分にどのようにプラスとなり、変化をもたらしたかは正直わからないが、松本の街を想い、もっと良い《まち》にしていこうと情熱をもって活動している大勢の市民がいるということを知り、そのような人たちと時間を共有できたということが、もっとも素晴らしいことではなかったかと感じている。

TOSHI D

松本都市デザイン学習会に参加して

小林 一成

「都市」と「デザイン」という言葉に惹かれて気軽に申し込んだのが講座参加のきっかけだったが、参加するにつれて街への思いは年々強くなってきた気がする。それは、ただ学ぶだけでなく自分も行動しなければ、ということだった。

「都市をデザインする」とはどういうことだろうか。それは、景観やまちづくりが関係していて、どうも都市計画と建築計画の中間領域にあるらしい。地形や、通り、建物、ファニチャー、アクティビティなどさまざまな要素で構成されていて、さらに歴史が複層している「都市」を良くする仕組みづくりというもののようだ。でも、それだけでもないらしい。いろんなことの積み重ねで今までの都市ができていて、今後のかかわり方次第でこれからの都市は良くも悪くもなる。大切なのは今までをよく知ったうえで、未来を考え、行動に移すことだ。

今思えば、仕事でかかわってきた「まちづくり」が、想像していたものと大きく異なりショックを受けていたことも、学習会参加の後押しになったのだと思う。

市は、市道があるからこそ土木が多く必要とされ、建築はどちらかというと少数だ。時には「みちづくり」の方便に、まちづくりという言葉が引用されているだけだと感じることもある。そういう意味では、土木のかかわり方次第で、もっと松本を良くすることができるのではないかと感じている。それに、そもそも都市デザインとは土木や建築の分野だけでなく、「造園」も含み、造園とはランドスケープなのだ（と、横浜市都市デザイン室の造園職の方々が言っていた）。

近年、「都市デザイン」という言葉が松本に浸透してきたと思う。それは、都市デザイン学習会が始めた活動が、少しずつ周囲へ広がっていった成果だ。私は幸運にも都市政策課「都市デザイン」担当に配属されている（寄稿当時、刊行当時も）。都市デザインを実践できるこの組織自体、その必要性を感じた先人の取り組みにより、今の恵まれた環境があるのであって、そのことは忘れてはいけない。

行政だからこそできることは多い。今は、進行する事業をより良くする調整型の都市デザインが必要だ。周囲に良い動きを広げていくための仕組みづくりや、自ら仕掛けることの大切さがわかってきたのは最近だと思う。限られた人と時間の中さまざまな分野から協力いただき工夫しながら、悪いものは抑えつつ良いものを増やしていく取り組みを積み重ねていきたい。

これからの目標は、都市デザイン担当が「都市デザインが動きや形に現れてきたね」と周囲から言われるようになることだ。

●こばやし・かずなり
大学は建築学科へ。ゼネコンを経て郷里に帰り土木も学ぶ。以来、中心市街地のまちづくりにかかわっており、現在は松本市都市政策課都市デザイン担当に配属。好きなお店とお菓子はマサムラの「ベビーシュー」。

松本都市デザイン学習会に参加して

中島 雄平

［ロンドンからみたまつもと］

今、ロンドンの地平線の彼方まで広がった都会の街並みを見下ろす場所で、この文章を書いています。

ランドスケープデザイン（都市における広場や公園などの公共空間のデザイン）を専攻する学生として松本の街を歩き、食べ、人と出会いながら過ごした二〇〇九年からの四年間。人間はその土地の上で暮らしを営んでいくなかで、大地に影響を受けながらランドスケープを変え、同時にランドスケープによって磨かれてきたと言います。松本という土地で育て上げられた風土色が特別強い場所で、僕は、豊かな自然、歴史、文化によってランドスケープアーキテクトとしての土台になるものを見つけた気がしています。

ロンドンで生活するなかで、松本という日本の地方都市の名前を知っている人に会うことは滅多にありません。人口が八百万人を超え、大きく広がったロンドンという都市で生活していると、おいしいレストランとか、通勤時間、高騰する家賃とかが話題の中心です。松本で味わった、どこの湧き水がおいしいとか、夕方のアルプスの山並みを背景にした松本城の美しさだったり、おいしいあんみつの

店を見つけたり、図書館の前の川でホタルが飛ぶのを発見して家族と喜んだりといった小さいけれども大都会ではなかなか意識が向かないささやかな幸せがいたるところに転がっている街の魅力を懐かしく感じています。

カタクラモールの再開発という課題をきっかけに、松本の街の魅力を五感で体験しながら市民が求める再開発とは何かを真剣に考え、共有する活動に身を置けた経験は貴重なものでした。松本のようなポテンシャルを備えた街では「街の将来」を市民が背負っているという意識をたくさんの人が共有して、意見を発信できる環境にあります。そんな活動をする学習会の一員として、街の歴史を学び、街を歩くことで魅力を発見し、まただれかと共有するという喜びはまさに松本という土地によって磨かれた気がします。

現在、僕は砂ばかりが広がる中東に次々とつくられていく都市のランドスケープを設計する仕事をしています。短い期間と限られた予算の中であくせくと設計図をクライアントに送っている毎日です。そんな環境で、街かどに育つ人びとの想いが宿る一本の木の大切さだったり、湧水のせせらぎがつくり出す夜の街路の静けさなど、パソコンの中の設計図の上では到底表現できない空間の質をどのように都市の設計に組み込んでいけるのか、市民が自分のことのようにまちづくりに参加していけるのか、松本という街で養ったこうした感覚が、専門家として成長していくための土台になっています。

●なかじま・ゆうへい
AECOM ロンドンオフィスのランドスケープアーキテクト。主に英国、中東の都市計画におけるマスタープラン、ランドスケープデザイン担当。片手間でケンブリッジ大学大学院で都市分野における学際的研究も履修中。好きなお店とメニューはかつ玄島内店のヒレカツ定食。

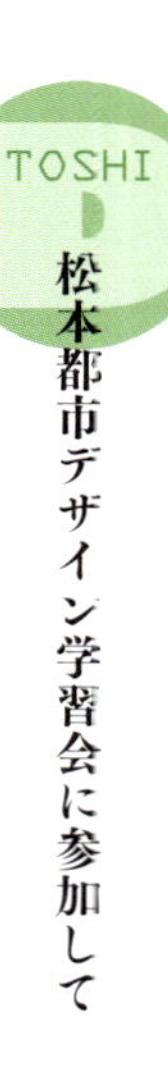

松本都市デザイン学習会に参加して

記号化されない「私の城下町」――講座受講者が紡いだ27の言葉

　手探りで活動を始めて四年ほど経ったころ、三回目の連続講座を一年間かけて準備し、二〇一五年五月〜二〇一六年四月に、「松本都市デザイン学習会　第三回連続講座〜記号としての城下町」を十一回開催しました（二〇一五年四月は講座前のオリエンテーション）。

　準備当時、私のノートのメモにこのように記されていました。

　何をしたいのか？　問題提起は簡単だ。夢や理想を語るのもそれに等しい。それを具体的に進める「力」がもっとも必要だ。「記号としての城下町」から「松本らしさ」を見つけることで初めて「松本の都市デザイン」の全貌、もしくはイメージがつかめるかもしれない。

　三回目の連続講座は、基本的に信州大学で開催することで、大学の講義を受けるような緊張感を味わってもらうことにしました。また、受講料六千円（十一回）を前払いでいただくという本気の講座になりました（過去の講座・ワークショップはすべて無料）。

　最終回の十一回目は、「記号としての城下町〜歴史・人・未来」ワークショップと題した講座を設定。前回までの十回の講座の振り返りと「城下町まつもとの今・未来、私」をテーマにグループディスカッションを行い、受講者全員が一分間で「城下町」に関するスピーチをしてもらいました。その際、各自が語った「城下町まつもと」を改めて十五文字（に収まらないものもあるが）で表現してもらったのが、次ページに続く《記号化されない「私の城下町」――講座受講者が紡いだ27の言葉》です。

　「松本の都市デザイン」の指針を示す「松本らしさ」が記されています。少なくとも一年間の講座を受講して、一人ひとりが自らの頭で考えた城下町松本の「らしさ」であると思います。この講座は、大勢の方に支えられた楽しいものでした。

山本 桂子

☆城下町の要素の広がりは無限
☆様々な出会いのある心地良い空間
☆よい空間や活動を活かし、積み重ねできたまち
☆偶然や必然による変化に気付く城下町
☆良いイメージの城下町を守りたい
☆目に見えない力が支える城下町
☆シンボル（人の生きる中心）としての気づきのまち
☆歴史を育んできた多様性を活かしたまち
☆市民にとっての城下町の立ち位置を考えたい
☆幸福と心のふるさととして
☆城下町を生かした都市計画を考える
☆集う場として生かす
☆城下町松本を連想させる暮し方
☆未来に輝く松本城下町

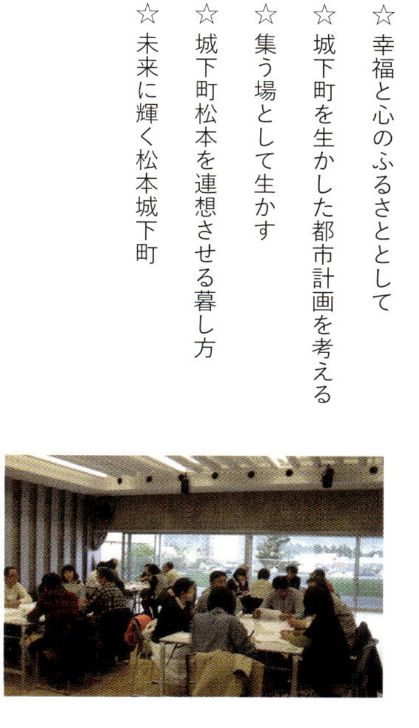

☆可能性を秘めたまち
☆振り返るとそれはお城があったから
☆人々が凛とした生活を営む舞台
☆発見は希望としての城下町
☆平成生れの幸福論としての城下町
☆歴史と文化が展開する品のいい町
☆松本城が現存するからこその「松本」城下町
☆城下町への思いは引き継がれてゆくのか？
☆形を変えながらも暮しつづける
☆魅力的に変化しつづける（生きつづける）城下町
☆城・水・山・川・人などをキーワードに城下町を変化させる
☆城の代わりとなる教育を通しての誇りや思い
☆歴史と自然が豊かなミステリーの多いまち作り

＊一部文字数制限を超えている文は編集しています。

松本都市デザイン学習会

活動記録集

- 松本のマチを紡ぐ――片倉工業松本社有地再開発計画に対する要望と提案
- まちなかのショッピングセンターの提案
- 政策・施策提言集　～まちの回遊性をテーマに～
- 松本都市デザイン新聞――村上視察レポート

松本のマチを紡ぐ——片倉工業松本社有地再開発計画に対する要望と提案

大型ショッピングモール再開発の動きをきっかけに、のちに松本都市デザイン学習会の運営に携わることになるメンバーによって、いくつもの講座やワークショップが開催された。そうした活動を積み重ねてまとめられた本提案は、学習会が行政に提出した最初の成果である。

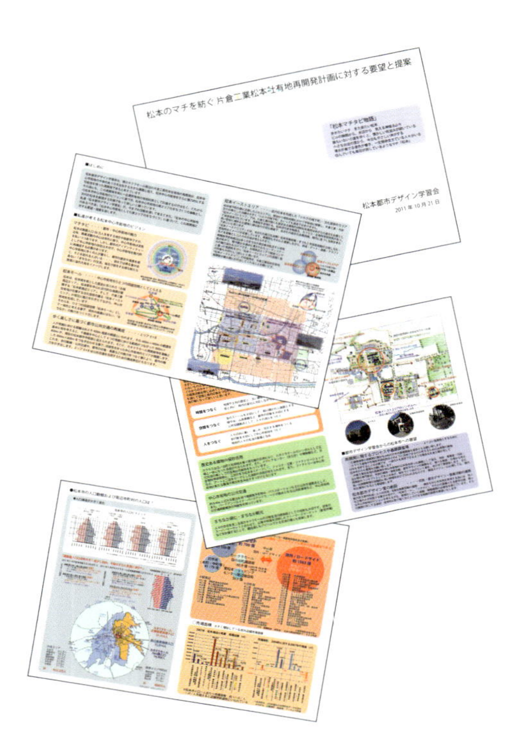

「松本マチタビ物語」

歩きたいマチ　また来たい松本
ビルの隙間から、水辺から
見える神宿る山々
誰もいない小道を歩くと、
懐かしい町並みが続いている
小さなお店の窓から、
今日もやさしい声がする
湧水が奏でる音色が響き、
一生懸命生きている人々がいる
住んでいても毎日が
旅しているようなマチ「松本」

二〇一一年一〇月二一日　松本都市デザイン学習会

一．はじめに

松本都市デザイン学習会は、現カタクラモール周辺の片倉工業松本社有地の再開発が、松本中心市街地の今後のあり方を左右する大きな課題と捉え、松本中心市街地をさらに魅力的にする可能性を持った再開発であると考えています。

そのためにも、この再開発を単に一企業所有地の有効利用として計画するのではなく、これからの松本市中心市街地のビジョンにもとづき、松本中心市街地の東エリアのまちづくりの基軸とし、次代の松本を創造する計画であってほしいと願っています。

私たち「松本都市デザイン学習会」が、今までの活動を通して考えてきた、「松本の中心市街地のあるべき姿」「松本中心市街地としての東エリアのまちづくり」にもとづいて、この再開発に対する要望・提案を致します。

二．私たちが考える松本市中心再開発のイメージ

❶マチタビ……都市市街地ビジョン

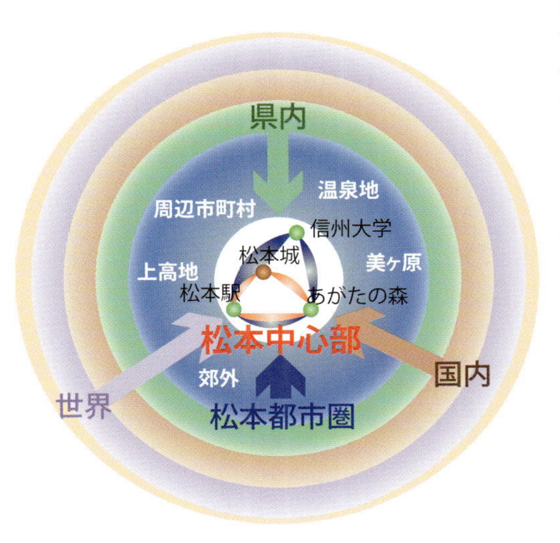

©松本都市デザイン学習会

松本は商圏人口五〇万人を有する地方中核都市ですが、近年、商業活動の中心は郊外に移り、中心市街地は活気を失いつつあります。しかし、都市のアイデンティ

ティとして中心市街地の存在は大切で、中心市街地を魅力的に再構成する必要があります。

中心市街地に多くの人が暮らし、都市の歴史や風景を感じ、そこを訪れる人がいる……。郊外では得ることができない「まちなか」の生活。毎日が旅をするような新たな発見にあふれた街をイメージします。

❷松本モール……中心市街地をひとつの回遊空間としてとらえる

松本は、松本城を核とした歴史に彩られた「お城周辺エリア」、松本駅を中心に近代的な商業が展開する「松本駅周辺エリア」、そして、片倉工業社有地が位置する文化芸術の薫る「松本イーストエリア」が相互に魅力を引きたてながら、中心市街地を形成しています。

それらを、一つの回遊空間「松本モール」として一体的に考えることで、郊外の商業にはない、「まちなか」の魅力をつくり出します。

❸エリア8×8……歩く楽しさに基づく都市公共交通の再構成

人が気軽に歩ける距離はおよそ四百メートル程度の範囲と言われます。その四百メートル×四百メートルの範囲を基本に街を考えると、千歳橋を中心として四つの気軽に歩ける範囲がつながった八百メートル×八百メートルが、現在の松本都市中枢部と捉えられます。そこに、カタクラモール再開発地を基軸とした八百メートル×八百メートルをつなぎ合わせることで、「回遊性」をともなった中心市街地のエリアが展開します。

これを、歩行動線・公共交通や、都市の印象・風景などの魅力とつなぐことにより、都市の魅力を引き出すことができます。「エリア８×８」は公共交通を活用するための構成単位にもなります。

❹松本イーストエリア……近代松本を形成した「シルクの城下町」・文化芸術のエリア

松本城下町の東に近接したこのエリアは、明治から昭和初期にかけて市街地に発展し、片倉工業・今井五介の果たした功績は大きく「シルクの城下町」と言っても過言ではありません。再開発予定地にある、松本近代史を物語るカフラス・生物科学研究所の建物と緑は街の大切

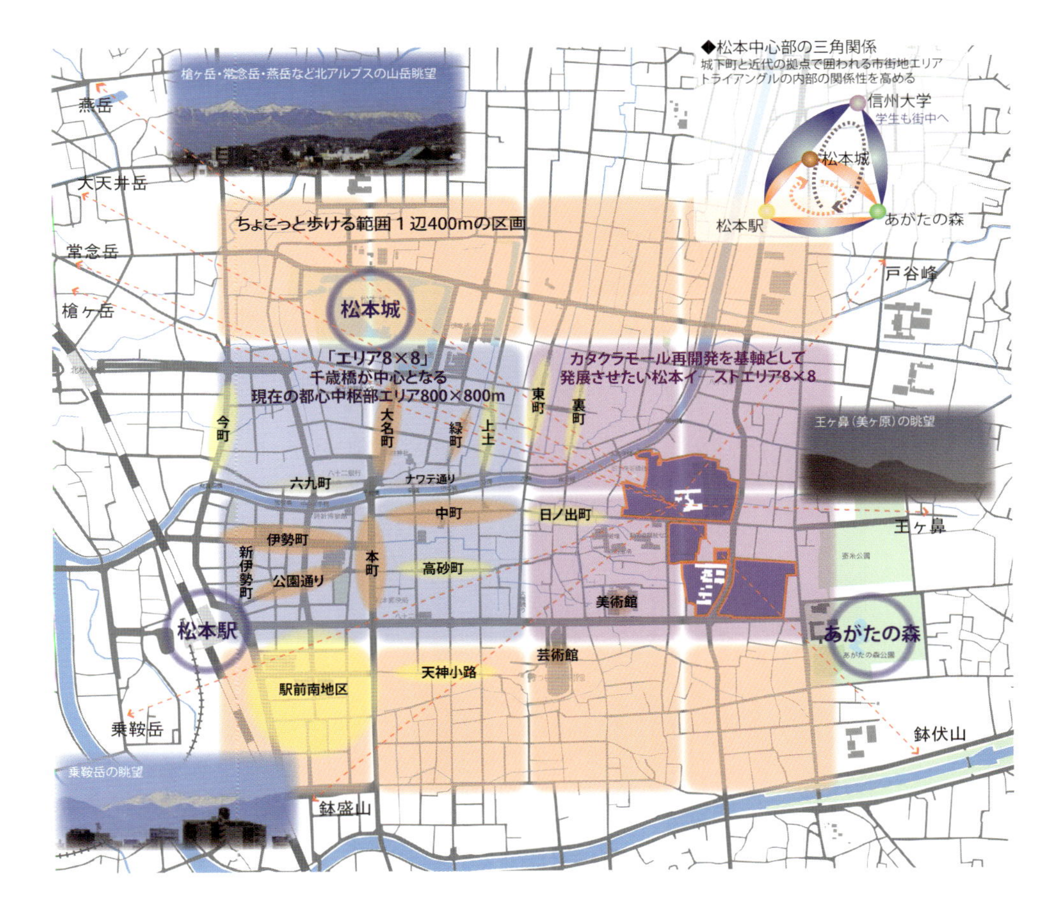
◆松本中心部の三角関係
城下町と近代の拠点で囲われる市街地エリア
トライアングルの内部の関係性を高める
信州大学
学生も街中へ
松本城
松本駅
あがたの森
槍ヶ岳・常念岳・燕岳など北アルプスの山岳眺望
燕岳
大天井岳
常念岳
槍ヶ岳
ちょこっと歩ける範囲１辺400mの区画
松本城
「エリア8×8」
千歳橋が中心となる
現在の都心中枢部エリア800×800m
カタクラモール再開発を基軸として
発展させたい松本イーストエリア8×8
戸谷峰
王ヶ鼻（美ヶ原）の眺望
王ヶ鼻
今町
大名町
緑町
上土
東町
裏町
六九町
ナワテ通り
中町
日ノ出町
伊勢町
新伊勢町
公園通り
本町
高砂町
美術館
松本駅
あがたの森
芸術館
天神小路
駅前南地区
乗鞍岳
鉢伏山
乗鞍岳の眺望
鉢盛山

な資産であり、現代に息づく活用を考えてほしいと思います。

「松本イーストエリア」では、片倉工業のほかにも歴史ある建物の旧制松本高校が、あがたの森文化会館として保存活用されています。さらに、松本市美術館・まつもと市民芸術館が立地するなど、文化・芸術的なイメージが定着しています。再開発もそれらと連携しながら、芸術・アート・演劇・クラフトなどを基軸とした人びとの交流が考えられます。

再開発予定地周辺は多くの街なか居住者が生活する住宅街が広がり、緑や豊かな湧水に恵まれたヒューマンスケールの魅力にあふれるエリアです。お城周辺エリアや駅前エリアと違った雰囲気を持つ「松本イーストエリア」の空間と街の印象も大切にすることを望みます。

「松本イーストエリア」の可能性を、片倉工業松本社有地再開発が最大限に引き出してくれることを願います。

三、私たちが考える再開発のイメージ

❶ カタクラモール……モール＝街路や広場と共に、街に開かれた交流の場

現カタクラモールは人びとの生活を支え、買物の場として多くの人びとにさまざまな楽しさを提供してきました。しかし、経済効率が優先された郊外型の商業施設形態は、三〇年を経て時代にそぐわないものとなって来ています。これからのカタクラモールは、現在各地に見られるような敷地や屋上が大駐車場で占められ建物の中に交流や商業活動を閉じ込めてしまうものではなく、「松本イーストエリア」の基軸として広場や街路を通じて空間と街の印象をつなぎ、過去から未来への時間をつなぎ、そして人と人をつなぐ交流の場になってほしいと思います。

● 時間をつなぐ

＝地域や土地の歴史と、古い建物を活用する街とともに、時代の変化に対応しながら長く愛されるモールをつくる。

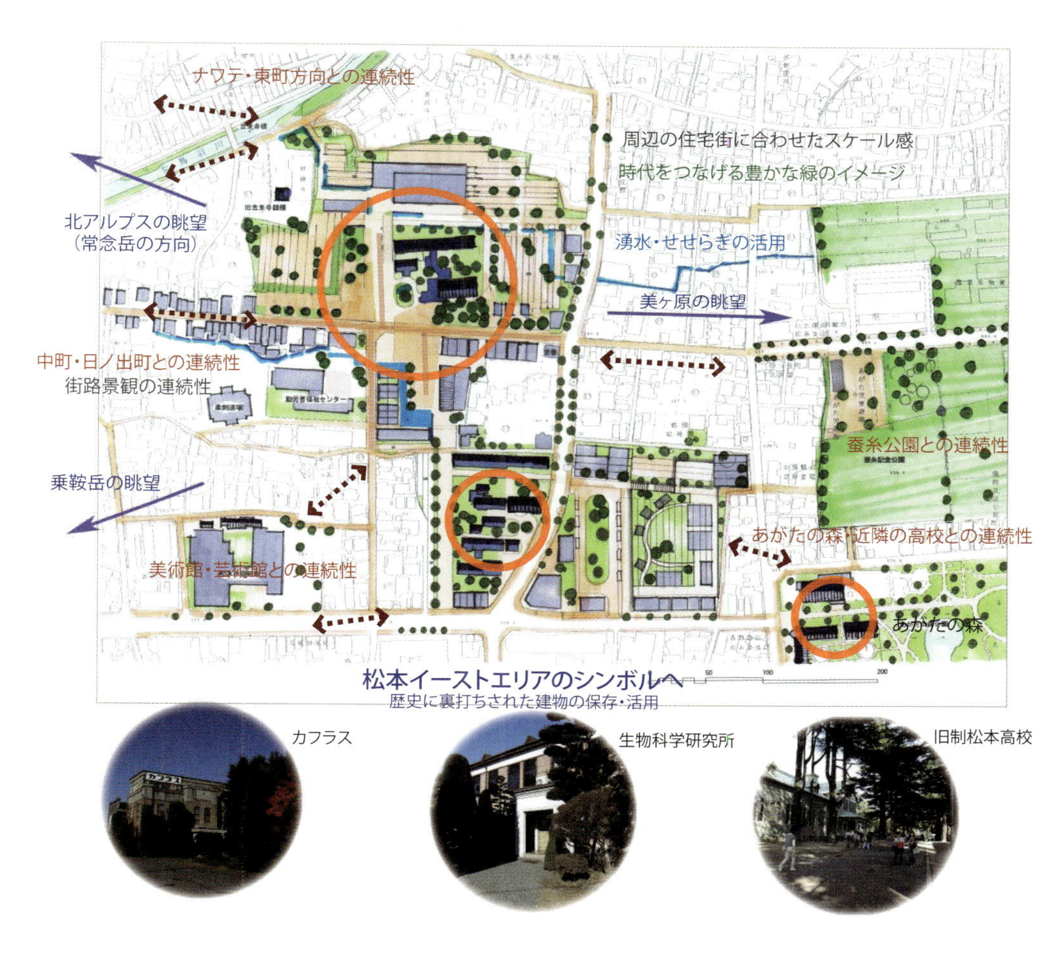
ナワテ・東町方向との連続性
周辺の住宅街に合わせたスケール感
時代をつなげる豊かな緑のイメージ
北アルプスの眺望
（常念岳の方向）
湧水・せせらぎの活用
美ヶ原の眺望
中町・日ノ出町との連続性
街路景観の連続性
蚕糸公園との連続性
乗鞍岳の眺望
あがたの森・近隣の高校との連続性
美術館・芸術館との連続性
あがたの森
松本イーストエリアのシンボルへ
歴史に裏打ちされた建物の保存・活用
カフラス
生物科学研究所
旧制松本高校

● **空間をつなぐ**

＝街のスケールを大切にして、街に開かれ、緑や水・山岳景観など、都市の印象を大切にする公共交通拠点として、人びとの流れをつなぐ。

● **人をつなぐ**

＝人びとがともに集い・楽しみ・交流する場所として、歩行者を大切にして中心市街地をつなぐ地域の人びとの生活の基盤となる。

❷ 歴史ある建物の保存活用

カフラスは日ノ出町と社有地をつなぐ南北軸の交点にあり、カタクラモールのシンボルとして広場と一体になった活用が考えられます。また、メディアセンター（文化庁）や博物館など、文化交流の場としての活用の可能性をもっています。

生物科学研究所は、「工芸のまち」松本をイメージして、アトリエ・工房・ファクトリーショップなど、アートと工芸をテーマとした施設の活用が考えられます。また、ファクトリーは中心市街地に新たな職場や産業を生み出すきっかけとなります。

❸ 中心市街地の公共交通

約八・四ヘクタールという広大な敷地を持つ再開発予定地は、バスステーションなどの公共交通拠点として、また、パーク＆ライド、パーク＆ウォークの拠点となる公共駐車場など、中心市街地の交通問題解決の可能性を持っています。

❹ まちなか居住・まちなか観光

人びとの生活を支える現カタクラモールの日常生活利便施設としての役割も大切です。従来のスーパー・マーケットと合わせて、広場や街路を活用したファーマーズ・マーケット（青空市場）などを計画することで、観光客にもアピールできる交流の場にも発展します。

四．都市デザイン学習会からの松本市への要望

(1) 開発に関するプロセスや基礎調査等
……よりよい再開発とするために

◉交通環境などの再開発にかかわる分析のための基礎調査をぜひともお願いいたします。

◉カフラスの建物や生物科学研究所がどのように活用できるのかを考えるためには実際の建物の中を見学することが必要です。一般市民も見学できるような機会を片倉工業に対して松本市からも要請をお願いいたします。

◉片倉工業社有地の再開発を中心市街地の公共性を持った課題として捉え、市民・事業者・行政・各分野の専門家が、市民の期待・商業活動・都市デザインの展開など、さまざまな側面・立場から考え、再開発のコンセプトとしてまとめあげ、街をつくりあげていくことを合わせて要望いたします。また、良い大規模開発は段階的に長い時間をかけて行われるものです。開発スケジュールに関しても、柔軟的な運用になるよう要望いたします。

(2) 松本都市デザイン室の創設
……市民・都市デザイン・商業活動の連携

魅力ある都市形成・人びとの交流・活発な商業活動の展開——健全な中心市街地を育成するためには、いろいろな立場の人が対話することが大切です。「松本モール」「マチタビ」、それらの基盤となる都市交通、さまざまな中心市街地のビジョンを考えながら、具現化していく組織・調整機関の必要性を感じています。それらの課題に対して主体的・恒常的に取り組むことのできる組織の創設を要望いたします。

片倉工業松本社有地の開発に対して、松本に暮らす建築家たちが、松本に相応しいショッピングセンターの姿を提案。松本市美術館で「松本らしいイオンモールの提案・松本ガーデンモール」と題して、展示発表したスケッチを紹介。

まちなかのショッピングセンターの提案

各建築家が担当したパートを
3Dモデルに統合し、アニメーションを作成した。
山並みが背景となる、まちなかの
ショッピングモールのあり方を検討し、
疑似体験・プレゼンを通してイメージの共有も行われた。

SCENE_ 1 松本平とガーデンモール提案全景

S.Hasegawa

松本の爽やかな空気と、湧水を活かしながら、
誰もが楽しく散策しながら買い物を楽しむ風景。
カフラスの建物も、
松本の歴史を物語る一コマとして活用する事で、
街の風景に厚みをもたらす。

SCENE_ 2 緑のプロムナードを楽しむショッピングセンター

ken'ichiro yamada

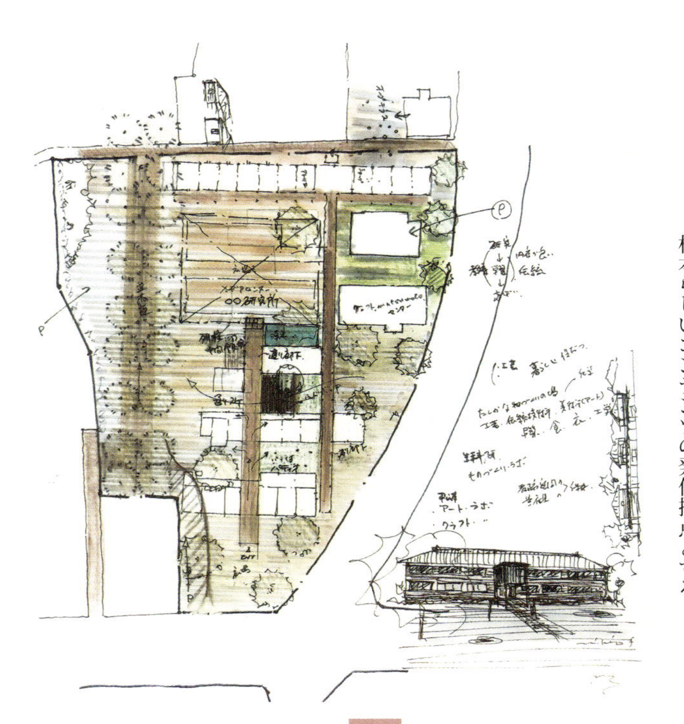

生物科学研究所は木造校舎の佇まいがあり、
背景に望む北アルプスが映える。
この建物を再生し
工芸の街松本を意識したクラフト工房や
ファクトリーショップなどに利用。
松本らしいコンテンツの発信拠点とする。

SCENE_ 3 木造建物群を活かした松本ものづくり拠点

mikio fujimatsu

SCENE_ 4 商業施設に博物館という異なる要素を組込む

hiroshi arai

商業施設と隣り合う形で
松本市博物館という公共施設を組み込むことで、
地域のポテンシャルを上げることを目指す。
博物館には気軽さを、商業施設には
品格をもたらす相乗効果が生まれる可能性を秘めている。

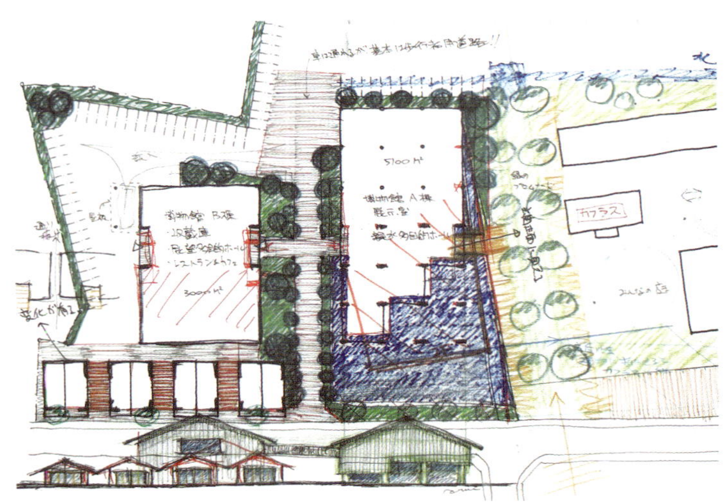

SCENE_ 5 時をつなぐ歴史的建造物で人をつなぐ

Fu-ka

カフラスは
松本の近代化を伝える
『時ミュージアム』として、
工場棟は工芸作家の活動拠点
『職ミュージアム』とし、
歴史を感じる二棟に囲まれた
趣ある屋外空間は
周りのまちと
繋がる広場となります。

SCENE_ 6 まちのエッジをつくる店舗

daisuke noguchi

カフラスと生物科学研究所を繋ぐ
大階段と人工地盤。
道に面する店舗は、
人工地盤を支えると共に
殺風景な駐車場を隠す。
道に面して店を構える佇まいは
まちのエッジとなり、
城下町らしさを醸し出す。

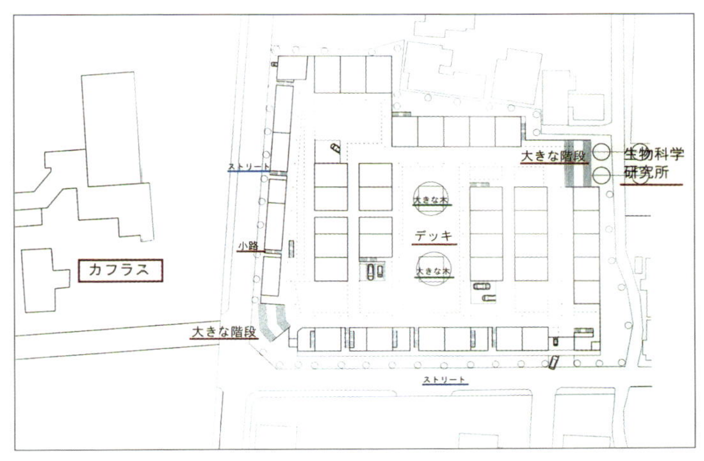

政策・施策提言集

～まちの回遊性をテーマに～

二〇一二年の連続講座の最後に、それまでの学びをふまえ、「まちの回遊性」をテーマにした課題が出された。受講者各自の問題意識と現状分析を示したうえで、回遊性を高める手法を提案するというもの。全二十六案の政策・施策提言がまとめられたが、ここでは五つの提言をピックアップして掲載する。

政策・施策提言集　利用法

1．提言は未完成です。自身の提案や興味のある各提案を自己分析して、ブラッシュアップしてみましょう。

- 各提案を読み込むことで、自分に足りない部分を探ってみましょう。
- さらに説得力を高めるために、どのような知識や分析などが必要となるでしょうか？そのために必要な自身の取組みとは？
- 伝えたいことは、しっかりと政策・施策提言という形式として描かれているでしょうか？論旨はしっかりしているでしょうか？背景・現況分析・手法のつながり、手法と期待される効果に整合性はあるでしょうか？
- 想いだけが先行し、人に政策・施策として伝わりにくい記述になっていないでしょうか？
- 総論（ビジョン、理念、背景）との結びつきが弱く、対症療法的な各論（具体的な施策）に陥ってはいないでしょうか？
- 大きな政策体系のなかにどのように位置づけられるでしょうか？もしくは、位置づけるためにはどのような政策体系の転換が必要でしょうか？

手法に対して、“誰が”“どのように”行うか？資金的にどのようにやり繰りできるか？など、実現化に向けた戦略も考えながら、より具体化した提案を書いてみましょう。また、提案において、自分でできること、投げかけられることは、やってみましょう。その経験によって、政策や施策に対する議論の力や提案力はさらに向上します。人を巻き込みながら行動することで、都市デザインに必要なコミュニケーション力を鍛えることもできるでしょう。

2．提案をもとに、上記のことを意識しながら、数人で議論やワークショップを行いながら政策・施策をブラッシュアップすることで、政策・施策のリテラシーを高めてみましょう。複数の提案を結びつけながら、ブラッシュアップすることも可能です。

3．現在の政策・施策、行政組織、市民、民間組織、人材力・組織力などに、必要な視点や足りない部分を示唆する重要な内容も、提言の中に多々含まれています。現在の政策や施策と比較し、必要な人材力や組織力を分析してみることで、これからの政策・施策形成力や実行力を育てることに役立ててみましょう。

目次

はじめに

本年度の松本都市デザイン講座は、まちの回遊性をテーマとしたプログラムでした。
これからの都市の在り方と回遊性を考えるために、これからのまちづくりに必要となる価値観の転換という視点から、「社会・景観・商売・交通を変える」という主として 4 つの項目にわたる講座を行いました。※講座プログラムについては 33 ページ参照
魅力的な松本の創造を目指す松本都市デザイン連続講座は、行政に対するカウンターパートとして市民の政策に対する議論や提言の力を養うことを主要目標の一つとしており、講座の後半には受講生のみなさまに、政策の議論・提案に対するリテラシーを高めることを目指した課題に取り組んで頂いています。

本提言集は、以下のように①背景、②現況分析、③手法の提案という流れで A4 サイズのテンプレートに表現して頂いた政策・施策提案課題をまとめたものです。

①背景の記述
なぜいま回遊性なのか？を以下の 4 つの項目から選んで提示
■社会を変える
地域社会や空間が閉鎖的となり，中心市街地のコミュニティが失われつつある
→地域の社会関係をつなぎとめる手がかりとしての回遊性
■交通を変える
低炭素社会や買物弱者などの課題を背景に車社会からの転換が求められている
→徒歩・自転車・公共交通へ転換するための手がかりとしての回遊性
■商売を変える
規制や保護政策によって守られてきた商店街が機能不全に陥っている
→点ではなく面としての街を再生し，新たな担い手を招き入れる手がかりとしての回遊性
■景観を変える
モールやマンションなど全国資本の建築物によって景観の地域性や歴史性が失われている
→景観がもたらす経済・社会的価値を見直し，活用する手がかりとしての回遊性

②現況の記述
いまどうなっているか？を簡単な歩行者数調査を基に現況分析を提示

③手法の記述
どのように回遊性を創出するか？の手法を政策・施策として「空間をひらく・個性をみがく・情報をしめす・速度をさげる」という観点から提案

※①・②・③の内容は武者コーディネーターの課題提示から抜粋

回遊性という様々な定義が可能で捉えにくいテーマに対する提案課題でしたが、受講生の方のまちに対する想いを政策・施策提案という形に表現して頂きました。尚、一度提出されたものにコーディネーター・サブコーディネーターが簡単なコメントをして返却し、修正して頂きこの提言書となっています。
想いや構想は、人に伝わってこそ意味をもってきます。如何に多くの人に伝えられるかという表現力やコミュニケーション力が重要となるこれからのまちづくりに対して、このような提言集の編集作業を通して、政策提言に対するリテラシーを高めることの重要性と可能性の大きさを再認識させられました。
現時点での提案は、これからさらに議論を深め、ブラッシュアップが必要なものもありますが、今回の提案をたたき台として、よりよい提案に向けて各自さらに努力を重ねること、または、提案に対する多くの方の議論が行われることで、まちづくりや政策提案・議論に必要な分析力、構想力、表現力、コミュニケーション力を高めることにつながって欲しいと思います。

（サブコーディネーター／倉澤 聡）

提案 T1 電車でＧｏ！ ～遊休地を活用したパーク＆ライドのすすめ～

ＪＲ村井駅隣の遊休地（ＪＸＥ鉱日石エネルギー (ENEOS) の油槽所跡地）

松本中心市街地にアクセスする公共交通（鉄道系）を利用するパーク＆レールライドの可能性を検討する。
・村井駅（ＪＸ日鉱日石エネルギー油槽所跡地（約 1ha））
・南松本駅（サンリン＆ゼネラル石油の石油 ガス設備跡地：JA 松本ハイランド隣）
・信濃荒井駅（万国福音教会松本支部の駐車場、駐車場新設（水田等の転用）＆道路整備）
・平瀬新駅（旧松本ドライブイン（旧アルピコハイランドバス））

背景――なぜいま回遊性なのか

景観を変える

移動の交通手段は、個人の足（足、自転車、バイク、自家用車等）と公共の足（バス、鉄道等）に分けられるが、車利用が主流になったことで様々な弊害が生じている。渋滞による時間損失、交通事故リスクの増大、中心市街地の衰退と郊外の無秩序な都市化、CO2 排出量の増加等である。さらに車ばかり使っていると、地域への愛着が無くなる（自然への接触機会の減少、全国同じようなロードサイド景観が原風景となる）、子どもの情操やモラルの低下、運動不足による肥満等から健康障害につながるという指摘まである。

これら問題への対応として、中心市街地は徒歩や自転車等で回遊できるまちづくりが求められているが、中心市街地へのアクセスに関して、車以外の交通手段を選択肢として選べることも重要である。

現状――いまどうなっているのか

2013
3月 19 日（火）17 時台
(17:00 ～ 17:30)
4 台／ 30 分
（晴れ）

■調査場所：ＪＲ平田駅西口のパーク＆ライド駐車場　■停車列車数：３本（内訳）上り（塩尻方面）２本　下り（松本方面）１本　■17：00 の駐車台数：６１台（駐車容量７７台）、駐車率約８０％　■入出庫台数：４台（内訳）入庫２台、出庫２台

- 平田駅の駐車場は開業時から人気がある。当初は無料ということもあって、目的外の駐車などモラルの低い利用法もあったようで、昨年から有料化された。
- 有料化されても調査日の駐車率は約 80% であった。（「平日にもかかわらず高い」と見るか？「休日前だから高い」と見るか？）
- 調査時間内の停車列車数は３本であり、駐車場入出庫台数は４台であった。１列車当たり１台程度の利用者がいる計算となる。（平田駅の停車列車数は上下約 90 本 / 日である）
- 駐車場に入庫しない送迎のみの車両は１１台（送り１０台、迎え１台）。西口から降りて来た車利用以外の人は１８人で、降車後の交通手段は、徒歩１３人、自転車４人、バイク１人）

手法――どのように回遊性を創出するのか

車での移動は、駐車場のある店舗等にピンポイントで向かうため街の回遊に繋がらない。中心市街地を回遊する人を増やすためには、中心市街地への移動は車以外でも可能な選択肢を増やさねばならない。そのためにはパーク＆ライド（P&R）が有効である。郊外駅に駐車し、松本駅等まで鉄道を利用し、市街地内は歩くというパタンである。P&R は、既に平田駅、新村駅等で行われ、広丘駅も実施の予定と聞くが、村井駅や南松本駅では広大な物流用地が遊休化している。これらの土地は P&R 用の駐車場として活用でき、早急に取り組むべきである。新しい建物が建ってしまってからでは P&R に取り組めなくなる。

市街地北部でも島内の旧松本ドライブインが遊休化しているようであり、梓川スマート IC からも近いため新駅設置と P&R 用駐車場ができそうだ。市街地西部でも、松本 IC 至近で中環状線の道路整備が進展する信濃荒井駅等において同駅への接続道路の整備を行い駅前教会駐車場の活用や駐車場新設等も検討に値する。

P&R 利用促進のため、利用者への駐車場代・鉄道運賃の割引に加えて、回遊を促すために市街地内公共交通乗り放題の一日券や市街地内店舗等の優待券発行（逆に市街地内を回遊すると駐車代・運賃の割引等も考えられる）、洗車・夏冬タイヤ交換等の車メンテナンスサービス等の特典も工夫する必要がある。また、既存の民間駐車場等を使って P&R する場合に対しても同様な助成も考えるべきであろう。

提案 T8 ちゃりパークでまち散策をデザイン

写真提供：古倉宗治氏

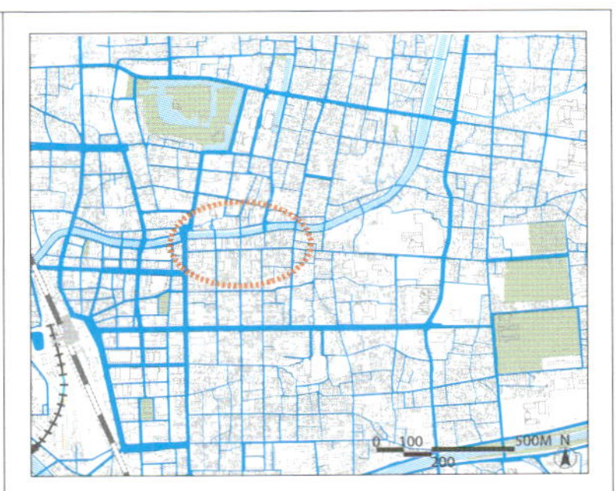

なわて通り　総掘り暗渠

背景――なぜいま回遊性なのか

商売を変える　社会を変える　景観を変える　交通を変える

都市の移動手段として自転車は、通勤・通学・買い物などの日常用務・営業業務・レジャーなど健康・観光・環境にいい乗り物としては幅広い年代の人に活用されている。また、湧水・井戸・史跡・商店街などが点在する松本の市街地においては、広範囲の移動が出来回遊性を高める自転車は、観光客にとっても貴重な移動手段になる。

しかし、力車・すいすいタウンなど無料貸し自転車や自転車専用レーンなどの整備は進んでいるが、駐輪場がまちなかにほとんどないのでより快適に移動と回遊性を高めるためにも、まちなかに駐輪場の設置が必要である。

現状――いまどうなっているのか

2013
3月12日(火)16時台
83 人／30分
(内歩行者57人、自転車26人)
(晴れ)

ナワテ通りふるさと前にて調査を行った。

※同じ場所での調査　3月14日(木)13時台 曇り　113人/30分(徒歩101人自転車12人)

現在まちなかに一時駐輪出来る場所は以下の有料駐輪場の2ヶ所のみ。

・松本駅お城口(100台通年ほぼ満車状態で不足)／アルプス口(58台　余裕あり)

その他　公共施設・大型店舗に併設されている駐輪場は施設利用者のみの使用に限られている。

まちなかに自転車で来た人は駐輪スペースが少ない。

手法――どのように回遊性を創出するのか

空間をひらく　個性をみがく　情報をしめす　速度をさげる

まちなか駐輪場の設置

☆小規模スペースの駐輪場を各主要エリアに設け、松本のまち並みにあう統一したシンプルなデザインの駐輪場設置を提案

①公共的な空間に駐輪場を設置
②駐車場の一角に駐輪場スペースの併設　車1台分スペースに数台駐輪可能
③個店の空きスペースに駐輪場を設置
④まつもと市民芸術館駐輪場を利用者以外にも解放する

【課題】

①放置自転車などの管理→近辺の方の協力・「松本市放置自転車業務従事者」や警察との連携
②平成19年度「自転車にやさしい街づくり事業」適正利用分科会議事録より
議案　路上駐輪場・商店街等の駐輪場整備検討
歩道幅6M以上ないと難しい・・6M以上の歩道はイベント等に使用商店街の協力が必要
③駐輪場情報　ちゃりマップ・HP・広報掲載等・力車・すいすいタウンの利用者への情報提供
④自転車に関する市民意識の向上

【具体的な提案】

①駐輪場の増設を図る。　例：ナワテ通り(以上の地図参照)の総掘り暗渠水路上の空地の有効利用（一角に駐輪場を設置することを提案済み(23・24年度松本市建設部))
②次世代交通の政策の一環として、「自転車にやさしいまちづくり」を推進する委員会を設置し、基本方針及び整備計画を策定する。(交通政策課・交通安全課・都市計画課・観光温泉課・維持課・市民・専門家)

【効果】

自転車を快適に利用できる空間をつくることで回遊性を高めるとともに、まち中の移動手段・健康づくり・環境面にも貢献できる。また、なわて通りにおけるモデル的な駐輪場の設置により、その効果や改善点を検証できるため、他エリアへの展開に活かすことができる。

自転車でまちに来る人が増え（＝マイカーで来る人が減り）、まちなかの自転車移動が快適になり、好きな場所に駐輪して散策するきっかけになる。

提案 C2 Open-air Market Crawl 市のはしご pub crawl(ハシゴ酒)になぞらえて

1）松本城公園入り口付近
2）鶴林堂跡
3）公園通り花時計公園
松本駅から緩やかな弧をを描いて松本城に至る道筋を回遊のメインストリートと位置付ける。その枝葉として高砂、中町、縄手、六九、土井尻などがある。

背景――なぜいま回遊性なのか

景観
を変える

ネットなどのバーチャルなインフラによって、生活は豊かに便利になった。一方でリアルな世界では情報量や経済的な格差により平等に社会が成立しているとは言えない。そこで、誰もが豊かな生活を送るために、市民が市街地に出かけ、商品、情報、娯楽などを楽しく快適に入手するための仕掛けが求められている。自らが探し、時には迷い、そして発見する喜びを得られるのは、集約された大型店舗ではなく、中心市街地徒歩圏内に散在する店舗や施設である。地元在住の市民が生き生きと歩く街はそれだけで他の地方都市と違った魅力がある。観光客はそこに憧れ、地元の市民と同じ喜びを味わうために、この街にやってくる。街は五感で受けとめ味わう楽しさを入手するためのダイナミックな装置である。

現状――いまどうなっているのか

2013
2月12日(土)13時台
492人／30分
(曇り)

1）松本城公園入り口付近：492人／30分　(土曜日１３時台) 西側駐車場方面から来て入城し、去ってゆくパターン。駅、大名町方面から来て、去ってゆくパターン。
2）鶴林堂跡：120人／30分　(土曜日14時台)　2月2日現在、工事中のため、縄手通り、四柱神社へ行く人も含めてカウントした。
3）公園通り花時計公園：375人／30分　(土曜日14時台)　周辺の施設（駐車場、ホテル、店舗、その他の飲食店）から来て別の施設に行くためのショートカットとして使われている。

手法――どのように回遊性を創出するのか

専門的な市をロケーションを分散して定期的に開催する。曜日や季節に寄り添い、記憶されやすい市とする。年に１回というようなイベント的なものでもなく、小売店ほど日常的なものでもない。
目的地を少なくとも３カ所設定する。そこで様々な内容の市を定期的に開く。市は花市、切手市、古本市、ガラス器市、陶器市、ストリートパフォーマンスの市など特徴や専門性を持たせる。市は素人の開くフリーマーケットや生産業者が片手間に商売をするスタイルとは一線を画し、それぞれの専門業者が開く。専門業者が開くからこそ人々が魅力を感じるのである。

例えば松本駅から松本城までの道筋に２カ所の中継点を設け、そこで市を開く。松本駅松本城間の９００ｍを３つに分け、市から市に３００ｍごとに移動する。「３００ｍ」は多くの人にとって苦痛に感じない歩行距離である。人々は市と市の間を歩いて移動する。駐車場はそれぞれの起点終点近くに設け、人々が回遊するエリアにはクルマを進入させない。

期待される効果：中心市街地からのクルマと通行量の削減され、各目的地間は人の流れができ、周辺に商業的な施設ができてくる。

提案 L2 まつもと平成小路

一定規模の建築計画に対する路地状公開空地の設置義務化

新しく整備された「同心小路」

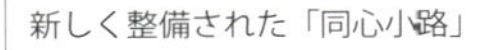

最近まで昔の佇まいを
保っていた「常法寺小路」

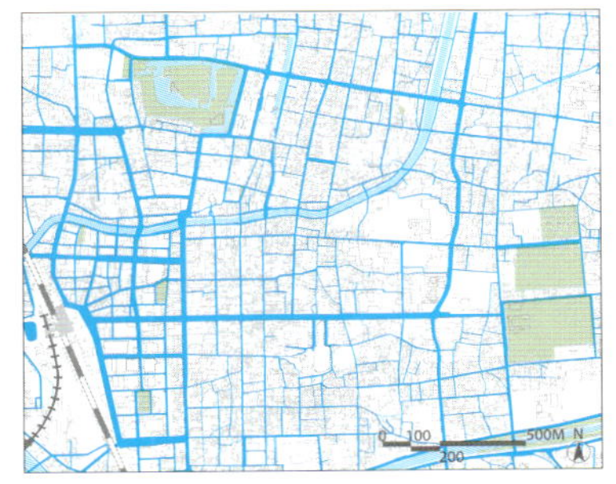

中心市街地一帯

背景──なぜいま回遊性なのか

景観
を変える

日常の買物は郊外のショッピングセンターが便利になり、家に居ながらにしてインターネットで世界中の物が手に入るようになった。その様な状況の中でも、中心市街地に足を運ぶ理由は何だろう。個性ある店や場所を訪ね歩き会話を楽しむといった、ショッピングセンターやネット上では経験できない、face to face の交流を求めているからに違いない。そして、道すがら店のウィンドウを眺めたり、偶然に出会う素敵な場面に心躍らされたり、風景を感じたりする事すべてが街の楽しみである。「何かの目的」ではない「目的の無い行動」や「暇つぶし」のなかにこそ街の楽しみがあり、もし街に回遊性が無ければ、楽しい街の魅力は、その大半を失ってしまうだろう。

現状──いまどうなっているのか

2013
3月19日(火)17時台
調査地点：同心小路
32 人／30分
+犬1匹
(晴れ)
同時刻：本町通り西側歩道 107人／30分

かつての城下町松本には、親町3町、枝町10町、24小路と言われるように、主要街道や大通りを繋ぐように幾つもの小路が巡り、その街路網と町割りが、街のコミュニティーと回遊性を形作っていたが、土地区画整理などによって多くの小路が失われつつある。その中で、中央西土地区画整理区域に残された「同心小路」を往来する人を調べた。平日の夕方、本町通りの約3割もの人通りがあり、会社帰りや手を繋いだ高校生カップル、犬の散歩など、人々の普段の生活に溶け込んでいる

手法──どのように回遊性を創出するのか

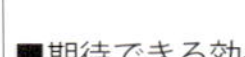

情報を
しめす

速度を
さげる

■手法

- 建物の両端（表と裏）が街路に面する一定規模以上の建物を中心市街地エリアに計画する際、人が自由に通り抜けできる巾3メートル程度の「まつもと平成小路」をつくる事を義務づける。
- 市条例、住民協定、防災協定などにより義務付け、舗装、植栽、街灯などの整備には補助金を検討する。

■期待できる効果

- 小路が街路を繋ぐショートカットとして機能する事で、歩行者の行動の選択肢や回遊性を促す。
- 3メートル程度の自動車が通行しない小路は、歩行者の安全通路として機能する。
- 巾6メートル以上の街路に対して、3メートル程度の路地状の小路を設置する事で、街路空間に変化をもたらし、街歩きで感じる風景に変化を与える。
- 小路に面して店舗のショップフロントやウィンドウを計画する事で、街に賑わいをもたらす。
- 「松本らしさ」の表現として、江戸時代から継承された城下町の街路体系として保存活用する。
- 小路にせせらぎや植栽を併設する事で、より松本らしい風景を創出する。
- 街灯やライトアップも工夫し、夜間も安全な通路とする事で、街なかの飲食業の活性化も期待する。

提案 S3 未来の回遊客を呼び込もう

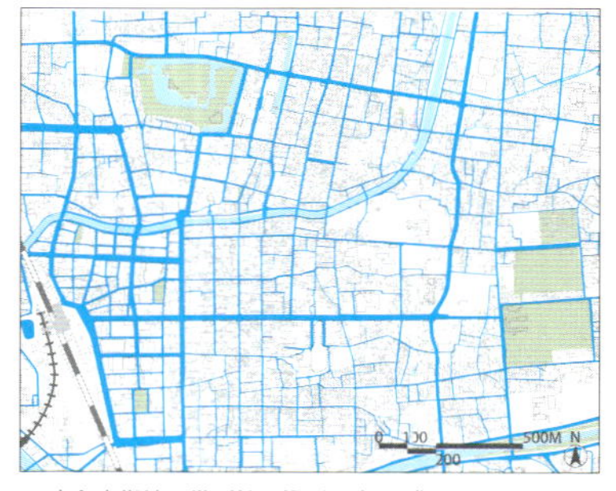

中心市街地一帯（特に場所限定せず）

背景——なぜいま回遊性なのか

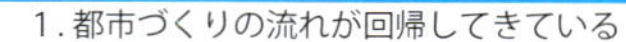

1. 都市づくりの流れが回帰してきている
   郊外よりも、既成市街地へ集約。
   自家用車利用よりも、公共交通・自転車・歩行空間重視。
   画一化されたモノの消費よりも、多様な人間同士の直接的な対話。
2. 歩いているうちに芋づる式に未知の空間や未知の人に触れ合う。
   そんな創造性を刺激するワクワクする感覚が改めていま必要とされている。
3. 未来の街を担う子供達にとって、自らの足で歩き、回遊することで、今から街の楽しさ怖さ・居心地の良さの探し方を学び取れる。街の活動・歴史文化や自然の動きから豊かな感性を育くんでいける。

現状——いまどうなっているのか

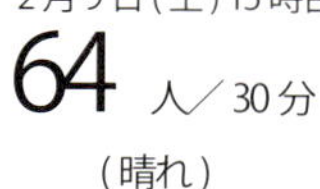

30分間の歩行者数２７８人のうち、子供連れグループは６４人。中央二丁目交差点にてカウント。（親子２人組 ×10組 =20、３人組 ×4組 =12、４人組 ×4組 =32人）

平日は子供連れを見かけなくても、土日になると子供連れの買物客・観光客が見受けられる（ほとんど小学生以下が親に連れられてきている様子）。しかし、車利用を前提にした生活スタイルの家庭では、いわゆる中心市街地に出掛けたことが無い子供もいると思われる。

手法——どのように回遊性を創出するのか

子供の頃に街を歩いた経験が、数十年後にも繋がれば、街の変容を知り、数十年後にも過去の記憶と重ね合わせながら、それぞれの街角を訪ねてみたくなるはず。歴史と繋ぎ合せて空間を見ることができる。
←それが、将来にわたって街を回遊してもらえるきっかけになる。持続可能な都市づくりの一端になる。
（空間を回遊するだけでなく、長い目で見れば時間を回遊する楽しみを持てる）

そのために。
子供連れで街に出掛ける（出掛けやすくなる）、子供自身も楽しめる仕組みを考えよう。

1. 子供にも買物・散策への興味をもたせる。
   →大人の買物に連動して、子供用スタンプカードやシールを交付する。店先に、街角に、子供が遊んでいられる仕掛けを用意する（店主の手作りおもちゃ、お絵かき帳、井戸）。まちなかの公園にこそ、子供が遊べる遊具と大人が見守れるベンチ・木陰を整備する。
2. 子供は興味があれば歩く
   →道端（歩道）・地面に数十m毎にアクセントを入れる（例：石畳の敷き方、動物の足跡、けんけんぱ、じゃんけんポン、線路、無言の矢印）。店先に貼るポスターやグッズは子ども目線高さに下げる。（地面から１m程度）。
3. 公共交通の運賃支払いを工夫し、子連れ客にも利用しやすくする。
   →公共交通機関の利用支払方法にICカードも導入し、手間を軽減する。その他、ながの子育てパスポートと公共交通機関が連携できることがないか模索する。

松本都市デザイン新聞——村上視察レポート

二〇一二年九月に、中心市街地を回遊する取り組みが進む新潟県村上市を中心にフィールドワークを実施。参加者が感じたことを新聞形式でまとめた。二〇一三年三月二五日発行。

松本都市デザイン新聞

視察レポート
特別号

2013（平成25）年
3月25日月曜日

発行
松本都市デザイン学習会
松本市中央公民館

【視察スケジュール】

2012年9月15日（土）
7：00
松本市役所出発
7：10
松本駅アルプス口
7：15
松本インター前
11：35
新潟県村上市着
フィールドワーク
15：00
村上市出発
16：00
新潟市着
18：30
懇親を兼ねた
フィールドワーク
1日目の報告会・夕飯

9月16日（日）
8：10
新潟出発
越後妻有
アートトリエンナーレ見学

松本都市デザイン連続講座　2012年度視察

村上視察レポート《松本の回遊性を高めるためのヒント》

巻頭言

講座コーディネーター　武者　忠彦

ふだんは松本で座学によって進められている都市デザイン連続講座ですが、昨年の飯田市に続いて、今年も松本の外に出て都市デザインを学ぶ機会を設けました。今回は特に、視察にありがちな行政やキーパーソンからの講演・説明を省き、自分の目と足で観察することを重視しました。その成果が本レポート集となります。

2日間の視察で私たちが学んだことは、まちづくりはハードとしての街並み整備もさることながら、そのハードの中に、確かな生活の営みや歴史があることこそが魅力的なまちづくりにつながる、ということだったように思います。

国土交通省の都市景観大賞を受賞している村上市は、ともすると町屋の再興や黒塀の通りに焦点が当たりがちですが、村上の魅力を生んでいるのは、むしろそうした「箱」の中で営まれている生活、受け継がれている歴史にあるということです。

村上の町屋は、通りに面して店があり、その奥に茶の間、居間、台所と続き、それらの空間を土間が接続しているという造りになっていました。町屋は本来、店から茶の間、土間までが「公共的な空間」であり、酒屋であれば、常連客が仕事帰りに茶の間で一杯飲んでいくというような光景がみられたといわれています。

ところが、戦後の町屋は通りに面した店部分を除けば、茶の間も土間も「私的な空間」の性格が強くなり、外に対して閉じるようになりました。商売をやめた町屋は、単に暗くて寒い空間と化し、結果的に町屋建築は減少の一途をたどりました。

これに対して、まちづくりの仕掛け人である吉川真嗣氏らが試みたのは、建築としての町屋の再興というよりは、人形や屏風という村上の伝統的な生活の一部を町屋の奥の空間まで再び招き入れることであり、来訪者との交流を通じて、住民が主体的に村上の歴史を受け継ぐということだったように思われます。

次の2面に示した『村上のまちづくりマトリックス』でいえば、AとBがせめぎ合っていた戦後のまちづくりが、「箱」をどこにつくるかという場所の綱引きだったのに対し、第三極として現れたCやDが「箱」の質を問題にして、さらに新しい勢力であるEが「箱」の中身にメスを入れたということになります。

もっとも、村上のまちづくりが手放しで賞賛できるかといえば、そうでもない面も多かったように思います。道路拡幅によって外観だけは町屋風になった通りに客の往来がまばらだった風景は、今後の松本の回遊性を考える上でも示唆的だったのではないでしょうか。

村上のまちづくりマトリックス

作成：武者忠彦（信州大学経済学部）

グループ	A	B	C	D	E
活動テーマ	都市・商店街の「近代化」	商業機能の郊外化	武家町地区の景観保全 →街並み保全	住環境の改善 →街並み保全	町屋の保全，地域活性化 →街並み保全
おもな主体	行政，中央商店街振興組合	大手流通資本	行政，まちなみの会（武家屋敷保存研究会）	行政，村上トライあんぐる，古建築研究会	村上町屋商人会，黒壁プロジェクト
第Ⅰ期 AとBのせめぎ合い	50 都市計画区域指定 61 中央商店街などの街路が都市計画決定 近代化・高度化改策（再開発による路線式商店街からの脱皮，商業核を中心とした共同事業，アーケード・街路灯の環境整備など）の一環としての街路事業 66 小町・大町・上町による「中央商店街振興組合」が発足 68 セットバックによるアーケード・歩道の整備（大町） 69 商業核としてのスーパー誘致の断念 78 商業近代化地域計画策定事業による「中央プラザ」を中央商店街に計画するも断念	66 国道7号のバイパス化が先行 73 村上駅前にジャスコ開店 上町でのジャスコ提携断念が伏線 77 村上駅前に村上ショッピングプラザ開店 大町プラザ出店断念が伏線			
第Ⅱ期 AとBに対抗する新しい価値観C・D・Eの出現	91 新潟県中小商業活性化事業 景観重視も道路拡幅が前提→事業頓挫 93 大町十字路完成 95 市より区画整理事業の提案	93 新村上ショッピングプラザが国道沿いに出店 ジャスコもテナント出店	86 国の重要文化財・若林家住宅の保存工事 87 住民有志による「武家屋敷保存研究会」（現まちなみの会） 96 旧武家町地区の都市計画道路を一部廃止 97 旧武家町地区を景観形成地区に指定 重伝建地区指定から景観条例に目標変更	93 「村上市HOPE計画」策定 94 「古建築研究会」発足 97 「村上トライあんぐる」発足 景観カルテ，住宅研究，イベント企画などの活動	98 吉川真嗣氏を中心とした若手22店舗が「村上町屋商人（あきんど）会」設立 道路拡幅の着工にともなう町屋の取り壊しへの危機感 中心市街地を主たる買い物先とする市民が12.5%（1989年）から3.7%（1998年）に低下 まず町歩きマップである「村上絵図」を作成
第Ⅲ期 C・D・Eの融合	02 中央商店街より街路事業推進の要望 04 上町が16mに道路拡幅		99 「越後村上・城下町まちなみの会」発足 00 「歴史景観保全条例」制定 旧武家町地区6地区を指定してデザイン誘導	99 町屋の改修	00 「城下町村上・町屋の人形さま巡り」はじまる 66軒に約3000体，入込数10万人 県外客の6割が鉄道・バス利用，9割が宿泊 地元住民による町屋の価値再認識，ツアー客への不満 01 「町屋の屏風まつり」はじまる 02 街路事業再考の要望 都市計画道路の整備にはセットバックによる町屋建て替えが必要 02 「チーム黒塀プロジェクト」発足 黒塀1枚1000円で寄付金，既存のブロック塀に黒板を張る簡易工法 04 吉川氏が「町屋再生プロジェクト」開始 年会費一口3000円で基金をつくり，再生工事を補助

参考文献
梅宮路子・岡崎篤行（2003）歴史的資源を生かした地域活性化の経緯と課題——新潟県村上市を事例として．日本建築学会学術講演梗概集（F-1, 都市計画, 建築経済・住宅問題）：239-240.
沢村明（2002）雛人形でまちおこし——新潟県村上市の住民運動．文化経済学 3（3）：99-105.
小柳 健・岡崎 篤行（2004）武家屋敷地区のデザイン誘導における景観形成基準の運用実態：村上市歴史的景観保全条例を対象として．日本建築学会計画系論文集 (577), 127-133.
矢野敬一（2011）高度成長期下の都市計画とまちづくりの現在——新潟県村上市「町屋の人形さま巡り」に見る家屋空間の再編成と公共性．国立歴史民俗博物館研究報告 171：107-133.

再開発に滲む、光と影と回遊性

村上市は心ならずも、市街地再開発の実験場になっている。十字路からくっきりと分かれてしまった商店街。いつの時代からだろうか、代々続く商家のたたずまいにあふれた商店街には、おもてなしの心に迎えられ、郷愁に満ちた通りを歩く楽しみがあった。広い車道で仕切られた時代の匂いがない新しい商店街には、店内に入ってみようと心が動かないのだ。人は何に惹かれるのだろうか？　観光客で想定すれば、自分の街では味わえないもろもろの何かを感じるから、心が動き足が動くのだと思う。

では、自分の住む街で、人は何に心を動かされ足を運ぶのだろうか？　心を動かされるものは、各々の育った中で、感性も価値観も違うことは自明である。回遊もしかり。人々が心を動かされ、何回も足を運ぶものや仕掛けとは何か？　しかも人の関心も移ろう中で、新陳代謝しながらの回遊性とは何か？　歴史も文化も、人の営みの上にある。やはり人との出会いや出会う人の魅力が歴史や文化を活かし、回遊性を生む気がした。

町家の奥・・・・村上を支える生活と手工業

新潟県村上市は「町家のお人形さま巡り」や「町家の屏風祭り」など、古い城下町の資産を活用したまちづくりと賑わいが注目されています。

町並みという言葉があるように、まちづくりにおいては、通りの表が注目されます。しかし、村上の底力は、町家の奥で営まれる生活や手工業にありました。町家は間口４間から５間に対して奥行きが２０間の敷地に、表は店を構え土間や通り庭を介して奥に住宅や工場で構成されます。しかし、近代化と共に多くの町では商業・工業・居住が分離され、特に工業は郊外に移転するケースが多い中、村上では、現在も特産の鮭の加工品を販売する店の奥には、１０００本を越える鮭が吊るされ熟成を待っていました。観光イベントの主役、お人形さまや屏風も町家の奥の人々の生活と共にあります。多くの人を惹きつける村上の魅力は、通りの表の佇まいのみならず、商・職・住が渾然一体となり、町家の奥に今でも息づく、生活や手工業が支えていました。

鮭の塀

残っている歴史的な建物を大事にすることも大切ですが、古いものに頼るまちづくりは、裏を返せば新しく良いものを作り出せないジレンマから目を背けた結果でもあります。下手に残すだけだったり、歴史的っぽい建物を作ることはミイラやゾンビを作るような気持ち悪さがあります。年寄りのウケは良くても明るい未来は見通せない、延命措置でしかありません。

　生きている家・街並みという点から見ると、村上の翌日に見た越後妻有トリエンナーレでは完全に建物を死骸と扱い、死体損壊に近い常軌を逸したところに芸術性があるのではないかと感じます。昔のほうが制度や身分、材料の流通など街に対する規制は多かったはずですが、昔の整った街並みは規制だけでなく、確かな美意識の存在が見られます。現代のほうがはるかに自由度が高いはずなのに、誇るべき・残すべき街並みを作れないのは情けない話です。

　街並み＝自分の暮らす場についての価値観の再創造が目下の課題だと思います。

デスマスク

村上の民間主体の取り組みは評価すべきと思いましたが、残念ながらまた行きたい、暮らしてみたいと思えませんでした。

　この写真の塀には当時の人たちの、鮭という自然の恵みへの感謝する生活のあり方が現れているように思います。しかし、村上のどこを歩いても、先人の遺した建物や生活用品を誇るだけで、今の生活に活気を感じることはありませんでした。そこにあるのは誇りではなく、実は観光客に対する媚びではないかと思います。媚びると誇るは人の目を惹く点では同じですが、自分自身に対する評価は正反対です。媚びは自身の卑下から始まり、それがうまく行っても自分をみすぼらしく思う気持ちはいつまでも付き纏います。観光客しか相手にしない、媚びる街は住民や近隣からはそっぽを向かれ、街に対する愛着が損なわれます。

　村上市も松本市もノスタルジーに頼るだけでなく、住民目線での活かして暮らす、誇れるまちづくりが大切だと思いました。

街とコミュニケーション

「屏風は観てもらうことが目的ではなくて、コミュニケーションのツールなんだよね」

「鑑賞が目的なら博物館でやればいいでしょ。そうじゃなくて、町屋の奥まで人を呼び込んで、町屋を体験してもらう場が屏風まつりなのよ」

　吉川酒舗のおかみさんの言葉に「町屋の屏風まつり」の本質があると直感した。人が集まるイベントだからと誰かに言われて屏風を飾っているのではなく、町屋の魅力を伝える気概をもって主体的に「街づくり」に取り組んでいるのだ。

　町屋は、商業近代化の波に押され、商品を並べた入口だけが利用されるようになり、店舗の構造としては、むしろマイナスに捉えられていた。しかし、村上の商店主は、商業の近代化には街のコミュニケーションと魅力を低下させる側面があることを学び、町屋自身がコミュニケーションのツールであり、魅力であることに気がついたのである。

　確かに、町屋の奥には無限のコミュニケーション空間と真の魅力が広がっていた。

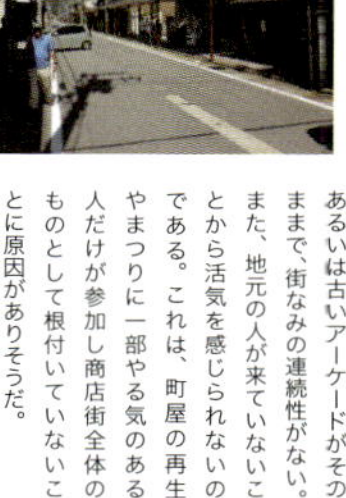

やる気の広がり

平成24年9月15日に新潟県村上市を訪ねた。町の回遊性について学ぶことが目的である。

　この日は、第12回城下町村上「町屋の屏風まつり」の初日である。このまつりは、町の回遊性により活性化につながったことで有名である。特に仕掛け人である吉川真嗣氏の営む㐂っ川のある小町、大町周辺を期待を込め見学した。

　その第一印象は、かなり寂れているな、というものである。確かに町屋として隠れていたファサードを表に出し、屏風を展示している店はその外観も立派で、しっかり店を盛り上げているようにみえる。しかし、それらの店の間にある店はシャッターを閉じ、あるいは古いアーケードがそのままで、街なみの連続性がない。また、地元の人が来ていないことから活気を感じられないのである。これは、町屋の再生やまつりに一部やる気のある人だけが参加し商店街全体のものとして根付いていないことに原因がありそうだ。

　この点を松本の回遊性向上の参考にしよう。

明確なビジョンの「共有」が鍵！

全国の地方都市が共通に直面している人口減少・高齢化・空洞化等の点では、昨年末訪れた飯田市も、今回の村上市も例外ではない。今回は地理的立地条件・都市規模・歴史的背景など元々固有の相違点は除外して、「回遊性」に主眼をおいて考えてみる。何れにしても、回遊性の前提は、内であれ外からであれ、まず人がいる事の上に成り立つ話である。

　数が目立ったシャッターで閉鎖された店舗を減少人口としてカウントし、更に高齢者を除いた実質的な生産年齢人口で街を支えるには、絶対数の上で厳しい状況が予測される。職種・立場・財力・後継者などの相違に加え、グループの温度差を踏まえ最大公約の「共有点」を何処に定めるかがキーポイントだろう。

　歴史をストーリー化した街づくりか、地域資源を生かしたイベントの多発か、或いは複数に分散した共有点を設けるか。何れにせよ「意識共有」が鍵となる。

ゾーンで色分けを強調

かつての松本は「飲み屋街」と言えば裏町・天神、「食の街」はみどり町など、旧町名からも伺えるように街々に色合いがあった。時代の趨勢の中で目先を優先する余り、街の成り立ちなどに拘っていられない現実が、無機質・モノトーンな街を創っている。さりとて歴史を遡るだけでは費用対効果の点でも経済的なリスクが大きすぎる。

　そこで、近年の試みの中でも「クラフトフェア」などは生産性や年齢も含め、携わる人々の感性から創造される街づくりへの影響が期待できる。例えば「クラフト通り」を誘致するとか、他にも当地の特性を活かし、且つ特に若年層の関わりを誘発するゾーンを設定して街の色を強調することが重要だろう。

屏風まつりと街の人

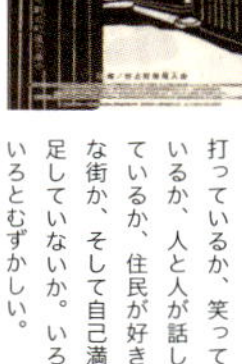

新潟の四市が独自のアート展を開催している中で、今回の視察地の一つが「村上屏風まつり」です。

　寺の町と隣接した京風建物が並ぶ通りの細長い建物の店には、着物地で作られた品が並んでいる。楽しみにしてきた屏風絵にお目にかかるのは、店の奥、次の間の居間にあった。店番の若おかみが説明して下さる。お茶をすすめて下さる所もあるが、手をわずらわせる事に心苦しく、落ち着いて観る事が出来ずに早々に外へ出た。街で地元の方の思いも聞ければと思いましたが、広い通りに出ても人影がほとんどない。時々観光客の方と思われる二、三人に出会っただけ。そういえば、今日土曜日、子どもの姿も声も聞こえない。何となく淋しい！

　街づくり、イベントのあり方を考える事のむずかしさを改めて感じ思ったのは、建物だけでもダメであるということ。商品、人、そしてその街がいつも息をしているか、脈打っているか、笑っているか、人と人が話しているか、住民が好きな街か、そして自己満足していないか。いろいろとむずかしい。

現代アートでイノベーション

「大地の芸術祭」に出展された各々の作品の制作意図はともかく、作品の不可解さと、それらを許容する余りにも素朴なロケイションとのギャップを体感して、いわば理屈や既成概念へのアンチテーゼとでもいった説得力を強く感じた。

　思い起こせば、大阪万博の顔となった「太陽の塔」や、松本市美術館のシンボル「幻の華」しかり。それらから発する解説のしようもない存在感は、何だかよく解らないけど素晴らしい！

　納得できるストーリーに裏打ちされた街づくりが重要な手法である一方、多くの人に「こりゃいったいナニ？」と感じさせるのも、理屈や頭で考えるよりも遥かに鮮烈で直線的なイノベションが期待できる方策だ。

宝を創造する市民の力

村上市の旧城下町を中心とする地域で、平成12年から「町家の屏風まつり」がおこなわれている。今年は9月15日から1ヶ月間実施される。67軒が参加し、各家に伝わる屏風をその期間中毎日飾っている。観光客は1軒1軒訪ね歩き、間口が狭く奥行きある町家づくりの建物の中で、店の人から屏風とともに、その建物や家業のことなどを聞きながら、古い伝統が残る村上の歴史文化を楽しんでいる。

このような企画は、松本にも十分応用できる。村上の場合は、屏風といった家宝的なものを飾っているが、何気ないものでもかまわないだろう。広告用のチラシ、昔使った家電製品、以前に撮った写真など。その一つ一つ見ただけではおもしろくないが、統一的なテーマに即して各店が揃って展示すれば、地域の人の営みに触れることができ、その土地オリジナルの歴史文化を観光客は感じることができる。また地元の人にも普段気付かなかった発見があり、回遊性を促す一助になると考える。

さりげない小道具による回遊性

商店街の店先に、竹で作られた共通の水差しが設置され、多くの店で一輪の桔梗が飾られていた。それは観光マップや屏風まつりの案内に載っているわけではないが、まちの至るところで見かけることができた。

この小さな共通点は、まちを歩くと発見することができ、まちめぐりの楽しさを増やしてくれる。次はどんな花が飾られるのか、また見てみたくなる。そして、そこに住む人たちのまちを想うさりげない気遣いを感じさせてくれる。

この、少しの手間で、だれにでも参加できる水差しという小道具は、そこに住む人々の生活を感じさせ、まちの一体感を生み出しているのではないか。たくさんの人が、同じ水差しを通して季節を感じ、小さな気遣いを忘れずに暮らすことで、まちそのものの存在を感じ、まちのあり方を考えていくきっかけとなることが期待できる。

街を覆う黒塀

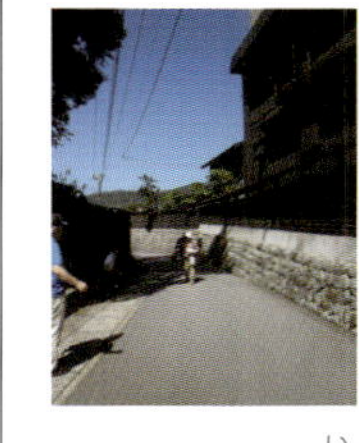

黒塀の通りは、寄付金を募り、ブロック塀を黒い板で覆うという簡易な方法で、辺りに統一感をもたせ、趣のある通りを作り出している。しかしながら黒壁は、通りに雰囲気をだすことに成功しても、その通りがあるというだけで、わざわざ行ってみたいかと思うと、そうではないように感じられる。

そこで考えるのが、思わずその先にまで足を運びたくなる黒塀の効果を利用して、1つの目的地から、もうひとつの目的地へのつなぎとしての役割を黒塀通りが担えるのではないかということである。住宅地等にはなってしまうが、この少し先にも見てほしいものがあるときなど、統一感のある壁をつくり住宅街を覆ってしまうことで、回遊性のための順路となることはできないかと感じた。それは、まちにできてしまった空白を埋めることにも一役買ってくれるのではないだろうか。

武家住宅の限界

町屋からは少し離れたところに、重要文化財「若林家住宅」という中流武家住宅が存在する。足を延ばして訪れてみたが、そこは囲われた生垣の中にあり、中を見学するには観覧料500円が必要であった。町屋のあたたかな雰囲気を引きずって、その場所を訪れると虚をつかれたような、さみしい気分になる。人々の生活はみじんも感じられない、時代に取り残されてしまったような閉鎖的な空間には、観覧料を支払うまでの興味をもてなかった。

しかし、それが元来からのありふれた観光地のありかたなのだろう。訪れたいまちとは、そこに住む人の生活があり、店舗があり、そこに温かみがあってのことだと改めて感じた。昔からある住宅を管理して、ただ見せるのではなく、そのまちに住む人たちの生活を感じられるような、今に生かした形にしていく必要があることを実感させられた。

まちおこしと商い

村上市の旧町人町には468戸の歴史的建造物（いわゆる町屋・切妻平入り）が残存している。ここ旧町人町は、ある商人が道路拡幅計画により地域資産が無くなることを危惧して取り組みを始めた「町屋の再生」に端を発し、残存する町屋を活用する「まちおこし」により、大勢の観光客が巡っていた。

これは、個人が所有する屏風を一カ月にわたり展示して、それと同時に自慢の町屋も見せてまちに人を呼び寄せようという「屏風まつり」という取り組みであった。旧町人町を歩くと「屏風まつり」と表示した手製の看板が家の前に掲げてある建物が目につき、それぞれ中に入ると自慢の屏風が土間から一望できるように展示されていた。外に出れば次の建物へ引き寄せられるように町人町に沿って看板が掲げられている。

しかし、歩いている人はほとんどが観光客と思われ、地図とカメラを持ち歩いている。ふと、ここは商店街であるのに買い物客の姿が見られないことに気が付いた。

会話からみえるまち

村上市の町屋を活用した「まちおこし」を視察した。一連のハード整備の状況を見た後、昼食で駅前の鮨店に入り、そこの大将と話し込むこととなった。

大将曰く「村上は城下町だから閉鎖的で、けち臭いからここには地元の客はほとんど来ない。わざわざ村上に食べに来てくれるお客のために握っている」とのこと。そして、自慢の鮨と地元の話で盛り上がった。また、その前に立ち寄った町屋では「写真撮影は禁止」と立札があったが、あまりに見事な町屋の佇まいに、築何年ですかと話しかけたことをきっかけに、「断りなしにフラッシュ撮影をするお客がいるためで、断ってくれればいいよ」とのことで撮影した後、築198年の自慢の町屋を説明してもらった。酒店なのに酒を勧めることもせずに…！？

「まちおこし」に関係していない鮨店も、関係している酒店も、どちらも居心地が良かったように、まちにとって人との交流が果たす役割の大きさを実感した一日であった。

昭和の都市計画とまちづくり

昭和40年代に全国で行われた「商店街近代化事業」によって造られたアーケードの一部が取り除かれ、再生された町屋が道路に所々顔を出していた。連続したものにはなっていないが、存在感がある。そこは都市計画道路が計画されている中心市街地であり、旧町人町のメインストリートであった。

小町・大町・上町・長井町と続く通りのうち、長井町から上町までの道路は完成している。計画通りに道路を拡幅している一方で、町屋を守り、活用しながら「まちおこし」をしようと市民が積極的な活動をしており、行政はそれらを支援する一方、都市計画上必要として位置付けている都市計画道路の事業も進めている。拡幅された通りの店舗の外観は町屋風に再現されているが、中身は町屋でない。また、道路空間は広々し過ぎて間の抜けた様を強く感じ（D／Hの問題）、未施工の道路空間のほうが心地よく感じた。

いわゆる都市計画とまちづくりの関係を考えさせられる現場であった。

屏風をみるという理由でお宅訪問

蒸し暑い気候の中、村上市では「第12回屏風まつり」が初日を迎えていた。村上のまちを歩いてみると、ガイドブックを片手に町屋とその中にある屏風を見てまわる観光客（特に女性グループ）がちらほら見受けられた。

そもそも屏風はそんなに魅力的なものなのだろうか？　見たいとか、欲しいとかは思う人は少ないだろう。しかし、屏風まつりは、屏風を見せるという共通のテーマを持つことで、気軽に町屋の奥まで人を招きいれることに成功した。これにより、観光客は町屋に自由に足を踏み入れて、その暮らし方を観察できるようになり、村上に親近感を持つことにつながっている。町屋の人たちにとっても、先祖から受け継いだ屏風（富の象徴や誇り？）や町屋に関心を持つ観光客に出会うことで、町屋暮らしや村上の魅力を再発見することができたのではないだろうか。

まちを訪れる側、迎える側の双方がまちの魅力を知ることで、回遊しやすい環境がつくられるのではないかと考えた。

町屋を歩けば

古い家並みが続く町屋を歩くと、いろんな人に出会う。

屏風を公開している吉川酒店の女将さんは、「ここから天井を見上げてください」と誇らしげに家を説明してくれる。。百数十年を超える町屋に組み込まれた天井から光が差し込む川村鮨店の大将は、「ここは地元の人は来ない。観光客のために鮨を握る。地元の人は家のことばかりに金を使うが、食事にはお金を遣わない」という。駅前から乗ったタクシーの運転手に「村上のまちおこしのカリスマは地元の人に尊敬されているんですかね？」と聞くと、「さぁね～聞いたことないね」とそっけない。いろんな人の思いが、町を作りだす。

人口6万6千強の新潟県村上市の中心市街地は、松本と同じく城下町の魅力が点々と散りばめられている。誇りや経済優先の思想、まちの歴史など、様々な思いが錯綜していく中で、回遊性という糸はどのように紡げるのか。松本と大きく違うのは、高い建物が見当たらないことである。高層建築が街中に溢れる松本の街の糸を紡ぐには、やはり街全体が、未来に向けて理念を共有出来るかどうかにかかっているように思う。

黒壁に想う

バスを降りて安善小路へ向かう。

由緒ある門がまえのお寺がつづく寺町をまがると、そこは安善小路。賞をとった町づくりのカリスマという言葉から、存在感の強い通りを想像していたが、黒塀はしっとりと静かに通りに溶け込んでいて、すぐにそれとはわからなかった。

これは本当に町の歴史を理解しているからできたことなのだろう。黒塀の板一枚一枚に町の人々が関わっていることを知り、このプロジェクトは無理なく参加ができるしくみであり、関わることで本人も意識することがなかった町への思いを確認できるようになったのかもしれないと思う。

小町通りには、町屋の通りに虫歯にように空き店舗があり、胸が痛む。大町から上町の通りを見ると、近代的な町並みがみえる。二つの異なる町並みに考えさせられる。もう一度、村上を訪ねたいと思う。そのとき浮かんでくるのは、少し寂しいけれど、そこにしかない気配が残っている小町通りなのである。

おわりに――地方都市を未来につなぐ

山田健一郎

都市デザインは、地方自治体が主導し、国からのさまざまな補助金や助成金の財源を活用して実践している。補助金や助成金のプログラムは、総務省・経産省・国交省などが時々の政策を反映し、その理念にもとづく内容で交付されている。すなわち、都市デザインに関する整備費は、中央政治や中央省庁の思惑が左右していると言えよう。

松本市の都市デザインが、その流れに左右されて来たのも例に漏れない。昭和三〇年代には、都市防災と土地利用の効率化の理念のもとに、江戸時代から続くウナギの寝床状に細分化されていた中心市街地の建物を、鉄筋コンクリート造りで共同化する政策が取られ、当時多くの地方都市の商店街がこれに同調した。松本市では商工会議所や商店街連盟が中心となり、新しい都市像を夢見て本町や今町の近代化や駅前再開発事業で建物が共同化され、近代地方都市の景観が生まれた。昭和五〇年代には、マイカー依存で郊外に商業の中心が移行し、無秩序にスプロール化する地方都市の中心市街地活性化策として、中心市街地への交通流入をうながし、公共駐車場を整備する政策が積極的に行われた。松本市でも中央西土地区画整備事業により、幅の広い道路といくつもの公共駐車場が整備された。

そして、現在の地方都市政策のトレンドは、昭和五〇年代の地方都市政策の理念から百八十度転向し、公共交通と歩行空間の拡充により中心市街地へのマイカー流入抑制策へと移行しつつある。全国の地方都市でトラムなどの次世代交通システムの整備・研究がなされ、ゾーン30や自転車レーンの整備が行われるなかには、中央からの交付金や補助金が財源として充てられているものも少なくない。かつてはスクラップ&ビルドで更新されてきた日本の都市に対して、現在では空き家や空きビル活用のプログラムも、重要な中心市街地の課題として取り組まれている。

このように二十年を待たずに、ころころと猫の目のごとく変わる中央政治や中央省庁の思惑に振り回されて、行き先を見失っているのが、日本全国の地方都市の都市デザインだと言っても言い過ぎではないだろう。

松本市においても、時々の施策により街が綺麗に保たれ、人を街に呼び込み、生活が便利になった一方で、歴史ある街の佇まいを失い、共同化ビルの空き家問題など負の遺産を抱えこまされてしまった側面も見逃せない。昭和三〇年代の近代化のトレンドを横目に共同化を免れた中町が「蔵の街」として親しまれ、再開発の手がつかなかった井戸や小路や街路脇の湧水が松本を訪れる人たちに「水の街」を印象づけているのは皮肉としか言いようがない。

松本都市デザイン学習会は、都市デザインに関する基礎的な知識を身に付け、都市デザインの潮流を理解しつつ創造力を養い、歴史や現状を学び、提案する能力を養うことを目標としている。では、何のためにそのような目標を掲げて活動しているのだろうか。その答えは、上述した現在の地方都市の都市デザインがたどってきた経緯に対する、ささやかな抵抗に由来していることは皆がどこかで感じている。

松本市に暮らすわれわれは、都市デザイン整備に関する財源を交付金や補助金に頼らざるを得ない現実の中で、時々に変換する中央政治や中央省庁の方針に振り回され、また一方では中央資本巨大企業の開発意欲と圧力との狭間で、都市のアイデンティティと互いに共用できる理念を持つことの大切さを痛感してきた。過去を後ろ向きに批判して嘆くのも一つだし、それを政治活動に転嫁するのも一つの方法だろう。しかし、松本都市デザイン学習会には、松本の街を次代につなぐために、学び、理解し、創造し、提案する力を付けるしか都市デザインを変える術はない、という思いがそれぞれの根底に流れている。

そして都市デザインは、福祉・地域互助・経済・商売・建築・生活・文化・都市計画・政策・行政交渉などさまざまな内容を横断し、包括しなければ成り立たない。松本都市デザイン学習会には、さまざまな立場や生活や背景を持った、多種多様な人びとが参加している。古くから松本に暮らしてきた人、商売を営んできた人、松本に魅力を感じ移り住んできた人、建築や都市計画を生業とする人、経済学者、地方行政に携わる人、松本の魅力を未来につなげたいと思っている人、松本を変えたいと思っている人などなど。市民も行政にかかわる人も、古くから住む人も、移住してきた人も、あらゆる人びとが、いろいろな立場を超えてともに学び、創造する場が実践されてきたし、本書はその途中経過として拝読していただければうれしい。

「城下町とは?」の問いに関するさまざまな立場からの論文や論考は、松本市のアイデンティティを模索しひも解く作業であるし、片倉、中心市街地のあり方、イオンモールに対しての学習や提案・提言は、中央資本巨大企業の思惑に対して、松本に生きる人びとの意思の現れの一つであった。

しかし、現時点ではイオンモールはわれわれの意思とは違う方向に進んだし、市街地に高層マンションが建て続けられている状況は変化していない。しかし、一喜一憂せずに「都市はいきものである」の言葉に期待しよう。

松本都市デザイン学習会が描きたい街の姿は、持続可能（流行言葉をあえて使わせていただく）な街の姿だ。ショッピングセンターの定期借地権契約は三十年程度が一般的であるし、マンションの建物としての寿命は五十年程度である。持続可能な街の真価はそれを超えた先にあり、われわれが学び、理解し、創造し、提案する力を付ける、その成果にこそあると思いたい。さらに、政治・中央省庁・中央資本巨大企業の思惑がどうであれ、持続可能な街の担い手は、そこに暮らし生業を営む人たちにほかならない。真の意味での地方の時代が問われるとき、松本都市デザイン学習会の活動が大きな意味を持ち、地方都市から発信する都市デザインのあり方が実を結ぶ日があることを信じたい。

【編集後記】本書は二〇一五年に行った都市デザイン連続講座「記号としての城下町」の内容をゲラ刷りでもいいから残そうという声が発端になっている。講座を担当した講師たちが編集委員会をつくって話し合ううちに本にまとめることになった。

折からの地方創生やグローバリズムの波の中で、私たちの城下町松本を新しい時代につなぐときに、その「らしさ」を問い直し、自分たちの頭で言葉にしてみることが大切だと思われた。本書のフィールドは「城下町」だが、住む町のらしさを生かすことはどこの町にも当てはまる営みだと思われる。

そこで、ささやかではあっても同様な課題をもつ地方都市に発信することと、百年後の松本市民に伝えることができればという考えから、講座をベースにしつつも内容を再構成することにした。

しかし、しばらくして個々の講義の単なる寄せ集めではすまないことに気づいた。全体をデザインすることがテーマとなり、そのリフレーミングに時間を要した。

それぞれが個性的で生業も立場も異なる執筆者たちが対話しながら一つの方向へまとめていく営みは、多様な主体の意向をふまえながら全体価値をつくっていく都市デザインに重なる感覚があった。その中で感じたことは、専門家も一般人も境のないコミュニケーションを図ることと、集まれる場の大切さである。みんなで同じ方向を向けば少しずつでも変えられる。

途中から編集者の今井浩一さん、デザイナーの沖増みのりさんに加わっていただき、また公益財団法人大林財団の二〇一七年度研究助成も得ることができて、ようやく出版にこぎつけた。

信濃毎日新聞社出版部の皆様をはじめ、かかわってくださったすべての方に心から感謝します。

（編集長　大石 幹也）

松本都市デザイン学習会
代表：山本 桂子

「城下町のまちづくり講座」編集委員会
井上 信宏／内田 真輔／大石 幹也
大久保 裕史／金井 直／上條 一正
上條 裕久／倉澤 聡／野口 大介
長谷川 繁幸／藤松 幹雄／武者 忠彦
矢久保 学／山田 健一郎 （50音順）

都市景観写真提供：倉澤 聡
編集：今井 浩一『engawa』
デザイン＋DTP：沖増 みのり

本書の作成にあたっては、公益財団法人大林財団研究助成事業「都市づくりにおける「城下町」の現代的意味に関する研究」（研究代表者・武者忠彦、2017年度）を活用した。

城下町のまちづくり講座

2019年 3月28日 初版発行

著 者　松本都市デザイン学習会
発 行　信濃毎日新聞社
〒380-8546 長野市南県町657
電話 026-236-3377
https://shop.shinmai.co.jp/books/
印刷所　信毎書籍印刷株式会社
製本所　株式会社渋谷文泉閣

ISBN 978-4-7840-7348-1 C0050

落丁・乱丁本はお取替えします。
定価はカバーに表示してあります。

みんなが欲しかった！

宅建士の問題集

滝澤ななみ

本試験論点別

★法改正情報は「サイバーブックストア」で!!★

宅建士本試験は、例年４月１日現在施行されている法令等に基づいて出題されます。本書刊行後に施行が判明した法改正情報は、TAC出版ウェブページ「サイバーブックストア」内「法改正情報」ページにてPDFを公開いたします(2022年7月下旬予定)。

また、法改正情報・最新統計データ等を網羅して、TAC宅建士講座が作成した『法律改正点レジュメ』を2022年７月より、TAC出版ウェブページ「サイバーブックストア」内で無料公開いたします(パスワードの入力が必要です)。

【『法律改正点レジュメ』ご確認方法】

- TAC　出版 で検索し、TAC出版ウェブページ「サイバーブックストア」へアクセス！
- 「各種サービス」より「書籍連動ダウンロードサービス」を選択し、「宅地建物取引士　法律改正点レジュメ」に進み、パスワードを入力してください。

パスワード：22109772

公開期限：2022年度宅建士本試験終了まで

簡単アクセスはこちらから →

本書は、宅地建物取引士資格試験（以下、宅建士試験）に合格することを目的とした受験対策用の問題集です。同シリーズの『**宅建士の教科書（別売り）**』とあわせて、本書をご使用ください。

効率的に学習していただけるよう、本書には次の特徴をもたせています。

1．ちょっと確認！

問題の周辺知識を手軽に確認できるよう、『教科書』の内容をコンパクトにまとめた**「ちょっと確認！」**を解説の末尾に載せました。

2．プラスワン

『教科書』に未掲載の論点については、解説肢にマーク（）を付けています。解説を読んで理解しておきましょう。また、もう少ししっかりおさえておいてほしい箇所については、解説の末尾に**「プラス1（ワン）」**としても記載しています。

3．「これはどう？」と「Step Up」

いま解いた問題（もしくは選択肢）と同一もしくは類似論点で、違う角度から確認しておいてほしい問題について、**「これはどう？」**として問題を追加しています。また、いま解いた問題（もしくは選択肢）よりも難しい問題だけど、あわせて確認しておいてほしい問題について、**「Step Up」**として問題を追加しています。

これらを解くことにより、総合的に実力をつけることができます。

4．最新過去問（令和３年度の本試験問題）がダウンロード※できる！

本試験感覚で力を試していただけるよう、総合問題として、最新過去問（令和３年度の本試験問題）をダウンロード形式で付けました。本試験と同様、時間を計って解いてみてください。また、解説講義も付けましたので、問題の解き方などを確認してください。

※ ダウンロード方法等はP.viiを参照してください。

本書をご活用いただき、皆様が合格されることを心よりお祈り申し上げます。

←本書のキャラクター
解説の補足説明や、
ちょっとしたヒトコト
をつぶやきます…

2021年9月
滝澤ななみ

『みんなが欲しかった！宅建士の問題集』の手引

勉強の質と効率が劇的に上がる　７つの工夫
こんな学びやすい問題集があったのか！

その①　まずは全体像をチェック

各CHAPTERの最初にその科目で学ぶ論点を掲載しています。これを確認してから問題演習に取り組むと、全体がイメージでき、メリハリがきいた学習ができます。

CHAPTER 01 宅建業法

本試験での出題数…20問　目標点…18点

論　点	問題番号	『教科書』との対応
宅建業法の基本	問題1～問題4	CH.01 SEC.01
免　許	問題5～問題18	CH.01 SEC.02
宅地建物取引士	問題19～問題24	CH.01 SEC.03
営業保証金	問題25～問題31	CH.01 SEC.04
保証協会	問題32～問題37	CH.01 SEC.05
事務所、案内所等に関する規制 【専任の取引士、標識、帳簿、従業者名簿、報酬額の掲示、従業者証明書など】	問題38～問題45	CH.01 SEC.06

その②　徹底的に問題を解こう！

難易度 A　宅建業法の基本　→教科書 CHAPTER01 SECTION01

問題1　宅地建物取引業の免許(以下この問において「免許」という。)に関する次の記述のうち、正しいものはどれか。　[H16問30]

(1) Aが、その所有する農地を区画割りして宅地に転用したうえで、一括して宅地建物取引業者Bに媒介を依頼して、不特定多数の者に対して売却する場合、Aは免許を必要としない。
(2) Cが、その所有地にマンションを建築したうえで、自ら賃借人を募集して賃貸し、その管理のみをDに委託する場合、C及びDは、免許を必要としない。
(3) Eが、その所有する都市計画法の用途地域内の農地を区画割りして、公益法人のみに対して反復継続して売却する場合、Eは、免許を必要としない。
(4) Fが、甲県からその所有する宅地の販売の代理を依頼され、不特定多数の者に対して売却する場合、Fは、免許を必要としない。

論点別に収載された過去問を解いて知識の確認・整理をしましょう。本書は見開き構成で赤シートに対応しているので、解答部分を隠しながら問題を解くことができます。また、『宅建士の教科書(別売り)』へのリンクが明示されているので、わからなかった箇所は『教科書』を見直して復習しましょう。

その③ 「ちょっと確認！」で手軽に知識を確認しよう！

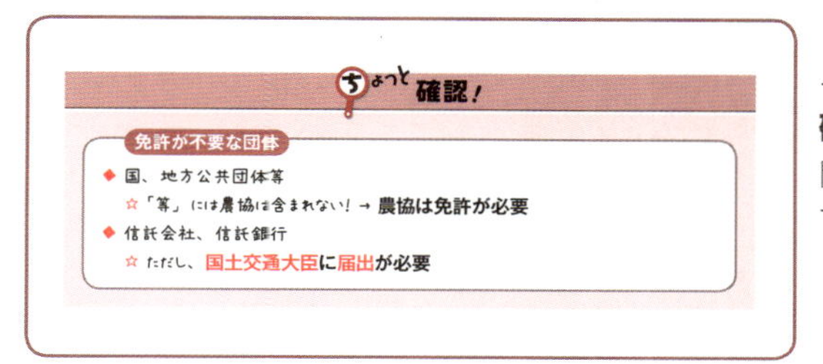
ちょっと確認！

免許が不要な団体

◆ 国、地方公共団体等

☆「等」には農協は含まれない！→ **農協は免許が必要**

◆ 信託会社、信託銀行

☆ ただし、**国土交通大臣に届出が必要**

解説部分に『教科書』のポイントをまとめた**「ちょっと確認！」**を掲載しているので、問題の周辺知識を手軽に確認できます。

その④ 「プラス1(ワン)」で知識を補充しよう！

本試験では、基本的な内容(『教科書』に掲載している内容)を超えた問題が出題されることもあります。

『教科書』未掲載の内容については、解説肢にマーク( )を付けていますので、解説をよく読んで知識を補充しましょう。

また、必要に応じて**「プラス1(ワン)」**として内容をまとめています。

これらを確認することにより、少し難しめの本試験問題にも対応できる、応用的な知識を補充することができます。

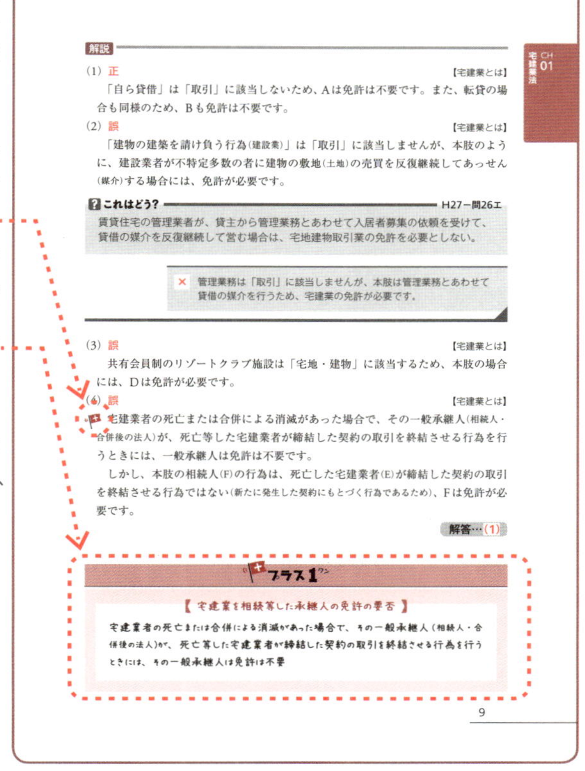
解説

CH 01 宅建業法

(1) 正 【宅建業とは】

「自ら貸借」は「取引」に該当しないため、Aは免許は不要です。また、転貸の場合も同様のため、Bも免許は不要です。

(2) 誤 【宅建業とは】

「建物の建築を請け負う行為(建設業)」は「取引」に該当しませんが、本肢のように、建設業者が不特定多数の者に建物の敷地(土地)の売買を反復継続してあっせん(媒介)する場合には、免許が必要です。

これはどう？ H27－問26エ

賃貸住宅の管理業者が、貸主から管理業務とあわせて入居者募集の依頼を受けて、賃借の媒介を反復継続して営む場合は、宅地建物取引業の免許を必要としない。

× 管理業務は「取引」に該当しませんが、本肢は管理業務とあわせて賃借の媒介を行うため、宅建業の免許が必要です。

(3) 誤 【宅建業とは】

共有会員制のリゾートクラブ施設は「宅地・建物」に該当するため、本肢の場合には、Dは免許が必要です。

(4) 誤 【宅建業とは】

宅建業者の死亡または合併による消滅があった場合で、その一般承継人(相続人・合併後の法人)が、死亡等した宅建業者が締結した契約の取引を終結させる行為を行うときには、一般承継人は免許は不要です。

しかし、本肢の相続人(F)の行為は、死亡した宅建業者(E)が締結した契約の取引を終結させる行為ではない(新たに発生した契約にもとづく行為であるため)、Fは免許が必要です。

解答…(1)

プラス1

【宅建業を相続等した承継人の免許の要否】

宅建業者の死亡または合併による消滅があった場合で、その一般承継人(相続人・合併後の法人)が、死亡等した宅建業者が締結した契約の取引を終結させる行為を行うときには、その一般承継人は免許は不要

9

その⑤　「これはどう？」と「Step UP」でもう少し問題を解いておこう！

これはどう？　H23－問30②

甲県知事は、Ａ社が宅地建物取引業の免許を受けた日から３月以内に営業保証金を供託した旨の届出をしないときは、その届出をすべき旨の催告をしなければならず、その催告が到達した日から１月以内にＡ社が届出をしないときは、Ａ社の免許を取り消すことができる。

○　免許権者は、宅建業の免許を与えた日から**３カ月以内**に営業保証金を供託した旨の届出がないときは、催告しなければなりません。そして、その催告が到達した日から**１カ月以内**に宅建業者が届出をしないときは免許を取り消すことができます。

Step Up　H19－問30④改

宅地建物取引業者である法人Ｆの取締役Ｇは取引士であり、本店において専ら宅地建物取引業に関する業務に従事している。この場合、Ｆは、Ｇを本店の専任の取引士の数のうちに算入することはできない。

×　宅建業者が法人で、その法人の役員が取引士である場合、その役員が主として業務に従事する事務所等について、その役員は専任の取引士とみなされます。したがって、本肢の場合、Ｇは本店の専任の取引士の数に算入することができます。

いま解いた問題と同一もしくは類似論点で、違う角度から確認しておいてほしい問題について、**「これはどう？」**として問題を追加しています。

また、いま解いた問題よりも難しい問題ですが、あわせて確認しておいてほしい問題について、**「Step Up」**として問題を追加しています。

このような形で問題をたくさん解くことにより、確実に力をつけることができます。

その⑥　学習日＆理解度チェック表も活用できる

各問題に、学習した日と自分の理解度を測ることができる表をつけました。

学習計画を立てたり、自らの得意分野・不得意分野を知るための指針として活用してください。

	①	②	③	④	⑤
学習日					
理解度（○/△/×）					

その⑦　マスターすべき問題がひと目でわかる！　難易度付き

…やさしめの問題
必ずマスターして！

…ふつう程度の問題
このレベルまでは頑張ってマスターしよう

…難しい問題
学習が進んでいない人は後回しでも…

各問題に難易度（Ａ～Ｃ）をつけました。

Ａランクの問題は、合格レベルの受験生ならラクラク解ける問題（これができなかったら合格はキビシイという問題）なので、必ずマスターしましょう。

さらに…こだわりのポイント

❶ 無料！　最新の本試験問題＆解答解説がダウンロードできる！

令和３年度の本試験問題と解答解説を所定のダウンロードページから入手できます。

最新傾向や難易度の把握、ひっかけ問題など、特殊な問題への対策にもご活用いただけます。

また実際の試験と同じ時間（2時間）で一通り解いてみることで、本試験を擬似体感でき、タイムマネジメントをはじめ実力アップにつながります。

❷ 無料！　試験の解き方などの講義動画をみることができる！

独学道場※「みんなが欲しかった！コース」の担当講師が、令和３年度本試験問題を解説します！

実際の試験問題を攻略するさいのコツやテクニックなどをお届けします。

実際の問題を解く手順や時間配分など、実力に磨きをかけるために必見の知識が満載です。

※『独学道場（別売り）』とは、人気書籍を多数出版するTAC出版と毎年多くの合格者を輩出するTAC宅地建物取引士講座が強力タッグを組み、「独学とスクールのいいとこどり」により「合格の道しるべ」となるようにつくられた独学者向けのコースです。

最新過去問ダウンロード・講義動画　ページへのアクセス方法

TAC出版

TAC出版書籍販売サイト CyberBookStore
読者様限定 書籍連動ダウンロードサービス

ページへのアクセスには下記のパスワードが必要です。

パスワード **22109774**

簡単アクセスは
こちらから

講義動画への
簡単アクセス方法

※配信期間：2021年12月下旬～2022年10月31日

❸ いつでもどこでも問題演習ができる！　セパレートタイプの3分冊

分野ごとに取り外して勉強できる、セパレートタイプの書籍です。分けてしまえば持ち運びがラクになり、いつでも問題演習ができます。また、『宅建士の教科書』と分野ごとにそろえて使うことができます。

1冊のままだと少し重たい本書ですが、分野ごとに分解することにより、とても軽くなるので、勉強がしやすくなります。いつでもどこでも持ち運び、ちょっとしたスキマ時間に1問、解きましょう。

❹ 4匹のうさぎが、補足情報をナビゲート！

解説の補足や理解するためのヒントなど、ちょっとした内容を4匹のうさぎ達がつぶやいています。解説文と一緒に読んで理解を深めてください。

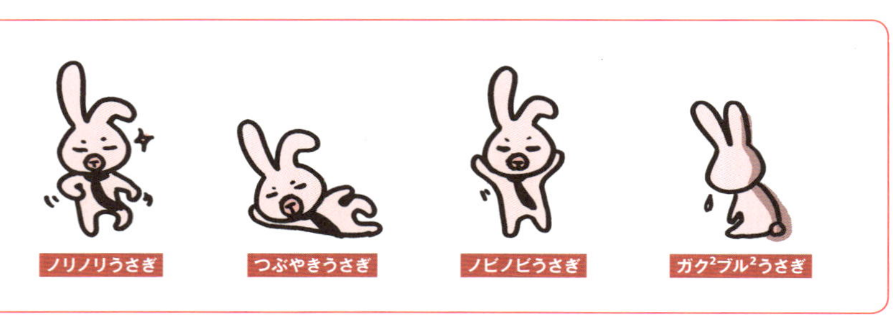

宅建士試験の概要

日時、出題形式

日時	10月の第3日曜日　午後1時～3時
出題形式	4肢択一式50問 ※登録講習*修了者は下記の科目(計5問)が免除される CH.04　SECTION04　住宅金融支援機構法 SECTION05　景品表示法 SECTION06　土地・建物 本書に記載なし　統計 ＊登録講習…国土交通大臣の登録を受けた機関が宅建業の従事者に対して行う講習

受験資格、試験地

受験資格	なし
試験地	47都道府県　会場は申込み受付時に指定

申込方法、申込受付期間、受験手数料、合格発表

申込方法	インターネットまたは郵送により行う
申込受付期間	インターネット：7月上旬～7月中旬頃 郵送：7月上旬～7月下旬頃
受験手数料	7,000円(2021年)
合格発表	例年、試験後の11月下旬～12月上旬

試験実施団体

一般財団法人不動産適正取引推進機構
https://www.retio.or.jp/

※上記は出版時のデータです。詳細は試験実施団体にお問い合わせください。
※なお、令和2年(2020年)度は、新型コロナウイルス感染症の影響により、一部地域では、受験者を10月と12月に分けて試験が行われました。
令和3年(2021年)度についても、一部地域において、受験者を10月と12月に分けて試験が実施されます。

宅建士試験の状況

過去５年間の受験者数等

	申込者数	受験者数	合格者数	合格点	合格率
2020年12月	55,121人	35,261人	4,610人	36点	13.1%
2020年10月	204,163人	168,989人	29,728人	38点	17.6%
2019年	276,019人	220,797人	37,481人	35点	17.0%
2018年	265,444人	213,993人	33,360人	37点	15.6%
2017年	258,511人	209,354人	32,644人	35点	15.6%
2016年	245,742人	198,463人	30,589人	35点	15.4%

※合格基準の決まりはなく、毎年異なりますが、おおよそ31点(問題が難しい年)から38点(問題がやさしい年)となっています。

科目別出題数

<table>
<tr><th colspan="2">科　目</th><th>出題数</th><th>目標点</th></tr>
<tr><td colspan="2">宅建業法
（本書：CHAPTER01）</td><td>20問
(第26問～第45問)</td><td>18点</td></tr>
<tr><td colspan="2">権利関係
（本書：CHAPTER02）</td><td>14問
(第1問～第14問)</td><td>8～10点</td></tr>
<tr><td colspan="2">法令上の制限
（本書：CHAPTER03）</td><td>8問
(第15問～第22問)</td><td>5点</td></tr>
<tr><td rowspan="2">税・その他
（本書：CHAPTER04）</td><td>不動産に関する税金
不動産鑑定評価基準
地価公示法</td><td>3問
(第23問～第25問)</td><td>2点</td></tr>
<tr><td>住宅金融支援機構法
景品表示法
統計
土地・建物</td><td>5問
(第46問～第50問)</td><td>3点</td></tr>
</table>

科目別ワンポイントアドバイス

宅建業法（本書：CHAPTER01）
☆　他の科目に比べると標準的な出題が多く、得点しやすい科目。宅建業法で高得点を狙おう

権利関係（本書：CHAPTER02）
☆　「民法」「借地借家法」「区分所有法」「不動産登記法」から出題される
☆　はっきり言って難しい。高得点を狙おうとムキになって勉強しすぎないほうがいい。基本的なことだけおさえよう
☆　他の科目で得点できていないなら、まずは他の科目の勉強に力を注ごう

法令上の制限（本書：CHAPTER03）
☆　「都市計画法」「建築基準法」「国土利用計画法」「農地法」「宅地造成等規制法」「土地区画整理法」等から出題される
☆　宅建業法の次に力を入れたい科目
☆　暗記ものが多いため、苦労する人もいるけれど、問題集を繰り返し解いて地道に知識を蓄えよう

税・その他（本書：CHAPTER04）
【不動産に関する税金、不動産鑑定評価基準、地価公示法】
☆　「税金」は、学習量は多くないが、種類が多いため、混乱することがあるかも…。出題される箇所はある程度決まっているので、問題集を解いて慣れよう
【住宅金融支援機構法、景品表示法、統計、土地・建物】
☆　「景品表示法」や「土地・建物」は、教科書をざっと読んだら、問題を解きながら覚えるようにしよう
☆　不動産業界に関する統計問題が毎年１問出題されている。最新の統計データを試験直前に確認しておこう。データは土地総合ライブラリー等で確認できるが、直前模試等を受講して、確認するほうが効率的

合格が近づく勉強のコツ

step1 『宅建士の教科書』(別売り)を何度も読み込む！

教科書は最低でも2回は読みましょう。

内容がわからなくても、1回目は全体を掴むことを意識してどんどん読み進めてみてください。2回目以降は理解しにくいところを中心に深く読み込みます。宅建士試験は法律を中心に相当広い分野から出題されます。法律独特の言い回しに慣れるという意味でも、複数回教科書を読むようにしましょう。**基本編**で土台を固め、**参考編**で応用知識を学んでください。

step2 『宅建士の教科書』(別売り)の例題で知識定着と問題演習を一気に行う！

教科書で学んだ知識をしっかり頭に定着させるために必ず例題は解くようにしましょう。例題は本文と「セットでやる」という意識を持ってください。例題はスマホ学習対応なので、通勤時間やスキマ時間をうまく活用すれば、効果的に勉強を進められます。

step3 問題集で論点別過去問をたくさん解こう！

教科書を読んだら、問題集を解きましょう。教科書と問題集は完全リンクしているので、解けなかったところは教科書に戻って復習しましょう。

step4 問題集の最新過去問に挑戦！

問題集は最新年度の過去問題がダウンロードできるしくみになっています。本試験と同じ2時間で解いてみてください。本試験と同じ問題数(50問)の分量が体感できます。終了したら自己採点して、自分の実力を客観的に分析し、得意分野・不得意分野を理解しましょう。その上で一番早く50問を解き終わる解き順のシミュレーションができれば中身の濃い学習となります。

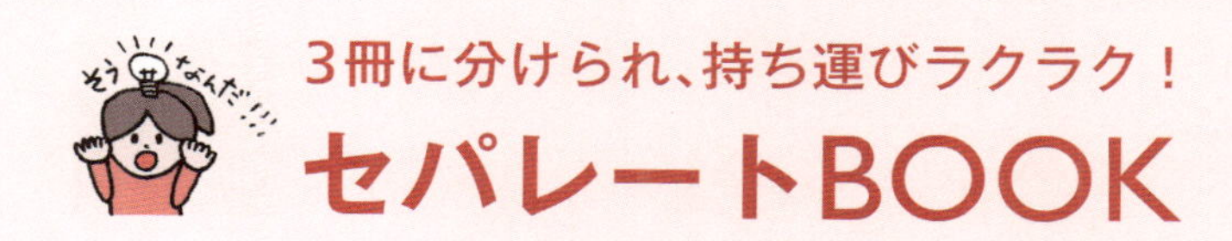

3冊に分けられ、持ち運びラクラク！
セパレートBOOK

『みんなが欲しかった！　宅建士の問題集』は、かなりページ数が多いため、「1冊のままだと、バックに入れて持ち運びづらい」という方もいらっしゃると思います。

そこで、いつでもどこでも問題演習ができるように、本書は分野別に3冊に分解して使うことができるつくりにしました。

第1分冊：CHAPTER01 宅建業法 第2分冊：CHAPTER02 権利関係 第3分冊：CHAPTER03 法令上の制限、CHAPTER04 税・その他

分冊は「みんなが欲しかった！　宅建士の教科書」(別売り)と分野をそろえてあるので、「教科書」とセットで学習するのにとても便利です。ぜひ、あわせてお使いください！

目 contents 次

第1分冊

分野別３分冊の使い方

下記の手順に沿って本を分解してご利用ください。

本の分け方

①色紙を残して、各冊子を取り外します。

※色紙と各冊子が、のりで接着されています。乱暴に扱いますと、破損する危険性がありますので、丁寧に取り外すようにしてください。

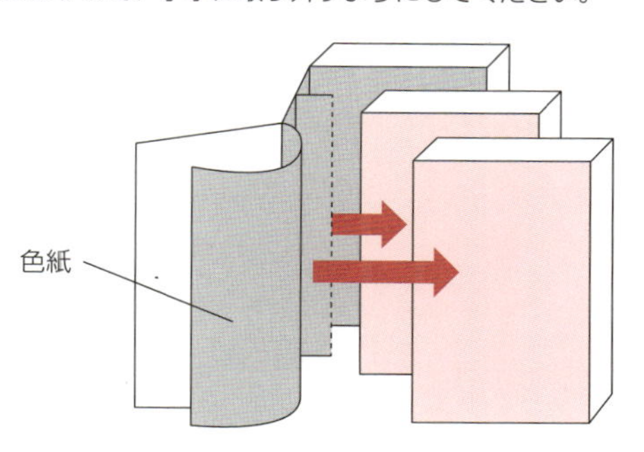

②カバーを裏返しにして、抜き取った冊子にあわせてきれいに折り目をつけて使用してください。

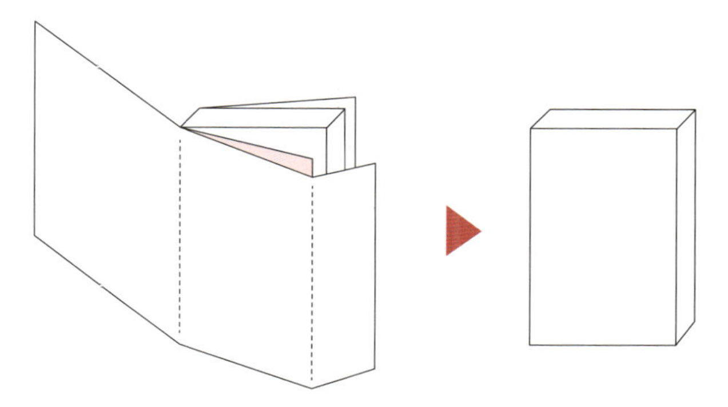

※抜き取るさいの損傷についてのお取替えはご遠慮願います。

memo

memo

【著　者】
滝澤ななみ（たきざわ・ななみ）

簿記、FPなど多くの資格書を執筆している。本書が初の法律系国家資格書の執筆となる。本書『みんなが欲しかった！宅建士の問題集』および『教科書』は、刊行以来７年連続売上№１※1を記録。その他の主な著作は『スッキリわかる日商簿記』１～３級（12年連続全国チェーン売上№１※2）、『みんなが欲しかった！FPの教科書』２～３級（７年連続売上№１※3）など。

※１　紀伊國屋書店　2015年度版~2021年度版（毎年度10月～８月で集計）
※２　紀伊國屋書店／くまざわ書店／三省堂書店／丸善ジュンク堂書店／未来屋書店
　　　2009年１月～2020年12月（各社調べ、50音順）
※３　紀伊國屋書店　2014年１月～2020年12月で集計

<ホームページ>『滝澤ななみのすすめ！』
URL: https://takizawananami-susume.jp/

〈ブログ〉『滝澤ななみ　簿記とか、FPとか・・・書いて☑』
URL：http://takizawa773.blog.jp/

・装丁：Nakaguro Graph（黒瀬章夫）
・装画：matsɹ（マツモト　ナオコ）
・本文イラスト：napocon

みんなが欲しかった！　宅建士シリーズ

2022年度版
みんなが欲しかった！　宅建士の問題集　本試験論点別

（2015年度版　2014年11月30日　初　版　第１刷発行）
2021年10月20日　初　版　第１刷発行
2022年５月25日　　　　　第３刷発行

著　　者　滝　澤　な　な　み
発 行 者　多　田　敏　男
発 行 所　TAC株式会社　出版事業部
　　　　　（TAC出版）

〒101-8383 東京都千代田区神田三崎町3-2-18
電 話 03(5276)9492(営業)
FAX 03(5276)9674
https://shuppan.tac-school.co.jp/

組　　版　朝日メディアインターナショナル株式会社
印　　刷　今　家　印　刷　株　式　会　社
製　　本　東　京　美　術　紙　工　協　業　組　合

ISBN 978-4-8132-9774-1
N.D.C. 673

2022年度版 宅地建物取引士への道

宅地建物取引士証を手に入れるには、試験に合格し、宅地建物取引士登録を経て、宅地建物取引士証の交付申請という手続

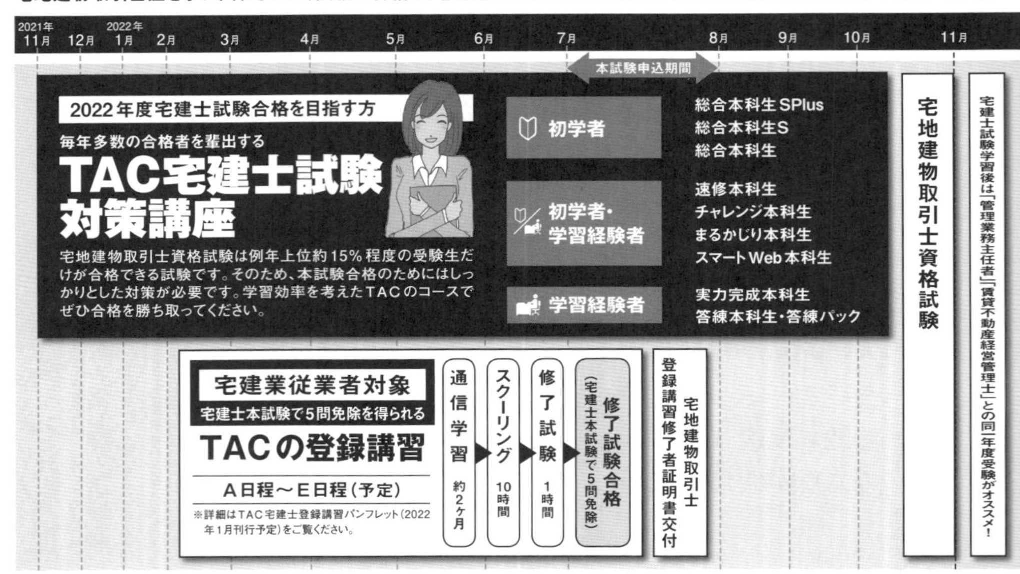

“実務の世界で活躍する皆さまを応援したい”そんな思いから、TACでは試験合格のみならず宅建業で活躍されている方、活躍したい方を「登録講習」「登録実務講習」実施機関として国土交通大臣の登録を受け、サポートしております。

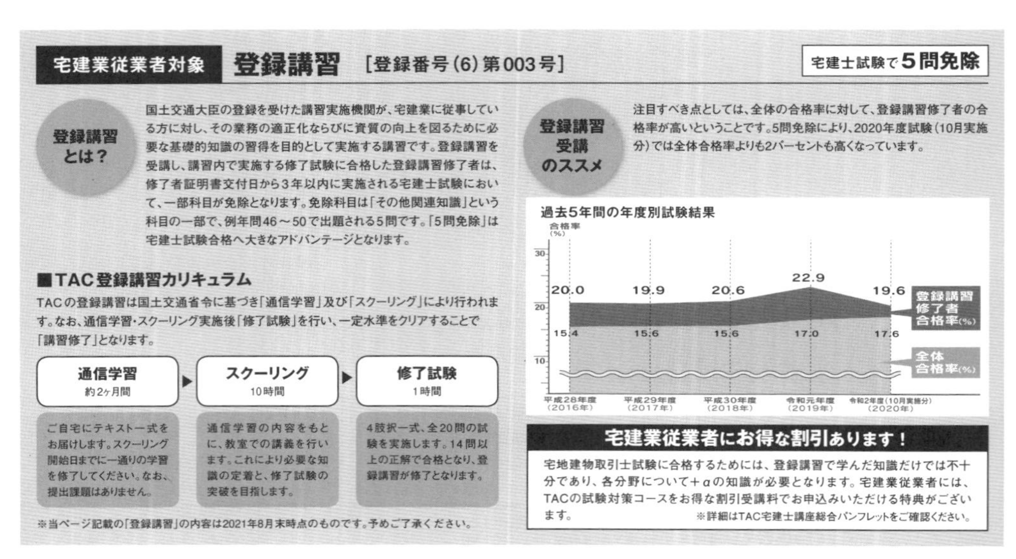

宅建業従業者対象 登録講習 [登録番号(6)第003号]

宅建士試験で**5問免除**

登録講習とは?

国土交通大臣の登録を受けた講習実施機関が、宅建業に従事している方に対し、その業務の適正化ならびに資質の向上を図るために必要な基礎的知識の習得を目的として実施する講習です。登録講習を受講し、講習内で実施する修了試験に合格した登録講習修了者は、修了者証明書交付日から3年以内に実施される宅建士試験において、一部科目が免除となります。免除科目は「その他関連知識」という科目の一部で、例年問46～50で出題される5問です。「5問免除」は宅建士試験合格へ大きなアドバンテージとなります。

■TAC登録講習カリキュラム

TACの登録講習は国土交通省令に基づき「通信学習」及び「スクーリング」により行われます。なお、通信学習・スクーリング実施後「修了試験」を行い、一定水準をクリアすることで「講習修了」となります。

通信学習 約2ヶ月間 ▶ **スクーリング** 10時間 ▶ **修了試験** 1時間

- 通信学習：ご自宅にテキスト一式をお届けします。スクーリング開始日までに一通りの学習を修了してください。なお、提出課題はありません。
- スクーリング：通信学習の内容をもとに、教室での講義を行います。これにより必要な知識の定着と、修了試験の突破を目指します。
- 修了試験：4肢択一式、全20問の試験を実施します。14問以上の正解で合格となり、登録講習が修了となります。

※当ページ記載の「登録講習」の内容は2021年8月末時点のものです。予めご了承ください。

登録講習受講のススメ

注目すべき点としては、全体の合格率に対して、登録講習修了者の合格率が高いということです。5問免除により、2020年度試験(10月実施分)では全体合格率よりも2パーセントも高くなっています。

過去5年間の年度別試験結果

年度	登録講習修了者合格率(%)	全体合格率(%)
平成28年度(2016年)	20.0	15.4
平成29年度(2017年)	19.9	15.6
平成30年度(2018年)	20.6	15.6
令和元年度(2019年)	22.9	17.0
令和2年度(10月実施分)(2020年)	19.6	17.6

宅建業従業者にお得な割引あります!

宅地建物取引士試験に合格するためには、登録講習で学んだ知識だけでは不十分であり、各分野について+αの知識が必要となります。宅建業従業者には、TACの試験対策コースをお得な割引受講料でお申込みいただける特典がございます。

※詳細はTAC宅建士講座総合パンフレットをご確認ください。

試験ガイド

>>試験実施日程
(2021年度例)

試験案内配布	試験申込期間	試　験	合格発表
例年7月上旬より各都道府県の試験協力機関が指定する場所にて配布（各都道府県別）	■郵送（消印有効） 例年7月上旬～7月下旬 ■インターネット 例年7月上旬～7月中旬	毎年1回 原則として例年10月第3日曜 日時間帯／午後1時～3時（2時間） ※登録講習修了者 午後1時10分～3時（1時間50分）	原則として例年12月の第1水曜日または11月の最終水曜日 合格者受験番号の掲示および合格者には合格証書を送付
【2021年度】 7/1（木）～7/30（金）	【2021年度】 ■郵送 7/1（木）～7/30（金）消印有効 ■インターネット 7/1（木）9時30分～ 7/18（日）21時59分	【2021年度】 10/17（日）	【2021年度】 12/1（水）

>>試験概要 (2021年度例)

受験資格	原則として誰でも受験できます。また、宅地建物取引業に従事している方で、国土交通大臣から登録を受けた機関が実施する講習を受け、修了した人に対して試験科目の一部（例年5問）を免除する「登録講習」制度があります。
受験地	試験は、各都道府県別で実施されるため、受験申込時に本人が住所を有する都道府県での受験が原則となります。
受験料	7,000円
試験方法・出題数	方法：4肢択一式の筆記試験（マークシート方式）　出題数：50問（登録講習修了者は45問）
試験内容	法令では、試験内容を7項目に分類していますが、TACでは法令をもとに下記の4科目に分類しています。

科　目	出題数
民法等	14問
宅建業法	20問
法令上の制限	8問
その他関連知識	8問

※登録講習修了者は例年問46～問50の5問が免除となっています。

試験実施機関	（一財）不動産適正取引推進機構 〒105-0001 東京都港区虎ノ門3-8-21　第33森ビル3階 03-3435-8111　http://www.retio.or.jp/

受験資格または願書の配布時期及び申込受付期間等については、必ず各自で事前にご確認ください。
願書の取り寄せ及び申込手続も必ず各自で忘れずに行ってください。

直前対策シリーズ

※直前対策シリーズの受講料等詳細につきましては、2022年7月中旬刊行予定のご案内をご確認ください。

ポイント整理、最後の追い込みに大好評!

TACでは、本試験直前期に、多彩な試験対策講座を開講しています。
ポイント整理のために、最後の追い込みのために、毎年多くの受験生から好評をいただいております。
周りの受験生に差をつけて合格をつかみ取るための最後の切り札として、ご自身のご都合に合わせてご活用ください。

8月開講 直前対策講義

〈全7回／合計17.5時間〉

講義形式

ビデオブース講座　Web通信講座

直前の総仕上げとして重要論点を一気に整理!
直前対策講義のテキスト(非売品)は本試験当日の最終チェックに最適です!

対象者
- よく似たまぎらわしい内容や表現が「正確な知識」として整理できていない方
- 重要論点ごとの総復習や内容の整理を効率よくしたい方
- 問題を解いてもなかなか得点に結びつかない方

特色
- 直前期にふさわしく「短時間(合計17.5時間)で重要論点の総復習」ができる
- 重要論点ごとに効率良くまとめられた教材で、本試験当日の最終チェックに最適
- 多くの受験生がひっかかってしまうまぎらわしい出題ポイントをズバリ指摘

通常受講料(教材費・消費税10%込)	ビデオブース講座 Web通信講座	¥30,000

カリキュラム(全7回)
使用テキスト
- 直前対策講義レジュメ(全1冊)

※2022年合格目標宅建士講座「総合本科生SPlus」「総合本科生S」「総合本科生」をお申込みの方は、カリキュラムの中に「直前対策講義」が含まれておりますので、別途「直前対策講義」のお申込みの必要はありません。

10月開講 やまかけ3日漬講座

〈全3回／合計7時間30分〉

問題演習+解説講義

教室講座　Web通信講座　DVD通信講座

TAC宅建士講座の精鋭講師陣が2021年の宅建士本試験を
完全予想する最終直前講座!

対象者
- 本試験直前に出題予想を押さえておきたい方

特色
- 毎年多数の受験生が受講する大人気講座
- TAC厳選の問題からさらに選りすぐった「予想選択肢」を一挙公開
- リーズナブルな受講料
- 一問一答形式なので自分の知識定着度合いが把握しやすい

申込者限定配付
使用テキスト
- やまかけ3日漬講座レジュメ(問題・解答 各1冊)

通常受講料(教材費・消費税10%込)	教室講座 Web通信講座 DVD通信講座	¥9,900

※2022年合格目標TAC宅建士講座各本科生・パック生の方も別途お申込みが必要です。
※振替・重複出席等のフォロー制度はございません。予めご了承ください。

宅建士とのW受験に最適!

宅地建物取引士試験と管理業務主任者試験の同一年度W受験をオススメします!

宅建士受験生の
皆さまへ!

宅建士で学習した知識を活かすには同一年度受験!!

宅建士と同様、不動産関連の国家資格「管理業務主任者」は、マンション管理のエキスパートです。管理業務主任者はマンション管理業者に必須の資格で独占業務を有しています。**現在、そして将来に向けてマンション居住者の高齢化とマンションの高経年化は日本全体の大きな課題となっており、今後「管理業務主任者」はより一層社会から求められる人材として期待が高まることが想定されます。**マンションディベロッパーをはじめ、宅建業者の中にはマンション管理業を兼務したりマンション管理の関連会社を設けているケースが多く見受けられ、宅建士とのダブルライセンス取得者の需要も年々高まっています。

また、**試験科目が宅建士と多くの部分で重なっており**、宅建士受験者にとっては資格取得に向けての大きなアドバンテージになります。したがって、宅建士受験生の皆さまには、**同一年度に管理業務主任者試験とのW合格のチャレンジをオススメします!**

◆各資格試験の比較 ※受験申込受付期間にご注意ください。

	宅建士	共通点	管理業務主任者
受験申込受付期間	例年 7月初旬～7月末		例年 9月初旬～9月末
試験形式	四肢択一・50問	↔	四肢択一・50問
試験日時	毎年1回、10月の第3日曜日		毎年1回、12月の第1日曜日
	午後1時～午後3時(2時間)	↔	午後1時～午後3時(2時間)
試験科目(主なもの)	◆民法 ◆借地借家法 ◆区分所有法 ◆不動産登記法 ◆宅建業法 ◆建築基準法 ◆税金	↔	◆民法 ◆借地借家法 ◆区分所有法 ◆不動産登記法 ◆宅建業法 ◆建築基準法 ◆税金
	◆都市計画法 ◆国土利用計画法 ◆農地法 ◆土地区画整理法 ◆鑑定評価 ◆宅地造成等規制法 ◆統計		◆標準管理規約 ◆マンション管理適正化法 ◆マンションの維持保全(消防法・水道法等) ◆管理組合の会計知識 ◆標準管理委託契約書 ◆建替え円滑化法
合格基準点	38点/50点(令和2年度10月実施分) 36点/50点(令和2年度12月実施分)		37点/50点(令和2年度)
合格率	17.6%(令和2年度10月実施分) 13.1%(令和2年度12月実施分)		23.9%(令和2年度)

※管理業務主任者試験を目指すコースの詳細は、2022年合格目標 管理業務主任者講座パンフレット(2021年12月刊行予定)をご覧ください。

宅建士からのステップアップに最適!

ステップアップ・ダブルライセンスを狙うなら…

宅地建物取引士の本試験終了後に、不動産鑑定士試験へチャレンジする方が増えています。なぜなら、これら不動産関連資格の学習が、不動産鑑定士へのステップアップの際に大きなアドバンテージとなるからです。宅建の学習で学んだ知識を活かして、ダブルライセンスの取得を目指してみませんか？

▶ 不動産鑑定士

2021年度不動産鑑定士短答式試験
行政法規　出題法令・項目

難易度の差や多少の範囲の相違はありますが、一度学習した法令ですから、初学者に比べてよりスピーディーに合格レベルへと到達でき、非常に有利といえます。
なお、論文式試験に出題される「民法」は先述の宅建士受験者にとっては馴染みがあることでしょう。したがって不動産鑑定士試験全体を通じてアドバンテージを得ることができます。

宅建を学習された方にとっては
見慣れた法令が
点在しているはずです。

問題	法律		問題	法律
1	土地基本法		21	マンションの建替え等の円滑化に関する法律
2	不動産の鑑定評価に関する法律		22	不動産登記法
3	不動産の鑑定評価に関する法律		23	住宅の品質確保の促進等に関する法律
4	地価公示法		24	宅地造成等規制法
5	国土利用計画法		25	宅地建物取引業法
6	都市計画法	地域地区	26	不動産特定共同事業法
7	都市計画法	地域地区	27	高齢者、障害者等の移動等の円滑化の促進に関する法律
8	都市計画法	地区計画	28	土地収用法
9	都市計画法	開発許可	29	土壌汚染対策法
10	都市計画法	開発行為	30	文化財保護法
11	土地区画整理法		31	自然公園法
12	都市再開発法		32	農地法
13	都市再開発法		33	河川法、海岸法及び公有水面埋立法
14	都市緑地法		34	国有財産法
15	景観法		35	所得税法
16	建築基準法	総合	36	法人税法
17	建築基準法	総合	37	租税特別措置法
18	建築基準法	総合	38	固定資産税
19	建築基準法	総合	39	相続税法
20	建築基準法	容積率	40	投資信託及び投資法人に関する法律及び資産の流動化に関する法律

さらに

宅地建物取引士試験を受験した経験のある方は
割引受講料にてお申込みいただけます!

詳細はTACホームページ、不動産鑑定士講座パンフレットをご覧ください。

(2021年7月現在)

書籍のご購入は

1 全国の書店、大学生協、ネット書店で

2 TAC各校の書籍コーナーで

資格の学校TACの校舎は全国に展開!
校舎のご確認はホームページにて

資格の学校TAC ホームページ
https://www.tac-school.co.jp

3 TAC出版書籍販売サイトで

CYBER BOOK STORE TAC出版書籍販売サイト

TAC 出版 で 検索

https://bookstore.tac-school.co.jp/

新刊情報をいち早くチェック!

たっぷり読める立ち読み機能

学習お役立ちの特設ページも充実!

TAC出版書籍販売サイト「サイバーブックストア」では、TAC出版および早稲田経営出版から刊行されている、すべての最新書籍をお取り扱いしています。
また、無料の会員登録をしていただくことで、会員様限定キャンペーンのほか、送料無料サービス、メールマガジン配信サービス、マイページのご利用など、うれしい特典がたくさん受けられます。

サイバーブックストア会員は、特典がいっぱい!(一部抜粋)

通常、1万円(税込)未満のご注文につきましては、送料 手数料として500円(全国一律・税込)頂戴しておりますが、1冊から無料となります。

専用の「マイページ」は、「購入履歴・配送状況の確認」のほか、「ほしいものリスト」や「マイフォルダ」など、便利な機能が満載です。

メールマガジンでは、キャンペーンやおすすめ書籍、新刊情報のほか、「電子ブック版TACNEWS(ダイジェスト版)」をお届けします。

書籍の発売を、販売開始当日にメールにてお知らせします。これなら買い忘れの心配もありません。

書籍の正誤に関するご確認とお問合せについて

書籍の記載内容に誤りではないかと思われる箇所がございましたら、以下の手順にてご確認とお問合せをしてくださいますよう、お願い申し上げます。
なお、正誤のお問合せ以外の**書籍内容に関する解説および受験指導などは、一切行っておりません。**
そのようなお問合せにつきましては、お答えいたしかねますので、あらかじめご了承ください。

1 「Cyber Book Store」にて正誤表を確認する

TAC出版書籍販売サイト「Cyber Book Store」の
トップページ内「正誤表」コーナーにて、正誤表をご確認ください。

CYBER BOOK STORE TAC出版書籍販売サイト

URL:https://bookstore.tac-school.co.jp/

2 1の正誤表がない、あるいは正誤表に該当箇所の記載がない ⇒ 下記①、②のどちらかの方法で文書にて問合せをする

★ご注意ください★

お電話でのお問合せは、お受けいたしません。
①、②のどちらの方法でも、お問合せの際には、「お名前」とともに、
「対象の書籍名(○級・第○回対策も含む)およびその版数(第○版・○○年度版など)」
「お問合せ該当箇所の頁数と行数」
「誤りと思われる記載」
「正しいとお考えになる記載とその根拠」
を明記してください。
なお、回答までに1週間前後を要する場合もございます。あらかじめご了承ください。

① ウェブページ「Cyber Book Store」内の「お問合せフォーム」より問合せをする

【お問合せフォームアドレス】

https://bookstore.tac-school.co.jp/inquiry/

② メールにより問合せをする

【メール宛先 TAC出版】

syuppan-h@tac-school.co.jp

※土日祝日はお問合せ対応をおこなっておりません。
※正誤のお問合せ対応は、該当書籍の改訂版刊行月末日までといたします。

乱丁・落丁による交換は、該当書籍の改訂版刊行月末日までといたします。なお、書籍の在庫状況等により、お受けできない場合もございます。
また、各種本試験の実施の延期、中止を理由とした本書の返品はお受けいたしません。返金もいたしかねますので、あらかじめご了承くださいますようお願い申し上げます。

TACにおける個人情報の取り扱いについて
■お預かりした個人情報は、TAC(株)で管理させていただき、お問合せへの対応、当社の記録保管および当社商品・サービスの向上にのみ利用いたします。お客様の同意なしに業務委託先以外の第三者に開示、提供することはございません(法令等により開示を求められた場合を除く)。その他、個人情報保護管理者、お預かりした個人情報の開示等及びTAC(株)への個人情報の提供の任意性については、当社ホームページ(https://www.tac-school.co.jp)をご覧いただくか、個人情報に関するお問い合わせ窓口(E-mail:privacy@tac-school.co.jp)までお問合せください。

(2022年4月現在)

分野別３分冊の使い方

下記の手順に沿って本を分解してご利用ください。

本の分け方

①色紙を残して、各冊子を取り外します。

※色紙と各冊子が、のりで接着されています。乱暴に扱いますと、破損する危険性がありますので、丁寧に取り外すようにしてください。

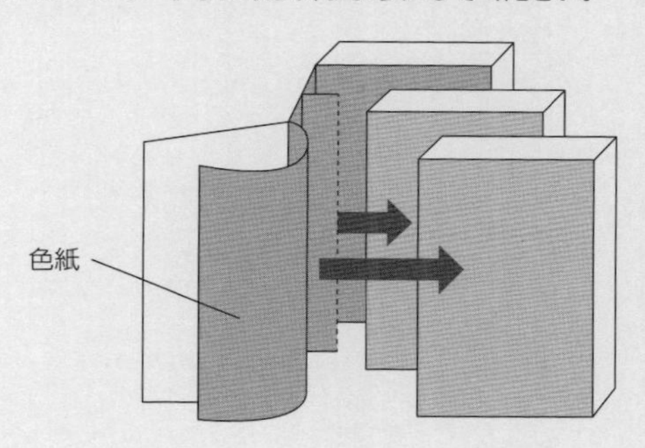

②カバーを裏返しにして、抜き取った冊子にあわせてきれいに折り目をつけて使用してください。

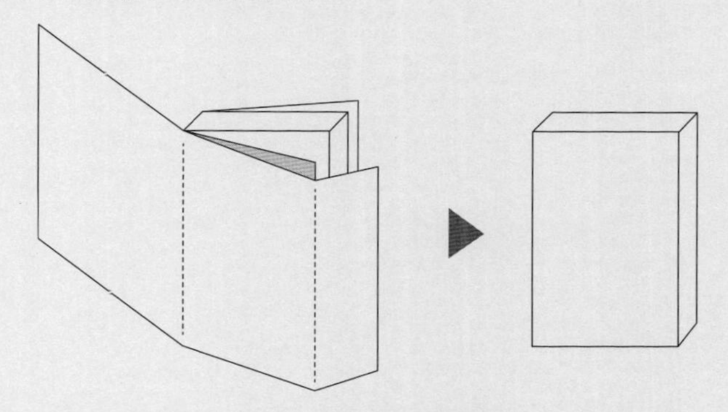

※抜き取るさいの損傷についてのお取替えはご遠慮願います。

第1分冊

CHAPTER 01
宅建業法

CHAPTER 01

宅建業法

本試験での出題数…20問　目標点…18点

他の科目に比べると
標準的な出題が多く、
得点しやすい科目。
宅建業法で高得点を狙おう！

論　　点	問題番号	『教科書』との対応
宅建業法の基本	問題1～問題4	CH.01 SEC.01
免　許	問題5～問題18	CH.01 SEC.02
宅地建物取引士	問題19～問題24	CH.01 SEC.03
営業保証金	問題25～問題31	CH.01 SEC.04
保証協会	問題32～問題37	CH.01 SEC.05
事務所、案内所等に関する規制 【専任の取引士、標識、帳簿、従業者名簿、報酬額の掲示、従業者証明書など】	問題38～問題45	CH.01 SEC.06
業務上の規制 【媒介契約、広告に関する規制、重要事項の説明（35条書面）、契約書（37条書面）の交付など】	問題46～問題78	CH.01 SEC.07
8種制限	問題79～問題92	CH.01 SEC.08
報酬に関する制限	問題93～問題99	CH.01 SEC.09
監督・罰則	問題100～問題107	CH.01 SEC.10
住宅瑕疵担保履行法	問題108～問題109	CH.01 SEC.11

難易度 A

宅建業法の基本

→教科書 CHAPTER01 SECTION01

問題1 宅地建物取引業の免許(以下この問において「免許」という。)に関する次の記述のうち、正しいものはどれか。 [H16問30]

(1) Aが、その所有する農地を区画割りして宅地に転用したうえで、一括して宅地建物取引業者Bに媒介を依頼して、不特定多数の者に対して売却する場合、Aは免許を必要としない。

(2) Cが、その所有地にマンションを建築したうえで、自ら賃借人を募集して賃貸し、その管理のみをDに委託する場合、C及びDは、免許を必要としない。

(3) Eが、その所有する都市計画法の用途地域内の農地を区画割りして、公益法人のみに対して反復継続して売却する場合、Eは、免許を必要としない。

(4) Fが、甲県からその所有する宅地の販売の代理を依頼され、不特定多数の者に対して売却する場合、Fは、免許を必要としない。

	①	②	③	④	⑤
学習日	7/19	7/19	7/20	7/21	7/26
理解度 (○/△/×)	△	○	○	○	○

7/28 ○

7/31 ○ 8/5 ○ 8/15 ○ 8/31 ○

解説

(1) **誤** 【宅建業とは】

宅建業者に媒介を依頼しても、買主と契約を締結するのは売主であるA（自ら売主）です。したがって、Aは免許が必要です。

(2) **正** 【宅建業とは】

「自ら貸借」は「取引」に該当しないので、Cは免許は不要です。また、**マンション管理業は「取引」に該当しない**ので、Dも免許は不要です。

(3) **誤** 【宅建業とは】

用途地域内の土地は宅地に該当します。また、公益法人は多数あるため、「不特定多数の人」と反復継続して取引することになります。したがって、売却先が公益法人のみだとしても、Eは免許が必要です。

(4) **誤** 【宅建業とは】

国や地方公共団体等が宅建業を営むさいには免許は不要ですが、Fは甲県から宅地の販売の代理を依頼されているだけで、F＝甲県ではありません。また、宅地の販売の代理は「取引」に該当するため、Fは免許が必要です。

解答…(2)

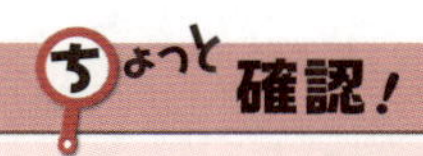

宅地とは

① 現在、建物が建っている土地
② これから建物を建てる目的で取引される土地
③ **用途地域内の土地**（ただし、道路・公園・河川・広場等である土地は除く）

「取引」に該当しない行為

☆ **自ら宅地・建物を貸借する行為**…不動産賃貸業
☆ 建物の建築を請け負う行為…建設業
☆ 宅地の造成を請け負う行為…宅地造成業
☆ **ビルの管理行為**…不動産管理業

難易度 **A**

宅建業法の基本

→教科書 CHAPTER**01** SECTION**01**

問題2　宅地建物取引業の免許(以下この問において「免許」という。)に関する次の記述のうち、正しいものはどれか。　　［H22問26］

(1) 農地所有者が、その所有する農地を宅地に転用して売却しようとするときに、その販売代理の依頼を受ける農業協同組合は、これを業として営む場合であっても、免許を必要としない。

(2) 他人の所有する複数の建物を借り上げ、その建物を自ら貸主として不特定多数の者に反復継続して転貸する場合は、免許が必要となるが、自ら所有する建物を貸借する場合は、免許を必要としない。

(3) 破産管財人が、破産財団の換価のために自ら売主となり、宅地又は建物の売却を反復継続して行う場合において、その媒介を業として営む者は、免許を必要としない。

(4) 信託業法第3条の免許を受けた信託会社が宅地建物取引業を営もうとする場合、免許を取得する必要はないが、その旨を国土交通大臣に届け出ることが必要である。

	①	②	③	④	⑤
学習日	7/18	7/19	7/20	7/21	7/26
理解度 (○/△/×)		○	○	○	○

解説

(1) **誤** 【免許が不要な団体】

宅地の販売の代理は「取引」に該当します。また、農業協同組合は、免許が不要な団体に該当しません(国、地方公共団体等に該当しません)。したがって、農業協同組合が宅建業を営むときは、免許が必要です。

(2) **誤** 【宅建業とは】

「自ら貸借」は「取引」に該当しないため、免許は不要です。また、**転貸の場合も同様**です。

(3) **誤** 【宅建業とは】

破産管財人が自ら売主となる場合は裁判所の関与があるため免許は不要ですが、その媒介を業とする者は宅建業に該当するため免許が必要です。

(4) **正** 【免許が不要な団体】

信託会社・信託銀行が宅建業を営む場合には、免許は不要ですが、国土交通大臣への届出が必要となります。

解答…(4)

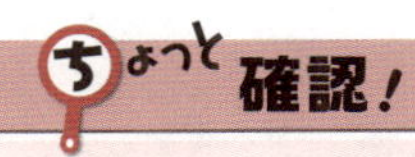

免許が不要な団体

- 国、地方公共団体等
  ☆「等」には農協は含まれない! → **農協は免許が必要**
- 信託会社、信託銀行
  ☆ ただし、**国土交通大臣に届出が必要**

難易度 A

宅建業法の基本

→教科書 CHAPTER01 SECTION01

問題3 宅地建物取引業法に関する次の記述のうち、正しいものはどれか。 ［R1問26］

(1) 宅地建物取引業者は、自己の名義をもって、他人に、宅地建物取引業を営む旨の表示をさせてはならないが、宅地建物取引業を営む目的をもってする広告をさせることはできる。

(2) 宅地建物取引業とは、宅地又は建物の売買等をする行為で業として行うものをいうが、建物の一部の売買の代理を業として行う行為は、宅地建物取引業に当たらない。

(3) 宅地建物取引業の免許を受けていない者が営む宅地建物取引業の取引に、宅地建物取引業者が代理又は媒介として関与していれば、当該取引は無免許事業に当たらない。

(4) 宅地建物取引業者の従業者が、当該宅地建物取引業者とは別に自己のために免許なく宅地建物取引業を営むことは、無免許事業に当たる。

	①	②	③	④	⑤
学習日	7/18	7/19	7/20	7/21	7/26
理解度 (○/△/×)	△	○	○		○

解説

(1) **誤**

【名義貸しの禁止】

宅建業者は、自己の名義をもって、他人に、宅建業を営む旨の表示をさせてはなりません。また、宅建業を営む目的をもってする広告をさせることもできません。

(2) **誤**

【宅建業とは】

宅建業とは、宅地・建物（**建物の一部を含む**）の売買・交換または宅地・建物の売買・交換・貸借の代理・媒介をする行為で業として行うものをいいます。

したがって、建物の一部の売買の代理を業として行う行為も、宅建業に当たります。

(3) **誤**

【無免許事業】

免許を受けていない者が業として行う宅地建物取引に宅建業者が代理または媒介として関与した場合も、当該取引は無免許事業に当たります。

(4) **正**

【無免許事業】

免許を受けない者は宅建業を営んではなりませんので、宅建業者の従業者が、当該宅建業者とは別に自己のために免許なく宅建業を営むことは、無免許事業に当たります。

解答…(4)

難易度 **B**

宅建業法の基本

→教科書 CHAPTER01 SECTION01

問題4 宅地建物取引業の免許(以下この問において「免許」という。)に関する次の記述のうち、正しいものはどれか。 [H17問30]

(1) Aの所有するオフィスビルを賃借しているBが、不特定多数の者に反復継続して転貸する場合、AとBは免許を受ける必要はない。

(2) 建設業の許可を受けているCが、建築請負契約に付随して、不特定多数の者に建物の敷地の売買を反復継続してあっせんする場合、Cは免許を受ける必要はない。

(3) Dが共有会員制のリゾートクラブ会員権(宿泊施設等のリゾート施設の全部又は一部の所有権を会員が共有するもの)の売買の媒介を不特定多数の者に反復継続して行う場合、Dは免許を受ける必要はない。

(4) 宅地建物取引業者であるE(個人)が死亡し、その相続人FがEの所有していた土地を20区画に区画割りし、不特定多数の者に宅地として分譲する場合、Fは免許を受ける必要はない。

	①	②	③	④	⑤
学習日	7/18	7/19	7/20	7/21	7/26
理解度 (○/△/×)	○	○	○		○

解説

(1) 正 【宅建業とは】

「自ら貸借」は「取引」に該当しないため、Aは免許は不要です。また、転貸の場合も同様のため、Bも免許は不要です。

(2) 誤 【宅建業とは】

「建物の建築を請け負う行為(建設業)」は「取引」に該当しませんが、本肢のように、建設業者が不特定多数の者に建物の敷地(土地)の売買を反復継続してあっせん(媒介)する場合には、免許が必要です。

これはどう? H27ー問26エ

賃貸住宅の管理業者が、貸主から管理業務とあわせて入居者募集の依頼を受けて、貸借の媒介を反復継続して営む場合は、宅地建物取引業の免許を必要としない。

× 管理業務は「取引」に該当しませんが、本肢は管理業務とあわせて貸借の媒介を行うため、宅建業の免許が必要です。

(3) 誤 【宅建業とは】

共有会員制のリゾートクラブ施設は「宅地・建物」に該当するため、本肢の場合には、Dは免許が必要です。

(4) 誤 【宅建業とは】

宅建業者の死亡または合併による消滅があった場合で、その一般承継人(相続人・合併後の法人)が、死亡等した宅建業者が締結した契約の取引を終結させる行為を行うときには、一般承継人は免許は不要です。

しかし、本肢の相続人(F)の行為は、死亡した宅建業者(E)が締結した契約の取引を終結させる行為ではない(新たに発生した契約にもとづく行為であるため)、Fは免許が必要です。

解答…(1)

プラス1(ワン)

【宅建業を相続等した承継人の免許の要否】

宅建業者の死亡または合併による消滅があった場合で、その一般承継人(相続人・合併後の法人)が、死亡等した宅建業者が締結した契約の取引を終結させる行為を行うときには、その一般承継人は免許は不要

難易度 A

免　許

→教科書 CHAPTER01 SECTION02

問題5　次の記述のうち、宅地建物取引業法の規定によれば、正しいものはどれか。　[H21問26]

(1) 本店及び支店1か所を有する法人Aが、甲県内の本店では建設業のみを営み、乙県内の支店では宅地建物取引業のみを営む場合、Aは乙県知事の免許を受けなければならない。

(2) 免許の更新を受けようとする宅地建物取引業者Bは、免許の有効期間満了の日の2週間前までに、免許申請書を提出しなければならない。

(3) 宅地建物取引業者Cが、免許の更新の申請をしたにもかかわらず、従前の免許の有効期間の満了の日までに、その申請について処分がなされないときは、従前の免許は、有効期間の満了後もその処分がなされるまでの間は、なお効力を有する。

(4) 宅地建物取引業者D（丙県知事免許）は、丁県内で一団の建物の分譲を行う案内所を設置し、当該案内所において建物の売買契約を締結する場合、国土交通大臣へ免許換えの申請をしなければならない。

	①	②	③	④	⑤
学習日					
理解度 (○/△/×)					

解説

(1) 誤　【事務所】

本店が建設業のみを営んでいる場合でも、支店が宅建業を営んでいる場合には、本店も宅建業を営んでいるとされます。したがって、甲県および乙県で宅建業を営むことになるので、この場合には**国土交通大臣**の免許を受けなければなりません。

(2) 誤　【免許の更新】

宅建業者の免許の更新期間は、免許の有効期間満了の日の**90日前から30日前まで**となります。

覚え方　免許更新組（ぐみ）
ぐ：90日　み：30日

(3) 正　【免許の更新】

免許の更新期間内に、宅建業者が更新の申請をした場合で、有効期間満了日までに免許権者から更新するかどうかの処分がされないときは、有効期間満了後も、その処分がされるまでの間は、旧免許は有効となります。

(4) 誤　【事務所】

建物の分譲を行う**「案内所」は事務所には該当しない**ため、そこで売買契約を締結する場合でも、免許換えの申請は不要です。

解答…(3)

ちょっと確認！

事務所

- ☆ 案内所、モデルルームなどは事務所とはならない
- ☆ 本店は、支店が宅建業を営んでいる場合、常に宅建業法上の事務所となる

難易度 A　免　許

→教科書 CHAPTER01 SECTION02

問題6　宅地建物取引業の免許（以下この問において「免許」という。）に関する次の記述のうち、正しいものはどれか。　　［H23問26］

(1) 宅地建物取引業を営もうとする者は、同一県内に2以上の事務所を設置してその事業を営もうとする場合にあっては、国土交通大臣の免許を受けなければならない。

(2) Aが、B社が甲県に所有する1棟のマンション（20戸）を、貸主として不特定多数の者に反復継続して転貸する場合、Aは甲県知事の免許を受けなければならない。

(3) C社が乙県にのみ事務所を設置し、Dが丙県に所有する1棟のマンション（10戸）について、不特定多数の者に反復継続して貸借の代理を行う場合、C社は乙県知事の免許を受けなければならない。

(4) 宅地建物取引業を営もうとする者が、国土交通大臣又は都道府県知事から免許を受けた場合、その有効期間は、国土交通大臣から免許を受けたときは5年、都道府県知事から免許を受けたときは3年である。

	①	②	③	④	⑤
学習日	7/19	7/20	7/21	7/26	7/28
理解度（○/△/×）		△		○	○

解説

(1) 誤 【免許の種類】

1つの都道府県内のみに事務所を設置する場合は、(複数の事務所を設置したとしても)その都道府県の知事から免許を受けます。

(2) 誤 【宅建業とは…SEC.01】

「自ら貸借」、「自ら転貸」は「取引」に該当しないため、免許は不要です。

(3) 正 【事務所】

「貸借の代理」は「取引」に該当するため、免許が必要です。なお、C社は乙県にのみ事務所を設置しているので、乙県知事の免許が必要となります。

(4) 誤 【免許の有効期間】

大臣免許、知事免許のいずれの免許の場合でも、免許の有効期間は**5年**です。

解答…(3)

これはどう? H30－問36②

甲県に事務所を設置する宅地建物取引業者B(甲県知事免許)が、乙県所在の宅地の売買の媒介をする場合、Bは国土交通大臣に免許換えの申請をしなければならない。

× 都道府県知事免許を受けた宅建業者でも全国で宅建業を営むことができます。したがって、宅建業者Bは国土交通大臣免許に換えることなく(甲県知事免許のままで)乙県所在の宅地の売買の媒介をすることができます。

ちょっと確認!

免許の種類

1つの都道府県内のみに事務所を設置する場合

➡その都道府県知事の免許

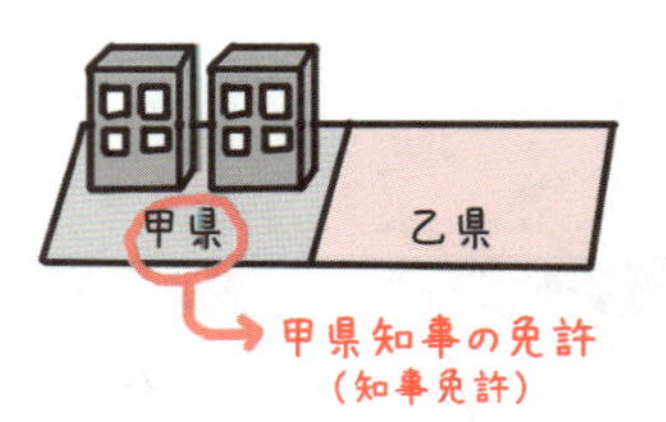

2つ以上の都道府県内に事務所を設置する場合

➡国土交通大臣の免許

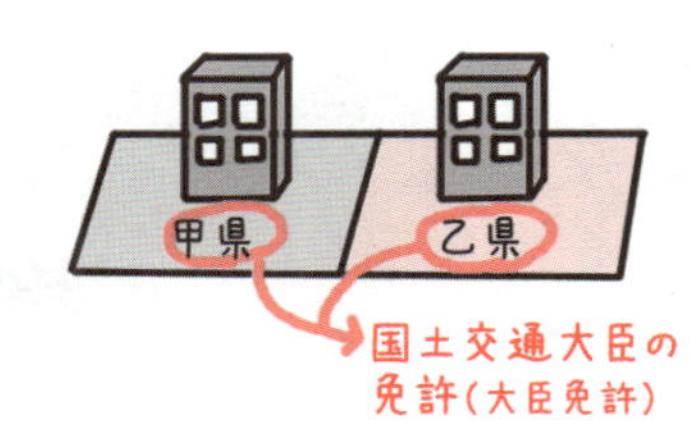

難易度A 免許

→教科書 CHAPTER01 SECTION02

問題7 次の記述のうち、宅地建物取引業法(以下この問において「法」という。)の規定によれば、正しい内容のものはどれか。 ［H20問30改］

(1) Xは、甲県で行われた宅地建物取引士資格試験に合格した後、乙県に転居した。その後、登録実務講習を修了したので、乙県知事に対し法第18条第1項の登録を申請した。

(2) Yは、甲県知事から宅地建物取引士証(以下「取引士証」という。)の交付を受けている。Yは、乙県での勤務を契機に乙県に取引士の登録の移転をしたが、甲県知事の取引士証の有効期間が満了していなかったので、その取引士証を用いて取引士としてすべき事務を行った。

(3) A社(国土交通大臣免許)は、甲県に本店、乙県に支店を設置しているが、乙県の支店を廃止し、本店を含むすべての事務所を甲県内にのみ設置して事業を営むこととし、甲県知事へ免許換えの申請を行った。

(4) B社(甲県知事免許)は、甲県の事務所を廃止し、乙県内で新たに事務所を設置して宅地建物取引業を営むため、甲県知事へ廃業の届けを行うとともに、乙県知事へ免許換えの申請を行った。

	①	②	③	④	⑤
学習日	7/19	7/20	7/21	7/26	7/28
理解度 (○/△/×)		○		○	○

解説

(1) 誤 【取引士になるまでの流れ…SEC.03】

取引士の登録の申請は、試験合格地の都道府県知事に対して行います。Xは甲県で試験に合格しているので、登録の申請は「乙県知事」ではなく、「甲県知事」に対して行います。

(2) 誤 【登録の移転…SEC.03】

登録を移転すると、移転前の取引士証は効力を失います。したがって、登録移転後に、登録移転前の取引士証を用いて事務を行うことはできません。

(3) 正 【免許換え】

乙県の支店を廃止して、甲県のみで事業を営むため、甲県知事に対して免許換えの申請を行います(国土交通大臣免許から甲県知事免許への変更を行います)。

(4) 誤 【免許換え】

甲県の事務所を廃止して、乙県内で新たに事務所を設置するため、乙県知事に対して免許換えの申請を行います。しかし、宅建業を廃止するわけではないので、廃業の届出は不要です。

解答…(3)

ちょっと確認!

免許換えのパターン

パターン	いままで	今後	免許換え
1	甲県のみに事務所を設置(主たる事務所)	乙県にも事務所を設置	甲県知事免許から国土交通大臣免許に免許換え →甲県知事を経由して、国土交通大臣に申請
2	甲県のみに事務所を設置	甲県の事務所を廃止して、乙県に事務所を設置	甲県知事免許から乙県知事免許に免許換え →乙県知事に直接申請
3	甲県と乙県に事務所を設置	乙県の事務所を廃止(甲県の事務所は残す)	国土交通大臣免許から甲県知事免許に免許換え →甲県知事に直接申請

難易度 B　免　許

→教科書 CHAPTER01 SECTION02

問題8　宅地建物取引業の免許(以下この問において「免許」という。)に関する次の記述のうち、宅地建物取引業法の規定によれば、正しいものはいくつあるか。　［H26 問26］

ア　Aの所有する商業ビルを賃借しているBが、フロアごとに不特定多数の者に反復継続して転貸する場合、AとBは免許を受ける必要はない。

イ　宅地建物取引業者Cが、Dを代理して、Dの所有するマンション(30戸)を不特定多数の者に反復継続して分譲する場合、Dは免許を受ける必要はない。

ウ　Eが転売目的で反復継続して宅地を購入する場合でも、売主が国その他宅地建物取引業法の適用がない者に限られているときは、Eは免許を受ける必要はない。

エ　Fが借金の返済に充てるため、自己所有の宅地を10区画に区画割りして、不特定多数の者に反復継続して売却する場合、Fは免許を受ける必要はない。

(1) 一つ
(2) 二つ
(3) 三つ
(4) なし

	①	②	③	④	⑤
学習日	7/19	7/20	7/21	7/26	7/28
理解度 (○/△/×)		○		○	○

解説

ア　**正**

【宅建業とは】

Aの「自ら貸借」は宅建業における「取引」に該当しないため、Aは免許が不要です。また、Bの「転貸」も「自ら貸借」と同様となり、Bも免許が不要です。

イ　**誤**

【宅建業とは】

宅建業者に代理を依頼しても、Dが自己の所有するマンションを不特定多数の者に反復継続して分譲する行為である(＝宅建業に該当する)ため、Dは免許が必要です。

ウ　**誤**

【宅建業とは】

売主が国その他宅建業法の適用がない者に限られているときでも、不特定多数の者と反復継続して取引をする行為である(＝宅建業に該当する)ため、Eは免許が必要です。

エ　**誤**

【宅建業とは】

本肢のFは、「不特定多数の者」に「反復継続」して「自ら売買」をするため、免許が必要です。

以上より、正しいものはアだけ。だから答えは(1)だね！

解答…(1)

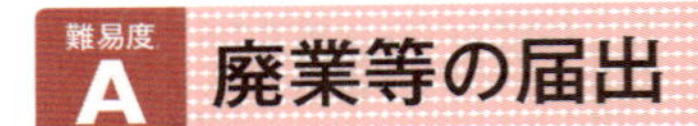

難易度 A 廃業等の届出

→教科書 CHAPTER01 SECTION02

問題9 宅地建物取引業の免許(以下この問において「免許」という。)に関する次の記述のうち、正しいものはどれか。 〔H24 問27〕

(1) 免許を受けていた個人Aが死亡した場合、その相続人Bは、死亡を知った日から30日以内にその旨をAが免許を受けた国土交通大臣又は都道府県知事に届け出なければならない。

(2) Cが自己の所有する宅地を駐車場として整備し、賃貸を業として行う場合、当該賃貸の媒介を、免許を受けているD社に依頼するとしても、Cは免許を受けなければならない。

(3) Eが所有するビルを賃借しているFが、不特定多数の者に反復継続して転貸する場合、Eは免許を受ける必要はないが、Fは免許を受けなければならない。

(4) G社(甲県知事免許)は、H社(国土交通大臣免許)に吸収合併され、消滅した。この場合、H社を代表する役員Iは、当該合併の日から30日以内にG社が消滅したことを国土交通大臣に届け出なければならない。

	①	②	③	④	⑤
学習日	7/19	7/20	7/21	7/26	7/28
理解度 (○/△/×)	△	○		○	○

解説

(1) 正　【廃業等の届出】

そのとおりです。

(2) 誤　【宅建業とは…SEC.01】

Cの行為は「自ら貸借」に該当するので、「取引」には該当しません。したがって、Cは免許は不要です。

(3) 誤　【宅建業とは…SEC.01】

「自ら貸借」には転貸の場合も含まれます。したがって、転貸を行うFも免許は不要です。

(4) 誤　【廃業等の届出】

法人が合併により消滅した場合、廃業等の届出を行うのは、**消滅した会社(G社)の代表者**です。

解答…(1)

ちょっと確認！

廃業等の届出

	届出義務者	届出期限	免許の失効時点
死　亡 (個人)	相続人	死亡の事実を知った日から30日以内	死亡時
合併による消滅 (法人)	消滅した会社の代表者	その日から30日以内	消滅時
破　産 (個人・法人)	破産管財人		届出時
解　散 (法人)	清算人		
廃　業 (個人・法人)	個人…本人 法人…会社の代表者		

難易度 **A**

廃業等の届出

→教科書 CHAPTER01 SECTION02

問題10 次の記述のうち、宅地建物取引業法の規定によれば、誤っているものはどれか。 ［H16 問32］

(1) 宅地建物取引業者個人A（甲県知事免許）が死亡した場合、Aの相続人は、Aの死亡の日から30日以内に、その旨を甲県知事に届け出なければならない。

(2) 宅地建物取引業者B社（乙県知事免許）の政令で定める使用人Cが本籍地を変更した場合、B社は、その旨を乙県知事に届け出る必要はない。

(3) 宅地建物取引業の免許の有効期間は5年であり、免許の更新の申請は、有効期間満了の日の90日前から30日前までに行わなければならない。

(4) 宅地建物取引業者D社（丙県知事免許）の監査役の氏名について変更があった場合、D社は、30日以内にその旨を丙県知事に届け出なければならない。

	①	②	③	④	⑤
学習日	7/20	7/21	7/26	7/27	7/29
理解度（○/△/×）	○		○	○	○

解説

(1) 誤 【廃業等の届出】

「死亡の日から30日以内」ではなく、「**死亡の事実を知った日から30日以内**」です。

(2) 正 【宅建業者名簿－変更の届出】

政令で定める使用人の氏名を変更した場合には、届出が必要ですが、本籍地を変更した場合には届出は不要です。

(3) 正 【免許の更新】

宅地建物取引業の免許の有効期間は**5年**、免許の更新の申請は有効期間満了の日の**90日前**から**30日前**までに行わなければなりません。

(4) 正 【宅建業者名簿－変更の届出】

役員（取締役や監査役）の氏名に変更があった場合には、**30日以内**にその旨を免許権者に届け出なければなりません。

解答…(1)

ちょっと確認！

宅建業者名簿の登載事項

1. 免許証番号、免許の年月日
2. 商号または名称
3. 法人の場合…**役員（非常勤役員を含む）、政令で定める使用人の氏名**
4. 個人の場合…その者、政令で定める使用人の氏名
5. 事務所の名称、所在地
6. 事務所ごとに置かれる専任の取引士の氏名
7. 宅建業以外の事業を行っているときは、その事業の種類
8. 指示処分や業務停止処分があったときは、その年月日、その内容

※ ②～⑥に変更があった場合は、30日以内に免許権者に変更の届出をしなければならない

難易度 A

廃業等の届出等

→教科書 CHAPTER01 SECTION02

問題11 次の記述のうち、宅地建物取引業法(以下この問において「法」という。)の規定によれば、正しいものはどれか。 [H21 問28改]

(1) 法人である宅地建物取引業者A(甲県知事免許)は、役員の住所について変更があった場合、その日から30日以内に、その旨を甲県知事に届け出なければならない。

(2) 法人である宅地建物取引業者B(乙県知事免許)が合併により消滅した場合、Bを代表する役員であった者は、その日から30日以内に、その旨を乙県知事に届け出なければならない。

(3) 宅地建物取引業者C(国土交通大臣免許)は、法第50条第2項の規定により法第31条の3第1項の国土交通省令で定める場所について届出をする場合、国土交通大臣及び当該場所の所在地を管轄する都道府県知事に、それぞれ直接届出書を提出しなければならない。

(4) 宅地建物取引業者D(丙県知事免許)は、建設業の許可を受けて新たに建設業を営むこととなった場合、Dは当該許可を受けた日から30日以内に、その旨を丙県知事に届け出なければならない。

	①	②	③	④	⑤
学習日	7/20	7/21	7/26	7/27	7/29
理解度 (○/△/×)	△	○	○	○	○

解説

(1) **誤**

【変更の届出】

役員の**氏名**に変更があった場合には、30日以内に免許権者に届出が必要ですが、**住所の変更については、届出は不要**です。

宅建業者名簿には、役員の氏名は記載されますが、役員の住所は記載されないよ。だから、役員の住所に変更があっても、届出は不要。
ちなみに、(宅地建物取引士)資格登録簿には、取引士の氏名のほか、住所・本籍も記載されるから、取引士の住所に変更があった場合には、変更の登録の申請が必要！ となるんだな…

(2) **正**

【廃業等の届出】

合併により法人が消滅した場合には、**消滅した法人(B)を代表する役員**が、30日以内に届出を行わなければなりません。

(3) **誤**

【案内所等の届出…SEC.06】

「法第31条の3第1項の国土交通省令で定める場所」とは、事務所以外で取引士を設置すべき案内所等をいいます。宅建業者は、この案内所等について、免許権者および案内所等の所在地を管轄する都道府県知事に対して届出をしなければなりませんが、免許権者が国土交通大臣の場合は、案内所等の所在地を管轄する都道府県知事を経由して行います(国土交通大臣に対して直接届出をするのではありません)。

大臣は忙しいので、そういう届出は都道府県知事を経由してね、ということ！

(4) **誤**

【変更の届出】

宅建業以外の事業(建設業など)を行っているときは、その事業の種類が宅建業者名簿に記載されますが、その変更については届出の必要はありません。

解答…(2)

宅建業者名簿の登載事項

⋮ (❶〜❻については問題10の ちょっと確認！ を参照してください)

❼ **宅建業以外の事業を行っているときは、その事業の種類**

❽ 指示処分、業務停止処分があったときは、その年月日、その内容

難易度 A

免許、廃業等の届出

→教科書 CHAPTER01 SECTION02

問題12　宅地建物取引業の免許(以下この問において「免許」という。)に関する次の記述のうち、宅地建物取引業法の規定によれば、正しいものはどれか。

〔H29 問44〕

(1) 宅地建物取引業者A社が免許を受けていないB社との合併により消滅する場合、存続会社であるB社はA社の免許を承継することができる。

(2) 個人である宅地建物取引業者Cがその事業を法人化するため、新たに株式会社Dを設立しその代表取締役に就任する場合、D社はCの免許を承継することができる。

(3) 個人である宅地建物取引業者E（甲県知事免許)が死亡した場合、その相続人は、Eの死亡を知った日から30日以内に、その旨を甲県知事に届け出なければならず、免許はその届出があった日に失効する。

(4) 宅地建物取引業者F社(乙県知事免許)が株主総会の決議により解散することとなった場合、その清算人は、当該解散の日から30日以内に、その旨を乙県知事に届け出なければならない。

	①	②	③	④	⑤
学習日	7/20	7/21	7/26	7/27	7/29
理解度 (○/△/×)			△	○	○

解説

（1）誤　【吸収合併の場合の免許の承継】

免許を受けていた法人A社が、**免許を受けていない法人B社との合併**により消滅する場合でも、存続会社であるB社は、A社の免許を承継することはできません。

（2）誤　【法人化する場合の免許の承継】

個人である宅建業者がその事業を**法人化**するため、新たに株式会社を設立し、その代表取締役に就任する場合、その株式会社は免許を承継することはできません。

（3）誤　【個人が死亡した場合の免許の失効】

免許を受けていた個人が死亡した場合、その相続人は、死亡を知った日から30日以内に、その旨を免許権者に届け出なければなりませんが、**免許は、免許を受けていた個人が死亡した時に失効**します。

（4）正　【宅建業者が解散した場合の届出】

宅建業者（法人）が合併および破産手続開始の決定以外の理由で解散した場合、**清算人**は、**解散の日から30日以内**に免許権者にその旨を届け出なければなりません。

解答…（4）

難易度 **A**

免許、欠格事由（宅建業者）

→教科書 CHAPTER01 SECTION02

問題13 宅地建物取引業の免許（以下「免許」という。）に関する次の記述のうち、宅地建物取引業法の規定によれば、正しいものはどれか。

［H19 問33改］

(1) 甲県に本店を、乙県に支店をそれぞれ有するA社が、乙県の支店でのみ宅地建物取引業を営もうとするときは、A社は、乙県知事の免許を受けなければならない。

(2) 宅地建物取引業者B社の取締役が、刑法第209条（過失傷害）の罪により罰金の刑に処せられた場合、B社の免許は取り消される。

(3) 宅地建物取引業者C社が業務停止処分に違反したとして、免許を取り消され、その取消しの日から5年を経過していない場合、C社は免許を受けることができない。

(4) D社の取締役が、かつて破産手続開始の決定を受けたことがある場合で、復権を得てから5年を経過しないとき、D社は免許を受けることができない。

	①	②	③	④	⑤
学習日	7/20	7/21	7/26	7/27	7/29
理解度（○/△/×）	△	○	×	○	○

解説

(1) 誤 【事務所】

支店が宅建業を営む場合、**本店は常に宅建業法上の事務所**となります。したがって、2つの都道府県内に事務所があることになるため、A社は国土交通大臣の免許を受けなければなりません。

(2) 誤 【欠格事由】

過失傷害の罪で罰金の刑に処せられても、**欠格事由には該当しません**。したがって、B社の免許は取り消されません。

(3) 正 【欠格事由】

業務停止処分に違反し、免許を取り消された場合は、取消しの日から**5年**を経過していない場合には、免許を受けることができません。

(4) 誤 【欠格事由】

法人の役員のうちに欠格事由に該当する者がいる場合、その法人は免許を受けることができません。ただし、破産手続開始の決定を受けても、復権を得た場合には欠格事由に該当しません(5年待たなくてもOK)。したがって、D社は免許を受けることができます。

解答…(3)

ちょっと確認！

欠格事由のポイント①

☆ **破産者は復権を得れば直ちに免許を受けることができる**

☆ 以下の刑 に処せられた者は、刑の執行が終わった日から5年間は免許を受けることができない

❶ 禁錮以上の刑
❷ 宅建業法違反による罰金の刑
❸ 暴力的な犯罪※、背任罪による罰金の刑
※ 暴力的な犯罪…傷害罪、傷害現場助勢罪、暴行罪、脅迫罪
凶器準備集合罪等

☆ 以下の理由 で免許取消処分を受けた者は、免許取消しの日から5年間は免許を受けることができない

❶ 不正の手段により免許を取得した
❷ 業務停止処分に該当する行為をし、情状が特に重い
❸ **業務停止処分に違反した**

難易度 A

欠格事由（宅建業者）

→教科書 CHAPTER01 SECTION02

問題14 宅地建物取引業の免許（以下この問において「免許」という。）に関する次の記述のうち、正しいものはどれか。 ［H22 問27］

(1) 法人Aの役員のうちに、破産手続開始の決定がなされた後、復権を得てから5年を経過しない者がいる場合、Aは、免許を受けることができない。

(2) 法人Bの役員のうちに、宅地建物取引業法の規定に違反したことにより、罰金の刑に処せられ、その刑の執行が終わった日から5年を経過しない者がいる場合、Bは、免許を受けることができない。

(3) 法人Cの役員のうちに、刑法第204条（傷害）の罪を犯し懲役1年の刑に処せられ、その刑の執行猶予期間を経過したが、その経過した日から5年を経過しない者がいる場合、Cは、免許を受けることができない。

(4) 法人Dの役員のうちに、道路交通法の規定に違反したことにより、科料に処せられ、その刑の執行が終わった日から5年を経過しない者がいる場合、Dは、免許を受けることができない。

	①	②	③	④	⑤
学習日					
理解度（○/△/×）					

解説

法人の役員のうちに欠格事由に該当する者がいる場合、その法人は免許を受けることができません。

(1) **誤** 【欠格事由】

破産手続開始の決定がなされたあと、復権を得た場合には欠格事由に該当しません(5年待たなくてもOK)。したがって、法人Aは免許を受けることができます。

(2) **正** 【欠格事由】

宅建業法に違反し、罰金の刑に処せられた者は、5年間は免許を受けることができません(欠格事由に該当します)。したがって、法人Bは免許を受けることができません。

(3) **誤** 【欠格事由】

懲役(禁錮以上の刑)に処せられた者は、刑の執行が終わった日から5年間は免許を受けることができません。しかし執行猶予がついた場合は、**執行猶予期間が経過すれば免許を受けることができます**(5年待たなくてもOK)。

(4) **誤** 【欠格事由】

科料に処せられても、欠格事由には該当しません。したがって、法人Dは免許を受けることができます。

解答…(2)

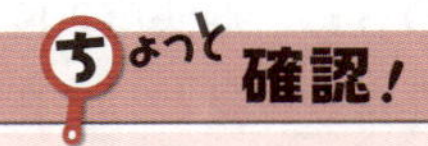

欠格事由のポイント②

☆ 法人の役員または政令で定める使用人が以下の欠格事由に該当する場合、その法人は免許を受けることができない

❶ 心身の故障により宅建業を適正に営むことができない者として国土交通省令で定めるもの、**破産者で復権を得ない者**

❷ 一定の刑罰(禁錮以上の刑、**宅建業法違反により罰金の刑、暴力的な犯罪・背任罪により罰金の刑**)に処せられた者で、**刑の執行が終わった日から5年を経過しない者**

❸ 一定の理由で免許取消処分を受けた者で免許取消しの日から5年を経過しない者

❹ 過去に悪いことをした者、悪いことをするおそれが明らかな者
(免許の申請前5年以内に宅建業に関し、不正または著しく不当な行為をした者や、宅建業に関し、不正または不誠実な行為をするおそれが明らかな者)

難易度 **A**

欠格事由（宅建業者）

→教科書 CHAPTER01 SECTION02

問題15　宅地建物取引業の免許（以下この問において「免許」という。）に関する次の記述のうち、正しいものはどれか。　［H24 問26］

(1) 免許を受けようとするA社に、刑法第204条（傷害）の罪により懲役1年（執行猶予2年）の刑に処せられ、その刑の執行猶予期間を満了した者が役員として在籍している場合、その満了の日から5年を経過していなくとも、A社は免許を受けることができる。

(2) 免許を受けようとするB社に、刑法第206条（現場助勢）の罪により罰金の刑に処せられた者が非常勤役員として在籍している場合、その刑の執行が終わってから5年を経過していなくとも、B社は免許を受けることができる。

(3) 免許を受けようとするC社に、刑法第208条（暴行）の罪により拘留の刑に処せられた者が役員として在籍している場合、その刑の執行が終わってから5年を経過していなければ、C社は免許を受けることができない。

(4) 免許を受けようとするD社に、刑法第209条（過失傷害）の罪により科料の刑に処せられた者が非常勤役員として在籍している場合、その刑の執行が終わってから5年を経過していなければ、D社は免許を受けることができない。

	①	②	③	④	⑤
学習日					
理解度（○/△/×）					

解説

法人の役員のうちに欠格事由に該当する者がいる場合、その法人は免許を受けることができません。

(1) 正 【欠格事由】

懲役(禁錮以上の刑)に処せられた者は、刑の執行が終わった日から5年間は免許を受けることができません。しかし、執行猶予がついた場合は、**執行猶予期間が経過すれば免許を受けることができます**(5年待たなくてもOK)。したがって、A社は免許を受けることができます。

(2) 誤 【欠格事由】

暴力的な犯罪(現場助勢)により罰金の刑に処せられた者は、刑の執行が終わった日から5年間は免許を受けることができません。非常勤でも「役員」なので、B社は免許を受けることができません。

(3) 誤 【欠格事由】

「暴行」は暴力的な犯罪ですが、拘留の刑なので(罰金の刑ではないので)、本肢の役員は欠格事由に該当しません。したがって、C社は免許を受けることができます。

(4) 誤 【欠格事由】

「過失傷害による科料の刑」に処せられても、欠格事由には該当しません。したがって、D社は免許を受けることができます。

解答…(1)

難易度 **A**

欠格事由（宅建業者）

→教科書 CHAPTER**01** SECTION**02**

問題16　宅地建物取引業の免許（以下この問において「免許」という。）に関する次の記述のうち、宅地建物取引業法の規定によれば、正しいものはどれか。

［H25 問26㋹］

(1) 宅地建物取引業者A社の代表取締役が、道路交通法違反により罰金の刑に処せられたとしても、A社の免許は取り消されることはない。

(2) 宅地建物取引業者B社の使用人であって、B社の宅地建物取引業を行う支店の代表者が、刑法第222条（脅迫）の罪により罰金の刑に処せられたとしても、B社の免許は取り消されることはない。

(3) 宅地建物取引業者C社の非常勤役員が、刑法第208条の2（凶器準備集合及び結集）の罪により罰金の刑に処せられたとしても、C社の免許は取り消されることはない。

(4) 宅地建物取引業者D社の代表取締役が、法人税法違反により懲役の刑に処せられたとしても、執行猶予が付されれば、D社の免許は取り消されることはない。

	①	②	③	④	⑤
学習日					
理解度 （○/△/×）					

解説

法人の役員または政令で定める使用人のうちに欠格事由に該当する者がいる場合、その法人は免許を受けることができません(免許が取り消されます)。

(1) **正** 【欠格事由】

宅建業者(法人)の役員が宅建業法違反や暴力的な犯罪等によって罰金の刑に処せられた場合、その宅建業者の免許は取り消されますが、本肢の場合、「道路交通法違反による罰金刑」なので、A社の免許は取り消されません。

(2) **誤** 【欠格事由】

宅建業者(法人)の政令で定める使用人(支店の代表者)が、宅建業法違反や暴力的な犯罪等によって罰金の刑に処せられた場合、その法人の免許は取り消されます。

(3) **誤** 【欠格事由】

非常勤でも「役員」なので、その者が宅建業法違反や暴力的な犯罪等によって罰金の刑に処せられた場合、その宅建業者(C社)の免許は取り消されます。

(4) **誤** 【欠格事由】

「**懲役**」は欠格事由に該当します。したがって、本肢の場合は、執行猶予がついたとしても、D社の免許は取り消されます。

解答…(1)

難易度 B

欠格事由（宅建業者）

→教科書 CHAPTER01 SECTION02

問題17 宅地建物取引業の免許（以下この問において「免許」という。）に関する次の記述のうち、宅地建物取引業法の規定によれば、正しいものはどれか。 ［H18 問30］

(1) A社の取締役が、刑法第211条（業務上過失致死傷等）の罪を犯し、懲役1年執行猶予2年の刑に処せられ、執行猶予期間は満了した。その満了の日から5年を経過していない場合、A社は免許を受けることができない。

(2) B社は不正の手段により免許を取得したとして甲県知事から免許を取り消されたが、B社の取締役Cは、当該取消に係る聴聞の期日及び場所の公示の日の30日前にB社の取締役を退任した。B社の免許取消の日から5年を経過していない場合、Cは免許を受けることができない。

(3) D社の取締役が、刑法第159条（私文書偽造等）の罪を犯し、地方裁判所で懲役2年の判決を言い渡されたが、この判決に対して高等裁判所に控訴して現在裁判が係属中である。この場合、D社は免許を受けることができない。

(4) E社は乙県知事から業務停止処分についての聴聞の期日及び場所を公示されたが、その公示後聴聞が行われる前に、相当の理由なく宅地建物取引業を廃止した旨の届出をした。その届出の日から5年を経過していない場合、E社は免許を受けることができない。

	①	②	③	④	⑤
学習日	7/21	7/26	7/27	7/28	7/30
理解度 (○/△/×)		△	△	○	△

解説

法人の役員のうちに欠格事由に該当する者がいる場合、その法人は免許を受けることができません。

(1) 誤 【欠格事由】

執行猶予がついた場合は、**執行猶予期間が経過すれば免許を受けることができます**(5年待たなくてもOK)。したがって、A社は免許を受けることができます。

(2) 正 【欠格事由】

免許取消しに係る**聴聞公示の日前60日以内**にその法人(B社)の役員であった者(C)は、その**取消しの日から5年間**は免許を受けることができません。

(3) 誤 【欠格事由】

刑が確定するまで(控訴中、上告中)は、免許を受けることができます。

(4) 誤 【欠格事由】

一定の理由による**免許取消処分**に係る聴聞公示があった日以後、処分の日までに廃業等の届出があった場合には、その届出の日から5年間は免許を受けることができません。しかし、**業務停止処分**についての聴聞公示があった日以後、聴聞が行われる前に廃業等の届出があった場合は、欠格事由に該当しないので、届出の日から5年を待たなくても免許を受けることができます。

解答…(2)

難易度 B

欠格事由（宅建業者）

→教科書 CHAPTER01 SECTION02

問題18 宅地建物取引業の免許（以下この問において「免許」という。）に関する次の記述のうち、宅地建物取引業法の規定によれば、誤っているものはどれか。 ［H 27 問27］

(1) A社は、不正の手段により免許を取得したことによる免許の取消処分に係る聴聞の期日及び場所が公示された日から当該処分がなされるまでの間に、合併により消滅したが、合併に相当の理由がなかった。この場合においては、当該公示の日の50日前にA社の取締役を退任したBは、当該消滅の日から5年を経過しなければ、免許を受けることができない。

(2) C社の政令で定める使用人Dは、刑法第234条（威力業務妨害）の罪により、懲役1年、執行猶予2年の刑に処せられた後、C社を退任し、新たにE社の政令で定める使用人に就任した。この場合においてE社が免許を申請しても、Dの執行猶予期間が満了していなければ、E社は免許を受けることができない。

(3) 営業に関し成年者と同一の行為能力を有しない未成年者であるFの法定代理人であるGが、刑法第247条（背任）の罪により罰金の刑に処せられていた場合、その刑の執行が終わった日から5年を経過していなければ、Fは免許を受けることができない。

(4) H社の取締役Iが、暴力団員による不当な行為の防止等に関する法律に規定する暴力団員に該当することが判明し、宅地建物取引業法第66条第1項第3号の規定に該当することにより、H社の免許は取り消された。その後、Iは退任したが、当該取消しの日から5年を経過しなければ、H社は免許を受けることができない。

	①	②	③	④	⑤
学習日	7/21	7/26	7/27	7/28	7/30
理解度 (○/△/×)			○	○	○

解説

(1) 正 【欠格事由】

宅建業者が、不正による免許取得を理由とする免許取消しに係る**聴聞の公示がされた日から処分がなされるまでの間**に、**相当の理由**なく合併により消滅した場合、その聴聞の公示の日前**60日以内**に、消滅した法人の役員であった者は、法人の消滅日から**5年間**は免許を受けることができません。

(2) 正 【欠格事由】

政令で定める使用人Dは、執行猶予期間中は欠格者であるため、Dの執行猶予期間が満了していなければ、E社は免許を受けることはできません。

(3) 正 【欠格事由】

営業に関し成年者と同一の行為能力を有しない未成年者について、欠格事由に該当するかどうかは、その法定代理人で判断します。

本肢の法定代理人Gは背任罪で罰金の刑に処せられているので、欠格者に該当します。したがって、その**刑の執行が終わった日から5年**を経過していなければ、Fは免許を受けることはできません。

(4) 誤 【欠格事由】

欠格者であるIが退任することにより、H社は欠格者ではなくなるため、免許を受けることができます。なお、宅建業者が、一定の理由(❶不正の手段により免許を取得した、❷業務停止処分事由に該当する行為をし、情状が特に重い、❸業務停止処分に違反した)で免許取消処分を受けた場合には、免許取消しの日から**5年**を経過しないと免許を受けることができません。

本肢のH社は、取締役Iが暴力団員等に該当することを理由に、免許を取り消されていますが、❶〜❸の理由で免許が取り消されているわけではないため、H社は5年経過しなくても、免許を受けることができます。

解答…(4)

難易度 **A**

宅地建物取引士

→教科書 CHAPTER01 SECTION03

問題19　次の記述のうち、宅地建物取引業法の規定によれば、正しいものはどれか。　［H21 問29㉂］

(1) 都道府県知事は、不正の手段によって宅地建物取引士資格試験を受けようとした者に対しては、その試験を受けることを禁止することができ、また、その禁止処分を受けた者に対し2年を上限とする期間を定めて受験を禁止することができる。

(2) 宅地建物取引士の登録を受けている者が本籍を変更した場合、遅滞なく、登録をしている都道府県知事に変更の登録を申請しなければならない。

(3) 宅地建物取引士の登録を受けている者が死亡した場合、その相続人は、死亡した日から30日以内に登録をしている都道府県知事に届出をしなければならない。

(4) 甲県知事の宅地建物取引士の登録を受けている者が、その住所を乙県に変更した場合、甲県知事を経由して乙県知事に対し登録の移転を申請することができる。

	①	②	③	④	⑤
学習日					
理解度 (○/△/×)					

解説

（1）**誤**　【取引士になるまでの流れ】

不正受験者に対する受験禁止期間の上限は「2年」ではなく、「**3年**」です。

（2）**正**　【変更の登録】

登録を受けている取引士の住所や本籍に変更があった場合には、変更の登録の申請をしなければなりません。

（宅地建物取引士）資格登録簿には取引士の住所や本籍が記載されるけど、宅建業者名簿には、役員や政令で定める使用人の住所や本籍地は記載されないよ。

（3）**誤**　【死亡等の届出】

「死亡した日から30日以内」ではなく、「**死亡の事実を知った日から30日以内**」です。

（4）**誤**　【登録の移転】

登録の移転は、現在登録している都道府県知事が管轄している都道府県以外の都道府県に所在する事務所に勤務し、または勤務しようとするときに行うことができます。単に住所が変わっただけでは登録の移転はできません。

勤務地（都道府県）が変わらないとダメ～！

解答…(2)

ちょっと確認！

資格登録簿の主な登載事項

❶ 登録番号、登録年月日
❷ 氏名
❸ 生年月日、性別
❹ **住所、本籍**
❺ 宅建業者に勤務している場合…その宅建業者の商号または名称、免許証番号
❻ 試験合格年月日、合格証書番号
❼ 指示処分、事務禁止処分があったときは、その年月日、その内容

難易度 **B**

宅地建物取引士

→教科書 CHAPTER01 SECTION03

問題20 宅地建物取引士の登録（以下この問において「登録」という。）及び宅地建物取引士証（以下この問において「取引士証」という。）に関する次の記述のうち、民法及び宅地建物取引業法の規定によれば、正しいものはどれか。

［H22 問30㊕］

(1) 宅地建物取引業に係る営業に関し、成年者と同一の行為能力を有しない未成年者であっても、登録実務講習を修了すれば、法定代理人から宅地建物取引業を営むことについての許可を受けていなくても登録を受けることができる。

(2) 登録を受けている者は、取引士証の交付を受けていない場合は、その住所に変更があっても、登録を受けている都道府県知事に変更の登録を申請する必要はない。

(3) 取引士証を亡失し、その再交付を申請している者は、再交付を受けるまでの間、宅地建物取引業法第35条に規定する重要事項の説明をする時は、取引士証に代えて、再交付申請書の写しを提示すればよい。

(4) 甲県知事から取引士証の交付を受けている者が、取引士としての事務を禁止する処分を受け、その禁止の期間中に本人の申請により登録が消除された場合は、その者が乙県で宅地建物取引士資格試験に合格したとしても、当該期間が満了しないときは、乙県知事の登録を受けることができない。

	①	②	③	④	⑤
学習日	7/26	7/27	7/28	7/29	7/31
理解度 (○/△/×)		○	○	○	○

解説

(1) 誤　【欠格事由(取引士)】

宅建業に係る営業に関し、成年者と同一の行為能力を有しない未成年者は、欠格事由に該当するため、登録実務講習を修了していても、法定代理人から宅建業を営むことについて許可を受けない限り、登録を受けることはできません。

(2) 誤　【変更の登録】

取引士証の交付を受けているかどうかにかかわらず、登録を受けている者は、住所に変更があった場合には、登録を受けている都道府県知事に変更の登録を申請する必要があります。

(3) 誤　【取引士でなければできない仕事】

重要事項の説明(35条の説明)をするときは、必ず取引士証(原本)の提示が必要となります。したがって、取引士証の再交付がされるまでは、重要事項の説明(35条の説明)をすることはできません。

(4) 正　【欠格事由(取引士)】

事務禁止処分を受け、その禁止期間中に、自らの申請により登録が消除された者で、まだ事務禁止期間を経過していない者は登録を受けることはできません。

解答…(4)

「免許の申請」とか「免許の更新」など、「免許の××」といったら、宅建業者の免許の話(『教科書』SEC.02の話)、「登録の申請」、「登録の消除」など、「登録の××」といったら取引士の登録の話(『教科書』SEC.03の話)。
どちらの話か、しっかり確認して!

難易度 **A**

宅地建物取引士

→教科書 CHAPTER01 SECTION03

問題21 宅地建物取引業法(以下この問において「法」という。)に規定する取引士及び宅地建物取引士証(以下この問において「取引士証」という。)に関する次の記述のうち、正しいものはどれか。 [H23 問28改]

(1) 宅地建物取引業者は、20戸以上の一団の分譲建物の売買契約の申込みのみを受ける案内所を設置し、売買契約の締結は事務所で行う場合、当該案内所には専任の取引士を置く必要はない。

(2) 未成年者は、宅地建物取引業に係る営業に関し成年者と同一の行為能力を有していたとしても、成年に達するまでは取引士の登録を受けることができない。

(3) 取引士は、法第35条の規定による重要事項説明を行うにあたり、相手方から請求があった場合にのみ、取引士証を提示すればよい。

(4) 宅地建物取引士資格試験に合格した日から1年以内に取引士証の交付を受けようとする者は、登録をしている都道府県知事の指定する講習を受講する必要はない。

	①	②	③	④	⑤
学習日	7/26	7/27	7/28	7/29	7/31
理解度 (○/△/×)		○	△	○	○

解説

(1) **誤** 【専任の取引士の設置…SEC.06】

申込みまたは契約をする案内所等には、**1人以上**の専任の取引士を置かなければなりません。

(2) **誤** 【欠格事由(取引士)】

宅建業に係る営業に関し、成年者と同一の行為能力を有しない未成年者(宅建業を営むことについて法定代理人から許可を受けていない未成年者)は、登録を受けることができませんが、**成年者と同一の行為能力を有する未成年者(宅建業を営むことについて法定代理人から許可を受けた未成年者)は、登録を受けることができます。**

(3) **誤** 【重要事項の説明(35条書面)…SEC.07】

重要事項の説明(35条の説明)をするときは、**相手方からの請求がなかったとしても、**必ず取引士証(原本)の提示が必要となります。

(4) **正** 【取引士になるまでの流れ】

取引士証の交付を受けようとする者は、原則として**都道府県知事**が指定する**法定講習**を受講しなければなりません。ただし、試験合格後**1年以内**に取引士証の交付を受ける場合は、法定講習は免除されます。

解答…(4)

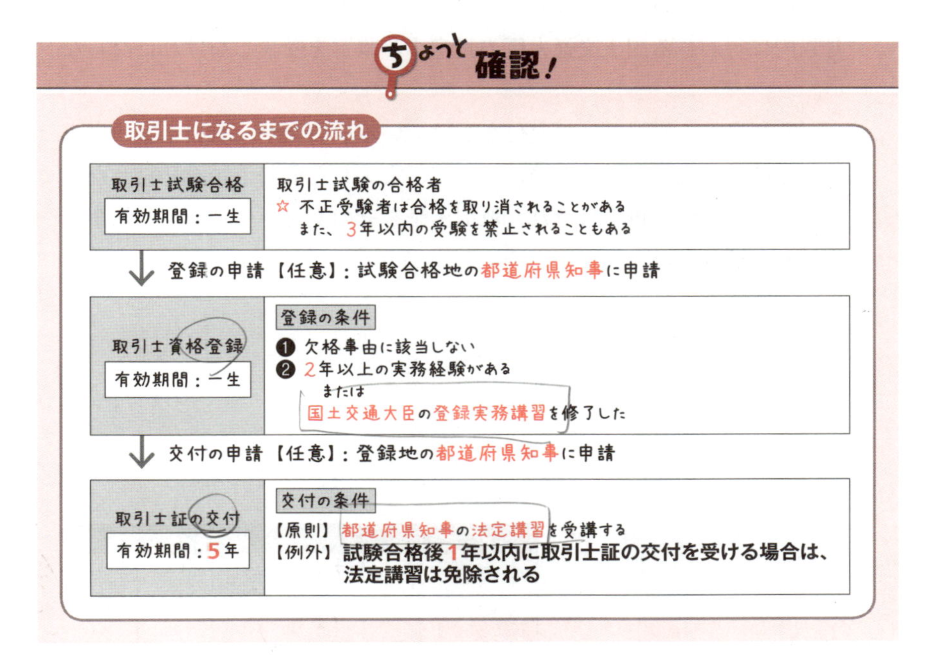

難易度 **A**

宅地建物取引士

→教科書 CHAPTER01 SECTION03

問題22　宅地建物取引士資格登録(以下この問において「登録」という。)及び宅地建物取引士証(以下この問において「取引士証」という。)に関する次の記述のうち、宅地建物取引業法の規定によれば、正しいものはどれか。

〔H19 問31㊝〕

(1) 甲県知事の登録を受けて、甲県に所在する宅地建物取引業者Aの事務所の業務に従事する者が、乙県に所在するAの事務所の業務に従事することとなったときは、速やかに、甲県知事を経由して、乙県知事に対して登録の移転の申請をしなければならない。

(2) 登録を受けている者で取引士証の交付を受けていない者が重要事項説明を行い、その情状が特に重いと認められる場合は、当該登録の消除の処分を受け、その処分の日から5年を経過するまでは、再び登録を受けることができない。

(3) 丙県知事から取引士証の交付を受けている取引士が、取引士証の有効期間の更新を受けようとするときは、丙県知事に申請し、その申請前6月以内に行われる国土交通大臣の指定する講習を受講しなければならない。

(4) 丁県知事から取引士証の交付を受けている取引士が、取引士証の亡失によりその再交付を受けた後において、亡失した取引士証を発見したときは、速やかに、再交付された取引士証をその交付を受けた丁県知事に返納しなければならない。

	①	②	③	④	⑤
学習日					
理解度 (○/△/×)					

解説

(1) **誤** 【登録の移転】

登録の移転の申請は、義務ではなく任意です。

(2) **正** 【欠格事由（取引士）】

取引士登録をしたが、取引士証の交付を受けていない者が重要事項説明を行い、その情状が特に重いと認められる場合は、登録消除処分を受けます。そして、その処分の日から **5 年**を経過するまでは、再び登録を受けることはできません。

(3) **誤** 【取引士証の更新】

取引士証の有効期間の更新を行う場合には、「国土交通大臣の指定する講習（登録実務講習＝取引士の登録をするときに必要な講習）」ではなく、「**都道府県知事が指定する講習**（法定講習）」を受講しなければなりません。

覚え方
大臣、実務を放置
国土交通大臣
登録実務講習
法定講習
知事

(4) **誤** 【取引士証の再交付】

返納するのは「再交付された取引士証（新しいほう）」ではなく、「**発見した取引士証**（古いほう）」です。

解答…(2)

ちょっと確認！

欠格事由

以下の理由 で登録消除処分を受けた者で、登録消除処分の日から5年を経過していない者は取引士の登録を受けることができない

1. 不正の手段で登録を受けた
2. 不正の手段で取引士証の交付を受けた
3. 事務禁止処分に該当し、情状が特に重い
4. 事務禁止処分に違反した
5. 取引士登録をしたが、取引士証の交付を受けていない者が不正の手段で取引士登録を受けた
6. **取引士登録をしたが、取引士証の交付を受けていない者が取引士としての事務を行い、情状が特に重い**

難易度 **A**

宅地建物取引士

→教科書 CHAPTER01 SECTION03

問題23　次の記述のうち、宅地建物取引業法(以下この問において「法」という。)の規定によれば、正しいものはどれか。　［H20 問33㉃］

(1) 禁錮以上の刑に処せられた取引士は、登録を受けている都道府県知事から登録の消除の処分を受け、その処分の日から5年を経過するまで、取引士の登録をすることはできない。

(2) 宅地建物取引士資格試験に合格した者で、宅地建物の取引に関し2年以上の実務経験を有するもの、又は都道府県知事がその実務経験を有するものと同等以上の能力を有すると認めたものは、法第18条第1項の登録を受けることができる。

(3) 甲県知事から宅地建物取引士証(以下この問において「取引士証」という。)の交付を受けている取引士は、その住所を変更したときは、遅滞なく、変更の登録の申請をするとともに、取引士証の書換え交付の申請を甲県知事に対してしなければならない。

(4) 取引士が心身の故障により取引士の事務を適正に行うことができない者として国土交通省令で定めるものに該当することになったときは、その者に法定代理人又は同居の親族がいたとしても、必ず本人がその日から30日以内にその旨を登録している都道府県知事に届け出なければならない。

	①	②	③	④	⑤
学習日	7/26	7/27	7/28	7/29	7/31
理解度 (○/△/×)					

解説

(1) **誤** 【欠格事由(取引士)】

「登録の消除の処分の日から5年」ではなく、「**刑の執行が終わった日から5年**」です。

(2) **誤** 【取引士になるまでの流れ】

取引士の資格登録の条件は、2年以上の実務経験を有するもの、または「都道府県知事」ではなく、「**国土交通大臣**」がその実務経験を有するものと同等以上の能力を有するものと認めたものです。

(3) **正** 【取引士証】

取引士が住所を変更したときは、取引士証の書換え交付の申請が必要です。なお、住所のみを変更する場合には、裏書きによることができます。

(4) **誤** 【欠格事由(取引士)】

取引士が心身の故障により取引士の事務を適正に行うことができない者として国土交通省令で定めるものに該当することとなったときに届け出るのは、**本人**または その**法定代理人**もしくは**同居の親族**です。

解答…(3)

これはどう? H30－問42③

宅地建物取引士は、事務禁止の処分を受けたときは宅地建物取引士証をその交付を受けた都道府県知事に提出しなくてよいが、登録消除の処分を受けたときは返納しなければならない。

× 取引士は事務禁止の処分を受けたときは、取引士証をその交付を受けた都道府県知事に速やかに**提出**しなければならず、登録消除の処分を受けたときは、取引士証をその交付を受けた都道府県知事に速やかに**返納**しなければなりません。

難易度 **A**

宅地建物取引士

→教科書 CHAPTER01 SECTION03

問題24 宅地建物取引士の登録(以下この問において「登録」という。)及び宅地建物取引士証に関する次の記述のうち、宅地建物取引業法の規定によれば、正しいものはどれか。 [R2(10月)問34]

(1) 甲県で宅地建物取引士資格試験に合格した後1年以上登録の申請をしていなかった者が宅地建物取引業者(乙県知事免許)に勤務することとなったときは、乙県知事あてに登録の申請をしなければならない。

(2) 登録を受けている者は、住所に変更があっても、登録を受けている都道府県知事に変更の登録を申請する必要はない。

(3) 宅地建物取引士は、従事先として登録している宅地建物取引業者の事務所の所在地に変更があったときは、登録を受けている都道府県知事に変更の登録を申請しなければならない。

(4) 丙県知事の登録を受けている宅地建物取引士が、丁県知事への登録の移転の申請とともに宅地建物取引士証の交付の申請をした場合は、丁県知事から、移転前の宅地建物取引士証の有効期間が経過するまでの期間を有効期間とする新たな宅地建物取引士証が交付される。

	①	②	③	④	⑤
学習日					
理解度 (○/△/×)					

解説

（1）**誤**　【取引士になるまでの流れ】

試験に合格した者がその登録を受けようとするときは、登録申請書を当該試験を行った都道府県知事（甲県知事）に提出しなければなりません。

（2）**誤**　【変更の登録】

登録を受けている取引士の住所や本籍に変更があった場合には、遅滞なく、変更の登録を申請しなければなりません。

（3）**誤**　【変更の登録】

宅建業者の業務に取引士が従事している場合、当該宅建業者の商号または名称および免許証番号が資格登録簿に登載されますが、宅建業者の事務所の所在地は登載事項ではないため、変更があったとしても変更の登録を申請する必要はありません。

（4）**正**　【取引士証の有効期間】

登録の移転の申請とともに取引士証の交付を申請した場合は、登録後、移転申請前の取引士証の有効期間が経過するまでの期間（移転前の取引士証の残存期間）を有効期間とする取引士証が移転先の都道府県知事から交付されます。

解答…(4)

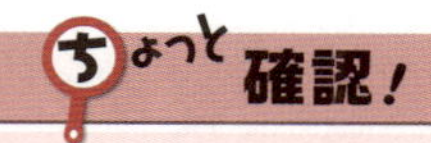

変更の登録

資格登録簿の登載事項のうち、下記の事項が変更になった場合には、遅滞なく変更の登録を申請しなければならない

❶ 取引士の氏名
❷ 取引士の住所・本籍
❸ **勤務先の宅建業者**の**商号**または**名称**、免許証番号

☆ 変更の登録の申請は、たとえ事務禁止処分期間中でもやらないとダメ！

難易度 A

営業保証金

→教科書 CHAPTER01 SECTION04

問題25 宅地建物取引業者A社の営業保証金に関する次の記述のうち、宅地建物取引業法の規定によれば、正しいものはどれか。 ［H24 問33㊈］

(1) A社が地方債証券を営業保証金に充てる場合、その価額は額面金額の100分の90である。

(2) A社は、営業保証金を本店及び支店ごとにそれぞれ最寄りの供託所に供託しなければならない。

(3) A社が本店のほかに5つの支店を設置して宅地建物取引業を営もうとする場合、供託すべき営業保証金の合計額は210万円である。

(4) A社は、自ら所有する宅地を売却するに当たっては、当該売却に係る売買契約が成立するまでの間に、その買主（宅地建物取引業者に該当する者を除く）に対して、供託している営業保証金の額を説明しなければならない。

	①	②	③	④	⑤
学習日	7/27	7/28	7/29	7/30	8/1
理解度（○/△/×）		△	○	○	○

解説

（1）正　【営業保証金の供託】

そのとおりです。

（2）誤　【営業保証金の供託】

営業保証金は、「本店及び支店ごとにそれぞれ最寄りの供託所に」ではなく、「**本店最寄りの供託所に**」供託しなければなりません。

（3）誤　【営業保証金の供託】

営業保証金の供託額は、**本店につき1,000万円、支店1カ所につき500万円**です。A社は本店と5つの支店を設置する予定なので、供託すべき営業保証金の合計額は3,500万円となります。

供託すべき営業保証金：1,000万円＋500万円×5カ所＝3,500万円

ちなみに、問題文の210万円というのは、保証協会(SEC.05)に加入したときに納付する弁済業務保証金分担金の額だよ。
保証協会に加入した場合の分担金の納付額は本店につき60万円、支店1カ所につき30万円だから、本肢の場合、60万円＋30万円×5ヵ所＝210万円となるんだ。

（4）誤　【供託所の説明…SEC.07】

宅建業者は、相手方（宅建業者を除く）に対して、売買契約が成立するまでの間に、「営業保証金の額」ではなく、「**営業保証金を供託した供託所とその所在地**」を説明しなければなりません。

解答…（1）

ちょっと確認！

有価証券の評価額

有価証券の種類	評価額
❶ 国債	額面金額の100％
❷ 地方債・政府保証債	**額面金額の90％**
❸ それ以外の国土交通省令で定める有価証券	額面金額の80％

難易度 A

営業保証金

→教科書 CHAPTER01 SECTION04

問題26 宅地建物取引業者A（国土交通大臣免許）が、宅地建物取引業法の規定に基づき供託する営業保証金に関する次の記述のうち、正しいものはどれか。 ［H21 問30］

(1) Aは、営業保証金を主たる事務所又はその他の事務所のいずれかの最寄りの供託所に供託することができる。

(2) Aが営業保証金を供託した旨は、供託所から国土交通大臣あてに通知されることから、Aがその旨を直接国土交通大臣に届け出る必要はない。

(3) Aとの取引により生じた電気工事業者の工事代金債権について、当該電気工事業者は、営業継続中のAが供託している営業保証金から、その弁済を受ける権利を有する。

(4) 営業保証金の還付により、営業保証金の額が政令で定める額に不足することとなった場合、Aは、国土交通大臣から不足額を供託すべき旨の通知書の送付を受けた日から2週間以内にその不足額を供託しなければならない。

	①	②	③	④	⑤
学習日	7/27	7/28	7/29	7/30	8/1
理解度 (○/△/×)		○	○	○	○

解説

（1）**誤**　【営業保証金の供託】

営業保証金は、「**本店（主たる事務所）の最寄りの供託所に**」供託しなければなりません。

（2）**誤**　【営業保証金の供託】

営業保証金を供託した場合には、その旨を免許権者（国土交通大臣または都道府県知事）に届け出なければなりません。

これはどう？　H23－問30②

甲県知事は、Ａ社（甲県知事免許）が宅地建物取引業の免許を受けた日から３月以内に営業保証金を供託した旨の届出をしないときは、その届出をすべき旨の催告をしなければならず、その催告が到達した日から１月以内にＡ社が届出をしないときは、Ａ社の免許を取り消すことができる。

○　免許権者は、宅建業の免許を与えた日から**3カ月以内**に営業保証金を供託した旨の届出がないときは、催告しなければなりません。そして、その催告が到達した日から**1カ月以内**に宅建業者が届出をしないときは免許を取り消すことができます。

（3）**誤**　【営業保証金の還付】

電気工事業者の工事は、宅建業に係る取引ではないので、当該電気工事業者は営業保証金から弁済を受けることはできません。

（4）**正**　【営業保証金の追加供託】

宅建業者は、免許権者から**不足額供託の通知を受けた日から2週間以内**に不足額を供託しなければなりません。

解答…（4）

ちょっと確認！

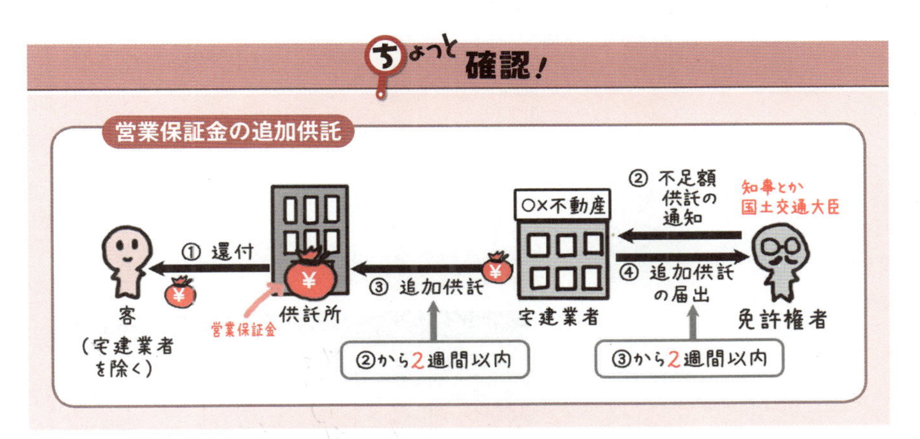

難易度 **A**

営業保証金

→教科書 CHAPTER01 SECTION04

問題27 宅地建物取引業者の営業保証金に関する次の記述のうち、宅地建物取引業法の規定によれば、誤っているものはどれか。なお、この問において、「還付請求権者」とは、同法第27条第1項の規定に基づき、営業保証金の還付を請求する権利を有する者をいう。 [H22 問31]

(1) 宅地建物取引業者は、宅地建物取引業に関し不正な行為をし、情状が特に重いとして免許を取り消されたときであっても、営業保証金を取り戻すことができる場合がある。

(2) 宅地建物取引業者は、免許の有効期間満了に伴い営業保証金を取り戻す場合は、還付請求権者に対する公告をすることなく、営業保証金を取り戻すことができる。

(3) 宅地建物取引業者は、一部の支店を廃止したことにより、営業保証金の額が政令で定める額を超えた場合は、還付請求権者に対し所定の期間内に申し出るべき旨を公告し、その期間内にその申出がなかったときに、その超過額を取り戻すことができる。

(4) 宅地建物取引業者は、宅地建物取引業保証協会の社員となった後において、社員となる前に供託していた営業保証金を取り戻す場合は、還付請求権者に対する公告をすることなく、営業保証金を取り戻すことができる。

	①	②	③	④	⑤
学習日	7/27	7/28	7/29	7/30	8/1
理解度 (○/△/×)		○	○	○	○

解説

(1) 正　【営業保証金の取戻し】

免許取消処分を受けた場合でも、営業保証金を取り戻すことはできます。

(2) 誤　【営業保証金の取戻し】

免許の有効期間満了により営業保証金を取り戻す場合は、**6カ月以上の期間**を定めて公告をする必要があります。

(3) 正　【営業保証金の取戻し】

一部の支店を廃止したことにより営業保証金を取り戻す場合は、**6カ月以上の期間**を定めて公告をし、その期間内に還付請求の申出がなかったときに取り戻すことができます。

(4) 正　【営業保証金の取戻し】

宅建業者が保証協会の社員になった場合には、**公告することなく**、営業保証金を取り戻すことができます。

解答…(2)

ちょっと確認！

営業保証金の取戻し

取戻し事由	公告の要否
免許の有効期間が満了した	6カ月以上の期間を定めて公告が必要※
廃業・破産等の届出により免許が失効した	
免許取消処分を受けた	
一部の事務所を廃止した	
(有価証券による供託をしている場合で) 本店の移転により、最寄りの供託所を変更した	公告不要
保証協会の社員になった	

※ ただし、取戻し事由が発生したときから10年を経過したときは公告不要

難易度 A

営業保証金

→教科書 CHAPTER01 SECTION04

問題28 宅地建物取引業者A（甲県知事免許）の営業保証金に関する次の記述のうち、宅地建物取引業法の規定によれば、正しいものはどれか。

［R2（10月）問35］

(1) Aから建設工事を請け負った建設業者は、Aに対する請負代金債権について、営業継続中のAが供託している営業保証金から弁済を受ける権利を有する。

(2) Aが甲県内に新たに支店を設置したときは、本店の最寄りの供託所に政令で定める額の営業保証金を供託すれば、当該支店での事業を開始することができる。

(3) Aは、営業保証金の還付により、営業保証金の額が政令で定める額に不足することとなったときは、甲県知事から不足額を供託すべき旨の通知書の送付を受けた日から2週間以内にその不足額を供託しなければならない。

(4) Aが甲県内に本店及び2つの支店を設置して宅地建物取引業を営もうとする場合、供託すべき営業保証金の合計額は1,200万円である。

	①	②	③	④	⑤
学習日	7/27	7/28	7/29	7/30	8/1
理解度（○/△/×）			○	○	○

解説

(1) **誤** 【営業保証金の還付】

建設業者の建設工事は、宅建業に係る取引ではないので、建設工事を請け負った建設業者は営業保証金から弁済を受けることはできません。

(2) **誤** 【宅建業者が支店を増設したとき】

宅建業者が支店を増設したときは、本店の最寄りの供託所に、増設した事務所の数に応じた営業保証金を供託し、免許権者にその旨の**届出**をしたあとでなければ、増設した支店で事業を開始することができません。

(3) **正** 【営業保証金の追加供託】

宅建業者は、営業保証金の還付があったために営業保証金に不足が生じた場合において、免許権者から不足額を供託すべき旨の通知書の送付を受けたときには、その通知書の受領日から**2週間以内**にその不足額を供託する必要があります。

(4) **誤** 【営業保証金の供託額】

営業保証金の供託額は、**本店につき1,000万円**、**支店1カ所につき500万円**です。Aは本店と2つの支店を設置する予定なので、供託すべき営業保証金の合計額は2,000万円(1,000万円+500万円×2カ所)となります。

解答…(3)

難易度 A

営業保証金

→教科書 CHAPTER01 SECTION04

問題29 宅地建物取引業者の営業保証金に関する次の記述のうち、宅地建物取引業法(以下この問において「法」という。)の規定によれば、正しいものはどれか。 [H25 問27]

(1) 宅地建物取引業者は、不正の手段により法第3条第1項の免許を受けたことを理由に免許を取り消された場合であっても、営業保証金を取り戻すことができる。

(2) 信託業法第3条の免許を受けた信託会社で宅地建物取引業を営むものは、国土交通大臣の免許を受けた宅地建物取引業者とみなされるため、営業保証金を供託した旨の届出を国土交通大臣に行わない場合は、国土交通大臣から免許を取り消されることがある。

(3) 宅地建物取引業者は、本店を移転したためその最寄りの供託所が変更した場合、国債証券をもって営業保証金を供託しているときは、遅滞なく、従前の本店の最寄りの供託所に対し、営業保証金の保管換えを請求しなければならない。

(4) 宅地建物取引業者は、その免許を受けた国土交通大臣又は都道府県知事から、営業保証金の額が政令で定める額に不足することとなった旨の通知を受けたときは、供託額に不足を生じた日から2週間以内に、その不足額を供託しなければならない。

	①	②	③	④	⑤
学習日					
理解度 (○/△/×)					

解説

(1) 正 【営業保証金の取戻し】

不正の手段によって免許を受けたことを理由に免許を取り消された場合でも、**6カ月以上の期間**を定めて公告したのち、営業保証金を取り戻すことができます。

(2) 誤 【信託会社の特例】

信託会社は、国土交通大臣の免許を受けた宅建業者とみなされます。しかし、「みなされる」だけであって、実際に国土交通大臣から免許を受けたわけではないので、国土交通大臣から免許取消処分を受けることはありません。

(3) 誤 【営業保証金の保管替え】

従前の本店最寄りの供託所に対して、保管替えの請求ができるのは、営業保証金を金銭のみで供託している場合です。**国債証券等の有価証券を供託しているときは、移転後の本店最寄りの供託所に供託したあと、従前の本店最寄りの供託所から営業保証金を取り戻します。**

(4) 誤 【営業保証金の追加供託】

「供託額に不足を生じた日から2週間以内」ではなく、「**供託額の不足の通知を受けてから2週間以内**」です。

よく読む

解答…(1)

ちょっと確認!

営業保証金の保管替え等

❶ 金銭のみで供託している場合	遅滞なく、営業保証金を供託している供託所に対し、移転後の本店最寄りの供託所への保管替えを請求しなければならない
❷ ❶以外の場合	遅滞なく、営業保証金を移転後の本店最寄りの供託所に新たに供託しなければならない(その後、移転前の本店最寄りの供託所から営業保証金を取り戻す)

難易度 **A**

営業保証金

→教科書 *CHAPTER01 SECTION04*

問題30 宅地建物取引業法に規定する営業保証金に関する次の記述のうち、正しいものはどれか。 ［H26 問29］

(1) 新たに宅地建物取引業を営もうとする者は、営業保証金を金銭又は国土交通省令で定める有価証券により、主たる事務所の最寄りの供託所に供託した後に、国土交通大臣又は都道府県知事の免許を受けなければならない。

(2) 宅地建物取引業者は、既に供託した額面金額1,000万円の国債証券と変換するため1,000万円の金銭を新たに供託した場合、遅滞なく、その旨を免許を受けた国土交通大臣又は都道府県知事に届け出なければならない。

(3) 宅地建物取引業者は、事業の開始後新たに従たる事務所を設置したときは、その従たる事務所の最寄りの供託所に政令で定める額を供託し、その旨を免許を受けた国土交通大臣又は都道府県知事に届け出なければならない。

(4) 宅地建物取引業者が、営業保証金を金銭及び有価証券をもって供託している場合で、主たる事務所を移転したためその最寄りの供託所が変更したときは、金銭の部分に限り、移転後の主たる事務所の最寄りの供託所への営業保証金の保管替えを請求することができる。

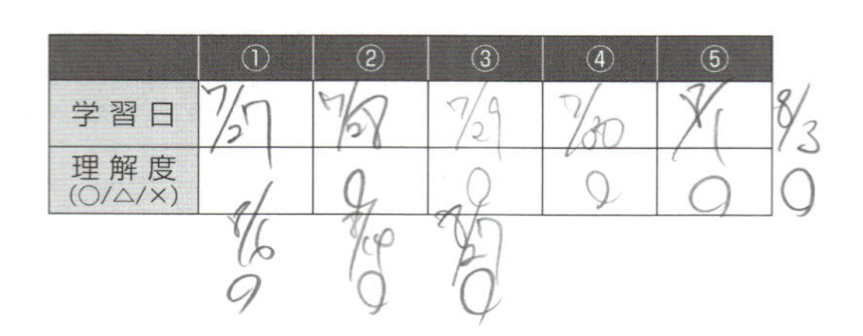

	①	②	③	④	⑤
学習日					
理解度 (○/△/×)					

解説

(1) **誤** 【営業保証金の供託、届出】

宅建業を営もうとする者は、免許を取得したあと、営業保証金を供託し、その旨を届け出たあとでなければ事業を開始することができません。

免許取得 → 営業保証金の供託 → 届出 → 事業開始 の順番だよ。

(2) **正** 【営業保証金の変換の届出】

宅建業者は、営業保証金の変換のため新たに供託をしたときは、遅滞なく、その旨を、供託書正本の写しを添付して、免許権者に届け出なければなりません。

(3) **誤** 【事務所を新設した場合の営業保証金の供託】

従たる事務所(支店)を新たに設置した場合の営業保証金の供託先は、「従たる事務所の最寄りの供託所」ではなく、「**主たる事務所(本店)の最寄りの供託所**」です。

(4) **誤** 【営業保証金の保管替え】

有価証券のみまたは金銭と有価証券で営業保証金を供託している場合、保管替えの請求をすることはできません。この場合、移転後の主たる事務所の最寄りの供託所に供託したあと、従来の主たる事務所の最寄りの供託所から営業保証金を取り戻します(保管替えの請求ができるのは、金銭のみで供託している場合です)。

解答…(2)

難易度 **B**

営業保証金

→教科書 CHAPTER01 SECTION04

問題31 宅地建物取引業者A（甲県知事免許）は、甲県内に本店Xと支店Yを設置して、額面金額1,000万円の国債証券と500万円の金銭を営業保証金として供託して営業している。この場合の営業保証金に関する次の記述のうち、宅地建物取引業法の規定によれば、正しいものはどれか。なお、本店Xと支店Yとでは、最寄りの供託所を異にする。　［H20問34］

(1) Aが新たに支店Zを甲県内に設置したときは、本店Xの最寄りの供託所に政令で定める額の営業保証金を供託すれば、支店Zでの事業を開始することができる。

(2) Aが、Yを本店とし、Xを支店としたときは、Aは、金銭の部分に限り、Yの最寄りの供託所への営業保証金の保管替えを請求することができる。

(3) Aは、額面金額1,000万円の地方債証券を新たに供託すれば、既に供託している同額の国債証券と変換することができる。その場合、遅滞なく、甲県知事に営業保証金の変換の届出をしなければならない。

(4) Aは、営業保証金の還付が行われ、営業保証金が政令で定める額に不足することになったときは、その旨の通知書の送付を受けた日から2週間以内にその不足額を供託しなければ、免許取消の処分を受けることがある。

	①	②	③	④	⑤
学習日					
理解度 (○/△/×)					

解説

（1）誤　【営業保証金の供託の届出】

❶営業保証金を供託し、❷供託した旨を免許権者に届け出たあとでなければ、支店Ｚでの事業を開始することができません。

（2）誤　【営業保証金の保管替え】

営業保証金を金銭のみで供託している場合には、保管替えの請求をすることができますが、それ以外（金銭のみ以外）で供託している場合には、保管替えの請求をすることができません。本問では金銭と有価証券によって供託しているので、保管替えの請求をすることはできず、新たに供託しなおさなければなりません。

（3）誤　【営業保証金の供託】

国債の評価額は額面の100％ですが、地方債の評価額は額面の**90%**です。したがって、Aは、額面金額1,000万円の地方債証券を新たに供託しても、900万円の評価額にしかならないので、すでに供託している1,000万円の国債証券と変換することはできません。

（4）正　【営業保証金の追加供託】

営業保証金の還付が行われ、営業保証金が政令で定める額に不足することになったときは、その旨の通知書の送付を受けた日から**2週間以内**にその不足額を供託しなければ、免許取消の処分を受けることがあります。

解答…(4)

難易度 A

保証協会

→教科書 CHAPTER01 SECTION05

問題32 宅地建物取引業保証協会(以下この問において「保証協会」という。)に関する次の記述のうち、宅地建物取引業法の規定によれば、正しいものはどれか。 [H22問43改]

(1) 宅地建物取引業者が保証協会の社員となる前に、当該宅地建物取引業者と宅地建物取引業に関し取引をした者(宅地建物取引業者に該当する者を除く)は、その取引により生じた債権に関し、弁済業務保証金について弁済を受ける権利を有する。

(2) 保証協会の社員である宅地建物取引業者と宅地建物取引業に関し取引をした者(宅地建物取引業者に該当する者を除く)が、その取引により生じた債権に関し、弁済業務保証金について弁済を受ける権利を実行するときは、当該保証協会の認証を受けるとともに、当該保証協会に対し、還付請求をしなければならない。

(3) 保証協会から還付充当金を納付すべきことの通知を受けた社員は、その通知を受けた日から1月以内に、その通知された額の還付充当金を当該保証協会に納付しなければならない。

(4) 保証協会は、新たに宅地建物取引業者がその社員として加入しようとするときは、あらかじめ、その旨を当該宅地建物取引業者が免許を受けた国土交通大臣又は都道府県知事に報告しなければならない。

	①	②	③	④	⑤
学習日	7/28	7/29	7/30	7/31	8/2
理解度 (○/△/×)		○	○	○	○

解説

(1) **正** 【弁済業務保証金の還付】

宅建業者が保証協会の社員になったあとに取引した者だけでなく、社員になる前に取引した者も弁済業務保証金の弁済を受ける権利を有します。ただし、宅建業者に該当する者は除きます。

(2) **誤** 【弁済業務保証金の還付】

保証協会の認証が必要ですが、還付請求をするのは「保証協会」に対してではなく、「**供託所**」に対してです。

(3) **誤** 【還付充当金の納付】

還付充当金の納付期限は、その通知を受けた日から**2週間以内**です。

(4) **誤** 【社員が加入したときの報告】

保証協会は、新たに宅建業者が社員として加入したときは、「あらかじめ」ではなく、「**加入後直ちに**」免許権者に報告しなければなりません。

解答…(1)

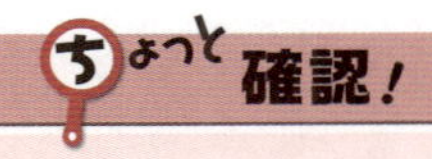

弁済業務保証金の還付

☆ 宅建業者が保証協会の社員になる前に取引した人（宅建業者を除く）も還付を受けられる

☆ 弁済業務保証金から還付を受けるには、保証協会の認証が必要。ただし、還付請求は供託所に対して行う

難易度 A

保証協会

→教科書 CHAPTER01 SECTION05

問題33 宅地建物取引業保証協会（以下この問において「保証協会」という。）に関する次の記述のうち、宅地建物取引業法の規定によれば、正しいものはどれか。 ［H25問39］

(1) 保証協会は、社員の取り扱った宅地建物取引業に係る取引に関する苦情について、宅地建物取引業者の相手方等からの解決の申出及びその解決の結果を社員に周知させなければならない。

(2) 保証協会に加入した宅地建物取引業者は、直ちに、その旨を免許を受けた国土交通大臣又は都道府県知事に報告しなければならない。

(3) 保証協会は、弁済業務保証金の還付があったときは、当該還付に係る社員又は社員であった者に対し、当該還付額に相当する額の還付充当金をその主たる事務所の最寄りの供託所に供託すべきことを通知しなければならない。

(4) 宅地建物取引業者で保証協会に加入しようとする者は、その加入の日から2週間以内に、弁済業務保証金分担金を保証協会に納付しなければならない。

	①	②	③	④	⑤
学習日	7/28	7/29	7/30	7/31	8/2
理解度 (○/△/×)		○	△	○	○

解説

（1）**正** 【保証協会の業務】

保証協会の必須業務には、❶苦情の解決、❷宅建業に関する研修、❸弁済業務(これがメイン業務)があります。

（2）**誤** 【保証協会に加入したときの免許権者への報告】

保証協会に加入したときの、免許権者への報告は「宅建業者」ではなく、「**保証協会**」が行います。

（3）**誤** 【還付充当金の納付】

保証協会は、弁済業務保証金の還付があったときは、社員に対して「主たる事務所の最寄りの供託所に供託」ではなく、「**保証協会に納付**」すべきことを通知しなければなりません。

（4）**誤** 【弁済業務保証金分担金の納付】

新たに保証協会の社員として加入する者は、**加入しようとする日**までに弁済業務保証金分担金を保証協会に納付しなければなりません。

ちなみに、新たに事務所を設置したときは、設置した日から**2週間以内**に弁済業務保証金分担金を保証協会に納付しなければなりません。

解答…(1)

保証協会が絡む場合は、社員(宅建業者)と供託所がやりとりするときは、必ず保証協会が間に入るよ。

ちょっと確認！

弁済業務保証金分担金の納付

☆ 以下の場合 には、分担金をそれぞれの期限までに**保証協会**に納付しなければならない

❶ 宅建業者が保証協会に加入しようとする場合
→ **加入しようとする日**まで

❷ 加入後に新たに事務所を設置する場合
→ 新たに事務所を設置した日から**2**週間以内

難易度 B

保証協会

→教科書 CHAPTER01 SECTION05

問題34 宅地建物取引業保証協会(以下この問において「保証協会」という。)又はその社員に関する次の記述のうち、宅地建物取引業法の規定によれば、正しいものはどれか。　[H20 問44改]

(1) 300万円の弁済業務保証金分担金を保証協会に納付して当該保証協会の社員となった者と宅地建物取引業に関し取引をした者(宅地建物取引業者に該当する者を除く)は、その取引により生じた債権に関し、6,000万円を限度として、当該保証協会が供託した弁済業務保証金から弁済を受ける権利を有する。

(2) 保証協会は、弁済業務保証金の還付があったときは、当該還付に係る社員又は社員であった者に対し、当該還付額に相当する額の還付充当金を主たる事務所の最寄りの供託所に供託すべきことを通知しなければならない。

(3) 保証協会の社員は、保証協会から特別弁済業務保証金分担金を納付すべき旨の通知を受けた場合で、その通知を受けた日から1か月以内にその通知された額の特別弁済業務保証金分担金を保証協会に納付しないときは、当該保証協会の社員の地位を失う。

(4) 宅地建物取引業者は、保証協会の社員の地位を失ったときは、当該地位を失った日から2週間以内に、営業保証金を主たる事務所の最寄りの供託所に供託しなければならない。

	①	②	③	④	⑤
学習日	7/28	7/29	7/30	7/31	8/2
理解度 (○/△/×)		△	○	○	○

解説

(1) **誤** 【弁済業務保証金の還付】

弁済業務保証金の還付額の限度は、その宅建業者が保証協会の社員でなかった場合に、その者が供託しているはずの営業保証金の額です。本肢の宅建業者は300万円の分担金を納付しているので、本店と支店8カ所があることになります。

支店の数：(300万円－60万円(本店の分担金))÷30万円(支店1カ所の分担金)＝8カ所

60万円＋30万円×8カ所＝300万円 …となるよね…
本店分　支店分

したがって、弁済業務保証金の還付額の限度は5,000万円となります。

還付額の限度：1,000万円(本店分)＋500万円×8カ所(支店分)＝5,000万円

(2) **誤** 【還付充当金の納付】

保証協会は、弁済業務保証金の還付があったときは、社員に対して「主たる事務所の最寄りの供託所に供託」ではなく、「**保証協会に納付**」すべきことを通知しなければなりません。

(3) **正** 【特別弁済業務保証金分担金…参考編CH.01 **1**】

特別弁済業務保証金分担金の納付期限は、通知を受けた日から**1カ月以内**です。

特別弁済業務保証金分担金は、弁済業務保証金準備金を取り崩してもまだ足りない場合に、社員に納付してもらうもの。「特別」なので、納付期限が通常よりも長いよ～

(4) **誤** 【社員の地位を失った場合】

保証協会の社員の地位を失った場合で、その後も宅建業を営むときには、社員の地位を失った日から「2週間以内」ではなく、「**1週間以内**」に営業保証金を主たる事務所の最寄りの供託所に供託しなければなりません。

解答…(3)

ちょっと確認！

弁済業務保証金分担金の納付額
1. 本店につき60万円
2. 支店1カ所につき30万円

↑保証協会に加入する場合

営業保証金の供託額
1. 本店につき1,000万円
2. 支店1カ所につき500万円

↑保証協会に加入しない場合

難易度 B

保証協会

→教科書 CHAPTER01 SECTION05

問題35 宅地建物取引業保証協会(以下この問において「保証協会」という。)に関する次の記述のうち、宅地建物取引業法(以下この問において「法」という。)の規定によれば、正しいものはどれか。 [H23 問43改]

(1) 宅地建物取引業者が保証協会に加入しようとするときは、当該保証協会に弁済業務保証金分担金を金銭又は有価証券で納付することができるが、保証協会が弁済業務保証金を供託所に供託するときは、金銭でしなければならない。

(2) 保証協会は、宅地建物取引業の業務に従事し、又は、従事しようとする者に対する研修を行わなければならないが、取引士については、法第22条の2の規定に基づき都道府県知事が指定する講習をもって代えることができる。

(3) 保証協会に加入している宅地建物取引業者(甲県知事免許)は、甲県の区域内に新たに支店を設置する場合、その日までに当該保証協会に追加の弁済業務保証金分担金を納付しないときは、社員の地位を失う。

(4) 保証協会は、弁済業務保証金から生ずる利息又は配当金、及び、弁済業務保証金準備金を弁済業務保証金の供託に充てた後に社員から納付された還付充当金は、いずれも弁済業務保証金準備金に繰り入れなければならない。

	①	②	③	④	⑤
学習日	7/27	7/29	7/30	7/31	8/2
理解度(○/△/×)		○	○	○	○

8/7 ○ 8/15 ○ 8/30 ○

解説

（1）誤　【弁済業務保証金の供託】

宅建業者が保証協会に加入しようとするときの、保証協会に対して納付する分担金は**金銭のみ**で納付しなければなりませんが、保証協会が弁済業務保証金を供託所に供託するときは、**金銭**または**有価証券**ですることができます。

（2）誤　【保証協会の業務】

保証協会の必須業務に「宅建業に関する研修」があり、この研修は、都道府県知事が指定する講習をもって代えることはできません。

（3）誤　【弁済業務保証金分担金の納付】

新たに支店を設置した場合の、分担金の追加納付の期限は、支店を設置した日から**2週間以内**です。

（4）正　【弁済業務保証金準備金…参考編CH.01 1】

弁済業務保証金から生ずる利息、配当金等は、弁済業務保証金準備金（保証協会のお金が減ってしまったときの穴埋め用として積み立てておく金額）に繰り入れなければなりません。

解答…(4)

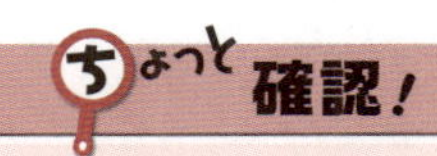

営業保証金、弁済業務保証金分担金、弁済業務保証金

❶ 営業保証金の供託：宅建業者→供託所…SEC.04の話
　→金銭または有価証券

❷ 弁済業務保証金分担金の納付：宅建業者→保証協会…SEC.05の話
　→金銭のみ

❸ 弁済業務保証金の供託：保証協会→供託所…SEC.05の話
　→金銭または有価証券

難易度 B

保証協会

→教科書 CHAPTER01 SECTION05

問題36　宅地建物取引業保証協会(以下この問において「保証協会」という。)に関する次の記述のうち、宅地建物取引業法の規定によれば、誤っているものはどれか。　［H24 問43㊅］

(1) 保証協会は、弁済業務保証金分担金の納付を受けたときは、その納付を受けた額に相当する額の弁済業務保証金を供託しなければならない。

(2) 保証協会は、弁済業務保証金の還付があったときは、当該還付額に相当する額の弁済業務保証金を供託しなければならない。

(3) 保証協会の社員との宅地建物取引業に関する取引により生じた債権を有する者(宅地建物取引業者に該当する者を除く)は、当該社員が納付した弁済業務保証金分担金の額に相当する額の範囲内で、弁済を受ける権利を有する。

(4) 保証協会の社員との宅地建物取引業に関する取引により生じた債権を有する者(宅地建物取引業者に該当する者を除く)は、弁済を受ける権利を実行しようとする場合、弁済を受けることができる額について保証協会の認証を受けなければならない。

	①	②	③	④	⑤
学習日					
理解度 (○/△/×)					

解説

(1) **正** 【弁済業務保証金の供託】

そのとおりです。

(2) **正** 【弁済業務保証金の不足額の供託】

そのとおりです。

(3) **誤** 【弁済業務保証金の還付】

「当該社員が納付した弁済業務保証金分担金の額に相当する額の範囲内」ではなく、「当該社員が保証協会に加入していなかったとしたら、その者が供託しているはずの営業保証金の範囲内」です。

(4) **正** 【弁済業務保証金の還付】

弁済を受ける権利を行使しようとする者は、まずは保証協会の認証を受ける必要があります。

解答…(3)

? これはどう? H19ー問44①

保証協会に加入することは宅地建物取引業者の任意であるが、一の保証協会の社員となった後に、重ねて他の保証協会の社員となることはできない。

○ 保証協会に加入するかどうかは宅建業者の任意です。また、複数の保証協会に加入することはできません。

? これはどう? H15ー問42③

保証協会に加入している宅地建物取引業者Aが、支店を廃止し、Aの弁済業務保証金分担金の額が政令で定める額を超えることとなった場合で、保証協会が弁済業務保証金分担金をAに返還するときは、弁済業務保証金に係る還付請求権者に対し、一定期間内に認証を受けるため申し出るべき旨の公告をする必要はない。

○ 営業保証金を供託している場合(保証協会に加入していない場合)で、支店を廃止して営業保証金を取り戻すときは、公告が必要ですが、保証協会に加入している場合で、支店を廃止して弁済業務保証金分担金を取り戻すときは、公告は不要となります。

難易度 A

営業保証金、保証協会

→教科書 CHAPTER01 SECTION05

問題37 営業保証金を供託している宅地建物取引業者Aと宅地建物取引業保証協会(以下この問において「保証協会」という。)の社員である宅地建物取引業者Bに関する次の記述のうち、宅地建物取引業法の規定によれば、正しいものはどれか。

［H 27 問42㊧］

(1) 新たに事務所を設置する場合、Aは、主たる事務所の最寄りの供託所に供託すべき営業保証金に、Bは、保証協会に納付すべき弁済業務保証金分担金に、それぞれ金銭又は有価証券をもって充てることができる。

(2) 一部の事務所を廃止した場合において、営業保証金又は弁済業務保証金を取り戻すときは、A、Bはそれぞれ還付を請求する権利を有する者に対して6か月以内に申し出るべき旨を官報に公告しなければならない。

(3) AとBが、それぞれ主たる事務所の他に3か所の従たる事務所を有している場合、Aは営業保証金として2,500万円の供託を、Bは弁済業務保証金分担金として150万円の納付をしなければならない。

(4) 宅地建物取引業に関する取引により生じた債権を有する者(宅地建物取引業者に該当する者を除く)は、Aに関する債権にあってはAが供託した営業保証金についてその額を上限として弁済を受ける権利を有し、Bに関する債権にあってはBが納付した弁済業務保証金分担金についてその額を上限として弁済を受ける権利を有する。

	①	②	③	④	⑤
学習日	7/28	7/29	7/30	7/31	8/2
理解度 (○/△/×)		○	○	○	○

解説

(1) **誤** 【営業保証金の供託、弁済業務保証金分担金の納付】

営業保証金の供託は**金銭または有価証券**で行うことができますが、保証協会に納付すべき弁済業務保証金分担金については**金銭のみ**で納付しなければなりません。

(2) **誤** 【営業保証金、弁済業務保証金の取戻し】

一部の事務所を廃止した場合、**営業保証金**を取り戻すときには6カ月以上の期間を定めて**公告**が必要ですが、**弁済業務保証金**を取り戻すときには**公告は不要**です(ただちに取り戻すことができます)。

(3) **正** 【営業保証金の供託額、弁済業務保証金分担金の納付額】

営業保証金の供託額は、本店につき**1,000万円**、支店1カ所につき**500万円**です。したがって、Aは営業保証金として2,500万円を供託しなければなりません。

Aが供託する営業保証金：1,000万円＋500万円×3カ所＝2,500万円

一方、弁済業務保証金分担金の納付額は本店につき**60万円**、支店1カ所につき**30万円**です。したがって、Bは弁済業務保証金分担金として150万円を納付しなければなりません。

Bが納付する弁済業務保証金分担金：60万円＋30万円×3カ所＝150万円

(4) **誤** 【営業保証金、弁済業務保証金の還付】

営業保証金を供託している場合の還付額は、その宅建業者(A)が供託している営業保証金の額が上限となります。また、弁済業務保証金分担金を納付している場合の還付額は、その宅建業者(B)が保証協会の社員でなかったとしたら、その者が供託しているはずの営業保証金の額が上限となります。

解答…(3)

難易度 A

専任の取引士の設置等

→教科書 CHAPTER01 SECTION06

問題38 取引士に関する次の記述のうち、宅地建物取引業法の規定によれば、正しいものはどれか。 [H24問36改]

(1) 宅地建物取引業者A社は、その主たる事務所に従事する唯一の専任の取引士が退職したときは、30日以内に、新たな専任の取引士を設置しなければならない。

(2) 宅地建物取引業者B社は、10戸の一団の建物の分譲の代理を案内所を設置して行う場合、当該案内所に従事する者が6名であるときは、当該案内所に少なくとも2名の専任の取引士を設置しなければならない。

(3) 宅地建物取引業者C社(甲県知事免許)の主たる事務所の専任の取引士Dが死亡した場合、当該事務所に従事する者17名に対し、専任の取引士4名が設置されていれば、C社が甲県知事に届出をする事項はない。

(4) 宅地建物取引業者E社(甲県知事免許)の専任の取引士であるF(乙県知事登録)は、E社が媒介した丙県に所在する建物の売買に関する取引において取引士として行う事務に関し著しく不当な行為をした場合、丙県知事による事務禁止処分の対象となる。

	①	②	③	④	⑤
学習日	7/29	7/30	7/31	8/1	8/3
理解度 (○/△/×)		○	○	○	○

解説

(1) 誤 【専任の取引士の設置】

専任の取引士の数が不足する場合には、「30日以内」ではなく、「**2週間以内**」に補充しなければなりません。

これはどう? R1－問35②改

宅地建物取引業者Aはその主たる事務所に従事する唯一の専任の宅地建物取引士Dが令和4年5月15日に退職したため、同年6月10日に新たな専任の宅地建物取引士Eを置いた。これは宅地建物取引業法の規定に違反しない。

× 5月15日の2週間後は5月29日なので、6月10日では2週間を超えているため、宅建業法の規定に違反します。

(2) 誤 【専任の取引士の設置】

申込み・契約をする案内所等では、成年者である専任の取引士を**1人以上**設置しなければなりません(「業務に従事する者の5人に1人以上」は事務所の場合です)。

(3) 誤 【宅建業者名簿の登載事項…SEC.02】

事務所ごとに置かれる**専任の取引士の氏名**は、宅建業者名簿の登載事項です。専任の取引士Dが死亡した場合、専任の取引士の氏名に変更が生じたことになるため、**30日以内**に免許権者に届け出る必要があります。

(4) 正 【取引士に対する処分…SEC.10】

事務禁止処分は、免許権者のほか、取引士が処分の対象となる行為を行った都道府県知事も行うことができます。

解答…(4)

(4)はSEC.10で学習する内容だけど、(1)～(3)が誤りであることがわかれば、この問題も解ける…よね…?

ちょっと確認!

設置すべき成年者である専任の取引士の数

❶ 事務所…業務に従事する者の5人に1人以上
❷ 申込み・契約をする案内所等…1人以上
❸ 申込み・契約をしない案内所等…不要
☆ 取引士の数が不足するに至った場合は、2週間以内に補充等しなければならない

難易度 **A**

専任の取引士、標識、従業者名簿、帳簿

→教科書 CHAPTER01 SECTION06

問題39　次の記述のうち、宅地建物取引業法の規定によれば、正しいものはどれか。なお、この問において、「事務所」とは、同法第31条の3に規定する事務所等をいう。

［H22問29改］

(1) 宅地建物取引業者は、その事務所ごとに、公衆の見やすい場所に、免許証及び国土交通省令で定める標識を掲げなければならない。

(2) 宅地建物取引業者は、その事務所ごとに従業者名簿を備える義務を怠った場合、監督処分を受けることはあっても罰則の適用を受けることはない。

(3) 宅地建物取引業者は、各事務所の業務に関する帳簿を主たる事務所に備え、取引のあったつど、その年月日、その取引に係る宅地又は建物の所在及び面積等の事項を記載しなければならない。

(4) 宅地建物取引業者は、その事務所ごとに一定の数の成年者である専任の取引士を置かなければならないが、既存の事務所がこれを満たさなくなった場合は、2週間以内に必要な措置を執らなければならない。

	①	②	③	④	⑤
学習日	7/29	7/30	7/31	8/1	8/3
理解度 (○/△/×)		○	○	○	○

解説

(1) 誤 【標識の掲示】

宅建業者は、事務所ごとに、公衆の見やすい場所に標識を掲示しなければなりませんが、**免許証については掲示する必要はありません**。

(2) 誤 【罰則…SEC.10】

宅建業者は、事務所ごとに従業者名簿を備えなければならず、これを備えなかった場合には、50万円以下の罰金が科されます。

(3) 誤 【帳簿の備付け】

帳簿は「主たる事務所」ではなく、「**事務所ごと**(本店・各支店)」に備えなければなりません。

(4) 正 【専任の取引士の設置】

専任の取引士の数が不足するに至った場合は、**2週間以内**に補充等しなければなりません。

解答…(4)

ちょっと確認!

事務所・案内所等に設置すべきもの

	事務所	申込み・契約をする案内所等	申込み・契約をしない案内所等
専任の取引士	○(従業者5人につき1人以上)	○(1人以上)	×
標識	○	○	○
帳簿	○	×	×
従業者名簿	○	×	×
報酬額	○	×	×

Step Up

H19-問30④改

宅地建物取引業者である法人Fの取締役Gは取引士であり、本店において専ら宅地建物取引業に関する業務に従事している。この場合、Fは、Gを本店の専任の取引士の数のうちに算入することはできない。

× 宅建業者が法人で、その法人の役員が取引士である場合、その役員が主として業務に従事する事務所等について、その役員は専任の取引士とみなされます。したがって、本肢の場合、Gは本店の専任の取引士の数に算入することができます。

難易度 B　専任の取引士、標識、報酬額等

→教科書 CHAPTER01 SECTION06

問題40　次の記述のうち、宅地建物取引業法の規定によれば、正しいものはどれか。なお、この問において、契約行為等とは、宅地若しくは建物の売買若しくは交換の契約（予約を含む。）若しくは宅地若しくは建物の売買、交換若しくは貸借の代理若しくは媒介の契約を締結し、又はこれらの契約の申込みを受けることをいう。

［H21問42㊇］

(1) 宅地建物取引業者が一団の宅地の分譲を行う案内所において契約行為等を行う場合、当該案内所には国土交通大臣が定めた報酬の額を掲示しなければならない。

(2) 他の宅地建物取引業者が行う一団の建物の分譲の媒介を行うために、案内所を設置する宅地建物取引業者は、当該案内所に、売主の商号又は名称、免許証番号等を記載した国土交通省令で定める標識を掲示しなければならない。

(3) 宅地建物取引業者は、事務所以外の継続的に業務を行うことができる施設を有する場所においては、契約行為等を行わない場合であっても、専任の取引士を１人以上置くとともに国土交通省令で定める標識を掲示しなければならない。

(4) 宅地建物取引業者は、業務に関して展示会を実施し、当該展示会場において契約行為等を行おうとする場合、当該展示会場の従業者数５人に対して１人以上の割合となる数の専任の取引士を置かなければならない。

	①	②	③	④	⑤
学習日	7/29	7/30	7/31	8/1	8/3
理解度（○/△/×）		△	○	○	○

解説

(1) **誤**　【報酬額の掲示】

報酬額は、事務所には掲示しなければなりませんが、案内所等には掲示する必要はありません。

(2) **正**　【標識の掲示】

他の宅建業者(A社)が扱う建物の分譲をB社が媒介する場合で、B社が案内所を設置したときは、その案内所にはB社の標識が必要となります。そして、その標識には、売主(A社)の商号または名称、免許証番号等を掲示する必要があります。

(3) **誤**　【専任の取引士の設置】

申込み・契約をしない案内所等には、専任の取引士を設置する必要はありません(標識の掲示は必要です)。

(4) **誤**　【専任の取引士の設置】

申込み・契約をする案内所等では、成年者である専任の取引士を**1人以上**設置しなければなりません(「従業者数5人に対して1人以上」は事務所の場合です)。

解答…(2)

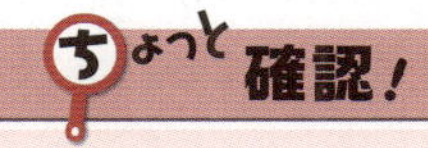

標識の掲示

☆ 宅建業者が一団の宅地建物の分譲の代理または媒介を案内所を設置して行う場合には、その案内所にも標識が必要

【例】宅建業者(B)が、他社(A)のマンションの分譲の媒介を、案内所を設置して行う場合には、現地にAの標識、案内所にBの標識が必要

難易度 **B**

専任の取引士、標識等

→教科書 CHAPTER01 SECTION06

問題41 宅地建物取引業者A(甲県知事免許)が乙県内に建設したマンション(100戸)の販売について、宅地建物取引業者B(国土交通大臣免許)及び宅地建物取引業者C(甲県知事免許)に媒介を依頼し、Bが当該マンションの所在する場所の隣接地(乙県内)に、Cが甲県内にそれぞれ案内所を設置し、売買契約の申込みを受ける業務を行う場合における次の記述のうち、宅地建物取引業法(以下この問において「法」という。)の規定によれば、誤っているものはどれか。

[H26 問28㊞]

(1) Bは国土交通大臣及び乙県知事に、Cは甲県知事に、業務を開始する日の10日前までに法第50条第2項に定める届出をしなければならない。

(2) Aは、法第50条第2項に定める届出を甲県知事及び乙県知事へ届け出る必要はないが、当該マンションの所在する場所に法第50条第1項で定める標識を掲示しなければならない。

(3) Bは、その設置した案内所の業務に従事する者の数5人に対して1人以上の割合となる数の専任の取引士を当該案内所に置かなければならない。

(4) Aは、Cが設置した案内所においてCと共同して契約を締結する業務を行うこととなった。この場合、Aが当該案内所に専任の取引士を設置すれば、Cは専任の取引士を設置する必要はない。

	①	②	③	④	⑤
学習日					
理解度 (○/△/×)					

解説

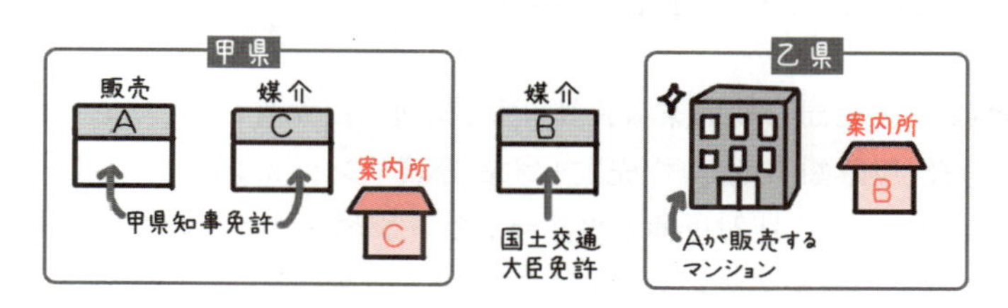

(1) **正** 【案内所等の届出】

申込み・契約をする案内所等を設ける場合には、業務を開始する**10日前**までに、**免許権者**と**案内所等の所在地を管轄する都道府県知事**の両方に届出が必要です。B(国土交通大臣免許)は、乙県内に案内所を設けるため、免許権者である国土交通大臣と乙県知事に届出が必要となります。また、C(甲県知事免許)は、甲県内に案内所を設けるため、甲県知事に届出が必要となります。

(2) **正** 【案内所等の届出、標識の掲示】

Aは案内所を設けていないため、案内所等の届出(50条2項に定める届出)は必要ありません。また、現地(マンションの所在地)には、販売者であるAの標識を掲示する必要があります。

(3) **誤** 【専任の取引士の設置】

申込み・契約をする案内所等では、成年者である専任の取引士を**1人以上**設置しなければなりません。

「業務に従事する者の数5人に対して1人以上」は事務所の場合だよ。

(4) **正** 【専任の取引士の設置】

申込み・契約をする案内所等では、成年者である専任の取引士を1人以上設置すればよいので、Aが専任の取引士を設置すれば、Cは専任の取引士を設置する必要はありません。

解答…(3)

難易度 **B**

専任の取引士、標識

→教科書 CHAPTER01 SECTION06

問題42　宅地建物取引業者A社（国土交通大臣免許）が行う宅地建物取引業者B社（甲県知事免許）を売主とする分譲マンション（100戸）に係る販売代理について、A社が単独で当該マンションの所在する場所の隣地に案内所を設けて売買契約の締結をしようとする場合における次の記述のうち、宅地建物取引業法（以下この問において「法」という。）の規定によれば、正しいものの組合せはどれか。なお、当該マンション及び案内所は甲県内に所在するものとする。

［H24問42改］

ア　A社は、マンションの所在する場所に法第50条第1項の規定に基づく標識を掲げなければならないが、B社は、その必要がない。

イ　A社が設置した案内所について、売主であるB社が法第50条第2項の規定に基づく届出を行う場合、A社は当該届出をする必要がないが、B社による届出書については、A社の商号又は名称及び免許証番号も記載しなければならない。

ウ　A社は、成年者である専任の取引士を当該案内所に置かなければならないが、B社は、当該案内所に成年者である専任の取引士を置く必要がない。

エ　A社は、当該案内所に法第50条第1項の規定に基づく標識を掲げなければならないが、当該標識へは、B社の商号又は名称及び免許証番号も記載しなければならない。

(1) ア、イ　(2) イ、ウ　(3) ウ、エ　(4) ア、エ

	①	②	③	④	⑤
学習日					
理解度（○/△/×）					

解説

ア **誤** 【標識の掲示】

現地(マンションが所在する場所)には、売主(B社)の標識が必要です。また、販売代理を行うA社が案内所を設けた場合、当該案内所にはA社の標識が必要です。

イ **誤** 【案内所等の届出】

案内所を設置したA社が届出をする必要があります。

ウ **正** 【専任の取引士の設置】

案内所を設置したA社は、当該案内所に成年者である専任の取引士を置く義務があります。

エ **正** 【標識の掲示】

他の宅建業者(B社)が扱う建物の販売代理をA社が行う場合で、A社が案内所を設置したときは、その案内所にはA社の標識が必要となります。そして、その標識には、売主(B社)の商号または名称、免許証番号等を記載する必要があります。

以上より、ウとエが正しいので答えは(3)となる~

解答…(3)

難易度 **A**

標識、帳簿、従業者証明書等

→教科書 CHAPTER01 SECTION06

問題43 次の記述のうち、宅地建物取引業法の規定によれば、正しいものはどれか。 [H20 問42]

(1) 宅地建物取引業者は、販売予定の戸建住宅の展示会を実施する際、会場で売買契約の締結や売買契約の申込みの受付を行わない場合であっても、当該会場内の公衆の見やすい場所に国土交通省令で定める標識を掲示しなければならない。

(2) 宅地建物取引業者は、その事務所ごとに、その業務に関する帳簿を備え、取引の関係者から請求があったときは、閲覧に供しなければならない。

(3) 宅地建物取引業者は、主たる事務所には、設置しているすべての事務所の従業者名簿を、従たる事務所には、その事務所の従業者名簿を備えなければならない。

(4) 宅地建物取引業者は、その業務に従事させる者に、従業者証明書を携帯させなければならないが、その者が非常勤の役員や単に一時的に事務の補助をする者である場合には携帯をさせなくてもよい。

	①	②	③	④	⑤
学習日	7/29	7/30	7/31	8/1	9/3
理解度 (○/△/×)		○	○	○	○

解説

(1) 正 【標識の掲示】

標識は、申込み・契約をしない案内所等にも掲示する必要があります。

(2) 誤 【帳簿の備付け】

従業者名簿には閲覧制度がありますが、**帳簿には閲覧制度はありません**。

(3) 誤 【従業者名簿の備付け】

従業者名簿は、各事務所に備え付ける必要がありますが、主たる事務所(本店)には「すべての事務所」ではなく、「**本店**」の従業者名簿を、従たる事務所(支店)には支店の従業者名簿を備え付けます。

(4) 誤 【従業者証明書】

「従業者」には、非常勤の役員やパート、アルバイト、単に一時的に事務の補助をする者も含まれ、宅建業者は**すべての従業者に従業者証明書を携帯させなければなりません**。

解答…(1)

ちょっと確認!

帳簿と従業者名簿

☆ いずれも事務所ごとに備え付ける

☆ 従業者名簿は、取引の関係者から請求があった場合には、閲覧させなければならない(帳簿には閲覧制度はない)

☆ 従業者名簿には、取引士であるか否かも記載される

従業者証明書

☆「従業者」には、非常勤の役員やパート、アルバイト等も含まれる

☆ 従業者は、取引の関係者から請求があった場合には、従業者証明書を提示しなければならない

☆ 従業者証明書には、取引士であるか否かは記載されない

難易度 A

標識、帳簿、従業者証明書

→教科書 CHAPTER01 SECTION06

問題44 宅地建物取引業法の規定によれば、次の記述のうち、正しいものはどれか。 [H25 問41㉇]

(1) 宅地建物取引業者は、その事務所ごとにその業務に関する帳簿を備えなければならないが、当該帳簿の記載事項を事務所のパソコンのハードディスクに記録し、必要に応じ当該事務所においてパソコンやプリンターを用いて紙面に印刷することが可能な環境を整えていたとしても、当該帳簿への記載に代えることができない。

(2) 宅地建物取引業者は、その主たる事務所に、宅地建物取引業者免許証を掲げなくともよいが、国土交通省令で定める標識を掲げなければならない。

(3) 宅地建物取引業者は、その事務所ごとに、その業務に関する帳簿を備え、宅地建物取引業に関し取引のあった月の翌月1日までに、一定の事項を記載しなければならない。

(4) 宅地建物取引業者は、その業務に従事させる者に、従業者証明書を携帯させなければならないが、その者が取引士で宅地建物取引士証を携帯していれば、従業者証明書は携帯させなくてもよい。

	①	②	③	④	⑤
学習日					
理解度 (○/△/×)					

解説

(1) **誤** 【帳簿の備付け】

宅建業者は、事務所ごとに業務に関する帳簿を備え付けなければなりませんが、その帳簿はパソコンのハードディスクに記録する等の方法でも認められます。

(2) **正** 【標識の掲示】

宅建業者は、事務所ごとに、公衆の見やすい場所に標識を掲示しなければなりませんが、**免許証については掲示する必要はありません。**

(3) **誤** 【帳簿の備付け】

宅建業者は、取引があったつど、帳簿に一定の事項を記載しなければなりません。

(4) **誤** 【従業者証明書】

取引士証を携帯していたとしても、従業者証明書は携帯しなければなりません。

解答…(2)

業務に関する帳簿は、パソコンのハードディスクに記録する等の方法でもOK!

難易度 A

標識、帳簿、従業者名簿

→教科書 CHAPTER01 SECTION06

問題45 次の記述のうち、宅地建物取引業法の規定によれば、正しいものはどれか。 ［R2（10月）問39］

(1) 宅地建物取引業者は、従業者名簿の閲覧の請求があったときは、取引の関係者か否かを問わず、請求した者の閲覧に供しなければならない。

(2) 宅地建物取引業者は、その業務に従事させる者に従業者証明書を携帯させなければならず、その者が宅地建物取引士であり、宅地建物取引士証を携帯していても、従業者証明書を携帯させなければならない。

(3) 宅地建物取引業者は、その事務所ごとに従業者名簿を備えなければならないが、退職した従業者に関する事項は、個人情報保護の観点から従業者名簿から消去しなければならない。

(4) 宅地建物取引業者は、その業務に従事させる者に従業者証明書を携帯させなければならないが、その者が非常勤の役員や単に一時的に事務の補助をする者である場合には携帯させなくてもよい。

	①	②	③	④	⑤
学習日					
理解度（○/△/×）					

解説

（1）**誤**　【従業者名簿の閲覧】

宅建業者は、取引の関係者から請求があったときは、従業者名簿をその者の閲覧に供しなければなりませんが、取引の関係者でなければその必要はありません。

（2）**正**　【従業者証明書】

取引士証を携帯していたとしても、従業者証明書は携帯しなければなりません。

（3）**誤**　【従業者名簿】

従業者が退職した場合、従業者名簿に退職年月日が記載されます。また、従業者名簿は最終の記載をした日から**10年間**保存しなければならないため、保存期間内であれば、退職した従業者に関する事項を従業者名簿から消去することはできません。

?これはどう？　H24－問40エ

宅地建物取引業者は、その事務所ごとに、その業務に関する帳簿を備えなければならず、帳簿の閉鎖後5年間(当該宅地建物取引業者が自ら売主となる新築住宅に係るものにあっては10年間)当該帳簿を保存しなければならない。

○　帳簿は、閉鎖後5年間(一定の場合は10年間)、保存しなければなりません。

覚え方　名刀、5丁
名簿 10年 5年 帳簿

（4）**誤**　【従業者証明書】

「従業者」には、非常勤の役員やパート、アルバイト、単に一時的に事務の補助をする者も含まれ、宅建業者はすべての従業者に従業者証明書を携帯させなければなりません。

解答…(2)

難易度 B

媒介契約

→教科書 CHAPTER01 SECTION07

問題46　宅地建物取引業者Aが、B所有の宅地の売却の媒介依頼を受け、Bと媒介契約を締結した場合に関する次の記述のうち、宅地建物取引業法の規定によれば、正しいものはいくつあるか。　［H17 問36］

ア　Bの申出により、契約の有効期間を6月と定めた専任媒介契約を締結した場合、その契約はすべて無効である。

イ　AB間で専属専任媒介契約を締結した場合、AはBに対し、当該契約の業務の処理状況を2週間に1回以上報告しなければならない。

ウ　AB間で専属専任媒介契約を締結した場合、Bは、Aが探索した相手方以外の者と売買契約を締結することができない。

(1) 一つ
(2) 二つ
(3) 三つ
(4) なし

	①	②	③	④	⑤
学習日	7/30	7/31	8/1	8/2	8/4
理解度 (○/△/×)		△	○	○	○

8/6 ○　8/10 ○　8/17 ○　8/3 ○

解説

ア　誤　【媒介契約】

専任媒介契約の有効期間は3カ月以内とされ、それを超える期間を定めた場合には3カ月に短縮されますが、**契約自体が無効になるものではありません**。

イ　誤　【媒介契約】

専属専任媒介契約では、**1週間に1回以上**業務の処理状況を報告しなければなりません。

これはどう？　H27－問30エ

専任媒介契約の締結にあたって、当該契約に係る業務の処理状況の報告日を毎週金曜日とする旨の特約は宅建業法違反ではない。

○　専任媒介では**2週間に1回以上**の業務処理状況の報告が必要です。

ウ　正　【媒介契約】

専属専任媒介契約では、依頼者(B)は、依頼先の宅建業者(A)が探した相手方以外の者と契約することはできません(自己発見取引はできません)。

解答…(1)

ちょっと確認！

媒介契約の種類と規制

		一般媒介契約(明示型・非明示型)	専任媒介契約	専属専任媒介契約
内容	同時に複数の業者に依頼	○	×	×
	自己発見取引	○	○	×
規制	有効期間	規制なし	3カ月以内※1 ※2	3カ月以内※1 ※2
	依頼者への業務処理状況の報告義務	義務なし	2週間に1回以上(口頭でも可)	1週間に1回以上(口頭でも可)
	指定流通機構への登録義務	規制なし	契約日から7日以内(休業日を除く)	契約日から5日以内(休業日を除く)
	宅地・建物の売買・交換の申込みがあった場合の報告義務	遅滞なく	遅滞なく	遅滞なく

※1 3カ月超の場合は強制的に3カ月となる　※2 依頼者からの申出により、更新可能(自動更新は不可)

難易度 **B**

媒介契約

→教科書 CHAPTER01 SECTION07

問題47　宅地建物取引業者Aは、BからB所有の宅地の売却について媒介の依頼を受けた。この場合における次の記述のうち、宅地建物取引業法(以下この問において「法」という。)の規定によれば、誤っているものはいくつあるか。

［H26 問32］

ア　AがBとの間で専任媒介契約を締結し、Bから「売却を秘密にしておきたいので指定流通機構への登録をしないでほしい」旨の申出があった場合、Aは、そのことを理由に登録をしなかったとしても法に違反しない。

イ　AがBとの間で媒介契約を締結した場合、Aは、Bに対して遅滞なく法第34条の2第1項の規定に基づく書面を交付しなければならないが、Bが宅地建物取引業者であるときは、当該書面の交付を省略することができる。

ウ　AがBとの間で有効期間を3月とする専任媒介契約を締結した場合、期間満了前にBから当該契約の更新をしない旨の申出がない限り、当該期間は自動的に更新される。

エ　AがBとの間で一般媒介契約(専任媒介契約でない媒介契約)を締結し、当該媒介契約において、重ねて依頼する他の宅地建物取引業者を明示する義務がある場合、Aは、Bが明示していない他の宅地建物取引業者の媒介又は代理によって売買の契約を成立させたときの措置を法第34条の2第1項の規定に基づく書面に記載しなければならない。

(1) 一つ　(2) 二つ　(3) 三つ　(4) 四つ

	①	②	③	④	⑤
学習日					
理解度 (○/△/×)					

解説

ア **誤** 【媒介契約】

専任媒介契約の場合、依頼者(B)から「登録をしないでほしい」旨の申出があったとしても、契約日から**7日以内**に指定流通機構に登録しなければ、宅建業法違反となります。

イ **誤** 【媒介契約書面】

Bが宅建業者であったとしても、媒介契約書面の交付を省略することはできません。

ウ **誤** 【媒介契約】

専任媒介契約の有効期間が終了したあとに、依頼者(B)からの申出があれば、契約を更新することはできますが、**自動更新はできません**。

エ **正** 【媒介契約】

一般媒介契約において、重ねて依頼する他の宅建業者を明示する義務がある場合、**明示義務に違反した場合の措置について媒介契約書に記載しなければなりません。**

以上より、誤っているものはア、イ、ウの3つ。だから答えは(3)！

解答…(3)

これはどう? H28ー問41①

Aは、宅地建物取引業者Bから宅地の売却についての依頼を受けた場合、媒介契約を締結したときは媒介契約の内容を記載した書面を交付しなければならないが、代理契約を締結したときは代理契約の内容を記載した書面を交付する必要はない。

× 宅建業者は、宅地・建物の売買または交換の媒介契約を締結したときは、媒介契約の内容を記載した書面(媒介契約書面)を依頼者に交付しなければなりません。また、代理契約を締結したときは、代理契約の内容を記載した書面(代理契約書面)を依頼者に交付しなければなりません。

難易度 **A**

媒介契約

→教科書 CHAPTER01 SECTION07

問題48　宅地建物取引業者Ａ社が、Ｂから自己所有の宅地の売買の媒介を依頼された場合における次の記述のうち、宅地建物取引業法の規定によれば、正しいものはどれか。　［H23 問31］

(1) Ａ社は、Ｂとの間で締結した媒介契約が専任媒介契約であるか否かにかかわらず、所定の事項を指定流通機構に登録しなければならない。

(2) Ａ社は、Ｂとの間で専任媒介契約を締結したときは、Ｂからの申出があれば、所定の事項を指定流通機構に登録しない旨の特約を定めることができる。

(3) Ａ社は、Ｂとの間で専任媒介契約を締結し、所定の事項を指定流通機構に登録したときは、その登録を証する書面を遅滞なくＢに引き渡さなければならない。

(4) Ａ社は、Ｂとの間で専任媒介契約を締結した場合、当該宅地の売買契約が成立したとしても、その旨を指定流通機構に通知する必要はない。

	①	②	③	④	⑤
学習日					
理解度 (○/△/×)					

解説

(1) **誤** 【媒介契約】

一般媒介契約の場合には、指定流通機構への登録義務はありません。

(2) **誤** 【媒介契約】

専任媒介契約の場合には、指定流通機構への登録義務があり、この登録をしない旨の特約を定めることはできません。

(3) **正** 【媒介契約】

宅建業者は、指定流通機構に一定事項を登録したときは、指定流通機構が発行する登録を証する書面を、遅滞なく、依頼者に引き渡さなければなりません。

(4) **誤** 【媒介契約】

宅建業者は、指定流通機構に登録した宅地・建物の売買契約が成立したときは、遅滞なく、その旨を指定流通機構に通知しなければなりません。

解答…(3)

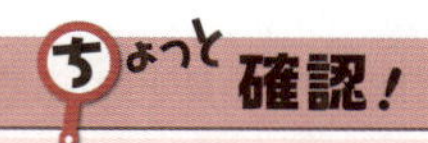

指定流通機構について

☆ 指定流通機構に登録する内容は次のとおり

- ◆ 宅地・建物の所在、規模、形質、売買すべき価額（交換の場合は評価額）
- ◆ 宅地・建物に係る都市計画法その他の法令にもとづく制限で主要なもの
- ◆ 専属専任媒介契約の場合は、その旨

☆ **指定流通機構に登録した宅建業者は、指定流通機構が発行する登録を証する書面を、遅滞なく、依頼者に引き渡さなければならない**

☆ **宅建業者は、登録した宅地・建物の売買や交換の契約が成立したときは、遅滞なく、その旨を指定流通機構に通知しなければならない**

通知事項	
	◆ （登録を証する書面の）登録番号
	◆ 宅地・建物の取引価格
	◆ 売買または交換の契約が成立した年月日

難易度 A

媒介契約

→教科書 CHAPTER01 SECTION07

問題49 宅地建物取引業者Aは、BからB所有の宅地の売却について媒介の依頼を受けた。この場合における次の記述のうち、宅地建物取引業法(以下この問において「法」という。)の規定によれば、誤っているものはどれか。

[H19 問39]

(1) Aは、Bとの間に媒介契約を締結したときは、当該契約が国土交通大臣が定める標準媒介契約約款に基づくものであるか否かの別を、法第34条の2第1項の規定に基づき交付すべき書面に記載しなければならない。

(2) Aは、Bとの間で媒介契約を締結し、Bに対して当該宅地を売却すべき価額又はその評価額について意見を述べるときは、その根拠を明らかにしなければならない。

(3) Aは、Bとの間に専属専任媒介契約を締結したときは、当該契約の締結の日から5日以内(休業日を除く。)に、所定の事項を当該宅地の所在地を含む地域を対象として登録業務を現に行っている指定流通機構に登録しなければならない。

(4) Aは、Bとの間で有効期間を2か月とする専任媒介契約を締結する際、「Bが媒介契約を更新する旨を申し出ない場合は、有効期間満了により自動更新するものとする」旨の特約を定めることができる。

	①	②	③	④	⑤
学習日	7/30	7/31	8/1	8/2	8/4
理解度 (○/△/×)		○	○	○	○

解説

（1）正

【媒介契約書面】

媒介契約書面には、媒介契約が**標準媒介契約約款にもとづくものであるか否かの別**を記載しなければなりません。

（2）正

【媒介契約書面】

媒介契約書面には、売買すべき価額または評価額（媒介価格）を記載し、宅建業者が**媒介価格について意見を述べるときは、その根拠**を明らかにしなければなりません。

（3）正

【媒介契約】

専属専任媒介契約の場合には、契約日から**5日以内**（休業日を除く）に一定事項を指定流通機構に登録しなければなりません。

（4）誤

【媒介契約】

専任媒介契約の有効期間は3カ月以内で、依頼者からの申出があれば、更新をすることができますが、事前に自動更新する旨の特約を定めることはできません。

解答…(4)

媒介契約書面の記載事項

❶ 宅地・建物を特定するために必要な表示
❷ 売買すべき価額または評価額（媒介価格）
　→ 宅建業者が媒介価格に意見を述べるときは、その根拠を明らかにしなければならない
❸ 媒介契約の種類
❹ 報酬に関する事項
❺ 有効期間および解除に関する事項
❻ 契約違反があった場合の措置
❼ **媒介契約が標準媒介契約約款にもとづくものかどうか**
❽ 指定流通機構への登録に関する事項
　→ 一般媒介契約の場合でも省略は不可
❾ 既存の建物の場合、依頼者に対する建物状況調査（インスペクション）を実施する者のあっせんに関する事項

難易度 A

媒介契約

→教科書 CHAPTER01 SECTION07

問題50 宅地建物取引業者A社が、宅地建物取引業者でないBから自己所有の土地付建物の売却の媒介を依頼された場合における次の記述のうち、宅地建物取引業法(以下この問において「法」という。)の規定によれば、誤っているものはどれか。

[H24 問29]

(1) A社がBと専任媒介契約を締結した場合、当該土地付建物の売買契約が成立したときは、A社は、遅滞なく、登録番号、取引価格及び売買契約の成立した年月日を指定流通機構に通知しなければならない。

(2) A社がBと専属専任媒介契約を締結した場合、A社は、Bに当該媒介業務の処理状況の報告を電子メールで行うことはできない。

(3) A社が宅地建物取引業者C社から当該土地付建物の購入の媒介を依頼され、C社との間で一般媒介契約(専任媒介契約でない媒介契約)を締結した場合、A社は、C社に法第34条の2の規定に基づく書面を交付しなければならない。

(4) A社がBと一般媒介契約(専任媒介契約でない媒介契約)を締結した場合、A社がBに対し当該土地付建物の価額又は評価額について意見を述べるときは、その根拠を明らかにしなければならない。

	①	②	③	④	⑤
学習日	7/30	7/31	8/1	8/2	8/4
理解度 (○/△/×)		○	○	○	○

解説

(1) 正 【媒介契約】

そのとおりです。

(2) 誤 【媒介契約】

依頼者への業務処理状況の報告は、電子メールや口頭でも行うことができます。

(3) 正 【媒介契約書面】

宅建業者は土地・建物の売買または交換の媒介契約を締結した場合には、遅滞なく、媒介契約書面を作成し、依頼者に交付しなければなりません。

(4) 正 【媒介契約書面】

媒介契約書面には、売買すべき価額または評価額(媒介価格)を記載し、宅建業者が**媒介価格について意見を述べるときは、その根拠**を明らかにしなければなりません。

解答…(2)

これはどう? H30－問33①

宅地建物取引業者Aは、Bから、Bが所有し居住している甲宅地の売却について媒介の依頼を受けた。この場合において、Aが甲宅地について、宅地建物取引業法第34条の2第1項第4号に規定する建物状況調査の制度概要を紹介し、Bが同調査を実施する者のあっせんを希望しなかった場合、Aは同項の規定に基づき交付すべき書面に同調査を実施する者のあっせんに関する事項を記載する必要はない。

× 既存建物の場合、依頼者に対する建物状況調査を実施する者のあっせんに関する事項を媒介契約書に記載しなければなりません。

Step Up H16－問39①

宅地建物取引業者Aが、B所有の宅地の売却の媒介依頼を受け、Bと専任媒介契約を締結した。この場合において、AがBに交付した媒介契約書が国土交通大臣が定めた標準媒介契約約款に基づかない書面であるときは、その旨の表示をしなければ、Aは業務停止処分を受けることがある。

○ 媒介契約書面には、媒介契約が標準媒介契約約款にもとづくものかどうかを記載しなければならず、この記載がないときには、宅建業者は業務停止処分を受けることがあります。

難易度 B

媒介契約

→教科書 CHAPTER01 SECTION07

問題51 宅地建物取引業者Aが、BからB所有の既存のマンションの売却に係る媒介を依頼され、Bと専任媒介契約(専属専任媒介契約ではないものとする。)を締結した。この場合における次の記述のうち、宅地建物取引業法の規定によれば、正しいものはいくつあるか。〔R1問31〕

ア　Aは、専任媒介契約の締結の日から7日以内に所定の事項を指定流通機構に登録しなければならないが、その期間の計算については、休業日数を算入しなければならない。

イ　AがBとの間で有効期間を6月とする専任媒介契約を締結した場合、その媒介契約は無効となる。

ウ　Bが宅地建物取引業者である場合、Aは、当該専任媒介契約に係る業務の処理状況の報告をする必要はない。

エ　AがBに対して建物状況調査を実施する者のあっせんを行う場合、建物状況調査を実施する者は建築士法第2条第1項に規定する建築士であって国土交通大臣が定める講習を修了した者でなければならない。

(1) 一つ
(2) 二つ
(3) 三つ
(4) 四つ

	①	②	③	④	⑤
学習日	7/30	8/3	8/1	8/2	8/4
理解度 (○/△/×)		○	○	○	○

解説

ア　誤　【指定流通機構への登録期間】

宅建業者は、専任媒介契約を締結したときは、専任媒介契約の締結の日から**休業日を除いて7日**（専属専任媒介契約の場合は**5日**）以内に、指定流通機構に登録しなければなりません。

イ　誤　【専任媒介契約の有効期間】

専任媒介契約の有効期間は3カ月を超えることができません。これより長い期間を定めたときは、その期間は**3カ月**となります。

ウ　誤　【業務の処理状況の報告義務】

専任媒介契約を締結した宅建業者は、**依頼者が宅建業者であるか否かにかかわらず**、依頼者に対し、その専任媒介契約に係る業務の処理状況を2週間に1回以上（専属専任媒介契約の場合は1週間に1回以上）報告しなければなりません。

エ　正　【建物状況調査を実施する者】

宅建業者が、建物状況調査を実施する者のあっせんを行う場合、建物状況調査を実施する者は、建築士法2条1項に規定する建築士で、国土交通大臣が定める講習を修了した者でなければなりません。

以上より、正しいものは1つ！だから答えは(1)！

解答…(1)

難易度 A

広告に関する規制

→教科書 CHAPTER01 SECTION07

問題52 宅地建物取引業者がその業務に関して行う広告に関する次の記述のうち、宅地建物取引業法の規定によれば、正しいものはいくつあるか。

［R2(10月)問27］

ア　建物の売却について代理を依頼されて広告を行う場合、取引態様として、代理であることを明示しなければならないが、その後、当該物件の購入の注文を受けたときは、広告を行った時点と取引態様に変更がない場合を除き、遅滞なく、その注文者に対し取引態様を明らかにしなければならない。

イ　広告をするに当たり、実際のものよりも著しく優良又は有利であると人を誤認させるような表示をしてはならないが、誤認させる方法には限定がなく、宅地又は建物に係る現在又は将来の利用の制限の一部を表示しないことにより誤認させることも禁止されている。

ウ　複数の区画がある宅地の売買について、数回に分けて広告をする場合は、広告の都度取引態様の別を明示しなければならない。

エ　宅地の造成又は建物の建築に関する工事の完了前においては、当該工事に必要な都市計画法に基づく開発許可、建築基準法に基づく建築確認その他法令に基づく許可等の申請をした後でなければ、当該工事に係る宅地又は建物の売買その他の業務に関する広告をしてはならない。

(1) 一つ
(2) 二つ
(3) 三つ
(4) 四つ

	①	②	③	④	⑤
学習日	7/30	8/1	8/1	8/2	8/4
理解度 (○/△/×)		△	○	○	○

解説

ア　誤　【取引態様の明示義務】

広告をするさいに取引態様の別を明示していても、注文を受けたときには（広告を行った時点と取引態様に変更がない場合でも）再度、明示が必要となります。

イ　正　【誇大広告等の禁止規定】

広告に、実際のものよりも著しく優良・有利であると人を誤認させるような表示をしてはいけません。また、宅地・建物に係る現在・将来の利用の制限の一部を表示しないことにより誤認させることは誇大広告等の禁止規定に違反します。

ウ　正　【数回に分けて広告をする場合】

宅建業者が複数の区画がある宅地の売買について、数回に分けて広告するときは、広告ごとに取引態様の別を明示しなければなりません。

エ　誤　【広告の開始時期の制限】

「許可等の申請をした後」ではなく、「**許可等を得た後**」でなければ広告をすることはできません。

以上より、正しいものは2つ。だから答えは(2)！

解答…(2)

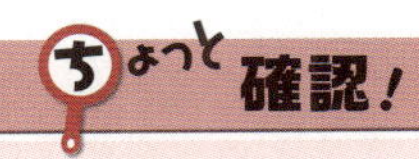

誇大広告等の禁止

☆ 広告の手段は、新聞やチラシ、インターネット等も含む

☆ おとり広告も禁止されている

☆ 誇大広告等を行った場合、取引の相手方が実際に誤認していないときや、実際に損害を受けた人がいないときでも、宅建業法違反となる

難易度 A

広告に関する規制

→教科書 CHAPTER01 SECTION07

問題53 次の記述のうち、宅地建物取引業法の規定に違反しないものの組合せとして、正しいものはどれか。なお、この問において「建築確認」とは、建築基準法第6条第1項の確認をいうものとする。 ［H25 問32］

ア 宅地建物取引業者A社は、建築確認の済んでいない建築工事完了前の賃貸住宅の貸主Bから当該住宅の貸借の媒介を依頼され、取引態様を媒介と明示して募集広告を行った。

イ 宅地建物取引業者C社は、建築確認の済んでいない建築工事完了前の賃貸住宅の貸主Dから当該住宅の貸借の代理を依頼され、代理人として借主Eとの間で当該住宅の賃貸借契約を締結した。

ウ 宅地建物取引業者F社は、建築確認の済んだ建築工事完了前の建売住宅の売主G社（宅地建物取引業者）との間で当該住宅の売却の専任媒介契約を締結し、媒介業務を行った。

エ 宅地建物取引業者H社は、建築確認の済んでいない建築工事完了前の建売住宅の売主I社（宅地建物取引業者）から当該住宅の売却の媒介を依頼され、取引態様を媒介と明示して当該住宅の販売広告を行った。

(1) ア、イ
(2) イ、ウ
(3) ウ、エ
(4) イ、ウ、エ

	①	②	③	④	⑤
学習日	7/31	8/1	8/2	8/3	8/5
理解度 (○/△/×)		△	○	○	○

解説

ア　**違反する**　【広告の開始時期の制限】

建築確認が済んでいない建物の広告をすることはできません。

イ　**違反しない**　【契約締結の時期の制限】

建築確認が済んでいない建物について、売買や交換の契約はできませんが、貸借の代理・媒介による賃貸借契約の締結は行うことができます。

ウ　**違反しない**　【契約締結の時期の制限】

建築確認が済んだ建物については、広告・契約ともに行うことができます。

エ　**違反する**　【広告の開始時期の制限】

建築確認が済んでいない建物の広告をすることはできません。

以上より、違反しないものの組合せはイ、ウ。だから答えは(2)だね。

解答…(2)

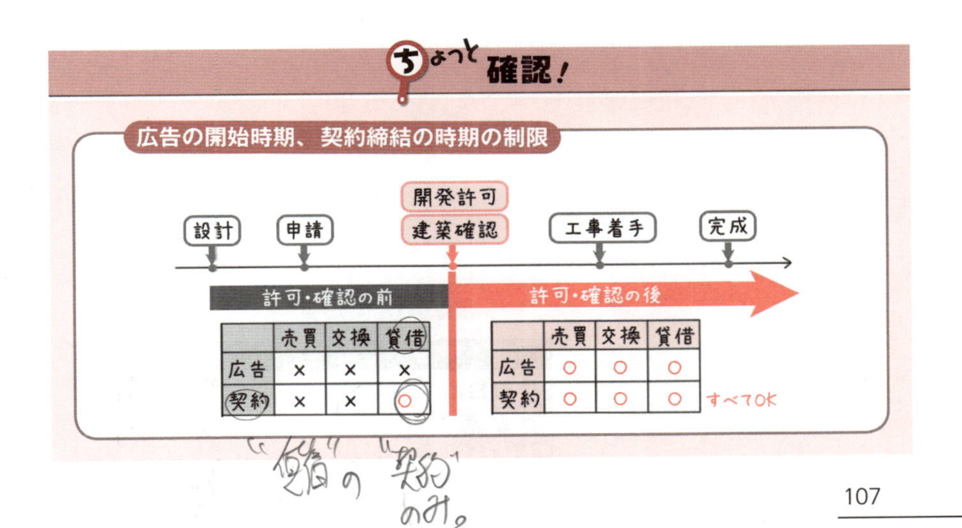

許可・確認の前

	売買	交換	貸借
広告	×	×	×
契約	×	×	○

許可・確認の後

	売買	交換	貸借
広告	○	○	○
契約	○	○	○

難易度 A

広告に関する規制

→教科書 CHAPTER01 SECTION07

問題54 次の記述のうち、宅地建物取引業法の規定によれば、正しいものはどれか。［H20 問32］

(1) 新たに宅地建物取引業の免許を受けようとする者は、当該免許の取得に係る申請をしてから当該免許を受けるまでの間においても、免許申請中である旨を表示すれば、免許取得後の営業に備えて広告をすることができる。

(2) 宅地建物取引業者は、宅地の造成又は建物の建築に関する工事の完了前においては、当該工事に必要な都市計画法に基づく開発許可、建築基準法に基づく建築確認その他法令に基づく許可等の申請をした後でなければ、当該工事に係る宅地又は建物の売買その他の業務に関する広告をしてはならない。

(3) 宅地建物取引業者は、宅地又は建物の売買、交換又は貸借に関する広告をするときに取引態様の別を明示していれば、注文を受けたときに改めて取引態様の別を明らかにする必要はない。

(4) 宅地建物取引業者は、販売する宅地又は建物の広告に著しく事実に相違する表示をした場合、監督処分の対象となるほか、6月以下の懲役又は100万円以下の罰金に処せられることがある。

	①	②	③	④	⑤
学習日	7/31	8/1	8/2	8/2	8/5
理解度 (○/△/×)			○	○	○

解説

(1) **誤**　【広告の開始時期の制限】

宅建業の免許を取得する前に広告をすることはできません。

(2) **誤**　【広告の開始時期の制限】

「許可等の申請をした後」ではなく、「**許可等を得た後**」でなければ広告をすることはできません。

(3) **誤**　【取引態様の明示義務】

広告をするさいに取引態様の別を明示していても、注文を受けたときには再度、明示が必要となります。

(4) **正**　【監督処分…SEC.10】

そのとおりです。

解答…(4)

ちょっと確認！

取引態様の明示義務

宅建業者は｛広告をするとき／注文を受けたとき｝に取引態様を明示しなければならない

☆ 広告をするときに取引態様を明示していても、注文を受けたときには再度明示が必要

☆ 明示の方法は書面でも口頭でもよい

誇大広告をした場合

監督処分	監督処分の対象となる
罰　則	6カ月以下の懲役もしくは100万円以下の罰金（またはこれらの併科）

難易度 A　広告に関する規制

→教科書 CHAPTER01 SECTION07

問題55　宅地建物取引業者Aが行う広告に関する次の記述のうち、宅地建物取引業法の規定によれば、誤っているものはどれか。　〔H16 問36〕

(1) Aは、宅地の売買に係る広告において、当該宅地に関する都市計画法第29条の許可を受けていれば、当該造成工事に係る検査済証の交付を受けていなくても、当該広告を行うことができる。

(2) Aは、未完成の土地付建物の販売依頼を受け、その広告を行うにあたり、当該広告印刷時には取引態様の別が未定であるが、配布時には決定している場合、取引態様の別を明示しない広告を行うことができる。

(3) Aは、土地付建物の売買価格について、建物売買に係る消費税額(地方消費税額を含む。)を含む土地付建物売買価格のみを表示し、消費税額を明示しない広告を行うことができる。

(4) Aは、賃貸物件の媒介の広告を行うにあたり、実在しない低家賃の物件の広告を出した。Aは業務停止処分を受けることがある。

	①	②	③	④	⑤
学習日	7/31	8/1	8/2	8/3	8/5
理解度 (○/△/×)			○	○	○

解説

(1) 正　【広告の開始時期の制限】

開発許可(都市計画法第29条の許可)を受けていれば、検査済証の交付がなくても広告をすることができます。

(2) 誤　【取引態様の明示義務】

宅建業者は、宅建業に関する広告をするさいには、取引態様を広告に記載しなければなりません。そのため、取引態様を明示しない広告を行うことはできません。

(3) 正　【広告に関する規制】

消費税を含む価格のみを表示し、消費税額を明示しない広告を行うこともできます。

(4) 正　【誇大広告等の禁止】

本肢の場合には、誇大広告を行ったとして、業務停止処分を受けることがあります。

解答…(2)

これはどう?　H19－問38④

宅地建物取引業者Aは、都市計画法第29条第1項の許可を必要とする宅地について開発行為を行いCに売却する場合、Cが宅地建物取引業者であれば、その許可を受ける前であっても当該宅地の売買の予約を締結することができる。

× 取引の相手方が宅建業者だったとしても、開発許可や建築確認を受ける前に売買契約(予約を含む)を締結することはできません。

Step Up　R1－問27ウ

宅地建物取引業者は、いかなる理由があっても、その業務上取り扱ったことについて知り得た秘密を他に漏らしてはならない。

× 正当な理由があれば、業務上知り得た秘密を他に開示することができます。

難易度 A

重要事項の説明(35条書面)

→教科書 CHAPTER01 SECTION07

問題56 宅地建物取引業者A社は、自ら売主として宅地建物取引業者でない買主B社と宅地の売買について交渉したところ、大筋の合意を得て、重要事項説明を翌日に行うこととした。しかし、重要事項説明の予定日の朝、A社の唯一の取引士である甲が交通事故に遭い、5日間入院することとなった。この場合におけるA社の行為に関する次の記述のうち、宅地建物取引業法の規定に違反しないものはどれか。

[H23 問33㊚]

(1) A社の代表者である乙は、取引士ではないが契約締結権限をもつ代表者であるため、甲を代理してB社の代表者丙に対し、甲の宅地建物取引士証を提示した上、重要事項説明を行った。なお、乙は宅地建物取引業に30年間携わったベテランであったこともあり、説明の内容に落ち度はなかった。

(2) A社の従業者である丁は、有効期間は満了しているが、宅地建物取引士証を持っていたため、丁がその宅地建物取引士証を提示した上、B社の代表者丙に重要事項説明を行った。

(3) 事情を知ったB社の代表者丙から、「重要事項説明は契約後でも構わない」という申出があったため、重要事項説明は契約締結後に退院した甲が行った。

(4) 事情を知ったB社と合意の上、A社は重要事項を記載した書面を交付するにとどめ、退院後、契約締結前に甲が重要事項説明を行った。

	①	②	③	④	⑤
学習日	7/31	8/1	8/2	8/3	8/5
理解度 (○/△/×)		○	○	○	○

解説

（1）**違反する** 【重要事項の説明】

重要事項の説明は、取引士でなければできません。

（2）**違反する** 【重要事項の説明】

有効な取引士証を持っていない者は、重要事項の説明を行うことはできません。

（3）**違反する** 【重要事項の説明】

たとえ相手方から申出があったとしても、重要事項の説明は**契約締結前**に行わなければなりません。

（4）**違反しない** 【重要事項の説明】

本肢では、取引士が契約締結前に重要事項の説明を行っているので、問題はありません。

解答…(4)

ちょっと確認！

重要事項の説明・交付

誰が説明する？	取引士（「専任」でなくてよい）
誰に説明する？	売買の場合…買主 貸借の場合…借主 交換の場合…両当事者 ☆ 買主、借主等が宅建業者の場合には、基本的には説明不要（宅地・建物に係る信託で宅建業者を委託者とするものの受益権の売買のときは説明が必要）
いつ説明する？	契約が成立するまで
どのように説明・交付する？	**宅建業者以外に対しては・・・** ☆ 取引士の記名押印がある35条書面を交付して説明 ☆ 説明のさい、取引士証の提示が必要 → 相手から提示を求められなくても提示が必要 → 違反すると10万円以下の過料に処せられる ☆ 一定の要件を満たせば説明をテレビ会議等のITを活用して行うこと（IT重説）もできる **宅建業者に対しては・・・** ☆ 取引士の記名押印がある重要事項説明書（35条書面）の交付のみでよい → 取引士が交付する必要はない
どこで説明する？	規制なし

難易度 **A**

重要事項の説明（35条書面）

→教科書 CHAPTER01 SECTION07

問題57　宅地建物取引業法第35条に規定する重要事項の説明を宅地建物取引士が行う場合における当該説明及び同条の規定により交付すべき書面（以下この問において「35条書面」という。）に関する次の記述のうち、同法の規定によれば、誤っているものはどれか。　［H26 問35㊎］

(1) 宅地建物取引業者は、買主の自宅で35条書面を交付して説明を行うことができる。

(2) 宅地建物取引業者は、宅地建物取引業者でない相手方と中古マンションの売買を行う場合、抵当権が設定されているときは、契約日までにその登記が抹消される予定であっても、当該抵当権の内容について説明しなければならない。

(3) 取引士は、宅地建物取引士証の有効期間が満了している場合、35条書面に記名押印することはできるが、取引の相手方に対し説明はできない。

(4) 宅地建物取引業者は、土地の割賦販売の媒介を行う場合、割賦販売価格のみならず、現金販売価格についても説明しなければならない。

	①	②	③	④	⑤
学習日	7/31	8/1	8/2	8/3	8/5
理解度（○/△/×）		○	○	○	○

解説

(1) 正

【重要事項の説明】

重要事項を説明する場所については規定がないので、買主の自宅で35条書面を交付して説明することができます。

(2) 正

【重要事項の説明】

当該物件に登記された権利の種類・内容は重要事項として説明しなければなりません(相手方が宅建業者である場合を除く)。そのため、契約日までに抵当権の登記が抹消される予定であっても、当該抵当権の内容について説明しなければなりません。

	売買・交換		貸借	
	宅地	建物	宅地	建物
1❶ 登記された権利の種類・内容等	●	●	●	●

●…説明が必要な事項
この表は『宅建士の教科書』からの抜粋だよ。
『教科書』に戻って一覧表を確認しておこう!

(3) 誤

【重要事項の説明】

35条書面の記名押印と相手方(宅建業者を除く)への説明は取引士が行わなければなりません。したがって、取引士証の有効期間が満了している場合には、35条書面の記名押印も、相手方に対する説明も行うことはできません。

(4) 正

【重要事項の説明】

宅建業者は、土地または建物の割賦販売を行う場合、相手方(宅建業者を除く)に対して、**❶現金販売価格**、**❷割賦販売価格**、**❸宅地または建物の引渡しまでに支払う金銭の額および賦払金**などについて、説明しなければなりません。

解答…(3)

難易度 B

重要事項の説明(35条書面)

→教科書 CHAPTER01 SECTION07

問題58 宅地建物取引業者が行う宅地建物取引業法第35条に規定する重要事項の説明(以下この問において「重要事項説明」という。)及び同条の規定により交付すべき書面(以下この問において「35条書面」という。)に関する次の記述のうち、正しいものはどれか。 [H25 問30㊎]

(1) 宅地建物取引業者は、宅地又は建物の売買について売主となる場合、買主が宅地建物取引業者であっても、重要事項説明は行わなければならないが、35条書面の交付は省略してよい。

(2) 宅地建物取引業者が、取引士をして宅地建物取引業者でない相手方に対し重要事項説明をさせる場合、当該取引士は、相手方から請求がなくても、宅地建物取引士証を相手方に提示しなければならず、提示しなかったときは、20万円以下の罰金に処せられることがある。

(3) 宅地建物取引業者は、貸借の媒介の対象となる建物(昭和56年〈1981年〉5月31日以前に新築)が、指定確認検査機関、建築士、登録住宅性能評価機関又は地方公共団体による耐震診断を受けたものであっても、宅地建物取引業者でない相手方に対してその内容を重要事項説明において説明しなくてもよい。

(4) 宅地建物取引業者は、重要事項説明において、取引の対象となる宅地又は建物が、津波防災地域づくりに関する法律の規定により指定された津波災害警戒区域内にあるときは、宅地建物取引業者でない相手方に対してその旨を説明しなければならない。

	①	②	③	④	⑤
学習日	7/31	8/1	8/2	8/3	8/5
理解度 (○/△/×)			○	○	○

解説

（1）誤　【重要事項の説明】

買主が宅建業者であった場合、重要事項の説明を省略することはできるのが原則ですが、35条書面の交付は省略できません。

Step Up　R2（10月）－問44③

自らを委託者とする宅地又は建物に係る信託の受益権の売主となる場合、取引の相手方が宅地建物取引業者であっても、重要事項説明書を交付して説明をしなければならない。

○　自らを委託者とする宅地または建物に係る信託の受益権の売主となる場合は、売買の相手方が宅建業者であったとしても、重要事項の説明をしなければなりません。

（2）誤　【罰則…SEC.10】

重要事項の説明をするときには、取引士証の提示が必要です。提示しなかった場合には「20万円以下の罰金」ではなく、「**10万円以下の過料**」に処せられます。

（3）誤　【重要事項の説明】

耐震診断の内容（昭和56年（1981年）6月1日以降に新築工事に着工した建物は除く）は、貸借の場合でも説明が必要です。

ちなみに、住宅性能評価を受けた新築住宅である旨については、貸借の場合には説明が不要です。

	売買・交換		貸　借	
	宅　地	建　物	宅　地	建　物
1⑫ 耐震診断の内容		●		●
1⑬ 住宅性能評価を受けた新築住宅		●		

（4）正　【重要事項の説明】

そのとおりです。

	売買・交換		貸　借	
	宅　地	建　物	宅　地	建　物
1⑨ 津波災害警戒区域内か否か	●	●	●	●

解答…(4)

難易度 B

重要事項の説明（35条書面）

→教科書 CHAPTER01 SECTION07

問題59　宅地建物取引業者が宅地建物取引業法第35条に規定する重要事項の説明を行う場合における次の記述のうち、正しいものはどれか。

［H23 問32改］

(1) 建物の貸借の媒介を行う場合、借賃以外に授受される金銭の額については説明しなければならないが、当該金銭の授受の目的については説明する必要はない。

(2) 昭和60年〈1985年〉10月1日に新築の工事に着手し、完成した建物の売買の媒介を行う場合、当該建物が指定確認検査機関による耐震診断を受けたものであっても、その内容は説明する必要はない。

(3) 建物の売買の媒介を行う場合、当該建物が宅地造成等規制法の規定により指定された造成宅地防災区域内にあるときは、その旨を説明しなければならないが、当該建物の貸借の媒介を行う場合においては、説明する必要はない。

(4) 自ら売主となって建物の売買契約を締結する場合、買主が宅地建物取引業者でないときは、当該建物の引渡時期を説明する必要がある。

	①	②	③	④	⑤
学習日	7/31	8/1	8/2	8/3	8/5
理解度（○/△/×）			△	○	○

解説

(1) 誤 【重要事項の説明】

当該金銭の授受の目的についても説明する必要があります。

3❶ 代金、交換差金、借賃以外に授受される金銭	代金、交換差金、借賃以外に授受される金銭の額および当該金銭の授受の**目的** ↑ 手付金、敷金、礼金など

(2) 正 【重要事項の説明】

耐震診断の内容については説明が必要ですが、昭和56年〈1981年〉6月1日以降に新築工事に着工した建物の場合には、説明が不要となります。

1⓬ 耐震診断の内容	当該建物（昭和56年〈1981年〉6月1日以降に新築工事に着工したものを除く）が、耐震改修促進法に規定する一定の耐震診断を受けたものであるときは、その内容

(3) 誤 【重要事項の説明】

貸借の場合も、造成宅地防災区域内か否かの説明は必要です。

	売買・交換		貸借	
	宅地	建物	宅地	建物
1❼ 造成宅地防災区域内か否か	●	●	●	●

「土砂災害警戒区域内か否か」など、「○○区域内か否か」の説明は貸借の場合でも説明が必要となる〜

(4) 誤 【重要事項の説明】

物件の引渡時期は、重要事項として説明する必要はありません。

物件の引渡時期は、37条書面（契約書面）の記載事項だよ。

解答…(2)

難易度 B 重要事項の説明(35条書面)

→教科書 CHAPTER01 SECTION07

問題60 宅地建物取引業者Aが宅地建物取引業法第35条に規定する重要事項の説明を行う場合における次の記述のうち、誤っているものはどれか。

[H21 問33㊌]

(1) 建物の売買の媒介を行う場合、当該建物が地域における歴史的風致の維持及び向上に関する法律第12条第1項の規定に基づく歴史的風致形成建造物であるときは、Aは、その増築に際し市町村長への届出が必要である旨を説明しなければならない。

(2) 建物の売買の媒介を行う場合、当該建物について石綿の使用の有無の調査の結果が記録されていないときは、Aは、自ら石綿の使用の有無の調査を行った上で、その結果の内容を説明しなければならない。

(3) 建物の貸借の媒介を行う場合、当該貸借の契約が借地借家法第38条第1項の規定に基づく定期建物賃貸借契約であるときは、Aは、その旨を説明しなければならない。

(4) 建物の貸借の媒介を行う場合、Aは、当該貸借に係る契約の終了時において精算することとされている敷金の精算に関する事項について、説明しなければならない。

	①	②	③	④	⑤
学習日	8/1	8/2	8/3	8/6	8/6
理解度 (○/△/×)			○	○	○

解説

(1) 正

【重要事項の説明】

売買の場合において、法令上の制限がある場合には、その旨を説明しなければなりません。

	売買・交換		貸借	
	宅地	建物	宅地	建物
1❷ 法令上の制限	●	●	●※1	※2

※1 土地所有者に限って適用されるものは説明事項とされない
※2 建物の賃借人に適用されるものが説明事項とされる

(2) 誤

【重要事項の説明】

石綿の使用の有無の調査の結果が記録されていないときは、記録がない旨の説明をすればよく、調査を実施して説明しなければならないわけではありません。

1⓫ 石綿使用の調査の内容	当該建物に、石綿(アスベスト)の使用の有無の調査結果が記録されているときは、その内容
☆ あくまでも「石綿の使用の有無の調査結果が記録されているとき」に、その内容を説明すればよいだけ。調査結果の記録がない場合に、わざわざ調査をする必要はない	

(3) 正

【重要事項の説明】

そのとおりです。

	貸借	
	宅地	建物
4❼ 定期建物賃貸借である場合はその旨		●

(4) 正

【重要事項の説明】

そのとおりです。

	貸借	
	宅地	建物
4❺ **敷金**その他契約終了時に**精算**されることとされている金銭の精算に関する事項	●	●

解答…(2)

難易度 B

重要事項の説明（35条書面）

→教科書 CHAPTER01 SECTION07

問題61 宅地建物取引業法（以下この問において「法」という。）に関する次の記述のうち、正しいものはどれか。 ［H25 問29㊅］

(1) 宅地建物取引業者でない売主と宅地建物取引業者である買主が、媒介業者を介さず宅地の売買契約を締結する場合、法第35条の規定に基づく重要事項の説明義務を負うのは買主の宅地建物取引業者である。

(2) 建物の管理が管理会社に委託されている当該建物につき、宅地建物取引業者でない者を借主とする賃貸借契約の媒介をする宅地建物取引業者は、当該建物が区分所有建物であるか否かにかかわらず、その管理会社の商号又は名称及びその主たる事務所の所在地を、借主に説明しなければならない。

(3) 区分所有建物の売買において、売主が宅地建物取引業者である場合、当該売主は宅地建物取引業者でない買主に対し、当該一棟の建物に係る計画的な維持修繕のための修繕積立金積立総額及び売買の対象となる専有部分に係る修繕積立金額の説明をすれば、滞納があることについては説明をしなくてもよい。

(4) 区分所有建物の売買において、売主及び買主が宅地建物取引業者である場合であっても、当該売主は当該買主に対し、法第35条の2に規定する供託所等の説明をする必要がある。

	①	②	③	④	⑤
学習日	8/1	8/2	8/3	8/4	8/6
理解度 (○/△/×)			○	○	○

解説

(1) **誤** 【重要事項の説明】

宅建業者による重要事項の説明は、宅建業者でない買主(売買の場合)や借主(貸借の場合)に対して行います。したがって、本肢のように買主が売主に重要事項の説明をする必要はありません。

(2) **正** 【重要事項の説明】

建物の貸借の場合で、その建物の管理が委託されているときは、管理者の商号または名称、主たる事務所の所在地を説明しなければなりません。

	貸借	
	宅地	建物
4 ❹ 当該宅地・建物の**管理が委託**されているときは、**委託先の氏名**(法人の場合は商号または名称)および**住所**(法人の場合は主たる事務所の所在地)	●	●

(3) **誤** 【重要事項の説明】

当該一棟の建物の計画的な維持修繕のための費用の積立てを行う旨の規約の定め(「案」を含む)があるときは、修繕積立金の内容およびすでに積み立てられている額について、説明が必要です。また、滞納がある場合には、その旨も説明しなければなりません。

(4) **誤** 【供託所等の説明】

宅建業者は、契約が成立するまでに、供託所等に関する事項について説明しなければなりませんが、相手方が宅建業者である場合には供託所等に関する事項について説明をする必要はありません。

解答…(2)

? これはどう? R1－問39③

宅地の貸借の媒介を行う場合、借地権の存続期間を50年とする賃貸借契約において、契約終了時における当該宅地の上の建物の取壊しに関する事項を定めようとするときは、その内容を説明しなければならない。

○ 宅地の貸借の場合、契約終了時における当該宅地の上の建物の取壊しに関する事項を定めようとするときは、その内容を相手方(宅建業者ではない)に説明しなければなりません。

難易度 **B**

重要事項の説明（35条書面）

→教科書 CHAPTER01 SECTION07

問題62 宅地建物取引業者が宅地建物取引業者でない者を契約当事者とする建物の賃貸借契約の媒介を行う場合、次の記述のうち、宅地建物取引業法第35条の規定により重要事項としての説明が義務付けられていないものはどれか。

［H18 問33㊇］

(1) 当該建物が土砂災害警戒区域等における土砂災害防止対策の推進に関する法律第7条第1項により指定された土砂災害警戒区域内にあるときは、その旨

(2) 当該建物が住宅の品質確保の促進等に関する法律第5条第1項に規定する住宅性能評価を受けた新築住宅であるときは、その旨

(3) 台所、浴室、便所その他の当該建物の設備の整備の状況

(4) 敷金その他いかなる名義をもって授受されるかを問わず、契約終了時において精算することとされている金銭の精算に関する事項

	①	②	③	④	⑤
学習日	8/1	8/2	8/3	8/4	8/6
理解度（○/△/×）		○	○	○	○

解説

(1) **説明が義務付けられている**　【重要事項の説明】

	売買・交換		貸借	
	宅地	建物	宅地	建物
1⑧ 土砂災害警戒区域内か否か	●	●	●	●

(2) **説明が義務付けられていない**　【重要事項の説明】

	売買・交換		貸借	
	宅地	建物	宅地	建物
1⑬ 住宅性能評価を受けた新築住宅		●		

(3) **説明が義務付けられている**　【重要事項の説明】

	貸借	
	宅地	建物
4❶ **台所、浴室、便所**その他の当該建物の設備の整備状況		●

(4) **説明が義務付けられている**　【重要事項の説明】

	貸借	
	宅地	建物
4❺ **敷金**その他契約終了時に精算することとされている金銭の**精算**に関する事項	●	●

解答…(2)

? これはどう?　H27－問32④改

宅地建物取引業者でない者に対して建物の貸借の媒介を行う場合、契約の期間については宅地建物取引業法第35条の規定により説明する必要があるが、契約の更新については、同法第37条の規定により交付すべき書面への記載事項であり、説明する必要はない。

× 建物の貸借の媒介を行う場合、契約期間のほか、契約の更新に関する事項も説明する必要があります(ちなみに、「契約の更新」は37条書面に記載すべき事項ではありません)。

難易度 **B**

重要事項の説明（35条書面）

→教科書 CHAPTER01 SECTION07

問題63　宅地建物取引業者が宅地建物取引業法第35条に規定する重要事項の説明を行う場合における次の記述のうち、誤っているものはどれか。

［H17 問37㊔］

(1) 宅地の売買の媒介において、当該宅地に係る移転登記の申請の予定時期については、説明しなくてもよい。

(2) 宅地の売買の媒介において、当該宅地が造成に関する工事の完了前のものであるときは、その完了時における形状、構造並びに宅地に接する道路の構造及び幅員を説明しなければならない。

(3) 宅地の売買の媒介において、天災その他不可抗力による損害の負担を定めようとする場合は、その内容を説明しなければならない。

(4) 宅地の貸借の媒介において、借地借家法第22条で定める定期借地権を設定しようとするときは、その旨を説明しなければならない。

	①	②	③	④	⑤
学習日	8/1	8/2	8/3	8/4	8/6
理解度 （○/△/×）			△	○	○

8/8 ○　8/14 ○　8/16 ○

解説

(1) 正 【重要事項の説明】

移転登記の申請の予定時期は、重要事項の説明事項とされていません(37条書面の記載事項です)。

(2) 正 【重要事項の説明】

未完成物件の場合、工事完了時における形状、構造、宅地に接する道路の構造および幅員を説明しなければなりません。

1 ❻ 未完成物件の場合、完了時の形状・構造等	当該宅地または建物が宅地の造成または建築に関する工事の完了前のものであるときは、その完了時における形状、構造等

(3) 誤 【重要事項の説明】

天災その他不可抗力による損害の負担の内容は、重要事項の説明事項とされていません(37条書面の記載事項です)。

(4) 正 【重要事項の説明】

そのとおりです。

	貸借	
	宅地	建物
4 ❻ 定期借地権である場合はその旨	●	

解答…(3)

Step Up

H15−問36③改

賃貸借契約の対象となる建物について、高齢者の居住の安定確保に関する法律第52条で定める終身建物賃貸借の媒介をしようとする場合、A(宅建業者)は、相手方(宅建業者ではない)にその旨を説明しなければならない。

○ そのとおりです。

難易度 B 重要事項の説明（35条書面）

→教科書 CHAPTER01 SECTION07

問題64 宅地建物取引業法第35条に規定する重要事項の説明に関する次の記述のうち、同条の規定に違反しないものはどれか。 〔H18 問35改〕

(1) 自ら売主として宅地の売買をする場合において、買主が宅地建物取引業者であるため、重要事項を記載した書面を交付しなかった。

(2) 建物の貸借の媒介において、重要事項の説明を取引士が行う際に、水道、電気及び下水道は完備、都市ガスは未整備である旨説明したが、その整備の見通しまでは説明しなかった。

(3) 宅地の売買の媒介において、当該宅地の一部が私道の敷地となっていたが、重要事項の説明を取引士が行う際に、買主に対して私道の負担に関する事項を説明しなかった。

(4) 建物の貸借の媒介において、建物の区分所有等に関する法律に規定する専有部分の用途その他の利用の制限に関する規約の定め（その案を含む。）がなかったので、重要事項の説明を取引士が行う際に、そのことについては説明しなかった。

	①	②	③	④	⑤
学習日					
理解度（○/△/×）					

解説

(1) **違反する**　【重要事項の説明】

買主が宅建業者であった場合、重要事項の説明は省略することができるのが原則ですが、35条書面の交付を省略することはできません。

(2) **違反する**　【重要事項の説明】

水道、電気、ガス等の設備が未整備の場合でも、「見通し」と「整備についての特別の負担」については説明しなければなりません。

1 ❹ 電気、ガス、水道等の供給施設、排水施設の整備状況	飲用水・電気・ガスの供給施設、排水施設の整備の状況（これらの施設が整備されていない場合においては、その整備の見通しおよびその整備についての特別の負担に関する事項）
☆ これらの設備が未整備の場合でも、「見通し」と「整備についての特別の負担」について説明が必要	

(3) **違反する**　【重要事項の説明】

宅地の売買の場合で、私道負担があるときには、その内容を説明しなければなりません。

1 ❸ 私道負担に関する事項	当該契約が建物の貸借の契約以外のものであるときは、私道に関する負担に関する事項
☆ 私道負担がない場合にも、「私道負担がない旨」を説明しないといけない ☆ 建物の貸借の場合には、説明不要	

(4) **違反しない**　【重要事項の説明】

専有部分の用途その他の利用の制限に関する規約の定め（「案」を含む）があるときは、その内容の説明が必要ですが、定めがない場合には説明は不要です。

2 ❸ 専有部分の用途その他の利用の制限に関する規約	専有部分の用途その他の利用の制限に関する規約の定め（「案」を含む）があるときは、その内容 【例】ペットの飼育禁止など

解答…(4)

難易度 B

重要事項の説明(35条書面)

→教科書 CHAPTER01 SECTION07

問題65 宅地建物取引業法第35条に規定する重要事項の説明を取引士が行う場合における次の記述のうち、誤っているものはどれか。

[H22 問35改]

(1) 建物の売買の媒介の場合は、建築基準法に規定する建蔽率及び容積率に関する制限があるときはその概要を説明しなければならないが、建物の貸借の媒介の場合は説明する必要はない。

(2) 宅地の売買の媒介の場合は、土砂災害警戒区域等における土砂災害防止対策の推進に関する法律第7条第1項により指定された土砂災害警戒区域内にあるときはその旨を説明しなければならないが、建物の貸借の媒介の場合は説明する必要はない。

(3) 建物の売買の媒介の場合は、住宅の品質確保の促進等に関する法律第5条第1項に規定する住宅性能評価を受けた新築住宅であるときはその旨を説明しなければならないが、建物の貸借の媒介の場合は説明する必要はない。

(4) 宅地の売買の媒介の場合は、私道に関する負担について説明しなければならないが、建物の貸借の媒介の場合は説明する必要はない。

	①	②	③	④	⑤
学習日	8/1	8/2	8/3	8/4	8/6
理解度 (○/△/×)			○	○	○

解説

(1) **正** 【重要事項の説明】

建物の貸借の場合には、建蔽率および容積率の制限は説明する必要はありません（売買、交換の媒介の場合には説明する必要があります）。

容積率や建蔽率が問題となるのは、建物を建てるとき。
完成した建物を借りている人には、建蔽率や容積率なんて関係ないよね。

(2) **誤** 【重要事項の説明】

建物の貸借の場合でも、土砂災害警戒区域内か否かの説明は必要です。

	売買・交換		貸借	
	宅地	建物	宅地	建物
1 8 土砂災害警戒区域内か否か	●	●	●	●

(3) **正** 【重要事項の説明】

そのとおりです。

	売買・交換		貸借	
	宅地	建物	宅地	建物
1 13 住宅性能評価を受けた新築住宅		●		

(4) **正** 【重要事項の説明】

そのとおりです。

	売買・交換		貸借	
	宅地	建物	宅地	建物
1 3 私道負担に関する事項	●	●	●	

解答…(2)

難易度 **B**

重要事項の説明（35条書面）

→教科書 CHAPTER01 SECTION07

問題66　宅地建物取引業者Aが、マンションの分譲に際して宅地建物取引業法第35条の規定に基づく重要事項の説明を行う場合における次の記述のうち、正しいものはどれか。　［H20 問37改］

(1) 当該マンションの建物又はその敷地の一部を特定の者にのみ使用を許す旨の規約の定めがある場合、Aは、その内容だけでなく、その使用者の氏名及び住所について説明しなければならない。

(2) 建物の区分所有等に関する法律第2条第4項に規定する共用部分に関する規約がまだ案の段階である場合、Aは、規約の設定を待ってから、その内容を説明しなければならない。

(3) 当該マンションの建物の計画的な維持修繕のための費用の積立を行う旨の規約の定めがある場合、Aは、その内容を説明すれば足り、既に積み立てられている額については説明する必要はない。

(4) 当該マンションの建物の計画的な維持修繕のための費用を特定の者にのみ減免する旨の規約の定めがある場合、Aは、買主が当該減免対象者であるか否かにかかわらず、その内容を説明しなければならない。

	①	②	③	④	⑤
学習日	8/1	8/2	8/3	8/4	8/6
理解度（○/△/×）			○	○	○

解説

(1) 誤 【重要事項の説明】

マンションの建物またはその敷地の一部を特定の者にのみ使用を許す旨の規約の定めがある場合、宅建業者はその内容を説明しなければなりませんが、その使用者の氏名および住所については説明は不要です。

2 4 専用使用権に関する規約	当該一棟の建物または敷地の一部を特定の者にのみ使用を許す旨の規約(「案」を含む)があるときは、その内容
☆ 専用で使用している者(特定の者)の名前等は説明不要	

(2) 誤 【重要事項の説明】

規約が「案」の段階でも、説明が必要です。

2 2 共用部分に関する規約 →エレベーター、集会室など	共用部分に関する規約の定め(「案」を含む)があるときは、その内容
☆ 規約が「案」の段階でも、説明が必要	

(3) 誤 【重要事項の説明】

修繕積立金について、すでに積み立てられている額についても説明が必要です。

2 6 修繕積立金の内容、すでに積み立てられている額	当該一棟の建物の計画的な維持修繕のための費用の積立てを行う旨の規約の定め(「案」を含む)があるときは、その内容およびすでに積み立てられている額

(4) 正 【重要事項の説明】

そのとおりです。

2 5 建物の所有者が負担すべき費用を特定の者にのみ減免する旨の規約	当該一棟の建物の計画的な維持修繕のための費用、通常の管理費用その他の当該建物の所有者が負担しなければならない費用を特定の者にのみ減免する旨の規約の定め(「案」を含む)があるときは、その内容
☆ 減免される者(特定の者)の名前等は説明不要	

解答…(4)

難易度 **B**

重要事項の説明（35条書面）

→教科書 CHAPTER01 SECTION07

問題67　宅地建物取引業者がマンションの一室の貸借の媒介に際して、宅地建物取引業法第35条に規定する重要事項の説明を行う場合における次の記述のうち、正しいものはどれか。

［H17 問38改］

(1) 当該マンションの管理が委託されているときは、その委託を受けている者の氏名（法人にあっては、その商号又は名称）、住所（法人にあっては、その主たる事務所の所在地）及び委託された業務の内容を説明しなければならない。

(2) 建築基準法に規定する容積率及び建蔽率に関する制限があるときは、その制限内容を説明しなければならない。

(3) 建物の区分所有等に関する法律第2条第3項に規定する専有部分の用途その他の利用の制限に関する規約の定めがあるときは、その内容を説明しなければならない。

(4) 敷金の授受の定めがあるときは、その敷金の額、契約終了時の敷金の精算に関する事項及び金銭の保管方法を説明しなければならない。

	①	②	③	④	⑤
学習日	8/2	8/3	8/4	8/5	8/7
理解度（○/△/×）		△	△	△	○

8/10 ○

8/15 ○　8/27 ○

解説

(1) 誤 【重要事項の説明】

建物の管理が委託されているときは、管理の委託先の**氏名**(法人の場合は商号または名称)と**住所**(法人の場合は主たる事務所の所在地)は説明しなければなりませんが、**委託された業務の内容は説明する必要はありません**。

❷❽ 管理の委託先	当該一棟の建物およびその敷地の管理が委託されているときは、その委託を受けている者の氏名(法人の場合は商号または名称)および住所(法人の場合は主たる事務所の所在地)
☆ 管理の委託先の「氏名」と「住所」について、説明が必要	

(2) 誤 【重要事項の説明】

建物の貸借の場合には、容積率および建蔽率の制限は説明する必要はありません(売買、交換の場合には説明する必要があります)。

(3) 正 【重要事項の説明】

そのとおりです。

❷❸ 専有部分の用途その他の利用の制限に関する規約	専有部分の用途その他の利用の制限に関する規約の定め(「案」を含む)があるときは、その内容 【例】ペットの飼育禁止など

(4) 誤 【重要事項の説明】

敷金の授受の定めがあるときは、敷金の額、契約終了時の敷金の精算に関する事項は説明しなければなりませんが、金銭の保管方法は説明する必要はありません。

解答…(3)

Step Up

H24－問32③改

B(宅建業者ではない買主)は、宅地を購入するに当たり、A社(宅建業者である売主)のあっせんを受けて金融機関から融資を受けることとした。この際、A社は、重要事項説明において当該あっせんが不調に終わるなどして融資が受けられなくなった場合の措置について説明をし、37条書面へも当該措置について記載することとしたが、融資額や返済方法等のあっせんの内容については、37条書面に記載するので、重要事項説明に係る書面への記載は省略することとした。この行為は宅建業法に違反しない。

× 金銭の貸借のあっせんの内容、貸借不成立時の措置は35条書面の記載事項です。

難易度 A

契約書（37条書面）

→教科書 CHAPTER01 SECTION07

問題68　宅地建物取引業者Aが、自ら売主として宅地の売買契約を締結した場合に関する次の記述のうち、宅地建物取引業法の規定によれば、正しいものはいくつあるか。なお、この問において「37条書面」とは、同法第37条の規定に基づき交付すべき書面をいうものとする。　［R2（10月）問37］

ア　Aは、専任の宅地建物取引士をして、37条書面の内容を当該契約の買主に説明させなければならない。

イ　Aは、供託所等に関する事項を37条書面に記載しなければならない。

ウ　Aは、買主が宅地建物取引業者であっても、37条書面を遅滞なく交付しなければならない。

エ　Aは、買主が宅地建物取引業者であるときは、当該宅地の引渡しの時期及び移転登記の申請の時期を37条書面に記載しなくてもよい。

(1) 一つ
(2) 二つ
(3) 三つ
(4) なし

	①	②	③	④	⑤
学習日	8/2	8/3	8/4	8/5	8/7
理解度（○/△/×）			△	○	○

解説

ア **誤** 【37条書面の内容の説明】

35条書面については、取引士がその内容を原則として説明しなければなりませんが、37条書面についてはその内容を説明する必要はありません。

イ **誤** 【営業保証金を供託している供託所およびその所在地の説明】

供託所等の説明は、契約が成立するまでにしなければなりませんので(相手方が宅建業者である場合を除く)、37条書面に記載は不要です。

ウ **正** 【37条書面の交付】

相手方が宅建業者であったとしても、37条書面の交付を省略することはできません。

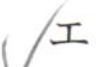

エ **誤** 【引渡しの時期・移転登記の申請時期】

売買の場合、引渡しの時期および移転登記の申請時期は37条書面に記載しなければなりません。相手方が宅建業者であったとしても同様です。

以上より、正しいものは1つ! だから答えは(1)!

解答…(1)

ちょっと確認!

契約書面(37条書面)の交付

	37条書面は…		35条書面は…
説明は?	不要	違う ↔	取引士による説明が原則必要
誰が交付する?	宅建業者 ☆「取引士」ではない	同じ ↔	宅建業者
誰に交付する?	**契約の両当事者**	違う ↔	売買の場合…買主 貸借の場合…借主 交換の場合…両当事者
いつ交付する?	契約が成立したあと(遅滞なく)	違う ↔	契約が成立するまで
何を交付する?	取引士の記名押印がある37条書面	同じ ↔	取引士の記名押印がある35条書面
どこで交付する?	規制なし	同じ ↔	規制なし

難易度 A

契約書（37条書面）

→教科書 CHAPTER01 SECTION07

問題69　宅地建物取引業法（以下この問において「法」という。）第37条の規定により交付すべき書面（以下この問において「37条書面」という。）に関する次の記述のうち、法の規定に違反しないものはどれか。

［H29 問40］

(1) 宅地建物取引業者Aは、中古マンションの売買の媒介において、当該マンションの代金の支払の時期及び引渡しの時期について、重要事項説明書に記載して説明を行ったので、37条書面には記載しなかった。

(2) 宅地建物取引業者である売主Bは、宅地建物取引業者Cの媒介により、宅地建物取引業者ではない買主Dと宅地の売買契約を締結した。Bは、Cと共同で作成した37条書面にCの宅地建物取引士の記名押印がなされていたため、その書面に、Bの宅地建物取引士をして記名押印をさせなかった。

(3) 売主である宅地建物取引業者Eの宅地建物取引士Fは、宅地建物取引業者ではない買主Gに37条書面を交付する際、Gから求められなかったので、宅地建物取引士証をGに提示せずに当該書面を交付した。

(4) 宅地建物取引業者Hは、宅地建物取引業者ではない売主Iから中古住宅を購入する契約を締結したが、Iが売主であるためIに37条書面を交付しなかった。

	①	②	③	④	⑤
学習日	8/2	8/3	8/4	8/5	8/7
理解度（○/△/×）			○	○	○

8/10 ○　8/15 ○　8/21 ○

解説

(1) 違反する 【契約書(37条書面)】

売買の媒介において、**代金の支払時期**や**引渡しの時期**はいずれも**37条書面の記載事項**です。そして、重要事項説明書に記載して説明を行ったときであっても、37条書面に記載しなければなりません。

代金の支払時期や引渡しの時期は、重要事項説明での説明・記載事項ではないよ!

	35条書面	37条書面
代金等の額、支払時期、支払方法	×	●
宅地・建物の引渡時期	×	●

(2) 違反する 【契約書(37条書面)】

宅建業者を売主(B)とする売買の媒介を宅建業者(C)が行った場合、BとCは双方とも買主(D)に対して37条書面の交付義務を負います。したがって、Cの取引士の記名押印に加え、Bの取引士の記名押印も必要です。

(3) 違反しない 【取引士証の提示】

取引士は、37条書面を交付するさい、請求がない場合には、取引士証を買主に提示する義務はありません。

重要事項説明をするときは、取引士証の提示が必要!

(4) 違反する 【契約書(37条書面)】

宅建業者は、宅地・建物の売買に関し、自ら当事者(買主H)として契約を締結したときは、その相手方(売主I)に37条書面を交付しなければなりません。

解答…(3)

難易度 **A**

契約書（37条書面）

→教科書 CHAPTER01 SECTION07

問題70　宅地建物取引業者Aが、甲建物の売買の媒介を行う場合において、宅地建物取引業法第37条の規定により交付すべき書面（以下この問において「37条書面」という。）に関する次の記述のうち、宅地建物取引業法の規定に違反しないものはどれか。　［H21 問36㊎］

(1) Aは、宅地建物取引士をして、37条書面を作成させ、かつ当該書面に記名押印させたが、買主への37条書面の交付は、宅地建物取引士ではないAの従業者に行わせた。

(2) 甲建物の買主が宅地建物取引業者であったため、Aは売買契約の成立後における買主への37条書面の交付を省略した。

(3) Aは、37条書面に甲建物の所在、代金の額及び引渡しの時期は記載したが、移転登記の申請の時期は記載しなかった。

(4) Aは、あらかじめ売主からの承諾を得ていたため、売買契約の成立後における売主への37条書面の交付を省略した。

	①	②	③	④	⑤
学習日					
理解度 (○/△/×)					

解説

(1) **違反しない** 【契約書(37条書面)】

37条書面への記名押印は取引士が行いますが、交付は取引士が行う必要はありません。

(2) **違反する** 【契約書(37条書面)】

相手方が宅建業者であっても、37条書面の交付を省略することはできません。

(3) **違反する** 【契約書(37条書面)】

売買の場合、移転登記の申請時期は37条書面に記載しなければなりません。

(4) **違反する** 【契約書(37条書面)】

売主の承諾があっても、買主および売主の両方に交付しなければなりません。

解答…(1)

		売買 交換	貸借
必ず記載する事項	❶ 当事者の**氏名**(法人の場合は名称)および住所	●	●
	❷ 宅地・建物を特定するのに必要な表示 (宅地…所在、地番等/建物…所在、種類、構造等)	●	●
	❸ 代金・交換差金・借賃の額、その支払時期、支払方法	●	●
	❹ 宅地・建物の**引渡時期**	●	●
	❺ **移転登記の申請の時期**	●	
	❻ 既存の建物の構造耐力上主要な部分等の状況について当事者の双方が確認した事項	●	
その定めがあるときに記載が必要な事項	❼ **代金・交換差金・借賃以外**の金銭の授受に関する定めがあるとき ➡ その額、金銭の授受の時期、目的 (手付金、敷金、礼金など)	●	●
	❽ **契約の解除**に関する定めがあるとき ➡ その内容	●	●
	❾ **損害賠償額の予定、違約金**に関する定めがあるとき ➡ その内容	●	●
	❿ **天災その他不可抗力による損害の負担**に関する定めがあるとき ➡ その内容	●	●
	⓫ 代金・交換差金についての金銭の貸借(**ローン**)の**あっせん**に関する定めがある場合 ➡ 当該あっせんに係る**金銭の貸借が成立しないときの措置**	●	
	⓬ **一定の担保責任**(当該宅地・建物が種類・品質に関して契約の内容に適合しない場合におけるその不適合を担保すべき責任)または当該責任の履行に関して講ずべき保証保険契約の締結その他の措置についての定めがあるとき ➡ その内容	●	
	⓭ 当該宅地・建物に係る**租税その他の公課の負担**に関する定めがあるとき ➡ その内容	●	

難易度 **B**

契約書(37条書面)

→教科書 CHAPTER01 SECTION07

問題71　宅地建物取引業者が建物の貸借の媒介を行う場合、宅地建物取引業法第37条に規定する書面に必ず記載しなければならないとされている事項の組合せとして、正しいものはどれか。　［H18 問37改］

ア　当該建物が種類又は品質に関して契約の内容に適合しない場合におけるその不適合を担保すべき責任についての定めがあるときは、その内容

イ　損害賠償額の予定又は違約金に関する定めがあるときは、その内容

ウ　天災その他不可抗力による損害の負担に関する定めがあるときは、その内容

(1) ア、イ
(2) ア、ウ
(3) イ、ウ
(4) ア、イ、ウ

	①	②	③	④	⑤
学習日	8/2	8/3	8/4	8/5	8/7
理解度 (○/△/×)		△	○	○	○

解説

ア **必ず記載すべき事項ではない** 【契約書(37条書面)】

当該宅地・建物が種類・品質に関して契約の内容に適合しない場合におけるその不適合を担保すべき責任は、売買では37条書面に記載が必要ですが、貸借では記載不要です。

イ **必ず記載すべき事項である** 【契約書(37条書面)】

損害賠償額の予定等は、売買の場合も貸借の場合も、37条書面に記載が必要です。

ウ **必ず記載すべき事項である** 【契約書(37条書面)】

天災その他不可抗力による損害の負担に関する定めは、売買の場合も貸借の場合も、37条書面に記載が必要です。

以上より、37条書面に必ず記載しなければならない事項の組合せはイとウ。
だから答えは(3)!

解答…(3)

これはどう? R1－問34②

宅地建物取引業者が既存住宅の売買の媒介を行う場合、37条書面に当該建物の構造耐力上主要な部分等の状況について当事者の双方が確認した事項を記載しなければならない。

○ 既存建物の売買において、建物の構造耐力上主要な部分等の状況について当事者の双方が確認した事項は37条書面の記載事項です。

これはどう? R1－問34③

宅地建物取引業者は、その媒介により売買契約を成立させた場合、当該宅地又は建物に係る租税その他の公課の負担に関する定めについて、37条書面にその内容を記載する必要はない。

× 売買の場合、当該宅地・建物に係る租税その他の公課の負担に関する定めがあるときは、その内容を37条書面に記載しなければなりません。

難易度 **B**

契約書（37条書面）

→教科書 CHAPTER01 SECTION07

問題72 宅地建物取引業者Aが宅地建物取引業法（以下この問において「法」という。）第37条の規定により交付すべき書面（以下この問において「37条書面」という。）に関する次の記述のうち、法の規定によれば、正しいものはいくつあるか。

［R1問36］

ア　Aは、その媒介により建築工事完了前の建物の売買契約を成立させ、当該建物を特定するために必要な表示について37条書面で交付する際、法第35条の規定に基づく重要事項の説明において使用した図書の交付により行った。

イ　Aが自ら貸主として宅地の定期賃貸借契約を締結した場合において、借賃の支払方法についての定めがあるときは、Aは、その内容を37条書面に記載しなければならず、借主が宅地建物取引業者であっても、当該書面を交付しなければならない。

ウ　土地付建物の売主Aは、買主が金融機関から住宅ローンの承認を得られなかったときは契約を無条件で解除できるという取決めをしたが、自ら住宅ローンのあっせんをする予定がなかったので、37条書面にその取決めの内容を記載しなかった。

エ　Aがその媒介により契約を成立させた場合において、契約の解除に関する定めがあるときは、当該契約が売買、貸借のいずれに係るものであるかを問わず、37条書面にその内容を記載しなければならない。

（1）一つ
（2）二つ
（3）三つ
（4）四つ

	①	②	③	④	⑤
学習日					
理解度（○/△/×）					

解説

ア　**正**　【建築工事完了前の建物の売買を媒介し、当該売買契約を成立させた場合】

37条書面には、当該建物を特定するために必要な表示を記載しなければなりませんが、この建物を特定するために必要な表示は、工事完了前の建物については、重要事項の説明において使用した図書を交付して行います。

イ　**誤**　【「自ら貸借」の場合】

「**自ら貸借**」の場合には、宅建業法は適用されないので、37条書面の作成・交付義務はありません。

ウ　**誤**　【契約の解除に関する定めがあるとき】

契約の解除に関する定めがある場合、その内容を37条書面に記載しなければなりません。したがって、「買主が金融機関から住宅ローンの承認を得られなかったときは契約を無条件で解除できる」という取決めをした場合には、宅建業者自ら住宅ローンのあっせんをする予定がなくても、37条書面にその取決めの内容を記載する必要があります。

エ　**正**　【契約の解除に関する定めがあるとき】

宅建業者が媒介により契約を成立させた場合、その契約が売買、貸借のいずれであっても、契約の解除に関する定めがあるときは、その内容を37条書面に記載しなければなりません。

以上より、正しいものは2つ！だから答えは(2)！

解答…(2)

難易度 **B**

契約書（37条書面）

→教科書 CHAPTER01 SECTION07

問題73　宅地建物取引業者Aが宅地建物取引業法第37条の規定により交付すべき書面（以下この問において「37条書面」という。）に関する次の記述のうち、同法の規定によれば、誤っているものの組合せはどれか。

［H26 問42改］

ア　Aが売主として宅地建物取引業者Bの媒介により、土地付建物の売買契約を締結した場合、Bが37条書面を作成し、その取引士をして当該書面に記名押印させれば、Aは、取引士による37条書面への記名押印を省略することができる。

イ　Aがその媒介により、事業用宅地の定期賃貸借契約を公正証書によって成立させた場合、当該公正証書とは別に37条書面を作成して交付するに当たって、取引士をして記名押印させる必要はない。

ウ　Aが売主としてCとの間で売買契約を成立させた場合（Cは自宅を売却して購入代金に充てる予定である。）、AC間の売買契約に「Cは、自宅を一定の金額以上で売却できなかった場合、本件売買契約を無条件で解除できる」旨の定めがあるときは、Aは、37条書面にその内容を記載しなければならない。

(1) ア、イ
(2) ア、ウ
(3) イ、ウ
(4) ア、イ、ウ

	①	②	③	④	⑤
学習日					
理解度 (○/△/×)					

解説

ア　誤　【契約書(37条書面)】

売主が宅建業者(A)である売買の媒介を宅建業者(B)が行った場合、AとBは双方とも買主に対して契約書(37条書面)の交付義務を負います。したがって、Aも取引士による37条書面への記名押印をする必要があります。

イ　誤　【契約書(37条書面)】

事業用宅地の定期賃貸借契約を公正証書によって行った場合でも、37条書面には取引士の記名押印が必要です。

ウ　正　【契約書(37条書面)】

契約の解除の定めがある場合には、37条書面にその内容を記載しなければなりません。

		売買交換	貸借
その定めがあるときに記載が必要な事項	❼ **代金・交換差金・借賃以外**の金銭(手付金、敷金礼金など)の授受に関する定めがあるとき ➡その額、金銭の授受の時期、目的	●	●
	❽ **契約の解除**に関する定めがあるとき➡その内容	●	●
	❾ **損害賠償額の予定、違約金**に関する定めがあるとき➡その内容	●	●
	❿ **天災その他不可抗力による損害の負担**に関する定めがあるとき ➡その内容	●	●
	⓫ 代金・交換差金についての金銭の貸借(**ローン**)の**あっせん**に関する定めがある場合➡当該あっせんに係る**金銭の貸借が成立しないときの措置**	●	
	⓬ **一定の担保責任**(当該宅地・建物が種類・品質に関して契約の内容に適合しない場合におけるその不適合を担保すべき責任)または当該責任の履行に関して講ずべき保証保険契約の締結その他の措置についての定めがあるとき➡その内容	●	
	⓭ 当該宅地・建物に係る**租税その他の公課の負担**に関する定めがあるとき➡その内容	●	

以上より、誤っているものの組合せはアとイ。だから答えは(1)！

解答…(1)

難易度 C

契約書（37条書面）

→教科書 CHAPTER01 SECTION07

問題74　宅地建物取引業者が媒介により建物の貸借の契約を成立させた場合、宅地建物取引業法第37条の規定により当該貸借の契約当事者に対して交付すべき書面に必ず記載しなければならない事項の組合せとして、正しいものはどれか。

［H25 問35］

ア　保証人の氏名及び住所

イ　建物の引渡しの時期

ウ　借賃の額並びにその支払の時期及び方法

エ　媒介に関する報酬の額

オ　借賃以外の金銭の授受の方法

(1) ア、イ

(2) イ、ウ

(3) ウ、エ、オ

(4) ア、エ、オ

	①	②	③	④	⑤
学習日	8/3	8/4	8/5	8/6	8/9
理解度 (○/△/×)		○	○	○	○

解説

ア **必ず記載すべき事項ではない** 【契約書(37条書面)】

保証人の氏名および住所は、必ず記載すべき事項ではありません。

ちなみに、「取引の当事者の氏名および住所」は、37条書面の必ず記載すべき事項だよ。

イ **必ず記載すべき事項である** 【契約書(37条書面)】

建物の引渡しの時期は、必ず記載すべき事項です。

ウ **必ず記載すべき事項である** 【契約書(37条書面)】

借賃の額ならびにその支払いの時期および方法は、必ず記載すべき事項です。

エ **必ず記載すべき事項ではない** 【契約書(37条書面)】

媒介に関する報酬の額は、必ず記載すべき事項ではありません。

媒介に関する報酬の額は媒介契約書に記載すべきもの〜

オ **必ず記載すべき事項ではない** 【契約書(37条書面)】

借賃以外の金銭の授受の方法は、必ず記載すべき事項ではありません。

以上より、37条書面に必ず記載しなければならない事項の組合せはイとウ。
だから答えは(2)!

解答…(2)

		売買交換	貸借
必ず記載する事項	❶ 当事者の**氏名**(法人の場合は名称)および住所	●	●
	❷ 宅地・建物を特定するのに必要な表示(宅地…所在、地番等/建物…所在、種類、構造等)	●	●
	❸ 代金・交換差金・借賃の額、その支払時期、支払方法	●	●
	❹ 宅地・建物の**引渡時期**	●	●
	❺ **移転登記の申請の時期**	●	
	❻ 既存の建物の構造耐力上主要な部分等の状況について当事者の双方が確認した事項	●	

35条書面と37条書面の記載事項はいろいろあって大変だけど、問題を解きながら、ひとつひとつ確認していこう

難易度 **B**

35条書面と契約書(37条書面)

→教科書 CHAPTER01 SECTION07

問題75 宅地建物取引業法に関する次の記述のうち、誤っているものはどれか。なお、この問において、「35条書面」とは、同法第35条の規定に基づく重要事項を記載した書面を、「37条書面」とは、同法第37条の規定に基づく契約の内容を記載した書面をいうものとする。 [H23 問34改]

(1) 宅地建物取引業者は、抵当権に基づく差押えの登記がされている建物の貸借の媒介をするにあたり、貸主から当該登記について告げられなかった場合であっても、35条書面及び37条書面に当該登記について記載しなければならない。

(2) 宅地建物取引業者は、37条書面の作成を取引士でない従業者に行わせることができる。

(3) 宅地建物取引業者は、その媒介により建物の貸借の契約が成立した場合、天災その他不可抗力による損害の負担に関する定めがあるときには、その内容を37条書面に記載しなければならない。

(4) 37条書面に記名押印する取引士は、35条書面に記名押印した取引士と必ずしも同じ者である必要はない。

	①	②	③	④	⑤
学習日					
理解度 (○/△/×)					

解説

(1) 誤　【35条書面と契約書(37条書面)】

登記された権利の内容は35条書面の記載事項ですが、37条書面の記載事項ではありません。

(2) 正　【契約書(37条書面)】

37条書面への記名押印は取引士が行いますが、37条書面の作成や交付は取引士が行う必要はありません。

(3) 正　【契約書(37条書面)】

貸借の場合でも、天災その他不可抗力による損害の負担に関する定めがある場合は、その内容を37条書面に記載しなければなりません。

(4) 正　【35条書面と契約書(37条書面)】

35条書面に記名押印した取引士と37条書面に記名押印する取引士は同じである必要はありません。

解答…(1)

? これはどう?　H28－問39①

宅地建物取引業者が媒介により区分所有建物の貸借の契約を成立させた場合、専有部分の用途その他の利用の制限に関する規約において、ペットの飼育が禁止されている場合は、重要事項説明書にその旨記載し内容を説明したときも、37条書面に記載しなければならない。

× ペットの飼育が禁止されている場合は、35条書面にその旨記載し、内容を説明しなければなりません(相手方が宅建業者に該当する場合を除く)が、37条書面の記載事項ではありません。

難易度 **B**

35条書面と契約書（37条書面）

→教科書 CHAPTER01 SECTION07

問題76　宅地建物取引業者Aが売主Bと買主Cの間の建物の売買について媒介を行う場合に交付する「35条書面」又は「37条書面」に関する次の記述のうち、宅地建物取引業法の規定によれば、正しいものはどれか。なお、35条書面とは、同法第35条の規定に基づく重要事項を記載した書面を、37条書面とは、同法第37条の規定に基づく契約の内容を記載した書面をいうものとする。　［H19 問40㉂］

(1) Aは、35条書面及び37条書面のいずれの交付に際しても、取引士をして、当該書面への記名押印及びその内容の説明をさせなければならない。

(2) Bが宅地建物取引業者でその承諾がある場合、Aは、Bに対し、35条書面及び37条書面のいずれの交付も省略することができる。

(3) Cが宅地建物取引業者でその承諾がある場合、Aは、Cに対し、35条書面の交付を省略することができるが、37条書面の交付を省略することはできない。

(4) Aが、宅地建物取引業者Dと共同で媒介を行う場合、35条書面にAが調査して記入した内容に誤りがあったときは、Aだけでなく、Dも業務停止処分を受けることがある。

	①	②	③	④	⑤
学習日					
理解度 (○/△/×)					

解説

（1）**誤**　【35条書面と契約書（37条書面）】

35条書面および37条書面のいずれも取引士の記名押印が必要です。また、35条書面については、原則として取引士がその内容を説明しなければなりません。しかし、**37条書面についてはその内容を説明する必要はありません。**

（2）**誤**　【35条書面と契約書（37条書面）】

取引の相手方が宅建業者であっても、35条書面、37条書面ともに交付を省略することはできません。なお、Bは売主であるため、AはBに対して35条書面を交付する必要はありません（37条書面は交付する必要があります）。

（3）**誤**　【35条書面と契約書（37条書面）】

取引の相手方が宅建業者であったとしても、35条書面、37条書面ともに交付を省略することはできません。Cは買主であるため、AはCに対して35条書面も37条書面も交付しなければなりません。

（4）**正**　【35条書面と契約書（37条書面）】

AとDで共同して責任を負うため、35条書面に誤りがあったときは、AもDも業務停止処分を受けることがあります。

解答…（4）

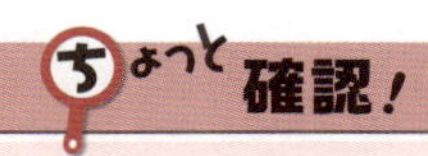

監督処分…SEC.10

☆ 重要事項の説明義務違反や37条書面の交付義務違反があった場合には、業務停止処分（情状が特に重いときは免許取消処分）を受けることがある

難易度 A

その他の業務上の規制

→教科書 CHAPTER01 SECTION07

問題77 宅地建物取引業者A社が行う業務に関する次の記述のうち、宅地建物取引業法の規定に違反するものはいくつあるか。 ［H23 問41］

ア A社は、建物の販売に際して、買主が手付として必要な額を持ち合わせていなかったため、手付を貸し付けることにより、契約の締結を誘引した。

イ A社は、建物の販売に際して、短時間であったが、私生活の平穏を害するような方法により電話勧誘を行い、相手方を困惑させた。

ウ A社は、建物の販売に際して、売買契約の締結後、買主から手付放棄による契約解除の申出を受けたが、正当な理由なく、これを拒んだ。

エ A社は、建物の売買の媒介に際して、売買契約の締結後、買主に対して不当に高額の報酬を要求したが、買主がこれを拒んだため、その要求を取り下げた。

(1) 一つ
(2) 二つ
(3) 三つ
(4) 四つ

	①	②	③	④	⑤
学習日	8/3	8/4	8/5	8/6	8/9
理解度 (○/△/×)		○	○	○	○

解説

ア　違反する　【手付貸与等の禁止】

宅建業者が手付を貸し付けたり、立て替えたりすることによって、契約の締結を誘引してはいけません。

これはどう？　H20－問38④

宅地建物取引業者Aが、自ら売主として、宅地の売却を行うに際し、買主が手付金100万円を用意していなかったため、後日支払うことを約して、手付金を100万円とする売買契約を締結した。この行為は宅建業法違反とはならない。

× 宅建業者が手付を貸し付けたり、手付の後払い・分割払いを認めることによって契約の締結を誘引することは禁止されています。

イ　違反する　【その他】

短時間であったとしても、相手方が迷惑を覚えるような行為をしてはいけません。

これはどう？　H24－問41エ

宅地建物取引業者A社の従業員は、勧誘の相手方から、「午後3時に訪問されるのは迷惑である。」と事前に聞いていたが、深夜でなければ迷惑にはならないだろうと判断し、午後3時に当該相手方を訪問して勧誘を行った。この行為は宅建業法違反とはならない。

× 相手方が「午後3時に訪問されるのは迷惑である」と言っているので、その時間に訪問することは宅建業法違反となります。

ウ　違反する　【その他】

相手方が手付を放棄して契約を解除しようとしているのに、正当な理由なく、拒むことはできません。

エ　違反する　【不当に高額な報酬を要求する行為の禁止】

宅建業者は、不当に高額な報酬を要求することはできません。たとえ実際には受け取っていなくても、請求した時点で宅建業法違反となります。

以上より、違反するのは4つ。だから答えは(4)だよ～

解答…(4)

難易度 **B**

その他の業務上の規制

→教科書 CHAPTER01 SECTION07

問題78 宅地建物取引業者が行う業務に関する次の記述のうち、宅地建物取引業法の規定に違反しないものはどれか。 ［H18 問40］

(1) 建物の販売に際して、利益を生ずることが確実であると誤解させる断定的判断を提供する行為をしたが、実際に売買契約の成立には至らなかった。

(2) 建物の販売に際して、不当に高額の報酬を要求したが、実際には国土交通大臣が定める額を超えない報酬を受け取った。

(3) 建物の販売に際して、手付について貸付けをすることにより売買契約の締結の誘引を行ったが、契約の成立には至らなかった。

(4) 建物の販売に際して、当該建物の売買契約の締結後、既に購入者に対する建物引渡債務の履行に着手していたため、当該売買契約の手付放棄による解除を拒んだ。

	①	②	③	④	⑤
学習日	8/3	8/4	8/5	8/6	8/9
理解度 (○/△/×)		○	○	○	○

8/11 ○

8/16 ○　8/30 ○

解説

（1）**違反する**　【断定的判断の提供の禁止】

宅建業者は、契約の締結にさいし、利益が生じることが確実であると誤解されるような断定的判断の提供をしてはいけません。

実際に売買契約の成立に至らなくても、ダメ！

（2）**違反する**　【不当に高額な報酬を要求する行為の禁止】

宅建業者は、不当に高額な報酬を要求することはできません。たとえ実際には受け取っていなくても、要求した時点で宅建業法違反となります。

（3）**違反する**　【手付貸与等の禁止】

契約の成立に至らなかったとしても、手付の貸付けによる契約締結の誘引は禁止されています。

（4）**違反しない**　【手付…SEC.08 5】

手付金が交付された場合、相手方が履行に着手していなければ、買主は**手付金を放棄**することによって、売主は**手付金の倍額を現実に提供**することによって、契約を解除することができます。

本肢の場合、すでに売主（宅建業者）が履行に着手しているため、売主（宅建業者）は、買主の手付放棄による解除を拒むことができます。

解答…(4)

難易度 A

8種制限(クーリング・オフ制度)

→教科書 CHAPTER01 SECTION08

問題79 宅地建物取引業者A社が、自ら売主として宅地建物取引業者でない買主Bとの間で締結した投資用マンションの売買契約について、Bが宅地建物取引業法第37条の2の規定に基づき、いわゆるクーリング・オフによる契約の解除をする場合における次の記述のうち、誤っているものの組合せはどれか。

〔H23 問35〕

ア A社は、契約解除に伴う違約金の定めがある場合、クーリング・オフによる契約の解除が行われたときであっても、違約金の支払を請求することができる。

イ A社は、クーリング・オフによる契約の解除が行われた場合、買受けの申込み又は売買契約の締結に際し受領した手付金その他の金銭の倍額をBに償還しなければならない。

ウ Bは、投資用マンションに関する説明を受ける旨を申し出た上で、喫茶店で買受けの申込みをした場合、その5日後、A社の事務所で売買契約を締結したときであっても、クーリング・オフによる契約の解除をすることができる。

(1) ア、イ
(2) ア、ウ
(3) イ、ウ
(4) ア、イ、ウ

	①	②	③	④	⑤
学習日					
理解度 (○/△/×)					

解説

ア　誤　【クーリング・オフ制度】

クーリング・オフによって契約が解除された場合には、違約金や損害賠償の支払いの請求はできません。

イ　誤　【クーリング・オフ制度】

クーリング・オフによって契約が解除された場合には、宅建業者は、すでに受け取った手付金や代金等をすべて返さなければなりませんが、倍額を返す必要はありません。

ウ　正　【クーリング・オフ制度】

クーリング・オフができる場所かどうかは、買受けの申込みをした場所で判断します。本肢では、喫茶店で買受けの申込みをしていますが、喫茶店はクーリング・オフができる場所に該当します。したがって、Bはクーリング・オフによる契約の解除をすることができます。

以上より、誤っているものの組合せはアとイ。だから答えは(1)！

解答…(1)

ちょっと確認！

申込みの場所と契約締結の場所が異なる場合

☆ 申込みの場所と契約締結の場所が異なる場合、クーリング・オフが適用されるかどうかは申込みの場所で判断する

クーリング・オフの効果

☆ 適正にクーリング・オフがされた場合、売主（宅建業者）は、すでに受け取った手付金や代金等をすべて返さなければならない

☆ 宅建業者はクーリング・オフに伴う損害賠償や違約金の支払いを請求することはできない

難易度 A　8種制限（クーリング・オフ制度）

→教科書 CHAPTER01 SECTION08

問題80　宅地建物取引業者Aが、自ら売主となり、宅地建物取引業者でない買主との間で締結した宅地の売買契約について、買主が宅地建物取引業法第37条の2の規定に基づき、いわゆるクーリング・オフによる契約の解除をする場合に関する次の記述のうち、正しいものはどれか。　［H20 問39］

(1) 買主Bは自らの希望により勤務先で売買契約に関する説明を受けて買受けの申込みをし、その際にAからクーリング・オフについて何も告げられずに契約を締結した。この場合、Bは、当該契約の締結の日から8日を経過するまでは、契約の解除をすることができる。

(2) 買主Cは喫茶店において買受けの申込みをし、その際にAからクーリング・オフについて何も告げられずに契約を締結した。この場合、Cは、当該契約の締結をした日の10日後においては、契約の解除をすることができない。

(3) 買主Dはレストランにおいて買受けの申込みをし、その際にAからクーリング・オフについて書面で告げられ、契約を締結した。この場合、Dは、当該契約の締結をした日の5日後においては、書面を発しなくても契約の解除をすることができる。

(4) 買主Eはホテルのロビーにおいて買受けの申込みをし、その際にAからクーリング・オフについて書面で告げられ、契約を締結した。この場合、Eは、当該宅地の代金の80%を支払っていたが、当該契約の締結の日から8日を経過するまでは、契約の解除をすることができる。

	①	②	③	④	⑤
学習日					
理解度 (○/△/×)					

解説

(1) 誤　【クーリング・オフ制度】

買主が自ら申し出た場合の自宅や勤務先は、クーリング・オフができない場所に該当するので、本肢の場合、Bはクーリング・オフによって契約を解除することはできません。

(2) 誤　【クーリング・オフ制度】

宅建業者からクーリング・オフができる旨、方法を書面で告げられた日から起算して**8日**を経過した場合、クーリング・オフができなくなりますが、本肢では、買主Bはクーリング・オフについて何も告げられていないので、いつまでも(契約をした日の10日後でも)、クーリング・オフによって契約を解除することができます。

(3) 誤　【クーリング・オフ制度】

クーリング・オフは必ず書面によって行わなければなりません。

これはどう?　H16－問42③改

クーリング・オフによる契約の解除は、国土交通大臣が定める書式の書面をもって行わなければならない。

× クーリング・オフは書面をもって行わなければなりませんが、国土交通大臣が定める書式の書面である必要はありません。

(4) 正　【クーリング・オフ制度】

買主が宅地・建物の引渡しを受け、かつ代金の全額を支払った場合には、クーリング・オフができなくなりますが、本肢の場合、買主Eは、代金の80%しか支払っていないため、契約の締結の日から8日を経過するまでは、クーリング・オフによって契約を解除することができます。

解答…(4)

ちょっと確認!

クーリング・オフができなくなる場合

❶ クーリング・オフができる旨、方法を宅建業者から書面で告げられた日から起算して8日を経過した場合

❷ 買主が 宅地・建物の引渡しを受け かつ 代金の全額を支払った 場合

難易度 B

8種制限（クーリング・オフ制度）

→教科書 CHAPTER01 SECTION08

問題81 宅地建物取引業者Aが、自ら売主となり、宅地建物取引業者でない買主Bとの間で締結した宅地の売買契約について、Bが宅地建物取引業法第37条の2の規定に基づき、いわゆるクーリング・オフによる契約の解除をする場合における次の記述のうち、正しいものはどれか。 ［H22 問38］

(1) Bが、自ら指定したホテルのロビーで買受けの申込みをし、その際にAからクーリング・オフについて何も告げられず、その3日後、Aのモデルルームで契約を締結した場合、Bは売買契約を解除することができる。

(2) Bは、テント張りの案内所で買受けの申込みをし、その際にAからクーリング・オフについて書面で告げられ、契約を締結した。その5日後、代金の全部を支払い、翌日に宅地の引渡しを受けた。この場合、Bは売買契約を解除することができる。

(3) Bは、喫茶店で買受けの申込みをし、その際にAからクーリング・オフについて書面で告げられ、翌日、喫茶店で契約を締結した。その5日後、契約解除の書面をAに発送し、その3日後に到達した。この場合、Bは売買契約を解除することができない。

(4) Bは、自ら指定した知人の宅地建物取引業者C（CはAから当該宅地の売却について代理又は媒介の依頼を受けていない。）の事務所で買受けの申込みをし、その際にAからクーリング・オフについて何も告げられず、翌日、Cの事務所で契約を締結した場合、Bは売買契約を解除することができない。

	①	②	③	④	⑤
学習日	8/4	8/5	8/6	8/7	8/10
理解度（○/△/×）		○	○	○	○

解説

クーリング・オフができる場所かどうかは、買受けの申込みの場所で判断します。

(1) 正 【クーリング・オフ制度】

買主が自ら申し出た場合の自宅や勤務先は、クーリング・オフができない場所ですが、買主が自ら申し出た場合でも、ホテルのロビーはクーリング・オフができる場所です。したがって、Bはクーリング・オフをすることができます。

(2) 誤 【クーリング・オフ制度】

本肢では、Bは代金の全額を支払い、かつ、宅地の引渡しを受けているため、クーリング・オフができなくなります。

(3) 誤 【クーリング・オフ制度】

クーリング・オフの効果は、契約解除の**書面を発したとき**に生じます。本肢では、クーリング・オフについて書面で告げられてから8日を経過する前に契約解除の書面を発送しているため、クーリング・オフをすることができます。

(4) 誤 【クーリング・オフ制度】

宅建業者CがA(売主である宅建業者)から宅地の売却について代理または媒介の依頼を受けていた場合には、Cの事務所はクーリング・オフができない場所となりますが、本肢では「CはAから当該宅地の売却について代理又は媒介の依頼を受けていない」とあるため、Bはクーリング・オフをすることができます。

解答…(1)

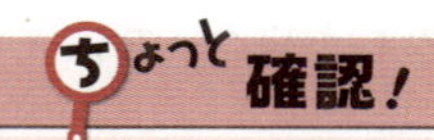

クーリング・オフができない場所

❶ 事務所

❷ 以下の場所 で専任の取引士を設置する義務がある場所

a. 事務所以外で、継続的に業務を行うことができる施設を有する場所

b. 一団の宅地建物の分譲を行う、土地に定着する案内所

→ モデルルーム、モデルハウスなど…クーリング・オフできない

→ テント張りの案内所…クーリング・オフできる

c. **宅建業者(A)が売主となり、他の宅建業者(B)に媒介または代理の依頼をしたときは、他の宅建業者(B)の❶、❷a.b.に該当する場所**

❸ 買主が自ら申し出た場合の自宅、勤務先

→ 宅建業者が申し出た場合の買主の自宅や勤務先…クーリング・オフできる

→ **買主が自ら申し出た場合の喫茶店やホテルのロビー…クーリング・オフできる**

難易度 **B**

8種制限（クーリング・オフ制度）

→教科書 CHAPTER01 SECTION08

問題82　宅地建物取引業者A社が、自ら売主として宅地建物取引業者でない買主Bとの間で締結した宅地の売買契約について、Bが宅地建物取引業法第37条の2の規定に基づき、いわゆるクーリング・オフによる契約の解除をする場合における次の記述のうち、正しいものはどれか。[H25 問34]

(1) Bは、自ら指定した喫茶店において買受けの申込みをし、契約を締結した。Bが翌日に売買契約の解除を申し出た場合、A社は、既に支払われている手付金及び中間金の全額の返還を拒むことができる。

(2) Bは、月曜日にホテルのロビーにおいて買受けの申込みをし、その際にクーリング・オフについて書面で告げられ、契約を締結した。Bは、翌週の火曜日までであれば、契約の解除をすることができる。

(3) Bは、宅地の売買契約締結後に速やかに建物請負契約を締結したいと考え、自ら指定した宅地建物取引業者であるハウスメーカー（A社より当該宅地の売却について代理又は媒介の依頼は受けていない。）の事務所において買受けの申込みをし、A社と売買契約を締結した。その際、クーリング・オフについてBは書面で告げられた。その6日後、Bが契約の解除の書面をA社に発送した場合、Bは売買契約を解除することができる。

(4) Bは、10区画の宅地を販売するテント張りの案内所において、買受けの申込みをし、2日後、A社の事務所で契約を締結した上で代金全額を支払った。その5日後、Bが、宅地の引渡しを受ける前に契約の解除の書面を送付した場合、A社は代金全額が支払われていることを理由に契約の解除を拒むことができる。

	①	②	③	④	⑤
学習日					
理解度（○/△/×）					

解説

(1) **誤** 【クーリング・オフ制度】

買主が自ら申し出た場合の自宅や勤務先は、クーリング・オフができない場所ですが、買主が自ら申し出た場合でも、喫茶店はクーリング・オフができる場所です。したがって、クーリング・オフによって契約が解除された場合、A社は、すでに支払われている手付金および中間金を返還しなければなりません。

(2) **誤** 【クーリング・オフ制度】

宅建業者からクーリング・オフについて**書面**で告げられた日から起算して**8日**を経過した場合、クーリング・オフができなくなります。本肢の場合、月曜日にクーリング・オフについて書面で告げられているので、翌週の月曜日までであれば、クーリング・オフができます。

1日目	2日目	3日目	4日目	5日目	6日目	7日目	8日目	9日目
月	火	水	木	金	土	日	月	火

←― クーリング・オフできる ―→（1日目〜8日目）

(3) **正** 【クーリング・オフ制度】

ハウスメーカーがA社より宅地の売却について代理または媒介の依頼を受けていた場合には、ハウスメーカーの事務所はクーリング・オフができない場所となりますが、本肢のハウスメーカーはA社より宅地の売却について代理または媒介の依頼を受けていないため、Bはクーリング・オフをすることができます。

(4) **誤** 【クーリング・オフ制度】

テント張りの案内所はクーリング・オフができる場所に該当します。また、買主が宅地・建物の引渡しを受け、かつ代金の全額を支払った場合には、クーリング・オフができなくなりますが、本肢の場合、買主Bは、代金全額を支払っていますが、宅地の引渡しは受けていないので、クーリング・オフによって契約を解除することができます。

解答…(3)

難易度B 8種制限（一定の担保責任の特約の制限）

→教科書 CHAPTER01 SECTION08

問題83　宅地建物取引業者Ａ社が、自ら売主として建物の売買契約を締結する際の特約に関する次の記述のうち、宅地建物取引業法の規定に違反するものはどれか。なお、本問において「担保責任」とは、種類又は品質に関して契約の内容に適合しない場合におけるその不適合を担保すべき責任をいうものとする。

［H24 問39㊧］

(1) 当該建物が新築戸建住宅である場合、宅地建物取引業者でない買主Ｂの売買を代理する宅地建物取引業者Ｃ社との間で当該契約締結を行うに際して、Ａ社が当該住宅の担保責任を負う期間についての特約を定めないこと。

(2) 当該建物が中古建物である場合、宅地建物取引業者である買主Ｄとの間で、「中古建物であるため、Ａ社は、当該建物について担保責任を負わない」旨の特約を定めること。

(3) 当該建物が中古建物である場合、宅地建物取引業者でない買主Ｅとの間で、「Ａ社が当該建物について担保責任を負うのは、Ｅが売買契約締結の日にかかわらず引渡しの日から２年以内にＡ社に不適合の事実を通知したときとする。ただし、Ａ社が引渡しの時にその不適合を知り、又は重大な過失によって知らなかったときを除く」旨の特約を定めること。

(4) 当該建物が新築戸建住宅である場合、宅地建物取引業者でない買主Ｆとの間で、「Ｆは、Ａ社が当該建物について担保責任を負う期間内であれば、損害賠償の請求をすることはできるが、契約の解除をすることはできない」旨の特約を定めること。

	①	②	③	④	⑤
学習日					
理解度（○/△/×）					

解説

(1) **違反しない** 【一定の担保責任の特約の制限】

売買における担保責任の責任追及期間を定めなくてもなんら問題はありません。この場合には、民法の規定に従います。

(2) **違反しない** 【一定の担保責任の特約の制限】

「宅建業者自ら売主となる場合の８つの制限(8種制限)」は、**売主が宅建業者で買主が宅建業者以外の人**となる場合に適用されます。本肢の買主Ｄは宅建業者なので、8種制限は適用されません。したがって、本肢の特約(買主が不利になる特約)を定めることができます。

(3) **違反しない** 【一定の担保責任の特約の制限】

民法の規定では、種類・品質に関して契約の内容に適合しない目的物を買主に引き渡した場合、売主が引渡しの時にその不適合を知り、または重大な過失によって知らなかったときを除き、買主が**その不適合を知った時から１年以内**にその旨を売主に通知しなければ、その不適合を理由として、売買における担保責任を追及することができなくなります。

しかし、民法の「買主がその不適合を知った時から**１年以内**にその旨を売主に通知」という期間制限の部分について、目的物の**引渡しの日から２年以上の期間**とする特約を定めることは民法の規定より不利なものの、例外的にできます。

したがって、本肢の特約を定めることができます。

(4) **違反する** 【一定の担保責任の特約の制限】

民法の規定では、売買における担保責任について、買主は売主に対して損害賠償請求も契約解除もできます。したがって、本肢の「契約の解除をすることはできない」旨の特約は、民法の規定よりも買主に不利となるため、無効となります。

解答…(4)

ちょっと確認！

特約の制限

【原則】

宅建業者が自ら売主となる宅地・建物の売買契約において、その目的物が種類・品質に関して契約の内容に適合しない場合におけるその不適合を担保すべき責任については、民法の規定より買主に不利な特約をしてはいけない

【例外】

民法で規定する「買主がその不適合を知った時から1年以内にその旨を売主に通知」という期間制限の部分については、引渡しの時から2年以上の期間となる特約を定めることができる

難易度 **A**

8種制限（損害賠償額の予定等の制限）

→教科書 CHAPTER01 SECTION08

問題84 宅地建物取引業者Aが自ら売主としてマンション（販売価額3,000万円）の売買契約を締結した場合における次の記述のうち、民法及び宅地建物取引業法の規定によれば、正しいものはどれか。 ［H17 問43］

(1) Aは、宅地建物取引業者であるBとの売買契約の締結に際して、当事者の債務不履行を理由とする契約の解除に伴う損害賠償の予定額を1,200万円とする特約を定めた。この特約は無効である。

(2) Aは、宅地建物取引業者でないCとの売買契約の締結に際して、当事者の債務不履行を理由とする契約の解除に伴う損害賠償の予定額を1,200万円とする特約を定めることができる。

(3) Aは、宅地建物取引業者であるDとの売買契約の締結に際して、当事者の債務不履行を理由とする契約の解除に伴う損害賠償の予定額の定めをしなかった場合、実際に生じた損害額1,000万円を立証により請求することができる。

(4) Aは、宅地建物取引業者でないEとの売買契約の締結に際して、当事者の債務不履行を理由とする契約の解除に伴う損害賠償の予定額を600万円、それとは別に違約金を600万円とする特約を定めた。これらの特約はすべて無効である。

	①	②	③	④	⑤
学習日					
理解度（○/△/×）					

解説

損害賠償額の予定または違約金を定める場合には、その合算額が代金の**20%**を超えてはいけません。本問の場合、販売価額が3,000万円なので、損害賠償の予定額と違約金の合計額が600万円(3,000万円×20%)を超える特約を定めることはできません。

(1) **誤** 【損害賠償額の予定等の制限】

「宅建業者自ら売主となる場合の8つの制限(8種制限)」は、**売主が宅建業者で買主が宅建業者以外の人**となる場合に適用されます。本肢の買主Bは宅建業者なので、8種制限は適用されません。したがって、本肢の特約(買主が不利になる特約)は有効となります。

(2) **誤** 【損害賠償額の予定等の制限】

買主Cは宅建業者以外の人なので、損害賠償の予定額が600万円(販売価額の20%)を超える特約を定めることはできません。

(3) **正** 【損害賠償額の予定等の制限】

損害賠償の予定額を定めなかった場合、債務不履行が生じたときは、実損額を請求することができます。

(4) **誤** 【損害賠償額の予定等の制限】

損害賠償の予定額と違約金の合算額が代金の**20%**を超える特約をした場合、「特約がすべて無効」になるのではなく、「**その超える部分だけが無効**」となります。

解答…(3)

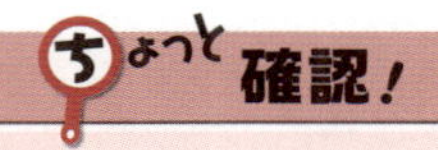

損害賠償額の予定等の制限

損害賠償額の予定または違約金の定めをする場合

→ 損害賠償の予定額と違約金の合計額は代金の20%を超えてはならない

☆ それを超える場合は、超える部分について無効

損害賠償額の予定または違約金の定めがない場合

→ 債務不履行が生じた場合、実損額を請求できる

難易度 **A**

8種制限（手付金等の保全措置）

→教科書 CHAPTER01 SECTION08

問題85　宅地建物取引業者Aが、自ら売主となって宅地建物取引業者でない買主Bに建築工事完了前のマンションを1億円で販売する場合において、AがBから受領する手付金等に関する次の記述のうち、宅地建物取引業法の規定によれば、誤っているものはどれか。なお、この問において「保全措置」とは、同法第41条第1項の規定による手付金等の保全措置をいう。

［H19 問34㊙］

(1) Aが当該マンションの売買契約締結時に、手付金として500万円をBから受領している場合において、Bが契約の履行に着手していないときは、Aは、Bに500万円を現実に提供すれば、当該売買契約を解除することができる。

(2) AがBから手付金として1,500万円を受領するに当たって保全措置を講ずる場合、Aは、当該マンションの売買契約を締結するまでの間に、Bに対して、当該保全措置の概要を説明しなければならない。

(3) AがBから手付金として1,500万円を受領しようとする場合において、当該マンションについてBへの所有権移転の登記がされたときは、Aは、保全措置を講じなくてもよい。

(4) Aが1,000万円の手付金について銀行との間に保全措置を講じている場合において、Aが資金調達に困り工事請負代金を支払うことができず、当該マンションの引渡しが不可能となったときは、Bは、手付金の全額の返還を当該銀行に請求することができる。

	①	②	③	④	⑤
学習日	8/4	8/5	8/6	8/7	8/10
理解度（○/△/×）		○	○	○	△

解説

(1) 誤　【手付の性質】

宅建業法では、どの種類の手付でも解約手付とされます。解約手付が交付された場合、相手方が履行に着手するまでは、**買主は手付を放棄**することによって、**売主は手付の倍額を現実に提供**することによって、契約を解除することができます。

本肢では、売主Aから契約を解除するため、AはBに1,000万円(500万円×2)を現実に提供しなければ、契約を解除することができません。

(2) 正　【手付金等の保全措置】

手付金の保全措置の概要は重要事項として説明すべき内容です。したがって、AはBに対して、売買契約を締結するまでの間に、保全措置の概要を説明しなければなりません。

(3) 正　【手付金等の保全措置】

買主への所有権の移転登記がされた場合や買主が所有権の登記をした場合には、手付金について保全措置を講ずる必要はありません。

(4) 正　【手付金等の保全措置】

宅建業者が銀行との間で保全措置を講じている場合、宅建業者が手付金を買主に返せなくなったときに、銀行が宅建業者に代わって手付金を買主に返します。したがって、本肢の場合には、買主Bは手付金の全額の返還を銀行に請求することができます。

解答…(1)

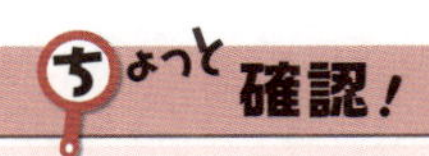

手付の性質

- ☆ 宅建業法では、どの種類の手付でも解約手付とされる
- ☆ 買主は、売主が履行に着手するまでは、手付を放棄して契約を解除できる
- ☆ 売主は、買主が履行に着手するまでは、手付の倍額を現実に提供して契約を解除できる

手付の額の制限

- ☆ 手付の額は代金の20%まで
- ☆ 20%を超える定めをした場合は、超える部分につき無効

難易度 A

8種制限（手付金等の保全措置）

→教科書 CHAPTER01 SECTION08

問題86　宅地建物取引業者Aが自ら売主として、買主Bとの間で締結した売買契約に関して行う次に記述する行為のうち、宅地建物取引業法（以下この問において「法」という。）の規定に違反するものはどれか。［H20 問41］

(1) Aは、宅地建物取引業者でないBとの間で建築工事完了前の建物を5,000万円で販売する契約を締結し、法第41条に規定する手付金等の保全措置を講じずに、200万円を手付金として受領した。

(2) Aは、宅地建物取引業者でないBとの間で建築工事が完了した建物を5,000万円で販売する契約を締結し、法第41条の2に規定する手付金等の保全措置を講じずに、当該建物の引渡し前に700万円を手付金として受領した。

(3) Aは、宅地建物取引業者でないBとの間で建築工事完了前の建物を1億円で販売する契約を締結し、法第41条に規定する手付金等の保全措置を講じた上で、1,500万円を手付金として受領した。

(4) Aは、宅地建物取引業者であるBとの間で建築工事が完了した建物を1億円で販売する契約を締結し、法第41条の2に規定する手付金等の保全措置を講じずに、当該建物の引渡し前に2,500万円を手付金として受領した。

	①	②	③	④	⑤
学習日					
理解度（○/△/×）					

解説

(1) **違反しない** 【手付金等の保全措置】

未完成物件の場合、手付金等の額が代金の**5%以下**(5,000万円×5%＝250万円以下)かつ**1,000万円以下**の場合には、保全措置は不要です。

本肢では、手付金の額が200万円(250万円以下)のため、保全措置を講じなくても手付金を受領することができます。

(2) **違反する** 【手付金等の保全措置】

完成物件の場合、手付金等の額が代金の**10%以下**(5,000万円×10%＝500万円以下)かつ**1,000万円以下**の場合には、保全措置は不要です。

本肢では、手付金の額が700万円(500万円超)のため、手付金を受け取る前に保全措置が必要です。

(3) **違反しない** 【手付金等の保全措置】

Aは手付金を受け取る前に保全措置を講じているので、なんら問題はありません。また、手付金1,500万円は代金の20%(1億円×20%＝2,000万円)を超えていないため、手付金の額についてもなんら問題はありません。

(4) **違反しない** 【手付金等の保全措置】

「宅建業者自ら売主となる場合の8つの制限(8種制限)」は、**売主が宅建業者で買主が宅建業者以外の者**となる場合に適用されます。本肢の買主Bは宅建業者なので、8種制限は適用されません。したがって、手付金の額が代金の20%を超えていても有効です。また、保全措置を講じなくても手付金を受領することができます。

解答…(2)

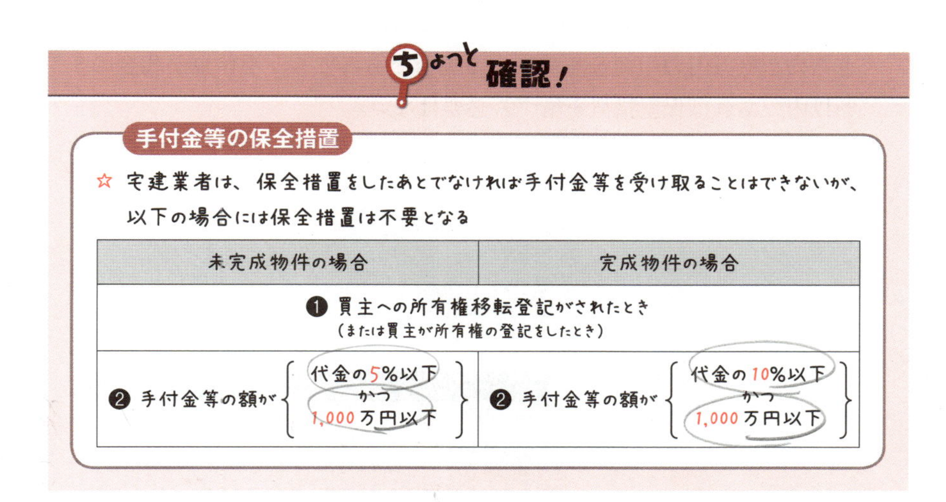
ちょっと確認！

手付金等の保全措置

☆ 宅建業者は、保全措置をしたあとでなければ手付金等を受け取ることはできないが、以下の場合には保全措置は不要となる

未完成物件の場合	完成物件の場合
❶ 買主への所有権移転登記がされたとき(または買主が所有権の登記をしたとき)	
❷ 手付金等の額が { 代金の5%以下 かつ 1,000万円以下 }	❷ 手付金等の額が { 代金の10%以下 かつ 1,000万円以下 }

難易度 **B**

8種制限（手付金等の保全措置）

→教科書 CHAPTER01 SECTION08

問題87　宅地建物取引業者Aが、自ら売主として買主との間で締結する売買契約に関する次の記述のうち、宅地建物取引業法（以下この問において「法」という。）の規定によれば、正しいものはどれか。なお、この問において「保全措置」とは、法第41条に規定する手付金等の保全措置をいうものとする。

［H25 問40］

(1) Aは、宅地建物取引業者でない買主Bとの間で建築工事完了前の建物を4,000万円で売却する契約を締結し300万円の手付金を受領する場合、銀行等による連帯保証、保険事業者による保証保険又は指定保管機関による保管により保全措置を講じなければならない。

(2) Aは、宅地建物取引業者Cに販売代理の依頼をし、宅地建物取引業者でない買主Dと建築工事完了前のマンションを3,500万円で売却する契約を締結した。この場合、A又はCのいずれかが保全措置を講ずることにより、Aは、代金の額の5%を超える手付金を受領することができる。

(3) Aは、宅地建物取引業者である買主Eとの間で建築工事完了前の建物を5,000万円で売却する契約を締結した場合、保全措置を講じずに、当該建物の引渡前に500万円を手付金として受領することができる。

(4) Aは、宅地建物取引業者でない買主Fと建築工事完了前のマンションを4,000万円で売却する契約を締結する際、100万円の手付金を受領し、さらに200万円の中間金を受領する場合であっても、手付金が代金の5%以内であれば保全措置を講ずる必要はない。

	①	②	③	④	⑤
学習日					
理解度（○/△/×）					

解説

(1) **誤** 【手付金等の保全措置】

未完成物件の場合には、指定保管機関(保証協会)による手付金等の保全措置を講じることはできません。

(2) **誤** 【手付金等の保全措置】

手付金等の保全措置を講じなければならないのは、売主であるAです。

(3) **正** 【手付金等の保全措置】

「宅建業者自ら売主となる場合の8つの制限(8種制限)」は、**売主が宅建業者で買主が宅建業者以外の者**となる場合に適用されます。本肢の買主Eは宅建業者なので、8種制限は適用されません。したがって、保全措置を講じなくても手付金を受領することができます。

(4) **誤** 【手付金等の保全措置】

手付金等とは、契約締結後、物件の引渡前に支払われる金銭をいい、手付金のほか中間金も含まれます。

未完成物件の場合、手付金等の額が代金の**5%以下**(4,000万円×5%＝200万円以下)かつ**1,000万円以下**の場合には、保全措置は不要です。

本肢では、手付金等の額が300万円(100万円＋200万円)で、200万円を超えるため、中間金を受領する前に保全措置を講じる必要があります。

解答…(3)

ちょっと確認！

手付金等の保全措置の方法

未完成物件の場合	完成物件の場合
❶ 銀行等との保証委託契約 ❷ 保険会社との保証保険契約	❶ 銀行等との保証委託契約 ❷ 保険会社との保証保険契約 ❸ **指定保管機関(保証協会)による保全措置**

難易度 **B** ## 8種制限（手付金等の保全措置）

→教科書 CHAPTER01 SECTION08

問題88 宅地建物取引業者Aが、自ら売主として、宅地建物取引業者でないBと建築工事完了前のマンション（代金3,000万円）の売買契約を締結した場合、宅地建物取引業法第41条の規定に基づく手付金等の保全措置（以下この問において「保全措置」という。）に関する次の記述のうち、正しいものはいくつあるか。

［H 28 問43］

ア　Aが、Bから手付金600万円を受領する場合において、その手付金の保全措置を講じていないときは、Bは、この手付金の支払を拒否することができる。

イ　Aが、保全措置を講じて、Bから手付金300万円を受領した場合、Bから媒介を依頼されていた宅地建物取引業者Cは、Bから媒介報酬を受領するに当たり、Aと同様、あらかじめ保全措置を講じなければ媒介報酬を受領することができない。

ウ　Aは、Bから手付金150万円を保全措置を講じないで受領し、その後引渡し前に、中間金350万円を受領する場合は、すでに受領した手付金と中間金の合計額500万円について保全措置を講じなければならない。

エ　Aは、保全措置を講じないで、Bから手付金150万円を受領した場合、その後、建築工事が完了しBに引き渡す前に中間金150万円を受領するときは、建物についてBへの所有権移転の登記がなされるまで、保全措置を講じる必要がない。

(1) 一つ
(2) 二つ
(3) 三つ
(4) 四つ

	①	②	③	④	⑤
学習日	7/5	8/6	8/7	8/10	8/11
理解度（○/△/×）			×	△	○

解説

未完成物件の場合、手付金等の額が代金の**5%以下**(3,000万円×5%＝150万円以下)かつ**1,000万円以下**の場合には保全措置が不要です。

ア　正　【手付金等の保全措置】

手付金等の保全措置が必要にもかかわらず、保全措置を講じていない場合には、買主は、手付金の支払いを拒否することができます。

イ　誤　【手付金等の保全措置】

「手付金等の保全措置」は8種制限の1つです。8種制限は、宅建業者が自ら売主となる場合に適用されます。本肢において宅建業者Cは「自ら売主」ではないので、8種制限は適用されません。

ウ　正　【手付金等の保全措置】

手付金150万円(150万円以下)の受領時には保全措置は不要ですが、その後、中間金350万円を受領すると合計500万円(150万円超)となるので、保全措置が必要です。この場合、すでに受領した手付金と中間金の合計額500万円について保全措置を講じることになります。

エ　誤　【手付金等の保全措置】

完成物件と未完成物件の区別は、**売買契約時**において判断します。本問では売買契約時においては未完成物件であるため、手付金等(手付金や中間金など)の額が代金の**5%以下**(3,000万円×5%＝150万円以下)かつ**1,000万円以下**の場合には保全措置が不要です。本肢では中間金150万円を受領すると合計300万円(150万円超)となるので、保全措置が必要です。

以上より、正しいものはアとウの2つ。だから答えは(2)!

解答…(2)

8種制限（他人物売買の制限）

→教科書 CHAPTER01 SECTION08

問題89　宅地建物取引業者Aが自ら売主となって宅地建物の売買契約を締結した場合に関する次の記述のうち、宅地建物取引業法の規定に違反するものはどれか。

なお、この問において、AとC以外の者は宅地建物取引業者でないものとする。

［H17 問35］

(1) Bの所有する宅地について、BとCが売買契約を締結し、所有権の移転登記がなされる前に、CはAに転売し、Aは更にDに転売した。

(2) Aの所有する土地付建物について、Eが賃借していたが、Aは当該土地付建物を停止条件付でFに売却した。

(3) Gの所有する宅地について、AはGと売買契約の予約をし、Aは当該宅地をHに転売した。

(4) Iの所有する宅地について、AはIと停止条件付で取得する売買契約を締結し、その条件が成就する前に当該物件についてJと売買契約を締結した。

	①	②	③	④	⑤
学習日	8/5	8/6	8/7	8/10	8/13
理解度 (○/△/×)		○	○	○	

解説

(1) **違反しない** 【他人物売買の制限】

宅建業法では、原則として他人物売買は禁止されていますが、現在の所有者との間で物件を取得する契約を締結している場合には、その他人物について、売買契約をすることができるとしています。本肢では、BとCが売買契約を締結しており、CはAに宅地を転売しているため、所有権の移転登記がなされる前に、A（宅建業者）がD（宅建業者以外の者）に転売することができます。

(2) **違反しない** 【他人物売買の制限】

本肢の宅地は、Aが自分で所有するものであるため、他人物売買には該当しません。したがって、本肢の取引は宅建業法に違反しません。

(3) **違反しない** 【他人物売買の制限】

宅建業者が、他人物を取得する契約（予約契約を含む）を締結している場合には、当該他人物を売買することができます。

「今は自分（宅建業者）のものではないけど、確実に自分のものになるなら、他人物でも売ってもいいよ」ということ！

(4) **違反する** 【他人物売買の制限】

停止条件付契約で他人物を取得する契約を締結している場合には、（条件が成就するまでの間は）当該他人物を宅建業者以外の者に売ることはできません。

「停止条件付契約」とは、「転勤が決まったら売る」とか、そういう契約をいう。この場合、転勤が決まらなかったら宅建業者は物件を取得できないため、その物件が宅建業者のものになるとは限らないよね。だから、停止条件付契約の場合には、他人物売買をすることはできない…

解答…(4)

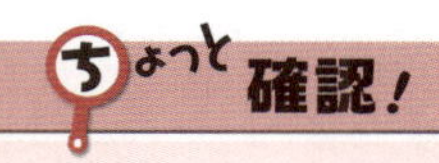

他人物売買の制限

■原則■

宅建業者は、自ら売主として、自己の所有に属しない物件の売買契約を締結してはいけない

■例外■ ← 確実に自分のものになるなら、他人のものでも売っていい！

自己の所有に属しない物件であっても、現在の所有者との間で、宅建業者が物件を取得する契約を締結している場合には、売買契約（売買予約契約を含む）を締結してもよい

❶ 物件を取得する契約は予約契約でもよい
❷ 物件を取得する契約は停止条件付契約ではダメ

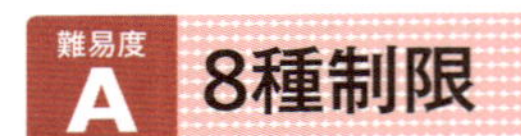

8種制限

→教科書 CHAPTER01 SECTION08

問題90　宅地建物取引業者Aが、自ら売主として、宅地建物取引業者でないBと建物の売買契約を締結しようとし、又は締結した場合に関する次の記述のうち、宅地建物取引業法(以下この問において「法」という。)の規定によれば、正しいものはどれか。　〔H19 問41㊥〕

(1) Aは、自己の所有に属しない建物を売買する場合、Aが当該建物を取得する契約を締結している場合であっても、その契約が停止条件付きであるときは、当該建物の売買契約を締結してはならない。

(2) 売買契約の締結に際し、当事者の債務の不履行を理由とする契約の解除に伴う損害賠償の額を予定し、又は違約金を定める場合において、これらを合算した額が売買代金の2割を超える特約をしたときは、その特約はすべて無効となる。

(3)「建物の種類又は品質に関して契約不適合があった場合、その不適合がAの責に帰すことのできるものでないときは、Aはその不適合について担保責任を負わない」とする特約は有効である。

(4) Bがホテルのロビーで買受けの申込みをし、3日後にBの自宅で売買契約を締結した場合、Bは、当該建物の引渡しを受け、かつ、その代金の全部を支払っているときでも、当該売買契約の解除をすることができる。

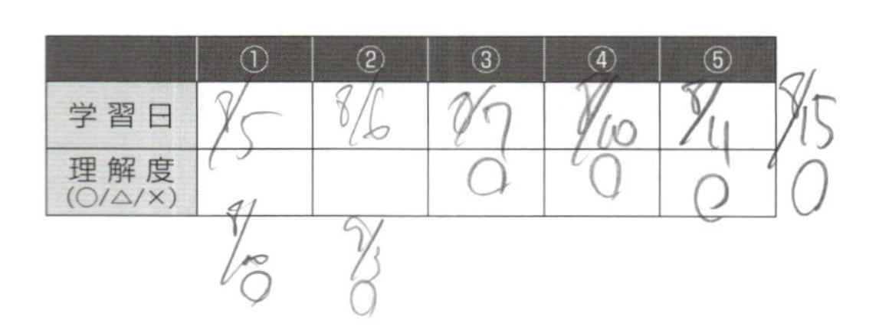

	①	②	③	④	⑤
学習日					
理解度 (○/△/×)					

解説

(1) **正** 【他人物売買の制限】

現在の所有者との間で物件を取得する契約を締結している場合には、他人物売買(自己の所有に属さない物件の売買)が認められますが、その契約が停止条件付きであるときは、他人物売買は認められません。

(2) **誤** 【損害賠償額の予定等の制限】

「その特約のすべて」が無効になるのではなく、「**2割を超える部分**」が無効となるだけです。

(3) **誤** 【一定の担保責任の特約の制限】

民法では、売買における担保責任のうち、買主が追完請求、代金減額請求、契約解除をするのに売主の帰責事由を必要としませんが、損害賠償請求をするには売主の帰責事由が必要です。

本肢の特約のうち、建物の種類・品質に関して契約不適合があった場合、追完請求、代金減額請求、契約解除について売主Aに帰責事由がないときは、Aはその不適合について責任を負わないとする部分が、民法の規定より買主に不利となりますので、この部分については無効となります。

(4) **誤** 【クーリング・オフ制度】

建物の引渡しを受け、かつ、代金の全額を支払った場合には、買主はクーリング・オフをすることができなくなります。

解答…(1)

難易度 **B**

8種制限

→教科書 CHAPTER01 SECTION08

問題91 宅地建物取引業者Aが、自ら売主として宅地建物取引業者でないBとの間で宅地(代金2,000万円)の売買契約を締結する場合における次の記述のうち、宅地建物取引業法の規定によれば、正しいものはどれか。

[H22 問40㊎]

(1) Aは、当該宅地が種類又は品質に関して契約の内容に適合しない場合におけるその不適合についてAが担保の責任を負う場合を当該宅地の引渡しの日から3年以内にBがその不適合の事実をAに通知したときに限る(ただし、Aが引渡しの時にその不適合を知り、又は重大な過失によって知らなかったときを除く)とする特約をすることができる。

(2) Aは、当事者の債務不履行を理由とする契約の解除に伴う損害賠償の予定額を300万円とし、かつ、違約金を300万円とする特約をすることができる。

(3) Aは、Bの承諾がある場合においても、「Aが契約の履行に着手した後であっても、Bは手付を放棄して、当該売買契約を解除することができる」旨の特約をすることができない。

(4) 当該宅地が、Aの所有に属しない場合、Aは、当該宅地を取得する契約を締結し、その効力が発生している場合においても、当該宅地の引渡しを受けるまでは、Bとの間で売買契約を締結することができない。

	①	②	③	④	⑤
学習日					
理解度 (○/△/×)					

解説

(1) 正 【一定の担保責任の特約の制限】

宅建業法上、宅建業者が自ら売主となる宅地・建物の売買契約において、その目的物が種類・品質に関して契約の内容に適合しない場合におけるその不適合を担保すべき責任については、原則として、民法の規定より買主に不利となる特約は無効となります。

ただし、売主が引渡しの時にその不適合を知り、または重大な過失によって知らなかった時を除いて、買主が売主にその不適合について通知する期間として、当該宅地・建物の**引渡しの日から2年以上**の期間を定めたときは、その特約は有効となります。したがって、本肢の特約は有効となります。

(2) 誤 【損害賠償額の予定等の制限】

損害賠償額の予定または違約金を定める場合には、その合算額が代金の**20%**を超えてはいけません。本肢の場合、損害賠償の予定額と違約金の合算額が600万円で、代金の20%（2,000万円×20%＝400万円）を超えるので、当該特約をすることはできません。

(3) 誤 【手付の放棄による契約の解除】

民法の規定よりも買主に不利になる特約は無効ですが、「A（宅建業者）が契約の履行に着手した後であっても、B（買主）は手付を放棄して、当該売買契約を解除することができる」旨は、B（買主）にとって有利となる特約です（原則的には、相手方が履行に着手した後は、手付による契約の解除はできないため）。

したがって、本肢の特約をすることはできます。

(4) 誤 【他人物売買の制限】

宅建業法では、原則として他人物売買は禁止されていますが、現在の所有者との間で物件を取得する契約を締結している場合には、その他人物について、売買契約をすることができるとしています。本肢では、宅建業者Aは当該宅地を取得する契約を締結して、その効力が発生しているため、当該宅地の引渡しを受ける前でも、Bとの間で売買契約を締結することができます。

解答…(1)

難易度 B 8種制限

→教科書 CHAPTER01 SECTION08

問題92 宅地建物取引業者A社が、自ら売主として行う宅地（代金3,000万円）の売買に関する次の記述のうち、宅地建物取引業法の規定に違反するものはどれか。

［H23 問39㊇］

(1) A社は、宅地建物取引業者である買主B社との間で売買契約を締結したが、B社は支払期日までに代金を支払うことができなかった。A社は、B社の債務不履行を理由とする契約解除を行い、契約書の違約金の定めに基づき、B社から1,000万円の違約金を受け取った。

(2) A社は、宅地建物取引業者でない買主Cとの間で、割賦販売の契約を締結したが、Cが賦払金の支払を遅延した。A社は20日の期間を定めて書面にて支払を催告したが、Cがその期間内に賦払金を支払わなかったため、契約を解除した。

(3) A社は、宅地建物取引業者でない買主Dとの間で、割賦販売の契約を締結し、引渡しを終えたが、Dは300万円しか支払わなかったため、宅地の所有権の登記をA社名義のままにしておいた。

(4) A社は、宅地建物取引業者である買主E社との間で、売買契約を締結したが、「宅地の種類又は品質に関して契約の内容に適合しない場合におけるその不適合を理由とする契約の解除又は損害賠償の請求は、契約対象物件である宅地の引渡しの日から1年を経過したときはできない」とする旨の特約を定めていた。

	①	②	③	④	⑤
学習日	8/5	8/6	8/7	8/10	8/11
理解度 (○/△/×)			○	○	○

解説

(1) **違反しない** 【損害賠償額の予定等の制限】

「宅建業者自ら売主となる場合の8つの制限(8種制限)」は、**売主が宅建業者で買主が宅建業者以外の者**となる場合に適用されます。本肢の買主B社は宅建業者なので、8種制限は適用されません。したがって、契約書に定めた違約金1,000万円が宅地の代金の20%(3,000万円×20%＝600万円)を超えていても、宅建業法違反とはなりません。

(2) **違反する** 【割賦販売契約の解除等の制限…参考編CH.01 2】

宅建業者が自ら売主となる割賦販売の契約において、賦払金(ふばらいきん)(各回ごとの支払金額)の支払いが遅れた場合には、❶**30日以上**の期間を定めて、❷その支払いを**書面**で催告し、その期間内に支払いがないときでなければ契約の解除や残りの賦払金の支払いを請求することができません。

本肢では、20日の期間しか定めていないため、宅建業法違反となります。

(3) **違反しない** 【所有権留保等の禁止…参考編CH.01 2】

宅建業者は、原則として、物件の引渡しまでに登記の移転をしなければなりませんが、宅建業者が受け取った金額が代金の額の**10分の3以下**(30%以下)であるとき等は、登記の移転をしなくてもよくなります。

本肢では、買主Dが支払った金額300万円は、代金の額の30%以下(3,000万円×30%＝900万円以下)であるため、所有権の登記の移転をしなくても宅建業法違反とはなりません。

(4) **違反しない** 【一定の担保責任の特約の制限】

「宅建業者自ら売主となる場合の8つの制限(8種制限)」は、**売主が宅建業者で買主が宅建業者以外の人**となる場合に適用されます。本肢の買主E社は宅建業者なので、8種制限は適用されません。したがって、民法の規定よりも買主に不利な特約をしても宅建業法違反とはなりません。

解答…(2)

割賦販売契約の解除等の制限

宅建業者が自ら売主となる割賦販売の契約において、賦払金(ふばらいきん)の支払いが遅れた場合には、❶30日以上の期間を定めて、❷書面で催告し、その期間内に支払いがないときでなければ契約の解除や残りの賦払金の支払い請求をすることができない

難易度 B

報酬に関する制限

→教科書 CHAPTER01 SECTION09

問題93 宅地建物取引業者A（消費税課税事業者）が売主B（消費税課税事業者）からB所有の土地付建物の媒介の依頼を受け、買主Cとの間で売買契約を成立させた場合、AがBから受領できる報酬の上限額は、次のうちどれか。なお、土地付建物の代金は6,600万円（うち、土地代金は4,400万円）で、消費税額及び地方消費税額を含むものとする。 ［H21 問41改］

（1）1,860,000円
（2）2,046,000円
（3）2,178,000円
（4）2,244,000円

	①	②	③	④	⑤
学習日	7/6	7/7	7/9	8/1	8/4
理解度（○/△/×）			○	○	○

解説

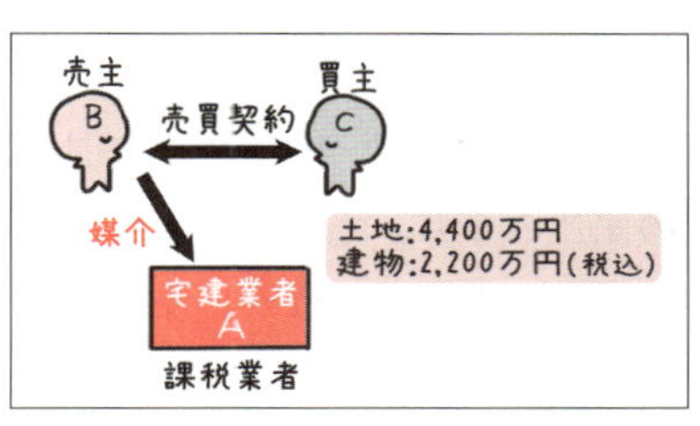

【売買・交換の媒介の報酬限度額】

> 土地の売買は非課税取引(消費税がかからない取引)。だから土地代金4,400万円は税抜価格だよ。

売買の媒介の場合、下記の式によって報酬限度額を計算します。

①土地：4,400万円
　建物(税抜き)：2,200万円 ÷ 1.1 = 2,000万円
　合計(税抜き)：4,400万円 + 2,000万円 = 6,400万円
②基本公式の額：6,400万円 × 3% + 6万円 = 198万円
③報酬限度額(税込み)：198万円 × 1.1 = 217万8,000円

解答…(3)

ちょっと確認！

報酬限度額を計算するさいのもととなる基本公式

基本公式

代金額※	報酬の限度額
1 200万円以下	代金額※×5%
2 200万円超～400万円以下	代金額※×4%+2万円
3 400万円超	代金額※×3%+6万円

※ 代金額とは?

売買の場合…売買の代金額から消費税額を除いた価額(税抜き価額)
交換の場合…交換の評価額から消費税額を除いた価額(税抜き価額)
→ 交換する2つの物件の価額に差がある場合は、いずれか高い価額

難易度 B

報酬に関する制限

→教科書 CHAPTER01 SECTION09

問題94 宅地建物取引業者A（消費税課税事業者）が、宅地建物取引業に関して報酬を受領した場合に関する次の記述のうち、宅地建物取引業法の規定に違反しないものの組合せとして、正しいものはどれか。なお、この場合の取引の関係者は、A、B及びCのみとする。 ［H18 問43］

ア　Aは、BからB所有の宅地の売却について代理の依頼を受け、Cを買主として代金3,000万円で売買契約を成立させた。その際、Bから報酬として、126万円を受領した。

イ　Aは、BからB所有の宅地の売却について媒介の依頼を受け、Cを買主として代金1,000万円で売買契約を成立させた。その際、Bから報酬30万円のほかに、Bの特別の依頼による広告に要した実費10万円を受領した。

ウ　Aは、貸主B及び借主Cとの間で建物の貸借の媒介契約を締結し、その1か月後にBC間の建物の貸借契約を成立させたことの報酬として、B及びCそれぞれから建物の借賃の1月分ずつを受領した。

(1) ア、イ
(2) ア、ウ
(3) イ、ウ
(4) ア、イ、ウ

	①	②	③	④	⑤
学習日					
理解度 (○/△/×)					

解説

ア　違反しない　【売買・交換の代理の報酬限度額】

売買の代理の場合、下記の式によって報酬限度額を計算します。

①基本公式の額：3,000万円×3%＋6万円＝96万円
②報酬限度額(税込み)：96万円×2×1.1＝211万2,000円

AがBから受け取った報酬は126万円(限度額以下)のため、宅建業法に違反しません。

イ　違反しない　【売買・交換の媒介の報酬限度額】

売買の媒介の場合、下記の式によって報酬限度額を計算します。

①基本公式の額：1,000万円×3%＋6万円＝36万円
②報酬限度額(税込み)：36万円×1.1＝39万6,000円

AがBから受け取った報酬は30万円(限度額以下)のため、宅建業法に違反しません。また、依頼者の特別の依頼によって広告を行った場合、それに要した実費を報酬のほかに受け取ることができます。したがって、本肢は宅建業法に違反しません。

ウ　違反する　【貸借の媒介の報酬限度額】

貸借の媒介の場合、貸主・借主から受け取ることができる報酬額の合計は、**借賃の1カ月分(プラス消費税分)**です。したがって、貸主Bおよび借主Cからそれぞれ借賃の1カ月分(合計2カ月分)を受け取ることはできません。

以上より、違反しないものの組合せはア、イ。だから答えは(1)!

解答…(1)

難易度 **B**

報酬に関する制限

→教科書 CHAPTER01 SECTION09

問題95　宅地建物取引業者(消費税課税事業者)の媒介により建物の賃貸借契約が成立した場合における次の記述のうち、宅地建物取引業法の規定によれば、正しいものはどれか。なお、借賃及び権利金(権利設定の対価として支払われる金銭であって返還されないものをいう。)には、消費税相当額を含まないものとする。

［H22 問42㊣］

(1) 依頼者と宅地建物取引業者との間であらかじめ報酬の額を定めていなかったときは、当該依頼者は宅地建物取引業者に対して国土交通大臣が定めた報酬の限度額を報酬として支払わなければならない。

(2) 宅地建物取引業者は、国土交通大臣の定める限度額を超えて報酬を受領してはならないが、相手方が好意で支払う謝金は、この限度額とは別に受領することができる。

(3) 宅地建物取引業者が居住用建物の貸主及び借主の双方から媒介の依頼を受けるに当たって借主から承諾を得ていなければ、借主から借賃の1.1月分の報酬を受領することはできない。

(4) 宅地建物取引業者が居住用建物以外の建物の貸借の媒介を行う場合において、権利金の授受があるときは、当該宅地建物取引業者が受領できる報酬額は、借賃の1.1月分又は権利金の額を売買代金の額とみなして算出した金額のいずれか低い方の額を上限としなければならない。

	①	②	③	④	⑤
学習日					
理解度 (○/△/×)					

解説

(1) **誤** 【報酬の制限】

報酬の額をあらかじめ定めていない場合でも、国土交通大臣が定めた報酬の限度額が報酬額となるわけではありません。

(2) **誤** 【報酬の制限】

相手方が好意で支払う謝金だとしても、報酬の限度額と別に受け取ることはできません。

(3) **正** 【貸借の媒介における報酬限度額】

居住用建物の貸借の場合には、報酬額について、依頼者の**承諾を得ていないとき**は、依頼者の一方から受け取れる報酬額は借賃の $\frac{1}{2}$ **カ月分**が上限となります。

(4) **誤** 【貸借の媒介における報酬限度額】

居住用以外の建物の貸借の媒介を行う場合において、権利金の授受があるときは、「借賃の1.1月分(税込み)」と「権利金の額を売買代金の額とみなして算出した金額」のいずれか高い方の額を報酬額の上限とすることができます。

解答…(3)

ちょっと確認!

貸借の媒介の報酬限度額

貸借の媒介の報酬限度額(貸主・借主から受け取れる合計額) = 1カ月分の借賃 × { 1.1(課税業者の場合) または 1.04(免税業者の場合) }

居住用建物の貸借の特例

居住用建物の貸借の媒介において、報酬額について、依頼者の承諾を得ていない場合、依頼者の一方から受け取れる報酬額は借賃の $\frac{1}{2}$ カ月分が上限となる

権利金の授受がある場合

居住用以外の建物の貸借の媒介において、権利金の設定があるときは、当該権利金を売買代金とみなして報酬額を計算することができる

→「借賃の1月分(税抜き。税込みの場合は1.1月分)」と「権利金の額を売買代金の額とみなして算出した金額」のいずれか高い金額が報酬額の上限となる

難易度 A

報酬に関する制限

→教科書 CHAPTER01 SECTION09

問題96 宅地建物取引業者A及び宅地建物取引業者B（ともに消費税課税事業者）が受領する報酬に関する次の記述のうち、宅地建物取引業法の規定によれば、正しいものはどれか。なお、借賃には消費税等相当額を含まないものとする。

［R2（10月）問30］

(1) Aは売主から代理の依頼を、Bは買主から媒介の依頼を、それぞれ受けて、代金5,000万円の宅地の売買契約を成立させた場合、Aは売主から343万2,000円、Bは買主から171万6,000円、合計で514万8,000円の報酬を受けることができる。

(2) Aが単独で行う居住用建物の貸借の媒介に関して、Aが依頼者の一方から受けることができる報酬の上限額は、当該媒介の依頼者から報酬請求時までに承諾を得ている場合には、借賃の1.1か月分である。

(3) Aが単独で貸主と借主の双方から店舗用建物の貸借の媒介の依頼を受け、１か月の借賃25万円、権利金330万円（権利設定の対価として支払われるもので、返還されないものをいい、消費税等相当額を含む。）の賃貸借契約を成立させた場合、Aが依頼者の一方から受けることができる報酬の上限額は、30万8,000円である。

(4) Aが単独で行う事務所用建物の貸借の媒介に関し、Aが受ける報酬の合計額が借賃の1.1か月分以内であれば、Aは依頼者の双方からどのような割合で報酬を受けてもよく、また、依頼者の一方のみから報酬を受けることもできる。

	①	②	③	④	⑤
学習日					
理解度 (○/△/×)					

解説

(1) 誤　【複数の宅建業者が関与する場合】

同一の取引において、複数の宅建業者が関与した場合、これらの宅建業者が受け取る報酬の合計額は、1つの宅建業者が関与した場合の報酬限度額以内でなければなりません。また、各宅建業者が受領できる報酬額は、各宅建業者が受領できる報酬限度額以下でなければなりません。

①土地：5,000万円

②基本公式の額：5,000万円×3%＋6万円＝156万円

③報酬限度額：A（代理）156万円×2×1.1＝343万2,000円
　　　　　　　B（媒介）156万円×1.1＝171万6,000円

したがって、AとBは合計で343万2,000円以内でしか受け取れません。

(2) 誤　【貸借の媒介の場合の報酬限度額】

居住用建物の貸借の媒介の場合には、報酬額について、依頼者の承諾を得ていないときは、依頼者の一方から受け取れる報酬額は借賃の$\frac{1}{2}$**カ月分**が上限となりますが、依頼者の承諾があるときは、(報酬額の合計が限度額以下であれば)どのような割合で貸主および借主から報酬を受け取ってもかまいません。ただし、この承諾は、「報酬請求時まで」ではなく「**媒介の依頼を受けるまで**」に得ておく必要があります。

(3) 誤　【権利金の授受がある場合】

居住用以外の建物の貸借については、権利金の授受(返還されないものに限る)があるときは、権利金の額を売買代金とみなして報酬限度額を計算することができます。

【通常の貸借の媒介として計算した場合の報酬限度額】

25万円×1.1＝27万5,000円(依頼者の双方から受け取れる報酬限度額)

【権利金を売買代金とみなして計算した場合の報酬限度額】

330万円÷1.1＝300万円

300万円×4%＋2万円＝14万円

14万円×1.1＝15万4,000円(依頼者の一方から受け取れる報酬限度額)

以上より、依頼者の一方から、本肢の報酬額(308,000円)を受け取ることはできません。

(4) 正　【事務所用建物の貸借の媒介の場合の報酬限度額】

居住用以外の建物の貸借については、報酬限度額(合計)以下であれば、貸主および借主からどのような割合で報酬を受け取ってもかまいません。

解答…(4)

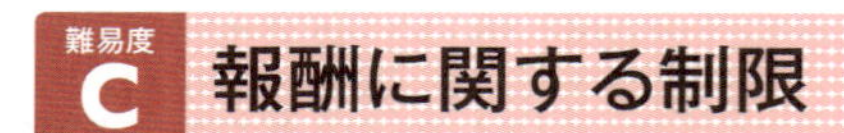

報酬に関する制限

→教科書 CHAPTER01 SECTION09

問題97　宅地建物取引業者Ａ社（消費税課税事業者）は売主Ｂから土地付中古別荘の売却の代理の依頼を受け、宅地建物取引業者Ｃ社（消費税課税事業者）は買主Ｄから別荘用物件の購入に係る媒介の依頼を受け、ＢとＤの間で当該土地付中古別荘の売買契約を成立させた。この場合における次の記述のうち、宅地建物取引業法の規定によれば、正しいものの組合せはどれか。なお、当該土地付中古別荘の売買代金は320万円（うち、土地代金は100万円）で、消費税額及び地方消費税額を含むものとする。［H24 問35㊋］

ア　Ａ社がＢから受領する報酬の額によっては、Ｃ社はＤから報酬を受領することができない場合がある。

イ　Ａ社はＢから、少なくとも154,000円を上限とする報酬を受領することができる。

ウ　Ａ社がＢから100,000円の報酬を受領した場合、Ｃ社がＤから受領できる報酬の上限額は208,000円である。

エ　Ａ社は、代理報酬のほかに、Ｂからの依頼の有無にかかわらず、通常の広告の料金に相当する額についても、Ｂから受け取ることができる。

(1) ア、イ
(2) イ、ウ
(3) ウ、エ
(4) ア、イ、ウ

	①	②	③	④	⑤
学習日					
理解度（○/△/×）					

解説

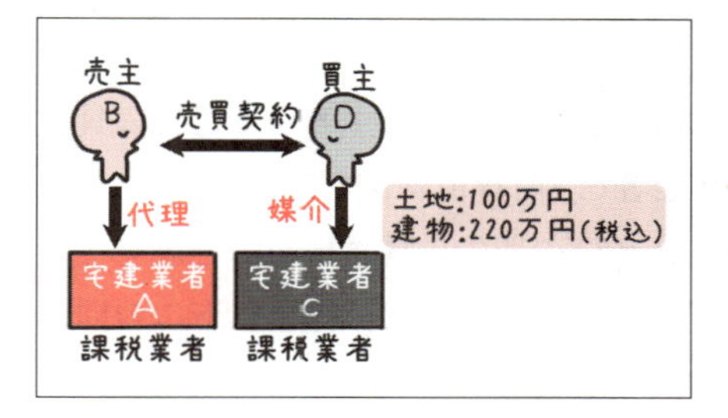

同一の取引において、複数の宅建業者が関与した場合、これらの宅建業者が受け取る報酬の合計額は、1つの宅建業者が関与した場合の報酬限度額以内でなければなりません。…ⓐ

また、各宅建業者が受領できる報酬額は、各宅建業者が受領できる報酬限度額以下でなければなりません。…ⓑ

	A社がBから受け取れる報酬限度額【代理】	C社がDから受け取れる報酬限度額【媒介】
① 土地＋建物(税抜き)	土地：100万円 建物(税抜き)：220万円÷1.1＝200万円 合計(税抜き)：100万円＋200万円＝300万円	
② 基本公式の額	300万円×**4**%＋**2**万円＝14万円	
③ 報酬限度額(税込み)	14万円×2×1.1 ＝**30万8,000円**	14万円×1.1 ＝**15万4,000円**

ただし！	同一の取引なので、A社とC社は合計で **30万8,000円** 以内でしか受け取れない…ⓐ
しかも！	C社の上限は **15万4,000円** となる…ⓑ

ア　正　A社が、たとえば **30万8,000円** を受け取ってしまったら、C社は報酬を受け取れなくなります。

イ　正　A社とC社が受け取れる報酬の上限は **30万8,000円** で、C社は上限 **15万4,000円** を受け取ることができます。したがって、C社が15万4,000円を受け取った場合、A社は上限15万4,000円(30万8,000円－15万4,000円)を受け取ることができます。

ウ　誤　A社とC社が受け取れる報酬の上限は **30万8,000円** です。そのため、A社が10万円を受け取った場合、上限額の残りは20万8,000円となりますが、C社の上限は **15万4,000円** なので、本肢の場合のC社が受け取れる報酬の上限額は15万4,000円となります。

エ　誤　依頼者から依頼されて行った広告の料金については、報酬とは別に受け取ることができますが、依頼がない場合には受け取ることはできません。

解答…(1)

難易度 B

報酬に関する制限

→教科書 CHAPTER01 SECTION09

問題98 宅地建物取引業者A（消費税課税事業者）は貸主Bから建物の貸借の媒介の依頼を受け、宅地建物取引業者C（消費税課税事業者）は借主Dから建物の貸借の媒介の依頼を受け、BとDの間での賃貸借契約を成立させた。この場合における次の記述のうち、宅地建物取引業法（以下この問において「法」という。）の規定によれば、正しいものはどれか。なお、1か月分の借賃は9万円（消費税等相当額を含まない。）である。［H29 問26改］

(1) 建物を店舗として貸借する場合、当該賃貸借契約において200万円の権利金（権利設定の対価として支払われる金銭であって返還されないものをいい、消費税等相当額を含まない。）の授受があるときは、A及びCが受領できる報酬の限度額の合計は220,000円である。

(2) AがBから49,500円の報酬を受領し、CがDから49,500円の報酬を受領した場合、AはBの依頼によって行った広告の料金に相当する額を別途受領することができない。

(3) Cは、Dから報酬をその限度額まで受領できるほかに、法第35条の規定に基づく重要事項の説明を行った対価として、報酬を受領することができる。

(4) 建物を居住用として貸借する場合、当該賃貸借契約において100万円の保証金（Dの退去時にDに全額返還されるものとする。）の授受があるときは、A及びCが受領できる報酬の限度額の合計は110,000円である。

	①	②	③	④	⑤
学習日	8/6	8/7	8/7	8/21	8/24
理解度 (○/△/×)			×	○	△

解説

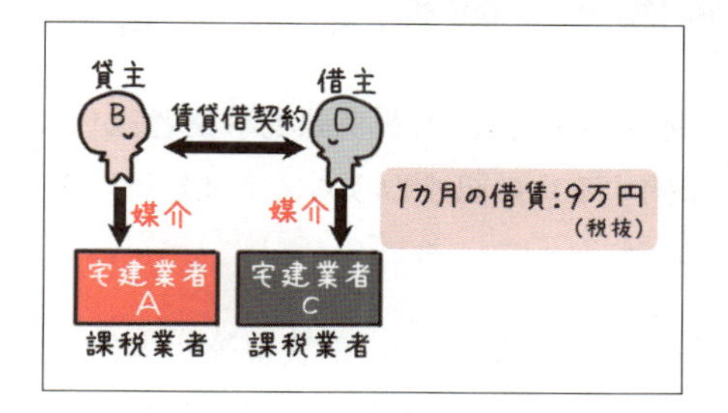

(1) 正　【権利金の授受がある場合】

居住用以外の建物の貸借については、権利金の授受（返還されないものに限ります）があるときは、権利金の額を売買代金とみなして報酬限度額を計算することができます。

【通常の貸借の媒介として計算した場合の報酬限度額】

報酬限度額：9万円×1.1＝99,000円

【権利金を売買代金とみなして計算した場合の報酬限度額】

200万円×5％×1.1×2（A・C2人分）＝220,000円

(2) 誤　【依頼者の依頼にもとづいて広告をした場合】

依頼者から依頼されて行った広告の料金については、報酬とは別に受け取ることができます。

(3) 誤　【重要事項説明を行った対価】

重要事項の説明を行った対価として、別途報酬を受領することはできません。

(4) 誤　【貸借の媒介における報酬限度額】

本肢は、**居住用建物の貸借**であり、また、Dの**退去の時に全額返還される保証金**なので、これを売買代金とみなして報酬限度額を計算することができません。

本肢では、原則どおり、9万円×1.1＝99,000円となります。

解答…(1)

報酬に関する制限

→教科書 CHAPTER01 SECTION09

問題99　宅地建物取引業者A（消費税課税事業者）が受け取ることのできる報酬の上限額に関する次の記述のうち、宅地建物取引業法の規定によれば、正しいものはどれか。

［H30 問31㊁］

(1) 土地付中古住宅（代金500万円。消費税等相当額を含まない。）の売買について、Aが売主Bから媒介を依頼され、現地調査等の費用が通常の売買の媒介に比べ5万円（消費税等相当額を含まない。）多く要する場合、その旨をBに対し説明した上で、AがBから受け取ることができる報酬の上限額は286,000円である。

(2) 土地付中古住宅（代金300万円。消費税等相当額を含まない。）の売買について、Aが買主Cから媒介を依頼され、現地調査等の費用が通常の売買の媒介に比べ4万円（消費税等相当額を含まない。）多く要する場合、その旨をCに対し説明した上で、AがCから受け取ることができる報酬の上限額は198,000円である。

(3) 土地（代金350万円。消費税等相当額を含まない。）の売買について、Aが売主Dから媒介を依頼され、現地調査等の費用が通常の売買の媒介に比べ2万円（消費税等相当額を含まない。）多く要する場合、その旨をDに対し説明した上で、AがDから受け取ることができる報酬の上限額は198,000円である。

(4) 中古住宅（1か月分の借賃15万円。消費税等相当額を含まない。）の貸借について、Aが貸主Eから媒介を依頼され、現地調査等の費用が通常の貸借の媒介に比べ3万円（消費税等相当額を含まない。）多く要する場合、その旨をEに対し説明した上で、AがEから受け取ることができる報酬の上限額は198,000円である。

	①	②	③	④	⑤
学習日					
理解度（○/△/×）					

解説

(1) 誤　【空家等の特例が適用される代金額】

空家等の売買・交換の媒介・代理の特例が適用されるには、代金が**400万円以下**(消費税抜き)でなければなりません。

500万円×3%＋6万円＝21万円

21万円×1.1〔Aは消費税課税事業者〕＝231,000円

AがBから受け取ることができる報酬の上限額は、231,000円です。

(2) 誤　【空家等の特例が適用される依頼者】

空家等の売買・交換の媒介・代理の特例が適用されるには、**売買の場合、依頼者が売主でなければなりません。**

300万円×4%＋2万円＝14万円

14万円×1.1＝154,000円

AがCから受け取ることができる報酬の上限額は、154,000円です。

(3) 正　【空家等の特例が適用される場合の報酬限度額】

現地調査等の費用が通常の売買の媒介に比べ**2万円**(消費税抜き)多く必要な場合です。

空家等の売買・交換の媒介・代理の特例が適用されますので、通常の報酬上限額に加算できます。

350万円×4%＋2万円＝16万円

16万円＋2万円＝18万円

18万円×1.1＝198,000円

AがDから受け取ることができる報酬の上限額は、198,000円です。

(4) 誤　【空家等の特例が適用される契約の種類】

空家等の売買・交換の媒介・代理の特例が適用されるには、売買か交換でなければなりません。

15万円×1.1＝165,000円

165,000円×$\frac{1}{2}$〔居住用建物賃貸借〕＝82,500円

AがEから受け取ることができる報酬の上限額は、82,500円です。

もし、Eの承諾がある場合や居住用ではなかった場合は、165,000円です。

解答…(3)

難易度 A

監督処分(宅建業者)

→教科書 CHAPTER01 SECTION10

問題100 宅地建物取引業法の規定に基づく監督処分に関する次の記述のうち、誤っているものはどれか。 [H23 問44改]

(1) 国土交通大臣は、すべての宅地建物取引業者に対して、宅地建物取引業の適正な運営を確保するため必要な指導、助言及び勧告をすることができる。

(2) 国土交通大臣又は都道府県知事は、宅地建物取引業者に対し、業務の停止を命じ、又は必要な指示をしようとするときは聴聞を行わなければならない。

(3) 宅地建物取引業者は、宅地建物取引業法に違反した場合に限り、監督処分の対象となる。

(4) 宅地建物取引業者は、宅地建物取引業法第31条の3に規定する専任の取引士の設置要件を欠くこととなった場合、2週間以内に当該要件を満たす措置を執らなければ監督処分の対象となる。

	①	②	③	④	⑤
学習日	8/7	8/9	8/10	8/15	8/18
理解度 (○/△/×)			○	○	○

解説

(1) **正**　【監督処分(宅建業者)】

国土交通大臣は、すべての宅建業者に対して、必要な指導・助言・勧告を行うことができます。

(2) **正**　【監督処分(宅建業者)】

国土交通大臣または都道府県知事は、宅建業者に対して指示処分、業務停止処分、免許取消処分をしようとするときは、**聴聞**を行わなければなりません。

(3) **誤**　【監督処分(宅建業者)】

宅建業法違反だけでなく、宅建業法以外の法令に違反し、宅建業者として不適切と認められるときにも監督処分の対象となります。

(4) **正**　【専任の取引士の設置…SEC.06】

宅建業者は、専任の取引士の設置要件を欠くことになった場合、2週間以内に必要な措置をとらなければ監督処分の対象となります。

解答…(3)

監督処分、罰則については、なんとな〜く問題を解いてみて、間違えたら『教科書』に戻って確認しておけばいい…

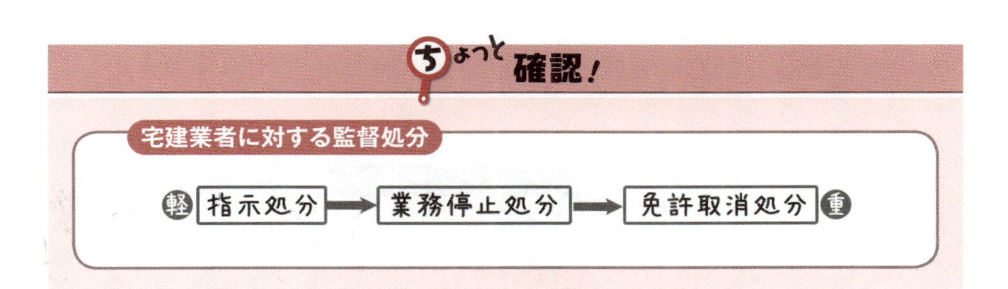

難易度 A

監督処分（宅建業者）

→教科書 CHAPTER01 SECTION10

問題101 宅地建物取引業法（以下この問において「法」という。）の規定に基づく監督処分に関する次の記述のうち、誤っているものはいくつあるか。

［H26 問44㉆］

ア 宅地建物取引業者A（甲県知事免許）が乙県内において法第32条違反となる広告を行った。この場合、乙県知事から業務停止の処分を受けることがある。

イ 宅地建物取引業者B（甲県知事免許）は、法第50条第2項の届出をし、乙県内にマンション分譲の案内所を設置して業務を行っていたが、当該案内所について法第31条の3第3項に違反している事実が判明した。この場合、乙県知事から指示処分を受けることがある。

ウ 宅地建物取引業者C（甲県知事免許）の事務所の所在地を確知できないため、甲県知事は確知できない旨を公告した。この場合、その公告の日から30日以内にCから申出がなければ、甲県知事は法第67条第1項により免許を取り消すことができる。

エ 宅地建物取引業者D（国土交通大臣免許）は、甲県知事から業務停止の処分を受けた。この場合、Dが当該処分に違反したとしても、国土交通大臣から免許を取り消されることはない。

(1) 一つ　(2) 二つ　(3) 三つ　(4) なし

	①	②	③	④	⑤
学習日					
理解度 (○/△/×)					

解説

ア　正　【監督処分(宅建業者)】

業務停止処分は、免許権者(甲県知事)のほか、宅建業者が処分の対象となる行為を行った都道府県の知事(乙県知事)も行うことができます。

イ　正　【監督処分(宅建業者)】

指示処分は、免許権者(甲県知事)のほか、宅建業者が処分の対象となる行為を行った都道府県の知事(乙県知事)も行うことができます。

ウ　正　【監督処分(宅建業者)】

国土交通大臣または都道府県知事は、その免許を受けた宅建業者の事務所の所在地を確知できないときは、官報等で公告し、公告の日から30日を経過しても宅建業者から申出がない場合には、免許を取り消すことができます。

エ　誤　【監督処分(宅建業者)】

宅建業者が業務停止処分に違反した場合、免許権者はその免許を取り消さなければなりません。本肢の場合、免許権者である国土交通大臣はDの免許を取り消さなければなりません。

以上より、誤っているものはエの1つ。だから答えは(1)!

解答…(1)

難易度 B

監督処分（宅建業者）

問題102 宅地建物取引業法の規定に基づく監督処分等に関する次の記述のうち、誤っているものはどれか。［H 27 問43改］

(1) 宅地建物取引業者A（甲県知事免許）は、自ら売主となる乙県内に所在する中古住宅の売買の業務に関し、当該売買の契約においてその目的物の種類又は品質に関して契約の内容に適合しない場合におけるその不適合を担保すべき責任を負わない旨の特約を付した。この場合、Aは、乙県知事から指示処分を受けることがある。

(2) 甲県に本店、乙県に支店を設置する宅地建物取引業者B（国土交通大臣免許）は、自ら売主となる乙県内におけるマンションの売買の業務に関し、乙県の支店において当該売買の契約を締結するに際して、代金の30％の手付金を受領した。この場合、Bは、甲県知事から著しく不当な行為をしたとして、業務停止の処分を受けることがある。

(3) 宅地建物取引業者C（甲県知事免許）は、乙県内に所在する土地の売買の媒介業務に関し、契約の相手方の自宅において相手を威迫し、契約締結を強要していたことが判明した。この場合、甲県知事は、情状が特に重いと判断したときは、Cの宅地建物取引業の免許を取り消さなければならない。

(4) 宅地建物取引業者D（国土交通大臣免許）は、甲県内に所在する事務所について、業務に関する帳簿を備えていないことが判明した。この場合、Dは、甲県知事から必要な報告を求められ、かつ、指導を受けることがある。

	①	②	③	④	⑤
学習日	8/7	8/9	8/10	8/15	8/18
理解度 (○/△/×)			○	○	○

解説

(1) **正** 【監督処分(宅建業者)】

本肢の行為は宅建業法に違反する行為であり、指示処分の対象となります。指示処分は、免許権者(甲県知事)のほか、宅建業者が処分の対象となる行為を行った都道府県の知事(乙県知事)も行うことができます。

(2) **誤** 【監督処分(宅建業者)】

業務停止処分は、免許権者(国土交通大臣)のほか、宅建業者が処分の対象となる行為を行った都道府県の知事(乙県知事)も行うことができますが、本肢では「甲県知事から業務停止の処分を受けることがある」となっているので、誤りの記述です。

(3) **正** 【監督処分(宅建業者)】

業務停止処分事由に該当し、情状が特に重いときは、必要的免許取消処分(必ず免許を取り消さなければならないもの)となります。

(4) **正** 【監督処分(宅建業者)】

国土交通大臣または都道府県知事は、宅建業者に対して、必要な指導、助言、勧告を行うことができます。また、報告を受けることもできます。

解答…(2)

? これはどう? H28－問26④

宅地建物取引業者A(甲県知事免許)は、自ら所有している物件について、直接賃借人Bと賃貸借契約を締結するに当たり、法第35条に規定する重要事項の説明を行わなかった。この場合、Aは、甲県知事から業務停止を命じられることがある。

× 「自ら貸借」は、宅建業に該当しません。そのため、重要事項の説明を行わなくても宅建業法違反とはならず、業務停止処分を命じられることはありません。

? これはどう? H28－問26③

宅地建物取引業者A(甲県知事免許)は、甲県知事から指示処分を受けたが、その指示処分に従わなかった。この場合、甲県知事は、Aに対し、1年を超える期間を定めて、業務停止を命ずることができる。

× 「1年を超える期間」ではなく、「**1年以内の期間**」を定めて、その業務の全部または一部の停止を命ずることができます(業務停止処分)。

難易度 B　監督処分（宅建業者・取引士）

→教科書 CHAPTER01 SECTION10

問題103　宅地建物取引業法の規定に基づく監督処分に関する次の記述のうち、正しいものはどれか。

［H22問44改］

(1) 国土交通大臣は、宅地建物取引業者A（甲県知事免許）に対し、宅地建物取引業の適正な運営を確保するため必要な勧告をしたときは、遅滞なく、その旨を甲県知事に通知しなければならない。

(2) 甲県知事は、乙県知事の登録を受けている取引士に対し、甲県の区域内において取引士として行う事務に関し不正な行為をしたことを理由として指示処分をしようとするときは、あらかじめ、乙県知事に協議しなければならない。

(3) 宅地建物取引業者A（甲県知事免許）が、乙県の区域内における業務に関し乙県知事から指示処分を受けたときは、甲県に備えられる宅地建物取引業者名簿には、当該指示の年月日及び内容が記載される。

(4) 甲県知事は、宅地建物取引業者B（国土交通大臣免許）に対し、甲県の区域内における業務に関し取引の関係者に損害を与えたことを理由として指示処分をしたときは、その旨を甲県の公報等により公告しなければならない。

	①	②	③	④	⑤
学習日					
理解度（○/△/×）					

解説

(1) 誤　【監督処分(宅建業者)】

国土交通大臣は、すべての宅建業者に対して、必要な指導・助言・勧告を行うことができますが、それらをした旨を都道府県知事に通知する必要はありません。

(2) 誤　【監督処分(取引士)】

都道府県知事(甲県知事)は、他の都道府県知事(乙県知事)の登録を受けている取引士に対し、指示処分や事務禁止処分をしたときには、遅滞なく、他の都道府県知事(乙県知事)に通知しなければなりませんが、あらかじめ協議する必要はありません。

(3) 正　【監督処分(宅建業者)】

指示処分や業務停止処分を受けたときは、宅建業者名簿に、処分の年月日、内容が記載されます。

(4) 誤　【監督処分(宅建業者)】

業務停止処分と免許取消処分をしたときは公告が必要ですが、指示処分の場合は公告は不要です。

解答…(3)

ちょっと確認！

公告される処分と公告されない処分

宅建業者に対する監督処分	取引士に対する監督処分
・指示処分……………×	・指示処分……………×
・業務停止処分…○	・事務禁止処分…×
・免許取消処分…○	・登録消除処分…×

○…公告される　×…公告する必要はない

通知・報告

都道府県知事が指示処分や業務停止処分をしたときは、遅滞なく、その旨を、宅建業者が国土交通大臣の免許を受けている場合には、国土交通大臣に報告し、宅建業者が他の都道府県知事の免許を受けている場合には、その都道府県知事に通知しなければならない

難易度 A

監督処分(取引士)

→教科書 CHAPTER01 SECTION10

問題104 甲県知事の宅地建物取引士資格登録(以下この問において「登録」という。)を受けている取引士Aへの監督処分に関する次の記述のうち、宅地建物取引業法の規定によれば、正しいものはどれか。 〔H25問42改〕

(1) Aは、乙県内の業務に関し、他人に自己の名義の使用を許し、当該他人がその名義を使用して取引士である旨の表示をした場合、乙県知事から必要な指示を受けることはあるが、取引士として行う事務の禁止の処分を受けることはない。

(2) Aは、乙県内において業務を行う際に提示した宅地建物取引士証が、不正の手段により交付を受けたものであるとしても、乙県知事から登録を消除されることはない。

(3) Aは、乙県内の業務に関し、乙県知事から取引士として行う事務の禁止の処分を受け、当該処分に違反したとしても、甲県知事から登録を消除されることはない。

(4) Aは、乙県内の業務に関し、甲県知事又は乙県知事から報告を求められることはあるが、乙県知事から必要な指示を受けることはない。

	①	②	③	④	⑤
学習日	8/7	8/9	1/10	8/15	8/18
理解度 (○/△/×)			○	○	○

解説

(1) 誤 【監督処分(取引士)】

登録をしている都道府県以外の都道府県の知事でも、その都道府県内において取引士が処分の対象となる行為を行った場合には、指示処分、事務禁止処分を行うことができます。

(2) 正 【監督処分(取引士)】

登録消除処分は、**登録をしている都道府県知事のみ**が行うことができます。

(3) 誤 【監督処分(取引士)】

事務禁止処分に違反したときは登録消除処分の対象となります。そして、登録消除処分は、登録をしている都道府県知事のみが行うことができるため、本肢の場合、Aは甲県知事から登録を消除されます。

(4) 誤 【監督処分(取引士)】

登録をしている都道府県以外の都道府県の知事でも、その都道府県内において取引士が処分の対象となる行為を行った場合には、指示処分、事務禁止処分を行うことができます。

解答…(2)

ちょっと確認!

取引士に対する監督処分

	指示処分	事務禁止処分	登録消除処分
処分権者	登 他	登 他	登
「できる」?「しなければならない」?	指示することができる	事務禁止を命ずることができる	登録を消除しなければならない

登…登録をしている都道府県知事

他…登録をしている都道府県以外の都道府県知事(取引士が業務を行った都道府県の知事)

プラス1(ワン)

☆ 国土交通大臣は、すべての取引士に対して業務に関する報告を求めることができる

☆ 都道府県知事は、その都道府県で登録している取引士、その都道府県で業務をしている取引士に対して、業務に関する報告を求めることができる

難易度 **A**

監督処分、罰則

→教科書 CHAPTER01 SECTION10

問題105　法人である宅地建物取引業者A（甲県知事免許）に関する監督処分及び罰則に関する次の記述のうち、宅地建物取引業法の規定によれば、誤っているものはどれか。　［H19問36］

(1) Aが、建物の売買において、当該建物の将来の利用の制限について著しく事実と異なる内容の広告をした場合、Aは、甲県知事から指示処分を受けることがあり、その指示に従わなかったときは、業務停止処分を受けることがある。

(2) Aが、乙県内で行う建物の売買に関し、取引の関係者に損害を与えるおそれが大であるときは、Aは、甲県知事から指示処分を受けることはあるが、乙県知事から指示処分を受けることはない。

(3) Aが、正当な理由なく、その業務上取り扱ったことについて知り得た秘密を他人に漏らした場合、Aは、甲県知事から業務停止処分を受けることがあるほか、罰則の適用を受けることもある。

(4) Aの従業者Bが、建物の売買の契約の締結について勧誘をするに際し、当該建物の利用の制限に関する事項で買主の判断に重要な影響を及ぼすものを故意に告げなかった場合、Aに対して1億円以下の罰金刑が科せられることがある。

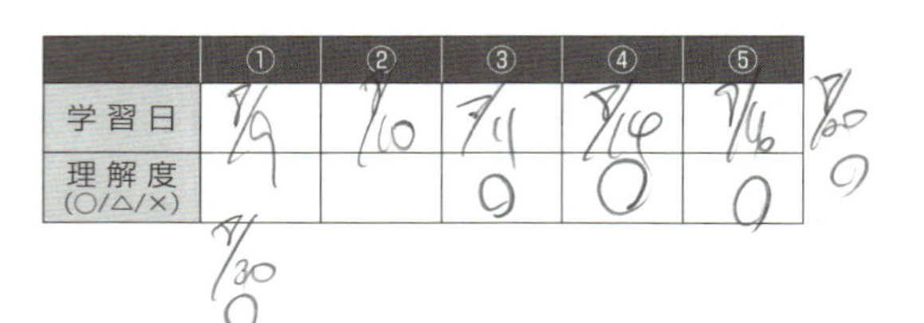

	①	②	③	④	⑤
学習日					
理解度（○/△/×）					

解説

(1) **正**　【監督処分(宅建業者)】

指示処分に従わないときは、業務停止処分を受けることがあります。

(2) **誤**　【監督処分(宅建業者)】

指示処分は、免許を与えた都道府県知事(甲県知事)だけでなく、宅建業者が処分の対象となる行為を行った都道府県知事(乙県知事)も行うことができます。

これはどう?　H18−問45①

宅地建物取引業者A(甲県知事免許)が、乙県の区域内の業務に関し乙県知事から受けた業務停止処分に違反した場合でも、乙県知事は、Aの免許を取り消すことはできない。

○　免許取消処分ができるのは、免許権者だけです。

(3) **正**　【監督処分(宅建業者)、罰則】

守秘義務に違反した場合、業務停止処分の対象となり、また、50万円以下の罰金刑が科されることがあります。

(4) **正**　【両罰規定】

そのとおりです(下記 プラス1 参照)。

解答…(2)

プラス1

【両罰規定】

宅建業者である❶法人の代表者、❷法人・個人の代理人、❸法人・個人の使用人その他の従業員が、その法人等の業務に関して、一定の違反行為をしたときは、その行為をした者を罰するほか、その法人等に対しても罰金刑が科される

→ 本肢(4)の「契約の勧誘のさい、重要な事実を故意に告げなかった場合」は、
　法人等…1億円以下の罰金
　その行為をした者…2年以下の懲役もしくは300万円以下の罰金またはこれらの併科

難易度 B

監督処分、罰則

→教科書 CHAPTER01 SECTION10

問題106 宅地建物取引業法(以下この問において「法」という。)の規定に基づく監督処分及び罰則に関する次の記述のうち、正しいものはいくつあるか。

［R1問29］

ア 宅地建物取引業者A(国土交通大臣免許)が甲県内における業務に関し、法第37条に規定する書面を交付していなかったことを理由に、甲県知事がAに対して業務停止処分をしようとするときは、あらかじめ、内閣総理大臣に協議しなければならない。

イ 乙県知事は、宅地建物取引業者B(乙県知事免許)に対して指示処分をしようとするときは、聴聞を行わなければならず、聴聞の期日における審理は、公開により行わなければならない。

ウ 丙県知事は、宅地建物取引業者C(丙県知事免許)が免許を受けてから1年以内に事業を開始しないときは、免許を取り消さなければならない。

エ 宅地建物取引業者D(丁県知事免許)は、法第72条第1項の規定に基づき、丁県知事から業務について必要な報告を求められたが、これを怠った。この場合、Dは50万円以下の罰金に処せられることがある。

(1) 一つ
(2) 二つ
(3) 三つ
(4) 四つ

	①	②	③	④	⑤
学習日	8/9	8/10	8/11	8/14	8/16
理解度 (○/△/×)			○	○	○

解説

ア **誤**　【内閣総理大臣との協議】

国土交通大臣が国土交通大臣免許の宅建業者に対して一定の監督処分をしようとするときには、あらかじめ、内閣総理大臣に協議しなければなりませんが、都道府県知事が国土交通大臣免許の宅建業者に対して一定の監督処分をしようとするときには、内閣総理大臣に協議する必要はありません。

イ **正**　【指示処分をしようとするとき】

免許権者が宅建業者に対して指示処分をしようとするときは**聴聞**を行わなければなりません。そして、その聴聞の期日における審理は、**公開**により行わなければなりません。

ウ **正**　【免許の取消し】

免許権者は、宅建業者が免許を受けてから**1年以内に事業を開始しないとき**は、その免許を取り消さなければなりません。

エ **正**　【業務についてする必要な報告】

都道府県知事は、その都道府県の区域内で宅建業を営む者に対して、宅建業の適正な運営を確保するため必要があると認めるときは、その業務について必要な報告を求めることができます。そして、この報告を怠った者は、**50万円以下**の罰金に処せられることがあります。

以上より、正しいものは3つ！だから答えは(3)！

解答…(3)

難易度 **B**

監督処分、罰則

→教科書 CHAPTER01 SECTION10

問題107 次の記述のうち、宅地建物取引業法(以下この問において「法」という。)の規定によれば、正しいものはどれか。 〔H29問29〕

(1) 宅地建物取引業者A(甲県知事免許)は、マンション管理業に関し、不正又は著しく不当な行為をしたとして、マンションの管理の適正化の推進に関する法律に基づき、国土交通大臣から業務の停止を命じられた。この場合、Aは、甲県知事から法に基づく指示処分を受けることがある。

(2) 国土交通大臣は、宅地建物取引業者B(乙県知事免許)の事務所の所在地を確知できない場合、その旨を官報及び乙県の公報で公告し、その公告の日から30日を経過してもBから申出がないときは、Bの免許を取り消すことができる。

(3) 国土交通大臣は、宅地建物取引業者C(国土交通大臣免許)に対し、法第35条の規定に基づく重要事項の説明を行わなかったことを理由に業務停止を命じた場合は、遅滞なく、その旨を内閣総理大臣に通知しなければならない。

(4) 宅地建物取引業者D(丙県知事免許)は、法第72条第1項に基づく丙県職員による事務所への立入検査を拒んだ。この場合、Dは、50万円以下の罰金に処せられることがある。

	①	②	③	④	⑤
学習日					
理解度 (○/△/×)					

解説

(1) **誤** 【指示処分の対象業務】

マンション管理業は、宅建業(宅地・建物の売買・交換または宅地・建物の売買・交換・貸借の代理・媒介をする行為で業として行うもの)ではないので、宅建業者の業務とはいえません。

したがって、マンション管理業に関し、不正または著しく不当な行為をしたとして、マンションの管理の適正化の推進に関する法律に基づき、国土交通大臣から業務の停止を命じられたとしても、指示処分を受けることはありません。

(2) **誤** 【免許の取消権者】

国土交通大臣または都道府県知事は、その免許を受けた宅建業者の事務所の所在地を確知できない場合、官報または当該都道府県の公報でその事実を公告し、その公告の日から30日を経過してもその宅建業者から申出がないときは、当該宅建業者の免許を取り消すことができます。

本肢では、宅建業者Bは、乙県知事免許なので、国土交通大臣がBの免許を取り消すことはできません。

(3) **誤** 【国土交通大臣が業務停止処分をしようとするときの協議】

国土交通大臣が、国土交通大臣免許の宅建業者に対して一定の監督処分をしようとするときは、**あらかじめ内閣総理大臣に協議**しなければなりませんが、監督処分(本肢では業務停止処分)を命じた場合に、その旨を内閣総理大臣に通知する義務はありません。

(4) **正** 【立入検査を拒んだ場合の罰金】

都道府県知事は、当該都道府県の区域内で宅建業を営む者に対して、宅建業の適正な運営を確保するため必要があると認めるときは、その業務について必要な報告を求め、またはその職員に事務所その他その業務を行なう場所に立ち入り、帳簿、書類その他業務に関係のある物件を検査させることができます(法72条1項に基づく都道府県職員による事務所への立入検査)。

そして、この検査を拒んだ者は、50万円以下の罰金に処せられる場合があります。

解答…(4)

難易度 **A**

住宅瑕疵担保履行法

→教科書 CHAPTER01 SECTION11

問題108 特定住宅瑕疵担保責任の履行の確保等に関する法律に基づく住宅販売瑕疵担保保証金の供託又は住宅販売瑕疵担保責任保険契約の締結(以下この問において「資力確保措置」という。)に関する次の記述のうち、正しいものはどれか。

［H22問45㊇］

(1) 宅地建物取引業者は、自ら売主として宅地建物取引業者である買主との間で新築住宅の売買契約を締結し、当該住宅を引き渡す場合、資力確保措置を講ずる義務を負う。

(2) 自ら売主として新築住宅を販売する宅地建物取引業者は、住宅販売瑕疵担保保証金の供託をする場合、宅地建物取引業者でない買主に対して供託所の所在地等について記載した書面の交付(買主の承諾を得て電磁的方法により提供する場合を含む)及び説明を、新築住宅を引き渡すまでに行えばよい。

(3) 宅地建物取引業者は、自ら売主として新築住宅を販売する場合だけでなく、新築住宅の売買の媒介をする場合においても、資力確保措置を講ずる義務を負う。

(4) 自ら売主として新築住宅を宅地建物取引業者でない買主に引き渡した宅地建物取引業者は、基準日ごとに、当該基準日に係る資力確保措置の状況について、その免許を受けた国土交通大臣又は都道府県知事に届け出なければならない。

	①	②	③	④	⑤
学習日					
理解度 (○/△/×)					

解説

(1) 誤　【資力確保措置が義務付けられる者】

宅建業者が自ら売主となり、宅建業者以外の者(買主)に新築住宅を引き渡す場合には、資力確保措置が義務付けられますが、**買主が宅建業者の場合には、資力確保措置を講じる必要はありません。**

(2) 誤　【供託所の所在地等の説明】

供託所の所在地等の説明は、「新築住宅を引き渡すまで」ではなく、「**新築住宅の売買契約を締結するまで**」に行わなければなりません。また、原則として、書面を交付して説明しますが、買主の承諾を得た場合は、書面の交付に代えて、電磁的方法により提供することもできます。

(3) 誤　【資力確保措置が義務付けられる者】

資力確保措置が義務付けられるのは、宅建業者が自ら売主となって新築住宅を販売する場合です。新築住宅の売買の「媒介」をする場合には、資力確保措置を講じる必要はありません。

(4) 正　【資力確保措置の状況に関する届出】

そのとおりです。

解答…(4)

ちょっと確認!

資力確保措置が義務付けられる者

資力確保措置が義務付けられるのは、❶宅建業者が自ら売主となり、❷宅建業者以外の者(買主)に、❸新築住宅を引き渡す場合

→ 宅建業者が売買の媒介・代理をする場合には不要

→ 買主が宅建業者の場合には不要

×中古

供託所の所在地等の説明

新築住宅の売主である宅建業者が、保証金(住宅販売瑕疵担保保証金)の供託をしている場合には、売買契約を締結するまでに、買主(宅建業者以外)に対して、供託所の名称や所在地等を書面を交付して説明しなければならない

難易度 **B**

住宅瑕疵担保履行法

→教科書 CHAPTER01 SECTION11

問題109 宅地建物取引業者Aが自ら売主として、宅地建物取引業者でない買主Bに新築住宅を販売する場合における次の記述のうち、特定住宅瑕疵担保責任の履行の確保等に関する法律の規定によれば、正しいものはどれか。

［H29問45㉃］

(1) Aは、住宅販売瑕疵担保保証金の供託をする場合、Bに対し、当該住宅を引き渡すまでに、供託所の所在地等について記載した書面(買主の承諾を得て電磁的方法により提供する場合を含む)を交付して説明しなければならない。

(2) 自ら売主として新築住宅をBに引き渡したAが、住宅販売瑕疵担保保証金を供託する場合、その住宅の床面積が55㎡以下であるときは、新築住宅の合計戸数の算定に当たって、床面積55㎡以下の住宅2戸をもって1戸と数えることになる。

(3) Aは、基準日に係る住宅販売瑕疵担保保証金の供託及び住宅販売瑕疵担保責任保険契約の締結の状況についての届出をしなければ、当該基準日から1月を経過した日以後においては、新たに自ら売主となる新築住宅の売買契約を締結してはならない。

(4) Aは、住宅販売瑕疵担保責任保険契約の締結をした場合、当該住宅を引き渡した時から10年間、当該住宅の給水設備又はガス設備の瑕疵によって生じた損害について保険金の支払を受けることができる。

	①	②	③	④	⑤
学習日	8/9	8/10	8/4	8/14	8/16
理解度 (○/△/×)			○	○	○

解説

（1）誤 【供託所の所在地等の説明】

供託所の所在地等の説明は、「当該住宅を引き渡すまで」ではなく、「**当該住宅の売買契約を締結するまで**」に行わなければなりません。また、原則として、書面を交付して説明しますが、買主の承諾を得た場合は、書面の交付に代えて、電磁的方法により提供することもできます。

（2）正 【新築住宅の合計戸数の算定】

住宅販売瑕疵担保保証金を供託する場合、新築住宅の床面積が**55㎡以下**であるときは、新築住宅の合計戸数の算定にあたって、**2戸をもって1戸**と数えることになります。

（3）誤 【資力確保措置の状況に関する届出】

資力確保措置の状況について基準日（3月31日）から3週間以内に届出をしなかった場合には、**基準日の翌日から50日を経過した日以後**は、新たに自ら売主となる新築住宅の売買契約の締結はできません。

（4）誤 【住宅販売瑕疵担保責任保険契約】

住宅販売瑕疵担保責任保険契約は、新築住宅の買主が新築住宅の**引渡しを受けた時から10年以上の期間**にわたって有効でなければなりません。

また、保険金の支払いを受けることができる瑕疵は、**住宅の構造耐力上主要な部分**または**雨水の浸入を防止する部分**として政令で定めるものの**瑕疵**（構造耐力または雨水の浸入に影響のないものを除く）です。したがって、住宅の給水設備またはガス設備の瑕疵によって生じた損害について保険金の支払を受けることはできません。

解答…(2)

ちょっと確認！

住宅販売瑕疵担保責任保険契約となる保険契約の主な要件

❶ 宅建業者（売主）が保険料を支払うものであること
❷ 宅建業者が瑕疵担保責任を履行したことによって生じた当該宅建業者の損害を填補するものであること
❸ 宅建業者が相当の期間を経過しても瑕疵担保責任を履行しない場合には、買主（宅建業者以外の者）の請求により損害を填補するものであること
❹ 損害を填補するための保険金額が2,000万円以上であること
❺ 有効期間が10年以上（買主が新築住宅の引渡しを受けた時から10年以上）であること
❻ 国土交通大臣の承認を受けた場合を除き、変更・解除をすることができないこと

memo

分野別３分冊の使い方

下記の手順に沿って本を分解してご利用ください。

本の分け方

①色紙を残して、各冊子を取り外します。

※色紙と各冊子が、のりで接着されています。乱暴に扱いますと、破損する危険性がありますので、丁寧に取り外すようにしてください。

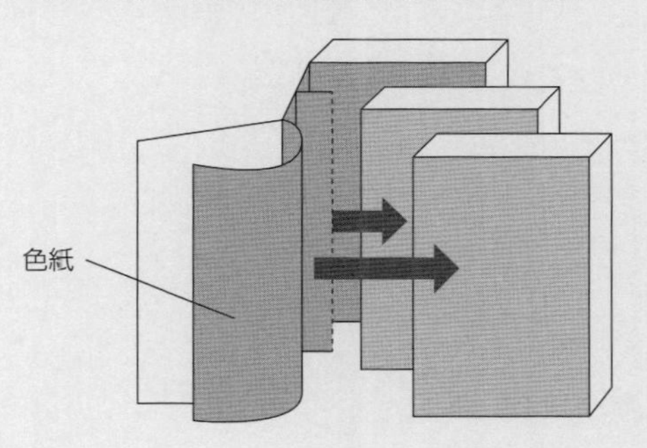

②カバーを裏返しにして、抜き取った冊子にあわせてきれいに折り目をつけて使用してください。

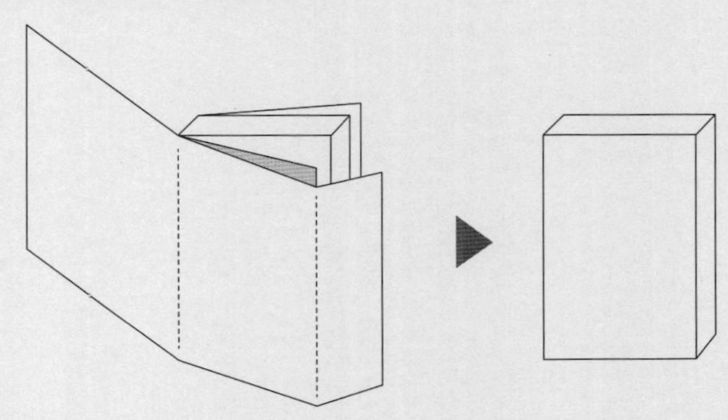

※抜き取るさいの損傷についてのお取替えはご遠慮願います。

第2分冊

CHAPTER 02

権利関係

CHAPTER 02

権利関係

本試験での出題数…14問　目標点…8～10点

「民法」「借地借家法」「区分所有法」「不動産登記法」
から出題されるよ。
はっきり言って、難しいから、高得点を狙おうとムキになって
勉強しすぎないほうがいいよ。基本的なことだけおさえよう。
他の科目で得点できていないなら、
まずは他の科目の勉強に力を注ぐべき！

論　点	問題番号	『教科書』との対応
制限行為能力者	問題1～問題3	CH.02 SEC.01
意思表示	問題4～問題8	CH.02 SEC.02
代　理	問題9～問題14	CH.02 SEC.03
時　効	問題15～問題17	CH.02 SEC.04
債務不履行、解除	問題18～問題21	CH.02 SEC.05
危険負担	問題22	CH.02 SEC.06
弁済、相殺、債権譲渡	問題23～問題27	CH.02 SEC.07
売　買	問題28～問題32	CH.02 SEC.08
物権変動	問題33～問題37	CH.02 SEC.09
抵当権、根抵当権、担保物権	問題38～問題46	CH.02 SEC.10 参考編
連帯債務、保証、連帯債権	問題47～問題50	CH.02 SEC.11
賃貸借	問題51～問題54	CH.02 SEC.12
借地借家法（借地）	問題55～問題60	CH.02 SEC.13
借地借家法（借家）	問題61～問題68	CH.02 SEC.14
請　負	問題69～問題70	CH.02 SEC.15
不法行為	問題71～問題74	CH.02 SEC.16
相　続	問題75～問題80	CH.02 SEC.17
共　有	問題81～問題82	CH.02 SEC.18
区分所有法	問題83～問題87	CH.02 SEC.19
不動産登記法	問題88～問題92	CH.02 SEC.20
委任、相隣関係、条件	問題93～問題95	参考編

難易度 A

制限行為能力者

→教科書 CHAPTER02 SECTION01

問題1 行為能力に関する次の記述のうち、民法の規定によれば、正しいものはどれか。 〔H20問1改〕

(1) 成年被後見人が行った法律行為は、事理を弁識する能力がある状態で行われたものであっても、取り消すことができる。ただし、日用品の購入その他日常生活に関する行為については、この限りではない。

(2) 未成年者が、その法定代理人の同意を得ずに贈与を受けた場合、その贈与契約が負担付のものでないときでも、その贈与契約を取り消すことができる。

(3) 精神上の障害により事理を弁識する能力が不十分である者につき、4親等内の親族から補助開始の審判の請求があった場合、家庭裁判所はその事実が認められるときは、本人の同意がないときであっても同審判をすることができる。

(4) 被保佐人が、保佐人の同意又はこれに代わる家庭裁判所の許可を得ないでした土地の売却は、被保佐人が行為能力者であることを相手方に信じさせるため詐術を用いたときであっても、取り消すことができる。

	①	②	③	④	⑤
学習日					
理解度 (○/△/×)					

解説

(1) **正**

【成年被後見人】

成年被後見人が単独で法律行為を行った場合には、たとえ事理弁識能力(ものごとを判断できる力)がある状態で行ったものだとしても、取り消すことができます。ただし、日用品の購入など、日常生活に関する行為については取り消すことはできません。

(2) **誤**

【未成年者】

未成年者が法律行為をするには、その法定代理人の同意を得なければなりませんが、単に権利を得、または義務を免れる法律行為については、この限りではありません。そして、負担のない贈与契約については、単に権利を得るだけの法律行為と考えられるので、法定代理人の同意を要する行為には該当しません。そのため、当該贈与契約は取り消すことができません。

(3) **誤**

【被補助人】

本人以外の者の請求によって補助開始の審判を行うときには、**本人の同意が必要**です。

(4) **誤**

【被保佐人】

制限行為能力者が「自分は行為能力者である」と相手方に信じさせるために詐術を用いたときは、法律行為を取り消すことはできません。

そんな人を保護する必要はないよね…

解答…(1)

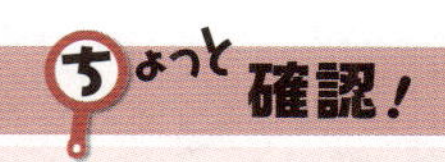

成年被後見人の保護

【原則】

成年被後見人が、法定代理人の代理によらずに行った行為は取り消すことができる

【例外】

成年被後見人が、法定代理人の代理によらずに行った行為でも、日常生活に関する行為については取り消すことができない

難易度 A　制限行為能力者

→教科書 CHAPTER02 SECTION01

問題2　制限行為能力者に関する次の記述のうち、民法の規定及び判例によれば、正しいものはどれか。　［H 28 問 2］

(1) 古着の仕入販売に関する営業を許された未成年者は、成年者と同一の行為能力を有するので、法定代理人の同意を得ないで、自己が居住するために建物を第三者から購入したとしても、その法定代理人は当該売買契約を取り消すことができない。

(2) 被保佐人が、不動産を売却する場合には、保佐人の同意が必要であるが、贈与の申し出を拒絶する場合には、保佐人の同意は不要である。

(3) 成年後見人が、成年被後見人に代わって、成年被後見人が居住している建物を売却する際、後見監督人がいる場合には、後見監督人の許可があれば足り、家庭裁判所の許可は不要である。

(4) 被補助人が、補助人の同意を得なければならない行為について、同意を得ていないにもかかわらず、詐術を用いて相手方に補助人の同意を得たと信じさせていたときは、被補助人は当該行為を取り消すことができない。

	①	②	③	④	⑤
学習日					
理解度 (○/△/×)					

解説

（1）誤　【未成年者】

法定代理人から営業を許可された未成年者は、**その営業（古着の仕入販売）に関して、**法定代理人からの同意を得なくても、**行うことができます**。しかし、本肢の自己が居住するために建物を第三者から購入する行為は、その営業に関するものではないため、法定代理人は当該契約を取り消すことができます。

（2）誤　【被保佐人】

被保佐人が不動産を売却する行為も、贈与の申し出を拒絶する行為も、民法13条1項に規定される保佐人の同意が必要な行為に該当します。

（3）誤　【成年被後見人】

成年後見人が、成年被後見人に代わってその居住の用に供する建物の売却をするさいには、後見監督人がいる場合でも家庭裁判所の許可が必要です。

（4）正　【制限行為能力者が詐術を用いた場合】

制限行為能力者（被補助人）が「補助人の同意を得た」と相手方に信じさせるために詐術を用いたときは、当該行為を取り消すことはできません。

解答…(4)

難易度 B

制限行為能力者

→教科書 CHAPTER02 SECTION01

問題3 制限行為能力者に関する次の記述のうち、民法の規定によれば、正しいものはどれか。 〔H22問1改〕

(1) 土地を売却すると、土地の管理義務を免れることになるので、未成年者が土地を売却するに当たっては、その法定代理人の同意は必要ない。
(2) 成年後見人が、成年被後見人に代わって、成年被後見人が居住している建物を売却するためには、家庭裁判所の許可が必要である。
(3) 被保佐人については、不動産を売却する場合だけではなく、日用品を購入する場合も、保佐人の同意が必要である。
(4) 被補助人が法律行為を行うためには、常に補助人の同意が必要である。

	①	②	③	④	⑤
学習日					
理解度 (○/△/×)					

解説

(1) 誤　【未成年者】

未成年者が法律行為をするには、法定代理人の同意が必要です。ただし、単に権利を得、または義務を免れる法律行為については、法定代理人の同意は不要です。土地を売却するという法律行為は、土地の所有権を失うので、義務を免れる法律行為には該当せず、法定代理人の同意が必要となります。

(2) 正　【成年被後見人】

成年後見人が勝手に、成年被後見人が住んでいる建物を売ってしまったら、成年被後見人は住む家をなくしてしまいます。したがって、このような場合（成年後見人が、成年被後見人に代わって、成年被後見人が居住している建物を売却や賃貸等する場合）には、家庭裁判所の許可が必要とされています。

(3) 誤　【被保佐人】

被保佐人は、重要な財産上の行為をする場合、保佐人の同意が必要となります。日用品を購入する場合には保佐人の同意は不要です。

なお、被保佐人が重要な財産上の行為を制限行為能力者の法定代理人としてする場合も、保佐人の同意が必要になります。

(4) 誤　【被補助人】

被補助人は、重要な財産上の行為のうち、家庭裁判所の補助人の同意を要する旨の審判によって、補助人の同意を得なければならないとされた行為を行う場合にのみ、補助人の同意が必要です。

被補助人は「ほとんどのことは自分でできる」という人！

解答…(2)

難易度 A

意思表示

→教科書 CHAPTER02 SECTION02

問題4 A所有の土地につき、AとBとの間で売買契約を締結し、Bが当該土地につき第三者との間で売買契約を締結していない場合に関する次の記述のうち、民法の規定によれば、正しいものはどれか。 〔H16問1〕

(1) Aの売渡し申込みの意思は真意ではなく、BもAの意思が真意ではないことを知っていた場合、AとBとの意思は合致しているので、売買契約は有効である。
(2) Aが、強制執行を逃れるために、実際には売り渡す意思はないのにBと通謀して売買契約の締結をしたかのように装った場合、売買契約は無効である。
(3) Aが、Cの詐欺によってBとの間で売買契約を締結した場合、Cの詐欺をBが知っているか否かにかかわらず、Aは売買契約を取り消すことはできない。
(4) Aが、Cの強迫によってBとの間で売買契約を締結した場合、Cの強迫をBが知らなければ、Aは売買契約を取り消すことができない。

	①	②	③	④	⑤
学習日					
理解度 (○/△/×)					

解説

(1) 誤　【心裡留保】

本肢のAは、自分の意思が真意でないことをわかって意思表示しているため、**心裡留保**に該当します。心裡留保による意思表示は、原則として**有効**となりますが、本肢のBはAの意思表示が真意でないことを知っています(Bは悪意)。このような場合には、**無効**となります。

(2) 正　【虚偽表示】

通謀して虚偽表示をした場合、その契約は**無効**となります。

(3) 誤　【詐欺】

第三者(C)の詐欺によって意思表示をした場合、表意者(A)は相手方(B)が善意無過失だった(相当の注意を払っても詐欺だと知らなかった)場合には、取り消すことはできませんが、相手方(B)が悪意(詐欺だと知っていた)または有過失だった(相当の注意を払っていなかった)場合には、取り消すことができます。

「詐欺にあった人にも落ち度はあるよね」ということで、取引の相手方が善意無過失のときには表意者は取り消すことができないんだ。

(4) 誤　【強迫】

第三者(C)の強迫による意思表示は、**相手方の善意・悪意、過失の有無にかかわらず**、取り消すことができます。

強迫の場合、「どう考えても強迫された人がかわいそうだよね」ということで、相手方が善意無過失だとしても、取り消すことができるよ。

解答…(2)

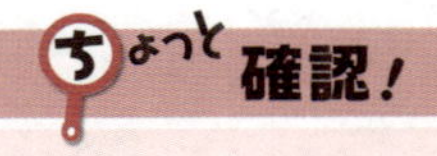

契約の有効性

☆ 詐欺による意思表示は→原則として取り消すことができる
☆ 強迫による意思表示は→取り消すことができる
☆ 虚偽表示による意思表示は→当事者間では無効
善意の第三者にはその無効を主張できない
☆ 錯誤による意思表示は→原則として取り消すことができる
☆ 心裡留保による意思表示は→原則として有効

難易度 **A**

意思表示

→教科書 CHAPTER02 SECTION02

問題5　Aは、その所有する甲土地を譲渡する意思がないのに、Bと通謀して、Aを売主、Bを買主とする甲土地の仮装の売買契約を締結した。この場合に関する次の記述のうち、民法の規定及び判例によれば、誤っているものはどれか。なお、この問において「善意」又は「悪意」とは、虚偽表示の事実についての善意又は悪意とする。　［H27 問2］

(1) 善意のCがBから甲土地を買い受けた場合、Cがいまだ登記を備えていなくても、AはAB間の売買契約の無効をCに主張することができない。
(2) 善意のCが、Bとの間で、Bが甲土地上に建てた乙建物の賃貸借契約（貸主B、借主C）を締結した場合、AはAB間の売買契約の無効をCに主張することができない。
(3) Bの債権者である善意のCが、甲土地を差し押さえた場合、AはAB間の売買契約の無効をCに主張することができない。
(4) 甲土地がBから悪意のCへ、Cから善意のDへと譲渡された場合、AはAB間の売買契約の無効をDに主張することができない。

	①	②	③	④	⑤
学習日					
理解度 (○/△/×)					

解説

(1) 正 【虚偽表示】

相手方と通じて行った虚偽の意思表示は**無効**ですが、この無効は**善意の第三者**に対抗することはできません。なお、虚偽表示の「第三者」とは、虚偽の意思表示の当事者またはその一般承継人以外の者であって、その表示の目的につき**法律上利害関係を有するに至った者**をいいます。そして、この「第三者」は善意であればよく、登記を備える必要はありません。したがって、Ｃが登記を備えていなくても、ＡはＡＢ間の売買契約の無効をＣに主張することができません。

(2) 誤 【虚偽表示】

Ｂが甲土地上に建てた乙建物の借主Ｃは、虚偽表示の善意の第三者に該当しません(Ｃは仮装売買された甲土地については法律上利害関係を有しないため)。したがって、ＡはＡＢ間の売買契約の無効をＣに主張することができます。

(3) 正 【虚偽表示】

差押債権者のＣは、虚偽表示の善意の第三者に該当します。したがって、ＡはＡＢ間の売買契約の無効をＣに主張することができません。

(4) 正 【虚偽表示】

悪意のＣから甲土地を譲り受けた善意のＤは、虚偽表示の善意の第三者に該当します。したがって、ＡはＡＢ間の売買契約の無効をＤに主張することができません。

解答…(2)

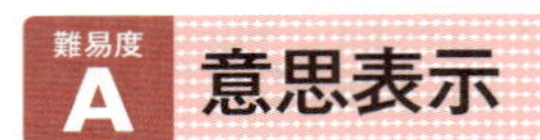

問題6　A所有の甲土地につき、AとBとの間で売買契約が締結された場合における次の記述のうち、民法の規定及び判例によれば、正しいものはどれか。

［H23問1］

(1) Bは、甲土地は将来地価が高騰すると勝手に思い込んで売買契約を締結したところ、実際には高騰しなかった場合、動機の錯誤を理由に本件売買契約を取り消すことができる。

(2) Bは、第三者であるCから甲土地がリゾート開発される地域内になるとだまされて売買契約をした場合、AがCによる詐欺の事実を知っていたとしても、Bは本件売買契約を詐欺を理由に取り消すことはできない。

(3) AがBにだまされたとして詐欺を理由にAB間の売買契約を取り消した後、Bが甲土地をAに返還せずにDに転売してDが所有権移転登記を備えても、AはDから甲土地を取り戻すことができる。

(4) BがEに甲土地を転売した後に、AがBの強迫を理由にAB間の売買契約を取り消した場合には、EがBによる強迫につき知らなかったときであっても、AはEから甲土地を取り戻すことができる。

	①	②	③	④	⑤
学習日					
理解度 (○/△/×)					

解説

(1) 誤 【錯誤】

本肢のように動機の錯誤の場合(表意者が法律行為の基礎とした事情についてのその認識が事実に反する錯誤の場合)、その取消しが認められるためには、少なくとも、動機となった事情が法律行為の基礎とされていることが表示されている必要があります。

(2) 誤 【詐欺】

第三者(C)の詐欺によって意思表示をした場合、表意者(B)は相手方(A)が善意無過失だった(相当の注意を払っても詐欺だと知らなかった)場合には取り消すことはできませんが、相手方(A)が悪意(詐欺だと知っていた)または有過失だった(相当の注意を払っていなかった)場合には取り消すことができます。

(3) 誤 【取消しと登記…SEC.09】

詐欺を理由に契約が取り消された場合、詐欺にあった人(A)と取消後の転得者(D)では、**先に所有権を登記したほうが所有権を対抗できます**。本肢の場合、転得者Dのほうが先に登記をしているので、AはDから甲土地を取り戻すことはできません。

(4) 正 【強迫】

強迫による意思表示の取消しは、第三者の善意・悪意、過失の有無にかかわらず対抗することができます。したがって、A(強迫された人)はE(善意の転得者)から甲土地を取り戻すことができます。

解答…(4)

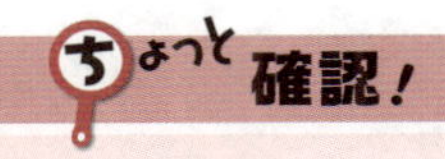

取消しと善意の第三者

☆ 錯誤・詐欺による意思表示の取消しは→善意無過失の第三者には対抗できない

☆ 強迫による意思表示の取消しは→善意無過失の第三者にも対抗できる

難易度 B

意思表示

→教科書 CHAPTER02 SECTION02

問題7　AとBとの間で締結された売買契約に関する次の記述のうち、民法の規定によれば、売買契約締結後、AがBに対し、錯誤による取消しができるものはどれか。

［R2（10月）問6改］

(1) Aは、自己所有の自動車を100万円で売却するつもりであったが、重大な過失によりBに対し「10万円で売却する」と言ってしまい、Bが過失なく「Aは本当に10万円で売るつもりだ」と信じて購入を申し込み、AB間に売買契約が成立した場合

(2) Aは、自己所有の時価100万円の壺（つぼ）を10万円程度であると思い込み、Bに対し「手元にお金がないので、10万円で売却したい」と言ったところ、BはAの言葉を信じ「それなら10万円で購入する」と言って、AB間に売買契約が成立した場合

(3) Aは、自己所有の時価100万円の名匠の絵画を贋作（がんさく）だと思い込み、Bに対し「贋作（がんさく）であるので、10万円で売却する」と言ったところ、Bも同様に贋作（がんさく）だと思い込み「贋作（がんさく）なら10万円で購入する」と言って、AB間に売買契約が成立した場合

(4) Aは、自己所有の腕時計を100万円で外国人Bに売却する際、当日の正しい為替レート（1ドル100円）を重大な過失により1ドル125円で計算して「8,000ドルで売却する」と言ってしまい、Aの錯誤について過失なく知らなかったBが「8,000ドルなら買いたい」と言って、AB間に売買契約が成立した場合

	①	②	③	④	⑤
学習日					
理解度（○/△/×）					

解説

(1) **錯誤による取消しができない** 【表意者の重過失による錯誤】

錯誤が表意者の重大な過失によるものであった場合には、**❶相手方が表意者に錯誤があることを知りまたは重大な過失によって知らなかったとき**、または、**❷相手方が表意者と同一の錯誤に陥っていたとき**を除き、意思表示の取消しをすることができません。本肢においてAは、自己所有の自動車をBに100万円で売却するつもりであったところを「重大な過失により」誤って10万円で売却する旨の意思を表示しており(**意思表示に対応する意思を欠く錯誤＝表示の錯誤**)、かつ、Bは「過失なく」信じて購入を申し込んだとありますので、Aは錯誤による取消しができません。

(2) **錯誤による取消しができない** 【動機の錯誤】

Aは自己所有の時価100万円の壺の価値を誤信し、当該壺をBに10万円で売却する旨の申込みをしているため、**法律行為の目的および取引上の社会通念に照らして重要な点に表意者が法律行為の基礎とした事情についてのその認識が真実に反する錯誤(動機の錯誤)**があったといえますが、動機の錯誤については、**その事情が法律行為の基礎とされていることが表示されていたときに限り意思表示を取り消すことができます**。本肢からは、Aの動機が、明示にまたは黙示に表示されたことがうかがわれないので、Aは錯誤による取消しができません。

(3) **錯誤による取消しができる** 【動機の錯誤】

Aは時価100万円の名匠の絵画を贋作だと誤信したうえで、Bに対し、「贋作であるので、10万円で売却する」旨の意思表示をしているため、法律行為の目的および取引上の社会通念に照らして重要な点に表意者が法律行為の基礎とした事情についてのその認識が真実に反する錯誤(動機の錯誤)があり、かつ、その事情が法律行為の基礎とされていることが表示されていたといえます。したがって、Aは錯誤による取消しができます。なお、Aの錯誤が重大な過失によるものであったか否かは本肢からは判明しませんが、Bも「同様に贋作だと思い込んでいた」ことから、錯誤がAの重大な過失によるものであったとしても、相手方Bが表意者Aと同一の錯誤に陥っていたため、やはりAは錯誤による取消しができます。

(4) **錯誤による取消しができない** 【表意者の重過失による錯誤】

本肢おいてAは、「重大な過失により」売却する旨の意思表示をしており、Bは「Aの錯誤について過失なく知らなかった」とありますので、Aは錯誤による取消しができません。

解答…(3)

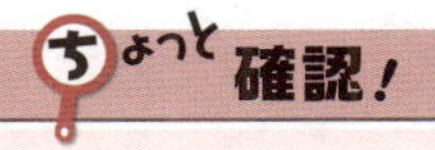

錯誤

【原則】 錯誤による意思表示は取り消すことができる

【例外】 表意者に重大な過失があった場合には、次の場合を除いて表意者は取消しをすることができない

① 相手方が表意者に錯誤があることを知り、または重大な過失によって知らなかったとき
② 相手方が表意者と同一の錯誤に陥っていたとき

難易度 B

意思表示

問題8 A所有の甲土地についてのAB間の売買契約に関する次の記述のうち、民法の規定及び判例によれば、正しいものはどれか。 [H19問1]

(1) Aは甲土地を「1,000万円で売却する」という意思表示を行ったが当該意思表示はAの真意ではなく、Bもその旨を知っていた。この場合、Bが「1,000万円で購入する」という意思表示をすれば、AB間の売買契約は有効に成立する。

(2) AB間の売買契約が、AとBとで意を通じた仮装のものであったとしても、Aの売買契約の動機が債権者からの差押えを逃れるというものであることをBが知っていた場合には、AB間の売買契約は有効に成立する。

(3) Aが第三者Cの強迫によりBとの間で売買契約を締結した場合、Bがその強迫の事実を知っていたか否かにかかわらず、AはAB間の売買契約に関する意思表示を取り消すことができる。

(4) AB間の売買契約が、Aが泥酔して意思無能力である間になされたものである場合、Aは、酔いから覚めて売買契約を追認するまではいつでも売買契約を取り消すことができ、追認を拒絶すれば、その時点から売買契約は無効となる。

	①	②	③	④	⑤
学習日					
理解度 (○/△/×)					

解説

(1) 誤　【心裡留保】

本肢のAは、自分の意思が真意でないことをわかって意思表示しているため、心裡留保に該当します。心裡留保による意思表示は、原則として有効となりますが、本肢のBはAの意思表示が真意でないことを知っています(Bは悪意)。このような場合には、無効となります。

(2) 誤　【虚偽表示】

本肢のAとBは通謀してウソの意思表示をしているため、虚偽表示に該当します。通謀して虚偽表示をした場合、その契約は無効となります。

(3) 正　【強迫】

第三者(C)の強迫による意思表示の場合には、相手方の善意・悪意、過失の有無にかかわらず、取り消すことができます。

(4) 誤　【意思能力】

泥酔して意思無能力である間にされた契約(意思無能力者が行った契約)は、そもそもはじめから無効です。

解答…(3)

代　理

→教科書 CHAPTER02 SECTION03

問題9　AがA所有の土地の売却に関する代理権をBに与えた場合における次の記述のうち、民法の規定によれば、正しいものはどれか。［H21問2］

(1) Bが自らを「売主Aの代理人B」ではなく、「売主B」と表示して、買主Cとの間で売買契約を締結した場合には、Bは売主Aの代理人として契約しているとCが知っていても、売買契約はBC間に成立する。
(2) Bが自らを「売主Aの代理人B」と表示して買主Dとの間で締結した売買契約について、Bが未成年であったとしても、AはBが未成年であることを理由に取り消すことはできない。
(3) Bは、自らが選任及び監督するのであれば、Aの意向にかかわらず、いつでもEを復代理人として選任して売買契約を締結させることができる。
(4) Bは、Aに損失が発生しないのであれば、Aの意向にかかわらず、買主Fの代理人にもなって、売買契約を締結することができる。

	①	②	③	④	⑤
学習日					
理解度 (○/△/×)					

解説

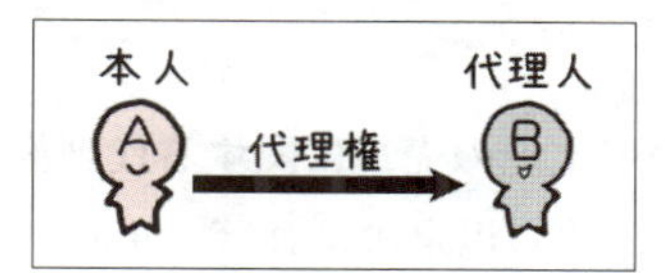

(1) 誤　【代理行為の効果】

代理人が顕名(「売主Aの代理人B」と表示)せずに契約した場合には、代理人自身が契約したものとみなされますが、相手方が悪意だった(BがAの代理人であったと知っていた)場合には、有効な代理行為となります。したがって、本肢の場合には、売買契約は「BC間」ではなく、「AC間」で成立します。

(2) 正　【制限行為能力者と代理】

本人は未成年者を代理人として選任することができます。この場合、本人は代理人が未成年者であることを理由に契約を取り消すことはできません。

未成年者を代理人に選んだのは本人なので、その代理人がした行為で本人が損をしても、本人の責任だよね…

(3) 誤　【復代理人】

任意代理人が復代理人を選任できるのは、**❶本人の許諾があるとき**、または、**❷やむを得ない事由があるとき**に限られます。

(4) 誤　【双方代理】

双方代理は原則として無権代理人がした行為とみなされます。例外的に、**❶本人の許諾があるとき**、**❷債務の履行をするとき**には、有効に効果が帰属しますが、本肢は「Aの意向にかかわらず」とあるので、Bによる売買契約の締結は無権代理人のした行為とみなされます。

解答…(2)

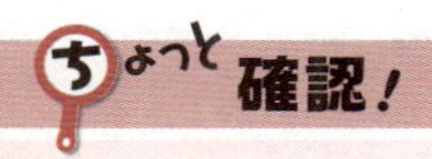

制限行為能力者と代理

☆ 未成年者等の制限行為能力者も代理人とすることができる

→この場合、本人は代理人が制限行為能力者であることを理由に、契約を取り消すことはできない(ただし、制限行為能力者が他の制限行為能力者の法定代理人としてした行為については、一定の要件を満たしていれば、取り消すことができる)

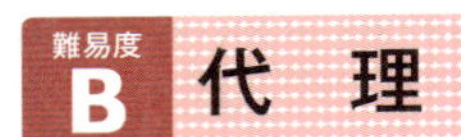

代　理

問題10　AがA所有の甲土地の売却に関する代理権をBに与えた場合における次の記述のうち、民法の規定によれば、正しいものはどれか。なお、表見代理は成立しないものとする。　〔H22問2㊦〕

(1) Aが死亡した後であっても、BがAの死亡の事実を知らず、かつ、知らないことにつき過失がない場合には、BはAの代理人として有効に甲土地を売却することができる。

(2) Bが死亡しても、Bの相続人はAの代理人として有効に甲土地を売却することができる。

(3) 未成年者であるBがAの代理人として甲土地をCに売却した後で、Bが未成年者であることをCが知った場合には、CはBが未成年者であることを理由に売買契約を取り消すことができる。

(4) Bが売主Aの代理人であると同時に買主Dの代理人としてAD間で売買契約を締結しても、あらかじめ、A及びDの承諾を受けていれば、この売買契約は有効である。

	①	②	③	④	⑤
学習日					
理解度 (○/△/×)					

解説

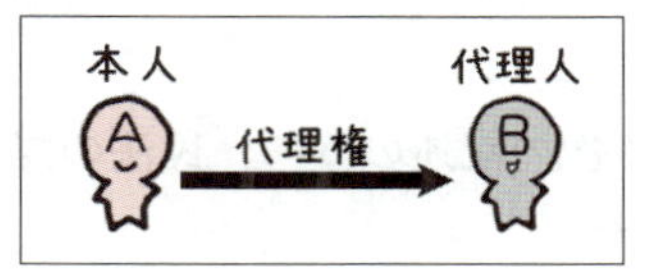

(1) 誤 【代理権の消滅】

本人(A)の死亡によって、代理人(B)の代理権は消滅します。したがって、BはAが死亡した後に、Aの代理人として有効に甲土地を売却することはできません。

(2) 誤 【代理権の消滅】

代理人(B)の死亡によって、代理権は消滅します。したがって、Bの相続人はAの代理人として有効に甲土地を売却することはできません。

(3) 誤 【制限行為能力者と代理】

任意代理人は未成年者でもなることができます。したがって、相手方は代理人が未成年者であることを理由に契約を取り消すことはできません。

(4) 正 【双方代理】

双方代理は原則として無権代理人がした行為とみなされますが、例外的に、**❶本人の許諾があるとき、❷債務の履行をするとき**には、有効に効果が帰属します。本肢は「あらかじめA（売主）及びD（買主）の承諾を受けている」ため、双方代理によって締結した契約は有効に効果が帰属します。

解答…(4)

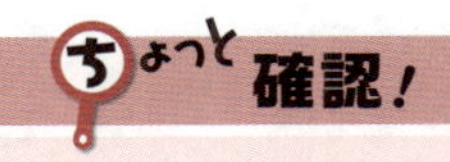

代理権の消滅

	任意代理	法定代理
本　人	☆ 死亡 ☆ 破産手続開始の決定	☆ 死亡
代理人	☆ 死亡 ☆ 破産手続開始の決定 ☆ 後見開始の審判	

代　理

→教科書 CHAPTER02 SECTION03

問題11　代理に関する次の記述のうち、民法の規定及び判例によれば、誤っているものはどれか。　［H29 問 1］

(1) 売買契約を締結する権限を与えられた代理人は、特段の事情がない限り、相手方からその売買契約を取り消す旨の意思表示を受領する権限を有する。

(2) 委任による代理人は、本人の許諾を得たときのほか、やむを得ない事由があるときにも、復代理人を選任することができる。

(3) 復代理人が委任事務を処理するに当たり金銭を受領し、これを代理人に引き渡したときは、特段の事情がない限り、代理人に対する受領物引渡義務は消滅するが、本人に対する受領物引渡義務は消滅しない。

(4) 夫婦の一方は、個別に代理権の授権がなくとも、日常家事に関する事項について、他の一方を代理して法律行為をすることができる。

	①	②	③	④	⑤
学習日					
理解度 (○/△/×)					

解説

(1) 正　　【代理人の権限の範囲】

売買契約を締結する権限を与えられた代理人は、特段の事情がない限り、相手方からその売買契約を取り消す旨の意思表示を受領することができます。

(2) 正　　【復代理人を選任することができる場合】

任意代理人に、❶**本人の許諾があるとき**、または、❷**やむを得ない事由があるとき**には復代理人を選任することができます。

(3) 誤　　【復代理人の受領物引渡義務】

復代理人が委任事務を処理するにあたり、物を受領したときは、特別の事情がない限り、本人に対して受領物を引き渡す義務を負うほか、代理人に対してもこれを引き渡す義務を負います。そして、復代理人が代理人に受領物を引き渡したときは、代理人に対する受領物引渡義務は消滅し、それとともに、本人に対する受領物引渡義務も消滅します。

(4) 正　　【日常家事債務に関する代理権】

夫婦の一方は、個別に代理権の授権がなくとも、日常家事に関する事項について、他の一方を代理して法律行為をすることができます。

解答…(3)

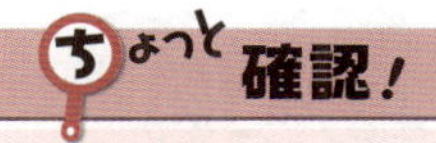

復代理人を選任できる場合（任意代理の場合）

❶ 本人の許諾があるとき
❷ やむを得ない事由があるとき

復代理人を選任したときの代理人の責任（任意代理の場合）

債務不履行責任の要件を満たす場合に、その責任を負う

難易度 **B**

代　理

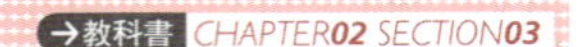
→教科書 CHAPTER02 SECTION03

問題12　AがBの代理人としてB所有の甲土地について売買契約を締結した場合に関する次の記述のうち、民法の規定及び判例によれば、正しいものはどれか。

〔H20問3〕

(1) Aが甲土地の売却を代理する権限をBから書面で与えられている場合、A自らが買主となって売買契約を締結したときは、Aは甲土地の所有権を当然に取得する。

(2) Aが甲土地の売却を代理する権限をBから書面で与えられている場合、AがCの代理人となってBC間の売買契約を締結したときは、Cは甲土地の所有権を当然に取得する。

(3) Aが無権代理人であってDとの間で売買契約を締結した後に、Bの死亡によりAが単独でBを相続した場合、Dは甲土地の所有権を当然に取得する。

(4) Aが無権代理人であってEとの間で売買契約を締結した後に、Aの死亡によりBが単独でAを相続した場合、Eは甲土地の所有権を当然に取得する。

	①	②	③	④	⑤
学習日					
理解度 (○/△/×)					

解説

(1) 誤

【自己契約】

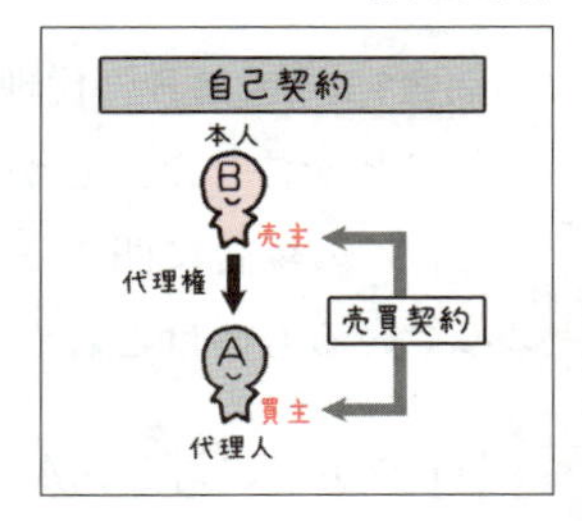

代理人(A)が自ら買主として売買契約を締結することを**自己契約**といいます。自己契約は原則として無権代理人がした行為とみなされるため、Aは甲土地の所有権を当然には取得することができません。

ただし、本人の許諾があるとき等は、例外的に有効に効果が帰属するよ〜

(2) 誤

【双方代理】

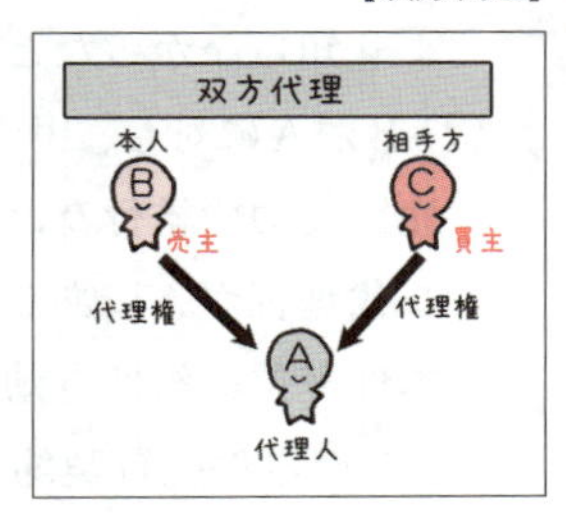

代理人(A)が売主(B)および買主(C)の両方の代理人となることを**双方代理**といいます。双方代理は原則として無権代理人がした行為とみなされるため、Cは甲土地の所有権を当然には取得することはできません。

ただし、本人の許諾があるとき等は、例外的に有効に効果が帰属するよ〜

(3) 正

【無権代理と相続】

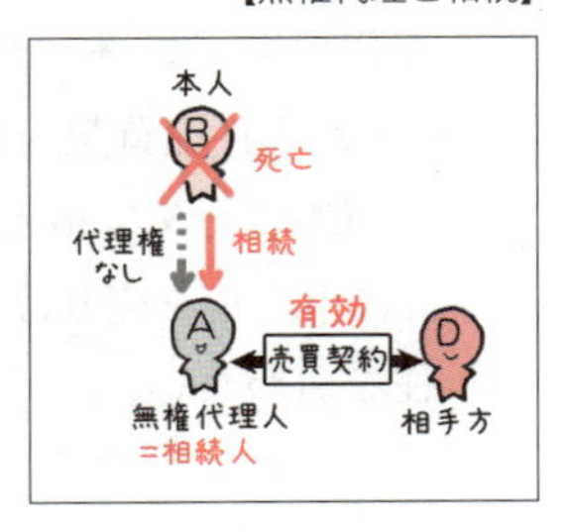

本人(B)が死亡し、無権代理人(A)が本人(B)を単独で相続した場合、無権代理行為は有効となります。したがって、Dは甲土地の所有権を当然に取得します。

(4) 誤

【無権代理と相続】

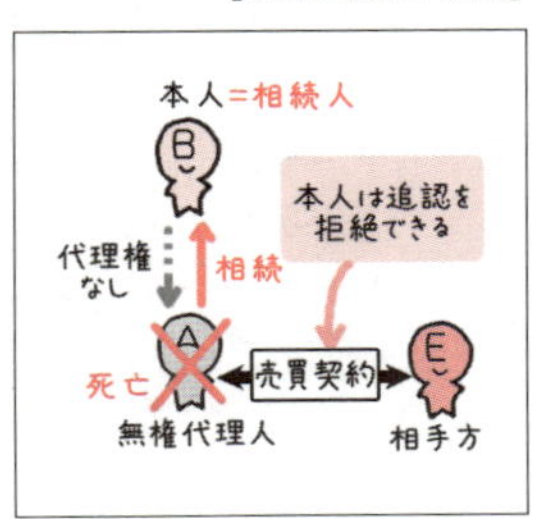

無権代理人(A)が死亡し、本人(B)が無権代理人(A)を単独で相続した場合、本人(B)は相手方(E)からの催告に対し、追認を拒絶することができます。したがって、Eは甲土地の所有権を当然には取得することはできません。

解答…(3)

難易度 A

表見代理等

→教科書 CHAPTER02 SECTION03

問題13 AはBの代理人として、B所有の甲土地をCに売り渡す売買契約をCと締結した。しかし、Aは甲土地を売り渡す代理権は有していなかった。この場合に関する次の記述のうち、民法の規定及び判例によれば、誤っているものはどれか。 〔H18問2〕

(1) BがCに対し、Aは甲土地の売却に関する代理人であると表示していた場合、Aに甲土地を売り渡す具体的な代理権はないことをCが過失により知らなかったときは、BC間の本件売買契約は有効となる。

(2) BがAに対し、甲土地に抵当権を設定する代理権を与えているが、Aの売買契約締結行為は権限外の行為となる場合、甲土地を売り渡す具体的な代理権がAにあるとCが信ずべき正当な理由があるときは、BC間の本件売買契約は有効となる。

(3) Bが本件売買契約を追認しない間は、Cはこの契約を取り消すことができる。ただし、Cが契約の時において、Aに甲土地を売り渡す具体的な代理権がないことを知っていた場合は取り消せない。

(4) Bが本件売買契約を追認しない場合、Aは、Cの選択に従い、Cに対して契約履行又は損害賠償の責任を負う。ただし、Cが契約の時において、Aに甲土地を売り渡す具体的な代理権はないことを知っていた場合は責任を負わない。

	①	②	③	④	⑤
学習日					
理解度 (○/△/×)					

解説

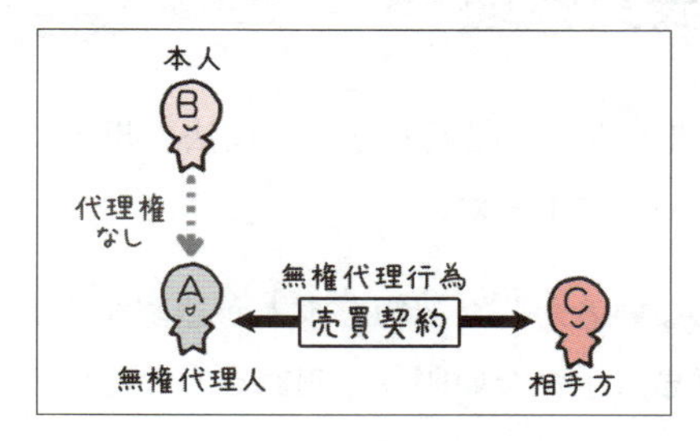

（1）誤　【表見代理】

本人(B)が実際には代理権を与えていないのに相手方(C)に対し、「代理人(A)に代理権を与えたよ」といった表示をした場合で、相手方(C)が善意無過失のときは、表見代理が成立し、有効な代理行為となります。

しかし本肢の場合は、相手方(C)に過失がある(善意無過失ではない)ため、表見代理は成立せず、売買契約は無効となります。

（2）正　【表見代理】

本人(B)から代理権を与えられているが、その代理権の範囲を超えて代理人(A)が代理行為をした場合で、相手方(C)が善意無過失のときは、表見代理が成立し、有効な代理行為となります。

本肢の場合、「甲土地を売り渡す具体的な代理権がAにあるとCが信ずべき正当な理由がある(善意無過失である)」ため、表見代理が成立し、売買契約は有効となります。

（3）正　【無権代理】

無権代理人(A)と契約した善意の(Aに代理権がないことを知らなかった)相手方(C)は、本人(B)が追認しない間は契約を取り消すことができます。

（4）正　【無権代理】

無権代理人(A)は、相手方(C)の選択に従って、契約の履行または損害賠償の責任を負います。ただし、①相手方(C)が善意無過失(Aに代理権がないことを過失なく知らなかった)であるか、または、②相手方(C)が善意・有過失(Aに代理権がないことを過失によって知らなかった)であるが、無権代理人が悪意(Aが自己に代理権のないことを知っていた)であることが必要です。

解答…(1)

難易度 B

代理、表見代理

→教科書 CHAPTER02 SECTION03

問題14 代理に関する次の記述のうち、民法の規定及び判例によれば、誤っているものはいくつあるか。 [H26 問2㉃]

ア 代理権を有しない者がした契約を本人が追認する場合、その契約の効力は、別段の意思表示がない限り、追認をした時から将来に向かって生ずる。

イ 不動産を担保に金員を借り入れる代理権を与えられた代理人が、本人の名において当該不動産を売却した場合、相手方において本人自身の行為であると信じたことについて正当な理由があるときは、表見代理の規定を類推適用することができる。

ウ 代理人は、行為能力者であることを要しないが、代理人が後見開始の審判を受けたときは、代理権が消滅する。

エ 代理人が相手方にした意思表示の効力が意思の不存在、錯誤、詐欺、強迫又はある事情を知っていたこと若しくは知らなかったことにつき過失があったことによって影響を受けるべき場合には、その事実の有無は、本人の選択に従い、本人又は代理人のいずれかについて決する。

(1) 一つ
(2) 二つ
(3) 三つ
(4) 四つ

	①	②	③	④	⑤
学習日					
理解度 (○/△/×)					

解説

ア　誤　【無権代理】

無権代理人がした契約を本人が追認する場合、その契約の効力は、別段の意思表示がない限り、「追認をした時から将来に向かって」ではなく、「**契約の時にさかのぼって**」生じます。

イ　正　【表見代理】

代理人が、本人の名において、代理権を与えられた範囲外の行為をした場合、相手方が本人自身の行為であると信じたことについて正当な理由があるときは、表見代理の規定を類推適用することができます。

ウ　正　【代理権の消滅】

代理人は、行為能力者であることを要しませんが、代理人が後見開始の審判を受けたときは、代理権が消滅します。

エ　誤　【代理行為に瑕疵があった場合】

本肢のような場合には、民法上、その事実の有無は、**代理人**を基準として決します。

以上より、誤っているものはアとエの2つ。だから正解は(2)だね！

解答…(2)

時　効

→教科書 CHAPTER02 SECTION04

問題15　Aが甲土地を所有している場合の時効に関する次の記述のうち、民法の規定及び判例によれば、誤っているものはどれか。　［R2(10月)問10］

(1) Bが甲土地を所有の意思をもって平穏かつ公然に17年間占有した後、CがBを相続し甲土地を所有の意思をもって平穏かつ公然に3年間占有した場合、Cは甲土地の所有権を時効取得することができる。

(2) Dが、所有者と称するEから、Eが無権利者であることについて善意無過失で甲土地を買い受け、所有の意思をもって平穏かつ公然に3年間占有した後、甲土地がAの所有であることに気付いた場合、そのままさらに7年間甲土地の占有を継続したとしても、Dは、甲土地の所有権を時効取得することはできない。

(3) Dが、所有者と称するEから、Eが無権利者であることについて善意無過失で甲土地を買い受け、所有の意思をもって平穏かつ公然に3年間占有した後、甲土地がAの所有であることを知っているFに売却し、Fが所有の意思をもって平穏かつ公然に甲土地を7年間占有した場合、Fは甲土地の所有権を時効取得することができる。

(4) Aが甲土地を使用しないで20年以上放置していたとしても、Aの有する甲土地の所有権が消滅時効にかかることはない。

	①	②	③	④	⑤
学習日					
理解度 (○/△/×)					

解説

(1) 正　【所有権の時効取得】

占有者の承継人は、その選択にしたがい、自己の占有のみを主張し、または自己の占有に前の占有者の占有をあわせて主張することができます。したがって、Cは、自己の占有（3年間）に前の占有者であるBの占有（17年間）をあわせて主張することができ、甲土地の所有権を時効取得することができます。

(2) 誤　【所有権の時効取得】

10年の取得時効の要件としての占有者の善意・無過失の存否については、占有開始の時点で判断され、時効期間中に他人の物であることに気が付いたとしても影響を受けません。したがって、10年の取得時効の要件を満たせば、Dは甲土地の所有権を時効取得することができます。

(3) 正　【所有権の時効取得】

10年の取得時効の要件としての占有者の善意・無過失の存否については、占有開始の時点で判断されます。したがって、Dが占有開始の時点において善意・無過失であれば、その占有を承継したFは、10年の取得時効の要件を満たして、甲土地の所有権を時効取得することができます。

(4) 正　【所有権の消滅時効】

所有権は消滅時効にかかりません。

解答…(2)

ちょっと確認！

取得時効が完成するための要件

下記の期間、所有の意思をもって、平穏かつ公然に他人のものを占有すれば、その所有権を取得することができる

占有の開始時に	善意・無過失であった場合	10年間
	善意・有過失であった場合	20年間
	悪意であった場合	20年間

☆「善意・悪意」「有過失・無過失」は、占有の開始時で判定する

時効

→教科書 CHAPTER02 SECTION04

問題16 Aは、Bに対し建物を賃貸し、月額10万円の賃料債権を有している。この賃料債権の消滅時効に関する次の記述のうち、民法の規定及び判例によれば、誤っているものはどれか。 ［H21問3改］

(1) Aが、Bに対する賃料債権につき支払督促の申立てをし、さらに期間内に適法に仮執行の宣言の申立てをしたときは、消滅時効の完成は猶予される。

(2) Bが、Aとの建物賃貸借契約締結時に、賃料債権につき消滅時効の利益はあらかじめ放棄する旨約定したとしても、その約定に法的効力は認められない。

(3) Aが、Bに対する賃料債権につき消滅時効の期間が満了する6カ月以内に内容証明郵便により支払を請求したときであっても、その請求により消滅時効の完成は猶予されない。

(4) Bが、賃料債権の消滅時効が完成した後にその賃料債権を承認したときは、消滅時効の完成を知らなかったときでも、その完成した消滅時効の援用をすることは許されない。

	①	②	③	④	⑤
学習日					
理解度 (○/△/×)					

解説

(1) 正　【時効の完成猶予】

支払督促は、その事由が終了する(確定判決または確定判決と同一の効力を有するものによって権利が確定することなくその事由が終了した場合は、その終了の時から6カ月を経過する)までの間は、時効は完成せず、猶予されます。

(2) 正　【時効の利益の放棄】

時効の利益はあらかじめ放棄することはできません。したがって、時効の利益をあらかじめ放棄する旨の契約は無効となります。

(3) 誤　【時効の完成猶予】

催告があったときは、その時から6カ月を経過するまでの間は、時効は完成しません。そして、内容証明郵便による支払いの請求は催告に該当します。したがって、内容証明郵便による支払いの請求があった時から**6カ月を経過するまでの間**は、時効は完成せず、猶予されます。

(4) 正　【時効の援用】

消滅時効が完成したあとに、債務を承認した場合、消滅時効の完成を知らなかったときでも、**消滅時効を援用することはできません。**

解答…(3)

ちょっと確認！

主な時効の完成猶予・更新事由

事由	完成猶予	更新
❶裁判上の請求、支払督促など →督促手続で、裁判所書記官が債務者の言い分を聞かずに金銭等の支払いを命じる	完成猶予	更新
❷強制執行等、財産開示手続など	完成猶予	更新
❸仮差押え、仮処分	完成猶予	
❹催告 →「あなたの義務を履行して！」と言うこと	完成猶予	
❺権利についての協議を行う旨の合意	完成猶予	
❻権利の承認		更新

難易度 **B**

時　効

問題17　AがBに対して金銭の支払を求めて訴えを提起した場合の時効の更新に関する次の記述のうち、民法の規定及び判例によれば、誤っているものはどれか。

［R1問9㊅］

(1) 訴えの提起後に当該訴えが取り下げられた場合には、特段の事情がない限り、時効の更新の効力は生じない。

(2) 訴えの提起後に当該訴えの却下の判決が確定した場合には、時効の更新の効力は生じない。

(3) 訴えの提起後に請求棄却の判決が確定した場合には、時効の更新の効力は生じない。

(4) 訴えの提起後に裁判上の和解が成立した場合には、時効の更新の効力は生じない。

	①	②	③	④	⑤
学習日					
理解度 (○/△/×)					

解説

裁判上の請求がされた場合、**確定判決または確定判決と同一の効力を有するものによって権利が確定したとき**は、時効はその事由が終了した時から新たにその進行を始めます(時効の更新)。

(1) 正 【時効の更新事由】

訴えが取り下げられた場合には、権利が確定しないので、時効の更新は生じません。

(2) 正 【時効の更新事由】

訴えが却下された場合には、権利が確定しないので、時効の更新は生じません。

(3) 正 【時効の更新事由】

請求棄却の判決とは、原告(A)の請求に理由がないとして、A敗訴の判決をすることです。Aが主張する金銭支払請求権はないとされたわけですから、時効の更新は生じません。

(4) 誤 【時効の更新事由】

裁判上の和解は、確定判決と同一の効力を有するものなので、時効の更新が生じます。

解答…(4)

難易度B 債務不履行

→教科書 CHAPTER02 SECTION05

問題18 債務不履行に基づく損害賠償請求権に関する次の記述のうち、民法の規定及び判例によれば、誤っているものはどれか。 ［H24問8改］

(1) AがBと契約を締結する前に、信義則上の説明義務に違反して契約締結の判断に重要な影響を与える情報をBに提供しなかった場合、Bが契約を締結したことにより被った損害につき、Aは、不法行為による賠償責任を負うことはあっても、債務不履行による賠償責任を負うことはない。

(2) AB間の利息付金銭消費貸借契約において、利率に関する定めがない場合、借主Bが債務不履行に陥ったことによりAがBに対して請求することができる遅延損害金は、債務者が遅滞の責任を負った最初の時点における法定利率である年3分の利率により算出する。

(3) AB間でB所有の甲不動産の売買契約を締結した後、Bが甲不動産をCに二重譲渡してCが登記を具備した場合、AはBに対して債務不履行に基づく損害賠償請求をすることができる。

(4) AB間の金銭消費貸借契約において、借主Bは当該契約に基づく金銭の返済をCからBに支払われる売掛代金で予定していたが、その入金がなかった（Bの責めに帰すべき事由はない。）ため、返済期限が経過してしまった場合、Bは債務不履行には陥らず、Aに対して遅延損害金の支払義務を負わない。

	①	②	③	④	⑤
学習日					
理解度（○/△/×）					

解説

(1) **正** 【債務不履行】

債務不履行が生じるのは、契約締結後です。したがって、契約締結前に説明義務違反があって、Bが損害を被った場合でも、Aは債務不履行による賠償責任を負うことはありません(不法行為による賠償責任を負うことはあります)。

(2) **正** 【金銭債務の特則】

金銭債務の不履行については、損害賠償の額は債務者が遅滞の責任を負った最初の時点における法定利率(**年3%**)によって計算します。なお、利率に定めがある場合(約定利率がある場合)で、約定利率が法定利率を超えるときは、損害賠償の額は**約定利率**によって計算します。

(3) **正** 【履行不能、二重譲渡と登記…SEC.09】

二重譲渡の場合、先に登記をしたほうが所有権を主張できます。本肢の場合、Cが登記をしているため、Aは甲不動産を手に入れることができません(履行不能)。したがって、AはBに対して債務不履行(履行不能)にもとづく損害賠償請求をすることができます。

(4) **誤** 【金銭債務の特則】

金銭債務の場合、たとえ債務者に責任がなくても、債務不履行が成立します。

解答…(4)

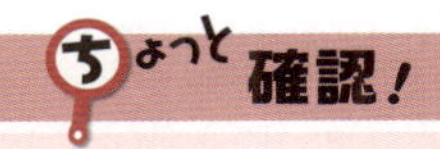

金銭債務の特則

❶ 金銭債務には、履行不能はあり得ないので、債務不履行=履行遅滞となる
❷ 金銭債務については、債務者に責めに帰すべき事由がなくても債務不履行が成立する
❸ 債権者は損害の証明をせずに、損害賠償を請求できる
❹ 損害賠償の額は、債務者が遅滞の責任を負った最初の時点における法定利率(年3%)によって計算する(ただし、約定利率が法定利率を超えるときは、約定利率によって計算する)

難易度 A

債務不履行、損害賠償の請求

→教科書 CHAPTER02 SECTION05

問題19 共に宅地建物取引業者であるAB間でA所有の土地について、×6年9月1日に売買代金3,000万円(うち、手付金200万円は同年9月1日に、残代金は同年10月31日に支払う。)とする売買契約を締結した場合に関する次の記述のうち、民法の規定及び判例によれば、正しいものはどれか。

［H16問4㊇］

(1) 本件売買契約において、弁済をするについて正当な利益を有する者でない第三者Cは、同年10月31日を経過すれば、Bの意思に反しても残代金をAに対して支払うことができる。

(2) 同年10月31日までにAが契約の履行に着手した場合には、手付が解約手付の性格を有していても、Bが履行に着手したかどうかにかかわらず、Aは、売買契約を解除できなくなる。

(3) Bの債務不履行によりAが売買契約を解除する場合、手付金相当額を損害賠償の予定とする旨を売買契約で定めていた場合には、特約がない限り、Aの損害が200万円を超えていても、Aは手付金相当額以上に損害賠償請求はできない。

(4) Aが残代金の受領を拒絶することを明確にしている場合であっても、Bは同年10月31日には2,800万円をAに対して現実に提供しなければ、Bも履行遅滞の責任を負わなければならない。

	①	②	③	④	⑤
学習日					
理解度 (○/△/×)					

解説

(1) 誤　【弁済…SEC.07】

当該契約において、弁済をするについて正当な利益を有する第三者は、債務者(B)の意思に反しても残代金を支払うことができますが、その利益を有しない第三者(C)は、原則として、債務者(B)の意思に反して残代金を支払うことはできません。

(2) 誤　【手付…SEC.08】

手付(解約手付)が交付された場合、相手方(B)が履行に着手したときは、手付による解除はできませんが、**相手方が履行に着手するまで**は、手付による解除ができます。

(3) 正　【損害賠償額の予定】

損害賠償額の予定がされると、実際の損害額がいくらであれ、予定した金額が損害賠償額となります。

(4) 誤　【履行遅滞】

Aが残代金の受領をあらかじめ拒んだ場合(「その日は旅行に行っているから受け取れない」などの連絡があった場合)、Bは口頭の提供(「支払いの準備をしたので、受け取ってください」と通知すること)をすれば、Aに対して残代金を現実に提供しなくても履行遅滞とはなりません。また、Aが代金の受領を明確に拒絶している場合(「あなたとは契約した覚えがないから、受け取らないよ！」など)には、Bは口頭の提供も不要となります。

解答…(3)

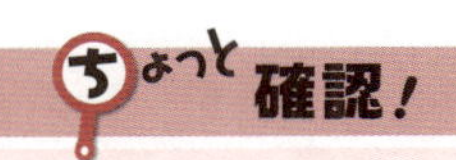

損害賠償額の予定

❶ 損害賠償額の予定がされると、実際の損害額がいくらであれ、予定した金額が損害賠償額となる

❷ 損害賠償額の予定は、契約と同時に行う必要はないが、すでに損害が発生したあとに予定することはできない

❸ 違約金は、債務不履行による損害賠償額の予定と推定する

解　除

→教科書 CHAPTER02 SECTION05

問題20　売主Aは、買主Bとの間で甲土地の売買契約を締結し、代金の3分の2の支払と引換えに所有権移転登記手続と引渡しを行った。その後、Bが残代金を支払わないので、Aは適法に甲土地の売買契約を解除した。この場合に関する次の記述のうち、民法の規定及び判例によれば、正しいものはどれか。

［H21問8］

(1) Aの解除前に、BがCに甲土地を売却し、BからCに対する所有権移転登記がなされているときは、BのAに対する代金債務につき不履行があることをCが知っていた場合においても、Aは解除に基づく甲土地の所有権をCに対して主張できない。

(2) Bは、甲土地を現状有姿の状態でAに返還し、かつ、移転登記を抹消すれば、引渡しを受けていた間に甲土地を貸駐車場として収益を上げていたときでも、Aに対してその利益を償還すべき義務はない。

(3) Bは、自らの債務不履行で解除されたので、Bの原状回復義務を先に履行しなければならず、Aの受領済み代金返還義務との同時履行の抗弁権を主張することはできない。

(4) Aは、Bが契約解除後遅滞なく原状回復義務を履行すれば、契約締結後原状回復義務履行時までの間に甲土地の価格が下落して損害を被った場合でも、Bに対して損害賠償を請求することはできない。

	①	②	③	④	⑤
学習日					
理解度 (○/△/×)					

解説

(1) **正** 【解除と登記…SEC.09】

契約が解除された場合、解除権者(A)と第三者(C)は、先に登記をしたほうが所有権を主張することができます。本肢では、Cがすでに登記しているため、AはCに対して所有権を主張できません。

(2) **誤** 【解除の効果】

契約が解除されたときは、各当事者は原状回復義務を負います。原状回復が不動産の返還の場合には、使用料相当額(貸駐車場として収益をあげていた場合はその利益)を相手方(A)に対して償還する義務を負います。

(3) **誤** 【解除の効果】

原状回復義務は同時履行の関係にあります。

(4) **誤** 【解除の効果】

契約を解除した場合であっても、損害が発生していれば、解除権者(A)は債務者(B)に対して損害賠償を請求することができます。

解答…(1)

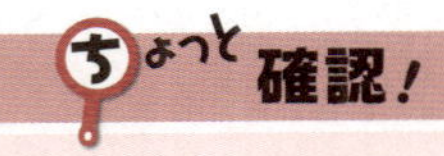

解除の効果

契約が解除されたときは、各当事者は原状回復義務(契約前の状態に戻す義務)を負う

- ☆ 原状回復が金銭の返還のときは、金銭を受領した時からの利息をつけて返す必要がある
- ☆ 金銭以外の物を返還する場合、受領の時以後に生じた果実をも返す必要がある。また、使用利益(たとえば、不動産の使用料)の返還も必要
- ☆ 各当事者の原状回復義務は同時履行の関係にある

解　除

→教科書 CHAPTER02 SECTION05

問題21　契約の解除に関する次の(1)から(4)までの記述のうち、民法の規定及び下記判決文によれば、誤っているものはどれか。　〔H22問9〕

(判決文)

同一当事者間の債権債務関係がその形式は甲契約及び乙契約といった2個以上の契約から成る場合であっても、それらの目的とするところが相互に密接に関連付けられていて、社会通念上、甲契約又は乙契約のいずれかが履行されるだけでは契約を締結した目的が全体としては達成されないと認められる場合には、甲契約上の債務の不履行を理由に、その債権者が法定解除権の行使として甲契約と併せて乙契約をも解除することができる。

(1) 同一当事者間で甲契約と乙契約がなされても、それらの契約の目的が相互に密接に関連付けられていないのであれば、甲契約上の債務の不履行を理由に甲契約と併せて乙契約をも解除できるわけではない。

(2) 同一当事者間で甲契約と乙契約がなされた場合、甲契約の債務が履行されることが乙契約の目的の達成に必須であると乙契約の契約書に表示されていたときに限り、甲契約上の債務の不履行を理由に甲契約と併せて乙契約をも解除することができる。

(3) 同一当事者間で甲契約と乙契約がなされ、それらの契約の目的が相互に密接に関連付けられていても、そもそも甲契約を解除することができないような付随的義務の不履行があるだけでは、乙契約も解除することはできない。

(4) 同一当事者間で甲契約(スポーツクラブ会員権契約)と同時に乙契約(リゾートマンションの区分所有権の売買契約)が締結された場合に、甲契約の内容たる屋内プールの完成及び供用に遅延があると、この履行遅延を理由として乙契約を民法第541条により解除できる場合がある。

	①	②	③	④	⑤
学習日					
理解度 (○/△/×)					

解説

(1) 正 【解除】

判決文に「それらの目的とするところが相互に密接に関連付けられていて、…と認められる場合には、甲契約上の債務の不履行を理由に、…甲契約と併せて乙契約をも解除することができる」とあるので、本肢の「それらの契約の目的が相互に密接に関連付けられていないのであれば、甲契約上の債務の不履行を理由に甲契約と併せて乙契約をも解除できるわけではない」は正しいと判断できます。

(2) 誤 【解除】

判決文では「…契約書に表示されていたときに限り…解除することができる」といった契約書の表示までは要求していません。したがって、本肢は誤りです。

(3) 正 【解除】

判決文に、「甲契約上の債務の不履行を理由に…法定解除権の行使として甲契約と併せて乙契約をも解除することができる」とあるので、甲契約を解除することができないくらいの小さな不履行(付随的義務の不履行)があるだけでは、乙契約も解除することはできません。

(4) 正 【解除】

判決文に、「甲契約又は乙契約のいずれかが履行されるだけでは契約を締結した目的が全体としては達成されないと認められる場合には、甲契約上の債務の不履行を理由に…甲契約と併せて乙契約をも解除することができる」とあるので、甲契約の内容に遅延があって、乙契約のみの履行では目的が全体として達成されないと認められる場合には、甲契約上の債務不履行を理由に乙契約を解除できます。

解答…(2)

このような問題が頻繁に出題される…
一見、難しそうに見えるけど、判決文と選択肢をじっくり読み比べれば(答えは判決文の中にあることが多いので)、解答できるよ。
どちらかというと、国語の問題だね…

難易度 **B**

危険負担等

→教科書 CHAPTER02 SECTION06

問題22　×6年9月1日にA所有の甲建物につきAB間で売買契約が成立し、当該売買契約において同年9月30日をもってBの代金支払と引換えにAは甲建物をBに引き渡す旨合意されていた。この場合に関する次の記述のうち、民法の規定によれば、正しいものはどれか。　［H19問10㊎］

(1) 甲建物が同年8月31日時点でAB両者の責に帰すことができない火災により滅失していた場合、甲建物の売買契約は無効となる。

(2) 甲建物が同年9月15日時点でAの責に帰すべき火災により滅失した場合、有効に成立していた売買契約は、Aの債務不履行によって無効となる。

(3) 甲建物が同年9月15日時点でBの責に帰すべき火災により滅失した場合、Aの甲建物引渡し債務も、Bの代金支払債務も共に消滅する。

(4) 甲建物が同年9月15日時点で自然災害により滅失しても、Bの代金支払債務は存続するが、その履行を拒絶することができる。

	①	②	③	④	⑤
学習日					
理解度 (○/△/×)					

解説

（1）**誤** 【原始的不能】

売買契約の成立前に目的物が滅失していた場合でも、契約は有効となります。

（2）**誤** 【債務不履行…SEC.05】

売買契約の成立後に 売主(A)の責めに帰すべき火災により目的物が滅失した場合には、売主(A)の債務不履行となります。債務不履行の場合、債権者(買主B)は損害賠償の請求や契約の解除をすることができます(契約が無効になるわけではありません)。

（3）**誤** 【危険負担】

甲建物の売買契約の成立後、引渡し前に買主(B)の責めに帰すべき火災により目的物が滅失した場合、売主(A)の建物引渡債務は消滅しますが、買主(B)の代金支払債務は消滅しません。

（4）**正** 【危険負担】

危険負担では、特定の不動産の売買契約の成立後、引渡し前に、当事者双方の責めに帰することができない事由によって債務の履行ができなくなった場合には、買主の債務は消滅しませんが、反対給付の履行を拒む(代金の支払いを拒む)ことができます。

解答…(4)

難易度 B

弁済

→教科書 CHAPTER02 SECTION07

問題23 Aは、土地所有者Bから土地を賃借し、その土地上に建物を所有してCに賃貸している。AのBに対する借賃の支払債務に関する次の記述のうち、民法の規定及び判例によれば、正しいものはどれか。［H17問7改］

(1) Cは、借賃の支払債務に関して法律上の利害関係を有しないので、Aの意思に反して、債務を弁済することはできない。

(2) Aが、Bの代理人と称して借賃の請求をしてきた無権限者に対し債務を弁済した場合、その者に弁済受領権限があるかのような外観があり、Aがその権限があることについて善意、かつ、無過失であるときは、その弁済は有効である。

(3) Aが、当該借賃を額面とするA振出しに係る小切手（銀行振出しではないもの）をBに提供した場合、債務の本旨に従った適法な弁済の提供となる。

(4) Aは、特段の理由がなくとも、借賃の支払債務の弁済に代えて、Bのために弁済の目的物を供託し、その債権を消滅させることができる。

	①	②	③	④	⑤
学習日					
理解度（○/△/×）					

解説

（1）誤　【債務者に代わって弁済できる第三者】

借地上の建物賃借人(C)は、その借地の地代支払債務の弁済をするについて正当な利益を有する第三者に該当します。その第三者(C)は、債務者(A)の意思に反しても債務を弁済することができます。

（2）正　【受領権者としての外観を有する者】

受領権者以外の者であって取引上の社会通念に照らして受領権者としての外観を有するものに対して、弁済者が善意無過失で弁済した場合は、その弁済は有効となります。

（3）誤　【弁済・その他】

銀行振出しではない小切手の提供は、特別の意思表示または慣習がない限り適法な弁済の提供とはなりません。

個人が勝手に振り出した小切手は、信頼性が低いよね。だから、個人振出小切手の提供は、特別の意思表示または慣習がない限り適法な弁済の提供とはならないよ。
その点、銀行さんが振り出した小切手ならば、信頼性が高いから、銀行振出小切手の提供は適法な弁済の提供となる！

（4）誤　【弁済・その他】

債権者が弁済の受領を拒んだときなど、一定の事由がある場合には、弁済者は弁済の目的物を供託することができ、供託をした時にその債権は消滅します。本肢では「特段の理由がなくとも」とあるので、誤りです。

解答…(2)

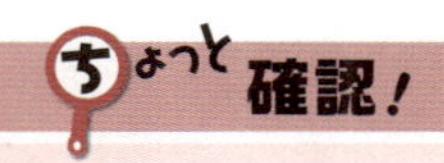

受領権者以外の者に行われた弁済

【原則】

受領権者以外の者に行われた弁済 → 無効 ×

【例外】

受領権者以外の者で、取引上の社会通念に照らして受領権者としての外観を有するものに、善意無過失で弁済した場合は… → 有効 ○

難易度 B　弁　済

→教科書 CHAPTER02 SECTION07

問題24　Aを売主、Bを買主として甲建物の売買契約が締結された場合におけるBのAに対する代金債務(以下「本件代金債務」という。)に関する次の記述のうち、民法の規定及び判例によれば、誤っているものはどれか。

［R1問7］

(1) Bが、本件代金債務につき受領権限のないCに対して弁済した場合、Cに受領権限がないことを知らないことにつきBに過失があれば、Cが受領した代金をAに引き渡したとしても、Bの弁済は有効にならない。

(2) Bが、Aの代理人と称するDに対して本件代金債務を弁済した場合、Dに受領権限がないことにつきBが善意かつ無過失であれば、Bの弁済は有効となる。

(3) Bが、Aの相続人と称するEに対して本件代金債務を弁済した場合、Eに受領権限がないことにつきBが善意かつ無過失であれば、Bの弁済は有効となる。

(4) Bは、本件代金債務の履行期が過ぎた場合であっても、特段の事情がない限り、甲建物の引渡しに係る履行の提供を受けていないことを理由として、Aに対して代金の支払を拒むことができる。

	①	②	③	④	⑤
学習日					
理解度 (○/△/×)					

解説

債権者(A)や法令の規定・当事者の意思表示によって弁済を受領する権限を付与された第三者を**受領権者**といいます。**受領権者以外の者**であって、取引上の社会通念に照らして**受領権者としての外観**を有するもの(詐称代理人、表見相続人など)に対してした弁済は、その弁済をした者(B)が**善意無過失のときに限り**、その効力を有します。

(1) **誤** 【受領権者以外の者に対する弁済】

弁済をしたBに過失があるため、Cが受領権者としての外観を有する者であったとしても、有効な弁済にはなりません。ただし、この場合でも、**債権者(A)が利益を受けた**のであれば、その限度において、受領権者以外の者に対する弁済も有効となります。

(2) **正** 【受領権者としての外観を有する者に対する弁済】

上記のとおり、正しい記述です。

(3) **正** 【受領権者としての外観を有する者に対する弁済】

上記のとおり、正しい記述です。

(4) **正** 【同時履行の抗弁権】

Bは、代金債務の履行期が過ぎた場合であっても、特段の事情がない限り、甲建物の引渡しに係る**履行の提供を受けていない**ときは、同時履行の抗弁権を主張して、Aに対して代金の支払いを拒むことができます。

解答…(1)

相　殺

→教科書 CHAPTER02 SECTION07

問題25　Aは、B所有の建物を賃借し、毎月末日までに翌月分の賃料50万円を支払う約定をした。またAは敷金300万円をBに預託し、敷金は賃貸借終了後明渡し完了後にBがAに支払うと約定された。AのBに対するこの賃料債務に関する相殺についての次の記述のうち、民法の規定及び判例によれば、正しいものはどれか。　［H16問8改］

(1) Aは、Bが支払不能に陥った場合は、特段の合意がなくても、Bに対する敷金返還請求権を自働債権として、弁済期が到来した賃料債務と対当額で相殺することができる。

(2) AがBから受けた悪意による不法行為に基づく損害賠償請求権を有した場合、Aは、このBに対する損害賠償請求権を自働債権として、弁済期が到来した賃料債務と対当額で相殺することはできない。

(3) AがBに対して商品の売買代金請求権を有しており、それが×6年9月1日をもって時効により消滅した場合、Aは、同年9月2日に、このBに対する代金請求権を自働債権として、同年8月31日に弁済期が到来した賃料債務と対当額で相殺することはできない。

(4) AがBに対してこの賃貸借契約締結以前から貸付金債権を有しており、その弁済期が×6年8月31日に到来する場合、同年8月20日にBのAに対するこの賃料債権に対する差押があったとしても、Aは、同年8月31日に、このBに対する貸付金債権を自働債権として、弁済期が到来した賃料債務と対当額で相殺することができる。

	①	②	③	④	⑤
学習日					
理解度 (○/△/×)					

解説

(1) 誤　【相殺適状、敷金…SEC.12】

A(借主)がB(貸主)に対して敷金の返還を請求できるのは、**建物の明渡し後**となります。したがって、AのBに対する敷金返還請求権は弁済期にないため、これを自働債権として、弁済期が到来した賃料債務と相殺することはできません。

(2) 誤　【相殺できない場合】

「AがBから受けた悪意による不法行為に基づく損害賠償請求権を有した場合」とあるので、A＝被害者(損害賠償請求できる人)、B＝加害者(損害賠償しなければならない人)の関係となります。

この場合、加害者(B)から相殺を主張することはできませんが、被害者(A)から相殺を主張することはできます。

(3) 誤　【相殺適状】

自働債権が時効によって消滅していたとしても、時効完成以前に相殺適状にあった場合には、相殺することができます。

(4) 正　【相殺できる場合】

自働債権が受働債権の差押え後に取得したものである場合には、原則として相殺することはできませんが、自働債権が受働債権の差押え前に取得したものである場合には、弁済期の前後を問わず、相殺適状に達すれば相殺することができます。

本肢の場合、自働債権であるAの債権(貸付金債権)は、受働債権であるBの債権(賃料債権)の差押え前に取得しているものなので、相殺することができます。

解答…(4)

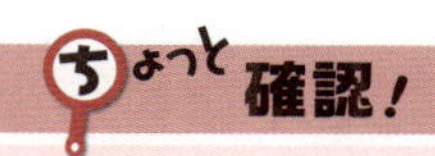

相殺できない場合

❶ 当事者間で相殺を禁止・制限する特約がある場合
　☆ 第三者に対抗するには、第三者が悪意・重過失でなければならない

❷ 悪意による不法行為や、それ以外の人の生命・身体の侵害によって生じた損害賠償請求権が受働債権である場合
　☆ この受働債権が他人から譲り受けたものであるときは相殺できる

❸ 原則として自働債権が受働債権の差押え後に取得したものである場合
　☆ 差押え後に取得した債権であっても、差押え前の原因に基づいて生じたものであるときは相殺できる

難易度 B

債権譲渡

→教科書 CHAPTER02 SECTION07

問題26 AがBに対して1,000万円の代金債権を有しており、Aがこの代金債権をCに譲渡した場合における次の記述のうち、民法の規定及び判例によれば、誤っているものはどれか。

〔H23問5㉇〕

(1) AB間の代金債権について譲渡制限の意思表示をしていたが、Cがその特約の存在を知らないことにつき重大な過失がある場合であっても、Cはこの代金債権を取得することができる。

(2) AがBに対して債権譲渡の通知をすれば、その譲渡通知が確定日付によるものでなくても、CはBに対して自らに弁済するように主張することができる。

(3) BがAに対して期限が到来した1,000万円の貸金債権を有していても、AがBに対して確定日付のある譲渡通知をした場合には、BはCに譲渡された代金債権の請求に対して貸金債権による相殺を主張することができない。

(4) AがBに対する代金債権をDに対しても譲渡し、Cに対する債権譲渡もDに対する債権譲渡も確定日付のある証書でBに通知した場合には、CとDの優劣は、確定日付の先後ではなく、確定日付のある通知がBに到着した日時の先後で決まる。

	①	②	③	④	⑤
学習日					
理解度 (○/△/×)					

解説

(1) 正　【債権譲渡】

当事者間において譲渡制限の意思表示がされている債権が譲渡された場合、譲渡制限の意思表示について譲受人に悪意または重過失があっても、その債権譲渡は有効となります。なお、本肢では、譲受人(C)は譲渡制限の意思表示につき重大な過失があるため、原則として、債務者(B)は、譲受人(C)に対して債務の履行を拒むことができ、さらに、譲渡人(A)に対する弁済その他の債務を消滅させる事由をもって、譲受人(C)に対抗することができます。

(2) 正　【債権譲渡を債務者に対抗するための要件】

譲渡人(A)が債務者(B)に対して通知(口頭でもOK)をすれば、譲受人(C)は、債務者(B)に対して自らに弁済するように主張することができます。

(3) 誤　【債権譲渡における相殺権】

債務者は対抗要件具備時より前に取得した譲渡人に対する債権による相殺を譲受人に主張することができます。本肢では、Aによる確定日付のある譲渡通知がされたときには、すでにBは1,000万円の貸金債権を有しています。また、この貸金債権は相殺適状にある(弁済期が到来している)ので、BはCに対して主張することができます。

(4) 正　【債権譲渡を第三者に対抗するための要件】

二重譲渡の場合で、両方の譲渡について確定日付のある証書があるときは、確定日付の先後ではなく、その**通知の到達または承諾の日時が早いほう**が優先して権利を行使することができます。

解答…(3)

ちょっと確認！

債務者に対して債権譲渡を対抗するための要件(下記のいずれか)

❶ **譲渡人から債務者に対する通知** ←口頭による通知も○

❷ 債務者の承諾←承諾は譲渡人、譲受人のいずれにしても○

第三者に対して債権譲渡を対抗するための要件(下記のいずれか)

❶ 確定日付のある証書による譲渡人から債務者への通知

❷ 確定日付のある証書による債務者の承諾

ポイント

☆ **二重譲渡の場合で、両方の譲渡について確定日付のある証書があるときには、通知の到達または承諾の日時が早いほうが優先される**

難易度B 債権譲渡

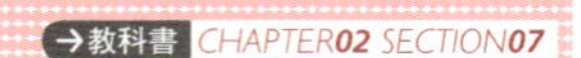

→教科書 CHAPTER02 SECTION07

問題27 Aは、Bに対して貸付金債権を有しており、Aはこの貸付金債権をCに対して譲渡した。この場合、民法の規定及び判例によれば、次の記述のうち誤っているものはどれか。 〔H15問8㊎〕

(1) 貸付金債権について当事者で譲渡制限の意思表示がされている場合で、Cが譲渡制限の意思表示の存在を知っていたとき、BはCに対して債権譲渡が無効であると主張することができない。

(2) Bが債権譲渡を承諾しない場合、CがBに対して債権譲渡を通知するだけでは、CはBに対して自分が債権者であることを主張することができない。

(3) Aが貸付金債権をDに対しても譲渡し、Cへは確定日付のない証書、Dへは確定日付のある証書によってBに通知した場合で、いずれの通知もBによる弁済前に到達したとき、Bへの通知の到達の先後にかかわらず、DがCに優先して権利を行使することができる。

(4) Aが貸付金債権をEに対しても譲渡し、Cへは×6年10月10日付、Eへは同月9日付のそれぞれ確定日付のある証書によってBに通知した場合で、いずれの通知もBによる弁済前に到達したとき、Bへの通知の到達の先後にかかわらず、EがCに優先して権利を行使することができる。

	①	②	③	④	⑤
学習日					
理解度 (○/△/×)					

解説

(1) 正　【債権譲渡】

当事者間において譲渡制限の意思表示がされている債権が譲渡された場合、譲渡制限の意思表示について譲受人に悪意または重過失があっても、その債権譲渡は有効となります。なお、本肢では、譲受人(C)は譲渡制限の意思表示につき悪意であるため、原則として、債務者(B)は、譲受人(C)に対して債務の履行を拒むことができ、さらに、譲渡人(A)に対する弁済その他の債務を消滅させる事由をもって、譲受人(C)に対抗することができます。

(2) 正　【債権譲渡を債務者に対抗するための要件】

譲受人(C)が債務者(B)に対して自分が債権者であることを主張するためには、❶**譲渡人(A)から債務者(B)に対する通知**または❷**債務者(B)の承諾**が必要です。本肢では「C（譲受人）がB（債務者）に対して債権譲渡を通知」とあるので、この場合には、譲受人(C)が債務者(B)に対して自分が債権者であることを主張することはできません。

(3) 正　【債権譲渡を第三者に対抗するための要件】

譲受人(C、D)が第三者に対して自分が債権者であることを主張するためには、❶**確定日付のある証書による譲渡人から債務者への通知**または❷**確定日付のある証書による債務者の承諾**が必要です。本肢では、Cへは確定日付のない証書、Dへは確定日付のある証書によってB（債務者）に通知しているので、DがCに優先して権利を行使することができます。

(4) 誤　【債権譲渡を第三者に対抗するための要件】

二重譲渡の場合で、両方の譲渡について確定日付のある証書があるときは、その通知の**到達の早いほう**が優先して権利を行使することができます。

解答…(4)

これはどう?　H28－問5②改

Aが、Bに対する債権をCに譲渡した場合において、AがBに債権譲渡の通知を発送し、その通知がBに到達していなかったときは、Bが抗弁の放棄をしていなかったとしても、BはCに対して当該債権に係る債務の弁済について対抗することができない。

× 債務者(B)への通知は未達であり、抗弁の放棄もしていないため、その通知が債務者(B)に到達する時までに譲渡人(A)に対して生じた事由(相殺・弁済・消滅時効など)をもって、譲受人(C)に対抗することができます。

難易度 A

買主の救済（売主の担保責任）

→教科書 CHAPTER02 SECTION08

問題28 買主Aが商人でない売主Bと売買契約を締結し、その目的物が引き渡されたところ、当該売買契約の目的物は、各選択肢に掲げる点に関して契約の内容に適合しないものであった。この場合、民法の規定によれば、次の記述のうち誤っているものはどれか。なお、この不適合はAの責めに帰すべき事由によるものではないものとする。　［オリジナル問題］

(1) 当該契約の不適合が数量に関するものであった場合、Aは、その不適合を知った時から1年以内にその旨を売主に通知していなくても、当該不適合を理由とする履行の追完の請求をすることができる。

(2) 当該契約の不適合が品質に関するものであった場合、Bは、Aに不相当な負担を課するものでないときは、Aが代替物を引き渡す方法での契約の追完を請求していたとしても、目的物を修補する方法での追完をすることができる。

(3) 当該契約の不適合が品質に関するものであり、Bの責めに帰すべき事由による不適合であった場合、BがAの請求に応じてした目的物の修補が不十分であり、なおもAに当該不適合を原因とする損害が生じているときは、Aは、別途、損害の賠償を請求することができる。

(4) 当該契約の不適合が種類に関するものであった場合、履行の追完が不能であったとしても、Aは、Bに対して、履行の追完の催告をしなければ、売買代金の減額を請求することができない。

	①	②	③	④	⑤
学習日					
理解度 (○/△/×)					

解説

(1) 正 【担保責任の期間の制限】

原則として、買主(A)が契約の内容に適合しないことを知った時から1年以内に売主に通知をしなければならないのは、「種類または品質に関して」契約の内容に適合していないときです(数量に関する不適合があった場合には、期間の制限はありません)。

(2) 正 【買主の追完請求権】

売主(B)は、買主(A)に**不相当な負担を課するものでないとき**は、買主(A)が請求した方法と異なる方法による履行の追完をすることができます。

履行の追完の方法として、民法には、❶目的物の修補、❷代替物の引渡し、❸不足分の引渡しが挙げられているよ!

(3) 正 【損害賠償請求権】

債務不履行にもとづく損害賠償請求は、その要件に該当している場合には、別途、請求することができます。

(4) 誤 【買主の代金減額請求権】

代金減額請求権が認められるのは、原則として、買主が相当の期間を定めて履行の追完の催告をし、その期間内に履行の追完がないときに限られます。例外的に**履行の追完が不能**であるときなど、一定の場合には、そうした催告をすることなく直ちに代金減額を請求することができます。

解答…(4)

難易度 A

買主の救済（売主の担保責任）

→教科書 CHAPTER02 SECTION08

問題29　宅地建物取引業者でも事業者でもないAB間で、A所有の甲不動産につき、売買契約が締結されたが、AからBに移転した権利が契約の内容に適合しないものであり、かつ、この不適合はBの責めに帰すべき事由によるものではなかった。この場合に関する次の記述のうち、民法の規定によれば、誤っているものはどれか。　［オリジナル問題］

(1) BがAに履行の追完を求めた場合、Aは、Bに不相当な負担を課するものでないときは、Bが請求した方法と異なる方法による履行の追完をすることができる。

(2) Bが相当の期間を定めて履行の追完の催告をしたが、その期間内に履行の追完がなかった場合、Bは、その不適合の程度に応じて代金の減額を請求することができる。

(3) Bは、AからBに移転した権利がその契約の内容に適合しないことを知った時から1年以内に何らの対応をしなかった場合、その不適合を知った時から1年を経過した時点で、その不適合を理由として、担保責任を追及することができなくなる。

(4) 本件売買契約において、AからBに移転した権利が契約の内容に適合しないものであるときでも、Aがその担保責任を負わない旨の特約がされていた場合、Aは、知りながらBに告げなかった事実については、担保責任を免れることはできない。

	①	②	③	④	⑤
学習日					
理解度 (○/△/×)					

解説

(1) 正　【履行の追完】

まず、売主が買主に移転した権利が契約の内容に適合しないものである場合、買主(B)は、売主(A)に対し、原則として、履行の追完を請求することができます。ただし、その不適合が買主の責めに帰すべき事由によるものであるときは、買主は、この履行の追完の請求をすることができません。

そして、買主がこの履行の追完を請求することができる場合、売主は、買主に**不相当な負担を課すものでないとき**は、買主が請求した方法と異なる方法による履行の追完をすることができます。

(2) 正　【買主の代金減額請求権】

売主が買主に移転した権利が契約の内容に適合しないものである場合、原則として、買主(B)が相当の期間を定めて履行の追完の催告をし、その期間内に履行の追完がないときは、買主は、その不適合の程度に応じて代金の減額を請求することができます。ただし、その不適合が買主の責めに帰すべき事由によるものであるときは、買主は、この代金の減額の請求をすることができません。なお、一定の場合には、買主は、その催告をすることなく、直ちにこの代金の減額を請求することができます。

(3) 誤　【担保責任の期間の制限】

売主が種類または品質に関して契約の内容に適合しない目的物を買主に引き渡した場合に生じた担保責任(追完請求・代金減額請求・損害賠償請求・解除)について、買主は、その不適合を知った時から1年以内にその旨を売主に通知しないときは、原則として、その不適合を理由として担保責任を追及することができなくなります。

しかし、売主(A)が買主(B)に移転した権利が契約の内容に適合しないものである場合には、この期間の制限はありません(本肢では、不適合を知った時から1年を経過した時点で、その不適合を理由として、担保責任を追及することができなくなるわけではありません)。

(4) 正　【担保責任を負わない旨の特約】

売主(宅建業者でない)が買主に移転した権利が契約の内容に適合しないものである場合に負う担保責任について、その責任を負わない旨の特約をすることもできます。ただし、この特約をつけた場合であっても、売主(A)が知っていながら、買主(B)に告げなかった事実については、売主は担保責任を免れることはできません。

解答…(3)

難易度 A

買主の救済(売主の担保責任等)

→教科書 CHAPTER02 SECTION08

問題30 Aを売主、Bを買主とする甲土地の売買契約(以下この問において「本件契約」という。)が締結された場合の売主の責任に関する次の記述のうち、民法の規定及び判例によれば、誤っているものはどれか。

［H 28 問6㊇］

(1) Bが、甲土地がCの所有物であることを知りながら本件契約を締結した場合、Aが甲土地の所有権を取得してBに移転することがAの責めに帰すべき事由によりできないときは、BはAに対して、損害賠償を請求することができる。

(2) Bが、甲土地がCの所有物であることを知りながら本件契約を締結した場合、Aが甲土地の所有権を取得してBに移転することができないときは、Bは、本件契約を解除することができる。

(3) Bが、A所有の甲土地が抵当権の目的となっていることを知りながら本件契約を締結した場合、当該抵当権の実行によってBが甲土地の所有権を失い損害を受けたとしても、BはAに対して、損害賠償を請求することができない。

(4) Bが、A所有の甲土地が抵当権の目的となっていることを知りながら本件契約を締結したが、甲土地が抵当権の目的となっていることが契約の内容に適合しないときは、Bは、本件契約を解除することができる場合がある。

	①	②	③	④	⑤
学習日					
理解度 (○/△/×)					

解説

(1) **正** 【他人物売買】

本肢のBは、甲土地がCの所有物であることを知っていたので悪意です。売買の目的物の全部が他人(C)の物であり、売主(A)がその物の所有権を買主(B)に移転できなかった場合、買主(B)は善意・悪意にかかわらず、契約その他の債務の発生原因および取引上の社会通念に照らして債務者の責めに帰することができない事由によるときを除いて売主(A)に対して、**損害賠償請求をすることができます**。

(2) **正** 【他人物売買】

本肢のBは、甲土地がCの所有物であることを知っていたので悪意です。売買の目的物の全部が他人(C)の物であり、売主(A)がその物の所有権を買主(B)に移転できなかった場合、買主(B)は善意・悪意にかかわらず売主(A)に対して、**契約の解除をすることができます**。

(3) **誤** 【抵当権の実行】

売買の目的物に契約の内容に適合しない抵当権の負担があり、その抵当権の実行によって買主が所有権を失った場合、買主は抵当権の設定について善意悪意にかかわらず、契約その他の債務の発生原因および取引上の社会通念に照らして債務者の責めに帰することができない事由によるときを除いて、損害賠償請求をすることができます。

(4) **正** 【担保責任】

売買の目的物に契約の内容に適合しない抵当権の負担があった場合、買主(B)は、抵当権の設定について善意悪意にかかわらず、債務不履行による解除の規定の要件を満たしたときは、契約を解除することができます。

解答…(3)

難易度 B

買主の救済（売主の担保責任）

→教科書 CHAPTER02 SECTION08

問題31 宅地建物取引業者であるAが、自らが所有している甲土地を宅地建物取引業者でないBに売却した場合のAの責任に関する次の記述のうち、民法及び宅地建物取引業法の規定並びに判例によれば、誤っているものはどれか。

［H20問9改］

(1) 売買契約で、Aが一切の担保責任を負わない旨を合意したとしても、Aは甲土地の引渡しの日から2年間は、担保責任を負わなければならない。

(2) 甲土地に抵当権が設定されている場合、Bが甲土地に抵当権が設定されていることを知っていたとしても、その抵当権の設定が売買契約の内容に適合するときには、BはAB間の売買契約を解除することができない。

(3) Bが担保責任を追及する場合には、契約の内容に適合しないことを知った時から1年以内に訴訟を提起して担保責任を追及するまでの必要はない。

(4) Aが宅地建物取引業者ではなかった場合、売買契約で、Aは甲土地の引渡しの日から2年間だけ担保責任を負う旨を合意したとしても、Aが知っていたのにBに告げなかった事実については、担保責任に基づく損害賠償請求権が時効で消滅するまで、Bは当該損害賠償を請求できる。

	①	②	③	④	⑤
学習日					
理解度 (○/△/×)					

解説

（1）誤　【担保責任、8種制限…CH.01 SEC.08】

民法上、売主が担保責任を負わない旨の特約は有効ですが、宅建業法では、売主：宅建業者、買主：一般人という場合には、売主が担保責任を一切負わない旨の特約は、無効となります（8種制限）。本肢では、売主（A）は宅建業者、買主（B）は一般人なので、売主が担保責任を負わない旨の特約は無効です。この場合、民法の規定に戻って、買主（B）は、売主（A）に対して担保責任を追及することができます。

（2）正　【担保責任】

売買の目的物に契約の内容に適合しない抵当権の負担があった場合、買主（B）が**悪意**だったとしても、**契約を解除**することができます。本肢は、売買契約の内容に適合するので、解除することはできません。

（3）正　【担保責任】

担保責任の追及は、訴えを提起する必要はありません。

（4）正　【担保責任を負わない旨の特約】

担保責任を引渡しの日から2年だけ負う旨の特約は、少なくとも民法上は有効です。ただし、この場合でも、売主（A）が知っていながら、買主（B）に告げなかった事実については、担保責任にもとづく損害賠償請求権が時効で消滅するまで、買主（B）は当該損害賠償を請求できます。

解答…（1）

難易度 **B**

買主の救済（売主の担保責任）、手付等

→教科書 CHAPTER02 SECTION08

問題32 Aを売主、Bを買主として甲土地の売買契約を締結した場合における次の記述のうち、民法の規定及び判例によれば、正しいものはどれか。

［H21問10㊁］

(1) A所有の甲土地にAが気付かなかった契約の内容に適合しない事実があり、その事実については、Bの責めに帰すべき事由により生じたものではないような場合には、Aは担保責任を負う必要はない。

(2) BがAに解約手付を交付している場合、Aが契約の履行に着手していない場合であっても、Bが自ら履行に着手していれば、Bは手付を放棄して売買契約を解除することができない。

(3) 甲土地がAの所有地ではなく、他人の所有地であった場合には、AB間の売買契約は無効である。

(4) A所有の甲土地に契約の内容に適合しない抵当権の登記があり、Bが当該土地の抵当権消滅請求をした場合には、Bは当該請求の手続が終わるまで、Aに対して売買代金の支払を拒むことができる。

	①	②	③	④	⑤
学習日					
理解度 (○/△/×)					

解説

(1) 誤

【担保責任】

引き渡された目的物(甲土地)に契約の内容に適合しない事実があり、その事実について、買主(B)の責めに帰すべき事由がない場合は、売主(A)は担保責任を負わなければなりません(損害賠償請求には、売主(A)の責めに帰すべき事由が必要です)。

(2) 誤

【手付】

手付による契約の解除は、「相手方が履行に着手していない場合」に行うことができます。本肢では、A(売主)は履行に着手してないため、B(買主)は手付の放棄によって売買契約を解除できます。

自分(B)が履行に着手していても、相手方(A)が着手していなければ、契約を解除できる!

(3) 誤

【他人物売買】

民法上、他人物売買は有効です。

(4) 正

【契約不適合】

買い受けた不動産に契約の内容に適合しない抵当権の登記があり、買主(B)が抵当権消滅請求をした場合には、買主(B)は当該請求の手続が終わるまで、売主(A)に対して売買代金の支払いを拒むことができます。

解答…(4)

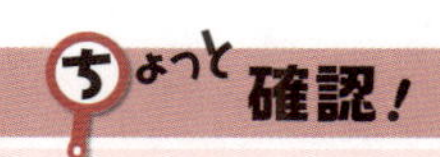

手付による契約の解除

❶ 手付による契約の解除ができるのは、相手方が履行に着手するまでの間

❷ 買主は手付を放棄すれば契約を解除できる。売主は手付の倍額を現実に提供すれば契約を解除できる

❸ 手付によって契約が解除されたときは、損害賠償請求はできない

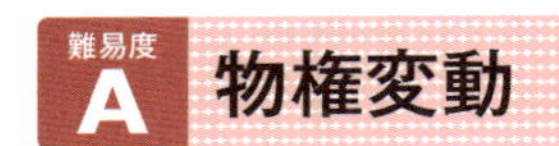

→教科書 CHAPTER02 SECTION09

問題33　Aが所有者として登記されている甲土地の売買契約に関する次の記述のうち、民法の規定及び判例によれば、正しいものはどれか。

［H19問3］

(1) Aと売買契約を締結したBが、平穏かつ公然と甲土地の占有を始め、善意無過失であれば、甲土地がAの土地ではなく第三者の土地であったとしても、Bは即時に所有権を取得することができる。

(2) Aと売買契約を締結したCが、登記を信頼して売買契約を行った場合、甲土地がAの土地ではなく第三者Dの土地であったとしても、Dの過失の有無にかかわらず、Cは所有権を取得することができる。

(3) Aと売買契約を締結して所有権を取得したEは、所有権の移転登記を備えていない場合であっても、正当な権原なく甲土地を占有しているFに対し、所有権を主張して甲土地の明渡しを請求することができる。

(4) Aを所有者とする甲土地につき、AがGとの間で10月1日に、Hとの間で10月10日に、それぞれ売買契約を締結した場合、G、H共に登記を備えていないときには、先に売買契約を締結したGがHに対して所有権を主張することができる。

	①	②	③	④	⑤
学習日					
理解度 (○/△/×)					

解説

(1) **誤**　【即時取得、取得時効…SEC.04】

不動産を即時に取得することはできません。なお、Bが善意無過失ならば、甲土地がAの土地ではなかったとしても、Bが**10年間**占有し続ければ所有権を取得することはできます。

(2) **誤**　【物権変動と登記】

登記には公信力がないため、その登記を信頼して売買契約を行った場合でも、必ずしもCが保護される(所有権を取得できる)わけではありません。また、真の所有者Dに過失があった場合(DがAの名義の登記を知りながら、放置していたという場合)には、善意の第三者(買主C)は所有権を取得することができる場合がありますが、本肢は「Dの過失の有無にかかわらず、Cは所有権を取得することができる」としているので、誤りです。

(3) **正**　【物権変動と登記】

不動産に関する物権の変動は、原則として登記がなければ第三者に対抗することはできません。しかし、本肢の不法占拠者のように、明らかな悪者に対しては**登記がなくても**対抗することができます。

(4) **誤**　【物権変動と登記】

二重譲渡の場合には、売買契約の前後ではなく、**先に登記をしたほう**が所有権を主張することができます。本肢の場合、いずれも登記をしていないので、GもHも、相手に対して所有権を主張することはできません。

解答…(3)

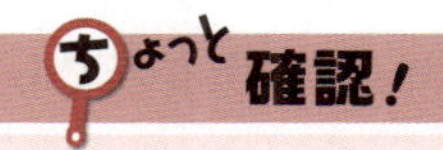

物権変動と登記

【原則】

不動産に関する物権の変動は、登記がなければ第三者に対抗することができない

【例外】

下記の者 には、登記がなくても所有権を対抗できる

❶ 詐欺・強迫によって登記を妨げた者
❷ 他人のために登記の申請をする義務がある者
❸ 背信的悪意者
❹ 無権利者
❺ **不法占有者**

難易度 A

物権変動

→教科書 CHAPTER02 SECTION09

問題34　所有権がAからBに移転している旨が登記されている甲土地の売買契約に関する次の記述のうち、民法の規定及び判例によれば、正しいものはどれか。［H20問2］

(1) CはBとの間で売買契約を締結して所有権移転登記をしたが、甲土地の真の所有者はAであって、Bが各種の書類を偽造して自らに登記を移していた場合、Aは所有者であることをCに対して主張できる。

(2) DはBとの間で売買契約を締結したが、AB間の所有権移転登記はAとBが通じてした仮装の売買契約に基づくものであった場合、DがAB間の売買契約が仮装であることを知らず、知らないことに無過失であっても、Dが所有権移転登記を備えていなければ、Aは所有者であることをDに対して主張できる。

(3) EはBとの間で売買契約を締結したが、BE間の売買契約締結の前にAがBの債務不履行を理由にAB間の売買契約を解除していた場合、Aが解除した旨の登記をしたか否かにかかわらず、Aは所有者であることをEに対して主張できる。

(4) FはBとの間で売買契約を締結して所有権移転登記をしたが、その後AはBの強迫を理由にAB間の売買契約を取り消した場合、FがBによる強迫を知っていたときに限り、Aは所有者であることをFに対して主張できる。

	①	②	③	④	⑤
学習日					
理解度（○/△/×）					

解説

(1) 正

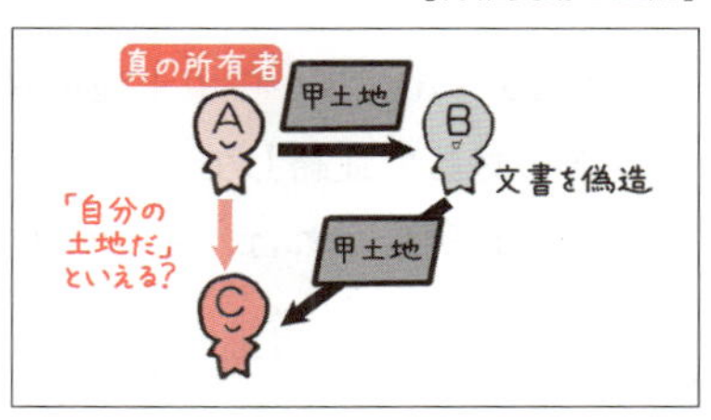

Bは文書を偽造しているため、甲土地について無権利者です。また、無権利者(B)の承継人(C)も無権利者となります。したがって、真の所有者であるAは、所有者であることをCに対して主張することができます。

(2) 誤

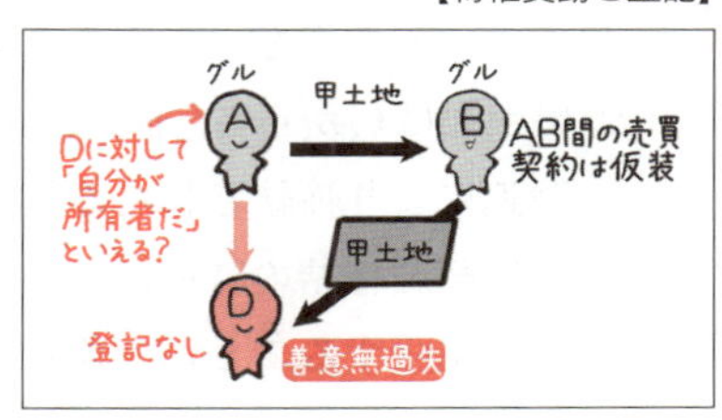

AB間の売買契約は虚偽表示によるものなので無効ですが、この無効は善意の第三者であるDに対しては対抗できません。したがって、Aは所有者であることをDに対して主張することはできません。

(3) 誤

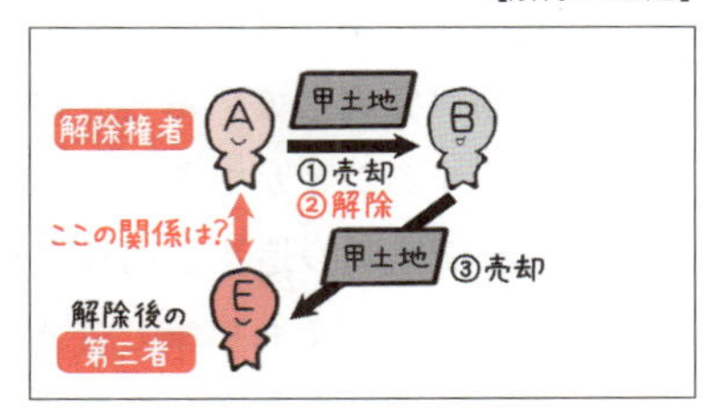

解除の場合、解除権者と解除後の第三者では、**登記を先にしたほう**が所有者であることを主張することができます。本肢は「登記をしたか否かにかかわらず」とあるので、誤りです。

(4) 誤

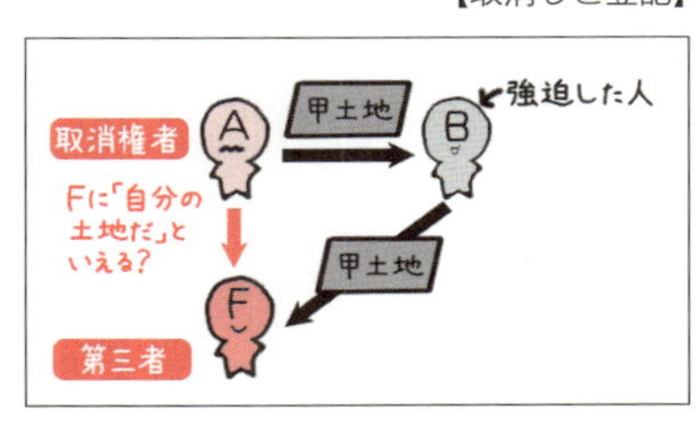

強迫による取消しの場合、取消権者は、取消前の第三者(善意・悪意、過失の有無にかかわらず)に対抗することができます。本肢では、「FがBによる強迫を知っていたときに限り…主張できる」とあるので、誤りです。

なお、錯誤・詐欺による取消しの場合には、取消権者は善意無過失の第三者には所有権を対抗できません。

解答…(1)

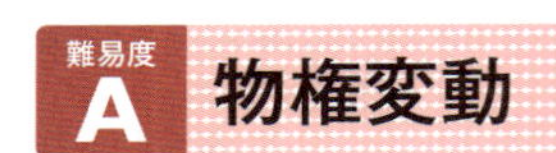

物権変動

→教科書 CHAPTER02 SECTION09

問題35　AがBから甲土地を購入したところ、甲土地の所有者を名のるCがAに対して連絡してきた。この場合における次の記述のうち、民法の規定及び判例によれば、正しいものはどれか。〔H22問4〕

(1) CもBから甲土地を購入しており、その売買契約書の日付とBA間の売買契約書の日付が同じである場合、登記がなくても、契約締結の時刻が早い方が所有権を主張することができる。

(2) 甲土地はCからB、BからAと売却されており、CB間の売買契約がBの強迫により締結されたことを理由として取り消された場合には、BA間の売買契約締結の時期にかかわらず、Cは登記がなくてもAに対して所有権を主張することができる。

(3) Cが時効により甲土地の所有権を取得した旨主張している場合、取得時効の進行中にBA間で売買契約及び所有権移転登記がなされ、その後に時効が完成しているときには、Cは登記がなくてもAに対して所有権を主張することができる。

(4) Cは債権者の追及を逃れるために売買契約の実態はないのに登記だけBに移し、Bがそれに乗じてAとの間で売買契約を締結した場合には、CB間の売買契約が存在しない以上、Aは所有権を主張することができない。

	①	②	③	④	⑤
学習日					
理解度 (○/△/×)					

解説

(1) 誤　【物権変動と登記】

二重譲渡の場合、**先に登記をしたほうが**所有権を主張できます。本肢は「登記がなくても、契約締結の時刻が早い方が所有権を主張することができる」とあるので、誤りです。

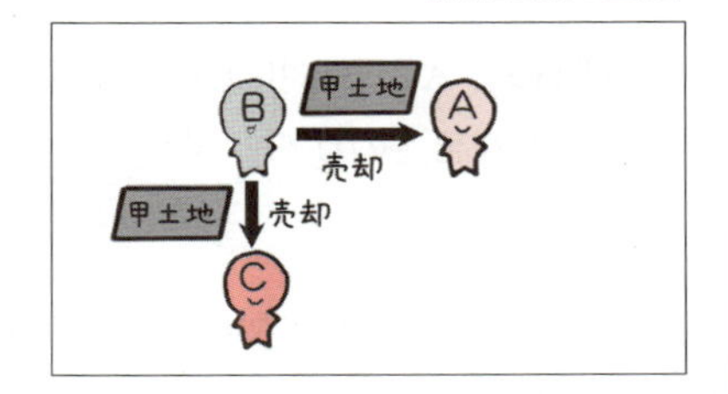

(2) 誤　【取消しと登記】

強迫による取消しの場合、取消権者は、取消前の第三者(善意・悪意、過失の有無にかかわらず)に対しては、登記がなくても所有権を対抗することができますが、取消後の第三者に対しては、登記がなければ所有権を対抗することはできません。

(3) 正　【取得時効と登記】

時効取得者は、時効完成前に所有権を取得した第三者に対し、登記がなくても、所有権を主張することができます。

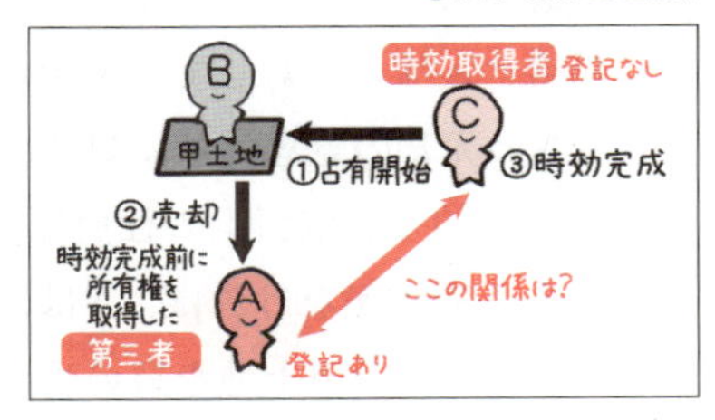

(4) 誤　【虚偽表示…SEC.02】

Aが善意であれば、Aは保護され、所有権を主張することができます。

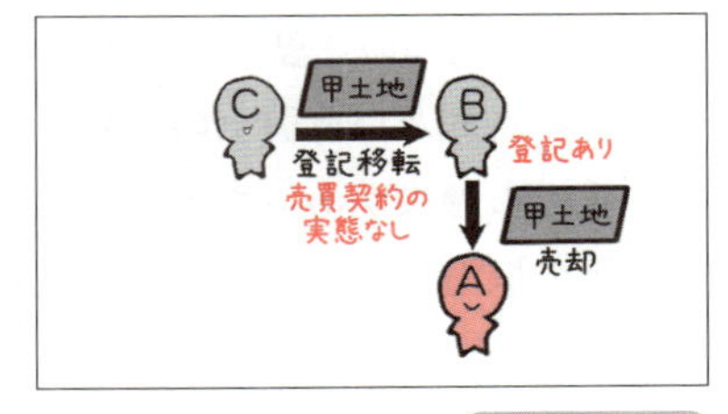

解答…(3)

ちょっと確認!

強迫による取消し

☆ 取消し前に第三者が登場していた場合には、取消権者(強迫された人)は、第三者に対して所有権を対抗できる

☆ 取消し後に第三者が登場した場合には、取消権者と第三者は先に登記をしたほうが所有権を対抗できる

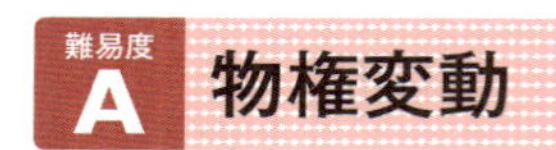

→教科書 CHAPTER02 SECTION09

問題36 AがBに甲土地を売却し、Bが所有権移転登記を備えた場合に関する次の記述のうち、民法の規定及び判例によれば、誤っているものはどれか。

［R1問2㊎］

(1) AがBとの売買契約をBの詐欺を理由に取り消した後、CがBから甲土地を買い受けて所有権移転登記を備えた場合、AC間の関係は対抗問題となり、Aは、いわゆる背信的悪意者ではないCに対して、登記なくして甲土地の返還を請求することができない。

(2) AがBとの売買契約をBの詐欺を理由に取り消す前に、Bの詐欺について悪意のCが、Bから甲土地を買い受けて所有権移転登記を備えていた場合、AはCに対して、甲土地の返還を請求することができる。

(3) Aの売却の意思表示に対応する意思を欠く錯誤で、その錯誤が売買契約の目的及び取引上の社会通念に照らして重要なものである場合、Aに重大な過失がなければ、Aは、錯誤による当該意思表示の取消しをする前に、Bから甲土地を買い受けた悪意のCに対して、錯誤による当該意思表示の取消しを主張して、甲土地の返還を請求することができる。

(4) Aの売却の意思表示に対応する意思を欠く錯誤で、その錯誤が売買契約の目的及び取引上の社会通念に照らして重要なものである場合、Aに重大な過失があったとしても、AはBに対して、錯誤による当該意思表示の取消しを主張して、甲土地の返還を請求することができる。

	①	②	③	④	⑤
学習日					
理解度 (○/△/×)					

解説

(1) 正　　【取消しと登記】

詐欺取消し「後」の詐欺にあった人(A)と転得者(C)の関係は**対抗問題**となり、いずれの当事者も、登記なくして(背信的悪意者でない)他方の当事者に対して甲土地の所有権を主張することはできません。

(2) 正　　【取消しと登記】

(1)とは異なり、**詐欺取消し「前」**の詐欺にあった人(A)と転得者(C)の関係は対抗問題とはならず、**Cが悪意または有過失**の場合には、Aは登記がなくても甲土地の所有権を主張することができます。

(3) 正　　【錯誤による取消しの可否】

意思表示に対応する意思を欠く錯誤で、その錯誤が法律行為の目的・取引上の社会通念に照らして重要なものであるときは、錯誤にかかる意思表示を取り消すことができます(ただし、錯誤が表意者の重過失によるものであった場合には、原則として取り消すことができません)。

この錯誤による取消しは、**善意無過失の第三者**(錯誤による取消し前の第三者)**に対抗することができません**(悪意の第三者Cに対しては、Aは甲土地の返還を請求することができます)。

(4) 誤　　【錯誤による取消しの可否】

錯誤が**表意者の重過失**によるものであった場合には、原則として取り消すことができません。

❶相手方が表意者に錯誤があることを知り、または重過失により知らなかったときや、❷相手方が表意者と同一の錯誤に陥っていたときには、例外的に取り消すことができる。(4)は常に取り消すことができるように書いているからダメ～

解答…(4)

難易度 **B**

物権変動

→教科書 CHAPTER02 SECTION09

問題37 不動産の物権変動の対抗要件に関する次の記述のうち、民法の規定及び判例によれば、誤っているものはどれか。なお、この問において、第三者とはいわゆる背信的悪意者を含まないものとする。 〔H19問6〕

(1) 不動産売買契約に基づく所有権移転登記がなされた後に、売主が当該契約に係る意思表示を詐欺によるものとして適法に取り消した場合、売主は、その旨の登記をしなければ、当該取消後に当該不動産を買主から取得して所有権移転登記を経た第三者に所有権を対抗できない。

(2) 不動産売買契約に基づく所有権移転登記がなされた後に、売主が当該契約を適法に解除した場合、売主は、その旨の登記をしなければ、当該契約の解除後に当該不動産を買主から取得して所有権移転登記を経た第三者に所有権を対抗できない。

(3) 甲不動産につき兄と弟が各自2分の1の共有持分で共同相続した後に、兄が弟に断ることなく単独で所有権を相続取得した旨の登記をした場合、弟は、その共同相続の登記をしなければ、共同相続後に甲不動産を兄から取得して所有権移転登記を経た第三者に自己の持分権を対抗できない。

(4) 取得時効の完成により乙不動産の所有権を適法に取得した者は、その旨を登記しなければ、時効完成後に乙不動産を旧所有者から取得して所有権移転登記を経た第三者に所有権を対抗できない。

	①	②	③	④	⑤
学習日					
理解度 (○/△/×)					

解説

(1) **正** 【取消しと登記】

本肢は、取消後に第三者が登場するパターンです。取消後に第三者が登場する場合、取消権者と第三者は**先に登記をしたほう**が所有権を主張できます。したがって、取消権者である売主は、取消後に所有権移転登記をした第三者に対して所有権を対抗できません。

(2) **正** 【解除と登記】

解除の場合、解除の前に第三者が登場した場合でも、解除の後に第三者が登場した場合でも、解除権者と第三者は**先に登記をしたほう**が所有権を主張できます。

(3) **誤** 【相続と登記】

不動産を共同相続したあと、兄が弟に無断で、単独で所有権を相続取得した旨の登記をして第三者に売却した場合、兄は弟の持分について**無権利者**なのに、弟の持分まで第三者に売却したことになります。したがって、弟はその共同相続の登記がなくても、自分の法定相続分については第三者に所有権を対抗できます。

(4) **正** 【取得時効と登記】

時効完成後に第三者が登場した場合、時効取得者と第三者は**先に登記をしたほう**が所有権を対抗できます。

解答…(3)

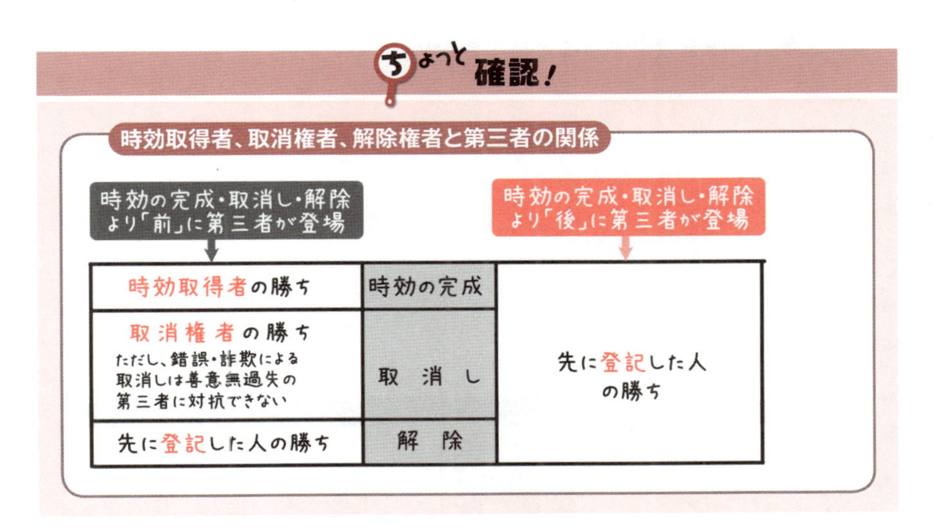

抵当権

→教科書 CHAPTER02 SECTION10

問題38　AはBから2,000万円を借り入れて土地とその上の建物を購入し、Bを抵当権者として当該土地及び建物に2,000万円を被担保債権とする抵当権を設定し、登記した。この場合における次の記述のうち、民法の規定及び判例によれば、誤っているものはどれか。　〔H22問5〕

(1) AがBとは別にCから500万円を借り入れていた場合、Bとの抵当権設定契約がCとの抵当権設定契約より先であっても、Cを抵当権者とする抵当権設定登記の方がBを抵当権者とする抵当権設定登記より先であるときには、Cを抵当権者とする抵当権が第1順位となる。

(2) 当該建物に火災保険が付されていて、当該建物が火災によって焼失してしまった場合、Bの抵当権は、その火災保険契約に基づく損害保険金請求権に対しても行使することができる。

(3) Bの抵当権設定登記後にAがDに対して当該建物を賃貸し、当該建物をDが使用している状態で抵当権が実行され当該建物が競売された場合、Dは競落人に対して直ちに当該建物を明け渡す必要はない。

(4) AがBとは別に事業資金としてEから500万円を借り入れる場合、当該土地及び建物の購入代金が2,000万円であったときには、Bに対して500万円以上の返済をした後でなければ、当該土地及び建物にEのために2番抵当権を設定することはできない。

	①	②	③	④	⑤
学習日					
理解度 (○/△/×)					

解説

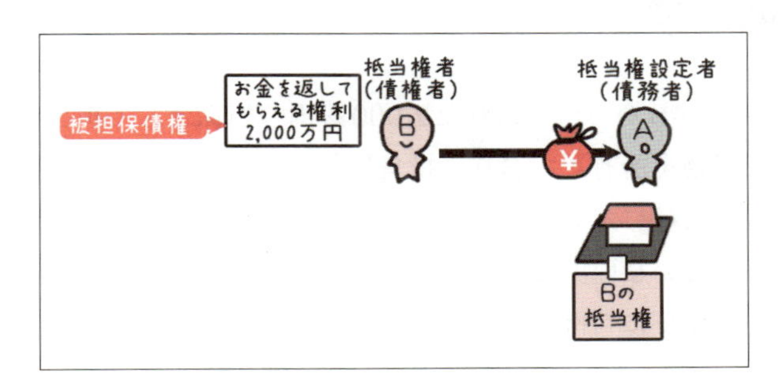

(1) **正** 【抵当権の順位】

抵当権の順位は、契約の前後ではなく、**登記の前後**で決まります。したがって、Cを抵当権者とする登記のほうが、Bを抵当権者とする登記よりも先であるときは、Cが第1順位の抵当権者となります。

(2) **正** 【抵当権の性質】

抵当権は、抵当不動産が売却されたり、滅失等してしまった場合、抵当不動産の所有者が受け取るべき金銭等について行使することができます(物上代位性)。したがって、Bの抵当権は、当該建物に係る損害保険金についても行使することができます。

ただし、この場合、抵当権者(B)は、抵当権設定者(A)が損害保険金を受け取る前に差押えをしなければならないよ～

(3) **正** 【抵当権と賃借権】

抵当権設定登記後に賃借権が設定された場合、原則として賃借人は抵当権者等に賃借権を対抗することはできません。ただし、競売手続開始前から建物を使用収益している場合、賃借人(D)は、競落人が建物を買い受けたときから**6カ月**を経過するまでは、その建物を明け渡さなくてもよいことなっています。

「すぐに出て行け!」というのは、酷だから…

(4) **誤** 【抵当権】

被担保債権の額が抵当不動産の価格を超えるような抵当権の設定はできないという規定はありません。AはBに対して500万円以上の返済をしたあとでなくても、Eのために2番抵当権を設定することができます。

解答…(4)

抵当権

→教科書 CHAPTER02 SECTION10

問題39　Aは、Bから借り入れた2,000万円の担保として抵当権が設定されている甲建物を所有しており、抵当権設定の後である×6年4月1日に、甲建物を賃借人Cに対して賃貸した。Cは甲建物に住んでいるが、賃借権の登記はされていない。この場合に関する次の記述のうち、民法及び借地借家法の規定並びに判例によれば、正しいものはどれか。　〔H20問4改〕

(1) AがBに対する借入金の返済につき債務不履行となった場合、Bは抵当権の実行を申し立てて、AのCに対する賃料債権に物上代位することも、AC間の建物賃貸借契約を解除することもできる。
(2) 抵当権が実行されて、Dが甲建物の新たな所有者となった場合であっても、Cは民法第602条に規定されている短期賃貸借期間の限度で、Dに対して甲建物を賃借する権利があると主張することができる。
(3) AがEからさらに1,000万円を借り入れる場合、甲建物の担保価値が1,500万円だとすれば、甲建物に抵当権を設定しても、EがBに優先して甲建物から債権全額の回収を図る方法はない。
(4) Aが借入金の返済のために甲建物をFに任意に売却してFが新たな所有者となった場合であっても、Cは、FはAC間の賃貸借契約を承継したとして、Fに対して甲建物を賃借する権利があると主張することができる。

	①	②	③	④	⑤
学習日					
理解度 (○/△/×)					

解説

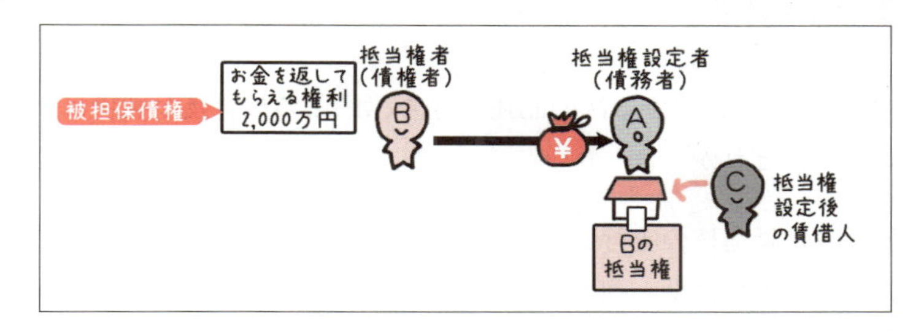

(1) 誤 【抵当権の性質】

抵当権は、抵当不動産の賃料に対しても行使することができます(物上代位性)。したがって、Bは、Aの賃料債権を差し押さえることができます。しかし、**AC間の建物賃貸借契約を解除することはできません。**

(2) 誤 【抵当権と賃借権】

抵当権設定登記後に賃借権が設定された場合、原則として賃借人は抵当権者等に賃借権を対抗することはできませんが、建物の賃借権で一定の要件を満たす場合、賃借人(C)は、Dが建物を買い受けたときから**6カ月**を経過するまでは、その建物を明け渡さなくてもよいことなっています。本肢の「短期賃貸借期間の限度で…賃借する権利があると主張することができる」わけではありません。

(3) 誤 【抵当権の順位】

Eが Bから抵当権の順位の譲渡をしてもらうなど、EがBに優先して甲建物から債権全額の回収を図る方法はあります。

(4) 正 【借地借家法(借家)…SEC.14】

借地借家法では、建物の賃貸借においては建物の引渡し(鍵の引渡しなど)があれば、賃借人は賃借権を対抗できるとしています。本肢では、Cは建物の引渡しを受けているので、新たな所有者Fに対して、賃借権を対抗することができます。

解答…(4)

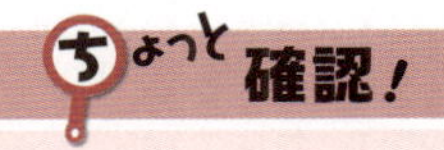

抵当権と賃借権

☆ 抵当権設定登記後に設定された賃借権は、原則として抵当権者、競売による買受人に対抗することができない

☆ 建物の賃借権で、競売手続の開始前から建物を使用収益している賃借人は、買受人が建物を買い受けたときから6カ月を経過するまでは、その建物を買受人に引き渡さなくてもよい

抵当権

→教科書 CHAPTER02 SECTION10

問題40 抵当権に関する次の記述のうち、民法の規定及び判例によれば、正しいものはどれか。 〔H25問5〕

(1) 債権者が抵当権の実行として担保不動産の競売手続をする場合には、被担保債権の弁済期が到来している必要があるが、対象不動産に関して発生した賃料債権に対して物上代位をしようとする場合には、被担保債権の弁済期が到来している必要はない。

(2) 抵当権の対象不動産が借地上の建物であった場合、特段の事情がない限り、抵当権の効力は当該建物のみならず借地権についても及ぶ。

(3) 対象不動産について第三者が不法に占有している場合、抵当権は、抵当権設定者から抵当権者に対して占有を移転させるものではないので、事情にかかわらず抵当権者が当該占有者に対して妨害排除請求をすることはできない。

(4) 抵当権について登記がされた後は、抵当権の順位を変更することはできない。

	①	②	③	④	⑤
学習日					
理解度(○/△/×)					

解説

(1) 誤 【抵当権の性質】

抵当不動産に関して発生した賃料債権に対して物上代位しようとする場合でも、被担保債権の弁済期が到来している必要があります。

被担保債権の弁済期がきていないのに、「賃料債権、差し押さえるぜ」なんて、横暴な話だよ…

(2) 正 【抵当権】

抵当不動産が借地上の建物であった場合には、特段の事情がない限り、**抵当権の効力は建物のみならず借地権にも及びます。**

抵当権の効力が借地権には及ばなかったら、抵当権を実行して建物を買い受けた人は、建物は手に入るけど、その土地は使えない、ってことになっちゃうね…

(3) 誤 【抵当権・その他】

たとえば、抵当不動産を不法占拠する者がいて、それにより抵当不動産の価値が下がり、抵当権者の優先弁済権の行使が困難になるような状態となった場合には、抵当権者は妨害排除請求をすることができます。

(4) 誤 【抵当権の順位】

抵当権の順位の変更は、登記した抵当権の順位を変更することなので、抵当権の登記がされたあとでも順位を変更できるのは当然のことです。

解答…(2)

プラス1(ワン)

【抵当権者の妨害排除請求】

■原則■

抵当権者は、抵当権設定者の行う抵当不動産の使用・収益・処分には、原則として干渉できない

■例外■

☆ 抵当権設定者が抵当不動産の価値を減少させるような行為をしたときは、抵当権者は抵当権設定者に対して、「その行為をやめて」ということができる

☆ 抵当不動産に不法占拠者がいて、それによって抵当不動産の価値が下がり、抵当権者の優先弁済権の行使が困難となる状態のときは、抵当権者は不法占拠者に「そこ、どいて」ということができる

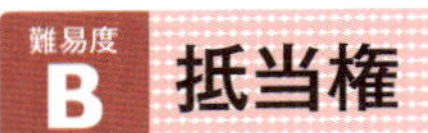

難易度 B 抵当権

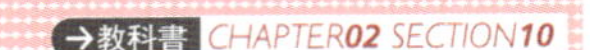

→教科書 CHAPTER02 SECTION10

問題41 民法第379条は、「抵当不動産の第三取得者は、第383条の定めるところにより、抵当権消滅請求をすることができる。」と定めている。これに関する次の記述のうち、民法の規定によれば、正しいものはどれか。

［H21問6］

(1) 抵当権の被担保債権につき保証人となっている者は、抵当不動産を買い受けて第三取得者になれば、抵当権消滅請求をすることができる。

(2) 抵当不動産の第三取得者は、当該抵当権の実行としての競売による差押えの効力が発生した後でも、売却の許可の決定が確定するまでは、抵当権消滅請求をすることができる。

(3) 抵当不動産の第三取得者が抵当権消滅請求をするときは、登記をした各債権者に民法第383条所定の書面を送付すれば足り、その送付書面につき事前に裁判所の許可を受ける必要はない。

(4) 抵当不動産の第三取得者から抵当権消滅請求にかかる民法第383条所定の書面の送付を受けた抵当権者が、同書面の送付を受けた後2か月以内に、承諾できない旨を確定日付のある書面にて第三取得者に通知すれば、同請求に基づく抵当権消滅の効果は生じない。

	①	②	③	④	⑤
学習日					
理解度 (○/△/×)					

解説

（1）誤　【抵当権消滅請求】

債務者や保証人は、たとえ第三取得者となったとしても、抵当権消滅請求をすることはできません。

（2）誤　【抵当権消滅請求】

抵当権消滅請求は、抵当権の実行としての**競売による差押えの効力発生前**に行わなければなりません。

（3）正　【抵当権消滅請求】

抵当不動産の第三取得者が抵当権消滅請求をするときは、登記をした各債権者に一定の書面を送付する必要がありますが、その書面について、事前に裁判所の許可を受ける必要はありません。

（4）誤　【抵当権消滅請求】

抵当権者が抵当権消滅請求を承諾したくないときは、書面の送付を受けてから**2カ月以内に抵当権を実行して競売の申立てをすれば**、抵当権消滅請求の効果は生じません。本肢は、「承諾できない旨を確定日付のある書面にて第三取得者に通知すれば」という点が誤りです。

解答…(3)

ちょっと確認！

抵当権消滅請求

第三取得者が抵当権者に対して「一定の金額を支払う代わりに抵当権を消滅して」と請求し、抵当権者がそれを承諾した場合は、抵当権は消滅する

請求できる期限は？

→抵当権の実行としての**競売による差押えの効力発生前**に請求しなければならない

抵当権者が承諾したくないときは？

→抵当権者は、抵当権消滅請求を承諾しないときは、**第三取得者から請求を受けた後2カ月以内に、抵当権を実行して、競売の申立てをすれば、**抵当権消滅請求の効果は生じない

ポイント

☆ 債務者の同意・承諾は不要

☆ 登記をした各債権者に対し、必要事項を記載した書面を送付する必要がある

☆ **債務者や保証人は抵当権消滅請求をすることができない**

難易度 **A**

抵当権（法定地上権）

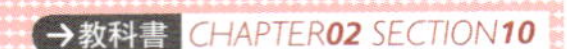

問題42 法定地上権に関する次の(1)から(4)までの記述のうち、民法の規定、判例及び判決文によれば、誤っているものはどれか。 ［H21問7］

（判決文）

土地について1番抵当権が設定された当時、土地と地上建物の所有者が異なり、法定地上権成立の要件が充足されていなかった場合には、土地と地上建物を同一人が所有するに至った後に後順位抵当権が設定されたとしても、その後に抵当権が実行され、土地が競落されたことにより1番抵当権が消滅するときには、地上建物のための法定地上権は成立しないものと解するのが相当である。

(1) 土地及びその地上建物の所有者が同一である状態で、土地に1番抵当権が設定され、その実行により土地と地上建物の所有者が異なるに至ったときは、地上建物について法定地上権が成立する。

(2) 更地である土地の抵当権者が抵当権設定後に地上建物が建築されることを承認した場合であっても、土地の抵当権設定時に土地と所有者を同じくする地上建物が存在していない以上、地上建物について法定地上権は成立しない。

(3) 土地に1番抵当権が設定された当時、土地と地上建物の所有者が異なっていたとしても、2番抵当権設定時に土地と地上建物の所有者が同一人となれば、土地の抵当権の実行により土地と地上建物の所有者が異なるに至ったときは、地上建物について法定地上権が成立する。

(4) 土地の所有者が、当該土地の借地人から抵当権が設定されていない地上建物を購入した後、建物の所有権移転登記をする前に土地に抵当権を設定した場合、当該抵当権の実行により土地と地上建物の所有者が異なるに至ったときは、地上建物について法定地上権が成立する。

	①	②	③	④	⑤
学習日					
理解度 (○/△/×)					

解説

法定地上権は、次の要件をすべて満たしたときに成立します。

法定地上権の成立要件
❶ 抵当権設定当時、土地の上に建物が存在すること(登記の有無は問わない)
❷ 抵当権設定当時、土地の所有者と建物の所有者が 同一 であること
❸ 土地・建物の一方または双方に抵当権が設定されていること
❹ 抵当権の実行(競売)により、土地の所有者と建物の所有者が 別々 になること

(1) 正 【法定地上権】

本肢は上記の要件をすべて満たすので、法定地上権が成立します。

(2) 正 【法定地上権】

本肢は、更地→抵当権の設定→建物の建築なので、抵当権の設定当時、土地の上に建物が存在しません。したがって、上記の要件❶を満たさないので、法定地上権は成立しません。

(3) 誤 【法定地上権】

本肢は「1番抵当権が設定された当時、土地と地上建物の所有者が異なって」いるので、上記の要件❷を満たしていません。したがって、法定地上権は成立しません。

(4) 正 【法定地上権】

本肢は、土地の所有→建物の購入→抵当権の設定→抵当権の実行(土地の所有者と建物の所有者が別々になった)なので、上記の要件をすべて満たします(所有権の移転登記はされていなくてもよい)。したがって、法定地上権が成立します。

解答…(3)

ちょっと確認!

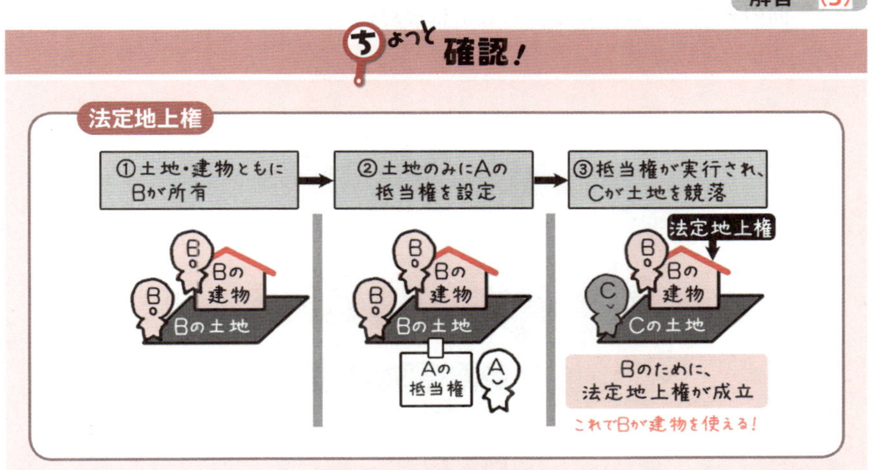

難易度C 抵当権

→教科書 CHAPTER02 SECTION10

問題43 Aは、Bから借り入れた2,400万円の担保として第一順位の抵当権が設定されている甲土地を所有している。Aは、さらにCから1,600万円の金銭を借り入れ、その借入金全額の担保として甲土地に第二順位の抵当権を設定した。この場合に関する次の記述のうち、民法の規定及び判例によれば、正しいものはどれか。 [H18問5]

(1) 抵当権の実行により甲土地が競売され3,000万円の配当がなされる場合、BがCに抵当権の順位を譲渡していたときは、Bに1,400万円、Cに1,600万円が配当され、BがCに抵当権の順位を放棄していたときは、Bに1,800万円、Cに1,200万円が配当される。

(2) Aが抵当権によって担保されている2,400万円の借入金全額をBに返済しても、第一順位の抵当権を抹消する前であれば、Cの同意の有無にかかわらず、AはBから新たに2,400万円を借り入れて、第一順位の抵当権を設定することができる。

(3) Bの抵当権設定後、Cの抵当権設定前に甲土地上に乙建物が建築され、Cが抵当権を実行した場合には、乙建物について法定地上権が成立する。

(4) Bの抵当権設定後、Cの抵当権設定前にAとの間で期間を2年とする甲土地の賃貸借契約を締結した借主Dは、Bの同意の有無にかかわらず、2年間の範囲で、Bに対しても賃借権を対抗することができる。

	①	②	③	④	⑤
学習日					
理解度 (○/△/×)					

解説

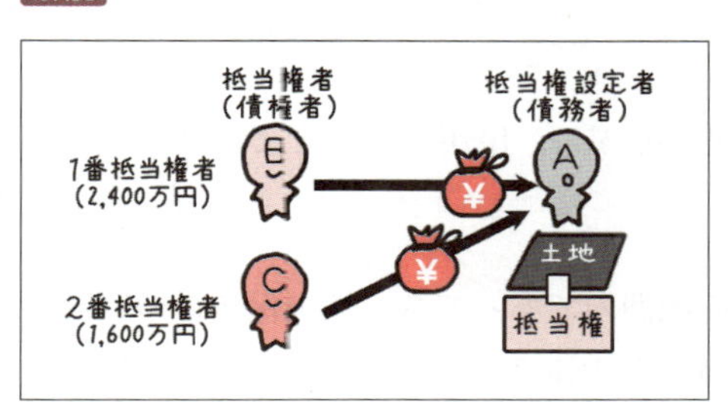

（1）正　【抵当権・その他】

Bが C に抵当権の順位の譲渡をしていた場合、Cが1番抵当権者、Bが2番抵当権者となります。したがって、3,000万円からCが1,600万円を受け取り、残りの1,400万円をBが受け取ることになります。

また、Bが抵当権の順位を放棄した場合には、BとCは同順位となります。この場合、3,000万円をBとCで2,400万円：1,600万円の割合で按分します。

$$\text{Bの配当分：}3{,}000\text{万円} \times \frac{2{,}400\text{万円}}{2{,}400\text{万円} + 1{,}600\text{万円}} = 1{,}800\text{万円}$$

$$\text{Cの配当分：}3{,}000\text{万円} \times \frac{1{,}600\text{万円}}{2{,}400\text{万円} + 1{,}600\text{万円}} = 1{,}200\text{万円}$$

（2）誤　【抵当権の性質】

AがBに借入金を全額返済した場合、被担保債権が消滅するので、それに従って抵当権も消滅します（付従性）。Bの抵当権が消滅すると、2番抵当権者のCが1番抵当権者となります。そして、その後、Cの同意なく、新たに第一順位の抵当権を設定することはできません。

（3）誤　【法定地上権】

法定地上権が成立するためには、1番抵当権が設定された当時、土地と建物が存在してなければなりません。本肢では、1番抵当権の設定時には、建物は存在していないため、法定地上権は成立しません。

（4）誤　【抵当権と賃借権】

抵当権設定後の賃借権は、原則として抵当権者等に対抗することはできません。

ただし、登記をした賃借権について、（その登記前に登記をした）**すべての抵当権者が同意**し、その**同意の登記**がある場合には、賃借人（D）は抵当権者（B）に賃借権を対抗することができます。本肢では「B（抵当権者）の同意の有無にかかわらず」とあるので、誤りです。

解答…（1）

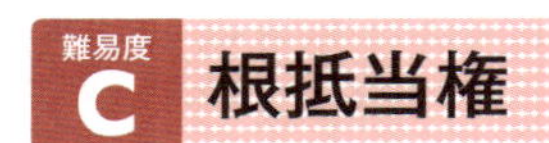

根抵当権

問題44　根抵当権に関する次の記述のうち、民法の規定によれば、正しいものはどれか。　［H23問4］

(1) 根抵当権者は、総額が極度額の範囲内であっても、被担保債権の範囲に属する利息の請求権については、その満期となった最後の2年分についてのみ、その根抵当権を行使することができる。

(2) 元本の確定前に根抵当権者から被担保債権の範囲に属する債権を取得した者は、その債権について根抵当権を行使することができない。

(3) 根抵当権設定者は、担保すべき元本の確定すべき期日の定めがないときは、一定期間が経過した後であっても、担保すべき元本の確定を請求することはできない。

(4) 根抵当権設定者は、元本の確定後であっても、その根抵当権の極度額を、減額することを請求することはできない。

	①	②	③	④	⑤
学習日					
理解度 (○/△/×)					

解説

(1) 誤　【根抵当権…参考編CH.02 3】

普通の抵当権の場合、後順位の抵当権者がいるときは、利息については最後の2年分についてのみ権利行使することができますが、根抵当権は、極度額の範囲内ならば、「利息について最後の2年分」に限られません。

(2) 正　【根抵当権…参考編CH.02 3】

元本の確定前の根抵当権には、随伴性(被担保債権が移転すると、それに伴って根抵当権等の担保物権も移転するという性質)はありません。したがって、元本の確定前に、根抵当権者から債権を取得した者は、その債権について根抵当権を行使することはできません。

(3) 誤　【根抵当権…参考編CH.02 3】

元本を確定すべき期日を定めなかったとき、根抵当権設定者は、根抵当権を設定したときから**3年**を経過すれば、元本の確定を請求することができます(根抵当権者はいつでも元本の確定を請求できます)。

(4) 誤　【根抵当権…参考編CH.02 3】

元本の確定後は、根抵当権設定者は、その根抵当権の極度額を「現在残っている債務の額＋以後2年間に生ずべき利息等」まで減額することを請求できます。

解答…(2)

余裕がない人はこの問題はとばして！

プラス1(ワン)

【根抵当権】

☆ 元本確定前の根抵当権には随伴性はないが、元本確定後の根抵当権には随伴性がある

☆ 優先弁済を受けられる額は極度額まで

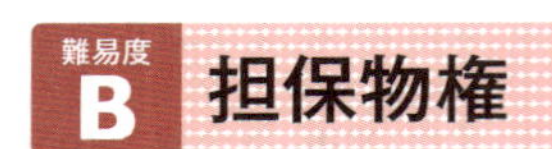

難易度B 担保物権

→教科書 参考編CH.02

問題45 担保物権に関する次の記述のうち、民法の規定によれば、正しいものはどれか。 ［H21問5］

(1) 抵当権者も先取特権者も、その目的物が火災により焼失して債務者が火災保険金請求権を取得した場合には、その火災保険金請求権に物上代位することができる。

(2) 先取特権も質権も、債権者と債務者との間の契約により成立する。

(3) 留置権は動産についても不動産についても成立するのに対し、先取特権は動産については成立するが不動産については成立しない。

(4) 留置権者は、善良な管理者の注意をもって、留置物を占有する必要があるのに対し、質権者は、自己の財産に対するのと同一の注意をもって、質物を占有する必要がある。

	①	②	③	④	⑤
学習日					
理解度 (○/△/×)					

解説

（1）正　【担保物権の性質…参考編CH.02 1】

抵当権も先取特権も、物上代位性（目的物が売却されたり、滅失等してしまった場合に、債務者が受け取るべき金銭等についても行使できるという性質）があります。

（2）誤　【担保物権の分類…参考編CH.02 1】

質権と抵当権は、当事者間の契約によって成立するもの（約定担保物権）ですが、留置権と先取特権は法律上当然に成立するもの（法定担保物権）です。

（3）誤　【担保物権…参考編CH.02 2】

留置権・先取特権ともに、動産についても不動産についても成立します。

（4）誤　【担保物権…参考編CH.02 2】

留置権者も質権者も、善良な管理者の注意をもって、留置物や質物を占有する必要があります。

解答…（1）

ちょっと確認！

担保物権の分類

法定担保物権	法律上当然に成立するもの →留置権、先取特権
約定担保物権	当事者間の契約によって成立するもの →質権、抵当権

担保物権の性質

	留置権	先取特権	質権	抵当権
付従性	あり	あり	あり	あり※
随伴性	あり	あり	あり	あり※
不可分性	あり	あり	あり	あり
物上代位性	なし	あり	あり	あり

※ 元本確定前の根抵当権は「なし」

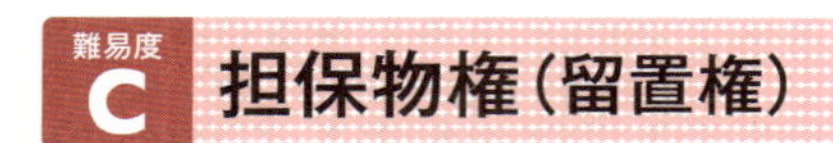

難易度C 担保物権（留置権）

→教科書 参考編CH.02

問題46 留置権に関する次の記述のうち、民法の規定及び判例によれば、正しいものはどれか。 ［H25問4］

(1) 建物の賃借人が賃貸人の承諾を得て建物に付加した造作の買取請求をした場合、賃借人は、造作買取代金の支払を受けるまで、当該建物を留置することができる。

(2) 不動産が二重に売買され、第2の買主が先に所有権移転登記を備えたため、第1の買主が所有権を取得できなくなった場合、第1の買主は、損害賠償を受けるまで当該不動産を留置することができる。

(3) 建物の賃貸借契約が賃借人の債務不履行により解除された後に、賃借人が建物に関して有益費を支出した場合、賃借人は、有益費の償還を受けるまで当該建物を留置することができる。

(4) 建物の賃借人が建物に関して必要費を支出した場合、賃借人は、建物所有者ではない第三者が所有する敷地を留置することはできない。

	①	②	③	④	⑤
学習日					
理解度 (○/△/×)					

解説

（1）誤　【留置権…参考編CH.02 2】

造作買取請求権は、造作について生じた債権であって、建物について生じた債権ではありません。したがって、賃借人は賃貸人に対し、「造作買取代金の支払いを受けるまで建物を引き渡さない（留置する）」ということはできません。

（2）誤　【留置権…参考編CH.02 2】

不動産の二重譲渡によって、第1の買主が所有権を取得できなくなった場合には、第1の買主は売主に対して債務不履行による損害賠償の請求をすることはできますが、不動産を留置することはできません。

（3）誤　【留置権…参考編CH.02 2】

建物の賃貸借契約が賃借人の債務不履行により解除された後に、賃借人が建物に関して有益費を支出した場合、賃借人は、「有益費の償還を受けるまで建物を明け渡さない（留置する）」ということはできません。

（4）正　【留置権…参考編CH.02 2】

建物の賃借人が「建物」に関して必要費を支出した場合、賃借人は、その必要費の償還を受けるまで「建物」を明け渡さないという（留置する）ことはできますが、建物所有者ではない第三者が所有する「敷地」を留置することはできません。

解答…（4）

「こんな問題も出るんだね」
くらいにおさえておけばOK。

CH 02 権利関係

ちょっと確認！

留置権のポイント

☆ 物上代位性はない
☆ 動産も不動産もいずれも対象となる
☆ 目的物から優先弁済を受けることはできない
☆ 留置権者は、善良な管理者の注意をもって目的物を占有する必要がある
☆ 占有が不法行為によってはじまった場合には、留置権は成立しない
☆ **留置している物に必要な修繕をした場合、その修繕費の支払いを受けるまでその物を留置しておくことができる**

保　証

→教科書 CHAPTER02 SECTION11

問題47　Aは、Aの所有する土地をBに売却し、Bの売買代金の支払債務についてCがAとの間で保証契約を締結した。この場合、民法の規定によれば、次の記述のうち誤っているものはどれか。なお、当事者間において、民法第458条において準用する同法第441条ただし書に規定する別段の合意はないものとする。

［H15問7㊁］

(1) Cの保証債務がBとの連帯保証債務である場合、AがCに対して保証債務の履行を請求してきても、CはAに対して、まずBに請求するよう主張できる。

(2) Cの保証債務にBと連帯して債務を負担する特約がない場合、AがCに対して保証債務の履行を請求してきても、Cは、Bに弁済の資力があり、かつ、執行が容易であることを証明することによって、Aの請求を拒むことができる。

(3) Cの保証債務がBとの連帯保証債務である場合、Cに対する履行の請求による時効の完成猶予及び更新は、Bに対してその効力を生じない。

(4) Cの保証債務にBと連帯して債務を負担する特約がない場合、Bに対する履行の請求その他時効の完成猶予及び更新は、Cに対してもその効力を生ずる。

	①	②	③	④	⑤
学習日					
理解度 (○/△/×)					

解説

（1） **誤** 【催告の抗弁権】

連帯保証人には**催告の抗弁権**が認められないため、債権者から債務の履行を請求されても、「まずはあの人（主たる債務者）に請求して」ということができません。

（2） **正** 【検索の抗弁権】

一般の保証人には**検索の抗弁権**が認められるため、債権者から債務の履行を請求されても、**❶主たる債務者に弁済する資力があること、❷容易に執行できること**を証明すれば、「あの人（主たる債務者）、お金を持っているから、まずはあの人の財産から弁済してもらって」ということができます。

（3） **正** 【連帯保証】

連帯保証人（C）に対する履行の**請求**による時効の完成猶予・更新は、主たる債務者（B）に対してその効力を生じません。

（4） **正** 【保証債務】

主たる債務者（B）に対する履行の請求等は、保証人（C）に対しても効力を生じます。

解答…（1）

ちょっと確認！

連帯保証のポイント

連帯保証人には、催告の抗弁権がない

→債権者がいきなり連帯保証人に請求してきた場合、「まずはあっち（主たる債務者）に請求して」といえない

連帯保証人には、検索の抗弁権がない

→債権者が主たる債務者に請求したうえで、連帯保証人にも請求してきた場合、一定のことを証明しても、「あの人（主たる債務者）、お金を持っているから、まずはあの人の財産から弁済してもらって」といえない

連帯保証人には、分別の利益がない

→債権者は、連帯保証人の誰に対しても、どういう順番でも、債権の全額を請求できる

保証

→教科書 CHAPTER02 SECTION11

問題48 下記ケース①及びケース②の保証契約を締結した場合に関する次の1から4までの記述のうち、民法の規定によれば、正しいものはどれか。

［R2（10月）問2改］

（ケース①） 個人Aが金融機関Bから事業資金として1,000万円を借り入れ、CがBとの間で当該債務に係る保証契約を締結した場合

（ケース②） 個人Aが建物所有者Dと居住目的の建物賃貸借契約を締結し、EがDとの間で当該賃貸借契約に基づくAの一切の債務に係る保証契約を締結した場合

(1) ケース①の保証契約は、口頭による合意でも有効であるが、ケース②の保証契約は、書面でしなければ効力を生じない。

(2) ケース①の保証契約は、Cが個人でも法人でも極度額を定める必要はないが、ケース②の保証契約は、Eが個人でも法人でも極度額を定めなければ効力を生じない。

(3) ケース①及びケース②の保証契約がいずれも連帯保証契約である場合、BがCに債務の履行を請求したときはCは催告の抗弁を主張することができるが、DがEに債務の履行を請求したときはEは催告の抗弁を主張することができない。

(4) 保証人が保証契約締結の日前1箇月以内に公正証書で保証債務を履行する意思を表示していない場合、ケース①のCがAの事業に関与しない個人であるときはケース①の保証契約は効力を生じないが、ケース②の保証契約は有効である。

	①	②	③	④	⑤
学習日					
理解度（○/△/×）					

解説

(1) 誤
【保証契約の成立】

ケース①…×　**ケース②**…○

保証契約は**書面**や**電磁的記録**で行わなければ効力を生じません。したがって、ケース①の保証契約も、書面または電磁的記録で行わなければ効力が生じません。

(2) 誤
【個人根保証契約】

ケース①…○　**ケース②**…×

一定の範囲に属する不特定の債務を主たる債務とする保証契約(**根保証契約**)であって保証人が法人でないもの(**個人根保証契約**)の場合、極度額を定めなければ、その効力を生じません。したがって、ケース②でEが法人の場合は、極度額を定める必要はありません(Eが個人の場合は、個人根保証契約となるので極度額の定めが必要です)。なお、ケース①は、主たる債務が特定していますので、根保証契約には該当せず、Cが個人であっても極度額を定める必要はありません。

(3) 誤
【催告の抗弁権】

ケース①…×　**ケース②**…○

保証人が**連帯保証人**である場合は、**催告の抗弁権**は認められません。したがって、ケース①でBがCに債務の履行を請求したときは、Cは催告の抗弁を主張することができません。

(4) 正
【事業に係る債務についての保証契約】

ケース①…○　**ケース②**…○

事業のために負担した貸金等債務を主たる債務とする保証契約は、その契約の締結に先立ち、その**締結の日前1カ月以内に作成された公正証書**で保証人になろうとする者(保証人が法人である場合または主たる債務者の取締役や総株主の議決権の過半数を有する者等が保証人になる場合を除く)が保証債務を履行する意思を表示していなければ、その効力を生じません。ケース①の保証契約は、Aが事業のために負担した貸金債務であり、Cは当該事業に関与しない個人であることから、保証契約締結の日前1カ月以内に作成された公正証書でCが保証債務を履行する意思を表示する必要があります。

したがって、ケース①の保証契約は効力を生じません。なお、ケース②の保証契約は、事業のために負担した貸金等債務を主たる債務とする保証契約または主たる債務の範囲に事業のために負担する貸金等債務が含まれる根保証契約ではないので、公正証書を作成していなくても有効です。

解答…(4)

難易度 **B**

連帯債務、連帯保証

→教科書 CHAPTER02 SECTION11

問題49　AとBが1,000万円の連帯債務をCに対して負っている(負担部分は$\frac{1}{2}$ずつ)場合と、Dが主債務者として、Eに1,000万円の債務を負い、FはDから委託を受けてその債務の連帯保証人となっている場合の次の記述のうち、民法の規定によれば、正しいものはどれか。なお、当事者間において、民法第441条ただし書(同法第458条において準用する場合を含む。)に規定する別段の合意はないものとする。　［H16問6改］

(1) 1,000万円の返済期限が到来した場合、CはA又はBにそれぞれ500万円までしか請求できないが、EはDにもFにも1,000万円を請求することができる。
(2) CがBに対して債務の全額を免除しても、AはCに対してなお500万円の債務を負担しているが、EがFに対して連帯保証債務の全額を免除すれば、Dも債務の全額を免れる。
(3) Aが1,000万円を弁済した場合には、Aは500万円についてのみBに対して求償することができ、Fが1,000万円を弁済した場合にも、Fは500万円についてのみDに対して求償することができる。
(4) Aが債務を承認して時効が更新してもBの連帯債務の時効の進行には影響しないが、Dが債務を承認して時効が更新した場合にはFの連帯保証債務に対しても時効の更新の効力を生ずる。

	①	②	③	④	⑤
学習日					
理解度 (○/△/×)					

解説

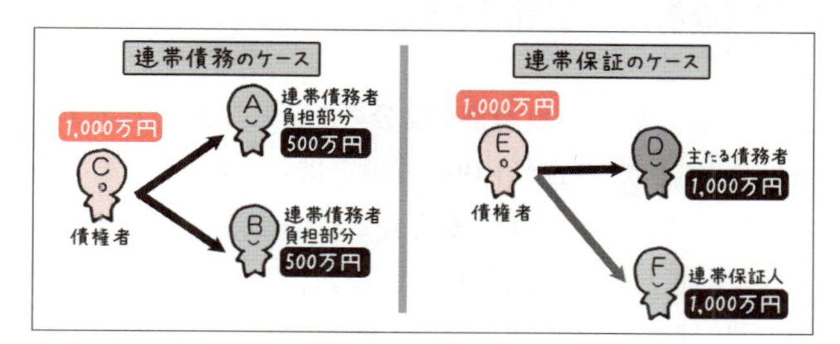

(1) 誤 【連帯債務、連帯保証】

連帯債務のケース…×

C（債権者）は、A（連帯債務者）にもB（連帯債務者）にも、債権の全部（1,000万円）または一部について支払いを請求することができます。

連帯保証のケース…○

E（債権者）は、D（主たる債務者）にもF（連帯保証人）にも、債権の全部（1,000万円）または一部について支払いを請求することができます。

(2) 誤 【連帯債務、連帯保証】

連帯債務のケース…×

C（債権者）が、B（連帯債務者の1人）に対して債務を免除しても、その効力は、A（他の連帯債務者）に及びません。したがって、A（他の連帯債務者）はCに対して1,000万円の債務を負担しています。

連帯保証のケース…×

E（債権者）が、F（連帯保証人）に対して債務を免除しても、その効力はD（主たる債務者）には及びません。

(3) 誤 【連帯債務、連帯保証】

連帯債務のケース…○

そのとおりです。

連帯保証のケース…×

F（連帯保証人）が、債務の全額を弁済した場合、D（主たる債務者）に対して**全額**を求償することができます。

(4) 正 【連帯債務、連帯保証】

連帯債務のケース…○

債務の承認は相対効なので、A（連帯債務者の1人）が債務を承認して時効が更新しても、B（他の連帯債務者）の連帯債務の時効は更新されません。

連帯保証のケース…○

D（主たる債務者）が債務を承認して時効が更新した場合には、F（連帯保証人）の連帯保証債務に対しても時効の更新の効力を生じます。

解答…(4)

難易度B 連帯債務、連帯保証

→教科書 CHAPTER02 SECTION11

問題50 AからBとCとが負担部分2分の1として連帯して1,000万円を借り入れる場合と、DからEが1,000万円を借り入れ、Fがその借入金返済債務についてEと連帯して保証する場合とに関する次の記述のうち、民法の規定によれば、正しいものはどれか。なお、当事者間において、民法第441条ただし書(同法第458条において準用する場合を含む。)に規定する別段の合意はないものとする。 [H20問6㊎]

(1) Aが、Bに対して債務を免除した場合にはCが、Cに対して債務を免除した場合にはBが、それぞれ500万円分の債務を免れる。Dが、Eに対して債務を免除した場合にはFが、Fに対して債務を免除した場合にはEが、それぞれ全額の債務を免れる。

(2) Aが、Bに対して履行を請求した効果はCに及ばず、Cに対して履行を請求した効果もBに及ばない。Dが、Eに対して履行を請求した効果はFに及ぶが、Fに対して履行を請求した効果はEに及ばない。

(3) Bについて時効が完成した場合にはCが、Cについて時効が完成した場合にはBが、それぞれ500万円分の債務を免れる。Eについて時効が完成した場合にはFが、Fについて時効が完成した場合にはEが、それぞれ全額の債務を免れる。

(4) AB間の契約が無効であった場合にはCが、AC間の契約が無効であった場合にはBが、それぞれ1,000万円の債務を負う。DE間の契約が無効であった場合はFが、DF間の契約が無効であった場合はEが、それぞれ1,000万円の債務を負う。

	①	②	③	④	⑤
学習日					
理解度 (○/△/×)					

解説

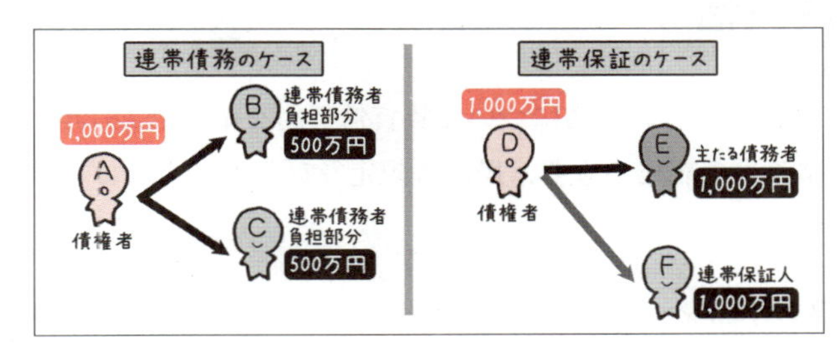

(1) 誤　【連帯債務、連帯保証】

連帯債務のケース…×

A（債権者）が連帯債務者の１人（BまたはC）に対して債務を免除しても、その効果は、他の連帯債務者に及ばず、他の連帯債務者は債務を免れません。

連帯保証のケース…×

D（債権者）が、E（主たる債務者）に対して債務を免除した場合、その効果はF（連帯保証人）に及びますが、D（債権者）がF（連帯保証人）に対して債務を免除しても、その効果はE（主たる債務者）には及びません。

(2) 正　【連帯債務、連帯保証】

連帯債務のケース…○

履行の請求は相対効なので、連帯債務者の１人に対して履行の請求をしても、その効果は他の連帯債務者には及びません。

連帯保証のケース…○

主たる債務者(E)に生じた事由は連帯保証人にも効果が及びます。一方、連帯保証人(F)に生じた事由のうち、履行の請求の効果は主たる債務者(E)には及びません。

(3) 誤　【連帯債務、連帯保証】

連帯債務のケース…×

時効の完成は相対効なので、連帯債務者の１人について時効が完成しても、他の連帯債務者は債務を免れません。

連帯保証のケース…×

E（主たる債務者）について時効が完成した場合には、F（連帯保証人）も債務の全額を免れますが、F（連帯保証人）について時効が完成してもE（主たる債務者）は債務を免れることはできません。

(4) 誤　【連帯債務、連帯保証】

連帯債務のケース…○

連帯債務では、連帯債務者の１人の契約が無効でも、その効果は他の連帯債務者には及びません。

連帯保証のケース…×

D（債権者）とE（主たる債務者）の契約が無効の場合には、F（連帯保証人）は債務を負いませんが、D（債権者）とF（連帯保証人）の契約が無効となっても、E（主たる債務者）は債務を免れることはできません。

解答…(2)

賃貸借

→教科書 CHAPTER02 SECTION12

問題51 AがB所有の建物について賃貸借契約を締結し、引渡しを受けた場合に関する次の記述のうち、民法の規定及び判例によれば、誤っているものはどれか。 [H18問10]

(1) AがBの承諾なく当該建物をCに転貸しても、この転貸がBに対する背信的行為と認めるに足りない特段の事情があるときは、BはAの無断転貸を理由に賃貸借契約を解除することはできない。

(2) AがBの承諾を受けてDに対して当該建物を転貸している場合には、AB間の賃貸借契約がAの債務不履行を理由に解除され、BがDに対して目的物の返還を請求しても、AD間の転貸借契約は原則として終了しない。

(3) AがEに対して賃借権の譲渡を行う場合のBの承諾は、Aに対するものでも、Eに対するものでも有効である。

(4) AがBの承諾なく当該建物をFに転貸し、無断転貸を理由にFがBから明渡請求を受けた場合には、Fは明渡請求以後のAに対する賃料の全部又は一部の支払を拒むことができる。

	①	②	③	④	⑤
学習日					
理解度(○/△/×)					

解説

(1) **正** 【転貸借】

賃借人(A)が賃借物の転貸をするときは、賃貸人(B)の**承諾**が必要です。そして無断転貸をした場合には、賃貸人(B)は**契約を解除**することができます。ただし、無断転貸の場合でも、**背信的行為と認めるに足りない特段の事情**があるときは賃貸人(B)は契約を解除することはできません。

(2) **誤** 【建物の賃貸借が終了した場合の転貸借】

賃貸借契約が、賃借人(A)の**債務不履行**(賃料を支払わなかったなど)により解除された場合には、**転貸借契約も終了**します(転借人は賃貸人に対抗することができません)。

(3) **正** 【賃借権の譲渡】

賃借権の譲渡を行う場合の、賃貸人(B)の承諾は賃借人(A)に対するものでも、譲受人(E)に対するものでも有効となります。

(4) **正** 【転貸借】

無断転貸があった場合、原則としてそれを理由に賃貸人(B)は転借人(F)に対して明渡請求をすることができます。この場合、転借人(F)は明渡請求以後の転貸人=賃借人(A)に対する賃料の全部または一部の支払いを拒むことができます。

解答…(2)

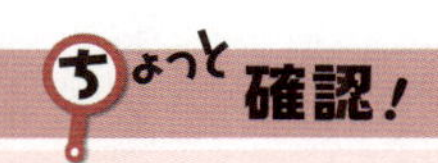

賃借権の譲渡、賃借物の転貸

賃借権の譲渡や賃借物の転貸をするときは?

賃貸人の**承諾**が必要

ポイント

☆ 承諾には**黙認**も含まれる

☆ 賃貸人の承諾は、賃借人・転借人(譲受人)のいずれに対するものであってもOK

無断譲渡・転貸があった場合は?

賃貸人は契約を解除できる。ただし、賃貸人に対する背信的行為と認めるに足りない特段の事情がある場合は、賃貸人は契約を解除することはできない

賃貸借

→教科書 CHAPTER02 SECTION12

問題52 Aは、Bに対し建物を賃貸し、Bは、その建物をAの承諾を得てCに対し適法に転貸している。この場合における次の記述のうち、民法の規定及び判例によれば、誤っているものはどれか。 [H23問7]

(1) BがAに対して賃料を支払わない場合、Aは、Bに対する賃料の限度で、Cに対し、Bに対する賃料を自分に直接支払うよう請求することができる。

(2) Aは、Bに対する賃料債権に関し、Bが建物に備え付けた動産、及びBのCに対する賃料債権について先取特権を有する。

(3) Aが、Bとの賃貸借契約を合意解除しても、特段の事情がない限り、Cに対して、合意解除の効果を対抗することができない。

(4) Aは、Bの債務不履行を理由としてBとの賃貸借契約を解除するときは、事前にCに通知等をして、賃料を代払いする機会を与えなければならない。

	①	②	③	④	⑤
学習日					
理解度 (○/△/×)					

解説

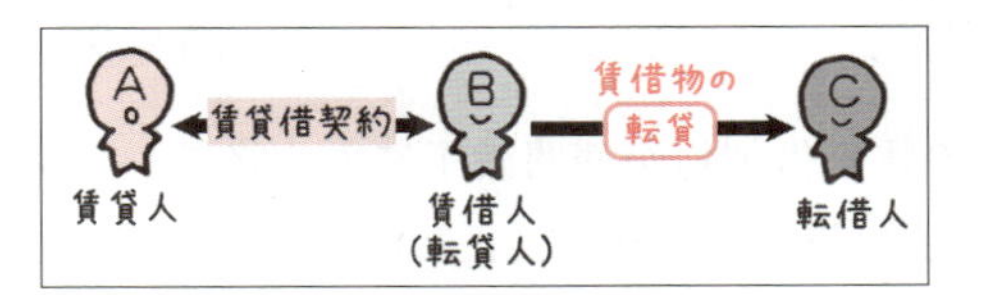

(1) 正　【転貸借】

賃借人(B)が賃貸人(A)に賃料を支払わない場合には、賃貸人(A)は転借人(C)に対して直接賃料を請求することができます。この場合、**「賃借料」と「転借料」のうちいずれか低い金額が限度**となります。

(2) 正　【先取特権】

建物の賃貸人(A)は、賃料その他の賃借人(B)に対する債権に関し、賃借人(B)がその建物に備え付けた動産について先取特権を有します。また、賃借物が転貸されているときは、転貸人(B)が受け取る金銭(転貸料等)についても先取特権を有します。

(3) 正　【建物の賃貸借が終了した場合の転貸借】

賃貸借契約が、賃貸人(A)と賃借人(B)の合意によって解除された場合には、(少なくとも)解除の当時、賃貸人(A)が賃借人(B)の債務不履行による解除権を有していたときを除いて、賃貸人(A)は転借人(C)に対抗することができません(AはCに「出て行け」といえません)。

(4) 誤　【建物の賃貸借が終了した場合の転貸借】

賃貸借契約が、賃借人(B)の債務不履行(賃料を支払わなかったなど)により解除された場合には、賃貸人(A)は転借人(C)に対抗することができます(AはCに「出て行け」といえます)。この場合、賃貸人は転借人に対して解除の通知等をする必要はありません。

解答…(4)

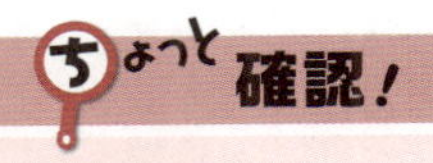

建物の賃貸借が終了した場合の転貸借

債務不履行による解除

賃貸借契約が、賃借人の債務不履行により解除された場合には、賃貸人は転借人に対抗することができる(転借人は賃貸人に対抗することができない)

☆ 転貸借は終了する→賃貸人は転借人に「出て行け」といえる

合意による解除

賃貸借契約が、合意により解除された場合には、原則、賃貸人は転借人に対抗することができない(転借人は賃貸人に対抗することができる)

☆ 転貸借は終了しない→原則、賃貸人は転借人に「出て行け」といえない

賃貸借

問題53　建物の賃貸借契約が期間満了により終了した場合における次の記述のうち、民法の規定によれば、正しいものはどれか。なお、原状回復義務について特段の合意はないものとする。　［R2（10月）問4㉈］

(1) 賃借人は、賃借物を受け取った後にこれに生じた損傷がある場合、通常の使用及び収益によって生じた損耗も含めてその損傷を原状に復する義務を負う。

(2) 賃借人は、賃借物を受け取った後にこれに生じた損傷がある場合、賃借人の帰責事由の有無にかかわらず、その損傷を原状に復する義務を負う。

(3) 賃借人から敷金の返還請求を受けた賃貸人は、賃貸物の返還を受けるまでは、これを拒むことができる。

(4) 賃借人は、未払賃料債務がある場合、賃貸人に対し、敷金をその債務の弁済に充てるよう請求することができる。

	①	②	③	④	⑤
学習日					
理解度 (○/△/×)					

解説

(1) 誤　【賃借人の原状回復義務】

賃借人は、賃借物を受け取った後にこれに生じた損傷がある場合において、賃貸借が終了したときは、その損傷を原状に復する義務を負いますが、この損傷から**通常の使用および収益によって生じた賃借物の損耗**や賃借物の**経年変化**は除かれます。

(2) 誤　【賃借人の原状回復義務】

賃貸借が終了したときに、賃借人が受け取った賃借物に損傷がある場合でも、その損傷が賃借人の責めに帰することができない事由によるものであるときは、賃借人は原状回復義務を負いません。

(3) 正　【敷金の返還請求】

敷金の返還は、賃貸借が終了し、賃貸物の返還を受けたあとになる（賃貸物の返還と敷金の返還は同時履行の関係にはない）ので、賃貸人は、賃貸物の返還を受けるまでは、敷金の返還請求を拒むことができます。

(4) 誤　【賃借人からの敷金充当請求】

賃貸人は、賃借人が賃貸借に基づいて生じた金銭の給付を目的とする債務を履行しないときに、敷金をその債務の弁済に充てることができますが、賃借人から、賃貸人に対し、敷金をその債務の弁済に充てることを請求することはできません。

解答…(3)

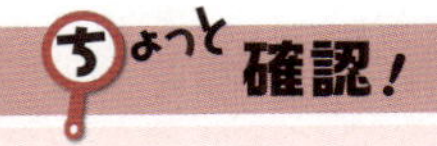

敷金

☆ 敷金の返還は、賃貸借契約が終了し、目的物を明け渡したあと、または、賃借人が適法に賃借権を譲り渡したときに行われる

☆ 賃借人から賃貸人に対し、敷金を賃料の未払い等に充てることを請求することはできない

☆ 不動産の賃貸人の地位が不動産の譲受人（一定の特約がある場合は譲受人の承継人も含む）に移転し、その不動産について所有権の移転の登記をしたときは、敷金返還債務は自動的に新賃貸人に承継される

☆ 賃借権の譲渡があり、賃借人が変わった場合（借手チェンジの場合）、敷金についての権利義務は原則として新賃借人に承継されない

賃貸借

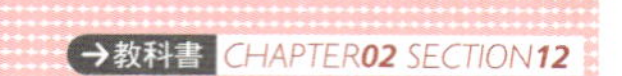

→教科書 CHAPTER02 SECTION12

問題54　賃貸人Aから賃借人Bが借りたA所有の甲土地の上に、Bが乙建物を所有する場合における次の記述のうち、民法の規定及び判例によれば、正しいものはどれか。なお、Bは、自己名義で乙建物の保存登記をしているものとする。

［H26 問7］

(1) BがAに無断で乙建物をCに月額10万円の賃料で貸した場合、Aは、借地の無断転貸を理由に、甲土地の賃貸借契約を解除することができる。
(2) Cが甲土地を不法占拠してBの土地利用を妨害している場合、Bは、Aの有する甲土地の所有権に基づく妨害排除請求権を代位行使してCの妨害の排除を求めることができるほか、自己の有する甲土地の賃借権に基づいてCの妨害の排除を求めることができる。
(3) BがAの承諾を得て甲土地を月額15万円の賃料でCに転貸した場合、AB間の賃貸借契約がBの債務不履行で解除されても、AはCに解除を対抗することができない。
(4) AB間で賃料の支払時期について特約がない場合、Bは、当月末日までに、翌月分の賃料を支払わなければならない。

	①	②	③	④	⑤
学習日					
理解度 (○/△/×)					

解説

(1) 誤 【賃貸借】

土地の賃借人が、借地上の自己所有の建物を「賃貸」しても、借地の転貸にあたらず、賃貸人(A)の承諾は不要です。したがって、Aは、借地の無断転貸を理由に賃貸借契約の解除をすることはできません。

(2) 正 【妨害排除請求権】

土地の賃借人(B)は、借地上の不法占拠者(C)に対して土地の所有者＝賃貸人(A)の有する所有権にもとづく妨害排除請求権を代位行使することができます。また、対抗力のある借地権者は不法占拠者に対して直接に妨害排除請求をすることができます。本肢のB（賃借人）は、自己名義で乙建物の保存登記をしているため、対抗力のある借地権を有しています。したがって、Bは自己の有する甲土地の賃借権にもとづく妨害排除請求をすることができます。

(3) 誤 【賃貸借が終了した場合の転貸借】

賃貸借契約が賃借人の債務不履行で解除された場合、(転貸借について賃貸人の承諾があったときでも)賃貸人(A)は転借人(C)に解除を対抗することができます。

(4) 誤 【賃料の支払時期】

賃料の支払時期について特約がない場合、民法上、動産、建物および宅地については毎月末に支払わなければならない(後払い)とされています(当月末日までに、翌月分の賃料を支払わなければならないわけではありません＝前払いではありません)。

解答…(2)

難易度 **B**

借地借家法(借地)

→教科書 CHAPTER02 SECTION13

問題55 Aが所有している甲土地を平置きの駐車場用地として利用しようとするBに貸す場合と、一時使用目的ではなく建物所有目的を有するCに貸す場合とに関する次の記述のうち、民法及び借地借家法の規定によれば、正しいものはどれか。

［H20問13］

(1) AB間の土地賃貸借契約の期間は、AB間で60年と合意すればそのとおり有効であるのに対して、AC間の土地賃貸借契約の期間は、50年が上限である。

(2) 土地賃貸借契約の期間満了後に、Bが甲土地の使用を継続していてもAB間の賃貸借契約が更新したものと推定されることはないのに対し、期間満了後にCが甲土地の使用を継続した場合には、AC間の賃貸借契約が更新されたものとみなされることがある。

(3) 土地賃貸借契約の期間を定めなかった場合、Aは、Bに対しては、賃貸借契約開始から1年が経過すればいつでも解約の申入れをすることができるのに対し、Cに対しては、賃貸借契約開始から30年が経過しなければ解約の申入れをすることができない。

(4) AB間の土地賃貸借契約を書面で行っても、Bが賃借権の登記をしないままAが甲土地をDに売却してしまえばBはDに対して賃借権を対抗できないのに対し、AC間の土地賃貸借契約を口頭で行っても、Cが甲土地上にC所有の登記を行った建物を有していれば、Aが甲土地をDに売却してもCはDに対して賃借権を対抗できる。

	①	②	③	④	⑤
学習日					
理解度 (○/△/×)					

解説

借地借家法では、建物の所有を目的とする土地の賃貸借または地上権について規定しています。したがって、AとC（建物所有目的を有する）の間の賃貸借には、借地借家法が適用されますが、AとB（平置きの駐車場用地として利用しようとしている）の間の賃貸借には、借地借家法は適用されず、民法が適用されます。

(1) 誤　【民法と借地借家法】

AB間の関係（民法）…×

民法の賃貸借の存続期間は**最長50年**です。したがって、60年と定めても50年に短縮されます。

AC間の関係（借地借家法）…×

借地借家法の借地権の存続期間は**30年**で、契約でこれより長い期間を定めた場合にはその期間となります（上限はありません）。

(2) 誤　【民法と借地借家法】

AB間の関係（民法）…×

民法では、期間満了後も賃借人(B)が賃借物の使用を継続している場合で、賃貸人(A)がこれを知りながら**異議を述べなかったときは、契約が更新されたもの**と推定されます。

AC間の関係（借地借家法）…○

借地借家法では、期間満了後も賃借人(C)が土地の使用を継続している場合で、建物が存在するときには、原則として契約が更新されたとみなされます。ただし、正当事由があると認められる場合に、賃貸人(A)が遅滞なく異議を述べたときは、更新されたとみなされません。

(3) 誤　【民法と借地借家法】

AB間の関係（民法）…×

民法では、期間の定めのない賃貸借契約は、**いつでも**解約の申入れをすることができます。

AC間の関係（借地借家法）…×

借地借家法では、存続期間を定めなかった場合、存続期間は**30年**となります。そして、存続期間満了後でも、賃貸人(A)から解約の申入れをすることはできません（賃借人の更新請求等に対して、正当な理由をもって異議を述べることによって更新を拒絶することはできます）。

(4) 正　【民法と借地借家法】

AB間の関係（民法）…○

民法では、不動産の賃借権を第三者に対抗するためには登記が必要です。

AC間の関係（借地借家法）…○

借地借家法では、借地権について登記をしていなくても、借地上に、登記をした建物**（自己名義）**を所有していれば、第三者に借地権を対抗できます。

解答…(4)

難易度 A

借地借家法（借地）

→教科書 CHAPTER02 SECTION13

問題56　賃貸借契約に関する次の記述のうち、民法及び借地借家法の規定並びに判例によれば、誤っているものはどれか。　［H24問11］

(1) 建物の所有を目的とする土地の賃貸借契約において、借地権の登記がなくても、その土地上の建物に借地人が自己を所有者と記載した表示の登記をしていれば、借地権を第三者に対抗することができる。

(2) 建物の所有を目的とする土地の賃貸借契約において、建物が全焼した場合でも、借地権者は、その土地上に滅失建物を特定するために必要な事項等を掲示すれば、借地権を第三者に対抗することができる場合がある。

(3) 建物の所有を目的とする土地の適法な転借人は、自ら対抗力を備えていなくても、賃借人が対抗力のある建物を所有しているときは、転貸人たる賃借人の賃借権を援用して転借権を第三者に対抗することができる。

(4) 仮設建物を建築するために土地を一時使用として1年間賃借し、借地権の存続期間が満了した場合には、借地権者は、借地権設定者に対し、建物を時価で買い取るように請求することができる。

	①	②	③	④	⑤
学習日					
理解度 (○/△/×)					

解説

(1) 正 【借地権の対抗力】

借地権の登記がなくても、**借地上の建物について自己を所有者とした登記**（表示の登記でもよい）があれば、借地権を第三者に対抗できます。

(2) 正 【借地権の対抗力】

登記した建物が滅失してしまった場合、一定の内容を、その土地の見やすい場所に掲示すれば、滅失日から**2年**を経過するまでは、借地権を第三者に対抗できます。

(3) 正 【借地権の対抗力】

賃借人が対抗力のある建物を所有しているときは、土地の適法な転借人は、自ら対抗力を備えていなくても、賃借人の賃借権を援用して転借権を第三者に対抗することができます。

(4) 誤 【一時使用目的の借地権】

一時使用目的の借地権には、一部の借地借家法の規定（存続期間、更新、**建物買取請求権**など）は適用されません。

解答…(4)

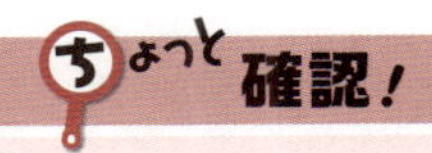

借地権の対抗力

民法上は…

不動産の賃借権を第三者に対抗するためには、登記が必要

借地借家法では…

借地権について登記がなくても、借地上に自己を所有者として登記された建物を所有していれば、借地権を第三者に対抗できる

難易度 A

借地借家法(借地)

→教科書 CHAPTER02 SECTION13

問題57　借地人Aが、×6年9月1日に甲地所有者Bと締結した建物所有を目的とする甲地賃貸借契約に基づいてAが甲地上に所有している建物と甲地の借地権とを第三者Cに譲渡した場合に関する次の記述のうち、民法及び借地借家法の規定によれば、正しいものはどれか。　［H17問13改］

(1) 甲地上のA所有の建物が登記されている場合には、AがCと当該建物を譲渡する旨の合意をすれば、Bの承諾の有無にかかわらず、CはBに対して甲地の借地権を主張できる。

(2) Aが借地権をCに対して譲渡するに当たり、Bに不利になるおそれがないにもかかわらず、Bが借地権の譲渡を承諾しない場合には、AはBの承諾に代わる許可を与えるように裁判所に申し立てることができる。

(3) Aが借地上の建物をDに賃貸している場合には、AはあらかじめDの同意を得ておかなければ、借地権を譲渡することはできない。

(4) AB間の借地契約が専ら事業の用に供する建物(居住の用に供するものを除く。)の所有を目的とし、かつ、存続期間を20年とする借地契約である場合には、AはBの承諾の有無にかかわらず、借地権をCに対して譲渡することができ、CはBに対して甲地の借地権を主張できる。

	①	②	③	④	⑤
学習日					
理解度 (○/△/×)					

解説

(1) 誤　【借地権の譲渡】

借地権(土地賃借権)の譲渡をする場合には、**賃貸人(B)の承諾**が必要です。

(2) 正　【借地上の建物を譲渡する場合の土地賃借権の譲渡】

借地人(A)が借地権(土地賃借権)を譲渡しようとする場合で、賃貸人(B)に不利となるおそれがないにもかかわらず賃貸人(B)の承諾が得られないときは、借地人(A)は裁判所に申し立てることにより、賃貸人(B)の承諾に代わる許可を受けることができます。

(3) 誤　【借地上の建物を譲渡する場合の土地賃借権の譲渡】

借地権(土地賃借権)を譲渡する場合には、土地の賃貸人(B)の承諾が必要ですが、**建物の賃借人(D)の同意は不要**です。

(4) 誤　【借地権の譲渡】

事業用借地権の場合でも、借地権(土地賃借権)を譲渡しようとするときは、賃貸人(B)の承諾が必要です。

解答…(2)

ちょっと確認！

借地権(土地賃借権)を譲渡等する場合

☆ 借地権が土地賃借権である場合、借地権の譲渡または借地の転貸をするときには、借地権設定者(賃貸人)の承諾が必要

借地上の建物を譲渡等する場合

1	借地上の建物を譲渡しようとするとき※	借地権者は	裁判所に対して借地権設定者の承諾に代わる許可を求めることができる
2	借地上の建物が譲渡されたとき	建物を取得した第三者は	借地権設定者に対して建物の買取請求をすることができる
3	借地上の建物が競売により取得されたとき※	建物を取得した第三者は	裁判所に対して借地権設定者の承諾に代わる許可を求めることができる 借地権設定者の承諾も裁判所の許可もない場合は… 借地権設定者に対して建物の買取請求をすることができる

※借地上の建物を譲渡しようとする場合で、土地賃借権を譲渡(取得)しても借地権設定者に不利になるおそれがないにもかかわらず、借地権設定者が土地賃借権の譲渡(取得)を承諾しないとき

難易度 B

借地借家法（借地）

→教科書 CHAPTER02 SECTION13

問題58 借地借家法に関する次の記述のうち、誤っているものはどれか。

［H23問11］

(1) 建物の用途を制限する旨の借地条件がある場合において、法令による土地利用の規制の変更その他の事情の変更により、現に借地権を設定するにおいてはその借地条件と異なる建物の所有を目的とすることが相当であるにもかかわらず、借地条件の変更につき当事者間に協議が調わないときは、裁判所は、当事者の申立てにより、その借地条件を変更することができる。

(2) 賃貸借契約の更新の後において、借地権者が残存期間を超えて残存すべき建物を新たに築造することにつきやむを得ない事情があるにもかかわらず、借地権設定者がその建物の築造を承諾しないときは、借地権設定者が土地の賃貸借の解約の申入れをすることができない旨を定めた場合を除き、裁判所は、借地権者の申立てにより、借地権設定者の承諾に代わる許可を与えることができる。

(3) 借地権者が賃借権の目的である土地の上の建物を第三者に譲渡しようとする場合において、その第三者が賃借権を取得しても借地権設定者に不利となるおそれがないにもかかわらず、借地権設定者がその賃借権の譲渡を承諾しないときは、裁判所は、その第三者の申立てにより、借地権設定者の承諾に代わる許可を与えることができる。

(4) 第三者が賃借権の目的である土地の上の建物を競売により取得した場合において、その第三者が賃借権を取得しても借地権設定者に不利となるおそれがないにもかかわらず、借地権設定者がその賃借権の譲渡を承諾しないときは、裁判所は、その第三者の申立てにより、借地権設定者の承諾に代わる許可を与えることができる。

	①	②	③	④	⑤
学習日					
理解度（○/△/×）					

解説

(1) **正**　【裁判所による借地条件の変更】

建物の用途・種類・構造等を制限する旨の借地条件がある場合において、借地条件と異なる建物の所有を目的とすることが相当であるにもかかわらず、借地条件の変更について当事者間で協議が調わないときは、裁判所は当事者の申立てにより、その借地条件を変更することができます。

「この土地には住宅しか建ててはダメよ」という条件があるけど、借地権者は店舗を建てたい…
だけど、借地権設定者はダメと言っている…
でも、諸事情から考えて、ここに店舗を建ててもいいんじゃない？　というときは、裁判所に申し立てて、借地条件を変更してもらう…
ということができるのです。

(2) **正**　【更新後の建物の再築】

賃貸借契約の更新後においては、**借地権設定者の承諾**がなければ、借地権者は残存期間を超えて存在する建物を再築することはできません。

ただし、再築することにつきやむを得ない事情があるにもかかわず借地権設定者が承諾しないときは、原則として裁判所は、**借地権者**の申立てにより、借地権設定者の承諾に代わる許可を与えることができます。

(3) **誤**　【借地上の建物を譲渡する場合の土地賃借権の譲渡】

借地権者が借地上の建物を第三者に譲渡しようとする場合で、その第三者が土地賃借権を取得しても借地権設定者に不利となるおそれがないにもかかわらず、借地権設定者がその土地賃借権の譲渡を承諾しないときは、裁判所は、「その第三者の申立て」ではなく、「**借地権者の申立て**」により、借地権設定者の承諾に代わる許可を与えることができます。

(4) **正**　【借地上の建物を競売で取得した場合】

借地上の建物を**競売**により取得した場合で、その第三者が土地賃借権を取得しても借地権設定者に不利となるおそれがないにもかかわらず、借地権設定者が土地賃借権の譲渡を承諾しないときは、裁判所は、その**第三者**の申立てにより、借地権設定者の承諾に代わる許可を与えることができます。

解答…(3)

難易度 **B**

借地借家法(借地)

→教科書 CHAPTER02 SECTION13

問題59 借地借家法第23条の借地権(以下この問において「事業用定期借地権」という。)に関する次の記述のうち、借地借家法の規定によれば、正しいものはどれか。 [H22問11]

(1) 事業の用に供する建物の所有を目的とする場合であれば、従業員の社宅として従業員の居住の用に供するときであっても、事業用定期借地権を設定することができる。

(2) 存続期間を10年以上20年未満とする短期の事業用定期借地権の設定を目的とする契約は、公正証書によらなくとも、書面又は電磁的記録によって適法に締結することができる。

(3) 事業用定期借地権が設定された借地上にある建物につき賃貸借契約を締結する場合、建物を取り壊すこととなるときに建物賃貸借契約が終了する旨を定めることができるが、その特約は公正証書によってしなければならない。

(4) 事業用定期借地権の存続期間の満了によって、その借地上の建物の賃借人が土地を明け渡さなければならないときでも、建物の賃借人がその満了をその1年前までに知らなかったときは、建物の賃借人は土地の明渡しにつき相当の期限を裁判所から許与される場合がある。

	①	②	③	④	⑤
学習日					
理解度 (○/△/×)					

解説

(1) **誤**　【事業用定期借地権】

事業用定期借地権はもっぱら事業の用に供する建物の所有を目的とする場合に設定することができます。居住の用に供するときには、設定できません。

(2) **誤**　【事業用定期借地権】

事業用定期借地権を設定する場合は、**公正証書**によらなければなりません。

(3) **誤**　【取壊予定の建物の賃貸借】

法令または契約により一定期間後に取り壊すことが明らかな建物を賃貸借するときには、建物を取り壊すこととなるときに賃貸借契約が終了する旨の特約をつけることができますが、この特約は書面であればよく、公正証書でする必要はありません。

(4) **正**　【借地上の建物の賃借人の保護】

借地上の建物の賃借人が、存続期間の満了をその**1年前**までに知らなかったときは、建物の賃借人は、裁判所に申し立て、土地の明渡しについて相当の期限の許与を受けることができます。

解答…(4)

ちょっと確認！

普通借地権と定期借地権

	普通借地権	定期借地権		
		一般定期借地権	事業用定期借地権	建物譲渡特約付借地権
契約の存続期間	30年以上	50年以上	10年以上50年未満	30年以上
更新	最初の更新は20年以上 2回目以降は10年以上	なし	なし	なし
土地の利用目的	制限なし	制限なし	**事業用建物のみ（居住用建物は×）**	制限なし
契約方法	制限なし	書面による	**公正証書に限る**	制限なし
建物買取請求権	あり	なし	なし	建物の譲渡特約がある
契約期間終了時	原則として更地で返す	原則として更地で返す	原則として更地で返す	建物付で返す

難易度 **A**

借地借家法（借地）

→教科書 CHAPTER02 SECTION13

問題60　Aが居住用の甲建物を所有する目的で、期間30年と定めてBから乙土地を賃借した場合に関する次の記述のうち、借地借家法の規定及び判例によれば、正しいものはどれか。なお、Aは借地権登記を備えていないものとする。

［H 28 問11］

(1) Aが甲建物を所有していても、建物保存登記をAの子C名義で備えている場合には、Bから乙土地を購入して所有権移転登記を備えたDに対して、Aは借地権を対抗することができない。

(2) Aが甲建物を所有していても、登記上の建物の所在地番、床面積等が少しでも実際のものと相違している場合には、建物の同一性が否定されるようなものでなくても、Bから乙土地を購入して所有権移転登記を備えたEに対して、Aは借地権を対抗することができない。

(3) AB間の賃貸借契約を公正証書で行えば、当該契約の更新がなく期間満了により終了し、終了時にはAが甲建物を収去すべき旨を有効に規定することができる。

(4) Aが地代を支払わなかったことを理由としてBが乙土地の賃貸借契約を解除した場合、契約に特段の定めがないときは、Bは甲建物を時価で買い取らなければならない。

	①	②	③	④	⑤
学習日					
理解度 (○/△/×)					

解説

(1) 正 【借地上の建物の登記】

借地権の登記がなくても、**地上建物を所有する借地権者(A)は、自己を所有者とした登記**があれば、借地権を第三者(D)に対抗できます。しかし、子(C)の名義で登記をした場合には、その借地権を第三者(D)に対抗することはできません。

(2) 誤 【地番等が相違している場合の対抗力】

借地権のある土地上の建物についてなされた登記が、錯誤または遺漏により、建物所在の地番の表示において実際と多少相違していても、建物の種類、構造、床面積等の記載と相まって、その登記の表示全体において、**その建物の同一性を認識できる程度の軽微な相違**である場合には、借地権者(A)は、その借地権を第三者(E)に対抗することができます。

(3) 誤 【定期借地権(存続期間)】

存続期間を**50年以上**として一般定期借地権を設定する場合、公正証書等書面によれば、**契約の更新**および建物の築造による**存続期間の延長がなく**、また、**建物買取請求をしない**こととする旨を定めることができます。しかし、本肢の存続期間は30年なので、本肢のような特約を有効に規定することはできません。

(4) 誤 【建物買取請求権】

借地権者(A)は、賃貸人(B)に対して、借地権の存続期間が満了した場合において、契約の更新がないときは、建物買取請求権を行使することができますが、**賃料不払い等の債務不履行を理由に解除された場合には、建物買取請求権を行使することはできません**。したがって、本肢の賃貸人(B)は建物を時価で買い取る必要はありません。

解答…(1)

難易度 B

借地借家法（借家）

→教科書 CHAPTER02 SECTION14

問題61　Aが所有する甲建物をBに対して賃貸する場合の賃貸借契約の条項に関する次の記述のうち、民法及び借地借家法の規定によれば、誤っているものはどれか。

［H23問12］

(1) AB間の賃貸借契約が借地借家法第38条に規定する定期建物賃貸借契約であるか否かにかかわらず、Bの造作買取請求権をあらかじめ放棄する旨の特約は有効に定めることができる。

(2) AB間で公正証書等の書面によって借地借家法第38条に規定する定期建物賃貸借契約を契約期間を2年として締結する場合、契約の更新がなく期間満了により終了することを書面を交付してあらかじめBに説明すれば、期間満了前にAがBに改めて通知しなくても契約が終了する旨の特約を有効に定めることができる。

(3) 法令によって甲建物を2年後には取り壊すことが明らかである場合、取り壊し事由を記載した書面によって契約を締結するのであれば、建物を取り壊すこととなる2年後には更新なく賃貸借契約が終了する旨の特約を有効に定めることができる。

(4) AB間の賃貸借契約が一時使用目的の賃貸借契約であって、賃貸借契約の期間を定めた場合には、Bが賃貸借契約を期間内に解約することができる旨の特約を定めていなければ、Bは賃貸借契約を中途解約することはできない。

	①	②	③	④	⑤
学習日					
理解度（○/△/×）					

解説

(1) **正** 【造作買取請求権】

造作買取請求権をあらかじめ放棄する旨の特約は**有効**です。

「造作」というのは、雨戸とか畳とかクーラーとか…

(2) **誤** 【定期建物賃貸借】

期間が1年以上の定期建物賃貸借契約については、賃貸人(A)は、**期間満了の1年前から6カ月前まで**の間に、賃借人(B)に対して期間終了の通知をしなければなりません。

(3) **正** 【取壊予定の建物の賃貸借】

取壊予定の建物を賃貸借する場合には、取壊事由を記載した**書面**によって契約を締結すれば、建物の取壊時には更新をすることなく賃貸借契約を終了することができます。

(4) **正** 【民法の賃貸借】

一時使用の賃貸借については、借地借家法は適用されず、民法が適用されます。民法では、期間の定めのある賃貸借は、原則として期間の満了によって終了します。したがって、期間内に解約することができる旨の特約をつけていなければ、中途解約をすることはできません。

解答…(2)

ちょっと確認！

取壊し予定建物の賃貸借

法令や契約によって、一定期間経過後に建物を取り壊すことが明らかな場合で、建物の賃貸借をするときは、建物の取壊し時に賃貸借が終了する旨の特約を定めることができる

↑ この特約は書面によって行う

難易度 B

借地借家法（借家）

→教科書 CHAPTER02 SECTION14

問題62 Aは、B所有の甲建物につき、居住を目的として、期間2年、賃料月額10万円と定めた賃貸借契約（以下この問において「本件契約」という。）をBと締結して建物の引渡しを受けた。この場合における次の記述のうち、民法及び借地借家法の規定並びに判例によれば、誤っているものはどれか。 ［H22問12］

(1) 本件契約期間中にBが甲建物をCに売却した場合、Aは甲建物に賃借権の登記をしていなくても、Cに対して甲建物の賃借権があることを主張することができる。

(2) AがBとの間の信頼関係を破壊し、本件契約の継続を著しく困難にした場合であっても、Bが本件契約を解除するためには、民法第541条所定の催告が必要である。

(3) 本件契約が借地借家法第38条の定期建物賃貸借契約であって、造作買取請求権を排除する特約がない場合、Bの同意を得てAが甲建物に付加した造作については、期間満了で本件契約が終了するときに、Aは造作買取請求権を行使できる。

(4) 本件契約が借地借家法第38条の定期建物賃貸借契約であって、賃料の改定に関する特約がない場合、契約期間中に賃料が不相当になったと考えたA又はBは、賃料の増減額請求権を行使できる。

	①	②	③	④	⑤
学習日					
理解度（○/△/×）					

解説

(1) **正** 【建物賃借権の対抗力】

借地借家法では、建物賃借権の登記がなくても、**建物の引渡し**を受けていれば、賃借人は第三者に建物の賃借権を対抗することができます。

ちなみに、民法では、賃借権を登記していないと、賃借人は第三者に「オレが借りているんだぜ〜」ということができないよ。

(2) **誤** 【契約の解除と催告…SEC.05】

契約を解除するさいには、相当の期間を定めて事前に催告する必要がありますが、これには例外(催告が不要な場合)があります。本肢の「AがBとの間の信頼関係を破壊し、本件契約の継続を著しく困難にした場合」はこの例外に該当し、Bは催告なしに契約を解除することができます。

(3) **正** 【造作買取請求権】

建物の賃貸人の同意を得て取り付けた造作がある場合、賃借人は契約の終了時に賃貸人に対して、造作を時価で買い取ることを請求できます。

(4) **正** 【家賃の増減額請求権】

賃料の改定に関する特約がない場合、契約期間中に賃料が不相当になったときは、AまたはBは賃料の増減額請求権を行使できます。

解答…(2)

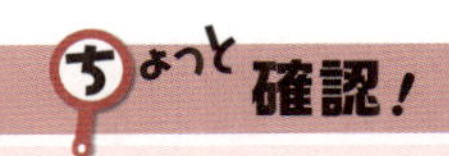

建物賃借権の対抗力

民法上は…

建物賃借権を第三者に対抗するためには、建物賃借権の**登記**が必要

借地借家法では…

建物賃借権の登記がない場合でも、**建物の引渡し**があれば、建物賃借権を第三者に対抗できる

難易度 B

借地借家法（借家）

問題63　AがBとの間で、A所有の甲建物について、期間3年、賃料月額10万円と定めた賃貸借契約を締結した場合に関する次の記述のうち、民法及び借地借家法の規定並びに判例によれば、正しいものはどれか。

〔H 27 問11〕

(1) AがBに対し、賃貸借契約の期間満了の6か月前までに更新しない旨の通知をしなかったときは、AとBは、期間3年、賃料月額10万円の条件で賃貸借契約を更新したものとみなされる。
(2) 賃貸借契約を期間を定めずに合意により更新した後に、AがBに書面で解約の申入れをした場合は、申入れの日から3か月後に賃貸借契約は終了する。
(3) Cが、AB間の賃貸借契約締結前に、Aと甲建物の賃貸借契約を締結していた場合、AがBに甲建物を引き渡しても、Cは、甲建物の賃借権をBに対抗することができる。
(4) AB間の賃貸借契約がBの賃料不払を理由として解除された場合、BはAに対して、Aの同意を得てBが建物に付加した造作の買取りを請求することはできない。

	①	②	③	④	⑤
学習日					
理解度 (○/△/×)					

解説

(1) **誤** 【更新】

期間の定めがある場合の賃貸借契約について、期間満了の**1年前から6カ月前**までの間に、相手方に対し、更新しない旨の通知をしなかったときは、従前の契約と同一の条件で契約を**更新**したものとみなされますが、**期間については定めがないもの**となります。

(2) **誤** 【解約の申入れ】

建物の賃貸人(A)から解約を申し入れた場合は、正当事由があると認められるときには解約の申入日から**6カ月**経過後に賃貸借契約が終了します。

なお、賃借人(B)から解約を申し入れた場合には、解約の申入日から3カ月経過後に賃貸借契約が終了するよ。

(3) **誤** 【対抗要件】

賃借権が二重に設定された場合、先に対抗要件を備えたほうが優先します。したがって、AがBに建物を引き渡したとき(Bが対抗要件を備えたとき)は、Cは、甲建物の賃借権をBに対抗することができません。

(4) **正** 【造作買取請求権】

建物の賃貸人の同意を得て取り付けた造作がある場合、賃借人は契約の終了時に賃貸人に対して、造作を時価で買い取ることを請求できます。しかし、賃貸借契約が賃借人の債務不履行によって解除された場合(AB間の賃貸借契約がBの**賃料不払い**を理由として解除された場合)には、賃借人に造作買取請求権はありません。

解答…(4)

ちょっと確認！

期間の定めがない場合の解約の申入れ

	賃借人からの申入れ	賃貸人からの申入れ
正当事由	不要	必要
終了日	3カ月経過後	**6カ月経過後**

難易度 **B**

借地借家法（借家）

→教科書 CHAPTER02 SECTION14

問題64　AはBに対し甲建物を月20万円で賃貸し、Bは、Aの承諾を得たうえで、甲建物の一部をCに対し月10万円で転貸している。この場合、民法及び借地借家法の規定並びに判例によれば、誤っているものはどれか。

［H16問13㊺］

(1) 転借人Cは、賃貸人Aに対しても、月10万円の範囲で、賃料支払債務を直接に負担する。

(2) 賃貸人Aは、AB間の賃貸借契約が期間の満了によって終了するときは、転借人Cに対しその旨の通知をしなければ、賃貸借契約の終了をCに対し対抗することができない。

(3) AB間で賃貸借契約を合意解除しても、原則として賃貸人Aは、転借人Cに対し明渡しを請求することはできない。

(4) 賃貸人AがAB間の賃貸借契約を賃料不払いを理由に解除する場合は、転借人Cに通知等をして賃料をBに代わって支払う機会を与えなければならない。

	①	②	③	④	⑤
学習日					
理解度 (○/△/×)					

解説

（1）正　【転貸借】

賃借人が適法に賃借物を転貸した場合、転借人(C)は、賃貸借にもとづく賃借人の債務の範囲を限度として、賃貸人(A)に対して、転貸借にもとづく債務を直接履行する義務を負います（賃借人Bが賃料を支払わない場合には、賃貸人Aは転借人Cに対して賃料を請求することができます）。そして、賃貸人(A)が転借人(C)に対して請求できる賃料は、**賃料**（20万円）**と転貸料**（10万円）**のうち、いずれか低い金額**となります。

（2）正　【建物の賃貸借が終了した場合の転貸借】

建物の賃貸借が**期間の満了または解約申入れ**によって終了した場合、賃貸人(A)は、転借人(C)にその旨を通知しなければ、その終了を転借人(C)に対抗することができません。

（3）正　【建物の賃貸借が終了した場合の転貸借】

建物の賃貸借が**合意**によって解除された場合であっても、原則として、転貸借は終了しません。したがって、原則として賃貸人(A)は、転借人(C)に対し、建物の明渡しを請求することができません。

（4）誤　【建物の賃貸借が終了した場合の転貸借】

建物の賃貸借が賃借人(B)の**債務不履行**によって解除された場合には、原則として、賃貸人が転借人に対して建物の明渡しを請求した時に転貸借も終了します。この場合、賃貸人(A)は転借人(C)に通知等をして賃料を賃借人(B)に代わって支払う機会を与える必要はありません。

解答…(4)

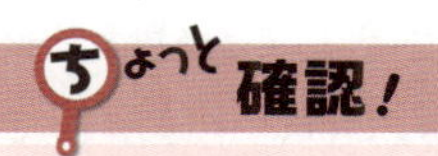

建物の賃貸借が終了した場合の転貸借

1 期間の満了または解約申入れによる終了の場合

☆ 賃貸人は転借人にその旨を通知しなければ、賃貸借の終了を転借人に対抗できない

☆ 通知した場合、通知した日から6カ月経過後に転貸借が終了する

2 債務不履行による解除の場合

☆ 原則として、賃貸人が転借人に対して建物の明渡しを請求した時に転貸借も終了する

☆ 賃貸人は転借人に対して通知等をして、賃料を支払う機会を与える必要はない

3 合意による解除の場合

☆ 転貸借契約は、原則として終了しない

難易度 B

借地借家法(借家)

→教科書 CHAPTER02 SECTION14

問題65 A所有の居住用建物(床面積50㎡)につき、Bが賃料月額10万円、期間を2年として、賃貸借契約(借地借家法第38条に規定する定期建物賃貸借、同法第39条に規定する取壊し予定の建物の賃貸借及び同法第40条に規定する一時使用目的の建物の賃貸借を除く。以下この問において「本件普通建物賃貸借契約」という。)を締結する場合と、同法第38条の定期建物賃貸借契約(以下この問において「本件定期建物賃貸借契約」という。)を締結する場合とにおける次の記述のうち、民法及び借地借家法の規定によれば、誤っているものはどれか。 [H24問12]

(1) 本件普通建物賃貸借契約でも、本件定期建物賃貸借契約でも、賃借人が造作買取請求権を行使できない旨の特約は、有効である。

(2) 本件普通建物賃貸借契約でも、本件定期建物賃貸借契約でも、賃料の改定についての特約が定められていない場合であって経済事情の変動により賃料が不相当になったときには、当事者は将来に向かって賃料の増減を請求することができる。

(3) 本件普通建物賃貸借契約では、更新がない旨の特約を記載した書面を契約に先立って賃借人に交付しても当該特約は無効であるのに対し、本件定期建物賃貸借契約では、更新がない旨の特約を記載した書面を契約に先立って賃借人に交付さえしておけば当該特約は有効となる。

(4) 本件普通建物賃貸借契約では、中途解約できる旨の留保がなければ賃借人は2年間は当該建物を借りる義務があるのに対し、本件定期建物賃貸借契約では、一定の要件を満たすのであれば、中途解約できる旨の留保がなくても賃借人は期間の途中で解約を申し入れることができる。

	①	②	③	④	⑤
学習日					
理解度 (○/△/×)					

解説

(1) 正

【造作買取請求権】

普通建物賃貸借契約でも、定期建物賃貸借契約でも、**造作買取請求権を排除する特約は有効**です。

(2) 正

【家賃の増減額請求権】

普通建物賃貸借契約でも、定期建物賃貸借契約でも、経済事情の変動により賃料が不相当となったときには、当事者は賃料の増減を請求することができます。

(3) 誤

【定期建物賃貸借】

定期建物賃貸借契約の場合、建物の賃貸人はあらかじめ賃借人に対して「契約の更新がなく、期間満了で賃貸借が終了する」旨を記載した**書面**を**交付**して、**説明**しなければなりません。

交付しただけじゃダメ！ 説明もして〜！
（ちなみに普通建物賃貸借契約の内容は正しいよ）

(4) 正

【定期建物賃貸借】

期間の定めがある賃貸借契約では、中途解約できる旨の特約がなければ賃借人は契約で定めた期間（本問では2年間）は、当該建物を借りる義務があります。

もっとも、定期建物賃貸借契約では、床面積が**200㎡未満の居住用建物**の賃貸借においては、転勤等**やむを得ない事情**により、賃借人が建物を自己の生活の本拠として使用することが困難となった場合には、賃借人は期間の途中で解約を申し入れることができます。

これはどう？ H20－問14④

居住の用に供する建物に係る定期建物賃貸借契約においては、転勤、療養その他のやむを得ない事情により、賃借人が建物を自己の生活の本拠として使用することが困難となったときは、床面積の規模にかかわりなく、賃借人は同契約の有効な解約の申入れをすることができる。

× 床面積が200㎡未満の居住用建物に限ります。

解答…(3)

難易度 **B**

借地借家法（借家）

→教科書 CHAPTER02 SECTION14

問題66　Aが所有する甲建物をBに対して3年間賃貸する旨の契約をした場合における次の記述のうち、借地借家法の規定によれば、正しいものはどれか。

［H29問12］

(1) AがBに対し、甲建物の賃貸借契約の期間満了の1年前に更新をしない旨の通知をしていれば、AB間の賃貸借契約は期間満了によって当然に終了し、更新されない。

(2) Aが甲建物の賃貸借契約の解約の申入れをした場合には申入れ日から3月で賃貸借契約が終了する旨を定めた特約は、Bがあらかじめ同意していれば、有効となる。

(3) Cが甲建物を適法に転借している場合、AB間の賃貸借契約が期間満了によって終了するときに、Cがその旨をBから聞かされていれば、AはCに対して、賃貸借契約の期間満了による終了を対抗することができる。

(4) AB間の賃貸借契約が借地借家法第38条の定期建物賃貸借で、契約の更新がない旨を定めるものである場合、当該契約前にAがBに契約の更新がなく期間の満了により終了する旨を記載した書面を交付して説明しなければ、契約の更新がない旨の約定は無効となる。

	①	②	③	④	⑤
学習日					
理解度 (○/△/×)					

解説

（1） 誤 【法定更新】

期間の定めがある建物賃貸借において、あらかじめ更新をしない旨の通知をしていた場合であっても、賃貸借の期間が満了した後、**賃借人(B)が使用を継続**する場合において、**賃貸人(A)が遅滞なく異議を述べなかった**ときは、**契約が更新されたもの**となります。また、賃貸人の更新拒絶が認められるためには、**通知に正当事由が必要**となるので、それがない場合にも、AB間の賃貸借契約は当然には終了しないこととなります。

（2） 誤 【賃借人に不利な特約の効力】

賃貸人(A)が賃貸借の解約の申入れをした場合においては、建物の賃貸借は、解約の申入れの日から**6カ月**経過することによって終了します。そして、これに反する特約で、**賃借人(B)に不利なものは、無効**となります。

（3） 誤 【賃貸借の終了と転貸借】

建物賃貸借が、期間の満了または解約申入れによって終了した場合、**賃貸人(A)**は転借人(C)にその旨の通知をしなければ、その終了を転借人に対抗できません。

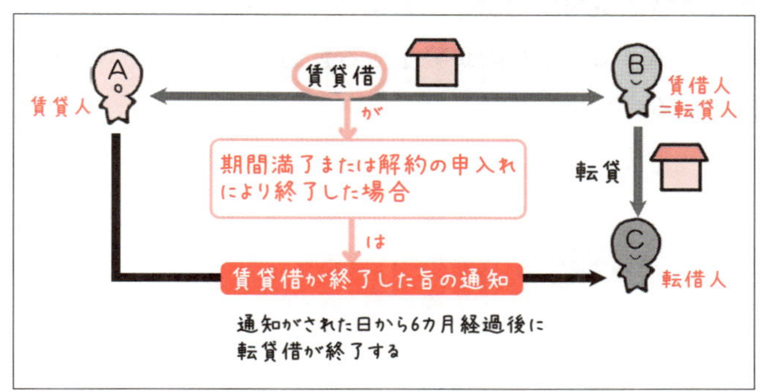

（4） 正 【定期建物賃貸借】

定期建物賃貸借の場合は、契約の更新がなく期間の満了により終了する旨を記載した**書面**を**交付**して**説明**しなければ、更新がない旨の特約は無効となります。

解答…(4)

借地借家法(借家)

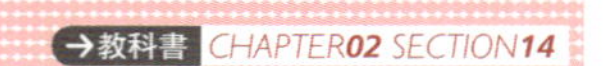

問題67　×6年10月に新規に締結しようとしている、契約期間が2年で、更新がないこととする旨を定める建物賃貸借契約(以下この問において「定期借家契約」という。)に関する次の記述のうち、借地借家法の規定によれば、正しいものはどれか。　［H15問14改］

(1) 事業用ではなく居住の用に供する建物の賃貸借においては、定期借家契約とすることはできない。

(2) 定期借家契約は、公正証書によってしなければ、効力を生じない。

(3) 定期借家契約を締結しようとするときは、賃貸人は、あらかじめ賃借人に対し、契約の更新がなく、期間満了により賃貸借が終了することについて、その旨を記載した書面を交付して説明しなければならない。

(4) 定期借家契約を適法に締結した場合、賃貸人は、期間満了日1ヵ月前までに期間満了により契約が終了する旨通知すれば、その終了を賃借人に対抗できる。

	①	②	③	④	⑤
学習日					
理解度 (○/△/×)					

解説

(1) 誤　【定期建物賃貸借】

事業用建物でも居住用建物でも、定期借家契約を締結することができます。

(2) 誤　【定期建物賃貸借】

定期借家契約は、公正証書でなくても**書面**によって行えば効力を生じます。

(3) 正　【定期建物賃貸借】

定期建物賃貸借契約では、建物の賃貸人はあらかじめ賃借人に対して「契約の更新がなく、期間満了で賃貸借が終了する」旨を記載した**書面**を**交付**して、**説明**しなければなりません。

(4) 誤　【定期建物賃貸借】

期間が1年以上の定期建物賃貸借契約については、賃貸人は、期間満了の**1年前から6カ月前まで**の間に、賃借人に対して期間満了により契約が終了する旨の**通知**をしなければなりません。

解答…(3)

ちょっと確認！

定期建物賃貸借契約のポイント

☆ 期間が1年以上の定期建物賃貸借契約については、賃貸人は期間満了の1年前から6カ月前までの間に、賃借人に対して期間満了による賃貸借の終了の通知をしなければならない

難易度 **B**

借地借家法(借家)

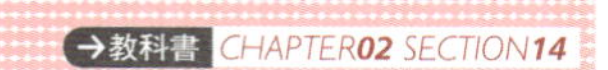
→教科書 CHAPTER02 SECTION14

問題68 借地借家法第38条の定期建物賃貸借(以下この問において「定期建物賃貸借」という。)に関する次の記述のうち、借地借家法の規定及び判例によれば、誤っているものはどれか。 [H26 問12]

(1) 定期建物賃貸借契約を締結するには、公正証書による等書面によらなければならない。

(2) 定期建物賃貸借契約を締結するときは、期間を1年未満としても、期間の定めがない建物の賃貸借契約とはみなされない。

(3) 定期建物賃貸借契約を締結するには、当該契約に係る賃貸借は契約の更新がなく、期間の満了によって終了することを、当該契約書と同じ書面内に記載して説明すれば足りる。

(4) 定期建物賃貸借契約を締結しようとする場合、賃貸人が、当該契約に係る賃貸借は契約の更新がなく、期間の満了によって終了することを説明しなかったときは、契約の更新がない旨の定めは無効となる。

	①	②	③	④	⑤
学習日					
理解度 (○/△/×)					

解説

(1) 正　【定期建物賃貸借】

定期建物賃貸借契約を締結するときは、公正証書「等」の書面によらなければなりません。

(2) 正　【定期建物賃貸借】

建物賃貸借の期間を1年未満とする建物の賃貸借は、期間の定めがない建物の賃貸借とみなされますが、定期建物賃貸借契約では、その名のとおり、定まった期間の契約のため、期間の定めがない建物の賃貸借契約とはみなされません。

(3) 誤　【定期建物賃貸借】

定期建物賃貸借契約を締結するには、建物の賃貸人は、あらかじめ、建物の賃借人に対し、建物の賃貸借は契約の更新がなく、期間の満了によって賃貸借が終了する旨を記載した書面を交付して説明しなければなりません。そして、この書面は、**契約書と別個独立の書面でなければなりません。**

(4) 正　【定期建物賃貸借】

賃貸人が、定期建物賃貸借契約に係る賃貸借は契約の更新がなく、期間の満了によって終了することを説明しなかったときは、契約の更新がない旨の定めは無効となります。

解答…(3)

請　負

→教科書 CHAPTER02 SECTION15

問題69　AはBに戸建て住宅及びガレージの建築を注文し、建築請負契約（代金5,000万円）を締結した。この場合に関する次の記述のうち、民法の規定によれば、正しいものはどれか。　［オリジナル問題］

(1) Bが、先に当該住宅を完成させ、Aに引き渡して居住が可能となったときに、Aの海外転勤が決まり当該住宅に住むことが不可能となり、Aは請負契約を解除した。この場合、Bは、ガレージの工事に着手してさえいれば、その工事が完了していなくとも請負代金5,000万円の請求をすることができる。

(2) Bが、Aの指図のもと、Aが用意した材料により塀を建てた時、Bは、材料は堅固なものだが、その指図は不適当であることに気が付いていたにもかかわらず指摘をしなかった。その後、雨によって塀が倒壊した場合、Aは材料の提供及び指示を行っているため、Bに対して担保責任を追及することができない。

(3) Bが請負工事を完了し、Aに引き渡されたが、当該住宅にBの責めに帰すべき事由による重大な欠陥があり居住することができない場合、Aは建替え費用相当額の損害賠償請求をすることも、契約の解除をすることもできる。

(4) Bが引き渡した当該住宅に修繕可能な契約の内容に適合しない欠陥があった場合、AがBに対して欠陥の修補請求をするには、引渡しを受けた時から1年以内にBに通知しなければならない。

	①	②	③	④	⑤
学習日					
理解度 (○/△/×)					

解説

(1) **誤**　【注文者が受ける利益の割合に応じた報酬】

請負が仕事の完成前に解除された場合において、請負人(B)がすでにした仕事の結果のうち可分な部分の給付によって注文者が利益を受けているときは、その部分について仕事の完成とみなされます。そして、この場合において、請負人(B)は、注文者(A)が受ける利益の割合に応じて報酬を請求することができるにすぎません。

(2) **誤**　【請負人の担保責任の制限】

注文者(A)の供した材料の性質または注文者の与えた指図によって欠陥が生じ契約の内容に適合しない場合でも、原則として、請負人(B)の担保責任を追及することはできません。

ただし、請負人(B)が、その材料または指図が不適当である(不十分であり欠陥が生じる)ことを知っていたのに注文者(A)に告げなかった場合には、注文者(A)は請負人(B)の担保責任を追及することができます。

請負人の担保責任は、❶履行の追完請求(修補請求を含む)、❷報酬減額請求、❸損害賠償請求、❹契約の解除の4つだよ～

(3) **正**　【損害賠償請求、請負契約の解除】

請負人(B)が、その債務の本旨にしたがった履行をしないときは、注文者(A)は、請負人(B)に対して損害賠償請求をすることができます。

また、完成した住宅に重大な欠陥があることにより居住することができないので、契約を解除することもできます。

(4) **誤**　【担保責任の期間の制限】

注文者(A)が引渡しを受けた住宅に品質に関して不適合があり、その不適合の修補請求をすることができる場合、原則として、注文者(A)がその不適合を知った時から1年以内に、請負人(B)に対して欠陥の内容や範囲を通知しなければ、その修補請求をすることができなくなります。

解答…(3)

難易度B 請負

→教科書 CHAPTER02 SECTION15

問題70 Aを注文者、Bを請負人とする請負契約(以下「本件契約」という。)が締結された場合における次の記述のうち、民法の規定及び判例によれば、誤っているものはいくつあるか。 [R1問8㊇]

ア 本件契約の目的物たる建物にBの責めに帰すべき事由による契約の内容に適合しない重大な瑕疵(かし)があるためこれを建て替えざるを得ない場合には、AはBに対して当該建物の建替えに要する費用相当額の損害賠償を請求することができる。

イ 本件契約の目的が建物の増築である場合、Aの失火により当該建物が焼失し増築できなくなったときは、Bは本件契約に基づく未履行部分の仕事完成債務を免れる。

ウ Bが仕事を完成しない間は、AはいつでもBに対して損害を賠償して本件契約を解除することができる。

(1) 一つ
(2) 二つ
(3) 三つ
(4) なし

	①	②	③	④	⑤
学習日					
理解度(○/△/×)					

解説

ア　正　【損害賠償請求】

債務者(B)がその**債務の本旨に従った履行をせず**、それが債務者(B)の**責めに帰すべき事由によるものである**ときは、債権者(A)は、これによって生じた損害の賠償を請求することができます。

イ　正　【履行不能】

債務の**履行が不能**であるときは、債権者(A)は、その債務の履行を請求することはできなくなります。

ウ　正　【注文者による契約の解除】

請負人(B)が**仕事を完成しない間**は、注文者(A)はいつでも請負人(B)に対して**損害を賠償して契約を解除**することができます。

以上より、誤っているものはなし！
だから答えは(4)。

解答…(4)

難易度 **A**

不法行為

→教科書 CHAPTER02 SECTION16

問題71 Aに雇用されているBが、勤務中にA所有の乗用車を運転し、営業活動のため顧客Cを同乗させている途中で、Dが運転していたD所有の乗用車と正面衝突した(なお、事故についてはBとDに過失がある。)場合における次の記述のうち、民法の規定及び判例によれば、正しいものはどれか。

[H25問9]

(1) Aは、Cに対して事故によって受けたCの損害の全額を賠償した。この場合、Aは、BとDの過失割合に従って、Dに対して求償権を行使することができる。

(2) Aは、Dに対して事故によって受けたDの損害の全額を賠償した。この場合、Aは、被用者であるBに対して求償権を行使することはできない。

(3) 事故によって損害を受けたCは、AとBに対して損害賠償を請求することはできるが、Dに対して損害賠償を請求することはできない。

(4) 事故によって損害を受けたDは、Aに対して損害賠償を請求することはできるが、Bに対して損害賠償を請求することはできない。

	①	②	③	④	⑤
学習日					
理解度 (○/△/×)					

解説

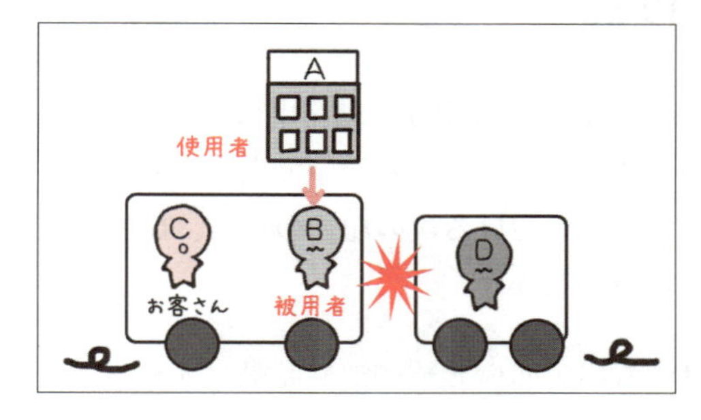

(1) **正** 【不法行為】

加害者であるBとDがCに対して損害賠償すべきところ、AがCに対して全額を賠償しているため、Aは、BとDの過失割合に従って、Dに対して求償することができます。

(2) **誤** 【使用者責任】

使用者責任により、AがDに損害の全額を賠償した場合、AはB（被用者）に対して、**相当と認められる範囲内**で求償することができます。

(3) **誤** 【不法行為】

Cは不法行為をおこしたBとDに対して損害賠償を請求することができます。また、BはAの被用者なので、CはAに対しても損害賠償を請求することができます。

(4) **誤** 【不法行為】

Dは不法行為をおこしたBに対して損害賠償を請求することができます。また、BはAの被用者なので、DはAに対しても損害賠償を請求することができます。

解答…(1)

使用者責任

☆ 被用者が使用者の事業執行につき、他人に損害を与え、一般の不法行為責任を負う場合、原則として使用者は被用者とともに損害賠償責任を負う

→使用者が被用者の選任およびその事業の監督について相当の注意をしたとき、または相当の注意をしても損害が生ずべきであったときは、使用者は損害賠償責任を負わない

☆ 被害者は、使用者・被用者のいずれにも、損害賠償を請求することができる

☆ 損害賠償をした使用者は、**相当と認められる範囲内**において被用者に求償することができる

難易度 B

不法行為

→教科書 CHAPTER02 SECTION16

問題72 Aに雇用されているBが、勤務中にA所有の乗用車を運転し、営業活動のため得意先に向かっている途中で交通事故を起こし、歩いていたCに危害を加えた場合における次の記述のうち、民法の規定及び判例によれば、正しいものはどれか。 〔H24問9〕

(1) BのCに対する損害賠償義務が消滅時効にかかったとしても、AのCに対する損害賠償義務が当然に消滅するものではない。
(2) Cが即死であった場合には、Cには事故による精神的な損害が発生する余地がないので、AはCの相続人に対して慰謝料についての損害賠償責任を負わない。
(3) Aの使用者責任が認められてCに対して損害を賠償した場合には、AはBに対して求償することができるので、Bに資力があれば、最終的にはAはCに対して賠償した損害額の全額を常にBから回収することができる。
(4) Cが幼児である場合には、被害者側に過失があるときでも過失相殺が考慮されないので、AはCに発生した損害の全額を賠償しなければならない。

	①	②	③	④	⑤
学習日					
理解度 (○/△/×)					

解説

（1）**正**　【使用者責任】

BのCに対する損害賠償義務が消滅時効にかかったとしても、AのCに対する損害賠償義務が当然に消滅するものではありません。

（2）**誤**　【不法行為】

Cが即死であった場合でも、Cに損害賠償請求権が発生し、相続人がこれを承継するため、AはCの相続人に対して慰謝料についての損害賠償責任を負います。

（3）**誤**　【使用者責任】

Aの使用者責任が認められてCに対して損害を賠償した場合、AはB（被用者）に求償できますが、その額は「信義則上相当と認められる範囲内」となります。したがって、Bに資力があったとしても、Aは常に賠償した損害額の全額を回収できるというわけではありません。

ちなみに、被用者が使用者の業務の執行について第三者に損害を加え、その損害を賠償した場合は、被用者は、諸般の事情に照らし、損害の公平の分担という見地から相当と認められる額について、使用者に求償することができるよ（逆求償）！

（4）**誤**　【不法行為】

たとえば、C（幼児）の保護者がCをしっかり見ていなかったため、Cが走り出し、道路に飛び出してきてしまった場合など、被害者側（幼児の親なども含む）に過失があれば過失相殺が考慮されます。

解答…（1）

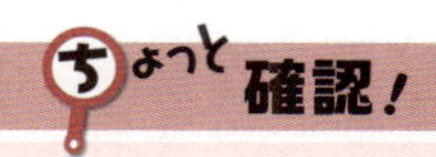

過失相殺

☆ 不法行為について、被害者側にも過失があった場合は、裁判所は被害者側の過失を考慮して、損害賠償額を減額することができる

難易度 **B**

不法行為

→教科書 CHAPTER02 SECTION16

問題73 Aは、所有する家屋を囲う塀の設置工事を業者Bに請け負わせたが、Bの工事によりこの塀は瑕疵がある状態となった。Aがその後この塀を含む家屋全部をCに賃貸し、Cが占有使用しているときに、この瑕疵により塀が崩れ、脇に駐車中のD所有の車を破損させた。A、B及びCは、この瑕疵があることを過失なく知らない。この場合に関する次の記述のうち、民法の規定によれば、誤っているものはどれか。〔H17問11〕

(1) Aは、損害の発生を防止するのに必要な注意をしていれば、Dに対する損害賠償責任を免れることができる。

(2) Bは、瑕疵を作り出したことに故意又は過失がなければ、Dに対する損害賠償責任を免れることができる。

(3) Cは、損害の発生を防止するのに必要な注意をしていれば、Dに対する損害賠償責任を免れることができる。

(4) Dが、車の破損による損害賠償請求権を、損害及び加害者を知った時から3年間行使しなかったときは、この請求権は時効により消滅する。

	①	②	③	④	⑤
学習日					
理解度 (○/△/×)					

解説

(1) 誤　【工作物責任】

土地の工作物(塀など)の設置・保存に瑕疵があり、他人に損害を与えたときは、工作物の**占有者**(C)が損害賠償責任を負います。ただし、占有者が損害の発生を防止するのに必要な注意をしていたときは、工作物の**所有者**(A)が損害賠償責任を負います。この場合、所有者(A)は**過失の有無にかかわらず**責任を負います(**無過失責任**)。

本肢では「A(所有者)は、損害の発生を防止するのに必要な注意をしていれば、…損害賠償責任を免れる」とあるため、誤りです。

(2) 正　【不法行為とは】

不法行為とは、故意または過失により、他人に損害を与える行為をいいます。本肢では「Bは、瑕疵を作り出したことに故意又は過失がなければ、Dに対する損害賠償責任を免れることができる」とあるため、正しい記述です。

(3) 正　【工作物責任】

土地の工作物(塀など)の設置・保存に瑕疵があり、他人に損害を与えたときは、工作物の**占有者**(C)が損害賠償責任を負います。ただし、占有者が**損害の発生を防止するのに必要な注意をしていた**ときは、損害賠償責任を免れることができます(この場合、工作物の所有者Aが損害賠償責任を負います)。

(4) 正　【不法行為にもとづく損害賠償請求権の消滅時期】

不法行為による損害賠償請求権は、「**被害者が損害および加害者を知った時から3年**(人の生命または身体を害する不法行為の場合は5年)」または「**不法行為の時から20年**」を経過すると時効によって消滅します。

解答…(1)

ちょっと確認!

損害賠償請求権の消滅時期

不法行為による損害賠償請求権は、

被害者(またはその法定代理人)が 損害 および 加害者 を知った時から 3 年
(人の生命または身体を害する不法行為の場合は5年)

または

不法行為の時から 20 年

を経過すると時効によって消滅する

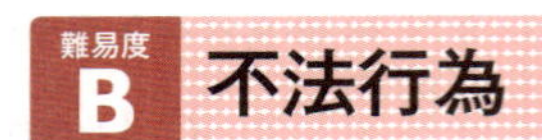

問題74　不法行為に関する次の記述のうち、民法の規定及び判例によれば、正しいものはどれか。［H26 問8㊎］

(1) 不法行為による損害賠償請求権の消滅時効を定める民法第724条第1号における、被害者が損害を知った時とは、被害者が損害の発生を現実に認識した時をいう。

(2) 不法行為による損害賠償債務の不履行に基づく遅延損害金債権は、当該債権が発生した時から10年間行使しないことにより、時効によって消滅する。

(3) 不法占拠により日々発生する損害については、加害行為が終わった時から一括して消滅時効が進行し、日々発生する損害を知った時から別個に消滅時効が進行することはない。

(4) 不法行為の加害者が海外に在住している間は、民法第724条第2号の20年の時効期間は進行しない。

	①	②	③	④	⑤
学習日					
理解度 (○/△/×)					

解説

(1) 正　【不法行為】

「被害者が損害を知った時」とは、「**被害者が損害の発生を現実に認識した時**」をいいます。

(2) 誤　【不法行為】

不法行為による損害賠償債務の不履行にもとづく遅延損害金債権は、不法行為による損害賠償請求権に含まれるため、❶**被害者等が損害および加害者を知った時から3年**（人の生命または身体を害する不法行為の場合は5年）、または、❷**不法行為の時から20年間**行使しないときは、時効によって消滅します。

(3) 誤　【不法行為】

不法占拠のような日々発生する損害については、日々発生する損害について被害者がその各損害を知った時から**別個**に消滅時効が進行します（加害行為が終わった時から一括して消滅時効が進行するわけではありません）。

(4) 誤　【不法行為】

民法724条2号の20年の期間は、不法行為の時からの期間であり、加害者が海外に在住している期間は関係ありません。

解答…(1)

相続

→教科書 CHAPTER02 SECTION17

問題75 1億2,000万円の財産を有するAが死亡した。Aには、配偶者はなく、子B、C、Dがおり、Bには子Eが、Cには子Fがいる。Bは相続を放棄した。また、Cは生前のAを強迫して遺言作成を妨害したため、相続人となることができない。この場合における法定相続分に関する次の記述のうち、民法の規定によれば、正しいものはどれか。 ［H29 問9］

(1) Dが4,000万円、Eが4,000万円、Fが4,000万円となる。
(2) Dが1億2,000万円となる。
(3) Dが6,000万円、Fが6,000万円となる。
(4) Dが6,000万円、Eが6,000万円となる。

	①	②	③	④	⑤
学習日					
理解度 (○/△/×)					

解説

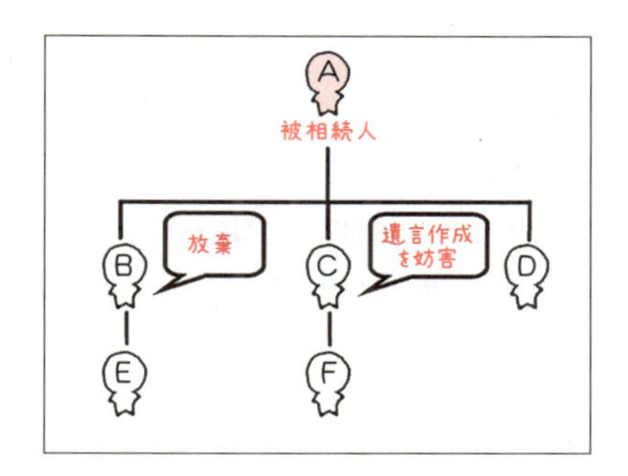

被相続人Aの子はBCDですが、❶Bは相続放棄を、❷Cは生前のAを強迫して遺言作成の妨害をしているので、それぞれ検討が必要です。

❶Bの相続放棄

Bは相続を放棄しているので、相続人になれません。また、**相続の放棄は代襲原因ではない**ので、Bの子Eが代襲相続人となることもありません。

❷Cの遺言作成妨害

強迫によって、被相続人(A)が相続に関する遺言をすることを妨げた者は、**相続人の欠格事由**に該当するため、Cは、相続人となることができません。しかし、**相続欠格によって相続権を失ったことは、代襲原因となる**ので、Cの子Fは代襲相続人となります。

したがって、Aの相続に関して、DとFの2人が相続人となり、それぞれの法定相続分は6,000万円となります。

DとFの法定相続分：1億2,000万円÷2人＝6,000万円

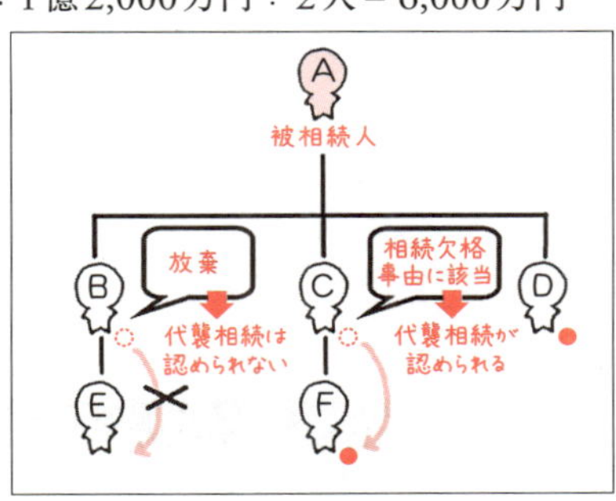

解答…(3)

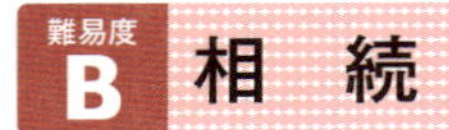

相　続

問題76　Aは未婚で子供がなく、父親Bが所有する甲建物にBと同居している。Aの母親Cは令和3年3月末日に死亡している。AにはBとCの実子である兄Dがいて、DはEと婚姻して実子Fがいたが、Dは令和4年3月末日に死亡している。この場合における次の記述のうち、民法の規定及び判例によれば、正しいものはどれか。　［H24問10改］

(1) Bが死亡した場合の法定相続分は、Aが2分の1、Eが4分の1、Fが4分の1である。

(2) Bが死亡した場合、甲建物につき法定相続分を有するFは、甲建物を1人で占有しているAに対して、当然に甲建物の明渡しを請求することができる。

(3) Aが死亡した場合の法定相続分は、Bが4分の3、Fが4分の1である。

(4) Bが死亡した後、Aがすべての財産を第三者Gに遺贈する旨の遺言を残して死亡した場合、FはGに対して遺留分を主張することができない。

	①	②	③	④	⑤
学習日					
理解度 (○/△/×)					

解説

(1) 誤 【法定相続分】

Bが死亡した場合、相続人はBの子であるAと、Dの代襲相続人であるFの2人となります。

この場合の法定相続分は**Aが2分の1、Fが2分の1**となります。

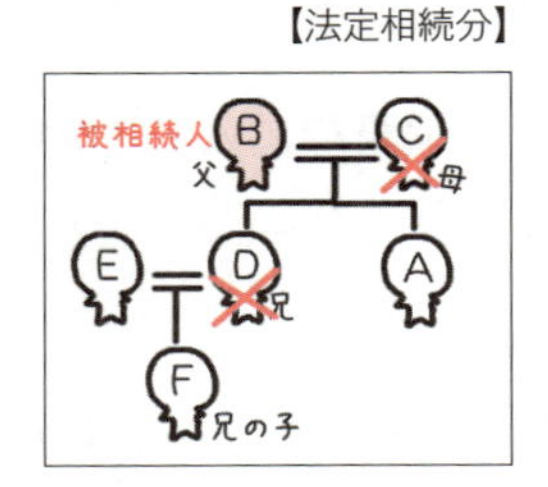

(2) 誤 【相続、共有…SEC.18】

AもFも相続人であるため、甲建物はAとFの共有となります。各共有者は、自己の持分に応じて共有物を使用することができます。そのため、Aが甲建物を1人で占有しているからといって、Fは当然に甲建物の明渡しを請求することができるわけではありません。

(3) 誤 【相続人の範囲と順位】

Aには配偶者もなく、第1順位の子もいないため、Aが死亡した場合、第2順位の父B（直系尊属）のみが相続人となります。第2順位の直系尊属が相続人となった場合、第3順位の兄弟姉妹は相続人とならないため、Dの子であるFは相続人となりません。

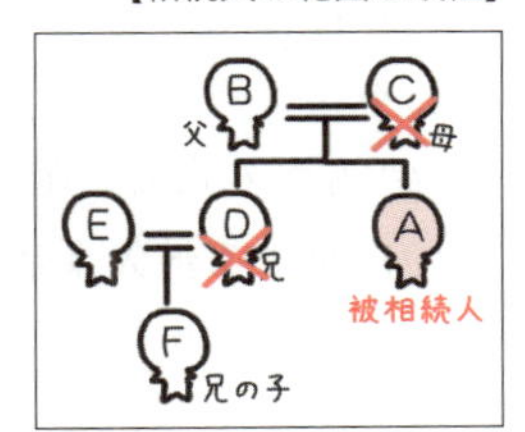

(4) 正 【遺留分】

兄弟姉妹には遺留分がありません。したがって、F（Aの兄であるDの代襲相続人）はGに対して遺留分を主張することはできません。

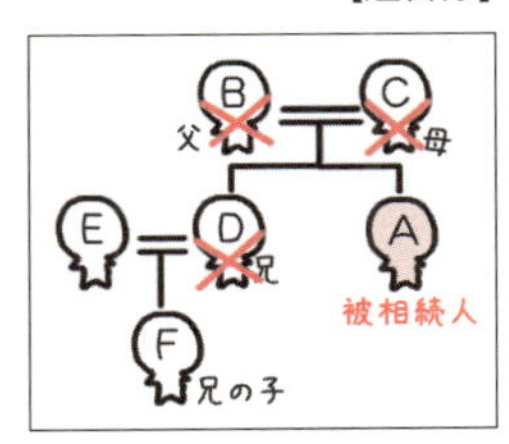

解答…(4)

ちょっと確認！

遺留分

☆ 兄弟姉妹には遺留分はない

相　続

→教科書 CHAPTER02 SECTION17

問題77　AがBから事業のために1,000万円を借り入れている場合における次の記述のうち、民法の規定及び判例によれば、正しいものはどれか。

［H23問10］

(1) AとBが婚姻した場合、AのBに対する借入金債務は混同により消滅する。

(2) AがCと養子縁組をした場合、CはAのBに対する借入金債務についてAと連帯してその責任を負う。

(3) Aが死亡し、相続人であるDとEにおいて、Aの唯一の資産である不動産をDが相続する旨の遺産分割協議が成立した場合、相続債務につき特に定めがなくても、Bに対する借入金返済債務のすべてをDが相続することになる。

(4) Aが死亡し、唯一の相続人であるFが相続の単純承認をすると、FがBに対する借入金債務の存在を知らなかったとしても、Fは当該借入金債務を相続する。

	①	②	③	④	⑤
学習日					
理解度 (○/△/×)					

解説

(1) 誤 【混同】

混同(債権の場合)とは、債権者と債務者が同一の者となった場合に、債務が消滅することをいいます。AとBは別人なので、AとBが婚姻した場合でも混同は生じず、AのBに対する債務は消滅しません。

(2) 誤 【養子縁組の効果】

AがCと養子縁組をしたからといって、CはAの借入金債務についてAと連帯してその責任を負うものではありません。

(3) 誤 【相続】

特に定めがなければ、Aの債務についても相続人が相続分に応じて相続します(DがAの唯一の資産である不動産を相続したからといって、Aの債務をすべて相続するというわけではありません)。

(4) 正 【単純承認】

単純承認とは、相続人が被相続人の資産および負債(債務)をすべて相続することをいいます。したがって、単純承認したFは、Aの借入金債務の存在を知らなかったとしても、当該借入金債務を相続します。

解答…(4)

ちょっと確認！

相続の承認と放棄

単純承認【原則】	被相続人の財産(資産および負債)をすべて承継すること ポイント ☆ (自己のために)相続の開始があったことを知った日から3カ月以内に、下記の放棄や限定承認を行わなかった場合等には、単純承認したものとみなされる
限定承認	相続によって取得した被相続人の資産(プラスの財産)の範囲内で、負債(マイナスの財産)を承継すること ポイント ☆ (自己のために)相続の開始があったことを知った日から3カ月以内に、家庭裁判所に申し出る ☆ 相続人全員で申し出る必要がある
相続の放棄	被相続人の財産(資産および負債)をすべて承継しないこと ポイント ☆ (自己のために)相続の開始があったことを知った日から3カ月以内に、家庭裁判所に申し出る ☆ 相続人全員で申し出る必要はない(単独でできる) ☆ 放棄をした場合には、代襲相続は発生しない

相　続

→教科書 CHAPTER02 SECTION17

問題78　AがBに対して1,000万円の貸金債権を有していたところ、Bが相続人C及びDを残して死亡した場合に関する次の記述のうち、民法の規定及び判例によれば、誤っているものはどれか。　〔H19問12〕

(1) Cが単純承認を希望し、Dが限定承認を希望した場合には、相続の開始を知った時から3か月以内に、Cは単純承認を、Dは限定承認をしなければならない。

(2) C及びDが相続開始の事実を知りながら、Bが所有していた財産の一部を売却した場合には、C及びDは相続の単純承認をしたものとみなされる。

(3) C及びDが単純承認をした場合には、法律上当然に分割されたAに対する債務を相続分に応じてそれぞれが承継する。

(4) C及びDが相続放棄をした場合であっても、AはBの相続財産管理人の選任を請求することによって、Bに対する貸金債権の回収を図ることが可能となることがある。

	①	②	③	④	⑤
学習日					
理解度 (○/△/×)					

解説

（1）誤　【限定承認】

限定承認は**相続人全員**で申し出なければなりません。

（2）正　【相続】

相続人(C、D)が、相続財産の全部または一部を処分した場合には、相続人(C、D)は単純承認をしたものとみなされます。

（3）正　【相続】

被相続人(B)の貸金債務などの可分債務は法律上当然に分割され、各相続人がその相続分に応じて承継します。

（4）正　【相続・その他】

CおよびDが相続放棄した場合、相続人がいなくなってしまいます。この場合、利害関係人等(債権者等)の請求によって裁判所は相続財産管理人を選任し、相続財産管理人が相続財産を管理、清算します。

本肢のAはB(被相続人)の債権者なので、利害関係人に該当します。したがって、裁判所に相続財産管理人の選任を請求することによって、Bに対する貸金債権の回収を図ることが可能となることがあります。

解答…(1)

ちょっと難しい選択肢もあるけど、(1)が明らかに誤りだとわかるから、答えはラクに出せたよね?

(1)がわからなかった人は…もうちょっとガンバロウ。

プラス1(ワン)

【相続財産管理人の選任】

☆ 相続人が不存在である場合等には、家庭裁判所は利害関係人等からの申立てによって相続財産管理人を選任する

☆ 相続財産管理人の選任後は、相続財産管理人が相続財産の管理、処分を行う

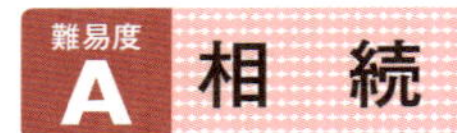

相　続

→教科書 CHAPTER02 SECTION17

問題79　遺言及び遺留分に関する次の記述のうち、民法の規定によれば正しいものはどれか。〔H17問12㊵〕

(1) 自筆証書による遺言をする場合、証人二人以上の立会いが必要である。

(2) 自筆証書による遺言書を保管している者が、相続の開始後、これを家庭裁判所に提出してその検認を経ることを怠り、そのままその遺言が執行された場合、その遺言書の効力は失われる。

(3) 適法な遺言をした者が、その後更に適法な遺言をした場合、前の遺言のうち後の遺言と抵触する部分は、後の遺言により撤回したものとみなされる。

(4) 法定相続人が配偶者Aと子Bだけである場合、Aに全財産を相続させるとの適法な遺言がなされた場合、Bは遺留分権利者とならない。

	①	②	③	④	⑤
学習日					
理解度 (○/△/×)					

解説

(1) 誤　【自筆証書遺言】

自筆証書遺言の場合には、**証人は不要**です。

(2) 誤　【検認】

検認とは、裁判所が遺言書の内容を確認し、遺言書の偽造等を防止するための手続をいいます。自筆証書遺言の場合、検認が必要です（遺言書保管法に例外があります）が、検認を怠ったとしても遺言書の効力が失われるわけではありません。

(3) 正　【遺言書】

遺言書の内容は、いつでも撤回、変更することができます。そして、適法な遺言をした者が、その後さらに適法な遺言をした場合、前の遺言のうち後の遺言と抵触する部分は、**後の遺言により撤回**したものとみなされます。

(4) 誤　【遺留分】

Bは被相続人の子なので、遺留分権利者に該当します。Aに全財産を相続させるとの適法な遺言があった場合でも、Bが遺留分権利者でなくなることはありません。

ちなみに、遺産分割方法の指定として遺産に属する特定の財産を相続人の1人または数人に承継させる遺言を「特定財産承継遺言」といい、「（相続人に）相続させる」旨の遺言は基本的にコレ！

解答…(3)

ちょっと確認！

遺言の種類

	自筆証書遺言	公正証書遺言	秘密証書遺言
作成方法	遺言者が遺言書の本書につき全文、日付、氏名を自書し、押印する（遺言書に添付する相続財産目録については、一定の要件を満たせば自書不要）	遺言者が口述し、公証人が筆記する	遺言書に署名押印し、封印する。公証人が日付等を記入する
証　人	**不要**	2人以上	2人以上
検　認	原則必要※	不要	必要

☆ **検認は、遺言書が有効なものであると認めるものではない！**

※ 法務局（遺言書保管所）に保管したものについては検認が不要となる！

相続

→教科書 CHAPTER02 SECTION17

問題80 Aには、相続人となる子BとCがいる。Aは、Cに老後の面倒をみてもらっているので、「甲土地を含む全資産をCに相続させる」旨の有効な遺言をした。この場合の遺留分に関する次の記述のうち、民法の規定によれば、正しいものはどれか。 [H20問12改]

(1) Bの遺留分を侵害するAの遺言は、その限度で当然に無効である。

(2) Bが、Aの死亡の前に、A及びCに対して直接、書面で遺留分を放棄する意思表示をしたときは、その意思表示は有効である。

(3) Aが死亡し、その遺言に基づき甲土地につきAからCに対する所有権移転登記がなされた後でも、Bは遺留分に基づき侵害額を請求することができる。

(4) Bは、遺留分侵害額の限度において、これに相当する金銭による支払いに代えて、甲土地の給付をするよう請求することができる。

	①	②	③	④	⑤
学習日					
理解度 (○/△/×)					

解説

(1) 誤　【遺留分】

遺言の内容が遺留分権利者(B)の遺留分を侵害する内容であったとしても、無効になるものではありません。

(2) 誤　【遺留分】

相続開始前に**遺留分の放棄をするには、家庭裁判所の許可が必要**です。したがって、家庭裁判所の許可がない場合には、遺留分の放棄は有効とはなりません。

(3) 正　【遺留分】

遺言にもとづいて、甲土地についてAからCに所有権移転登記がなされたあとでも、Bは遺留分侵害額請求を行うことができます。

(4) 誤　【遺留分】

遺留分侵害額請求権は、遺留分侵害額に相当する金銭の支払いを請求することができる権利です。特定の相続財産の給付を請求することはできません。

解答…(3)

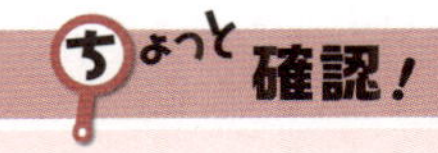

遺留分侵害額請求

☆ 遺留分侵害額請求には 特有の期間の制限 がある

❶ 相続の開始および遺留分を侵害している遺贈や贈与があることを知った日から 1 年（消滅時効）

または

❷ 相続開始から 10 年（除斥期間）

☆ 遺留分は、家庭裁判所の許可を得れば、相続開始前に放棄することができる

☆ 遺留分を放棄した者は、遺留分侵害額請求をすることはできない

難易度 A

共 有

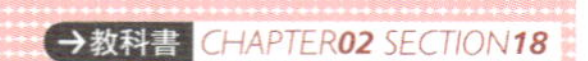

問題81 A、B及びCが、持分を各3分の1とする甲土地を共有している場合に関する次の記述のうち、民法の規定及び判例によれば、誤っているものはどれか。 〔H19問4〕

(1) 共有者の協議に基づかないでAから甲土地の占有使用を承認されたDは、Aの持分に基づくものと認められる限度で甲土地を占有使用することができる。

(2) A、B及びCが甲土地について、Eと賃貸借契約を締結している場合、AとBが合意すれば、Cの合意はなくとも、賃貸借契約を解除することができる。

(3) A、B及びCは、5年を超えない期間内は甲土地を分割しない旨の契約を締結することができる。

(4) Aがその持分を放棄した場合には、その持分は所有者のない不動産として、国庫に帰属する。

	①	②	③	④	⑤
学習日					
理解度 (○/△/×)					

解説

(1) 正　【共有物の使用】

各共有者は、共有物の全部について、持分に応じて使用することができます。そして、Aから甲土地の占有使用を承認されたDも、Aの持分に応じて使用することができます。

(2) 正　【共有物の管理等】

共有物の賃貸借契約の解除は、管理行為に該当し、**管理行為**を行うときには、各共有者の持分価格の**過半数の同意**が必要です。本肢では、AとBが合意すれば過半数となるので、Cの合意はなくても賃貸借契約を解除することができます。

(3) 正　【共有物の分割】

各共有者は、原則としていつでも共有物の分割を請求することができますが、共有者全員の意思によって、**5年間を限度**として共有物を分割しない契約を締結することもできます。

(4) 誤　【持分の帰属】

共有者の1人が持分を放棄した場合、その持分は、**他の共有者**に帰属します。

解答…(4)

ちょっと確認！

共有物の管理等

保存行為…各共有者が単独で行うことができる

【例】共有物の修繕、共有物の不法占拠者に対する明渡し請求、共有物の不法占拠者に対する損害賠償請求※

※ ただし、自己の持分を超えて損害賠償請求することはできない

管理行為…各共有者の持分価格の過半数の同意で行うことができる

【例】**共有物の賃貸借契約の解除**、共有物の改良

変更・処分行為…共有者全員の同意がなければ行うことができない

【例】共有物の建替え・増改築、共有物全体の売却や全体への抵当権の設定

共有物の分割

【原則】

各共有者はいつでも共有物の分割を請求することができる

【例外】

共有者全員の意思によって、5年間を限度として共有物を分割しない特約を結ぶこともできる

共　有

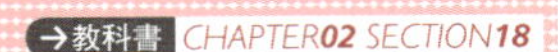

問題82　A、B及びCが、持分を各3分の1として甲土地を共有している場合に関する次の記述のうち、民法の規定及び判例によれば、誤っているものはどれか。　［H18問4］

(1) 甲土地全体がDによって不法に占有されている場合、Aは単独でDに対して、甲土地の明渡しを請求できる。

(2) 甲土地全体がEによって不法に占有されている場合、Aは単独でEに対して、Eの不法占有によってA、B及びCに生じた損害全額の賠償を請求できる。

(3) 共有物たる甲土地の分割について共有者間に協議が調わず、裁判所に分割請求がなされた場合、裁判所は、特段の事情があれば、甲土地全体をAの所有とし、AからB及びCに対し持分の価格を賠償させる方法により分割することができる。

(4) Aが死亡し、相続人の不存在が確定した場合、Aの持分は、民法第958条の3の特別縁故者に対する財産分与の対象となるが、当該財産分与がなされない場合はB及びCに帰属する。

	①	②	③	④	⑤
学習日					
理解度 (○/△/×)					

解説

(1) 正　【共有物の管理等】

共有物の不法占拠者に「出て行け」ということは、保存行為に該当します。保存行為は各共有者が**単独**で行うことができます。

(2) 誤　【共有物の管理等】

不法占拠者に対して損害賠償請求をすることは、各共有者は単独で行うことができます。ただし、この場合、**各共有者は自己の持分を超えて損害賠償請求をすることはできません**(AはEに対して損害全額の賠償を請求することはできません)。

(3) 正　【共有物の分割】

分割協議が調わないときは、分割を裁判所に請求することができます。裁判所による分割は現物分割が原則ですが、競売によって代金分割とすることもできます。また、特段の事情があるときは、価格賠償とすることもできます。

(4) 正　【持分の帰属】

共有者の1人が死亡した場合、その持分は相続人のものとなりますが、相続人の不存在が確定した場合で特別縁故者(被相続人と生計が同じであった者、被相続人の療養看護に努めた者など、被相続人と特別の縁故があった者をいいます)に対する財産分与もなされなかった場合は、**他の共有者**に帰属します。

解答…(2)

ちょっと確認!

共有物の分割(分割の方法)

- 1 現物分割 …現物を分割する
- 2 代金分割 …共有物を売って、代金を分割する
- 3 価格賠償 …共有物を誰か1人のものとして、その1人が他の者にお金を支払う

ポイント

☆ 全員の協議で分割するときは 1 ～ 3 のどの方法でもよい

☆ 協議が調わないときは、分割を裁判所に請求することができる

→裁判所による分割は 1 現物分割 が原則だが、現物分割ができないとき等は、裁判所は競売によって 2 代金分割 とすることができる

→特段の事情があるときは 3 価格賠償 とすることもできる

→教科書 CHAPTER02 SECTION19

問題83 建物の区分所有等に関する法律に関する次の記述のうち、正しいものはどれか。 ［H22問13］

(1) 専有部分が数人の共有に属するときは、規約で別段の定めをすることにより、共有者は、議決権を行使すべき者を２人まで定めることができる。

(2) 規約及び集会の決議は、区分所有者の特定承継人に対しては、その効力を生じない。

(3) 敷地利用権が数人で有する所有権その他の権利である場合には、区分所有者は、規約で別段の定めがあるときを除き、その有する専有部分とその専有部分に係る敷地利用権とを分離して処分することができる。

(4) 集会において、管理者の選任を行う場合、規約に別段の定めがない限り、区分所有者及び議決権の各過半数で決する。

	①	②	③	④	⑤
学習日					
理解度 (○/△/×)					

解説

(1) **誤** 【議決権】

専有部分が数人の共有に属するときは、共有者は議決権を行使すべき者(**1人**)を定めなければなりません。

(2) **誤** 【規約・集会決議の効力】

規約および集会の決議は、区分所有者の包括承継人(相続人など)、特定承継人(中古マンションの購入者など)に対しても効力を生じます。また、占有者(借主など)も規約および集会の決議に従わなければなりません。

(3) **誤** 【敷地利用権】

区分所有者は、原則として専有部分とそれに係る敷地利用権を分離して処分することはできません。

(4) **正** 【管理者】

管理者の選任・解任は、原則として、区分所有者および議決権の**各過半数**で決めます。

これはどう? H27−問13④

区分所有者は、規約に別段の定めがない限り集会の決議によって、管理者を選任することができる。この場合、任期は2年以内としなければならない。

× 区分所有者は、規約に別段の定めがない限り集会の決議によって、管理者を選任することができますが、任期の規定はありません。

解答…(4)

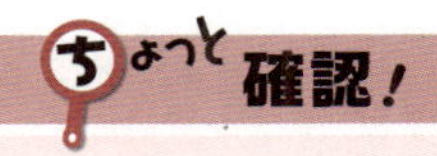

管理者

☆ 管理者の選任・解任は、原則として、区分所有者および議決権の各過半数による決議によって行う
→規約に別段の定めがあるときはそれに従う

☆ 区分所有者以外の者を管理者に選任することもできる

難易度 A

区分所有法

→教科書 CHAPTER02 SECTION19

問題84 建物の区分所有等に関する法律に関する次の記述のうち、正しいものはどれか。 ［R2（10月）問13］

(1) 共用部分の変更（その形状又は効用の著しい変更を伴わないものを除く。）は、区分所有者及び議決権の各4分の3以上の多数による集会の決議で決するが、この区分所有者の定数は、規約で2分の1以上の多数まで減ずることができる。

(2) 共用部分の管理に係る費用については、規約に別段の定めがない限り、共有者で等分する。

(3) 共用部分の保存行為をするには、規約に別段の定めがない限り、集会の決議で決する必要があり、各共有者ですることはできない。

(4) 一部共用部分は、これを共用すべき区分所有者の共有に属するが、規約で別段の定めをすることにより、区分所有者全員の共有に属するとすることもできる。

	①	②	③	④	⑤
学習日					
理解度（○/△/×）					

解説

(1) **誤**　【共用部分の変更】

共用部分の変更(その形状または効用の著しい変更を伴わないものを除く＝重大な変更)は、区分所有者および議決権の**各4分の3以上**の多数による集会の決議で決しますが、この区分所有者の定数は、規約でその**過半数**まで減ずることができます(議決権については減ずることはできません)。2分の1以上ではありません。

(2) **誤**　【共用部分の費用負担】

共用部分の管理に関する費用は、規約に別段の定めがない限り、共有者の持分に応じて負担します。

(3) **誤**　【共用部分の保存行為】

共用部分の保存行為は、各共有者が単独ですることができます。

(4) **正**　【共用部分の共有関係】

一部共用部分は、これを共用すべき区分所有者の共有に属しますが、規約で別段の定めがあれば、区分所有者全員の共有に属するとすることもできます。なお、管理者が所有する場合を除き、区分所有者以外の者を共用部分の所有者と定めることはできません。

解答…(4)

ちょっと確認！

共用部分の管理・変更行為

保存行為	…廊下の電球がつかなくなったので、電球を取り換える　など →各区分所有者が**単独**で行うことができる
管理行為	…エレベーターに損害保険を付す　など →区分所有者および議決権の各**過半数**の集会決議で決める
変更行為❶ 軽微な変更	…形状または効用の著しい変更を伴わない共用部分の変更行為 →区分所有者および議決権の各**過半数**の集会決議で決める
変更行為❷ 重大な変更	…形状または効用の著しい変更を伴う共用部分の変更行為 →区分所有者および議決権の各**4**分の**3**以上の集会決議で決める →区分所有者の定数は、規約で**過半数**まで減らすことができる

難易度 A

区分所有法

→教科書 CHAPTER02 SECTION19

問題85　建物の区分所有等に関する法律に関する次の記述のうち、正しいものはどれか。　［H20問15］

(1) 管理者は、少なくとも毎年2回集会を招集しなければならない。また、区分所有者の5分の1以上で議決権の5分の1以上を有するものは、管理者に対し、集会の招集を請求することができる。

(2) 集会は、区分所有者及び議決権の各4分の3以上の多数の同意があるときは、招集の手続きを経ないで開くことができる。

(3) 区分所有者は、規約に別段の定めがない限り集会の決議によって、管理者を選任し、又は解任することができる。

(4) 規約は、管理者が保管しなければならない。ただし、管理者がないときは、建物を使用している区分所有者又はその代理人で理事会又は集会の決議で定めるものが保管しなければならない。

	①	②	③	④	⑤
学習日					
理解度 (○/△/×)					

解説

(1) 誤　【集会の招集】

管理者は少なくとも**毎年1回**集会を招集しなければなりません。また、**区分所有者の5分の1以上**で、**議決権の5分の1以上**を有する者は、管理者に対し、集会の招集を請求することができます。

本肢の前半は間違い。だけど後半は正しい!

(2) 誤　【集会の招集】

集会は、「区分所有者及び議決権の各4分の3以上の多数の同意」ではなく、「**区分所有者の全員の同意**」があれば、招集の手続を経ないで開くことができます。

(3) 正　【管理者】

区分所有者は、規約に別段の定めがなければ、集会の決議によって管理者を選任・解任することができます。

(4) 誤　【規約の保管】

規約は管理者がいるときは、管理者が保管しますが、管理者がいないときは、建物を使用している区分所有者またはその代理人で、「理事会」ではなく「**規約**」または集会の決議で定める者が保管します。

解答…(3)

ちょっと確認!

集会の招集(管理者がいるとき)

❶ 管理者は少なくとも毎年1回、集会を招集しなければならない

❷ 区分所有者の5分の1以上で、議決権の5分の1以上を有する者は、管理者に対して、会議の目的たる事項を示して集会の招集を請求することができる

招集通知

☆ 集会の招集通知は、少なくとも会日の1週間前に、会議の目的である事項を示して、各区分所有者に発しなければならない

☆ 区分所有者の全員の同意があれば、招集手続を省略することができる

難易度 A

区分所有法

→教科書 CHAPTER02 SECTION19

問題86 建物の区分所有等に関する法律(以下この間において「法」という。)に関する次の記述のうち、誤っているものはどれか。 〔H23問13〕

(1) 管理者は、利害関係人の請求があったときは、正当な理由がある場合を除いて、規約の閲覧を拒んではならない。

(2) 規約に別段の定めがある場合を除いて、各共有者の共用部分の持分は、その有する専有部分の壁その他の区画の内側線で囲まれた部分の水平投影面積の割合による。

(3) 一部共用部分に関する事項で区分所有者全員の利害に関係しないものは、区分所有者全員の規約に定めることができない。

(4) 法又は規約により集会において決議すべきとされた事項であっても、区分所有者全員の書面による合意があったときは、書面による決議があったものとみなされる。

	①	②	③	④	⑤
学習日					
理解度 (○/△/×)					

解説

(1) 正　【規約の閲覧】

管理者は、利害関係人からの閲覧請求があったときは、正当な理由がある場合を除いて規約の閲覧を拒むことはできません。

(2) 正　【共用部分】

各共有者の共用部分の持分は、専有部分の床面積(壁その他の区画の内側線で囲まれた部分の水平投影面積)の割合で決まります。

(3) 誤　【共用部分】

一部共用部分に関する事項で区分所有者全員の利害に関係ないものでも、区分所有者全員の規約に定めることができます。

(4) 正　【書面による決議】

区分所有者**全員**の書面による合意があったときは、書面による決議があったものとみなされます。

解答…(3)

ちょっと確認!

一部共用部分

☆ 一部の区分所有者のみが利用することが明らかな共用部分は、その者のみで共有することになる

☆ 一部共用部分に関する事項でも、区分所有者全員の規約に定めることができる

これはどう?　H25ー問13①

区分所有者の承諾を得て専有部分を占有する者は、会議の目的たる事項につき利害関係を有する場合には、集会に出席して議決権を行使することができる。

× 区分所有者の承諾を得て専有部分を占有する者は、会議の目的たる事項につき利害関係を有する場合には、集会に出席して意見を述べることはできますが、**議決権を行使**することはできません。

難易度 B　区分所有法

→教科書 CHAPTER02 SECTION19

問題87　建物の区分所有等に関する法律(以下この問において「法」という。)についての次の記述のうち、誤っているものはどれか。　［H21問13］

(1) 管理者は、少なくとも毎年1回集会を招集しなければならない。また、招集通知は、会日より少なくとも1週間前に、会議の目的たる事項を示し、各区分所有者に発しなければならない。ただし、この期間は、規約で伸縮することができる。

(2) 法又は規約により集会において決議をすべき場合において、これに代わる書面による決議を行うことについて区分所有者が1人でも反対するときは、書面による決議をすることができない。

(3) 建替え決議を目的とする集会を招集するときは、会日より少なくとも2月前に、招集通知を発しなければならない。ただし、この期間は規約で伸長することができる。

(4) 他の区分所有者から区分所有権を譲り受け、建物の専有部分の全部を所有することとなった者は、公正証書による規約の設定を行うことができる。

	①	②	③	④	⑤
学習日					
理解度 (○/△/×)					

解説

（1）正 【集会の招集】

管理者は少なくとも**毎年1回**集会を招集しなければなりません。また、招集通知は、会日より少なくとも**1週間前**に、会議の目的たる事項を示し、各区分所有者に発しなければなりませんが、この期間は、規約で伸ばすことも、縮めることもできます。

（2）正 【書面による決議】

区分所有者全員の同意があれば、書面決議を行うことができますが、区分所有者が1人でも反対するときは、書面決議をすることはできません。

（3）正 【集会の招集】

建替え決議を目的とする集会を招集するときは、会日より少なくとも**2カ月前**に、招集通知を発しなければなりませんが、この期間は規約で伸ばすことができます。

建替え決議の招集通知を発する期間は、伸ばすことはできるけど、縮めることはできないよ！（1）の場合の招集通知との違いをおさえてね。

（4）誤 【規約】

公正証書によって規約の設定ができるのは、「**最初に**建物の専有部分の全部を所有する者」です。

他の区分所有者から区分所有権を譲り受けた場合（途中）はダメ～

解答…(4)

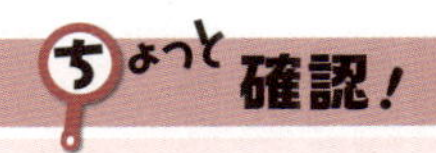

招集通知

☆ 集会の招集通知は、少なくとも会日の1週間前に発しなければならない
→期間は伸ばすことも、縮めることもできる

☆ 建替え決議を目的とする集会の招集通知は、少なくとも会日の2カ月前に発しなければならない
→期間は伸ばすことはできるが、縮めることはできない

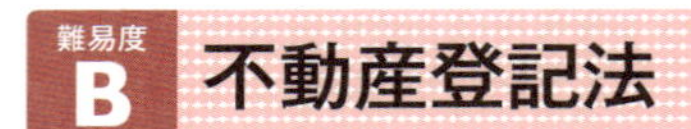

難易度 B

不動産登記法

→教科書 CHAPTER02 SECTION20

問題88 不動産の表示に関する登記についての次の記述のうち、誤っているものはどれか。 ［H21問14］

(1) 土地の地目について変更があったときは、表題部所有者又は所有権の登記名義人は、その変更があった日から1月以内に、当該地目に関する変更の登記を申請しなければならない。

(2) 表題部所有者について住所の変更があったときは、当該表題部所有者は、その変更があった日から1月以内に、当該住所についての変更の登記を申請しなければならない。

(3) 表題登記がない建物(区分建物を除く。)の所有権を取得した者は、その所有権の取得の日から1月以内に、表題登記を申請しなければならない。

(4) 建物が滅失したときは、表題部所有者又は所有権の登記名義人は、その滅失の日から1月以内に、当該建物の滅失の登記を申請しなければならない。

	①	②	③	④	⑤
学習日					
理解度 (○/△/×)					

解説

下記の場合には、1カ月以内に登記の申請をしなければなりません。

❶ 新たに生じた土地または表題登記がない土地の所有権を取得したり、新築した建物または表題登記がない建物(区分建物以外)の所有権を取得した場合 …肢(3)
…所有権の取得の日から 1 カ月以内に表題登記の申請が必要

❷ 地目・地積、建物の種類・構造等を変更した場合 …肢(1)
…変更した日から 1 カ月以内に変更登記の申請が必要

❸ 土地や建物が滅失した場合 …肢(4)
…滅失した日から 1 カ月以内に滅失の登記の申請が必要

なお、(2)表題部所有者の住所変更については、変更登記の申請義務はありません。

解答…(2)

不動産登記法の問題はムズカシイことが多いから、
得点源にしようとムキになって勉強しないほうがいいよ。
それより、ほかの論点、ほかの科目に学習時間を割こう。

難易度 B

不動産登記法

→教科書 CHAPTER02 SECTION20

問題89 不動産登記の申請に関する次の記述のうち、誤っているものはどれか。 〔H17問16〕

(1) 登記の申請を共同してしなければならない者の一方に登記手続をすべきことを命ずる確定判決による登記は、当該申請を共同してしなければならない者の他方が単独で申請することができる。

(2) 相続又は法人の合併による権利の移転の登記は、登記権利者が単独で申請することができる。

(3) 登記名義人の氏名若しくは名称又は住所についての変更の登記又は更正の登記は、登記名義人が単独で申請することができる。

(4) 所有権の登記の抹消は、所有権の移転の登記の有無にかかわらず、現在の所有権の登記名義人が単独で申請することができる。

	①	②	③	④	⑤
学習日					
理解度 (○/△/×)					

解説

権利に関する登記は原則として、登記権利者と登記義務者が共同して申請しなければなりませんが、登記権利者等が単独で行うことができる場合があります。

(1) **正** 【単独で申請できる場合】

当事者の一方に登記手続を命ずる確定判決による登記は、他方の当事者が単独で申請することができます。

(2) **正** 【単独で申請できる場合】

相続または法人の合併による権利の移転の登記は、登記権利者が単独で申請することができます。

(3) **正** 【単独で申請できる場合】

登記名義人の氏名・名称、住所の変更の登記または更正の登記は、登記名義人が単独で申請することができます。

(4) **誤** 【単独で申請できる場合】

所有権の登記の抹消は、所有権の移転の登記がない場合には、所有権の登記名義人が単独で申請することができますが、所有権の移転の登記がある場合には、単独で申請することはできません。

解答…(4)

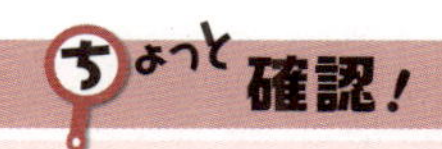

登記の申請人

表示に関する登記

申請人が単独で申請する

権利に関する登記

【原則】

登記権利者と登記義務者が共同して申請する

【例外】

以下の登記は、登記権利者等が単独で申請することができる

❶ 所有権の保存登記
❷ **登記手続を命ずる確定判決による登記**
❸ **相続または法人の合併による権利の移転登記**
❹ **登記名義人の氏名・名称、住所の変更登記**
❺ 仮登記義務者の承諾がある場合の仮登記

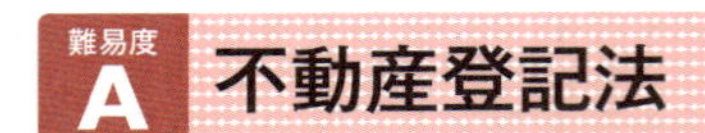

難易度A 不動産登記法

→教科書 CHAPTER02 SECTION20

問題90 不動産の仮登記に関する次の記述のうち、誤っているものはどれか。 ［H16問15改］

(1) 仮登記の申請は、仮登記の登記義務者の承諾があるときには、仮登記の登記権利者が単独ですることができる。

(2) 仮登記の申請は、裁判所の仮登記を命ずる処分があるときには、仮登記の登記権利者が単独ですることができる。

(3) 仮登記の抹消の申請は、仮登記の登記名義人が単独ですることはできない。

(4) 仮登記の抹消の申請は、仮登記の登記名義人の承諾があれば、仮登記の登記上の利害関係人が単独ですることができる。

	①	②	③	④	⑤
学習日					
理解度 (○/△/×)					

解説

(1) 正　【仮登記の申請】

仮登記の申請は、仮登記の登記義務者の**承諾**があるときには、仮登記の登記権利者が単独ですることができます。

(2) 正　【仮登記の申請】

仮登記の申請は、裁判所の**仮登記を命ずる処分**があるときには、仮登記の登記権利者が単独ですることができます。

(3) 誤　【仮登記の抹消申請】

仮登記の抹消の申請は、仮登記の登記名義人が単独ですることができます。

(4) 正　【仮登記の抹消申請】

仮登記の抹消の申請は、仮登記の登記名義人の**承諾**があれば、仮登記の**登記上の利害関係人**が単独ですることができます。

解答…(3)

ちょっと確認！

仮登記の申請

【原則】

仮登記は、仮登記権利者と仮登記義務者が、共同して申請する

【例外】

以下の場合 は、仮登記権利者が単独で申請することができる

❶ 仮登記義務者の承諾がある場合
❷ 仮登記を命ずる裁判所の処分がある場合

仮登記の抹消申請

【原則】

仮登記の抹消は、仮登記権利者と仮登記義務者が共同して申請する

【例外】

☆ **仮登記名義人は単独で申請できる**
☆ **仮登記の登記上の利害関係人は、仮登記名義人の承諾があれば、単独で申請できる**

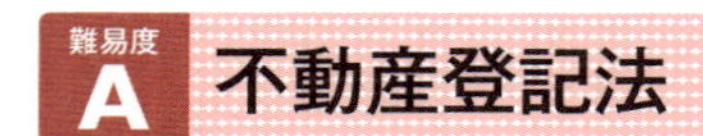

難易度 A

不動産登記法

→教科書 CHAPTER02 SECTION20

問題91　不動産の登記の申請に関する次の記述のうち、誤っているものはどれか。　［H20問16］

(1) 所有権に関する仮登記に基づく本登記は、登記上の利害関係を有する第三者がある場合には、当該第三者の承諾があるときに限り、申請することができる。

(2) 仮登記の登記義務者の承諾がある場合であっても、仮登記権利者は単独で当該仮登記の申請をすることができない。

(3) 二筆の土地の表題部所有者又は所有権の登記名義人が同じであっても、持分が相互に異なる土地の合筆の登記は、申請することができない。

(4) 二筆の土地の表題部所有者又は所有権の登記名義人が同じであっても、地目が相互に異なる土地の合筆の登記は、申請することができない。

	①	②	③	④	⑤
学習日					
理解度 (○/△/×)					

解説

(1) 正　【仮登記にもとづく本登記の申請】

所有権に関する仮登記にもとづく本登記は、登記上の利害関係を有する第三者がある場合には、当該**第三者の承諾**があるときに限って、申請することができます。

(2) 誤　【仮登記の申請】

仮登記の**登記義務者の承諾**があれば、仮登記権利者は単独で仮登記の申請をすることができます。

(3) 正　【合筆の登記】

たとえば、甲土地と乙土地があって、甲土地のAさんとBさんの持分は2分の1ずつ、乙土地のAさんとBさんの持分も2分の1ずつという場合(2筆の土地について持分が同じ場合)であれば、甲土地と乙土地の合筆の登記はできますが、甲土地のAさんとBさんの持分は2分の1ずつだけど、乙土地のAさんの持分は3分の2、Bさんの持分は3分の1という場合(2筆の土地について持分が異なる場合)は、土地の合筆の登記はできません。

(4) 正　【合筆の登記】

二筆の土地の表題部所有者または所有権の登記名義人が同じでも、地目が異なる土地(宅地と畑など)の合筆の登記は、申請することができません。

解答…(2)

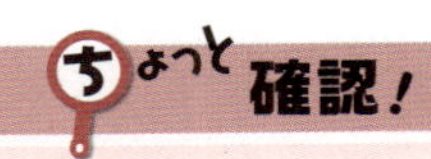

仮登記にもとづく本登記の申請

☆ 仮登記にもとづいて本登記が行われた場合、順位は仮登記の順位となる

☆ 所有権に関する仮登記にもとづく本登記については、登記上の利害関係人がある場合には、その利害関係人の承諾があるときに限って行うことができる

難易度 **B**

不動産登記法

→教科書 CHAPTER02 SECTION20

問題92 不動産の登記に関する次の記述のうち、誤っているものはどれか。

［H26 問14］

(1) 表示に関する登記を申請する場合には、申請人は、その申請情報と併せて登記原因を証する情報を提供しなければならない。

(2) 新たに生じた土地又は表題登記がない土地の所有権を取得した者は、その所有権の取得の日から1月以内に、表題登記を申請しなければならない。

(3) 信託の登記の申請は、当該信託に係る権利の保存、設定、移転又は変更の登記の申請と同時にしなければならない。

(4) 仮登記は、仮登記の登記義務者の承諾があるときは、当該仮登記の登記権利者が単独で申請することができる。

	①	②	③	④	⑤
学習日					
理解度 (○/△/×)					

解説

(1) **誤** 【表示に関する登記】

登記原因を証する情報を提供しなければならないのは、「表示に関する登記」ではなく、「**権利に関する登記**」を申請する場合です。

(2) **正** 【表題登記】

新たに生じた土地または表題登記がない土地の所有権を取得した者は、その所有権の取得の日から**1月以内**に表題登記を申請しなければなりません。

(3) **正** 【信託登記】

信託の登記の申請は、信託の対象となった不動産における所有権等の権利の保存、設定、移転または変更の登記と同時に申請しなければなりません。

(4) **正** 【仮登記】

権利に関する登記は、原則として登記権利者と登記義務者が共同で申請しなければなりませんが、例外として単独で申請できる場合があります。仮登記の登記義務者の承諾があれば、仮登記の登記権利者が単独で申請できるのもその例外の1つです。

解答…(1)

委　任

問題93　民法上の委任契約に関する次の記述のうち、民法の規定によれば、誤っているものはどれか。［H18問9］

(1) 委任契約は、委任者又は受任者のいずれからも、いつでもその解除をすることができる。ただし、相手方に不利な時期に委任契約の解除をしたときは、相手方に対して損害賠償責任を負う場合がある。

(2) 委任者が破産手続開始決定を受けた場合、委任契約は終了する。

(3) 委任契約が委任者の死亡により終了した場合、受任者は、委任者の相続人から終了についての承諾を得るときまで、委任事務を処理する義務を負う。

(4) 委任契約の終了事由は、これを相手方に通知したとき、又は相手方がこれを知っていたときでなければ、相手方に対抗することができず、そのときまで当事者は委任契約上の義務を負う。

	①	②	③	④	⑤
学習日					
理解度 (○/△/×)					

解説

(1) 正　【委任…参考編CH.02 9】

民法の規定では、委任契約は、委任者・受任者のどちらからも、**いつでも**解除することができます。ただし、**相手方に不利な時期に委任契約の解除**をしたときは、相手方に対して**損害賠償責任**を負う場合があります。

(2) 正　【委任…参考編CH.02 9】

委任者が**破産手続開始決定**を受けた場合、委任契約は終了します。

(3) 誤　【委任…参考編CH.02 9】

委任者が死亡したときは委任契約は終了します。なお、委任契約が終了しても、急迫の事情がある場合には、受任者は委任事務を処理する義務を負いますが、本肢のように、「委任者の相続人から終了についての承諾を得るときまで、委任事務を処理する義務を負う」という規定はありません。

(4) 正　【委任…参考編CH.02 9】

委任契約の終了事由は、❶**相手方に通知したとき**、または❷**相手方がこれを知っていたとき**でなければ、相手方に対抗することができず、そのときまで当事者は委任契約上の義務を負います。

解答…(3)

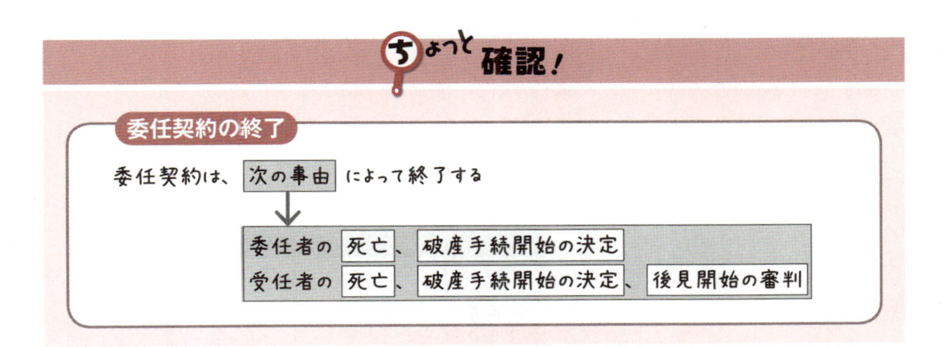

ちょっと確認！
委任契約の終了
委任契約は、次の事由によって終了する
委任者の 死亡、破産手続開始の決定
受任者の 死亡、破産手続開始の決定、後見開始の審判

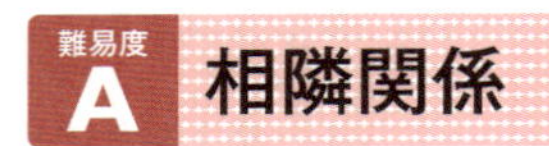

相隣関係

問題94 相隣関係に関する次の記述のうち、民法の規定によれば、誤っているものはどれか。 ［H21問4］

(1) 土地の所有者は、境界において障壁を修繕するために必要であれば、必要な範囲内で隣地の使用を請求することができる。

(2) 複数の筆の他の土地に囲まれて公道に通じない土地の所有者は、公道に至るため、その土地を囲んでいる他の土地を自由に選んで通行することができる。

(3) Aの隣地の竹木の枝が境界線を越えてもAは竹木所有者の承諾なくその枝を切ることはできないが、隣地の竹木の根が境界線を越えるときは、Aはその根を切り取ることができる。

(4) 異なる慣習がある場合を除き、境界線から1m未満の距離において他人の宅地を見通すことができる窓を設ける者は、目隠しを付けなければならない。

	①	②	③	④	⑤
学習日					
理解度 (○/△/×)					

解説

(1) 正 【隣地使用権…参考編CH.02 10】

土地の所有者は、境界付近で、塀などの築造や修繕をするために、必要な範囲内で隣地の使用を請求することができます。

(2) 誤 【公道に至るための他の土地の通行権…参考編CH.02 10】

他の土地に囲まれて公道に通じない土地の所有者は、公道に至るために、他の土地を通行する権利が認められます。ただし、通行の場所・方法は、**必要かつ隣地への被害が最も少なくなるように**しなければなりません。

(3) 正 【竹木の枝、根の切除…参考編CH.02 10】

隣地から境界を越えて伸びてきた竹木の枝は、その所有者に切除を求めることができますが、自分で切ることはできません。一方、隣地から境界を越えて伸びてきた竹木の根は、自ら(Aが)切ることができます。

お隣から伸びてきた木の枝は勝手に切ってはダメだけど、根っこだったら勝手に切ってもOK!

(4) 正 【相隣関係・その他…参考編CH.02 10】

境界線から**1m未満**の距離に、他人の宅地を見通すことができる窓や縁側を設けるときは、目隠しを設けなければなりません。

解答…(2)

条　件

→教科書　未掲載

問題95　Aは、自己所有の甲不動産を3か月以内に、1,500万円以上で第三者に売却でき、その代金全額を受領することを停止条件として、Bとの間でB所有の乙不動産を2,000万円で購入する売買契約を締結した。条件成就に関する特段の定めはしなかった。この場合に関する次の記述のうち、民法の規定によれば、正しいものはどれか。　［H23問2㉆］

(1) 乙不動産が値上がりしたために、Aに乙不動産を契約どおり売却したくなくなったBが、甲不動産の売却を故意に妨げたときは、Aは停止条件が成就したものとみなしてBにAB間の売買契約の履行を求めることができる。

(2) 停止条件付法律行為は、停止条件が成就した時から効力が生ずるだけで、停止条件の成否が未定である間は、相続することはできない。

(3) 停止条件の成否が未定である間に、Bが乙不動産を第三者に売却し移転登記を行い、Aに対する売主としての債務を履行不能とした場合でも、停止条件が成就する前の時点の行為であれば、BはAに対し損害賠償責任を負わない。

(4) 停止条件が成就しなかった場合で、かつ、そのことにつきAの責に帰すべき事由がないときでも、AはBに対し売買契約に基づき買主としての債務不履行による損害賠償責任を負う。

	①	②	③	④	⑤
学習日					
理解度 (○/△/×)					

解説

(1) 正　【停止条件】

Bが故意に甲不動産の売却を妨げたときは、Aは停止条件が成就したものとみなしてBに対して売買契約の履行を求めることができます。

(2) 誤　【停止条件】

停止条件の成否が未定である間の権利義務は、一般の規定に従って、処分、相続、保存等をすることができます。

(3) 誤　【停止条件】

停止条件の成否が未定である間は、当事者は、条件の成就によって生じる相手方の利益を害することができません。本肢のBの行為は、Aの利益を害するものなので、BはAに対して損害賠償責任を負います。

(4) 誤　【停止条件】

債務不履行による損害賠償責任は、原則として、債務者(A)の責に帰すべき事由がなければ生じません。

解答…(1)

意味がわからなくても、
何となくカンで解けたかな？

プラス1（ワン）

【停止条件付契約】

停止条件付契約とは

「条件」が成就したら、法律行為の効力が発生する契約

(「条件」が成就するまで、法律行為の効力の発生を停止させる契約)

→転勤が決まったら、土地を売る　など

停止条件付契約のポイント

☆「条件」が成就したときから契約としての効力が生じる

☆ 債務者の帰責事由なしに、「条件」が成就しなかったときは債務者は債務不履行に基づく損害賠償責任を負わない

☆「条件」の成否が未定の間は、当事者は、その条件の成就によって生じる相手方の利益を害してはいけない

memo

分野別３分冊の使い方

下記の手順に沿って本を分解してご利用ください。

本の分け方

①色紙を残して、各冊子を取り外します。

※色紙と各冊子が、のりで接着されています。乱暴に扱いますと、破損する危険性がありますので、丁寧に取り外すようにしてください。

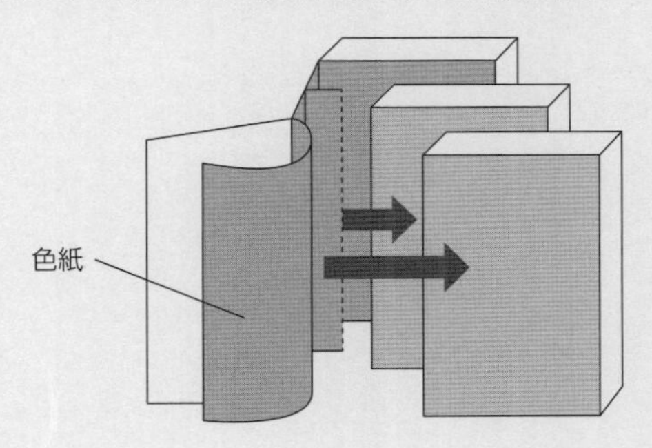

②カバーを裏返しにして、抜き取った冊子にあわせてきれいに折り目をつけて使用してください。

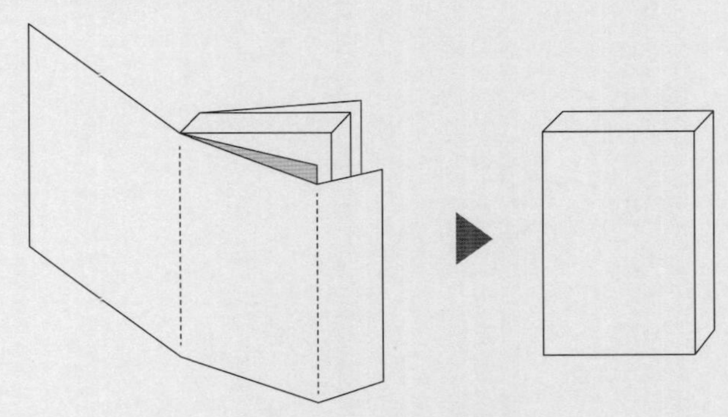

※抜き取るさいの損傷についてのお取替えはご遠慮願います。

第3分冊

CHAPTER 03

法令上の制限

CHAPTER 04

税・その他

CHAPTER
03 法令上の制限

本試験での出題数…8問　目標点…5点

宅建業法の次に力を入れたい科目。
暗記ものが多いので、苦労する人もいるけど、
問題を繰り返し解いて地道に知識を蓄えよう！
土地区画整理法の問題は
ちょっと難しいことが多いからホドホドに…

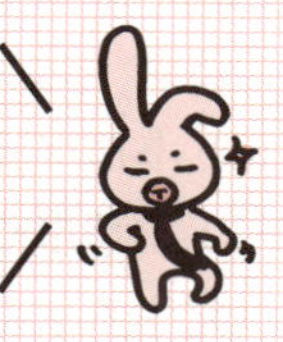

論　　点	問題番号	『教科書』との対応
都市計画法	問題1～問題16	CH.03 SEC.01
建築基準法	問題17～問題33	CH.03 SEC.02
国土利用計画法	問題34～問題41	CH.03 SEC.03
農地法	問題42～問題47	CH.03 SEC.04
宅地造成等規制法	問題48～問題55	CH.03 SEC.05
土地区画整理法	問題56～問題61	CH.03 SEC.06
その他の法令上の制限	問題62～問題63	CH.03 SEC.07

都市計画法

→教科書 CHAPTER03 SECTION01

問題1　都市計画法に関する次の記述のうち、正しいものはどれか。

［H22問16改］

(1) 市街化区域については、少なくとも用途地域を定めるものとし、市街化調整区域については、原則として用途地域を定めないものとされている。

(2) 準都市計画区域は、都市計画区域外の区域のうち、新たに住居都市、工業都市その他の都市として開発し、及び保全する必要がある区域に指定するものとされている。

(3) 区域区分は、指定都市、中核市の区域の全部又は一部を含む都市計画区域には必ず定めるものとされている。

(4) 特定用途制限地域は、用途地域内の一定の区域における当該区域の特性にふさわしい土地利用の増進、環境の保護等の特別の目的の実現を図るため当該用途地域の指定を補完して定めるものとされている。

	①	②	③	④	⑤
学習日	8/20	8/26	8/27	8/30	9/3
理解度（○/△/×）			△	○	○

解説

(1) 正　【区域区分】

市街化区域については、**必ず用途地域を定める**ものとし、市街化調整区域には**原則として用途地域を定めない**ものとされています。

(2) 誤　【準都市計画区域】

新たに住居都市、工業都市その他の都市として開発し、および保全する必要がある区域に指定されるのは**都市計画区域**です。**準都市計画区域**は、都市計画区域外の区域のうち、相当数の建築物等の建築、建設、敷地の造成が現に行われる区域等で、そのまま土地利用を整序し、または環境を保全するための措置を講ずることなく放置すれば、将来における一体の都市としての整備、開発および保全に支障が生じるおそれがあると認められる一定の区域（都道府県が指定した区域）をいいます。

小難しいことが書いてあるけど、「そのまま放置しておいたら、将来、支障が生じるおそれがある」というところが準都市計画区域の定義のキーワード！

(3) 誤　【区域区分】

区域区分（市街化区域と市街化調整区域の区分）を必ず定めるのは、いわゆる大都市圏（❶首都圏整備法・近畿圏整備法・中部圏開発整備法に規定する既成市街地等または近郊整備地帯（区域）、❷大都市に係る都市計画区域として政令で定めるもの）です。これ以外の区域については**必要に応じて**定めるものとされています。

(4) 誤　【特定用途制限地域】

特定用途制限地域は、**用途地域が定められていない**土地の区域（市街化調整区域を除く）内において、良好な環境の形成・保持のために、地域の特性に応じて合理的な土地利用が行われるよう、制限すべき特定の建築物等の用途の概要を定める地域をいいます。本肢の説明は、**特別用途地区**の内容です。

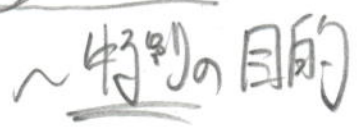

解答…(1)

ちょっと確認！

区域区分

市街化区域

❶ すでに市街地を形成している区域

❷ おおむね10年以内に優先的かつ計画的に市街化を図るべき区域

市街化調整区域

市街化を抑制すべき区域

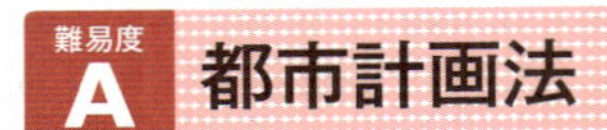

都市計画法

→教科書 CHAPTER03 SECTION01

問題2　都市計画法に関する次の記述のうち、誤っているものはどれか。

［R1問15］

(1) 高度地区は、用途地域内において市街地の環境を維持し、又は土地利用の増進を図るため、建築物の高さの最高限度又は最低限度を定める地区とされている。

(2) 特定街区については、都市計画に、建築物の容積率並びに建築物の高さの最高限度及び壁面の位置の制限を定めるものとされている。

(3) 準住居地域は、道路の沿道としての地域の特性にふさわしい業務の利便の増進を図りつつ、これと調和した住居の環境を保護するため定める地域とされている。

(4) 特別用途地区は、用途地域が定められていない土地の区域(市街化調整区域を除く。)内において、その良好な環境の形成又は保持のため当該地域の特性に応じて合理的な土地利用が行われるよう、制限すべき特定の建築物等の用途の概要を定める地区とされている。

	①	②	③	④	⑤
学習日	8/20	8/26	8/27	8/27	9/3
理解度 (○/△/×)			△	△	○

9/5 ○

9/12 ○

解説

(1) 正 【高度地区】

高度地区は、**用途地域内**において市街地の環境を維持し、または土地利用の増進を図るため、**建築物の高さの最高限度または最低限度**を定める地区とされています。

? これはどう? H23－問16②

準都市計画区域については、都市計画に、高度地区を定めることはできるが、高度利用地区を定めることはできないものとされている。

○ 準都市計画区域について、都市計画に定めることができるのは、用途地域、特別用途地区、高度地区、景観地区、風致地区、特定用途制限地域などです。

(2) 正 【特定街区】

特定街区は、都市計画に、**❶容積率**、**❷**建築物の**高さの最高限度**、**❸壁面の位置の制限**を定めるものとされています。

(3) 正 【準住居地域】

準住居地域は、道路の沿道としての地域の特性にふさわしい業務の利便の増進を図りつつ、これと調和した住居の環境を保護するため定める地域とされています。

(4) 誤 【特別用途地区】

特別用途地区は、用途地域内の一定の地区において、当該地区の特性にふさわしい土地利用の増進、環境の保護等の**特別の目的の実現**を図るため、当該用途地域の指定を**補完**して定める地域とされています。

似たような名前の地域・地区の説明入れ替えはよく出題されるから注意!

解答…(4)

難易度 B 都市計画法

→教科書 CHAPTER03 SECTION01

問題3 都市計画法に関する次の記述のうち、誤っているものはどれか。

［H26 問15］

(1) 都市計画区域については、用途地域が定められていない土地の区域であっても、一定の場合には、都市計画に、地区計画を定めることができる。

(2) 高度利用地区は、市街地における土地の合理的かつ健全な高度利用と都市機能の更新とを図るため定められる地区であり、用途地域内において定めることができる。

(3) 準都市計画区域においても、用途地域が定められている土地の区域については、市街地開発事業を定めることができる。

(4) 高層住居誘導地区は、住居と住居以外の用途とを適正に配分し、利便性の高い高層住宅の建設を誘導するために定められる地区であり、近隣商業地域及び準工業地域においても定めることができる。

	①	②	③	④	⑤
学習日	8/20	8/26	8/27	8/30	9/3
理解度 (○/△/×)			△	○	△

解説

（1）正 【地区計画等】

地区計画は、都市計画区域内の用途地域が定められていない土地の区域でも、一定の場合には定めることができます。

（2）正 【高度利用地区】

高度利用地区は、**用途地域内**の市街地における土地の合理的かつ健全な高度利用と都市機能の更新とを図るため定められる地区です。

（3）誤 【準都市計画区域】

市街地開発事業は、**市街化区域または区域区分が定められていない都市計画区域内において**、一体的に開発し、または整備する必要がある土地の区域について定めることができます。市街化調整区域や準都市計画区域には定めることができません。

（4）正 【高層住居誘導地区】

高層住居誘導地区は、**第一種住居地域、第二種住居地域、準住居地域、近隣商業地域、準工業地域**において定めることができます。

解答…(3)

→教科書 CHAPTER03 SECTION01

問題4　都市計画法に関する次の記述のうち、正しいものはどれか。

［H24問16］

(1) 市街地開発事業等予定区域に関する都市計画において定められた区域内において、非常災害のため必要な応急措置として行う建築物の建築であれば、都道府県知事(市の区域内にあっては、当該市の長)の許可を受ける必要はない。

(2) 都市計画の決定又は変更の提案は、当該提案に係る都市計画の素案の対象となる土地について所有権又は借地権を有している者以外は行うことができない。

(3) 市町村は、都市計画を決定しようとするときは、あらかじめ、都道府県知事に協議し、その同意を得なければならない。

(4) 地区計画の区域のうち地区整備計画が定められている区域内において、建築物の建築等の行為を行った者は、一定の行為を除き、当該行為の完了した日から30日以内に、行為の種類、場所等を市町村長に届け出なければならない。

	①	②	③	④	⑤
学習日	8/20	8/26	8/27	8/30	9/3
理解度 (○/△/×)			△	○	○

解説

（1）正　【都市計画事業制限】

市街地開発事業等予定区域内において、建築物の建築等を行う場合には原則として都道府県知事等の許可が必要です。しかし、非常災害のため必要な応急措置として行う建築物の建築については許可は不要となります。

（2）誤　【都市計画の決定等を提案できる者】

ほかに、まちづくりの推進を図る活動を行うことを目的とする特定非営利活動法人（NPO）や都市再生機構、地方住宅供給公社なども都市計画の決定または変更の提案を行うことができます。

（3）誤　【都市計画の決定手続】

市町村は、都市計画を決定しようとするときに、あらかじめ都道府県知事に協議しなければなりませんが、**知事の同意を得る必要はありません。**

（4）誤　【地区計画等】

地区計画区域のうち地区整備計画が定められている区域内において、建築物の建築等を行おうとする者は、「当該行為の完了した日から30日以内」ではなく、「**当該行為に着手する日の30日前まで**」に一定事項（行為の種類、場所等）を市町村長に届け出なければなりません。

解答…（1）

ちょっと確認！

都市計画の決定手続

☆ **市町村が決定するものについては、都道府県知事との「協議」が必要（同意は不要）**

市街地開発事業等予定区域内の制限

■原則■

市街地開発事業等予定区域内で、❶建築物の建築、❷土地の形質の変更、❸工作物の建設を行おうとする場合は、都道府県知事等の許可が必要

■例外■

以下の場合には許可が不要

❶ 軽易な行為
❷ **非常災害のために必要な応急措置として行う行為**
❸ 都市計画事業の施行として行う行為

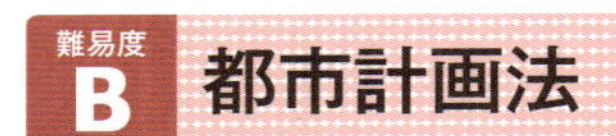

都市計画法

→教科書 CHAPTER03 SECTION01

問題5　都市計画法に関する次の記述のうち、正しいものはどれか。

［H18問18㊅］

(1) 地区計画は、建築物の建築形態、公共施設その他の施設の配置等からみて、一体としてそれぞれの区域の特性にふさわしい態様を備えた良好な環境の各街区を整備し、開発し、及び保全するための計画であり、用途地域が定められている土地の区域においてのみ定められる。

(2) 都市計画事業の認可の告示があった後においては、当該都市計画事業を施行する土地内において、当該事業の施行の障害となるおそれがある土地の形質の変更を行おうとする者は、都道府県知事(市の区域内にあっては、当該市の長)及び当該事業の施行者の許可を受けなければならない。

(3) 都市計画事業については、土地収用法の規定による事業の認定及び当該認定の告示をもって、都市計画法の規定による事業の認可又は承認及び当該認可又は承認の告示とみなすことができる。

(4) 特別用途地区は、用途地域内の一定の地区における当該地区の特性にふさわしい土地利用の増進、環境の保護等の特別の目的の実現を図るため当該用途地域の指定を補完して定める地区である。

	①	②	③	④	⑤
学習日	8/20	8/26	8/27	8/30	9/3
理解度 (○/△/×)			△	○	○

9/5 ○

9/13 ○

解説

（1）誤　【地区計画等】

地区計画は、都市計画区域内の用途地域が定められている土地の区域だけでなく、都市計画区域内の用途地域が定められていない土地の区域のうち、一定の区域についても定めることができます。

（2）誤　【都市計画事業にかかる制限】

都市計画事業の認可の告示があったあとは、当該都市計画事業を施行する土地内において、当該事業の施行の障害となるおそれがある土地の形質の変更を行おうとする者は、**都道府県知事等の許可**を受けなければなりません（当該事業の施行者の許可は不要です）。

（3）誤　【都市計画事業】

都市計画事業については、**都市計画法**の規定による事業の認可または承認の告示をもって、**土地収用法**の規定による事業の認定の告示とみなすものとします。

（4）正　【特別用途地区】

特別用途地区は、**用途地域内**の一定の地区における当該地区の特性にふさわしい土地利用の増進、環境の保護等の特別の目的の実現を図るため当該用途地域の指定を補完して定める地区です。

解答…（4）

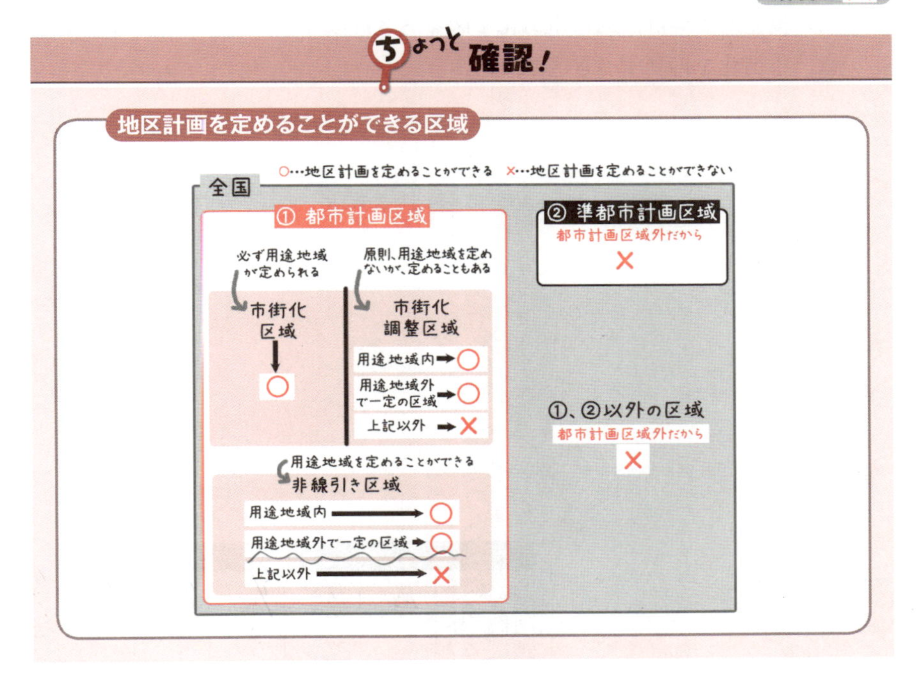

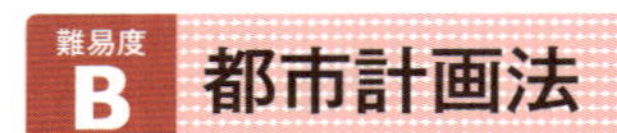

難易度 B

都市計画法

→教科書 CHAPTER03 SECTION01

問題6 都市計画法に関する次の記述のうち、誤っているものはどれか。

［H16問17㊅］

(1) 都市計画の決定又は変更の提案は、当該提案に係る都市計画の素案の対象となる土地の区域内の土地所有者の全員の同意を得て行うこととされている。

(2) 都市計画事業の認可等の告示があった後においては、事業地内において、都市計画事業の施行の障害となるおそれがある建築物の建築等を行おうとする者は、都道府県知事（市の区域内においては市の長）の許可を受けなければならない。

(3) 土地区画整理事業等の市街地開発事業だけではなく、道路、公園等の都市計画施設の整備に関する事業についても、都市計画事業として施行することができる。

(4) 市街化区域は、すでに市街地を形成している区域及びおおむね10年以内に優先的かつ計画的に市街化を図るべき区域であり、市街化調整区域は、市街化を抑制すべき区域である。

	①	②	③	④	⑤
学習日	8/26	8/27	8/30	8/31	9/4
理解度 (○/△/×)			○	○	○

9/12 ○

解説

（1） **誤** 【都市計画の決定等を提案できる者】

都市計画の決定または変更の提案は、当該提案に係る都市計画の素案の対象となる土地の区域内の「土地所有者の全員の同意」ではなく、「**土地所有者等の3分の2以上の同意**」を得て行うこととされています。

（2） **正** 【都市計画事業地内の制限】

そのとおりです。

（3） **正** 【都市計画事業】

そのとおりです。なお、都市計画事業とは、認可または承認を受けて行われる❶**都市計画施設の整備に関する事業**および❷**市街地開発事業**をいいます。

（4） **正** 【区域区分】

そのとおりです。

解答…(1)

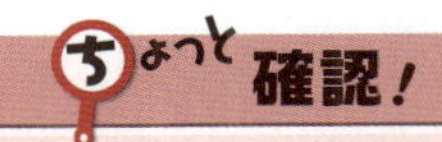

都市計画事業地内の制限

■原則■

都市計画事業の認可または承認の告示があったあとは、事業地内において、都市計画事業の施行の障害となるおそれがある行為を行おうとする者は、都道府県知事等の許可を受けなければならない

■例外■

例外規定はない

難易度 A

都市計画法（開発許可）

→教科書 CHAPTER03 SECTION01

問題7 都市計画法に関する次の記述のうち、正しいものはどれか。

［H25問16］

(1) 開発行為とは、主として建築物の建築の用に供する目的で行う土地の区画形質の変更を指し、特定工作物の建設の用に供する目的で行う土地の区画形質の変更は開発行為には該当しない。

(2) 市街化調整区域において行う開発行為で、その規模が300㎡であるものについては、常に開発許可は不要である。

(3) 市街化区域において行う開発行為で、市町村が設置する医療法に規定する診療所の建築の用に供する目的で行うものであって、当該開発行為の規模が1,500㎡であるものについては、開発許可は必要である。

(4) 非常災害のため必要な応急措置として行う開発行為であっても、当該開発行為が市街化調整区域において行われるものであって、当該開発行為の規模が3,000㎡以上である場合には、開発許可が必要である。

	①	②	③	④	⑤
学習日	8/26	8/27	8/30	8/31	9/4
理解度（○/△/×）			○	○	○

9/12 ○

解説

(1) 誤 【開発行為】

開発行為とは、主として❶**建築物の建築**または❷**特定工作物の建設の用**に供する目的で行う土地の区画形質の変更をいいます。

(2) 誤 【開発許可】

市街化調整区域の場合、**規模の大小にかかわらず**、開発許可が必要です。

(3) 正 【開発許可】

駅舎、図書館、公民館、変電所など、公益上必要な建築物を建築するための開発行為については、開発許可は不要ですが、本肢の「市町村が設置する医療法に規定する診療所」は公益上必要な建築物に該当しません。したがって、市街化区域で開発規模が**1,000㎡以上**の場合(本肢の場合)には、開発許可が必要です。

(4) 誤 【開発許可】

非常災害のため必要な応急措置として行う開発行為については、どの区域であったとしても開発許可は不要です。

解答…(3)

ちょっと確認!

開発行為とは

開発行為とは

主として「建築物の建築」または「特定工作物の建設」の用に供する目的で行う土地の区画形質の変更をいう

特定工作物とは

第一種特定工作物	コンクリートプラント、アスファルトプラントなど
第二種特定工作物	☆ ゴルフコース ☆ 1ha 以上の運動・レジャー施設 ☆ 1ha 以上の墓園

難易度 **A**

都市計画法（開発許可）

→教科書 CHAPTER03 SECTION01

問題8　都市計画法に関する次の記述のうち、正しいものはどれか。ただし、許可を要する開発行為の面積については、条例による定めはないものとし、この問において「都道府県知事」とは、地方自治法に基づく指定都市、中核市及び施行時特例市にあってはその長をいうものとする。

［R1問16］

(1) 準都市計画区域において、店舗の建築を目的とした4,000㎡の土地の区画形質の変更を行おうとする者は、あらかじめ、都道府県知事の許可を受けなければならない。

(2) 市街化区域において、農業を営む者の居住の用に供する建築物の建築を目的とした1,500㎡の土地の区画形質の変更を行おうとする者は、都道府県知事の許可を受けなくてよい。

(3) 市街化調整区域において、野球場の建設を目的とした8,000㎡の土地の区画形質の変更を行おうとする者は、あらかじめ、都道府県知事の許可を受けなければならない。

(4) 市街化調整区域において、医療法に規定する病院の建築を目的とした1,000㎡の土地の区画形質の変更を行おうとする者は、都道府県知事の許可を受けなくてよい。

	①	②	③	④	⑤
学習日	8/26	8/27	8/30	8/31	9/4
理解度（○/△/×）			○	○	○

解説

(1) 正　【開発許可(準都市計画区域)】

準都市計画区域内では、3,000㎡以上の開発行為については開発許可が必要です。

(2) 誤　【開発許可(市街化区域)】

市街化区域内においては、1,000㎡以上の開発行為については開発許可が必要です。なお、市街化区域以外の区域内においては、農林漁業を営む者の居住用建築物の建築の用に供する目的で行う開発行為については開発許可が不要です。

(3) 誤　【開発行為とは】

市街化調整区域内においては、開発行為の規模の大小にかかわらず開発許可が必要ですが、8,000㎡(1ha未満)の野球場は第二種特定工作物に該当せず、開発行為とはいえないため、開発許可は不要です。

(4) 誤　【開発許可(市街化調整区域)】

病院は公益上必要な建築物に該当しません。また、市街化調整区域内においては、開発行為の規模の大小にかかわらず開発許可が必要です。

解答…(1)

ちょっと確認!

開発許可が不要となる場合

グループA 小規模な開発行為

		許可不要の面積
❶ 都市計画区域	市街化区域	1,000㎡未満(三大都市圏の一定区域においては500㎡未満)
	市街化調整区域	小規模でも必ず許可必要
	非線引き区域	3,000㎡未満
❷ 準都市計画区域		3,000㎡未満
❸ ❶、❷以外の区域		10,000㎡未満

グループB 農林漁業用の建築物

市街化区域以外の区域内において行う、農林漁業用の建築物等(農林漁業用の建築物、農林漁業を営む者の居住用建築物)を建築するために行う開発行為

グループC その他

- ☆ 公益上必要な建築物(駅舎、図書館、変電所など)を建築するための開発行為
- ☆ 都市計画事業、土地区画整理事業、市街地再開発事業、住宅街区整備事業、防災街区整備事業の施行として行う開発行為
- ☆ 非常災害のため必要な応急措置として行う開発行為
- ☆ 通常の管理行為、軽易な行為等

難易度 A

都市計画法(開発許可)

→教科書 CHAPTER03 SECTION01

問題9 次の記述のうち、都市計画法による許可を受ける必要のある開発行為の組合せとして、正しいものはどれか。ただし、許可を要する開発行為の面積については、条例による定めはないものとする。 [H24問17]

ア 市街化調整区域において、図書館法に規定する図書館の建築の用に供する目的で行われる3,000㎡の開発行為

イ 準都市計画区域において、医療法に規定する病院の建築の用に供する目的で行われる4,000㎡の開発行為

ウ 市街化区域内において、農業を営む者の居住の用に供する建築物の建築の用に供する目的で行われる1,500㎡の開発行為

(1) ア、イ
(2) ア、ウ
(3) イ、ウ
(4) ア、イ、ウ

	①	②	③	④	⑤
学習日	8/26	8/27	8/30	8/31	9/4
理解度 (○/△/×)			○	○	○

9/13 ○

解説

ア　**許可不要**　【開発許可】

図書館は公益上必要な建築物に該当するため、開発許可は不要です。

イ　**許可必要**　【開発許可】

病院は公益上必要な建築物に該当しません。そして、準都市計画区域においては、**3,000㎡以上**の開発行為については開発許可が必要です。

ウ　**許可必要**　【開発許可】

市街化区域内においては、農林漁業用の建築物等の例外はありません。したがって、**1,000㎡以上**の開発行為については開発許可が必要です。

以上より、開発許可が必要なのはイとウ。だから答えは(3)

解答…(3)

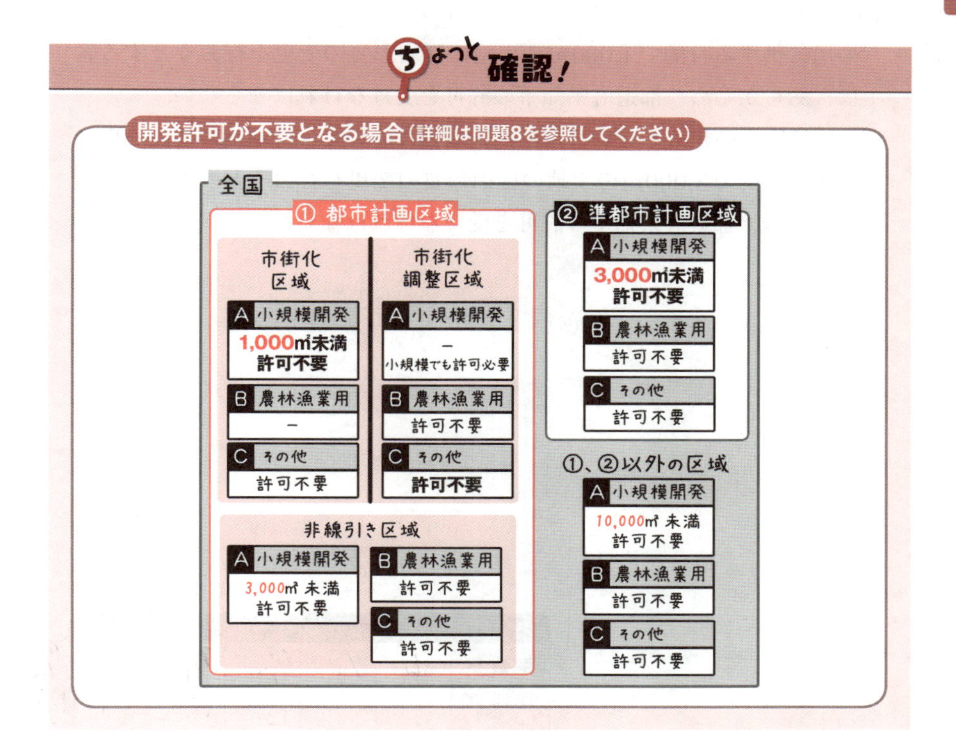

難易度 A 都市計画法（開発許可）

→教科書 CHAPTER03 SECTION01

問題10 都市計画法に関する次の記述のうち、正しいものはどれか。ただし、許可を要する開発行為の面積について、条例による定めはないものとし、この問において「都道府県知事」とは、地方自治法に基づく指定都市、中核市及び施行時特例市にあってはその長をいうものとする。

［H29問17］

(1) 準都市計画区域内において、工場の建築の用に供する目的で1,000㎡の土地の区画形質の変更を行おうとする者は、あらかじめ、都道府県知事の許可を受けなければならない。

(2) 市街化区域内において、農業を営む者の居住の用に供する建築物の建築の用に供する目的で1,000㎡の土地の区画形質の変更を行おうとする者は、あらかじめ、都道府県知事の許可を受けなければならない。

(3) 都市計画区域及び準都市計画区域外の区域内において、変電所の建築の用に供する目的で1,000㎡の土地の区画形質の変更を行おうとする者は、あらかじめ、都道府県知事の許可を受けなければならない。

(4) 区域区分の定めのない都市計画区域内において、遊園地の建設の用に供する目的で3,000㎡の土地の区画形質の変更を行おうとする者は、あらかじめ、都道府県知事の許可を受けなければならない。

	①	②	③	④	⑤	
学習日	7/29	8/27	8/30	8/31	9/4	9/12
理解度 (○/△/×)			○	○	○	○

解説

(1) **誤** 【開発許可】

準都市計画区域内においては、**3,000㎡未満**の開発行為について開発許可は不要です。

(2) **正** 【開発許可】

市街化区域内においては、**1,000㎡以上**の開発行為については開発許可が必要です。なお、市街化区域内においては、農林漁業用の建築物等の例外はありませんので、農業を営む者の居住の用に供する建築物の建築であっても、開発許可が必要です。

(3) **誤** 【開発許可】

変電所は公益上必要な建築物に該当するため、区域・面積に関係なく、開発許可は不要です。

(4) **誤** 【開発許可】

3,000㎡の遊園地は第二種特定工作物に該当しないため、開発許可は不要です。

解答…(2)

ちょっと確認！

開発許可が不要となる場合

グループA 小規模な開発行為

		許可不要の面積
❶ 都市計画区域	市街化区域	1,000㎡未満 (三大都市圏の一定区域においては500㎡未満)
	市街化調整区域	小規模でも必ず許可必要
	非線引き区域	3,000㎡未満
❷ 準都市計画区域		3,000㎡未満
❸ ❶、❷以外の区域		10,000㎡未満

グループB 農林漁業用の建築物

市街化区域以外の区域内において行う、農林漁業用の建築物等（農林漁業用の建築物、農林漁業を営む者の居住用建築物）を建築するために行う開発行為

グループC その他

- ☆ 公益上必要な建築物（駅舎、図書館、**変電所**など）を建築するための開発行為
- ☆ 都市計画事業、土地区画整理事業、市街地再開発事業、住宅街区整備事業、防災街区整備事業の施行として行う開発行為
- ☆ 非常災害のため必要な応急措置として行う開発行為
- ☆ 通常の管理行為、軽易な行為等

難易度 B

都市計画法（開発許可）

→教科書 CHAPTER03 SECTION01

問題11 都市計画法に関する次の記述のうち、誤っているものはどれか。なお、この問における都道府県知事とは、地方自治法に基づく指定都市、中核市、施行時特例市にあってはその長をいうものとする。 ［H21問17㊎］

(1) 区域区分の定められていない都市計画区域内の土地において、10,000㎡のゴルフコースの建設を目的とする土地の区画形質の変更を行おうとする者は、あらかじめ、都道府県知事の許可を受けなければならない。

(2) 市街化区域内の土地において、700㎡の開発行為を行おうとする場合に、都道府県知事の許可が必要となる場合がある。

(3) 開発許可を受けた開発行為又は開発行為に関する工事により、公共施設が設置されたときは、その公共施設は、協議により他の法律に基づく管理者が管理することとした場合を除き、開発許可を受けた者が管理することとされている。

(4) 用途地域等の定めがない土地のうち開発許可を受けた開発区域内においては、開発行為に関する工事完了の公告があった後は、都道府県知事の許可を受ければ、当該開発許可に係る予定建築物以外の建築物を新築することができる。

	①	②	③	④	⑤
学習日	8/27	8/30	8/31	9/3	9/5
理解度 (○/△/×)			○	○	○

解説

（1）**正**　【開発許可】

区域区分の定められていない都市計画区域内（非線引き区域）では、**3,000㎡以上**の開発行為をする場合には、開発許可が必要です。

ゴルフコースは、面積に関係なく第二種特定工作物に該当する〜

（2）**正**　【開発許可】

市街化区域内においては、**1,000㎡以上**の開発行為をする場合に、開発許可が必要となりますが、三大都市圏の一定区域においては、**500㎡以上**の開発行為をする場合に、開発許可が必要となります。

（3）**誤**　【公共施設の管理等】

開発許可を受けた開発行為または開発行為に関する工事によって、公共施設（公園など）が設置された場合、その公共施設は、**工事完了の公告の日の翌日**に、原則として公共施設の存在する**市町村**の管理に属するものとなります。

（4）**正**　【開発区域内における建築の制限（工事完了の公告後）】

開発行為に関する工事完了の公告後は、原則として予定建築物等以外のものは建築できませんが、例外として**都道府県知事が許可したとき**等には、予定建築物等以外の建築物を建築することができます。

解答…（3）

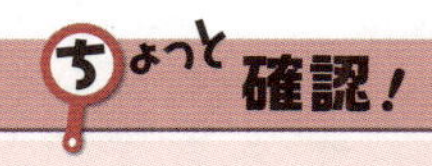

開発区域内における建築の制限（工事完了の公告後は…）

【原則】

予定建築物等以外のものは建築等ができない

【例外】

以下の場合には、予定建築物等以外のものでも建築等ができる

❶ 都道府県知事が許可したとき
❷ 開発区域内の土地について、用途地域等が定められているとき

難易度 B

都市計画法（開発許可）

→教科書 CHAPTER03 SECTION01

問題12 都市計画法に関する次の記述のうち、正しいものはどれか。

［H18問20］

(1) 開発行為に関する設計に係る設計図書は、開発許可を受けようとする者が作成したものでなければならない。

(2) 開発許可を受けようとする者が都道府県知事に提出する申請書には、開発区域内において予定される建築物の用途を記載しなければならない。

(3) 開発許可を受けた者は、開発行為に関する工事を廃止したときは、その旨を都道府県知事に報告し、その同意を得なければならない。

(4) 開発許可を受けた開発区域内の土地においては、開発行為に関する工事完了の公告があるまでの間であっても、都道府県知事の承認を受けて、工事用の仮設建築物を建築することができる。

	①	②	③	④	⑤
学習日	8/27	8/30	8/31	9/3	9/5
理解度（○/△/×）			△	○	○

解説

（1）誤　【開発許可の申請】

設計図書は、開発許可を受けようとする者が作成したものでなくてもかまいませんが、**国土交通省令で定める資格を有する者**が作成したものでなければなりません。

（2）正　【開発許可の申請】

開発許可の申請書には、**予定建築物等の用途**を記載しなければなりません。

（3）誤　【開発行為の廃止】

開発許可を受けた者は、開発行為に関する工事を廃止したときは、その旨を**都道府県知事に届け出**なければなりませんが、**同意は不要**です。

（4）誤　【開発区域内における建築の制限（工事完了の公告前）】

開発行為に関する工事完了の公告前でも、工事用の仮設建築物の建築は、都道府県知事の許可や承認なしに建築することができます。

解答…(2)

ちょっと確認！

開発許可申請書の記載事項

❶ 開発区域の位置、区域、規模
❷ **予定建築物等の用途** ←構造などは記載の必要なし！
❸ 開発行為に関する設計
❹ 工事施行者　など

開発区域内における建築の制限（工事完了の公告前は…）

【原則】

開発許可を受けた開発区域内では、工事完了の公告があるまでは建築物の建築等はできない

【例外】

以下の場合には、工事完了の公告前でも建築物の建築等ができる

❶ 工事のための仮設建築物を建築または特定工作物を建設するとき
❷ 都道府県知事が支障がないと認めたとき
❸ 開発行為に同意していない土地所有者等が、その権利の行使として建築するとき

難易度 **B**

都市計画法（開発許可）

→教科書 CHAPTER03 SECTION01

問題13 都市計画法の開発許可に関する次の記述のうち、正しいものはどれか。なお、この問における都道府県知事とは、地方自治法に基づく指定都市、中核市、施行時特例市にあってはその長をいうものとする。

［H16問18㉂］

(1) 都道府県知事は、開発許可の申請があったときは、申請があった日から21日以内に、許可又は不許可の処分をしなければならない。

(2) 開発行為とは、主として建築物の建築の用に供する目的で行う土地の区画形質の変更をいい、建築物以外の工作物の建設の用に供する目的で行う土地の区画形質の変更は開発行為には該当しない。

(3) 開発許可を受けた者は、開発行為に関する工事を廃止したときは、遅滞なく、その旨を都道府県知事に届け出なければならない。

(4) 開発行為を行おうとする者は、開発許可を受けてから開発行為に着手するまでの間に、開発行為に関係がある公共施設の管理者と協議し、その同意を得なければならない。

	①	②	③	④	⑤	
学習日	8/27	8/30	8/31	9/3	9/5	9/12
理解度（○/△/×）			○	○	○	△

解説

(1) **誤** 【開発許可・不許可の処分】

都道府県知事は、開発許可の申請があったときは、**遅滞なく**許可または不許可の処分をしなければなりません。

(2) **誤** 【開発行為】

開発行為とは、主として❶**建築物の建築**または❷**特定工作物の建設**の用に供する目的で行う土地の区画形質の変更をいいます。

(3) **正** 【開発行為の廃止】

開発許可を受けた者は、開発行為に関する工事を廃止したときは、**遅滞なく**その旨を**都道府県知事に届け出**なければなりません。

(4) **誤** 【開発許可の申請】

開発行為を行おうとする者は、「開発許可を受けてから開発行為に着手するまでの間に」ではなく、「**あらかじめ**(**開発許可の申請の前に**)」開発行為に関係がある公共施設の管理者と**協議**し、その**同意**を得なければなりません。

解答…(3)

これはどう? H30ー問16①

田園住居地域内の農地の区域内において、土地の形質の変更を行おうとする者は、一定の場合を除き、市町村長の許可を受けなければならない。

○ 田園住居地域内の農地の区域内において、**土地の形質の変更**、建築物の建築その他工作物の建設等を行おうとする者は、原則として、市町村長の許可を受けなければなりません。

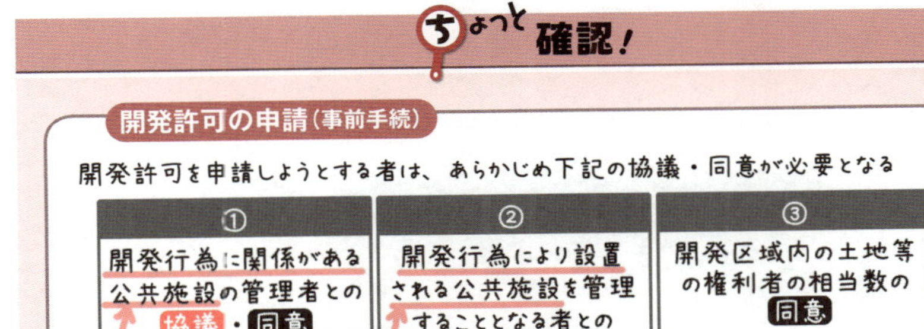

難易度 **B**

都市計画法(開発許可)

→教科書 CHAPTER03 SECTION01

問題14 都市計画法に関する次の記述のうち、正しいものはどれか。なお、この問における都道府県知事とは、地方自治法に基づく指定都市、中核市及び施行時特例市にあってはその長をいうものとする。 〔H19問19改〕

(1) 開発許可を受けた開発区域内において、当該開発区域内の土地について用途地域等が定められていないとき、都道府県知事に届け出れば、開発行為に関する工事完了の公告があった後、当該開発許可に係る予定建築物以外の建築物を建築することができる。

(2) 開発許可を受けた土地において、都道府県は、開発行為に関する工事完了の公告があった後、都道府県知事との協議が成立したとしても、当該開発許可に係る予定建築物以外の建築物を建築することはできない。

(3) 都道府県知事は、市街化区域内における開発行為について開発許可をする場合、当該開発区域内の土地について、建築物の建蔽率に関する制限を定めることができる。

(4) 市街化調整区域のうち開発許可を受けた開発区域以外の区域内において、公民館を建築する場合は、都道府県知事の許可を受けなくてよい。

	①	②	③	④	⑤
学習日	8/27	8/30	8/31	9/3	9/5
理解度 (○/△/×)			△	○	○

解説

(1) 誤　【開発区域内における建築の制限(工事完了の公告後)】

開発行為に関する工事完了の公告後は、原則として予定建築物等以外のものは建築できませんが、例外として❶**都道府県知事が許可したとき**、❷**開発区域内の土地について用途地域等が定められているとき**には、予定建築物等以外の建築物を建築することができます。

本肢は「用途地域等が定められていないとき、都道府県知事に届け出れば…予定建築物以外の建築物を建築することができる」となっているため、誤りです。

(2) 誤　【開発区域内における建築の制限(工事完了の公告後)】

国または都道府県等が行う建築行為については、国の機関または都道府県等と都道府県知事との協議が成立したことをもって、都道府県知事の許可があったとみなされ、予定建築物以外の建築物を建築することができます。

(3) 誤　【市街化調整区域で開発区域以外の区域内における建築の制限】

都道府県知事は、**用途地域の定められていない土地の区域における開発行為**について、開発許可をする場合は、当該区域内の土地について、建蔽率等に関する制限を定めることができます。本肢は「市街化区域内における開発行為」とあり、**市街化区域には必ず用途地域を定めなければならない**ため、この規定の適用はなく、都道府県知事は、開発許可をするさいに、建築物の建蔽率に関する制限を定めることはできません。

(4) 正　【市街化調整区域で開発区域以外の区域内における建築の制限】

市街化調整区域のうち、開発許可を受けた開発区域以外の区域内で、公民館を建築する場合、開発許可は不要です。

解答…(4)

ちょっと確認!

市街化調整区域で開発区域以外の区域内における建築の制限

【原則】

都道府県知事の許可がなければ、建築物の新築・改築・用途変更、第一種特定工作物の新設はできない

【例外】

以下の場合には、許可は不要

- 農林漁業用の建築物の新築
- 農林漁業を営む者の居住用建築物の新築
- 駅舎、図書館、**公民館**、変電所等、公益上必要な建築物
- 都市計画事業の施行として行うもの
- 非常災害のため必要な応急措置として行うもの
- 仮設建築物の新築　など

難易度 B

都市計画法（開発許可）

→教科書 CHAPTER03 SECTION01

問題15 都市計画法に関する次の記述のうち、正しいものはどれか。なお、この問における都道府県知事とは、地方自治法に基づく指定都市、中核市及び施行時特例市にあってはその長をいうものとする。 ［H23問17改］

(1) 開発許可を申請しようとする者は、あらかじめ、開発行為に関係がある公共施設の管理者と協議しなければならないが、常にその同意を得ることを求められるものではない。

(2) 市街化調整区域内において生産される農産物の貯蔵に必要な建築物の建築を目的とする当該市街化調整区域内における土地の区画形質の変更は、都道府県知事の許可を受けなくてよい。

(3) 都市計画法第33条に規定する開発許可の基準のうち、排水施設の構造及び能力についての基準は、主として自己の居住の用に供する住宅の建築の用に供する目的で行う開発行為に対しては適用されない。

(4) 非常災害のため必要な応急措置として行う開発行為は、当該開発行為が市街化調整区域内において行われるものであっても都道府県知事の許可を受けなくてよい。

	①	②	③	④	⑤
学習日	8/27	9/10	8/31	9/3	9/5
理解度（○/△/×）			○	○	○

解説

(1) **誤**　【開発許可の申請】

開発許可を申請しようとする者は、あらかじめ、開発行為に関係がある公共施設の管理者と協議し、その同意を得なければなりません。

(2) **誤**　【開発許可が不要となる場合】

市街化区域以外の区域内（市街化調整区域内など）においては、一定の農林漁業用の建築物を建築するための開発行為については、開発許可が不要となりますが、本肢の「生産される農産物の貯蔵に必要な建築物」は開発許可が不要となる農林漁業用の建築物に該当しないため、本肢の場合には開発許可を受ける必要があります。

下記「プラスワン」を見て！
「生産される農産物の貯蔵に必要な建築物」は農林漁業用の建築物に該当しないのだ！・・・ちょっと細かい話だけどね。

(3) **誤**　【開発許可の基準】

技術基準（33条の基準）の一つである、排水施設の構造および能力についての基準は、自己の居住の用に供する住宅の建築を目的とした開発行為についても適用されます。

(4) **正**　【開発許可が不要となる場合】

非常災害のため必要な応急措置として行う開発行為については、どの区域で行われる場合でも開発許可は不要です。

解答…(4)

プラス1（ワン）

【開発許可が不要となる農林漁業用の建築物とは？】

❶ 畜舎、温室、搾乳施設等の農産物、林産物、水産物の生産または集荷の用に供する建築物

❷ サイロ、堆肥舎、農機具等収納施設などの農林漁業の生産資材の貯蔵または保管の用に供する建築物

❸ 家畜診療の用に供する建築物　など

難易度 C

都市計画法(開発許可)

→教科書 CHAPTER03 SECTION01

問題16 都市計画法の開発許可に関する次の記述のうち、誤っているものはどれか。なお、この問における都道府県知事とは、地方自治法に基づく指定都市、中核市、施行時特例市にあってはその長をいうものとする。

[H16問19㊅]

(1) 市街化調整区域のうち、開発許可を受けた開発区域以外の区域で賃貸住宅を新築する場合、当該賃貸住宅の敷地に4m以上の幅員の道路が接していなければならない。

(2) 開発許可を受けた開発区域内の土地に用途地域が定められている場合には、開発行為が完了した旨の公告があった後、当該開発許可に係る予定建築物以外の建築物を都道府県知事の許可を受けずに建築することができる。

(3) 市街化調整区域のうち、開発許可を受けた開発区域以外の区域では、農業に従事する者の居住の用に供する建築物を新築する場合、都道府県知事の許可は不要である。

(4) 都道府県知事は、用途地域の定められていない土地の区域における開発行為について開発許可をする場合において必要があると認めるときは、当該開発区域内の土地について、建築物の敷地に関する制限を定めることができる。

	①	②	③	④	⑤
学習日	8/27	8/30	8/31	9/3	9/5
理解度 (○/△/×)			○	○	○

9/12 ○

解説

(1) **誤** 【その他】

本肢のような規定はありません。

(2) **正** 【開発区域内における建築の制限(工事完了の公告後)】

開発行為に関する工事完了の公告後は、原則として予定建築物等以外のものは建築できませんが、例外として❶**都道府県知事が許可したとき**や❷**開発区域内の土地について、用途地域等が定められているとき**には、予定建築物等以外の建築物を建築することができます。

(3) **正** 【市街化調整区域で開発区域以外の区域内における建築の制限】

市街化調整区域のうち、開発許可を受けた開発区域以外の区域内で、農業に従事する者の居住の用に供する建築物を新築する場合、開発許可は不要です。

(4) **正** 【建蔽率等の制限の指定】

都道府県知事は、**用途地域の定められていない土地の区域における開発行為**について、開発許可をする場合は、当該区域内の土地について、建蔽率、建築物の高さ、壁面の位置、その他(**建築物の敷地**・構造・設備に関する制限)を定めることができます。

解答…(1)

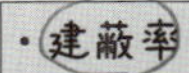

建蔽率等の制限の指定

☆ 都道府県知事は、用途地域の定められていない区域の開発行為について、開発許可をする場合は、当該区域の土地について、下記の制限を定めることができる

- 建蔽率
- 建築物の高さ
- 壁面の位置
- その他(建築物の敷地・構造・設備に関する制限)

☆ この制限が定められた場合、都道府県知事の許可がなければ、制限に違反する建築物を建築することはできない

都市計画法は得点源にしよう。

難易度 **B** **建築基準法** →教科書 CHAPTER03 SECTION02

問題17 建築基準法(以下この問において「法」という。)に関する次の記述のうち、正しいものはどれか。 [H18問21改]

(1) 都市計画区域若しくは準都市計画区域の指定若しくは変更又は法第68条の9第1項の規定に基づく条例の制定若しくは改正により、法第3章の規定が適用されるに至った際、現に建築物が立ち並んでいる幅員4m未満の道路法による道路は、特定行政庁の指定がなくとも法上の道路とみなされる。

(2) 法第42条第2項の規定により道路の境界線とみなされる線と道との間の部分の敷地が私有地である場合は、敷地面積に算入される。

(3) 法第42条第2項の規定により道路とみなされた道は、実際は幅員が4m未満であるが、建築物が当該道路に接道している場合には、法第52条第2項の規定による前面道路の幅員による容積率の制限を受ける。

(4) 敷地が法第42条に規定する道路に2m以上接道していなくても、特定行政庁が交通上、安全上、防火上及び衛生上支障がないと認めて利害関係者の同意を得て許可した場合には、建築物を建築してもよい。

	①	②	③	④	⑤
学習日	8/30	8/31	9/3	9/4	9/12
理解度 (○/△/×)			○	○	○

解説

（1）**誤**　【建築基準法上の道路】

幅員が**4m未満**の道路であっても、都市計画区域・準都市計画区域の指定や条例の制定等により、法が適用されるに至ったさい、現に建築物が立ち並んでいて、かつ、**特定行政庁が指定**したものについては建築基準法上の道路とみなされます（2項道路）。

（2）**誤**　【建築基準法上の道路】

私有地でも、道路の境界線とみなされる線と道までの間の部分は道路とみなされるため、その部分については敷地面積に算入されません。

（3）**正**　【前面道路の幅員による容積率の制限】

2項道路でも、前面道路の幅員による容積率の制限を受けます。

前面道路の幅員による容積率の制限とは、前面道路の幅員が12m未満の場合には、❶指定容積率と❷前面道路の幅員×法定乗数のいずれか小さいほうを容積率とする、というもの。

（4）**誤**　【接道義務】

建築物の敷地は道路に**2m以上**接していなければなりませんが、道路に2m以上接していなくても、**特定行政庁**が交通上、安全上、防火上および衛生上支障がないと認めて「利害関係者」ではなく、「**建築審査会**」の**同意**を得て許可した場合には、建築物を建築することができます。

解答…(3)

建築基準法上の道路

【原則】

幅員4m以上の道路法による道路など

【例外】

都市計画区域・準都市計画区域の指定や条例の制定等により、法（集団規定）が適用されるに至ったさい、すでに存在し、現に建築物が立ち並んでいる幅員が4m未満の道で、特定行政庁が指定したもの→2項道路

難易度 B

建築基準法

→教科書 CHAPTER03 SECTION02

問題18 建築物の用途規制に関する次の記述のうち、建築基準法の規定によれば、誤っているものはどれか。ただし、用途地域以外の地域地区等の指定及び特定行政庁の許可は考慮しないものとする。 [H22問19]

(1) 建築物の敷地が工業地域と工業専用地域にわたる場合において、当該敷地の過半が工業地域内であるときは、共同住宅を建築することができる。

(2) 準住居地域内においては、原動機を使用する自動車修理工場で作業場の床面積の合計が150㎡を超えないものを建築することができる。

(3) 近隣商業地域内において映画館を建築する場合は、客席の部分の床面積の合計が200㎡未満となるようにしなければならない。

(4) 第一種低層住居専用地域内においては、高等学校を建築することはできるが、高等専門学校を建築することはできない。

	①	②	③	④	⑤
学習日	8/30	7/31	9/3	9/4	9/12
理解度 (○/△/×)		–	○	○	○

解説

(1) 正 【用途制限】

建築物の敷地が2つの用途地域にまたがる場合は、**広いほう**(敷地の過半が属するほう)の用途制限が適用されます。したがって、本肢では、工業地域の用途規制が適用されることになります。工業地域では、共同住宅を建築することができます。

(2) 正 【用途制限】

そのとおりです。

(3) 誤 【用途制限】

近隣商業地域内では、客席部分の床面積の合計が200㎡以上の映画館を建築することができます。

(4) 正 【用途制限】

第一種低層住居専用地域内では、小学校、中学校、高等学校を建築することができますが、高等専門学校や大学を建築することはできません。

解答…(3)

【用途地域内の用途制限】

建築物の用途 ＼ 用途地域		住居系								商業系		工業系		
		第一種低層住居専用	第二種低層住居専用	田園住居	第一種中高層住居専用	第二種中高層住居専用	第一種住居	第二種住居	準住居	近隣商業	商業	準工業	工業	工業専用
住宅	住宅、**共同住宅**、寄宿舎、下宿	●	●	●	●	●	●	●	●	●	●	●	●	×
教育	幼稚園、小学校、中学校、**高等学校**	●	●	●	●	●	●	●	●	●	●	●	×	×
教育	大学、**高等専門学校**、専修学校等	×	×	×	●	●	●	●	●	●	●	●	×	×
レジャー・娯楽	劇場、**映画館**、演劇場、観覧場、ナイトクラブ	×	×	×	×	×	×	×	▲	●	●	●	×	×
レジャー・娯楽		▲…客席200㎡未満												
自動車関連	**自動車修理工場**	×	×	×	×	×	◎1	◎1	◎2	◎3	◎3	●	●	●
自動車関連		作業場の床面積 ◎1…50㎡以下、◎2…150㎡以下、◎3…300㎡以下 原動機の制限あり												

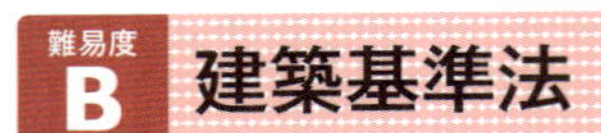

難易度 B 建築基準法

→教科書 CHAPTER03 SECTION02

問題19 建築基準法に関する次の記述のうち、正しいものはどれか。

［H17問22］

(1) 建築物の容積率の制限は、都市計画において定められた数値によるものと、建築物の前面道路の幅員に一定の数値を乗じて得た数値によるものがあるが、前面道路の幅員が12m未満である場合には、当該建築物の容積率は、都市計画において定められた容積率以下でなければならない。

(2) 建築物の前面道路の幅員に一定の数値を乗じて得た数値による容積率の制限について、前面道路が二つ以上ある場合には、それぞれの前面道路の幅員に応じて容積率を算定し、そのうち最も低い数値とする。

(3) 建築物の敷地が都市計画に定められた計画道路（建築基準法第42条第1項第4号に該当するものを除く。）に接する場合において、特定行政庁が交通上、安全上、防火上及び衛生上支障がないと認めて許可した建築物については、当該計画道路を前面道路とみなして容積率を算定する。

(4) 用途地域の指定のない区域内に存する建築物の容積率は、特定行政庁が土地利用の状況等を考慮し、都市計画において定められた数値以下でなければならない。

	①	②	③	④	⑤
学習日	8/30	8/31	9/3	9/4	9/12
理解度（○/△/×）			○	○	△

解説

（1）**誤**　【前面道路の幅員による容積率の制限】

前面道路の幅員が12m未満の場合には、❶**指定容積率**と❷**前面道路の幅員×法定乗数**のいずれか**小さいほう**が容積率となります。

（2）**誤**　【前面道路】

建築物の敷地面積が2つ以上の道路に面している場合には、最も**幅員の広い道路**を前面道路として、これに一定の数値を乗じて容積率を計算します。

（3）**正**　【前面道路】

＋ 建築物の敷地が都市計画に定められた計画道路に接する場合において、特定行政庁が交通上、安全上、防火上および衛生上支障がないと認めて許可した建築物については、当該計画道路を前面道路とみなして容積率を算定します。

（4）**誤**　【容積率】

用途地域の指定のない区域内に存する建築物の容積率は、一定の率のうち、特定行政庁が**都道府県都市計画審議会の議**を経て定めたものとなります（「都市計画において定められた」ものではありません）。

解答…(3)

ちょっと確認！

前面道路の幅員による容積率の制限

前面道路の幅員が12m未満の場合、以下のいずれか小さいほうが容積率となる

❶ 指定容積率

❷ 前面道路の幅員×法定乗数

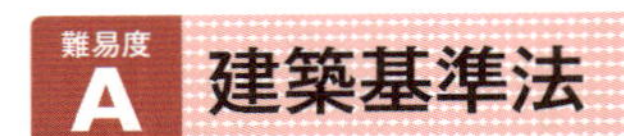

問題20 建築基準法に関する次の記述のうち、正しいものはどれか。

［H23問18㉆］

(1) 建築物が防火地域及び準防火地域にわたる場合、原則として、当該建築物の全部について防火地域内の建築物に関する規定が適用される。

(2) 防火地域内においては、3階建て、延べ面積が200㎡の住宅は耐火建築物、準耐火建築物又はこれらと同等以上の延焼防止性能が確保された建築物としなければならない。

(3) 防火地域内において建築物の屋上に看板を設ける場合には、その主要な部分を難燃材料で造り、又はおおわなければならない。

(4) 防火地域にある建築物は、外壁が耐火構造であっても、その外壁を隣地境界線に接して設けることはできない。

	①	②	③	④	⑤
学習日	8/30	8/31	9/3	9/6	9/12
理解度 (○/△/×)	○		○	○	○

解説

(1) **正**　【防火・準防火地域内の制限】

建築物の敷地が2つの地域にまたがっている場合、原則として、当該建築物の全部について**厳しいほう**の規制（本肢では**防火地域**の規制）が適用されます。

(2) **誤**　【防火地域内の制限】

防火地域内においては、**❶3階建て以上**または**❷延べ面積が100㎡超**の建築物は**耐火建築物**（またはこれと同等以上の延焼防止性能が確保された建築物）にしなければなりません。

? これはどう?　H16－問21①改

準防火地域内においては、延べ面積が1,200㎡の建築物は耐火建築物又はこれと同等以上の延焼防止性能が確保された建築物としなければならない。

× 準防火地域内で、延べ面積が1,200㎡（1,500㎡以下）で階数が3以下であれば、準耐火建築物（またはこれと同等以上の延焼防止性能が確保された建築物）としなければなりません。

(3) **誤**　【防火地域内の制限】

防火地域内において建築物の屋上に看板を設ける場合には、その主要な部分を「難燃材料」ではなく、「**不燃材料**」で造り、またはおおわなければなりません。

(4) **誤**　【防火地域と準防火地域に共通する制限】

防火地域内または準防火地域内にある建築物で、外壁が耐火構造のものは、その外壁を隣地境界線に接して設けることができます。

解答…(1)

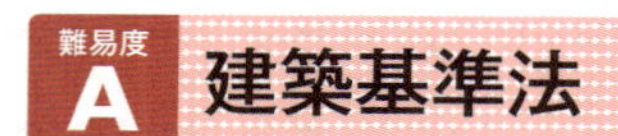

難易度 A 建築基準法

→教科書 CHAPTER03 SECTION02

問題21 建築基準法に関する次の記述のうち、正しいものはどれか。

［H26 問17］

(1) 住宅の地上階における居住のための居室には、採光のための窓その他の開口部を設け、その採光に有効な部分の面積は、その居室の床面積に対して7分の1以上としなければならない。

(2) 建築確認の対象となり得る工事は、建築物の建築、大規模の修繕及び大規模の模様替であり、建築物の移転は対象外である。

(3) 高さ15mの建築物には、周囲の状況によって安全上支障がない場合を除き、有効に避雷設備を設けなければならない。

(4) 準防火地域内において建築物の屋上に看板を設ける場合は、その主要な部分を不燃材料で造り、又は覆わなければならない。

	①	②	③	④	⑤
学習日	8/30	8/31	9/3	9/4	9/12
理解度 (○/△/×)			○	○	○

解説

(1) **正**　【単体規定・採光のための窓その他の開口部】

住宅の居室には、原則として採光のための窓その他の開口部を設けなければなりません。そして、その採光に有効な部分の面積は、住宅の場合、**居室の床面積に対して7分の1以上**です。

(2) **誤**　【建築確認が必要となる工事】

建築確認が必要となる工事には、建築物の建築、大規模の修繕・模様替があり、建築物の「建築」には、新築、増築、改築のほか、移転も含まれます。

(3) **誤**　【単体規定・避雷設備】

高さが20mを超える建築物には、有効な避雷設備を設けなければなりませんが、本肢の建築物の高さは15mなので、避雷設備を設ける必要はありません。

(4) **誤**　【防火地域内の制限】

防火地域内において、建築物の屋上に看板を設ける場合には、その主要な部分を不燃材料で造り、または覆わなければなりませんが、準防火地域内においてはこのような制限はありません。

解答…(1)

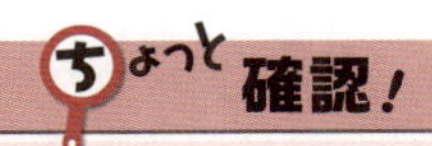

避雷設備、非常用の昇降機の設置

避雷設備

高さが20m超の建築物には、有効な避雷設備を設けなければならない

非常用の昇降機

高さが31m超の建築物には、非常用の昇降機を設けなければならない

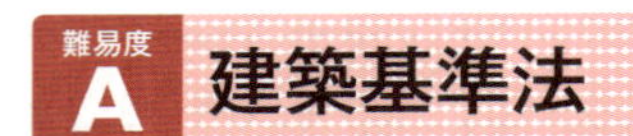

問題22 建築基準法（以下この問において「法」という。）に関する次の記述のうち、正しいものはどれか。 ［H18問22］

(1) 第二種中高層住居専用地域内における建築物については、法第56条第1項第3号の規定による北側斜線制限は適用されない。

(2) 第一種低層住居専用地域及び第二種低層住居専用地域内における建築物については、法第56条第1項第2号の規定による隣地斜線制限が適用される。

(3) 隣地境界線上で確保される採光、通風等と同程度以上の採光、通風等が当該位置において確保されるものとして一定の基準に適合する建築物については、法第56条第1項第2号の規定による隣地斜線制限は適用されない。

(4) 法第56条の2第1項の規定による日影規制の対象区域は地方公共団体が条例で指定することとされているが、商業地域、工業地域及び工業専用地域においては、日影規制の対象区域として指定することができない。

	①	②	③	④	⑤
学習日	8/31	9/3	9/4	9/5	
理解度 (○/△/×)			○	○	

解説

（1）誤　【北側斜線制限】

第一種・第二種中高層住居専用地域（うち、日影規制の適用がない区域の建築物）には、北側斜線制限が適用されます。

（2）誤　【隣地斜線制限】

隣地斜線制限は、第一種・第二種低層住居専用地域および田園住居地域には適用されません。

（3）誤　【隣地斜線制限】

「隣地境界線上」ではなく、「**隣地境界線から一定の距離の位置**」で確保される採光、通風等と同程度以上の採光、通風等が当該位置において確保されるものとして一定の基準に適合する建築物については隣地斜線制限は適用されません。

（4）正　【日影規制】

商業地域、**工業地域**、**工業専用地域**は、日影規制の対象とはなりません。

覚え方　商業 高 校には日影がない～
（商業：商業地域　高：工業地域　校：工業専用地域）

解答…（4）

ちょっと確認！

斜線制限

	道路斜線制限	隣地斜線制限	北側斜線制限
第一種低層住居専用地域	●	×	●
第二種低層住居専用地域	●	×	●
田園住居地域	●	×	●
第一種中高層住居専用地域	●	●	●※
第二種中高層住居専用地域	●	●	●※
第一種住居地域	●	●	×
第二種住居地域	●	●	×
準住居地域	●	●	×
近隣商業地域	●	●	×
商業地域	●	●	×
準工業地域	●	●	×
工業地域	●	●	×
工業専用地域	●	●	×
用途地域の指定のない区域	●	●	×

●…適用あり　×…適用なし　※…日影規制を受けるものを除く

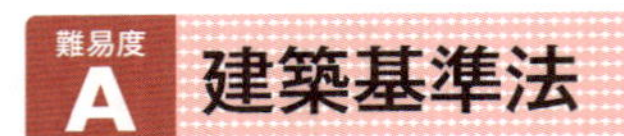

→教科書 CHAPTER03 SECTION02

問題23 第二種低層住居専用地域に指定されている区域内の土地(以下この問において「区域内の土地」という。)に関する次の記述のうち、建築基準法の規定によれば、正しいものはどれか。ただし、特定行政庁の許可については考慮しないものとする。 ［H19問22］

(1) 区域内の土地においては、美容院の用途に供する部分の床面積の合計が100㎡である2階建ての美容院を建築することができない。

(2) 区域内の土地においては、都市計画において建築物の外壁又はこれに代わる柱の面から敷地境界線までの距離の限度を2m又は1.5mとして定めることができる。

(3) 区域内の土地においては、高さが9mを超える建築物を建築することはできない。

(4) 区域内の土地においては、建築物を建築しようとする際、当該建築物に対する建築基準法第56条第1項第2号のいわゆる隣地斜線制限の適用はない。

	①	②	③	④	⑤
学習日	8/31	9/3	9/4	9/5	
理解度 (○/△/×)			○	○	

解説

（1）誤　【用途制限】

第二種低層住居専用地域には、2階以下で150㎡以下の店舗等を建築することができます。

【用途地域内の用途制限】

用途地域／建築物の用途		住居系								商業系		工業系		
		第一種低層住居専用	第二種低層住居専用	田園住居	第一種中高層住居専用	第二種中高層住居専用	第一種住居	第二種住居	準住居	近隣商業	商業	準工業	工業	工業専用
店舗・飲食店	**一定の店舗・飲食店①（150㎡以下）**	×	2F	2F	2F	2F	●	●	●	●	●	●	●	※1
		2F…2階以下 ※1…物品販売店舗、飲食店を除く												

（2）誤　【低層住居専用地域等内の制限】

第二種低層住居専用地域内では、建築物の外壁から敷地境界線までの距離（外壁の後退距離）は、都市計画で定めた限度以上でなければなりません。なお、都市計画において外壁の後退距離を定めるときは、その限度は1.5mまたは1mとされます。

（3）誤　【低層住居専用地域等内の制限】

第二種低層住居専用地域内では、建築物の高さは、10mまたは12mのうち、都市計画で定めた高さを超えてはならないとされています。したがって、当該地域（第二種低層住居専用地域）では、高さ9mを超えても都市計画で定めた高さを超えない建築物ならば建築することができます。

（4）正　【隣地斜線制限】

隣地斜線制限は、第二種低層住居専用地域には適用されません。

解答…（4）

難易度 A

建築基準法

→教科書 CHAPTER03 SECTION02

問題24 建築基準法(以下この問において「法」という。)に関する次の記述のうち、誤っているものはどれか。 [H30問19]

(1) 田園住居地域内においては、建築物の高さは、一定の場合を除き、10m又は12mのうち当該地域に関する都市計画において定められた建築物の高さの限度を超えてはならない。

(2) 一の敷地で、その敷地面積の40%が第二種低層住居専用地域に、60%が第一種中高層住居専用地域にある場合は、原則として、当該敷地内には大学を建築することができない。

(3) 都市計画区域の変更等によって法第3章の規定が適用されるに至った際現に建築物が立ち並んでいる幅員2mの道で、特定行政庁の指定したものは、同章の規定における道路とみなされる。

(4) 容積率規制を適用するに当たっては、前面道路の境界線又はその反対側の境界線からそれぞれ後退して壁面線の指定がある場合において、特定行政庁が一定の基準に適合すると認めて許可した建築物については、当該前面道路の境界線又はその反対側の境界線は、それぞれ当該壁面線にあるものとみなす。

	①	②	③	④	⑤
学習日	8/31	9/3	9/4	9/5	
理解度 (○/△/×)			△	○	

解説

（1）正

【田園住居地域内の建築物の高さの制限】

田園住居地域内において、建築物の高さは、一定の場合を除いて、10mまたは12mのうち当該地域に関する都市計画において定められた建築物の高さの限度を超えてはなりません。

（2）誤

【敷地が複数の用途地域にわたる場合の用途制限】

建築物の敷地が、複数の用途地域にわたる場合、その敷地の過半が属する用途地域の規定が、その敷地のすべてに適用されます。

したがって、本肢では、過半を占めている第一種中高層住居専用地域の用途制限が適用されるため、大学を建築することができます。

【用途地域内の用途制限】

●…建築できる　×…原則建築できない

建築物の用途＼用途地域		住居系								商業系		工業系		
		第一種低層住居専用	第二種低層住居専用	田園住居	第一種中高層住居専用	第二種中高層住居専用	第一種住居	第二種住居	準住居	近隣商業	商業	準工業	工業	工業専用
教育	大学、高等専門学校、専修学校	×	×	×	●	●	●	●	●	●	●	●	×	×

（3）正

【建築基準法上の道路（2項道路）】

幅員が**4m未満**の道であっても、都市計画区域もしくは準都市計画区域の指定・**変更**等により、建築基準法第3章の規定が適用されるに至ったさい、現に建築物が立ち並んでいて、かつ、特定行政庁**の指定**があるものについては建築基準法上の道路とみなされます。

（4）正

【壁面線の指定がある場合の容積率の規制】

容積率規制を適用するにあたっては、前面道路の境界線またはその反対側の境界線からそれぞれ後退して壁面線の指定がある場合において、特定行政庁が一定の基準に適合すると認めて許可した建築物については、当該前面道路の境界線またはその反対側の境界線は、それぞれ当該壁面線にあるものとみなします。

解答…（2）

CH 03 法令上の制限

難易度 A

建築基準法

→教科書 CHAPTER03 SECTION02

問題25 建築基準法(以下この問において「法」という。)に関する次の記述のうち、誤っているものはどれか。 [H25問18改]

(1) 地方公共団体は、延べ面積が1,000㎡を超える建築物の敷地が接しなければならない道路の幅員について、条例で、避難又は通行の安全の目的を達するために必要な制限を付加することができる。

(2) 建蔽率の限度が10分の8とされている地域内で、かつ、防火地域内にある耐火建築物又はこれと同等以上の延焼防止性能を有するものとして政令で定める建築物については、建蔽率の制限は適用されない。

(3) 建築物が第二種中高層住居専用地域及び近隣商業地域にわたって存する場合で、当該建築物の過半が近隣商業地域に存する場合には、当該建築物に対して法第56条第1項第3号の規定(北側斜線制限)は適用されない。

(4) 建築物の敷地が第一種低層住居専用地域及び準住居地域にわたる場合で、当該敷地の過半が準住居地域に存する場合には、作業場の床面積の合計が100㎡の自動車修理工場は建築可能である。

	①	②	③	④	⑤
学習日	7/31	4/3	9/4	9/5	
理解度 (○/△/×)			○	△	

解説

(1) 正

【接道義務】

地方公共団体は、特殊建築物や3階以上の建築物、延べ面積が**1,000㎡超**の建築物、袋路状道路のみに接する延べ面積が150㎡超の建築物(一戸建ての住宅を除く)などについて、**条例**で必要な接道義務の制限を**付加**することができます。

ちなみに、制限を「付加」することはできるけど、「緩和」することはできないんだな…

(2) 正

【建蔽率の適用除外】

建蔽率の限度が**10分の8**とされている地域内で、かつ、**防火地域内**にある**耐火建築物等**については、建蔽率の制限は適用されません(建蔽率100%で建築物を建築できます)。

(3) 誤

【北側斜線制限】

建築物の敷地が斜線制限の異なる複数の地域にまたがる場合、地域ごとに斜線制限が適用されるかを判定します。第二種中高層住居専用地域には、北側斜線制限が適用されるため、第二種中高層住居専用地域内にある建築物の部分については北側斜線制限が適用されます。

(4) 正

【用途制限】

建築物の敷地が2つの用途地域にまたがる場合は、**広いほう**(敷地の過半が属するほう)の用途制限が適用されます。したがって、本肢では、準住居地域の用途規制が適用されることになります。準住居地域では、作業場の床面積の合計が150㎡以下の自動車修理工場を建築することができます。

【用途地域内の用途制限】

	用途地域	住居系								商業系		工業系		
	建築物の用途	第一種低層住居専用	第二種低層住居専用	田園住居	第一種中高層住居専用	第二種中高層住居専用	第一種住居	第二種住居	準住居	近隣商業	商業	準工業	工業	工業専用
自動車関連	自動車修理工場	×	×	×	×	×	◎1	◎1	◎2	◎3	◎3	●	●	●
		作業場の床面積 ◎1…50㎡以下、◎2…150㎡以下、◎3…300㎡以下 原動機の制限あり												

解答…(3)

CH 03 法令上の制限

難易度 A 建築基準法

→教科書 CHAPTER03 SECTION02

問題26 建築基準法(以下この問において「法」という。)に関する次の記述のうち、正しいものはどれか。ただし、他の地域地区等の指定及び特定行政庁の許可については考慮しないものとする。 [H23問19改]

(1) 第二種住居地域内において、工場に併設した倉庫であれば倉庫業を営む倉庫の用途に供してもよい。

(2) 都市計画区域若しくは準都市計画区域の指定若しくは変更又は法第68条の9第1項の規定に基づく条例の制定若しくは改正により、法が施行された時点で現に建築物が立ち並んでいる幅員4m未満の道路は、特定行政庁の指定がなくとも法上の道路となる。

(3) 容積率の制限は、都市計画において定められた数値によるが、建築物の前面道路(前面道路が二以上あるときは、その幅員の最大のもの。)の幅員が12m未満である場合には、当該前面道路の幅員のメートルの数値に法第52条第2項各号に定められた数値を乗じたもの以下でなければならない。

(4) 建蔽率の限度が10分の8とされている地域内で、かつ、防火地域内にある耐火建築物については建蔽率の限度が10分の9に緩和される。

	①	②	③	④	⑤
学習日	9/31	9/3	9/4	9/5	
理解度 (○/△/×)			×	○	

解説

(1) 誤　【用途制限】

第二種住居地域内では、倉庫業を営む倉庫を建築することはできません。

【用途地域内の用途制限】

建築物の用途 ＼ 用途地域		住居系								商業系		工業系		
		第一種低層住居専用	第二種低層住居専用	田園住居	第一種中高層住居専用	第二種中高層住居専用	第一種住居	第二種住居	準住居	近隣商業	商業	準工業	工業	工業専用
工場・倉庫	倉庫業倉庫	×	×	×	×	×	×	×	●	●	●	●	●	●

(2) 誤　【建築基準法上の道路】

幅員が4m未満の道路であっても、都市計画区域・準都市計画区域の指定や条例の制定等により、法が適用されるに至ったさい、現に建築物が立ち並んでいて、かつ、**特定行政庁の指定があるもの**については建築基準法上の道路とみなされます。

(3) 正　【前面道路の幅員による容積率の制限】

前面道路の幅員が12m未満の場合には、**❶指定容積率**と**❷前面道路の幅員×法定乗数**のいずれか**小さいほう**が容積率となります。

(4) 誤　【建蔽率の適用除外】

建蔽率の限度が**10分の8**とされている地域内で、かつ、**防火地域内**にある**耐火建築物**については、**建蔽率の制限は適用されません**(建蔽率100%で建築物を建築できます)。

解答…(3)

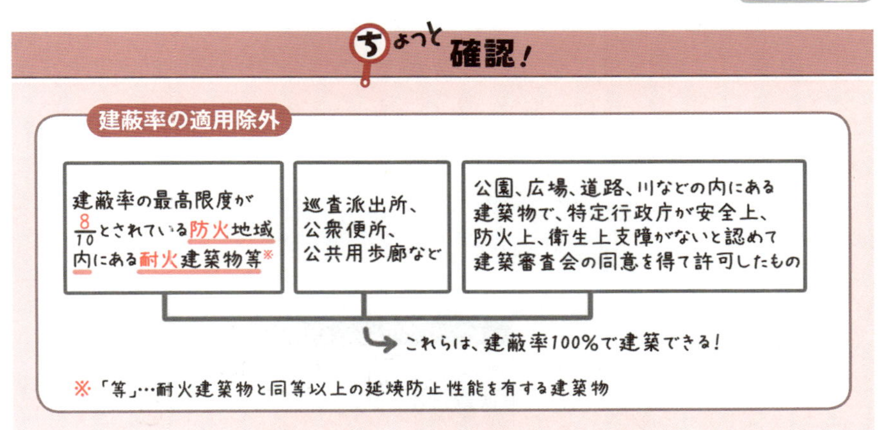

ちょっと確認！
建蔽率の適用除外
建蔽率の最高限度が$\frac{8}{10}$とされている防火地域内にある耐火建築物等※
巡査派出所、公衆便所、公共用歩廊など
公園、広場、道路、川などの内にある建築物で、特定行政庁が安全上、防火上、衛生上支障がないと認めて建築審査会の同意を得て許可したもの
これらは、建蔽率100%で建築できる！
※「等」…耐火建築物と同等以上の延焼防止性能を有する建築物

難易度A 建築基準法

→教科書 CHAPTER03 SECTION02

問題27 建築基準法に関する次の記述のうち、正しいものはどれか。

［H24問18改］

(1) 建築基準法の改正により、現に存する建築物が改正後の建築基準法の規定に適合しなくなった場合、当該建築物は違反建築物となり、速やかに改正後の建築基準法の規定に適合させなければならない。

(2) 事務所の用途に供する建築物を、飲食店（その床面積の合計250㎡）に用途変更する場合、建築主事又は指定確認検査機関の確認を受けなければならない。

(3) 住宅の居室には、原則として、換気のための窓その他の開口部を設け、その換気に有効な部分の面積は、その居室の床面積に対して、25分の1以上としなければならない。

(4) 建築主事は、建築主から建築物の確認の申請を受けた場合において、申請に係る建築物の計画が建築基準法令の規定に適合しているかを審査すれば足り、都市計画法等の建築基準法以外の法律の規定に適合しているかは審査の対象外である。

	①	②	③	④	⑤
学習日	8/31	9/3	9/4	9/5	
理解度（○/△/×）			○	○	

解説

(1) **誤**　【建築基準法の適用】

建築基準法の施行・改正時にすでに存在していた建築物については、建築基準法の施行・改正によって、規定に適合しない建築物となってしまった場合でも、違反建築物には該当しません。

(2) **正**　【建築確認が必要となる建築物】

飲食店は**特殊建築物**に該当します。したがって、事務所から飲食店への用途変更をする場合で、その床面積が**200㎡超**の場合には、建築確認を受ける必要があります。

(3) **誤**　【単体規定・換気】

住宅の居室には、原則として、換気のための窓その他の開口部を設け、その換気に有効な部分の面積は、その居室の床面積に対して「25分の1以上」ではなく、「**20分の1以上**」としなければなりません。

(4) **誤**　【建築確認】

都市計画法等の建築基準法以外の法律の規定に適合しているかについても審査の対象となります。

解答…(2)

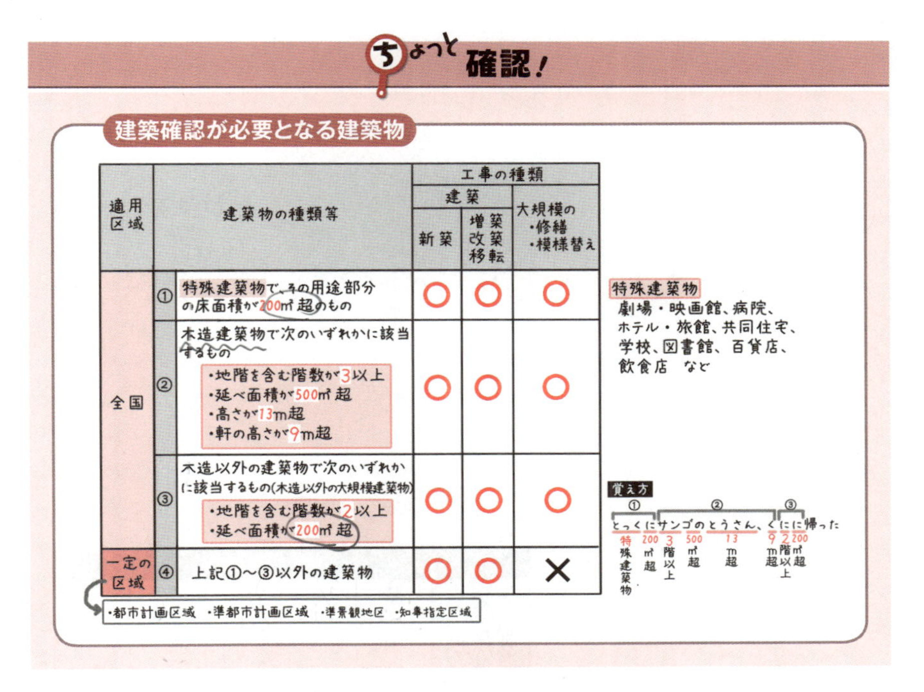

ちょっと確認！

建築確認が必要となる建築物

適用区域		建築物の種類等	工事の種類 建築 新築	工事の種類 建築 増築・改築・移転	工事の種類 大規模の・修繕・模様替え
全国	①	特殊建築物で、その用途部分の床面積が200㎡超のもの	○	○	○
全国	②	木造建築物で次のいずれかに該当するもの ・地階を含む階数が3以上 ・延べ面積が500㎡超 ・高さが13m超 ・軒の高さが9m超	○	○	○
全国	③	木造以外の建築物で次のいずれかに該当するもの(木造以外の大規模建築物) ・地階を含む階数が2以上 ・延べ面積が200㎡超	○	○	○
一定の区域	④	上記①～③以外の建築物	○	○	×

一定の区域：・都市計画区域　・準都市計画区域　・準景観地区　・知事指定区域

特殊建築物
劇場・映画館、病院、ホテル・旅館、共同住宅、学校、図書館、百貨店、飲食店　など

覚え方
①とっくに ②サンゴのとうさん、 ③くにに帰った
特殊建築物 200㎡超　3階以上 500㎡超 13m超 9m超　2階以上 200㎡超

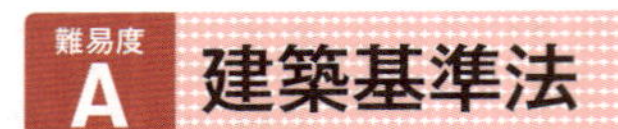

難易度A 建築基準法

→教科書 CHAPTER03 SECTION02

問題28 建築基準法に関する次の記述のうち、誤っているものはどれか。

［H 27問17］

(1) 防火地域及び準防火地域外において建築物を改築する場合で、その改築に係る部分の床面積の合計が10㎡以内であるときは、建築確認は不要である。

(2) 都市計画区域外において高さ12m、階数が3階の木造建築物を新築する場合、建築確認が必要である。

(3) 事務所の用途に供する建築物をホテル（その用途に供する部分の床面積の合計が500㎡）に用途変更する場合、建築確認は不要である。

(4) 映画館の用途に供する建築物で、その用途に供する部分の床面積の合計が300㎡であるものの改築をしようとする場合、建築確認が必要である。

	①	②	③	④	⑤
学習日	9/3	9/4	9/5	9/12	
理解度 (○/△/×)			○	△	

解説

(1) **正** 【建築確認が必要となる建築物】

防火地域および準防火地域**外**で、建築物を増築・改築・移転しようとする場合、その増築・改築・移転の床面積合計が**10㎡以下**であれば、建築確認は不要です。

防火地域および準防火地域**内**で、建築物を増築・改築・移転しようとする場合は、その増築・改築・移転の床面積合計が10㎡以下であったとしても、建築確認は必要だよ。

(2) **正** 【建築確認が必要となる建築物】

次のいずれかに該当する木造建築物を新築・増築・改築・移転しようとするときは建築確認が必要です。

- 地階を含む階数が **3** 以上
- 延べ面積が **500** ㎡超
- 高さが **13** m超
- 軒の高さが **9** m超

(3) **誤** 【建築確認が必要となる建築物】

事務所から特殊建築物(ホテルなど)に用途変更する場合、その用途に供する部分の床面積が**200㎡超**であるときは、建築確認が必要です。

(4) **正** 【建築確認が必要となる建築物】

映画館は特殊建築物に該当します。特殊建築物で、用途部分の床面積が**200**㎡超であるものの増築・改築・移転を行おうとする場合、建築確認が必要です。

解答…(3)

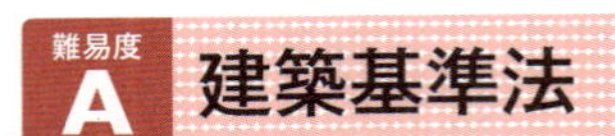

問題29 建築基準法に関する次の記述のうち、正しいものはどれか。

［H24問19改］

(1) 街区の角にある敷地又はこれに準ずる敷地内にある建築物の建蔽率については、特定行政庁の指定がなくとも都市計画において定められた建蔽率の数値に10分の1を加えた数値が限度となる。

(2) 第一種低層住居専用地域又は第二種低層住居専用地域内においては、建築物の高さは、12m又は15mのうち、当該地域に関する都市計画において定められた建築物の高さの限度を超えてはならない。

(3) 用途地域に関する都市計画において建築物の敷地面積の最低限度を定める場合においては、その最低限度は200㎡を超えてはならない。

(4) 建築協定区域内の土地の所有者等は、特定行政庁から認可を受けた建築協定を変更又は廃止しようとする場合においては、土地所有者等の過半数の合意をもってその旨を定め、特定行政庁の認可を受けなければならない。

	①	②	③	④	⑤
学習日	9/3	9/4	9/5	9/12	
理解度 (○/△/×)			○	△	

解説

(1) **誤**　【建蔽率の緩和】

特定行政庁の指定がある角地については、建蔽率の緩和(建蔽率がプラス10**分の1**となる)がありますが、角地でも特定行政庁の指定がなければ建蔽率の緩和はありません。

これはどう?　R1−問18③

都市計画において定められた建蔽率の限度が10分の8とされている地域外で、かつ、防火地域内にある準耐火建築物の建蔽率については、都市計画において定められた建蔽率の数値に10分の1を加えた数値が限度となる。

× 防火地域内で建蔽率の限度が緩和されるのは、耐火建築物またはこれと同等以上の延焼防止性能を有する建築物です。

CH 03 法令上の制限

(2) **誤**　【低層住居専用地域等内の制限】

第一種・第二種低層住居専用地域内および田園住居地域内では、建築物の高さは、10mまたは12mのうち、都市計画で定めた高さを超えてはならないとされています。

(3) **正**　【敷地面積の最低限度…参考編CH.03 **2**】

用途地域に関する都市計画において建築物の敷地面積の最低限度を定める場合においては、その最低限度は200㎡を超えることはできません。

(4) **誤**　【建築協定】

建築協定を「変更」するときは、土地の所有者等の全員の合意と特定行政庁の認可が必要です。なお、建築協定を「廃止」するときは、土地の所有者等の過半数の合意と特定行政庁の認可が必要です(後半の記述は正しい記述です)。

解答…(3)

ちょっと確認!

建築協定の変更と廃止

☆ 建築協定を変更するときは、
土地の所有者等の全員の合意 & 特定行政庁の認可が必要

☆ 建築協定を廃止するときは、
土地の所有者等の過半数の合意 & 特定行政庁の認可が必要

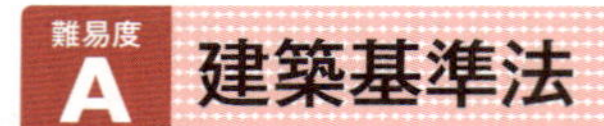

難易度 A 建築基準法

→教科書 CHAPTER03 SECTION02

問題30 建築基準法に関する次の記述のうち、正しいものはどれか。

［H19問21改］

(1) 建築主は、共同住宅の用途に供する建築物で、その用途に供する部分の床面積の合計が280㎡であるものの大規模の修繕をしようとする場合、当該工事に着手する前に、当該計画について建築主事の確認を受けなければならない。

(2) 居室を有する建築物の建築に際し、飛散又は発散のおそれがある石綿を添加した建築材料を使用するときは、その居室内における衛生上の支障がないようにするため、当該建築物の換気設備を政令で定める技術的基準に適合するものとしなければならない。

(3) 防火地域又は準防火地域において、延べ面積が1,000㎡を超える建築物は、すべて耐火建築物又はこれと同等以上の延焼防止性能が確保された建築物としなければならない。

(4) 防火地域又は準防火地域において、延べ面積が1,000㎡を超える耐火建築物は、防火上有効な構造の防火壁又は防火床で有効に区画し、かつ、各区画の床面積の合計をそれぞれ1,000㎡以内としなければならない。

	①	②	③	④	⑤
学習日	9/3	9/4	9/5	9/12	
理解度 (○/△/×)		○	○	○	

解説

（1）**正**　【建築確認が必要となる建築物】

共同住宅は**特殊建築物**に該当します。したがって、その床面積が**200㎡超**の建築物について大規模の修繕をしようとするときには、建築確認を受ける必要があります。

（2）**誤**　【単体規定・石綿の添加】

居室を有する建築物の建築にさいし、建築材料に飛散または発散のおそれがある石綿を添加することはできません。

Step Up　H25－問17ウ

石綿以外の物質で居室内において衛生上の支障を生ずるおそれがあるものとして政令で定める物質は、ホルムアルデヒドのみである。

× ホルムアルデヒドのほかに、クロルピリホスもあります。

（3）**誤**　【防火・準防火地域内の制限】

準防火地域内で耐火建築物（またはこれと同等以上の延焼防止性能が確保された建築物。以下「耐火建築物等」）としなければならないのは、**❶地階を除く階数が4以上**または**❷延べ面積が1,500㎡超の建築物**です。したがって、延べ面積が1,000㎡を超えても1,500㎡以下で3階以下である場合には耐火建築物等にする必要はありません。なお、防火地域内においては、**❶地階を含む階数が3以上**または**❷延べ面積が100㎡超**の建築物は耐火建築物等にしなければなりません。

（4）**誤**　【単体規定・防火壁等】

延べ面積が**1,000㎡超**の建築物については、防火上有効な構造の防火壁または防火床によって有効に区画しなければなりませんが、この規定は**耐火建築物または準耐火建築物には適用されません**（本肢の建築物は耐火建築物なので、このように区画する必要はありません）。

解答…（1）

難易度 B

建築基準法

→教科書 CHAPTER03 SECTION02

問題31 3階建て、延べ面積600㎡、高さ10mの建築物に関する次の記述のうち、建築基準法の規定によれば、正しいものはどれか。 ［H22問18］

(1) 当該建築物が木造であり、都市計画区域外に建築する場合は、確認済証の交付を受けなくとも、その建築工事に着手することができる。

(2) 用途が事務所である当該建築物の用途を変更して共同住宅にする場合は、確認を受ける必要はない。

(3) 当該建築物には、有効に避雷設備を設けなければならない。

(4) 用途が共同住宅である当該建築物の工事を行う場合において、2階の床及びこれを支持するはりに鉄筋を配置する工事を終えたときは、中間検査を受ける必要がある。

	①	②	③	④	⑤
学習日	9/3	9/4	9/5	9/12	
理解度 (○/△/×)			○	○	

解説

（1）誤 【建築確認が必要となる建築物】

木造建築物で、**❶地階を含む階数が3以上**、**❷延べ面積が500㎡超**、**❸高さが13m超**、**❹軒の高さが9m超**のいずれかに該当するものについては、都市計画区域外であったとしても、建築確認を受け、確認済証の交付を受けなければ、建築工事に着手することはできません。本問の建築物は、3階建てで延べ面積が600㎡なので、確認済証の交付を受けなければ、建築工事に着手することはできません。

（2）誤 【建築確認が必要となる建築物】

共同住宅は特殊建築物に該当します。したがって、事務所から共同住宅への用途変更をする場合で、その床面積が200㎡超の場合には、建築確認を受ける必要があります。

（3）誤 【単体規定・避雷設備】

高さが20mを超える建築物には有効な避雷設備を設置しなければなりませんが、本問の建築物は高さが10mなので、避雷設備の設置義務はありません。

（4）正 【建築確認】

3階以上の共同住宅の工事を行う場合には、2階の床およびこれを支持するはりに鉄筋を配置する工事を終えたときは、中間検査を受ける必要があります。

解答…(4)

CH 03 法令上の制限

プラス1（ワン）

【中間検査】

建築主は、建築確認を要する工事が特定工程を含む場合には、特定工程が終了したときに、中間検査を申請しなければならない

特定工程

階数が3以上である共同住宅の2階の床およびこれを支持するはりに鉄筋を配置する工事の工程　など

問題32 建築基準法に関する次の記述のうち、誤っているものはどれか。

［H16問20］

(1) 建築物の敷地が第一種住居地域と近隣商業地域にわたる場合、当該敷地の過半が近隣商業地域であるときは、その用途について特定行政庁の許可を受けなくとも、カラオケボックスを建築することができる。

(2) 建築物が第二種低層住居専用地域と第一種住居地域にわたる場合、当該建築物の敷地の過半が第一種住居地域であるときは、北側斜線制限が適用されることはない。

(3) 建築物の敷地が、都市計画により定められた建築物の容積率の限度が異なる地域にまたがる場合、建築物が一方の地域内のみに建築される場合であっても、その容積率の限度は、それぞれの地域に属する敷地の部分の割合に応じて按分計算により算出された数値となる。

(4) 建築物が防火地域及び準防火地域にわたる場合、建築物が防火地域外で防火壁により区画されているときは、その防火壁外の部分については、準防火地域の規制に適合させればよい。

	①	②	③	④	⑤
学習日	4/3	9/4	8/5		
理解度（○/△/×）			○		

解説

(1) 正　【用途制限】

建築物の敷地が2つの用途地域にまたがる場合は、**広いほう**(敷地の過半が属するほう)の用途制限が適用されます。したがって、本肢では、近隣商業地域の用途制限が適用されます。近隣商業地域では、カラオケボックスを建築することができます。

【用途地域内の用途制限】

建築物の用途＼用途地域		住居系								商業系		工業系		
		第一種低層住居専用	第二種低層住居専用	田園住居	第一種中高層住居専用	第二種中高層住居専用	第一種住居	第二種住居	準住居	近隣商業	商業	準工業	工業	工業専用
レジャー・娯楽	**カラオケボックス**、ダンスホール	×	×	×	×	×	×	▲	▲	●	●	●	▲	▲
		▲…10,000㎡以下												

(2) 誤　【北側斜線制限】

第二種低層住居専用地域には北側斜線制限が適用されるため、第二種低層住居専用地域内にある建築物部分については、北側斜線制限が適用されます。

(3) 正　【容積率】

容積率の限度が異なる地域にまたがって建築物の敷地がある場合には、建築物が一方の地域内のみに建築される場合でも、その容積率の限度は加重平均で求めた容積率(それぞれの地域に属する敷地の部分の割合に応じて按分計算により算出された数値)となります。

(4) 正　【建築物が防火地域と準防火地域にまたがる場合】

建築物が防火地域および準防火地域にまたがる場合の規定は次のとおりです。

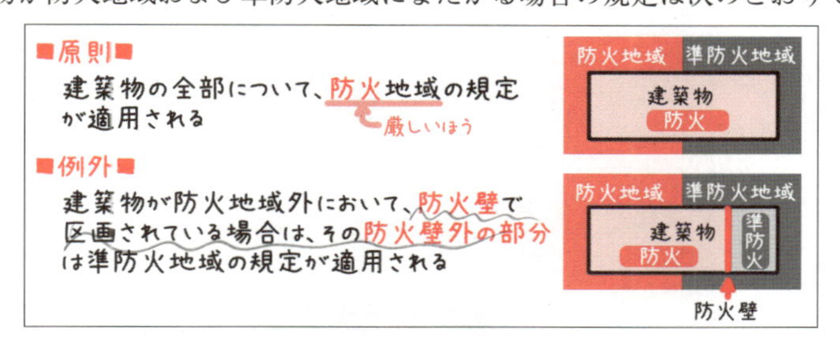

解答…(2)

難易度 A

建築基準法

→教科書 CHAPTER03 SECTION02

問題33 建築基準法に関する次の記述のうち、正しいものはどれか。

［R2(10月)問18］

(1) 公衆便所及び巡査派出所については、特定行政庁の許可を得ないで、道路に突き出して建築することができる。

(2) 近隣商業地域内において、客席の部分の床面積の合計が200㎡以上の映画館は建築することができない。

(3) 建築物の容積率の算定の基礎となる延べ面積には、老人ホームの共用の廊下又は階段の用に供する部分の床面積は、算入しないものとされている。

(4) 日影による中高層の建築物の高さの制限に係る日影時間の測定は、夏至日の真太陽時の午前8時から午後4時までの間について行われる。

	①	②	③	④	⑤
学習日	9/3	9/4	9/5	9/12	
理解度（○/△/×）			○	○	

解説

（1）**誤**　【道路内の建築制限】

建築物または敷地を造成するための擁壁は、原則として、道路内にまたは道路に突き出して建築・築造してはなりません。公衆便所、巡査派出所その他これらに類する公益上必要な建築物については、特定行政庁が通行上支障がないと認めて建築審査会の同意を得て許可した場合でなければ、道路に突き出して建築することはできません。

（2）**誤**　【近隣商業地域】

近隣商業地域内においては、客席の部分の床面積に関係なく映画館を建築することができます。

【用途地域内の用途制限】　●…建築できる　×…原則建築できない

建築物の用途＼用途地域		住居系								商業系		工業系		
		第一種低層住居専用	第二種低層住居専用	田園住居	第一種中高層住居専用	第二種中高層住居専用	第一種住居	第二種住居	準住居	近隣商業	商業	準工業	工業	工業専用
レジャー・娯楽	劇場、**映画館**、演芸場、観覧場、ナイトクラブ	×	×	×	×	×	×	×	▲	●	●	●	×	×
		▲…客席200㎡未満												

（3）**正**　【容積率の特例】

建築物の容積率の算定の基礎となる延べ面積には、政令で定める昇降機の昇降路の部分または共同住宅・老人ホーム等の共用の廊下・階段の用に供する部分の床面積は、算入しないものとされています。

（4）**誤**　【日影規制】

日影による中高層の建築物の高さの制限に係る日影時間の測定は、「夏至日」ではなく「冬至日」の真太陽時の午前８時から午後４時（北海道は午前９時から午後３時）までの間について行われます。

解答…(3)

難易度 A

国土利用計画法

→教科書 CHAPTER03 SECTION03

問題34 国土利用計画法第23条の都道府県知事への届出(以下この問において「事後届出」という。)に関する次の記述のうち、正しいものはどれか。

［H22問15］

(1) 宅地建物取引業者Aが、自ら所有する市街化区域内の5,000㎡の土地について、宅地建物取引業者Bに売却する契約を締結した場合、Bが契約締結日から起算して2週間以内に事後届出を行わなかったときは、A及びBは6月以下の懲役又は100万円以下の罰金に処せられる場合がある。

(2) 事後届出に係る土地の利用目的について、甲県知事から勧告を受けた宅地建物取引業者Cは、甲県知事に対し、当該土地に関する権利を買い取るべきことを請求することができる。

(3) 乙市が所有する市街化調整区域内の10,000㎡の土地と丙市が所有する市街化区域内の2,500㎡の土地について、宅地建物取引業者Dが購入する契約を締結した場合、Dは事後届出を行う必要はない。

(4) 事後届出に係る土地の利用目的について、丁県知事から勧告を受けた宅地建物取引業者Eが勧告に従わなかった場合、丁県知事は、その旨及びその勧告の内容を公表しなければならない。

	①	②	③	④	⑤
学習日	9/4	9/5	9/12		
理解度 (○/△/×)			○		

解説

(1) **誤** 【事後届出の手続】

事後届出の義務は**権利取得者**であるBにあるため、Aについては罰則の適用はありません。

(2) **誤** 【事後届出の手続】

事後届出後、都道府県知事から土地の利用目的について勧告を受けたとしても、都道府県知事に対し、その土地に関する権利を買い取るべきことを請求することはできません。

(3) **正** 【許可・届出が不要な場合】

当事者の一方または双方が国、地方公共団体、地方住宅供給公社等である場合には、事後届出を行う必要はありません。

(4) **誤** 【事後届出の手続・勧告】

都道府県知事は勧告を受けた者が勧告に従わないときは、その旨・勧告の内容を公表することができます(「公表しなければならない」ではありません)。

解答…(3)

ちょっと確認!

許可・届出が不要な場合

❶ **当事者の一方または双方が国、地方公共団体、地方住宅供給公社等である場合**

❷ 農地法3条1項の許可を受ける必要がある場合

❸ 民事調停法による調停にもとづく場合

❹ 非常災害にさいして、必要な応急措置を講ずる場合(一定の場合)

❺ 土地の面積が下記未満の場合

規制区域	監視区域	注視区域	無指定区域
― 面積例外はなし	都道府県の規則で定めた面積未満	・市街化区域 ➡2,000㎡未満 ・市街化区域以外の都市計画区域 (市街化調整区域、非線引き区域) ➡5,000㎡未満 ・都市計画区域外 (準都市計画区域、それ以外の区域) ➡10,000㎡未満	

難易度 A

国土利用計画法

→教科書 CHAPTER03 SECTION03

問題35 国土利用計画法第23条の届出（以下この問において「事後届出」という。）に関する次の記述のうち、正しいものはどれか。［R2（10月）問22］

(1) Aが所有する市街化区域内の1,500㎡の土地をBが購入した場合には、Bは事後届出を行う必要はないが、Cが所有する市街化調整区域内の6,000㎡の土地についてDと売買に係る予約契約を締結した場合には、Dは事後届出を行う必要がある。

(2) Eが所有する市街化区域内の2,000㎡の土地をFが購入した場合、Fは当該土地の所有権移転登記を完了した日から起算して2週間以内に事後届出を行う必要がある。

(3) Gが所有する都市計画区域外の15,000㎡の土地をHに贈与した場合、Hは事後届出を行う必要がある。

(4) Iが所有する都市計画区域外の10,000㎡の土地とJが所有する市街化調整区域内の10,000㎡の土地を交換した場合、I及びJは事後届出を行う必要はない。

	①	②	③	④	⑤
学習日	9/4	9/5	9/12		
理解度 (○/△/×)			○		

解説

(1) **正** 【許可・届出が不要な場合】

市街化区域内では**2,000㎡以上**、市街化調整区域内では**5,000㎡以上**の土地の売買等の契約をしたときに事後届出が必要となります。Bは市街化区域内の1,500㎡の土地を購入したので事後届出を行う必要はありませんが、Dは市街化調整区域内の6,000㎡の土地について売買に係る予約契約を締結しているので事後届出を行う必要があります。なお、売買に係る予約契約は「土地売買等の契約」に該当します。

(2) **誤** 【事後届出の手続】

Fは市街化区域内の2,000㎡の土地を購入しているので事後届出が必要となりますが、事後届出は「所有権移転登記を完了した日」ではなく、「**契約を締結した日**」から**2週間以内**に行わなければなりません。

(3) **誤** 【土地売買等の契約の要件】

贈与による取得は、対価の授受がなく、届出が必要な「土地売買等の契約」に該当しません。なお、都市計画区域外の10,000㎡以上の土地について、土地売買等の契約をしたときは事後届出が必要となります。

(4) **誤** 【土地売買等の契約の要件】

交換は「土地売買等の契約」に該当するため、Iから都市計画区域外の10,000㎡以上の土地(本肢では10,000㎡の土地)を取得するJも、Jから市街化調整区域内の5,000㎡以上の土地(本肢では10,000㎡の土地)を取得するIも、当該交換をした日(契約を締結した日)から**2週間以内**に事後届出をする必要があります。

解答…(1)

ちょっと確認!

「土地売買等の契約」の要件とは

「土地売買等の契約」の要件

❶ 土地に関する権利の移転または設定であること

❷ 対価の授受を伴うものであること

❸ 土地に関する権利の移転または設定が契約によって行われるものであること

「土地売買等の契約」に該当するもの	「土地売買等の契約」に該当しないもの
・売買契約、売買の予約	・地役権、永小作権、抵当権などの設定、移転
・交換	・贈与、信託の引受け
・譲渡担保	・形成権(予約完結権、買戻権等)の行使
・代物弁済	・相続、法人の合併、遺産分割
・停止条件付・解除条件付の契約 など	・時効、土地収用 など

難易度 A

国土利用計画法

→教科書 CHAPTER03 SECTION03

問題36 国土利用計画法第23条の届出(以下この問において「事後届出」という。)に関する次の記述のうち、正しいものはどれか。 [H19問17]

(1) 宅地建物取引業者であるAとBが、市街化調整区域内の6,000㎡の土地について、Bを権利取得者とする売買契約を締結した場合には、Bは事後届出を行う必要はない。

(2) 宅地建物取引業者であるCとDが、都市計画区域外の2haの土地について、Dを権利取得者とする売買契約を締結した場合には、Dは事後届出を行わなければならない。

(3) 事後届出が必要な土地売買等の契約により権利取得者となった者が事後届出を行わなかった場合には、都道府県知事から当該届出を行うよう勧告されるが、罰則の適用はない。

(4) 事後届出が必要な土地売買等の契約により権利取得者となった者は、その契約の締結後、1週間以内であれば市町村長を経由して、1週間を超えた場合には直接、都道府県知事に事後届出を行わなければならない。

	①	②	③	④	⑤
学習日	9/4	9/5	9/12		
理解度 (○/△/×)			○		

解説

(1) 誤　【許可・届出が不要な場合】

市街化調整区域の場合、**5,000㎡以上**の土地について、土地売買等の契約を締結したとき、権利取得者(B)は事後届出を行わなければなりません。

(2) 正　【許可・届出が不要な場合】

都市計画区域外の場合、**10,000㎡（1ha）以上**の土地について、土地売買等の契約を締結したとき、権利取得者(D)は事後届出を行わなければなりません。

(3) 誤　【罰則】

事後届出が必要な場合であるにもかかわらず、事後届出を行わなかった場合には、罰則(6カ月以下の懲役または100万円以下の罰金)が適用されます。なお、都道府県知事から届出を行うよう勧告されることはありません。

(4) 誤　【事後届出の手続】

権利取得者は、契約の締結後**2週間以内**に**市町村長**を経由して、**都道府県知事**に対して事後届出を行わなければなりません。

解答…(2)

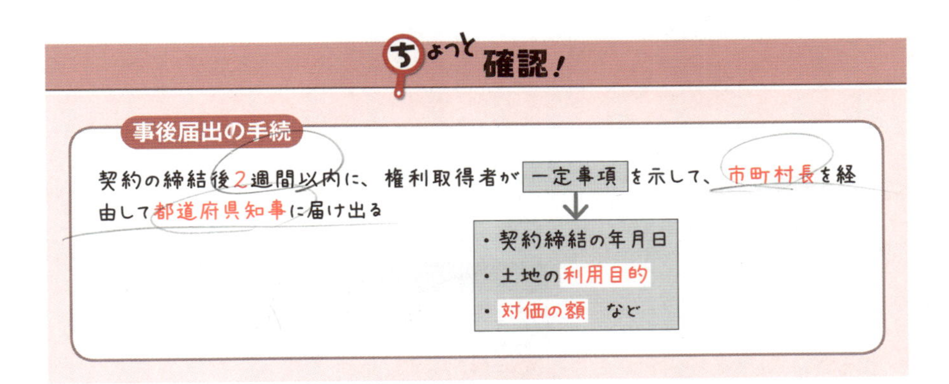

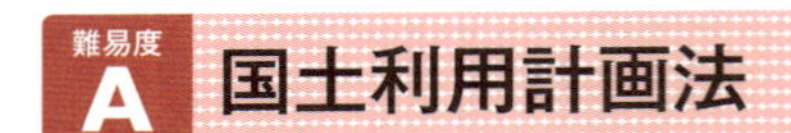

難易度 A 国土利用計画法

→教科書 CHAPTER03 SECTION03

問題37 国土利用計画法第23条の届出(以下この問において「事後届出」という。)に関する次の記述のうち、正しいものはどれか。 [H18問17]

(1) 土地売買等の契約を締結した場合には、当事者のうち当該契約による権利取得者は、その契約に係る土地の登記を完了した日から起算して2週間以内に、事後届出を行わなければならない。

(2) 注視区域又は監視区域に所在する土地について、土地売買等の契約を締結しようとする場合には、国土利用計画法第27条の4又は同法第27条の7の事前届出が必要であるが、当該契約が一定の要件を満たすときは事後届出も必要である。

(3) 都道府県知事は、事後届出があった場合において、その届出書に記載された土地に関する権利の移転等の対価の額が土地に関する権利の相当な価額に照らし著しく適正を欠くときは、当該対価の額について必要な変更をすべきことを勧告することができる。

(4) 事後届出が必要な土地売買等の契約を締結したにもかかわらず、所定の期間内にこの届出をしなかった者は、6月以下の懲役又は100万円以下の罰金に処せられる。

	①	②	③	④	⑤
学習日	9/4	9/5	9/12		
理解度 (○/△/×)			○		

解説

(1) **誤** 【事後届出の手続】

事後届出は、「土地の登記を完了した日」からではなく、「**契約を締結した日**」から**2週間以内**に行わなければなりません。

(2) **誤** 【注視区域、監視区域】

事前届出制の対象となっている注視区域と監視区域については事後届出は不要です。

(3) **誤** 【事後届出・勧告】

事後届出において、都道府県知事が勧告することができるのは、**土地の利用目的**の変更だけです（対価の額の変更については勧告することはできません）。

ちなみに事前届出の場合には、都道府県知事は「土地の利用目的の変更」、「対価の額の引下げ」などについて勧告することができるよ～

(4) **正** 【罰則】

事後届出が必要な場合であるにもかかわらず、所定の期間内に事後届出を行わなかった場合には、罰則（6カ月以下の懲役または100万円以下の罰金）が適用されます。

解答…(4)

ちょっと確認！

勧告

事後届出の場合

都道府県知事は、「土地の利用目的の変更」を勧告することができる

事前届出の場合

都道府県知事は、「土地の利用目的の変更」「予定対価の引下げ」「契約締結の中止」等を勧告することができる

難易度B 国土利用計画法

→教科書 CHAPTER03 SECTION03

問題38 国土利用計画法第23条の都道府県知事への届出（以下この問において「事後届出」という。）に関する次の記述のうち、正しいものはどれか。 ［H21問15］

(1) 宅地建物取引業者Aが都市計画区域外の10,000㎡の土地を時効取得した場合、Aは、その日から起算して2週間以内に事後届出を行わなければならない。

(2) 宅地建物取引業者Bが行った事後届出に係る土地の利用目的について、都道府県知事が適正かつ合理的な土地利用を図るために必要な助言をした場合、Bがその助言に従わないときは、当該知事は、その旨及び助言の内容を公表しなければならない。

(3) 宅地建物取引業者Cが所有する市街化調整区域内の6,000㎡の土地について、宅地建物取引業者Dが購入する旨の予約をした場合、Dは当該予約をした日から起算して2週間以内に事後届出を行わなければならない。

(4) 宅地建物取引業者Eが所有する都市計画区域外の13,000㎡の土地について、4,000㎡を宅地建物取引業者Fに、9,000㎡を宅地建物取引業者Gに売却する契約を締結した場合、F及びGはそれぞれ、その契約を締結した日から起算して2週間以内に事後届出を行わなければならない。

	①	②	③	④	⑤
学習日	9/4	9/5	9/12		
理解度（○/△/×）			△		

解説

(1) 誤　【土地売買等の契約の要件】

時効取得は、対価の授受がなく、また契約によるものではありません。したがって、届出が必要な「土地売買等の契約」に該当しないため、事後届出をする必要はありません。

(2) 誤　【事後届出・助言】

勧告に従わなかった場合には、その旨・内容を公表されることがありますが、助言に従わなかった場合には、公表されることはありません。

(3) 正　【土地売買等の契約の要件】

土地の売買の予約は、「土地売買等の契約」に該当するため、Dは市街化調整区域内の6,000㎡の土地（5,000㎡以上の土地）について、購入の予約をした場合、当該予約をした日（契約を締結した日）から**2週間以内**に事後届出をする必要があります。

(4) 誤　【分譲の場合】

都市計画区域外については、**10,000㎡以上**の土地について、土地売買等の契約を締結したとき、届出が必要となります。事後届出の場合、この面積は**買主が取得した面積**で判定します。したがって、F（4,000㎡）もG（9,000㎡）も事後届出を行う必要はありません。

解答…(3)

ちょっと確認！

土地売買等の契約に該当するもの・しないもの

「土地売買等の契約」に該当するもの	「土地売買等の契約」に該当しないもの
・売買契約、**売買の予約**	・地役権、永小作権、抵当権などの設定、移転
・交換	・贈与、信託の引受け
・譲渡担保	・形成権（予約完結権、買戻権等）の行使
・代物弁済	・相続、法人の合併、遺産分割
・停止条件付・解除条件付の契約　など	・**時効**、土地収用　など

分譲（分割して売却）の場合の面積は？

事後届出の場合

→分譲後の面積（買主が取得した面積）で判定

事前届出の場合

→分譲前の面積（売主の面積）で判定

難易度 A

国土利用計画法

→教科書 CHAPTER03 SECTION03

問題39 国土利用計画法第23条の届出(以下この問において「事後届出」という。)に関する次の記述のうち、正しいものはどれか。 [R1問22]

(1) 宅地建物取引業者Aが、自己の所有する市街化区域内の2,000㎡の土地を、個人B、個人Cに1,000㎡ずつに分割して売却した場合、B、Cは事後届出を行わなければならない。

(2) 個人Dが所有する市街化区域内の3,000㎡の土地を、個人Eが相続により取得した場合、Eは事後届出を行わなければならない。

(3) 宅地建物取引業者Fが所有する市街化調整区域内の6,000㎡の一団の土地を、宅地建物取引業者Gが一定の計画に従って、3,000㎡ずつに分割して購入した場合、Gは事後届出を行わなければならない。

(4) 甲市が所有する市街化調整区域内の12,000㎡の土地を、宅地建物取引業者Hが購入した場合、Hは事後届出を行わなければならない。

	①	②	③	④	⑤
学習日	9/4	9/5	9/12		
理解度 (○/△/×)			○		

解説

(1) **誤** 【事後届出(市街化区域)】

市街化区域の場合、**2,000㎡以上**の土地について、土地売買等の契約を締結したときに事後届出が必要となります。BもCも1,000㎡の土地を購入しているため、事後届出の必要はありません。

(2) **誤** 【相続による土地の取得】

相続による取得は、対価の授受がなく、届出が必要な「土地売買等の契約」に該当しないため、事後届出をする必要はありません。

(3) **正** 【事後届出(市街化調整区域)】

市街化調整区域の場合、**5,000㎡以上**の土地について、土地売買等の契約を締結したときに事後届出が必要となります。そして、この面積は**一団の土地**で判定します。したがって、3,000㎡ずつに分割したとしても、宅建業者Gが取得した一団の土地の面積の合計が6,000㎡となるので、事後届出を行う必要があります。

(4) **誤** 【事後届出が不要となる場合】

当事者の一方または双方が国・**地方公共団体**・地方住宅供給公社等である場合には、事後届出を行う必要はありません。

解答…(3)

難易度 A

国土利用計画法

→教科書 CHAPTER03 SECTION03

問題40 国土利用計画法第23条の届出（以下この問において「事後届出」という。）に関する次の記述のうち、正しいものはどれか。 ［H30問15］

(1) 事後届出に係る土地の利用目的について、甲県知事から勧告を受けた宅地建物取引業者Aがその勧告に従わないときは、甲県知事は、その旨及びその勧告の内容を公表することができる。

(2) 乙県が所有する都市計画区域内の土地（面積6,000㎡）を買い受けた者は、売買契約を締結した日から起算して2週間以内に、事後届出を行わなければならない。

(3) 指定都市（地方自治法に基づく指定都市をいう。）の区域以外に所在する土地について、事後届出を行うに当たっては、市町村の長を経由しないで、直接都道府県知事に届け出なければならない。

(4) 宅地建物取引業者Bが所有する市街化区域内の土地（面積2,500㎡）について、宅地建物取引業者Cが購入する契約を締結した場合、Cは事後届出を行う必要はない。

	①	②	③	④	⑤
学習日	9/4	9/5	9/12		
理解度 (○/△/×)			○		

解説

(1) 正

【都道府県知事の勧告・公表】

都道府県知事は、一定の場合には、事後届出に係る土地の利用目的について必要な変更をすべきことを勧告することができます。そして、勧告を受けた者がその勧告に従わないときは、**その旨**およびその**内容**を**公表**することができます。

? これはどう? H17－問17④

事後届出に係る土地の利用目的について、乙県知事から勧告を受けたHが勧告に従わなかった場合、乙県知事は、当該届出に係る土地売買の契約を無効にすることができる。

× 勧告に従わなかった場合でも契約は有効です。

(2) 誤

【事後届出が不要となる場合】

当事者の一方または双方が国・**地方公共団体**・地方住宅供給公社等である場合には、**事後届出を行う必要はありません。**

(3) 誤

【指定都市の区域以外の土地における事後届出】

地方自治法に基づく**指定都市の区域以外**の土地の場合は、土地売買等の契約を締結した日から起算して2週間以内に、当該土地が所在する市町村の長を経由して、都道府県知事に事後届出をしなければなりません。

(4) 誤

【事後届出が必要な場合】

市街化区域内の土地の売買契約では、**2,000㎡以上**で届出の対象となります。したがって、宅建業者である買主(C)は、事後届出をしなければなりません。

解答…(1)

ちょっと確認!

勧告と契約の効力、罰則の適用

☆ 都道府県知事は勧告を受けた者が勧告に従わないときは、その旨および内容を公表できる

☆ 勧告に従わなくても契約は有効

☆ 勧告に従わなくても罰則の適用はない

難易度 B

国土利用計画法

→教科書 CHAPTER03 SECTION03

問題41 国土利用計画法第23条の届出(以下この問において「事後届出」という。)及び同法第27条の7の届出(以下この問において「事前届出」という。)に関する次の記述のうち、正しいものはどれか。 [H16問16]

(1) 監視区域内の市街化調整区域に所在する面積6,000㎡の一団の土地について、所有者Aが当該土地を分割し、4,000㎡をBに、2,000㎡をCに売却する契約をB、Cと締結した場合、当該土地の売買契約についてA、B及びCは事前届出をする必要はない。

(2) 事後届出においては、土地の所有権移転後における土地利用目的について届け出ることとされているが、土地の売買価額については届け出る必要はない。

(3) Dが所有する都市計画法第5条の2に規定する準都市計画区域内に所在する面積7,000㎡の土地について、Eに売却する契約を締結した場合、Eは事後届出をする必要がある。

(4) Fが所有する市街化区域内に所在する面積4,500㎡の甲地とGが所有する市街化調整区域内に所在する面積5,500㎡の乙地を金銭の授受を伴わずに交換する契約を締結した場合、F、Gともに事後届出をする必要がある。

	①	②	③	④	⑤
学習日	4/4	8/5	9/12		
理解度 (○/△/×)			△		

解説

(1) **誤**　【許可・届出が不要な場合】

監視区域の場合、事前届出が必要となる面積は都道府県の規則で定められます。しかし、この面積は注視区域や無指定区域の届出面積(市街化調整区域の場合は**5,000㎡以上**)よりも小さくなります。また、監視区域(事前届出)の場合、分譲前の面積(売主の面積)で判断します。本肢では、分譲前の面積が6,000㎡なので、A、B、Cは事前届出をする必要があります。

監視区域の場合の届出義務者は、契約の当事者。
だから、AもBもCも事前届出が必要だよ…

(2) **誤**　【事後届出・届出が必要な事項】

事後届出において、届出が必要な事項には、**契約締結の年月日、土地の利用目的、対価の額**(**土地の売買価額**)などがあります。

(3) **誤**　【許可・届出が不要な場合】

準都市計画区域(都市計画区域外)の場合、**10,000㎡以上**の土地について、土地売買等の契約を締結したときに事後届出が必要となります。本肢の面積は7,000㎡なので、Eは事後届出をする必要はありません。

(4) **正**　【許可・届出が不要な場合】

「交換」も「土地売買等の契約」に該当します。また、市街化区域の場合は**2,000㎡以上**、市街化調整区域の場合は**5,000㎡以上**の土地について、土地売買等の契約を締結したときに届出が必要となります。したがって、FもGも事後届出をする必要があります。

解答…(4)

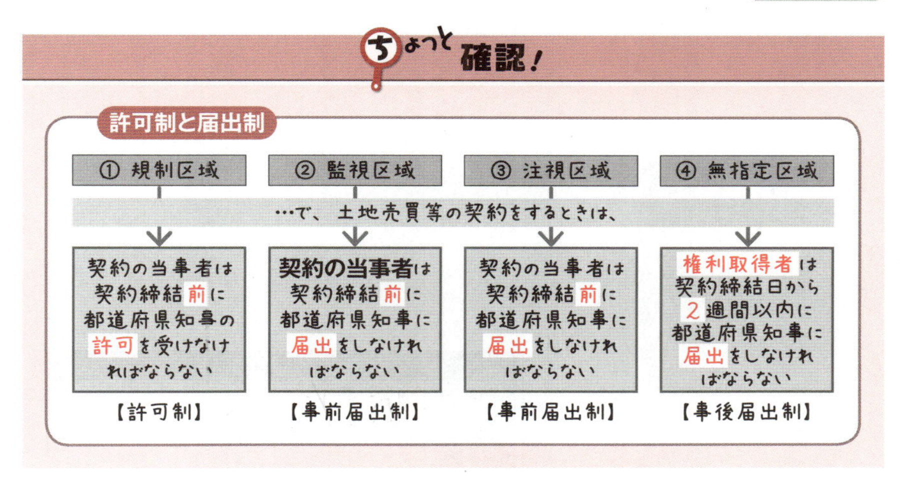

CH 03 法令上の制限

難易度 A
農地法

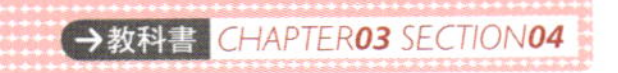
→教科書 CHAPTER03 SECTION04

問題42　農地法（以下この問において「法」という。）に関する次の記述のうち、正しいものはどれか。　［H18問25］

(1) 山林を開墾し現に水田として耕作している土地であっても、土地登記簿上の地目が山林である限り、法の適用を受ける農地には当たらない。

(2) 農業者が、住宅を建設するために法第4条第1項の許可を受けた農地をその後住宅建設の工事着工前に宅地として売却する場合、改めて法第5条第1項の許可を受ける必要はない。

(3) 耕作目的で農地の売買契約を締結し、代金の支払をした場合でも、法第3条第1項の許可を受けていなければその所有権の移転の効力は生じない。

(4) 農業者が、自ら農業用倉庫として利用する目的で自己の所有する農地を転用する場合には、転用する農地の面積の規模にかかわらず、法第4条第1項の許可を受ける必要がある。

	①	②	③	④	⑤
学習日	9/5	9/12			
理解度（○/△/×）					

解説

（1）誤　【農地とは】

現況が農地（水田）であれば、登記簿上の地目が山林であっても、農地法の適用を受ける農地に該当します。

（2）誤　【5条（転用目的の権利移動）】

住宅を建設するために転用の許可（**4条許可**）を受けていたとしても、住宅の建設工事着工前にその農地を宅地として売却する場合には、改めて**5条許可**を受ける必要があります。

（3）正　【許可がない場合の契約の効力】

契約を締結し、代金の支払いをした場合でも、農地法3条の許可を受けていなければ所有権移転の効力は生じません。

（4）誤　【許可が不要となる場合】

農地を農地以外に転用する場合には、原則として**4条許可**を受ける必要がありますが、農業者が自ら農業用倉庫（農業用施設）として農地を転用する場合には、その農地の面積が**2a未満**であれば、4条許可は不要となります。本肢では、「転用する農地の面積の規模にかかわらず」とあるので、誤りです。

解答…（3）

CH 03 法令上の制限

ちょっと確認！

権利移動・転用の制限

3条（権利移動）

農地・採草放牧地の権利移動は農業委員会の許可が必要

4条（転用）

農地の転用は都道府県知事（または指定市町村長）の許可が必要

5条（転用目的の権利移動）

農地・採草放牧地の転用目的の権利移動は都道府県知事（または指定市町村長）の許可が必要

※ なお、採草放牧地の農地への転用目的の権利移動は3条許可が必要

難易度A 農地法

→教科書 CHAPTER03 SECTION04

問題43 農地法(以下この問において「法」という。)に関する次の記述のうち、正しいものはどれか。 ［H19問25］

(1) 農業者が相続により取得した市街化調整区域内の農地を自己の住宅用地として転用する場合には、法第4条第1項の許可を受ける必要はない。

(2) 住宅を建設する目的で市街化区域内の農地の所有権を取得するに当たって、あらかじめ農業委員会に届け出た場合には、法第5条第1項の許可を受ける必要はない。

(3) 耕作する目的で原野の所有権を取得し、その取得後、造成して農地にする場合には、法第3条第1項の許可を受ける必要がある。

(4) 市街化調整区域内の農地を駐車場に転用するに当たって、当該農地がすでに利用されておらず遊休化している場合には、法第4条第1項の許可を受ける必要はない。

	①	②	③	④	⑤
学習日	9/5	9/12			
理解度 (○/△/×)					

解説

（1）誤　【許可が不要となる場合】

相続によって農地を取得する場合には、**3条許可**は不要ですが、本肢では、農地を住宅用地として転用するため、**4条許可**を受ける必要があります。

（2）正　【市街化区域内の特例】

市街化区域内の農地や採草放牧地を転用目的で取得する場合（転用目的の権利移動。ただし、採草放牧地を農地にする場合を除く）は、あらかじめ**農業委員会**に届け出れば、5条許可は不要です。

（3）誤　【農地とは】

原野を取得して、その後、農地として造成する場合には、3条許可は不要です。

（4）誤　【4条（転用）】

農地が遊休地であったとしても、農地を駐車場に転用する場合には、**4条許可**を受ける必要があります。

解答…（2）

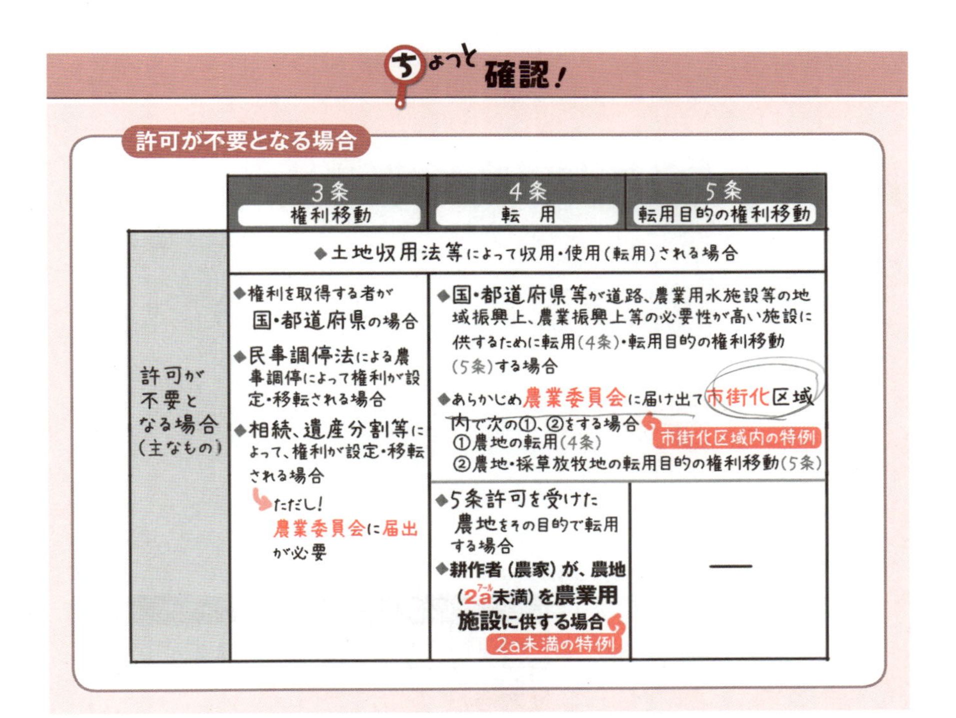

ちょっと確認！

許可が不要となる場合

	3条 権利移動	4条 転用	5条 転用目的の権利移動
許可が不要となる場合（主なもの）	◆土地収用法等によって収用・使用（転用）される場合	◆土地収用法等によって収用・使用（転用）される場合	◆土地収用法等によって収用・使用（転用）される場合
	◆権利を取得する者が国・都道府県の場合 ◆民事調停法による農事調停によって権利が設定・移転される場合 ◆相続、遺産分割等によって、権利が設定・移転される場合 ただし！農業委員会に届出が必要	◆国・都道府県等が道路、農業用水施設等の地域振興上、農業振興上等の必要性が高い施設に供するために転用（4条）・転用目的の権利移動（5条）する場合 ◆あらかじめ農業委員会に届け出て市街化区域内で次の①、②をする場合（市街化区域内の特例） ①農地の転用（4条） ②農地・採草放牧地の転用目的の権利移動（5条）	◆国・都道府県等が道路、農業用水施設等の地域振興上、農業振興上等の必要性が高い施設に供するために転用（4条）・転用目的の権利移動（5条）する場合 ◆あらかじめ農業委員会に届け出て市街化区域内で次の①、②をする場合（市街化区域内の特例） ①農地の転用（4条） ②農地・採草放牧地の転用目的の権利移動（5条）
		◆5条許可を受けた農地をその目的で転用する場合 ◆耕作者（農家）が、農地（2a（アール）未満）を農業用施設に供する場合（2a未満の特例）	—

農地法

→教科書 CHAPTER03 SECTION04

問題44 農地に関する次の記述のうち、農地法(以下この問において「法」という。)の規定によれば、正しいものはどれか。 [R1問21]

(1) 耕作目的で原野を農地に転用しようとする場合、法第4条第1項の許可は不要である。

(2) 金融機関からの資金借入れのために農地に抵当権を設定する場合、法第3条第1項の許可が必要である。

(3) 市街化区域内の農地を自家用駐車場に転用する場合、法第4条第1項の許可が必要である。

(4) 砂利採取法による認可を受けた採取計画に従って砂利採取のために農地を一時的に貸し付ける場合、法第5条第1項の許可は不要である。

	①	②	③	④	⑤
学習日	9/5	9/12			
理解度 (○/△/×)					

解説

（1）正　【4条許可】

4条許可は、農地を**農地以外に転用**するさいに必要になるものです。したがって、原野を農地に転用しようとする場合は、4条許可を受ける必要はありません。

（2）誤　【3条許可】

抵当権の設定は、権利移転に該当しないため、3条許可を受ける必要はありません。

（3）誤　【4条許可】

市街化区域内の農地を転用する場合、あらかじめ農業委員会に届出をすれば、4条許可を受ける必要はありません。

これはどう？　H17－問25②

市街化区域内の農地を耕作の目的に供するために取得する場合は、あらかじめ農業委員会に届け出れば、農地法第3条第1項の許可を受ける必要はない。

× 市街化区域内の特例は、権利移動（3条）には適用されません。

（4）誤　【5条許可】

砂利を採取するための農地の貸付けは転用目的の権利移動となります。たとえ一時的だとしても、5条許可を受ける必要があります。

解答…（1）

農地法

→教科書 CHAPTER03 SECTION04

問題45　農地法(以下この問において「法」という。)に関する次の記述のうち、正しいものはどれか。　［H21問22㉈］

(1) 土地区画整理法に基づく土地区画整理事業により道路を建設するために、農地を転用しようとする者は、法第4条第1項の許可を受けなければならない。

(2) 農業者が住宅の改築に必要な資金を銀行から借りるため、自己所有の農地に抵当権を設定する場合には、法第3条第1項の許可を受けなければならない。

(3) 市街化区域内において2ha（ヘクタール）の農地を住宅建設のために取得する者は、法第5条第1項の都道府県知事等の許可を受けなければならない。

(4) 都道府県知事等は、法第5条第1項の許可を要する農地取得について、その許可を受けずに農地の転用を行った者に対して、必要な限度において原状回復を命ずることができる。

	①	②	③	④	⑤
学習日	9/5	9/12			
理解度 (○/△/×)					

解説

（1）**誤**　【許可が不要となる場合】

農地を転用する場合には、原則として4条許可を受ける必要がありますが、土地区画整理法に基づく土地区画整理事業により道路を建設するために農地を転用しようとする場合には、例外として4条許可は不要となります。

（2）**誤**　【3条（権利移動）】

抵当権の設定は、権利移動に該当しないため、3条許可を受ける必要はありません。

（3）**誤**　【許可が不要となる場合】

本肢は、「農地を住宅建設のために取得する」場合であるため、転用目的の権利移動（5条）に該当しますが、市街化区域内にある農地や採草放牧地については、あらかじめ**農業委員会**に届出をすれば、5条許可は不要となります。

（4）**正**　【許可を受けなかった場合の処分】

都道府県知事等は、5条許可が必要な農地取得について、その許可を受けずに農地の転用を行った者に対して、必要な限度において原状回復を命ずることができます。

解答…（4）

ちょっと確認！

許可を受けなかった場合の効力等

		3条 権利移動	4条 転用	5条 転用目的の権利移動
許可なしの場合	効力	無効	―― ※原状回復や工事の停止等の命令がされることがある	無効
	罰則	3年以下の懲役または300万円以下の罰金		

農地法

→教科書 CHAPTER03 SECTION04

問題46 農地法(以下この問において「法」という。)に関する次の記述のうち、正しいものはどれか。 [H25問21㊌]

(1) 農地の賃貸借について法第3条第1項の許可を得て農地の引渡しを受けても、土地登記簿に登記をしなかった場合、その後、その農地について所有権を取得した第三者に対抗することができない。

(2) 雑種地を開墾し、現に畑として耕作されている土地であっても、土地登記簿上の地目が雑種地である限り、法の適用を受ける農地には当たらない。

(3) 国又は都道府県等が市街化調整区域内の農地(1ヘクタール)を取得して学校を建設する場合、都道府県知事等との協議が成立しても法第5条第1項の許可を受ける必要がある。

(4) 農業者が相続により取得した市街化調整区域内の農地を自己の住宅用地として転用する場合でも、法第4条第1項の許可を受ける必要がある。

	①	②	③	④	⑤
学習日	9/5	9/12			
理解度 (○/△/×)					

解説

(1) **誤** 【その他】

農地や採草放牧地の賃貸借については、登記がなくても**引渡し**があれば、賃借人は、その後、その農地の所有権を取得した第三者に、賃借権を対抗することができます。

(2) **誤** 【農地とは】

現況が農地(畑)であれば、登記簿上の地目が雑種地であっても、農地法の適用を受ける農地に該当します。

(3) **誤** 【許可があったとみなす場合】

国または都道府県等が農地を農地以外のものにするため、これらの土地について所有権を取得する場合は、都道府県知事等との協議が成立することをもって、5条許可があったものとみなされます。したがって、この場合には5条許可を受ける必要はありません。

(4) **正** 【許可が不要となる場合】

相続によって農地を取得した場合には、3条許可は不要ですが、本肢では、農地を住宅用地として転用するため、**4条許可**を受ける必要があります。

解答…(4)

CH 03 法令上の制限

プラス1(ワン)

【許可があったとみなす場合】

4条(転用目的)

国または都道府県等が農地を農地以外のものに転用しようとする場合、都道府県知事等※との協議が成立することをもって、4条許可があったものとみなす

5条(転用目的の権利移動)

国または都道府県等が農地を農地以外のものにするため、または採草放牧地を採草放牧地以外のもの(農地を除く)にするため、当該土地を取得しようとする場合、都道府県知事等※との協議が成立することをもって、5条許可があったものとみなす

※ 都道府県知事、指定市町村の長

農地法

→教科書 CHAPTER03 SECTION04

問題47 農地法(以下この問において「法」という。)に関する次の記述のうち、正しいものはどれか。 [H23問22]

(1) 相続により農地を取得する場合は、法第3条第1項の許可を要しないが、遺産の分割により農地を取得する場合は、同項の許可を受ける必要がある。

(2) 競売により市街化調整区域内にある農地を取得する場合は、法第3条第1項又は法第5条第1項の許可を受ける必要はない。

(3) 農業者が、自らの養畜の事業のための畜舎を建設する目的で、市街化調整区域内にある150㎡の農地を購入する場合は、第5条第1項の許可を受ける必要がある。

(4) 市街化区域内にある農地を取得して住宅を建設する場合は、工事完了後遅滞なく農業委員会に届け出れば、法第5条第1項の許可を受ける必要はない。

	①	②	③	④	⑤
学習日	9/5	9/12			
理解度 (○/△/×)					

解説

(1) 誤 【許可が不要となる場合】

相続や遺産の分割によって農地を取得する場合には、3条許可は不要です。

これはどう? H22－問22①

農地を相続した場合、その相続人は、農地法第3条第1項の許可を受ける必要はないが、遅滞なく、農業委員会にその旨を届け出なければならない。

○ 農地や採草放牧地を相続や遺産の分割によって取得した場合には、3条許可は不要ですが、遅滞なく、その旨を農業委員会に届け出なければなりません。

Step Up H28－問22①

相続により農地を取得する場合は、農地法第3条第1項の許可を要しないが、相続人に該当しない者に対する特定遺贈により農地を取得する場合も、同項の許可を受ける必要はない。

× 相続、遺産分割等によって権利が設定・移転される場合には、3条許可は不要ですが、相続人に該当しない者に対する特定遺贈(相続財産のうち特定の財産を示して譲渡すること)の場合には3条許可が必要です。

(2) 誤 【許可が不要となる場合】

競売によって農地を取得する場合には、許可を受ける必要があります。

(3) 正 【許可が不要となる場合】

農業者が農業用施設を建築する目的で農地を転用する場合には、転用する面積が2a未満であれば4条許可は不要ですが、農業用施設を建築する目的で農地を購入する場合(転用目的の権利移動の場合)には、5条許可を受ける必要があります。

「2a未満の特例」は4条(転用)の場合のみ適用できる!

(4) 誤 【許可が不要となる場合】

許可が不要となるための農業委員会への届出は、「あらかじめ」行う必要があります。

解答…(3)

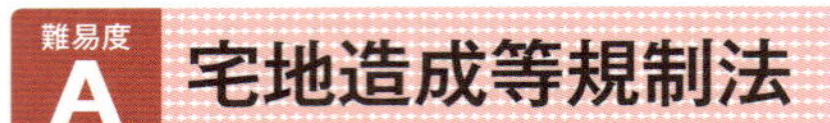

難易度A 宅地造成等規制法

→教科書 CHAPTER03 SECTION05

問題48 宅地造成等規制法に関する次の記述のうち、誤っているものはどれか。なお、この問における都道府県知事とは、地方自治法に基づく指定都市、中核市、施行時特例市にあってはその長をいうものとする。

［H20問22㊧］

(1) 宅地造成工事規制区域内において、森林を宅地にするために行う切土であって、高さ3mの崖を生ずることとなるものに関する工事を行う場合には、造成主は、都市計画法第29条第1項又は第2項の許可を受けて行われる当該許可の内容に適合した工事を除き、工事に着手する前に、都道府県知事の許可を受けなければならない。

(2) 宅地造成工事規制区域内の宅地において、高さが3mの擁壁の除却工事を行う場合には、宅地造成等規制法に基づく都道府県知事の許可が必要な場合を除き、あらかじめ都道府県知事に届け出なければならず、届出の期限は工事に着手する日の前日までとされている。

(3) 都道府県知事又はその命じた者若しくは委任した者は、宅地造成工事規制区域又は造成宅地防災区域の指定のため測量又は調査を行う必要がある場合においては、その必要の限度において、他人の占有する土地に立ち入ることができる。

(4) 都道府県知事は、造成宅地防災区域内の造成宅地について、宅地造成に伴う災害で、相当数の居住者その他の者に危害を生ずるものの防止のため必要があると認める場合は、その造成宅地の所有者のみならず、管理者や占有者に対しても、擁壁等の設置等の措置をとることを勧告することができる。

	①	②	③	④	⑤
学習日	9/12	9/13			
理解度 (○/△/×)					

解説

(1) **正** 【宅地造成とは】

宅地造成工事規制区域内において、宅地以外の土地(森林)を宅地にするために行う**切土**で、高さが**2m**を超える崖を生ずることとなる工事を行う場合には、工事に着手する前に**都道府県知事の許可**を受けなければなりません。

(2) **誤** 【工事等の届出】

宅地造成工事規制区域内の宅地において、一定の擁壁や排水施設等の除却工事を行おうとする者は、「工事に着手する日の前日まで」ではなく、「**工事に着手する日の14日前まで**」に、**都道府県知事に届け出**なければなりません。

(3) **正** 【その他】

都道府県知事等は、宅地造成工事規制区域または造成宅地防災区域の指定のため、測量または調査を行う必要がある場合においては、必要の限度において、他人の占有する土地に立ち入ることができます。

(4) **正** 【造成宅地の保全義務等】

都道府県知事は、造成宅地防災区域内の造成宅地において、災害の防止のため、必要があると認める場合には、宅地の**所有者**、**管理者**、**占有者**に対し、必要な措置(擁壁・排水施設等の設置や改造など)をとることを**勧告**することができます。

解答…(2)

ちょっと確認!

宅地造成とは

宅地以外の土地を宅地にするため、または、宅地において行う土地の形質の変更で、

以下のいずれか に該当するもの

❶ 切土で、切土部分に高さが 2 m超の崖を生ずるもの
❷ 盛土で、盛土部分に高さが 1 m超の崖を生ずるもの
❸ 切土&盛土の場合で、盛土部分に高さが1m以下の崖を生じ、かつ、切土&盛土部分に高さが 2 m超の崖を生ずるもの
❹ ❶〜❸以外で切土・盛土の面積が 500 ㎡超のもの

覚え方 人気のイモリが同時にメンコした
(人:2m超 気:切土 イ:1m超 モ:盛土 同時:切土&盛土 メ:2m超 ン:面積 コ:500㎡超)

難易度 A

宅地造成等規制法

→教科書 CHAPTER03 SECTION05

問題49 宅地造成等規制法に関する次の記述のうち、誤っているものはどれか。なお、この問において「都道府県知事」とは、地方自治法に基づく指定都市、中核市及び施行時特例市にあってはその長をいうものとする。

［H30問20］

(1) 宅地造成工事規制区域内において、過去に宅地造成に関する工事が行われ現在は造成主とは異なる者がその工事が行われた宅地を所有している場合、当該宅地の所有者は、宅地造成に伴う災害が生じないよう、その宅地を常時安全な状態に維持するように努めなければならない。

(2) 宅地造成工事規制区域内において行われる宅地造成に関する工事について許可をする都道府県知事は、当該許可に、工事の施行に伴う災害を防止するために必要な条件を付することができる。

(3) 宅地を宅地以外の土地にするために行う土地の形質の変更は、宅地造成に該当しない。

(4) 宅地造成工事規制区域内において、切土であって、当該切土をする土地の面積が400㎡で、かつ、高さ1mの崖を生ずることとなるものに関する工事を行う場合には、一定の場合を除き、都道府県知事の許可を受けなければならない。

	①	②	③	④	⑤
学習日	9/12	9/13			
理解度 (○/△/×)					

解説

（1）**正**　【宅地の保全義務】

宅地造成工事規制区域内の宅地の**所有者・管理者・占有者**は、宅地造成に伴う災害が生じないよう、その宅地を常時安全な状態に維持するように努めなければなりません。現在の所有者が造成主と異なる場合であっても、同様です。

（2）**正**　【宅地造成に関する工事の許可】

都道府県知事は、宅地造成に関する工事について許可をするときは、工事の施行に伴う災害を防止するために必要な条件を付することができます。

（3）**正**　【宅地造成とは】

「宅地以外の土地」を「宅地」にするために行う土地の形質の変更は宅地造成に該当しますが、「宅地」を「宅地以外の土地」にするために行う土地の形質の変更は、宅地造成に該当しません。

（4）**誤**　【切土】

宅地造成工事規制区域内において、切土であって、当該切土をする土地の面積が**500㎡**を超えるとき、または、当該切土をした土地の部分に高さ**2m**を超える崖を生ずることとなる場合には、都道府県知事の許可を受けなければなりません。

解答…（4）

難易度 A

宅地造成等規制法

→教科書 CHAPTER03 SECTION05

問題50 宅地造成等規制法に関する次の記述のうち、誤っているものはどれか。なお、この問における都道府県知事とは、地方自治法に基づく指定都市、中核市、施行時特例市にあってはその長をいうものとする。

［H22問20改］

(1) 宅地を宅地以外の土地にするために行う土地の形質の変更は、宅地造成に該当しない。

(2) 宅地造成工事規制区域内において行われる宅地造成に関する工事は、擁壁、排水施設の設置など、宅地造成に伴う災害を防止するため必要な措置が講ぜられたものでなければならない。

(3) 宅地造成工事規制区域内の宅地において、地表水等を排除するための排水施設の除却の工事を行おうとする者は、宅地造成に関する工事の許可を受けた場合を除き、工事に着手する日までに、その旨を都道府県知事に届け出なければならない。

(4) 宅地造成工事規制区域内の宅地の所有者、管理者又は占有者は、宅地造成に伴う災害が生じないよう、その宅地を常時安全な状態に維持するように努めなければならない。

	①	②	③	④	⑤
学習日	9/12	9/13			
理解度 (○/△/×)					

解説

（1）正　【宅地造成とは】

「宅地以外の土地」を「宅地」にするために行う土地の形質の変更は宅地造成に該当しますが、「宅地」を「宅地以外の土地」にするために行う土地の形質の変更は、宅地造成に該当しません。

（2）正　【技術的基準】

宅地造成工事規制区域内において行われる宅地造成に関する工事は、擁壁、排水施設の設置など、宅地造成に伴う災害を防止するため必要な措置が講ぜられたものでなければなりません。

（3）誤　【工事等の届出】

宅地造成工事規制区域内の宅地において、排水施設の除却の工事を行おうとする者は、「工事に着手する日まで」ではなく、「**工事に着手する日の14日前まで**」に、**都道府県知事に届け出**なければなりません。

（4）正　【宅地の保全義務】

宅地造成工事規制区域内の宅地の**所有**者、**管理**者、**占有**者は、宅地造成に伴う災害が生じないよう、その宅地を常時安全な状態に維持するように努めなければなりません。

解答…(3)

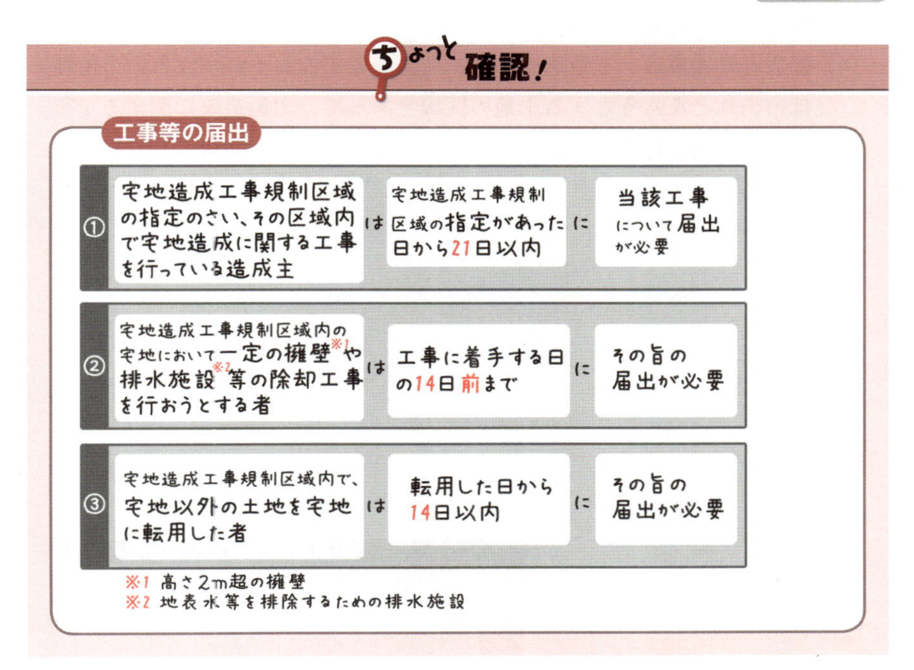

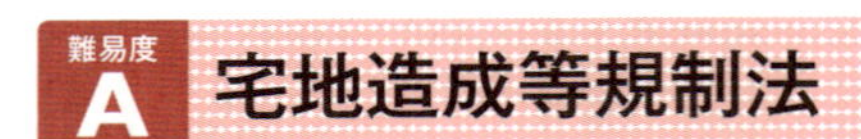

宅地造成等規制法

難易度 A　→教科書 CHAPTER03 SECTION05

問題51　宅地造成等規制法に関する次の記述のうち、正しいものはどれか。なお、この問において「都道府県知事」とは、地方自治法に基づく指定都市、中核市及び施行時特例市にあってはその長をいうものとする。

［R1問19］

(1) 宅地造成工事規制区域外において行われる宅地造成に関する工事については、造成主は、工事に着手する日の14日前までに都道府県知事に届け出なければならない。

(2) 宅地造成工事規制区域内において行われる宅地造成に関する工事の許可を受けた者は、国土交通省令で定める軽微な変更を除き、当該許可に係る工事の計画の変更をしようとするときは、遅滞なくその旨を都道府県知事に届け出なければならない。

(3) 宅地造成工事規制区域の指定の際に、当該宅地造成工事規制区域内において宅地造成工事を行っている者は、当該工事について都道府県知事の許可を受ける必要はない。

(4) 都道府県知事は、宅地造成に伴い災害が生ずるおそれが大きい市街地又は市街地となろうとする土地の区域であって、宅地造成に関する工事について規制を行う必要があるものを、造成宅地防災区域として指定することができる。

	①	②	③	④	⑤
学習日	9/12	9/13			
理解度（○/△/×）					

解説

(1) 誤　　【工事等の届出】

宅地造成工事規制区域外で行う工事については都道府県知事に届出の必要はありません。

工事に着手する14日前までに都道府県知事に届出が必要になるのは、宅地造成工事規制区域内で擁壁等に関する工事をするとき！

(2) 誤　　【宅地造成工事の計画の変更】

宅地造成に関する工事の許可を受けた者は、その許可を受けた工事の計画を変更しようとするときには、原則として、**都道府県知事の許可**が必要です。ただし、軽微な変更については**変更の届出**ですみます。

? これはどう？　R2（10月）－問19④

宅地造成に関する工事の許可を受けた者が、工事施行者を変更する場合には、遅滞なくその旨を都道府県知事に届け出ればよく、改めて許可を受ける必要はない。

○　宅地造成に関する工事の許可を受けた者は、その許可を受けた工事の計画を変更するときには、原則として、都道府県知事の許可が必要となりますが、造成主や設計者、工事施行者の変更など、軽微な変更の場合には変更の届出ですみます。

(3) 正　　【工事等の届出】

宅地造成工事規制区域の指定のさい、その区域内で宅地造成工事を行っている者は、その工事について都道府県知事の許可を受ける必要はありません。

なお、指定のあった日から、**21日以内**に当該工事について都道府県知事に届出が必要です。

(4) 誤　　【宅地造成工事規制区域】

都道府県知事は、宅地造成等規制法の目的を達成するために必要があると認めるときは、関係市町村長の意見を聴いて、宅地造成に伴い災害が生ずるおそれが大きい市街地または市街地となろうとする土地の区域であって、宅地造成に関する工事について規制を行う必要があるものを、**宅地造成工事規制区域**として指定することができます。

解答…(3)

難易度 **B**

宅地造成等規制法

→教科書 CHAPTER03 SECTION05

問題52 宅地造成等規制法に関する次の記述のうち、誤っているものはどれか。なお、この問における都道府県知事とは、地方自治法に基づく指定都市、中核市、施行時特例市にあってはその長をいうものとする。

［H23問20㊎］

(1) 都道府県知事は、造成宅地防災区域について、擁壁等の設置又は改造その他宅地造成に伴う災害の防止のため必要な措置を講ずることにより当該区域の指定の事由がなくなったと認めるときは、その指定を解除するものとする。
(2) 都道府県知事は、偽りによって宅地造成工事規制区域内において行われる宅地造成に関する工事の許可を受けた者に対して、その許可を取り消すことができる。
(3) 宅地造成工事規制区域内で過去に宅地造成に関する工事が行われ、現在は造成主とは異なる者がその工事が行われた宅地を所有している場合において、当該宅地の所有者は宅地造成に伴う災害が生じないようその宅地を常時安全な状態に維持するよう努めなければならない。
(4) 宅地造成工事規制区域外において行われる宅地造成に関する工事については、造成主は、工事に着手する前に都道府県知事に届け出ればよい。

	①	②	③	④	⑤
学習日	9/12	9/13			
理解度 (○/△/×)					

解説

(1) **正**　【造成宅地防災区域】

造成宅地防災区域について、宅地造成に伴う災害の防止のため必要な措置を講ずることによって、当該区域の指定の事由がなくなったときは、その指定は解除されます。

(2) **正**　【その他】

都道府県知事は、偽りによって宅地造成に関する工事の許可を受けた者に対して、その許可を取り消すことができます。

(3) **正**　【宅地の保全義務】

宅地造成工事規制区域内の宅地の**所有**者、**管理**者、**占有**者は、宅地造成に伴う災害が生じないよう、その宅地を常時安全な状態に維持するように努めなければなりません。現在の所有者が造成主と異なる場合であっても、所有者はその宅地を常時安全な状態に維持するように努めなければなりません。

(4) **誤**　【工事等の届出】

宅地造成工事規制区域「外」において行われる宅地造成に関する工事については、許可も届出の義務もありません。

解答…(4)

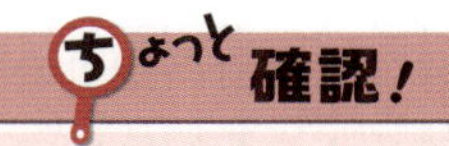

宅地の保全義務等

宅地の保全義務

宅地造成工事規制区域内の宅地の所有者、管理者、占有者は、宅地造成に伴う災害が生じないように、その宅地を常時安全な状態に維持するように努めなければならない

勧　告

都道府県知事は、宅地造成工事規制区域内の宅地について、宅地造成に伴う災害の防止のため必要があると認める場合には、宅地の所有者、管理者、占有者、造成主、工事施行者に対し、必要な措置をとることを勧告することができる

改善命令

都道府県知事は、宅地造成工事規制区域内の宅地で、宅地造成に伴う災害の防止のため必要な擁壁等が設置されておらず(または極めて不完全なために)、これを放置すると、宅地造成に伴う災害の発生のおそれが大きいと認められる場合には、宅地または擁壁等の所有者、管理者、占有者に対し、相当の期限を設けて、必要な工事を行うことを命ずることができる

→教科書 CHAPTER03 SECTION05

問題53 宅地造成等規制法に関する次の記述のうち、誤っているものはどれか。なお、この問における都道府県知事とは、地方自治法に基づく指定都市、中核市、施行時特例市にあってはその長をいうものとする。

［H25問19改］

(1) 宅地造成工事規制区域内において宅地造成に関する工事を行う場合、宅地造成に伴う災害を防止するために行う高さ4mの擁壁の設置に係る工事については、政令で定める資格を有する者の設計によらなければならない。

(2) 宅地造成工事規制区域内において行われる切土であって、当該切土をする土地の面積が600㎡で、かつ、高さ1.5mの崖を生ずることとなるものに関する工事については、都道府県知事の許可が必要である。

(3) 宅地造成工事規制区域内において行われる盛土であって、当該盛土をする土地の面積が300㎡で、かつ、高さ1.5mの崖を生ずることとなるものに関する工事については、都道府県知事の許可が必要である。

(4) 都道府県知事は、宅地造成工事規制区域内の宅地について、宅地造成に伴う災害の防止のため必要があると認める場合においては、その宅地の所有者、管理者、占有者、造成主又は工事施行者に対し、擁壁の設置等の措置をとることを勧告することができる。

	①	②	③	④	⑤
学習日	9/12	9/13			
理解度 (○/△/×)					

解説

(1) **誤** 【設計者の資格】

❶高さ5m超の擁壁の設置に係る工事や❷切土・盛土をする土地の面積が1,500㎡超の土地における排水施設の設置については、一定の資格(政令で定める資格)を有する者の設計によらなければなりませんが、本肢は「高さ4mの擁壁の設置に係る工事」なので、その必要はありません。

(2) **正** 【宅地造成とは】

面積が500㎡を超える切土または盛土については、都道府県知事の許可が必要です。

(3) **正** 【宅地造成とは】

盛土によって高さが1mを超える崖を生じる場合には、都道府県知事の許可が必要です。

覚え方 人気のイモリが同時にメンコした

人	気	イ	モリ	同時	メ	ン	コ
2m超	切土	1m超	盛土	切土&盛土	2m超	面積	500㎡超

(4) **正** 【宅地の保全義務】

都道府県知事は、宅地造成工事規制区域内の宅地について、宅地造成に伴う災害の防止のため必要があると認める場合には、宅地の**所有**者、**管理**者、**占有**者、**造成主**、**工事施行**者に対し、必要な措置をとることを勧告することができます。

解答…(1)

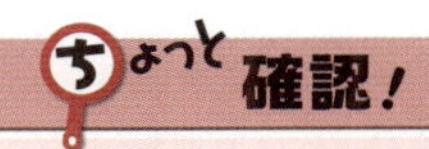

設計者の資格

以下の工事については、一定の資格を有する者が設計したものでなければならない

↓

❶ 高さが5mを超える擁壁の設置

❷ 切土・盛土をする土地の面積が1,500㎡超の土地における排水施設の設置

難易度 B

宅地造成等規制法

→教科書 CHAPTER03 SECTION05

問題54 宅地造成等規制法(以下この問において「法」という。)に関する次の記述のうち、誤っているものはどれか。 [H18問23改]

(1) 宅地造成工事規制区域内の宅地において、擁壁に関する工事を行おうとする者(法第8条第1項本文の工事の許可を受けた者等を除く。)は、工事に着手する日までに、その旨を都道府県知事に届け出なければならない。

(2) 宅地造成工事規制区域内において行われる法第8条第1項の許可に係る工事が完了した場合、許可を受けた者は、都道府県知事の検査を受けなければならない。

(3) 都道府県知事は、法第8条第1項の工事の許可の申請があった場合においては、遅滞なく、文書をもって許可又は不許可の処分を申請者に通知しなければならない。

(4) 都道府県知事は、宅地造成工事規制区域内の宅地について、宅地造成に伴う災害の防止のため必要があると認める場合においては、宅地の所有者に対し、擁壁の設置等の措置をとることを勧告することができる。

	①	②	③	④	⑤
学習日	9/12	9/13			
理解度 (○/△/×)					

解説

(1) **誤** 【工事等の届出】

宅地造成工事規制区域内の宅地において、擁壁に関する工事を行おうとする者は、「工事に着手する日まで」ではなく、「**工事に着手する日の14日前まで**」に、**都道府県知事**に**届け出**なければなりません。

(2) **正** 【工事完了の検査】

許可を受けた工事が完了した場合には、**都道府県知事の検査**を受けなければなりません。

Step Up

H17ー問24③

造成主は、宅地造成等規制法第8条第1項の許可を受けた宅地造成に関する工事を完了した場合、都道府県知事の検査を受けなければならないが、その前に建築物の建築を行おうとする場合、あらかじめ都道府県知事の同意を得なければならない。

× 許可を受けた工事が完了した場合には、都道府県知事の検査を受けなければなりませんが、「その前に建築物の建築を行おうとする場合、あらかじめ都道府県知事の同意を得なければならない」という規定はありません。

(3) **正** 【許可・不許可の処分】

工事の許可の申請があった場合、都道府県知事は、遅滞なく、**文書**によって許可または不許可の処分を申請者に通知しなければなりません。

(4) **正** 【宅地の保全義務】

都道府県知事は、宅地造成工事規制区域内の宅地について、宅地造成に伴う災害の防止のため必要があると認める場合には、宅地の**所有者**、**管理者**、**占有者**、**造成主**、**工事施行者**に対し、必要な措置(擁壁の設置等)をとることを勧告することができます。

解答…(1)

難易度 B

宅地造成等規制法

→教科書 CHAPTER03 SECTION05

問題55 宅地造成等規制法に関する次の記述のうち、誤っているものはどれか。なお、この問における都道府県知事とは、地方自治法に基づく指定都市、中核市、施行時特例市にあってはその長をいうものとする。

［H24問20改］

(1) 宅地造成工事規制区域内において行われる宅地造成に関する工事が完了した場合、造成主は、都道府県知事の検査を受けなければならない。
(2) 宅地造成工事規制区域内において行われる宅地造成に関する工事について許可をする都道府県知事は、当該許可に、工事の施行に伴う災害を防止するために必要な条件を付することができる。
(3) 都道府県知事は、宅地造成工事規制区域内における宅地の所有者、管理者又は占有者に対して、当該宅地又は当該宅地において行われている工事の状況について報告を求めることができる。
(4) 都道府県知事は、関係市町村長の意見を聴いて、宅地造成工事規制区域内で、宅地造成に伴う災害で相当数の居住者その他の者に危害を生ずるものの発生のおそれが大きい一団の造成宅地の区域であって一定の基準に該当するものを、造成宅地防災区域として指定することができる。

	①	②	③	④	⑤
学習日	9/12	9/13			
理解度 (○/△/×)					

解説

（1）**正**　【工事完了の検査】

許可を受けた工事が完了した場合には、**都道府県知事の検査**を受けなければなりません。

（2）**正**　【工事の許可】

都道府県知事は宅地造成に関する工事について許可をするときは、工事の施行に伴う災害を防止するために必要な条件を付することができます。

（3）**正**　【報告の徴取】

都道府県知事は、宅地造成工事規制区域内における宅地の所有者、管理者、占有者に対し、宅地または宅地において行われている工事の状況について、報告を求めることができます。

これはどう？　H29－問20②

都道府県知事は、宅地造成工事規制区域内の宅地において行われる工事の状況について、その工事が宅地造成に関する工事であるか否かにかかわらず、当該宅地の所有者、管理者又は占有者に対して報告を求めることができる。

○　そのとおりです。

（4）**誤**　【造成宅地防災区域】

造成宅地防災区域は、宅地造成工事規制区域**以外**の区域に指定されます。

解答…（4）

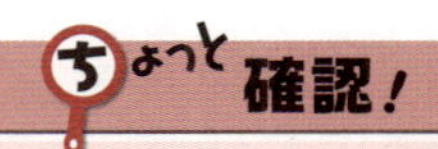

造成宅地防災区域の指定

都道府県知事は、必要があると認めるときは、関係市町村長の意見を聴いて、宅地造成に伴う災害で相当数の居住者その他の者に危害を生ずるものの発生のおそれが大きい一団の造成宅地の区域であって、一定の基準に該当するものを造成宅地防災区域として指定することができる

ポイント

☆ 造成宅地防災区域は、宅地造成工事規制区域**以外**の区域に指定される

難易度 B

土地区画整理法

→教科書 CHAPTER03 SECTION06

問題56 土地区画整理法に関する次の記述のうち、誤っているものはどれか。 ［H21問21］

(1) 土地区画整理事業の施行者は、換地処分を行う前において、換地計画に基づき換地処分を行うため必要がある場合においては、施行地区内の宅地について仮換地を指定することができる。

(2) 仮換地が指定された場合においては、従前の宅地について権原に基づき使用し、又は収益することができる者は、仮換地の指定の効力発生の日から換地処分の公告がある日まで、仮換地について、従前の宅地について有する権利の内容である使用又は収益と同じ使用又は収益をすることができる。

(3) 土地区画整理事業の施行者は、施行地区内の宅地について換地処分を行うため、換地計画を定めなければならない。この場合において、当該施行者が土地区画整理組合であるときは、その換地計画について都道府県知事及び市町村長の認可を受けなければならない。

(4) 換地処分の公告があった場合においては、換地計画において定められた換地は、その公告があった日の翌日から従前の宅地とみなされ、換地計画において換地を定めなかった従前の宅地について存する権利は、その公告があった日が終了した時において消滅する。

	①	②	③	④	⑤
学習日	9/13				
理解度 (○/△/×)					

解説

(1) **正** 【仮換地の指定】

施行者は、必要がある場合には、換地処分を行う前に仮換地(仮の換地)を指定することができます。

(2) **正** 【仮換地が指定された場合の効果】

仮換地が指定された場合、仮換地の指定の効力発生の日から換地処分の公告がある日まで、従前の宅地の所有者等は、仮換地について、従前の宅地と同様の使用・収益をすることができます。

(3) **誤** 【換地計画】

施行者が都道府県、国土交通大臣以外であるとき(個人施行者、**土地区画整理組合**、区画整理会社、市町村、都市再生機構等であるとき)には、換地計画について**都道府県知事の認可**を受けなければなりません(市町村長の認可は不要です)。

(4) **正** 【換地処分の効果】

換地計画において定められた換地は、**換地処分の公告があった日の翌日**から従前の宅地とみなされます。また、換地計画において換地を定めなかった従前の宅地について存する権利は、**換地処分の公告があった日が終了した時**に消滅します。

解答…(3)

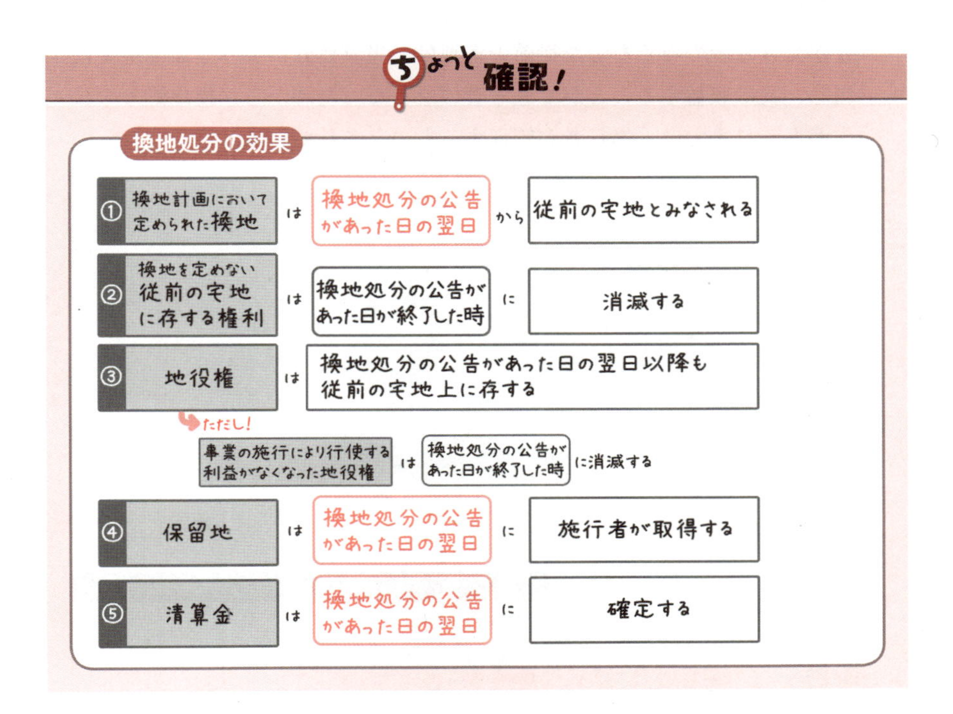

難易度 B

土地区画整理法

→教科書 CHAPTER03 SECTION06

問題57 土地区画整理法における仮換地指定に関する次の記述のうち、誤っているものはどれか。 ［H20問23］

(1) 土地区画整理事業の施行者である土地区画整理組合が、施行地区内の宅地について仮換地を指定する場合、あらかじめ、土地区画整理審議会の意見を聴かなければならない。

(2) 土地区画整理事業の施行者は、仮換地を指定した場合において、必要があると認めるときは、仮清算金を徴収し、又は交付することができる。

(3) 仮換地が指定された場合においては、従前の宅地について権原に基づき使用し、又は収益することができる者は、仮換地の指定の効力発生の日から換地処分の公告がある日まで、仮換地について、従前の宅地について有する権利の内容である使用又は収益と同じ使用又は収益をすることができる。

(4) 仮換地の指定を受けた場合、その処分により使用し、又は収益することができる者のなくなった従前の宅地は、当該処分により当該宅地を使用し、又は収益することができる者のなくなった時から、換地処分の公告がある日までは、施行者が管理するものとされている。

	①	②	③	④	⑤
学習日	9/13				
理解度 (○/△/×)					

解説

(1) **誤** 【仮換地を指定するさいに必要な手続】

土地区画整理事業の施行者である土地区画整理組合が、施行地区内の宅地について仮換地を指定する場合、あらかじめ**総会等の同意**が必要ですが、土地区画整理審議会の意見を聴く必要はありません。

土地区画整理審議会の意見を聴く必要があるのは、公的施行の場合（施行者が地方公共団体等の場合）だよ〜

(2) **正** 【仮清算金…参考編CH.03 3】

施行者は、仮換地を指定した場合、必要があると認めるときは、仮清算金を徴収し、または交付することができます。

(3) **正** 【仮換地が指定された場合の効果】

仮換地が指定された場合、仮換地の指定の効力発生の日から換地処分の公告がある日まで、従前の宅地の所有者等は、仮換地について、従前の宅地と同様の使用・収益をすることができます。

(4) **正** 【仮換地・その他】

仮換地の指定によって、使用・収益をすることができる者がいなくなった従前の宅地については、換地処分の公告がある日まで**施行者**が管理します。

解答…(1)

ちょっと確認！

仮換地を指定するさいに必要な手続

施行者	手続
個人施行者	従前の宅地の所有者や仮換地となるべき宅地の所有者等の同意が必要
土地区画整理組合	**総会等の同意が必要**
区画整理会社	施行地区内の宅地について所有権を有するすべての者および借地権を有するすべての者の各$\frac{2}{3}$以上の同意が必要
公的施行者（地方公共団体等）	土地区画整理審議会の意見を聴く

難易度 B

土地区画整理法

→教科書 CHAPTER03 SECTION06

問題58 土地区画整理法に関する次の記述のうち、誤っているものはどれか。なお、この問において「組合」とは、土地区画整理組合をいう。

［H29問21］

(1) 組合は、事業の完成により解散しようとする場合においては、都道府県知事の認可を受けなければならない。

(2) 施行地区内の宅地について組合員の有する所有権の全部又は一部を承継した者がある場合においては、その組合員がその所有権の全部又は一部について組合に対して有する権利義務は、その承継した者に移転する。

(3) 組合を設立しようとする者は、事業計画の決定に先立って組合を設立する必要があると認める場合においては、7人以上共同して、定款及び事業基本方針を定め、その組合の設立について都道府県知事の認可を受けることができる。

(4) 組合が施行する土地区画整理事業に係る施行地区内の宅地について借地権のみを有する者は、その組合の組合員とはならない。

	①	②	③	④	⑤
学習日	9/13				
理解度 (○/△/×)					

解説

(1) 正 【解散】

土地区画整理組合が、解散するさいに、**都道府県知事の認可**を受けなければならないのは以下の3つです。

❶ 総会の議決
❷ 定款で定めた解散事由の発生
❸ 事業の完成または完成の不能

(2) 正 【権利義務の移転】

組合員から施行地区内の宅地について所有権の全部または一部を承継した者は、その組合員が組合に対して有する権利義務を承継します。

(3) 正 【設立】

土地区画整理組合を設立しようとする者は、事業計画に先立って組合を設立する必要があると認める場合、**7人以上**で共同して、定款および事業基本方針を定め、組合の設立について都道府県知事の認可を受けることができます。

(4) 誤 【組合員】

土地区画整理組合が施行する土地区画整理事業において、施行地区内の宅地について所有権または借地権を有する者は、**すべてその組合の組合員**となります。

解答…(4)

?これはどう? R2 (10月)-問20②

土地区画整理組合の総会の会議は、定款に特別な定めがある場合を除くほか、組合員の半数以上が出席しなければ開くことができない。

○ そのとおりです。

難易度 **B**

土地区画整理法

問題59 土地区画整理法における土地区画整理組合に関する次の記述のうち、正しいものはどれか。 ［H19問24］

(1) 土地区画整理組合を設立しようとする者は、事業計画の決定に先立って組合を設立する必要があると認める場合においては、5人以上共同して、定款及び事業基本方針を定め、その組合の設立について都道府県知事の認可を受けることができる。

(2) 土地区画整理組合は、当該組合が行う土地区画整理事業に要する経費に充てるため、賦課金として参加組合員以外の組合員に対して金銭を賦課徴収することができるが、その場合、都道府県知事の認可を受けなければならない。

(3) 宅地について所有権又は借地権を有する者が設立する土地区画整理組合は、当該権利の目的である宅地を含む一定の区域の土地について土地区画整理事業を施行することができる。

(4) 土地区画整理組合の設立の認可の公告があった日から当該組合が行う土地区画整理事業に係る換地処分の公告がある日までは、施行地区内において、事業の施行の障害となるおそれがある土地の形質の変更や建築物の新築等を行おうとする者は、当該組合の許可を受けなければならない。

	①	②	③	④	⑤
学習日	9/13				
理解度 (○/△/×)					

解説

(1) 誤　【土地区画整理事業の施行者】

土地区画整理組合を設立しようとする者は**7人以上**で共同して、原則として、**定款および事業計画**を定め、その組合の設立について都道府県知事の認可を受けなければなりません。ただし、事業計画の決定に先立って組合を設立する必要があると認める場合には、「5人以上」ではなく、「7人以上」で共同して、**定款および事業基本方針**を定め、その組合の設立について都道府県知事の認可を受けることができます。

(2) 誤　【その他】

土地区画整理組合は、当該組合が行う土地区画整理事業に要する経費に充てるため、賦課金として参加組合員以外の組合員に対して金銭を賦課徴収することができます。しかし、その場合において都道府県知事の認可は不要です。

(3) 正　【土地区画整理事業の施行者】

宅地について所有権または借地権を有する者が設立する土地区画整理組合は、当該権利の目的である宅地を含む一定の区域の土地について土地区画整理事業を施行することができます。

(4) 誤　【建築行為等の制限】

土地区画整理組合の設立の認可の公告があった日から、換地処分の公告がある日までは、施行地区内において、事業の施行の障害となるおそれがある土地の形質の変更等を行おうとする者は、「当該組合」ではなく、「**都道府県知事等**」の許可が必要です。

解答…(3)

Step Up

R2（10月）ー問20④

土地区画整理組合の施行する土地区画整理事業に参加することを希望する者のうち、当該土地区画整理事業に参加するのに必要な資力及び信用を有する者であって定款で定められたものは、参加組合員として組合員となる。

× 施行区域内の宅地について、所有権または借地権を有する者のほか、独立行政法人都市再生機構等一定の者で、組合の施行する土地区画整理事業に参加することを希望し、定款に定められたものが参加組合員となります。「必要な資力及び信用を有する者」ではありません。

難易度 C

土地区画整理法

→教科書 CHAPTER03 SECTION06

問題60 土地区画整理法に関する次の記述のうち、正しいものはどれか。

［H25問20］

(1) 個人施行者は、規準又は規約に別段の定めがある場合においては、換地計画に係る区域の全部について土地区画整理事業の工事が完了する以前においても換地処分をすることができる。

(2) 換地処分は、施行者が換地計画において定められた関係事項を公告して行うものとする。

(3) 個人施行者は、換地計画において、保留地を定めようとする場合においては、土地区画整理審議会の同意を得なければならない。

(4) 個人施行者は、仮換地を指定しようとする場合においては、あらかじめ、その指定について、従前の宅地の所有者の同意を得なければならないが、仮換地となるべき宅地の所有者の同意を得る必要はない。

	①	②	③	④	⑤
学習日	4/13				
理解度 (○/△/×)					

解説

(1) 正　【換地処分の時期】

換地処分は、原則として換地計画に係る区域の全部について、**工事が完了した後**に、遅滞なく行うものですが、規準、規約、定款、施行規程に別段の定めがある場合は、工事の完了前でも換地処分を行うことができます。

これはどう?　H18−問24③

換地処分は、換地計画に係る区域の全部について土地区画整理事業の工事がすべて完了した後でなければすることができない。

× 規準等に別段の定めがある場合は、工事の完了前でも換地処分を行うことができます。

(2) 誤　【換地処分の通知】

換地処分は、施行者が関係権利者に対して、換地計画において定められた関係事項を「公告」ではなく、「通知」して行います。

(3) 誤　【換地計画に保留地を定める場合】

公的施行の場合には、換地計画に保留地を定めようとする場合には、土地区画整理審議会の同意が必要ですが、個人施行の場合には、土地区画整理審議会の同意は不要です。

(4) 誤　【仮換地を指定するさいに必要な手続】

個人施行者が仮換地を指定しようとする場合、**従前の宅地の所有者等および仮換地となるべき宅地の所有者等の同意**が必要です。

解答…(1)

ちょっと確認!

換地処分の時期

【原則】

換地処分は、換地計画に係る区域の全部について、工事が完了した後に、遅滞なく行う

【例外】

規準、規約、定款、施行規程に別段の定めがある場合は、工事の完了前でも換地処分を行うことができる

難易度 C

土地区画整理法

→教科書 CHAPTER03 SECTION06

問題61　土地区画整理法における土地区画整理組合に関する次の記述のうち、誤っているものはどれか。　［H24問21］

(1) 土地区画整理組合は、総会の議決により解散しようとする場合において、その解散について、認可権者の認可を受けなければならない。

(2) 土地区画整理組合は、土地区画整理事業について都市計画に定められた施行区域外において、土地区画整理事業を施行することはできない。

(3) 土地区画整理組合が施行する土地区画整理事業の換地計画においては、土地区画整理事業の施行の費用に充てるため、一定の土地を換地として定めないで、その土地を保留地として定めることができる。

(4) 土地区画整理組合が施行する土地区画整理事業に係る施行地区内の宅地について所有権又は借地権を有する者は、すべてその組合の組合員とする。

	①	②	③	④	⑤
学習日	4/13				
理解度 (○/△/×)					

解説

(1) 正 【土地区画整理組合の解散】

土地区画整理組合は、総会の議決により解散しようとする場合において、その**解散**について、**認可権者(都道府県知事)の認可**を受けなければなりません。

(2) 誤 【土地区画整理事業の施行者】

土地区画整理組合は、土地区画整理事業について都市計画に定められた**施行区域外**でも土地区画整理事業を施行することができます。

(3) 正 【保留地】

土地区画整理組合が施行する土地区画整理事業の換地計画において、土地区画整理事業の施行の費用に充てるため、一定の土地を換地として定めないで、保留地として定めることができます。

(4) 正 【土地区画整理事業の施行者】

土地区画整理組合が施行する土地区画整理事業において、施行地区内の宅地について所有権または借地権を有する者は、**すべてその組合の組合員となります。**

解答…(2)

?これはどう? H17－問23③

換地処分の公告があった場合においては、換地計画において定められた換地は、その公告があった日の翌日から従前の宅地とみなされるため、従前の宅地について存した抵当権は、換地の上に存続する。

○ そのとおりです。

?これはどう? H15－問22②

施行地区内の宅地について存する地役権は、行使する利益がなくなった場合を除き、換地処分に係る公告があった日の翌日以後においても、なお従前の宅地の上に存する。

○ そのとおりです。

難易度 B

その他の法令上の制限

→教科書 CHAPTER03 SECTION07

問題62 次の記述のうち、正しいものはどれか。 ［H15問25］

(1) 地すべり等防止法によれば、ぼた山崩壊防止区域内において、土石の採取を行おうとする者は、原則として都道府県知事の許可を受けなければならない。

(2) 港湾法によれば、港湾区域内において、港湾の開発に著しく支障を与えるおそれのある一定の行為をしようとする者は、原則として国土交通大臣の許可を受けなければならない。

(3) 文化財保護法によれば、史跡名勝天然記念物の保存に重大な影響を及ぼす行為をしようとする者は、原則として市町村長の許可を受けなければならない。

(4) 自然公園法によれば、環境大臣が締結した風景地保護協定は、当該協定の公告がなされた後に当該協定の区域内の土地の所有者となった者に対しては、その効力は及ばない。

	①	②	③	④	⑤
学習日					
理解度 (○/△/×)					

解説

（1）**正**　【地すべり等防止法】

地すべり等防止法によれば、ぼた山崩壊防止区域内において、土石の採取を行おうとする者は、原則として**都道府県知事**の**許可**を受けなければなりません。

（2）**誤**　【港湾法】

港湾法によれば、港湾区域内において、港湾の開発に著しく支障を与えるおそれのある一定の行為をしようとする者は、原則として「国土交通大臣」ではなく、「**港湾管理者**」の許可を受けなければなりません。

（3）**誤**　【文化財保護法】

文化財保護法によれば、史跡名勝天然記念物の保存に重大な影響を及ぼす行為をしようとする者は、原則として「市町村長」ではなく「**文化庁長官**」の許可を受けなければならない。

「文化財」って大切なものだから、市町村長レベルの許可ではダメ〜

（4）**誤**　【自然公園法】

風景地保護協定の公告がなされた後に当該協定の区域内の土地の所有者となった者に対しても、その効力は及びます。

解答…(1)

ちょっと確認！

その他の法令上の制限①

法律	許可権者等
自然公園法	国立公園…普通地域以外は環境大臣の**許可** 普通地域は環境大臣への**届出** 国定公園…普通地域以外は都道府県知事の**許可** 普通地域は都道府県知事への**届出**
文化財保護法	**文化庁長官の許可**
都市緑地法	緑地保全地域…都道府県知事等への**届出** 特別緑地保全地区…都道府県知事等の**許可**
生産緑地法	市町村長の**許可**
地すべり等防止法	**都道府県知事の許可**
港湾法	**港湾管理者の許可**

難易度 **B**

その他の法令上の制限

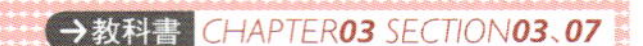

問題63 次の記述のうち、正しいものはどれか。 ［H25問22］

(1) 地すべり等防止法によれば、地すべり防止区域内において、地表水を放流し、又は停滞させる行為をしようとする者は、一定の場合を除き、市町村長の許可を受けなければならない。

(2) 国土利用計画法によれば、甲県が所有する都市計画区域内の7,000㎡の土地を甲県から買い受けた者は、事後届出を行う必要はない。

(3) 土壌汚染対策法によれば、形質変更時要届出区域内において土地の形質の変更をしようとする者は、非常災害のために必要な応急措置として行う行為であっても、都道府県知事に届け出なければならない。

(4) 河川法によれば、河川区域内の土地において工作物を新築し、改築し、又は除却しようとする者は、河川管理者と協議をしなければならない。

	①	②	③	④	⑤
学習日					
理解度 (○/△/×)					

解説

(1) **誤**　【地すべり等防止法】

地すべり等防止法によれば、地すべり防止区域内において、地表水を放流し、または停滞させる行為をしようとする者は、一定の場合を除き、「市町村長」ではなく「**都道府県知事**」の許可を受けなければなりません。

(2) **正**　【国土利用計画法】

当事者の一方が国や地方公共団体である場合には、事後届出は不要です。

(3) **誤**　【土壌汚染対策法】

形質変更時要届出区域内において土地の形質の変更をしようとする者は、原則として、それに着手する日の14日前までに、一定事項を都道府県知事に届け出なければなりませんが、非常災害のために必要な応急措置として行う行為や通常の管理行為、軽易な行為等で一定のものなどについては、届出は不要です。

(4) **誤**　【河川法】

河川法によれば、河川区域内の土地において工作物を新築・改築・除却しようとする者は、「河川管理者と協議」ではなく、「**河川管理者の許可**」が必要です。

解答…(2)

ちょっと確認！

その他の法令上の制限②

法　律	許可権者等
地すべり等防止法	**都道府県知事の許可**
急傾斜地の崩壊による災害の防止に関する法律	都道府県知事の許可
土砂災害警戒区域等における土砂災害防止対策の推進に関する法律	都道府県知事の許可
森　林　法	都道府県知事の許可
土壌汚染対策法	要措置区域内…原則として土地の形質の変更は不可 **形質変更時要届出区域内…都道府県知事への届出**
道　路　法	道路管理者の許可
河　川　法	**河川管理者の許可**
海　岸　法	海岸管理者の許可

memo

CHAPTER 04

税・その他

本試験での出題数…下記　目標点…下記

「税金」は、学習量は多くないけど、種類が多いので
混乱することがあるかも…
出題される箇所はある程度決まっているので、
問題集を解いて慣れよう。
「景品表示法」や「土地・建物」は、
問題を解く→『教科書』で確認
の流れで知識を身につけよう！

	論　点	問題番号	『教科書』との対応
1	**不動産に関する税金** 【不動産取得税、登録免許税、印紙税、固定資産税、所得税】	問題1～問題14	CH.04 SEC.01
1	**不動産鑑定評価基準**	問題15～問題19	CH.04 SEC.02
1	**地価公示法**	問題20～問題23	CH.04 SEC.03
2	**住宅金融支援機構法** 登録講習修了者は免除項目	問題24～問題27	CH.04 SEC.04
2	**景品表示法** 登録講習修了者は免除項目	問題28～問題34	CH.04 SEC.05
2	**土地・建物** 登録講習修了者は免除項目	問題35～問題46	CH.04 SEC.06

【本試験での出題数と目標点】

1 について
本試験での出題数…3問　目標点…2点

2 について
本試験での出題数…5問　目標点…3点

難易度 A

不動産取得税

→教科書 CHAPTER04 SECTION01

問題1 不動産取得税に関する次の記述のうち、正しいものはどれか。

［H30問24］

(1) 不動産取得税は、不動産の取得があった日の翌日から起算して3月以内に当該不動産が所在する都道府県に申告納付しなければならない。

(2) 不動産取得税は不動産の取得に対して課される税であるので、家屋を改築したことにより当該家屋の価格が増加したとしても、新たな不動産の取得とはみなされないため、不動産取得税は課されない。

(3) 相続による不動産の取得については、不動産取得税は課されない。

(4) 一定の面積に満たない土地の取得については、不動産取得税は課されない。

	①	②	③	④	⑤
学習日					
理解度 (○/△/×)					

解説

(1) 誤　【不動産取得税の徴収・納期】

不動産取得税の徴収は、**普通徴収**の方法となります。また、納期は、**条例によって定める**こととされているため、各都道府県によって異なります。

これはどう?　H18－問28③

不動産取得税は、不動産の取得に対して、当該不動産の所在する都道府県が課する税であるが、その徴収は特別徴収の方法がとられている。

× 不動産取得税の徴収方法は普通徴収です。

(2) 誤　【不動産の取得とは】

家屋の改築をすることによって、当該**家屋の価格が増加した場合**には、当該改築が**家屋の取得とみなされる**ため、不動産取得税が課されることになります。

(3) 正　【相続による不動産の取得】

相続、法人の合併等によって不動産を取得した場合には、不動産取得税は課されません。

(4) 誤　【免税点】

不動産取得税の**課税標準となるべき金額**が、土地については**10万円未満**のときに課されなくなります。

解答…(3)

ちょっと確認!

免税点【不動産取得税】

土地		10万円未満
建物	新築・増改築	1戸につき23万円未満
	その他(中古住宅の売買など)	1戸につき12万円未満

難易度 B 不動産取得税

→教科書 CHAPTER04 SECTION01

問題2 不動産取得税に関する次の記述のうち、正しいものはどれか。

［H24問24改］

(1) 不動産取得税の課税標準となるべき額が、土地の取得にあっては10万円、家屋の取得のうち建築に係るものにあっては1戸につき23万円、その他のものにあっては1戸につき12万円に満たない場合においては、不動産取得税が課されない。

(2) 令和4年4月に取得した床面積250㎡である新築住宅に係る不動産取得税の課税標準の算定については、当該新築住宅の価格から1,200万円が控除される。

(3) 宅地の取得に係る不動産取得税の課税標準は、当該取得が令和4年3月31日までに行われた場合、当該宅地の価格の4分の1の額とされる。

(4) 家屋が新築された日から2年を経過して、なお、当該家屋について最初の使用又は譲渡が行われない場合においては、当該家屋が新築された日から2年を経過した日において家屋の取得がなされたものとみなし、当該家屋の所有者を取得者とみなして、これに対して不動産取得税を課する。

	①	②	③	④	⑤
学習日					
理解度（○/△/×）					

解説

(1) 正　【免税点】

そのとおりです。

(2) 誤　【課税標準の特例】

新築住宅の課税標準の特例(一定の要件を満たした新築住宅を取得した場合、課税標準額から1,200万円を控除できるという特例)を適用できるのは、床面積が**50㎡以上240㎡以下**等の要件を満たした場合です。

(3) 誤　【課税標準の特例】

宅地を取得した場合の課税標準は、宅地の価格の**2分の1**となります。

(4) 誤　【不動産の取得とみなされるもの】

家屋が新築された日から**6カ月**(宅建業者等が売り渡す住宅は1年)を経過しても、使用または譲渡が行われない場合は、当該家屋が新築された日から**6カ月**(宅建業者等が売り渡す住宅は1年)を経過した日において家屋の取得がなされたものとみなします。

解答…(1)

ちょっと確認!

課税標準の特例【不動産取得税】

宅地の課税標準の特例

→課税標準額が $\frac{1}{2}$ になる

新築住宅の課税標準の特例

→一定の要件を満たした新築住宅を取得した場合、課税標準額から1,200万円を控除できる

【主な要件】

☆ 床面積は50㎡(一戸建以外の賃貸住宅の場合は40㎡)以上240㎡以下

難易度 **B**

不動産取得税

問題3 不動産取得税に関する次の記述のうち、正しいものはどれか。

［H22問24］

(1) 生計を一にする親族から不動産を取得した場合、不動産取得税は課されない。
(2) 交換により不動産を取得した場合、不動産取得税は課されない。
(3) 法人が合併により不動産を取得した場合、不動産取得税は課されない。
(4) 販売用に中古住宅を取得した場合、不動産取得税は課されない。

	①	②	③	④	⑤
学習日					
理解度 (○/△/×)					

解説

（1）誤　【課税客体】

生計を一にする親族から不動産を取得した場合でも、不動産取得税が課されます。

（2）誤　【課税客体】

交換により不動産を取得した場合でも、不動産取得税が課されます。

（3）正　【非課税】

法人の合併で不動産を取得した場合には、不動産取得税は課されません。

（4）誤　【課税客体】

販売用に中古住宅を取得した場合でも、不動産取得税が課されます。

解答…(3)

ちょっと確認！

非課税【不動産取得税】

☆ 取得者が国・地方公共団体等であるとき

☆ 相続、法人の合併等によって不動産を取得したとき

難易度 **B**

不動産取得税

→教科書 CHAPTER04 SECTION01

問題4　不動産取得税に関する次の記述のうち、正しいものはどれか。

［R2（10月）問24改］

(1) 令和4年4月に個人が取得した住宅及び住宅用地に係る不動産取得税の税率は3%であるが、住宅用以外の土地に係る不動産取得税の税率は4%である。

(2) 一定の面積に満たない土地の取得に対しては、狭小な不動産の取得者に対する税負担の排除の観点から、不動産取得税を課することができない。

(3) 不動産取得税は、不動産の取得に対して課される税であるので、家屋を改築したことにより、当該家屋の価格が増加したとしても、不動産取得税は課されない。

(4) 共有物の分割による不動産の取得については、当該不動産の取得者の分割前の当該共有物に係る持分の割合を超えない部分の取得であれば、不動産取得税は課されない。

	①	②	③	④	⑤
学習日					
理解度（○/△/×）					

解説

(1) 誤　【不動産取得税の税率】

令和6年3月31日までに取得した住宅および「土地」については、不動産取得税の税率は3%となりますが、住宅以外の「建物」については4%となります。

(2) 誤　【免税点】

不動産取得税の**課税標準となるべき金額**が、土地については**10万円未満**のときには課されなくなります。

(3) 誤　【不動産の取得とは】

家屋の改築をすることによって、当該**家屋の価格が増加した場合**には、当該改築が**家屋の取得とみなされる**ため、免税点(23万円)を超えたときは、不動産取得税が課されることになります。

(4) 正　【共有物の分割による不動産の取得】

共有物の分割によって不動産を取得した場合、不動産取得税は課税されません(ただし、当該不動産の取得者の分割前の持分を上回る部分の取得は除きます)。

解答…(4)

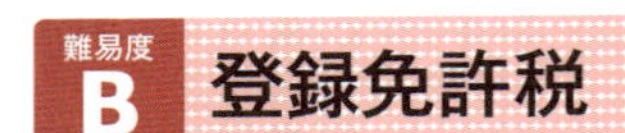

難易度B 登録免許税

→教科書 CHAPTER04 SECTION01

問題5 住宅用家屋の所有権の移転登記に係る登録免許税の税率の軽減措置(以下この問において「軽減措置」という。)に関する次の記述のうち、正しいものはどれか。

［H21問23］

(1) 軽減措置の適用対象となる住宅用家屋は、床面積が100㎡以上で、その住宅用家屋を取得した個人の居住の用に供されるものに限られる。

(2) 軽減措置は、贈与により取得した住宅用家屋に係る所有権の移転登記には適用されない。

(3) 軽減措置に係る登録免許税の課税標準となる不動産の価額は、売買契約書に記載された住宅用家屋の実際の取引価格である。

(4) 軽減措置の適用を受けるためには、その住宅用家屋の取得後6か月以内に所有権の移転登記をしなければならない。

	①	②	③	④	⑤
学習日					
理解度(○/△/×)					

解説

（1）**誤**　【（一般）住宅用家屋の軽減税率の特例】

税率の軽減措置が適用されるのは、床面積が**50㎡以上**の住宅用家屋の場合です。

（2）**正**　【（一般）住宅用家屋の軽減税率の特例】

所有権の移転登記において軽減措置が適用されるのは、**売買または競落**による場合のみです。

（3）**誤**　【課税標準】

登録免許税の課税標準は、**固定資産課税台帳の登録価格**等です。

（4）**誤**　【（一般）住宅用家屋の軽減税率の特例】

軽減措置の適用を受けるためには、その住宅用家屋の取得後「6カ月以内」ではなく、「**1年以内**」に所有権の移転登記をしなければなりません。

解答…(2)

（一般）住宅用家屋の軽減税率の特例【登録免許税】

売買または競落の場合に限る（所有権移転登記）

	所有権保存登記 軽減税率：0.15%	所有権移転登記 軽減税率：0.3%	抵当権設定登記 軽減税率：0.1%
適用要件	☆自己居住用であること ☆個人が受ける登記であること ☆家屋の床面積が50㎡以上であること ☆新築または取得後1年以内に登記を受けること　など		
	新築住宅のみ適用可能	既存住宅の場合は、築20年以内（耐火建築物の場合は25年以内）または新耐震基準に適合しているものであること	

印紙税

→教科書 CHAPTER04 SECTION01

問題6 印紙税に関する次の記述のうち、正しいものはどれか。

［H25問23㊎］

(1) 土地譲渡契約書に課税される印紙税を納付するため当該契約書に印紙をはり付けた場合には、課税文書と印紙の彩紋とにかけて判明に消印しなければならないが、契約当事者の従業者の印章又は署名で消印しても、消印したことにはならない。

(2) 土地の売買契約書(記載金額2,000万円)を3通作成し、売主A、買主B及び媒介した宅地建物取引業者Cがそれぞれ1通ずつ保存する場合、Cが保存する契約書には、印紙税は課されない。

(3) 一の契約書に土地の譲渡契約(譲渡金額4,000万円)と建物の建築請負契約(請負金額5,000万円)をそれぞれ区分して記載した場合、印紙税の課税標準となる当該契約書の記載金額は、5,000万円である。

(4)「建物の電気工事に係る請負金額は2,200万円(うち消費税額及び地方消費税額が200万円)とする」旨を記載した工事請負契約書について、印紙税の課税標準となる当該契約書の記載金額は、2,200万円である。

	①	②	③	④	⑤
学習日					
理解度 (○/△/×)					

解説

（1）誤　【納付方法】

契約当事者の従業者の印章や署名で消印した場合でも、消印したことになります。

（2）誤　【課税客体】

課税文書について、それぞれに印紙税が課されます。したがって、Cが保存する契約書にも印紙税が課されます。

これはどう？　H16－問28①

後日、本契約書を作成することを文書上で明らかにした、土地を1億円で譲渡することを証した仮契約書には、印紙税は課されない。

× 仮契約書にも、印紙税が課されます。

（3）正　【記載金額】

同一の契約書に、土地の譲渡契約（売買契約）と建物の建築請負契約が記載されていた場合、原則として全体が**売買契約に係る文書**となりますが、金額が区分して記載されていた場合には、**高いほう**の金額が記載金額となります。本肢では、土地の譲渡金額4,000万円＜請負金額5,000万円なので、5,000万円が記載金額となります。

（4）誤　【記載金額】

契約書に消費税額が記載されている場合には、**消費税額は記載金額に含めません**。

解答…（3）

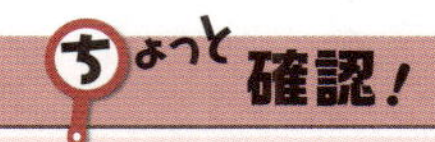

記載金額のポイント【印紙税】

☆ 一通の契約書に売買契約と請負契約の記載がある場合で、両方の金額が記載されている場合には、金額が高いほうが記載金額となる

☆ 契約書に、消費税額が区分記載されている場合には、消費税額は記載金額に含めない

CH04 税・その他

印紙税

→教科書 CHAPTER04 SECTION01

問題7 印紙税に関する次の記述のうち、正しいものはどれか。

［H21問24改］

(1)「×7年10月1日付建設工事請負契約書の契約金額3,000万円を5,000万円に増額する」旨を記載した変更契約書は、記載金額2,000万円の建設工事の請負に関する契約書として印紙税が課される。

(2)「時価3,000万円の土地を無償で譲渡する」旨を記載した贈与契約書は、記載金額3,000万円の不動産の譲渡に関する契約書として印紙税が課される。

(3) 土地の売却の代理を行ったA社が「A社は、売主Bの代理人として、土地代金5,000万円を受領した」旨を記載した領収書を作成した場合、当該領収書は、売主Bを納税義務者として印紙税が課される。

(4) 印紙をはり付けることにより印紙税を納付すべき契約書について、印紙税を納付せず、その事実が税務調査により判明した場合には、納付しなかった印紙税額と同額に相当する過怠税が徴収される。

	①	②	③	④	⑤
学習日					
理解度 (○/△/×)					

解説

(1) **正** 【記載金額】

記載金額を増加する変更契約書は、**増加した金額**(5,000万円－3,000万円＝2,000万円)が記載金額となります。

(2) **誤** 【記載金額】

贈与契約書については、「記載金額のない契約書」として印紙税**200円**が課されます。

(3) **誤** 【納税義務者】

印紙税の納税義務者は課税文書の作成者です。したがって、本肢ではA社が納税義務者となります。

(4) **誤** 【過怠税】

印紙税を納付しなかった場合の過怠税は、納付しなかった印紙税の額とその**2倍**に相当する金額の合計額(もともと納付しなければならなかった印紙税額の3倍)となります。

解答…(1)

ちょっと確認!

記載金額のポイント【印紙税】

契約書	記載金額
売買契約書	売買代金
交換契約書	対象物の双方の金額が記載されているとき→いずれか高いほう 交換差金のみが記載されているとき→その金額
贈与契約書	**「記載金額のない契約書」として200円の印紙税が課される**
土地の賃貸借契約書	契約に際して相手方に交付し、後日返還されることが予定されていない金額
変更契約書	【もとの契約書の契約金額と総額が変わらないとき】 →「記載金額のない契約書」として200円の印紙税が課される **【増額契約の場合】** **→増額部分のみが記載金額となる** 【減額契約の場合】 →「記載金額のない契約書」として200円の印紙税が課される

印紙税

→教科書 CHAPTER04 SECTION01

問題8 印紙税に関する次の記述のうち、正しいものはどれか。

［H20問27］

(1) 建物の賃貸借契約に際して敷金を受け取り、「敷金として20万円を領収し、当該敷金は賃借人が退去する際に全額返還する」旨を記載した敷金の領収証を作成した場合、印紙税は課税されない。

(2) 土地譲渡契約書に課税される印紙税を納付するため当該契約書に印紙をはり付けた場合には、課税文書と印紙の彩紋とにかけて判明に消印しなければならないが、契約当事者の代理人又は従業者の印章又は署名で消印しても、消印をしたことにはならない。

(3) 当初作成の「土地を1億円で譲渡する」旨を記載した土地譲渡契約書の契約金額を変更するために作成する契約書で、「当初の契約書の契約金額を2,000万円減額し、8,000万円とする」旨を記載した変更契約書は、契約金額を減額するものであることから、印紙税は課税されない。

(4) 国を売主、株式会社A社を買主とする土地の譲渡契約において、双方が署名押印して共同で土地譲渡契約書を2通作成し、国とA社がそれぞれ1通ずつ保存することとした場合、A社が保存する契約書には印紙税は課税されない。

	①	②	③	④	⑤
学習日					
理解度 (○/△/×)					

解説

(1) **誤** 【課税文書に該当するもの】

建物の賃貸借契約書であれば印紙税は非課税ですが、敷金の領収証には印紙税が課税されます。

(2) **誤** 【納付方法】

契約当事者の代理人または従業者の印章や署名で消印した場合でも、消印したことになります。

(3) **誤** 【記載金額】

記載金額を減少する変更契約書は、「記載金額のない契約書」として**200円**の印紙税が課されます。

? これはどう? H16－問28④

「甲土地を5,000万円、乙土地を4,000万円、丙建物を3,000万円で譲渡する」旨を記載した契約書を作成した場合、印紙税の課税標準となる当該契約書の記載金額は、9,000万円である。

× 売買契約書に記載された金額の合計が記載金額となるため、本肢の記載金額は1億2,000万円となります。

(4) **正** 【納税義務者】

印紙税は課税文書の作成者に納付義務があります。本肢において、国が保存する契約書はA社が作成したものとみなされるので、印紙税が課されますが、A社が保存する契約書は国が作成したものとみなされるので、印紙税は課されません。

解答…(4)

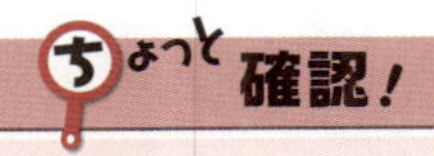

納税義務者と非課税【印紙税】

納税義務者

課税文書の作成者

非　課　税

国・地方公共団体等が作成する文書

→たとえば、個人と国等が共同で作成した文書の場合は、
個人が保存している文書(国等が作成したもの)は非課税となるが、
国等が保存している文書(個人が作成したもの)は課税される!

印紙税

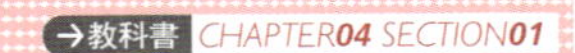

問題9 印紙税に関する次の記述のうち、正しいものはどれか。

［R2（10月）問23］

(1)「建物の電気工事に係る請負代金は1,100万円（うち消費税額及び地方消費税額100万円）とする」旨を記載した工事請負契約書について、印紙税の課税標準となる当該契約書の記載金額は1,100万円である。

(2)「Aの所有する土地（価額5,000万円）とBの所有する土地（価額4,000万円）とを交換する」旨の土地交換契約書を作成した場合、印紙税の課税標準となる当該契約書の記載金額は4,000万円である。

(3) 国を売主、株式会社Cを買主とする土地の売買契約において、共同で売買契約書を2通作成し、国とC社がそれぞれ1通ずつ保存することとした場合、C社が保存する契約書には印紙税は課されない。

(4)「契約期間は10年間、賃料は月額10万円、権利金の額は100万円とする」旨が記載された土地の賃貸借契約書は、記載金額1,300万円の土地の賃借権の設定に関する契約書として印紙税が課される。

	①	②	③	④	⑤
学習日					
理解度 (○/△/×)					

解説

(1) 誤　【記載金額(消費税額が記載されている場合)】

契約書に消費税額が記載されている場合には、**消費税額は記載金額に含めません**。

(2) 誤　【記載金額】

交換契約書で、対象物の双方の金額が記載されている場合には、金額の高いほう(本肢では5,000万円)が記載金額となります。

(3) 正　【国と国以外の者とが共同して作成した文書】

印紙税は課税文書の作成者に納付義務がありますが、国や地方公共団体等が作成する文書は非課税となります。そして、国と国以外の者とが共同して作成した文書については、国が保存する契約書はC社が作成したものとみなされるので、印紙税が課されますが、C社が保存する契約書は国が作成したものとみなされるので、印紙税は課されません。

(4) 誤　【記載金額】

土地の賃貸借契約書は、契約に際して相手方に交付し、後日返還されることが予定されていない金額(権利金など)が記載金額となります。地代や後日返還されることが予定されている保証金、敷金等は、契約金額とはなりません。

したがって本肢の記載金額は、100万円(権利金の額)となります。

ちなみに、建物の賃貸借契約書は、課税文書に該当しないよ～

? これはどう?　H18－問27④

給与所得者Gが自宅の土地建物を譲渡し、代金8,000万円を受け取った際に作成した領収書には、金銭の受取書として印紙税が課される。

× 営業に関しない領収書や、記載された金額が5**万円未満**の領収書には、印紙税は課されません。

解答…(3)

難易度 B 固定資産税

→教科書 CHAPTER04 SECTION01

問題10 固定資産税に関する次の記述のうち、正しいものはどれか。

［H27 問24改］

(1) 令和4年1月15日に新築された家屋に対する令和4年度分の固定資産税は、新築住宅に係る特例措置により税額の2分の1が減額される。

(2) 固定資産税の税率は、1.7%を超えることができない。

(3) 区分所有家屋の土地に対して課される固定資産税は、各区分所有者が連帯して納税義務を負う。

(4) 市町村は、財政上その他特別の必要がある場合を除き、当該市町村の区域内において同一の者が所有する土地に係る固定資産税の課税標準額が30万円未満の場合には課税できない。

	①	②	③	④	⑤
学習日					
理解度 (○/△/×)					

解説

（1）誤　【納税義務者】

固定資産税の納税義務者は、賦課期日（その年の1月1日）現在、固定資産課税台帳に所有者として登録されている者です。したがって、令和4年度の固定資産税は、令和4年1月1日現在、固定資産課税台帳に所有者として登録されている者が納税義務者となります。令和4年1月15日に新築された家屋の所有者は、令和5年度から納税義務者となります。

（2）誤　【税率】

固定資産税の標準税率は**1.4%**で、これをベースに、市町村で税率を決めることができます。

（3）誤　【区分所有家屋の土地に対して課される固定資産税】

区分所有家屋の土地に対して課される固定資産税については、全体の税額を各区分所有者の敷地の持分割合などによって按分した額が、各区分所有者が納付すべき税額となります。

（4）正　【免税点】

土地の場合、課税標準額が**30万円未満**の場合には、原則として、固定資産税はかかりません。

解答…(4)

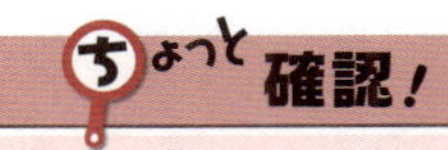

免税点【固定資産税】

土　地	30万円未満
家　屋	20万円未満
償却資産	150万円未満

固定資産税

→教科書 CHAPTER04 SECTION01

問題11　固定資産税に関する次の記述のうち、正しいものはどれか。

［H20問28］

(1) 固定資産の所有者の所在が震災、風水害、火災等によって不明である場合には、その使用者を所有者とみなして固定資産課税台帳に登録し、その者に固定資産税を課することができる。

(2) 市町村長は、一筆ごとの土地に対して課する固定資産税の課税標準となるべき額が、財政上その他特別の必要があるとして市町村の条例で定める場合を除き、30万円に満たない場合には、固定資産税を課することができない。

(3) 固定資産税の課税標準は、原則として固定資産の価格であるが、この価格とは「適正な時価」をいうものとされており、固定資産の価格の具体的な求め方については、都道府県知事が告示した固定資産評価基準に定められている。

(4) 市町村長は、毎年3月31日までに固定資産課税台帳を作成し、毎年4月1日から4月20日又は当該年度の最初の納期限の日のいずれか遅い日以後の日までの間、納税義務者の縦覧に供しなければならない。

	①	②	③	④	⑤
学習日					
理解度 (○/△/×)					

解説

(1) **正** 【納税義務者】

市町村は、災害等によって固定資産の所有者が不明の場合には、その**使用者**を所有者とみなして固定資産税を課すことができます。

(2) **誤** 【免税点】

一筆ごとの土地が免税点(**30万円**)未満であったとしても、同一市町村内に複数の土地を所有しており、その合計が免税点以上である場合には、固定資産税が課されます。

(3) **誤** 【固定資産の価格決定】

固定資産評価基準を告示するのは「都道府県知事」ではなく、「**総務大臣**」です。

(4) **誤** 【固定資産の価格決定】

毎年4月1日から4月20日または当該年度の最初の納期限の日のいずれか遅い日以後の日までの間、納税義務者の縦覧に供しなければならないのは、土地価格等縦覧帳簿と家屋価格等縦覧帳簿です。

解答…(1)

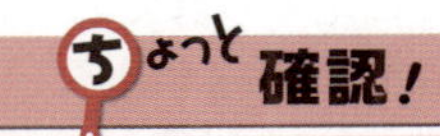

納税義務者のポイント【固定資産税】

納税義務者

賦課期日(1月1日)現在、固定資産課税台帳に所有者として登録されている者

ただし! 下記の場合 は以下の取扱いとなる

❶ 質権が設定されている土地の場合

→**質権者**が納税義務者となる

❷ 100年より永い存続期間の定めのある地上権が設定された土地の場合

→**地上権者**が納税義務者となる

❸ **災害等により所有者が不明な場合**

→市町村は賦課期日における使用者を所有者とみなして納税義務者にできる

❹ 市町村が相当な努力が払われたと認められる方法により探索を行ってもなお所有者の存在が不明な場合

→市町村はその**使用者**を所有者とみなして納税義務者にできる

難易度 A
固定資産税

→教科書 CHAPTER04 SECTION01

問題12 固定資産税に関する次の記述のうち、地方税法の規定によれば、正しいものはどれか。 〔R1問24〕

(1) 居住用超高層建築物(いわゆるタワーマンション)に対して課する固定資産税は、当該居住用超高層建築物に係る固定資産税額を、各専有部分の取引価格の当該居住用超高層建築物の全ての専有部分の取引価格の合計額に対する割合により按分した額を、各専有部分の所有者に対して課する。

(2) 住宅用地のうち、小規模住宅用地に対して課する固定資産税の課税標準は、当該小規模住宅用地に係る固定資産税の課税標準となるべき価格の3分の1の額とされている。

(3) 固定資産税の納期は、他の税目の納期と重複しないようにとの配慮から、4月、7月、12月、2月と定められており、市町村はこれと異なる納期を定めることはできない。

(4) 固定資産税は、固定資産の所有者に対して課されるが、質権又は100年より永い存続期間の定めのある地上権が設定されている土地については、所有者ではなくその質権者又は地上権者が固定資産税の納税義務者となる。

	①	②	③	④	⑤
学習日					
理解度 (○/△/×)					

解説

(1) 誤　【居住用超高層建築物の固定資産税】

居住用超高層建築物(いわゆるタワーマンション)に対して課される固定資産税は、当該建築物に係る固定資産税額を、専有部分の**床面積**の当該居住用超高層建築物の**全ての専有部分の床面積の合計**に対する割合により按分した額を各専有部分の所有者に対して課します。

なお、各階ごとの取引価格の動向を勘案するため、床面積に**補正率**がかけられます。中央階を1とすれば、低層階では割安に、高層階では割高になります。

(2) 誤　【小規模住宅用地の課税標準の特例】

小規模住宅用地(住宅1戸あたり200㎡までの部分)については、その価格の**6分の1**が課税標準となります。

なお、一般住宅用地については、その価格の**3分の1**が課税標準となります。

? これはどう?　H17－問28④

新築された住宅に対して課される固定資産税については、新たに課されることとなった年度から4年分に限り、$\frac{1}{2}$相当額を固定資産税額から減額される。

× 新築住宅で、一定の要件を満たしたときは、新築後5年間または3年間、120㎡までの部分について税額が2分の1に軽減されます。

(3) 誤　【固定資産税の納期】

固定資産税の納期は、4月・7月・12月・2月中で市町村の条例で定める日となっていますが、特別の事情がある場合には、これと異なる納期とすることができます。

(4) 正　【固定資産税の納税義務者】

固定資産税は、1月1日時点の所有者に対して課されますが、**質権者・地上権者**(100年より永い存続期間)がいる場合は、それらの者が納税義務者となります。

解答…(4)

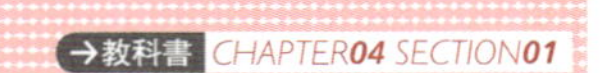

問題13 居住用財産を譲渡した場合における所得税の課税に関する次の記述のうち、正しいものはどれか。〔H15問26〕

(1) 譲渡した年の1月1日において所有期間が10年以下の居住用財産を譲渡した場合には、居住用財産の譲渡所得の特別控除を適用することはできない。

(2) 譲渡した年の1月1日において所有期間が10年を超える居住用財産を譲渡した場合において、居住用財産を譲渡した場合の軽減税率の特例を適用するときには、居住用財産の譲渡所得の特別控除を適用することはできない。

(3) 居住用財産を配偶者に譲渡した場合には、居住用財産の譲渡所得の特別控除を適用することはできない。

(4) 居住用財産の譲渡所得の特別控除の適用については、居住用財産をその譲渡する時において自己の居住の用に供している場合に限り適用することができる。

	①	②	③	④	⑤
学習日					
理解度 (○/△/×)					

解説

（1）誤　【居住用財産の3,000万円の特別控除】

「居住用財産の3,000万円の特別控除」は、**所有期間にかかわらず**適用することができます。

（2）誤　【特例の併用の可否】

「居住用財産の3,000万円の特別控除」と「軽減税率の特例」は**併用して適用**することができます。

（3）正　【居住用財産の3,000万円の特別控除】

「居住用財産の3,000万円の特別控除」は、配偶者や直系血族（子、孫など）等に譲渡した場合には適用することはできません。

（4）誤　【居住用財産の3,000万円の特別控除】

「居住用財産の3,000万円の特別控除」は、居住しなくなった日から**3年**を経過する日の属する年の12月31日までに譲渡した場合には適用することができます。

解答…(3)

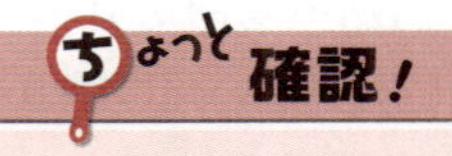

居住用財産の3,000万円の特別控除【所得税】

ポイント

☆ 譲渡した居住用財産の所有期間が短期でも長期でも利用できる

主な適用要件

☆ 居住用財産の譲渡であること

→ ・現在居住している家屋・その敷地
　 ・過去に居住していた家屋・その敷地（居住の用に供されなくなった日から3年を経過する日の属する年の12月31日までに譲渡されたものに限る）

☆ 配偶者、直系血族（父母、子など）、生計を一にしている親族等への譲渡ではないこと

☆ 前年、前々年にこの特例を受けていないこと

☆ 譲渡年、前年、前々年に居住用財産の買換えの特例等を受けていないこと

所得税

→教科書 CHAPTER04 SECTION01

問題14　令和4年中に、個人が居住用財産を譲渡した場合における譲渡所得の課税に関する次の記述のうち、正しいものはどれか。　［H24問23㉁］

(1) 令和4年1月1日において所有期間が10年以下の居住用財産については、居住用財産の譲渡所得の3,000万円特別控除（租税特別措置法第35条第1項）を適用することができない。

(2) 令和4年1月1日において所有期間が10年を超える居住用財産について、収用交換等の場合の譲渡所得等の5,000万円特別控除（租税特別措置法第33条の4第1項）の適用を受ける場合であっても、特別控除後の譲渡益について、居住用財産を譲渡した場合の軽減税率の特例（同法第31条の3第1項）を適用することができる。

(3) 令和4年1月1日において所有期間が10年を超える居住用財産について、その譲渡した時にその居住用財産を自己の居住の用に供していなければ、居住用財産を譲渡した場合の軽減税率の特例を適用することができない。

(4) 令和4年1月1日において所有期間が10年を超える居住用財産について、その者と生計を一にしていない孫に譲渡した場合には、居住用財産の譲渡所得の3,000万円特別控除を適用することができる。

	①	②	③	④	⑤
学習日					
理解度 (○/△/×)					

解説

(1) **誤** 【居住用財産の3,000万円の特別控除】

「居住用財産の3,000万円の特別控除」は、**所有期間にかかわらず**適用することができます。

(2) **正** 【特例の併用の可否】

「収用交換等の5,000万円の特別控除」と「軽減税率の特例」は**併用して適用**することができます。

「特別控除」と「軽減税率の特例」は併用できる、というのはよく出題されてるよ。

(3) **誤** 【居住用財産の軽減税率の特例】

「軽減税率の特例」は、居住しなくなった日から**3年**を経過する日の属する年の12月31日までに譲渡した場合には適用することができます。

(4) **誤** 【居住用財産の3,000万円の特別控除】

「居住用財産の3,000万円の特別控除」は、配偶者や直系血族(子、孫など)等に譲渡した場合には適用することはできません。

解答…(2)

税・その他 CH 04

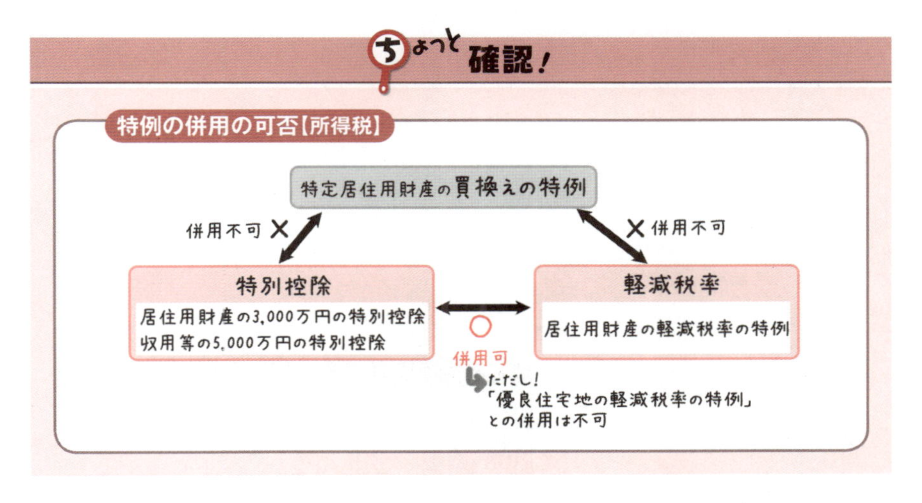

難易度 B

不動産鑑定評価基準

→教科書 CHAPTER04 SECTION02

問題15 不動産の鑑定評価に関する次の記述のうち、不動産鑑定評価基準によれば、誤っているものはどれか。 ［H24問25］

(1) 不動産の価格を形成する要因とは、不動産の効用及び相対的稀(き)少性並びに不動産に対する有効需要の三者に影響を与える要因をいう。不動産の鑑定評価を行うに当たっては、不動産の価格を形成する要因を明確に把握し、かつ、その推移及び動向並びに諸要因間の相互関係を十分に分析すること等が必要である。

(2) 不動産の鑑定評価における各手法の適用に当たって必要とされる事例は、鑑定評価の各手法に即応し、適切にして合理的な計画に基づき、豊富に秩序正しく収集、選択されるべきであり、例えば、投機的取引と認められる事例は用いることができない。

(3) 取引事例比較法においては、時点修正が可能である等の要件をすべて満たした取引事例について、近隣地域又は同一需給圏内の類似地域に存する不動産に係るもののうちから選択するものとするが、必要やむを得ない場合においては、近隣地域の周辺の地域に存する不動産に係るもののうちから選択することができる。

(4) 原価法における減価修正の方法としては、耐用年数に基づく方法と、観察減価法の二つの方法があるが、これらを併用することはできない。

	①	②	③	④	⑤
学習日					
理解度 (○/△/×)					

解説

(1) 正　【不動産鑑定評価基準】

不動産の鑑定評価を行うにあたっては、不動産の価格を形成する要因を明確に把握し、その推移、動向、諸要因間の相互関係を十分に分析すること等が必要です。

(2) 正　【不動産鑑定評価基準】

不動産の鑑定評価における各手法の適用にあたって必要とされる事例は、鑑定評価の各手法に即応し、適切にして合理的な計画にもとづき、豊富に秩序正しく収集、選択されるべきです。したがって、**投機的取引と認められる事例は用いることができません。**

(3) 正　【取引事例比較法】

取引事例比較法では、時点修正が可能である等の要件をすべて満たした取引事例について、近隣地域または同一需給圏内の類似地域に存する不動産に係るもののうちから選択するものとしますが、必要やむを得ない場合は、**近隣地域の周辺の地域に存する不動産に係るもののうちから選択することができます。**

(4) 誤　【不動産の鑑定評価方式】

原価法における減価修正の方法には、**耐用年数にもとづく方法**と**観察減価法**の2つの方法があり、**原則としてこの2つを併用**します。

解答…(4)

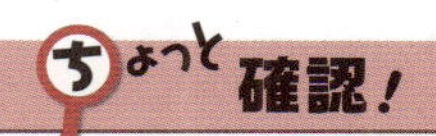

不動産の鑑定評価方式①

原価法…価格時点における対象不動産の再調達原価を求め、それに減価修正を加えて対象不動産の試算価格(積算価格)を求める方法

☆ 対象不動産が「建物」または「建物&その敷地」の場合で、再調達原価の把握、減価修正が適正にできるときに有効

→ただし、対象不動産が「土地」のみの場合でも、再調達原価を適切に求めることができれば、この方法を適用できる

☆ **減価修正を行う場合の「減価額」を求める方法には、耐用年数にもとづく方法と、観察減価法があり、原則として、この2つを併用する**

難易度 B

不動産鑑定評価基準

→教科書 CHAPTER04 SECTION02

問題16 不動産の鑑定評価に関する次の記述のうち、不動産鑑定評価基準によれば、誤っているものはどれか。 ［H22問25］

(1) 原価法は、求めた再調達原価について減価修正を行って対象物件の価格を求める手法であるが、建設費の把握が可能な建物のみに適用でき、土地には適用できない。

(2) 不動産の効用及び相対的稀少性並びに不動産に対する有効需要の三者に影響を与える要因を価格形成要因といい、一般的要因、地域要因及び個別的要因に分けられる。

(3) 正常価格とは、市場性を有する不動産について、現実の社会経済情勢の下で合理的と考えられる条件を満たす市場で形成されるであろう市場価値を表示する適正な価格をいう。

(4) 取引事例に係る取引が特殊な事情を含み、これが当該取引事例に係る価格等に影響を及ぼしているときは、適切に補正しなければならない。

	①	②	③	④	⑤
学習日					
理解度 (○/△/×)					

解説

(1) 誤　【不動産の鑑定評価方式】

再調達原価を適切に求めることができれば、土地についても原価法を適用することができます。

(2) 正　【不動産鑑定評価基準】

価格形成要因とは、不動産の価格を形成する要因をいい、**一般的要因**(経済的要因、社会的要因など、一般経済社会における不動産のあり方、不動産の価格水準に影響を与える要因)、**地域要因**(その地域に属する不動産の価格形成に影響を与える要因)、**個別的要因**(不動産に個別性を生じさせその価格を個別的に形成する要因)に分けられます。

(3) 正　【正常価格】

正常価格とは、**市場性を有する不動産**について、現実の社会経済情勢の下で合理的と考えられる条件を満たす市場で形成されるであろう市場価値を表示する適正な価格をいいます。

(4) 正　【不動産の鑑定評価方式】

取引事例に係る取引が特殊な事情を含み、これが取引事例に係る価格等に影響を及ぼしているときは、適切に補正しなければなりません。

解答…(1)

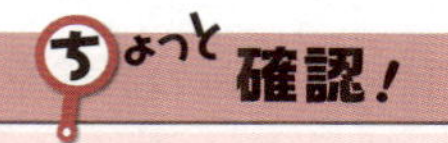

不動産の鑑定評価によって求める価格

正常価格【原則】	市場性を有する不動産について、現実の社会経済情勢の下で合理的と考えられる条件を満たす市場で形成されるであろう市場価値を表示する適正な価格
限定価格	市場性を有する不動産について、市場が相対的に限定される場合の価格
特定価格	市場性を有する不動産について、法令等による社会的要請を背景とする鑑定評価目的の下で、正常価格の前提となる諸条件を満たさないことにより正常価格と同一の市場概念の下において形成されるであろう市場価値と乖離することとなる場合における不動産の経済価値を適正に表示する価格
特殊価格	市場性を有しない不動産(文化財など)について、利用現況等を前提とした不動産の経済価値を適正に表示する価格

難易度 B

不動産鑑定評価基準

→教科書 CHAPTER04 SECTION02

問題17 不動産の鑑定評価に関する次の記述のうち、不動産鑑定評価基準によれば、正しいものはどれか。 ［H20問29改］

(1) 不動産の価格を求める鑑定評価の手法には、原価法と取引事例比較法の2つがある。

(2) 土地についての原価法の適用において、宅地造成直後と価格時点とを比べ、公共施設等の整備等による環境の変化が価格水準に影響を与えていると認められる場合には、地域要因の変化の程度に応じた増加額を熟成度として加算できる。

(3) 特殊価格とは、市場性を有する不動産について、法令等による社会的要請を背景とする評価目的の下で、正常価格の前提となる諸条件を満たさないことにより正常価格と同一の市場概念の下において形成されるであろう市場価値と乖離することとなる場合における不動産の経済価値を適正に表示する価格をいう。

(4) 収益還元法は、対象不動産が将来生み出すであろうと期待される純収益の現在価値の総和を求めることにより対象不動産の試算価格を求める手法であることから、賃貸用不動産の価格を求める場合に有効であり、自用の住宅地には適用すべきでない。

	①	②	③	④	⑤
学習日					
理解度 (○/△/×)					

解説

（1）誤 【不動産の鑑定評価方式】

不動産の価格を求める鑑定評価の手法には、**原価法、取引事例比較法、収益還元法**の３つがあり、鑑定評価にあたっては、**地域分析および個別分析により把握した対象不動産に係る市場の特性等を適切に反映した複数の手法を適用すべき**とされています。

（2）正 【その他】

土地についての原価法の適用において、宅地造成直後と価格時点とを比べ、公共施設等の整備等による環境の変化が価格水準に影響を与えていると認められる場合には、地域要因の変化の程度に応じた増加額を熟成度として加算できます。

（3）誤 【特殊価格】

特殊価格とは、**市場性を有しない不動産**（文化財など）について、利用現況等を前提とした不動産の経済価値を適正に表示する価格をいいます。本肢の内容は、**特定価格**の説明です。

（4）誤 【収益還元法】

収益還元法は、一般的に市場性を有しない不動産以外のものにはすべて適用すべきもので、自用の住宅地でも賃貸を想定することにより適用されます。

解答…（2）

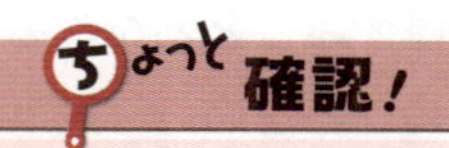

不動産の鑑定評価方式②

取引事例比較法

…似たような取引事例を参考にして、それに事情補正、時点修正を加えて対象不動産の試算価格（比準価格）を求める方法

☆ 取引事例は原則として近隣地域または同一需給圏内の類似地域に存在する不動産に係るもののうちから選択する（ただし、必要やむを得ない場合には、近隣地域の周辺の地域に存在する不動産に係るもののうちから選択できる）

収益還元法

…対象不動産が将来生み出すであろう純収益と最終的な売却価格から現在の対象不動産の試算価格（収益価格）を求める方法

☆ 一般的に市場性を有しない不動産以外のものには基本的にすべて適用すべきものである

難易度 **B**

不動産鑑定評価基準

→教科書 CHAPTER04 SECTION02

問題18 不動産の鑑定評価に関する次の記述のうち、不動産鑑定評価基準によれば、正しいものはどれか。 〔H30問25〕

(1) 不動産の価格は、その不動産の効用が最高度に発揮される可能性に最も富む使用を前提として把握される価格を標準として形成されるが、これを最有効使用の原則という。

(2) 収益還元法は、賃貸用不動産又は賃貸以外の事業の用に供する不動産の価格を求める場合に特に有効な手法であるが、事業の用に供さない自用の不動産の鑑定評価には適用すべきではない。

(3) 鑑定評価の基本的な手法は、原価法、取引事例比較法及び収益還元法に大別され、実際の鑑定評価に際しては、地域分析及び個別分析により把握した対象不動産に係る市場の特性等を適切に反映した手法をいずれか1つ選択して、適用すべきである。

(4) 限定価格とは、市場性を有する不動産について、法令等による社会的要請を背景とする鑑定評価目的の下で、正常価格の前提となる諸条件を満たさないことにより正常価格と同一の市場概念の下において形成されるであろう市場価値と乖離することとなる場合における不動産の経済価値を適正に表示する価格のことをいい、民事再生法に基づく鑑定評価目的の下で、早期売却を前提として求められる価格が例としてあげられる。

	①	②	③	④	⑤
学習日					
理解度 (○/△/×)					

解説

（1）**正**　【最有効使用の原則】

不動産の価格は、その不動産の効用が最高度に発揮される可能性に最も富む使用を前提として把握される価格を標準として形成され、これを**最有効使用の原則**といいます。

（2）**誤**　【収益還元法】

収益還元法は、一般的に市場性を有しない不動産以外のものには**基本的にすべて適用すべき**もので、自用の不動産であっても賃貸を想定することにより適用されます。

（3）**誤**　【鑑定評価の手法の適用】

不動産鑑定評価の基本的な手法は、原価法・取引事例比較法・収益還元法に大別されますが、地域分析および個別分析により把握した対象不動産に係る市場の特性等を適切に反映した**複数**の鑑定評価の手法を適用すべきとされています。

（4）**誤**　【限定価格】

限定価格とは、市場性を有する不動産について、不動産と取得する他の不動産との併合または不動産の一部を取得するさいの分割等に基づき正常価格と同一の市場概念の下において形成されるであろう**市場価値と乖離**することにより、**市場が相対的に限定**される場合における取得部分の当該市場限定に基づく市場価値を適正に表示する価格をいいます。

解答…（1）

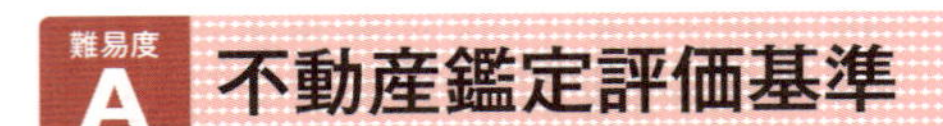

→教科書 CHAPTER04 SECTION02

問題19 不動産の鑑定評価に関する次の記述のうち、不動産鑑定評価基準によれば、正しいものはどれか。 ［H16問29］

(1) 不動産鑑定評価基準にいう「特定価格」とは、市場性を有する不動産について、法令等による社会的要請を背景とする評価目的の下、正常価格の前提となる諸条件を満たさない場合における不動産の経済価値を適正に表示する価格をいう。

(2) 鑑定評価は、対象不動産の現況を所与の条件としなければならず、依頼目的に応じて想定上の条件を付すことはできない。

(3) 鑑定評価に当たって必要とされる取引事例は、当該事例に係る取引の事情が正常なものでなければならず、特殊な事情の事例を補正して用いることはできない。

(4) 収益還元法は、対象不動産が将来生み出すであろうと期待される純収益の現在価値の総和を求めることにより対象不動産の試算価格を求める手法であるため、自用の住宅地には適用することはできない。

	①	②	③	④	⑤
学習日					
理解度 (○/△/×)					

解説

（1）正　　【特定価格】

そのとおりです。

（2）誤　　【不動産鑑定評価基準】

鑑定評価にあたって、依頼目的に応じて想定上の条件をつけることはできます。

（3）誤　　【不動産鑑定評価基準】

鑑定評価にあたって必要とされる取引事例は、当該事例に係る取引の事情が正常なものでなければなりませんが、特殊な事情を含んでいる事例でも、補正できれば用いることができます。

（4）誤　　【収益還元法】

収益還元法は、一般的に市場性を有しない不動産以外のものにはすべて適用すべきもので、自用の住宅地でも賃貸を想定することにより適用されます。

解答…（1）

これはどう?　R2（10月）－問25②

対象建築物に関する工事が完了していない場合でも、当該工事の完了を前提として鑑定評価を行うことがある。

○　建築に係る工事が完了していない建物について、当該工事の完了を前提として鑑定評価の対象とすることはあります。

難易度 A

地価公示法

→教科書 CHAPTER04 SECTION03

問題20 地価公示法に関する次の記述のうち、正しいものはどれか。

［H23問25］

(1) 公示区域とは、土地鑑定委員会が都市計画法第4条第2項に規定する都市計画区域内において定める区域である。

(2) 土地収用法その他の法律によって土地を収用することができる事業を行う者は、公示区域内の土地を当該事業の用に供するため取得する場合において、当該土地の取得価格を定めるときは、公示価格を規準としなければならない。

(3) 土地の取引を行う者は、取引の対象土地に類似する利用価値を有すると認められる標準地について公示された価格を指標として取引を行わなければならない。

(4) 土地鑑定委員会が標準地の単位面積当たりの正常な価格を判定したときは、当該価格については官報で公示する必要があるが、標準地及びその周辺の土地の利用の現況については官報で公示しなくてもよい。

	①	②	③	④	⑤
学習日					
理解度 (○/△/×)					

解説

(1) 誤　【公示区域】

公示区域とは、**都市計画区域およびその他の区域**で、土地取引が相当程度見込まれるものとして**国土交通省令**で定める区域をいいます。したがって、都市計画区域内に限定されるものではありません。

(2) 正　【公示価格の効力】

土地収用法その他の法律によって土地を収用することができる事業を行う者は、公示区域内の土地を当該事業の用に供するため取得する場合で、当該土地の取得価格を定めるときは、**公示価格を規準**としなければなりません。

(3) 誤　【土地の取引を行う者の責務】

土地の取引を行う者は、**公示価格を指標**として取引を行うように**努めなければなりません**(「行わなければならない」のではありません)。

(4) 誤　【正常な価格の公示】

土地鑑定委員会は、標準地の単位面積あたりの正常な価格を判定したら、すみやかに一定事項を官報で公示しなければなりません。

官報で公示しなければならない一定事項
❶ 標準地の所在の郡・市・区・町村、字、地番
❷ 標準地の単位面積あたりの**価格**、価格判定の基準日
❸ 標準地の地積、形状
❹ **標準地およびその周辺の土地の利用の現況**　など

解答…(2)

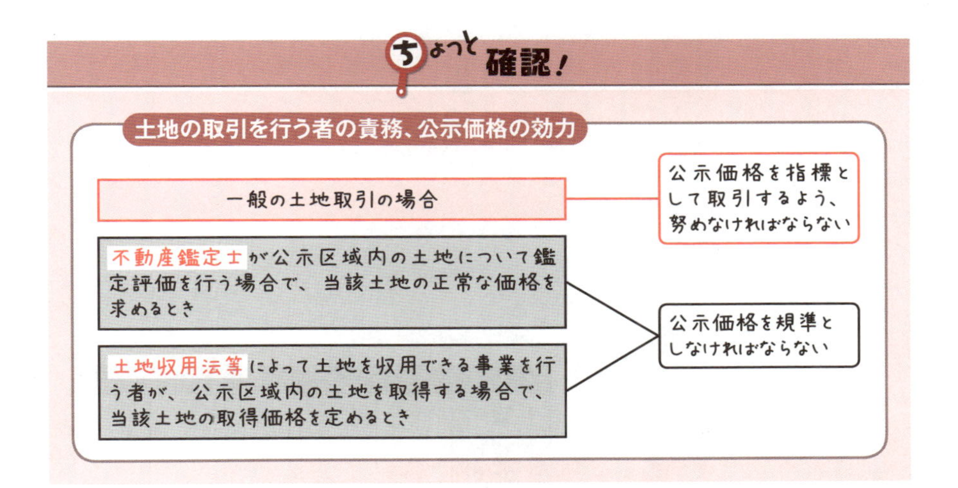

→教科書 CHAPTER04 SECTION03

問題21 地価公示法に関する次の記述のうち、正しいものはどれか。

［H21問25］

(1) 公示区域内の土地を対象とする鑑定評価においては、公示価格を規準とする必要があり、その際には、当該対象土地に最も近接する標準地との比較を行い、その結果に基づき、当該標準地の公示価格と当該対象土地の価格との間に均衡を保たせる必要がある。

(2) 標準地の鑑定評価は、近傍類地の取引価格から算定される推定の価格、近傍類地の地代等から算定される推定の価格及び同等の効用を有する土地の造成に要する推定の費用の額を勘案して行われる。

(3) 地価公示において判定を行う標準地の正常な価格とは、土地について、自由な取引が行われるとした場合において通常成立すると認められる価格をいい、当該土地に、当該土地の使用収益を制限する権利が存する場合には、これらの権利が存するものとして通常成立すると認められる価格をいう。

(4) 地価公示の標準地は、自然的及び社会的条件からみて類似の利用価値を有すると認められる地域において、土地の利用状況、環境等が最も優れていると認められる一団の土地について選定するものとする。

	①	②	③	④	⑤
学習日					
理解度 (○/△/×)					

解説

(1) 誤　【「公示価格を規準とする」とは】

不動産鑑定士が公示区域内の土地の鑑定評価をするさいには、公示価格を規準とする必要があります。そして、「公示価格を規準とする」とは、対象土地の価格を求めるさいに、「当該対象土地に最も近接する標準地との比較」ではなく、「**当該対象土地とこれに類似する利用価値を有すると認められる標準地との比較**」を行い、その結果にもとづいて、当該標準地の公示価格と当該対象土地の価格との間に均衡を保たせることをいいます。

(2) 正　【標準地の鑑定評価】

標準地の鑑定評価は、**❶近傍類地の取引価格から算定される推定の価格、❷近傍類地の地代等から算定される推定の価格、❸同等の効用を有する土地の造成に要する推定の費用の額**を勘案して行われます。

(3) 誤　【正常な価格の判定】

正常な価格とは、土地について自由な取引が行われるとした場合において通常成立すると認められる価格をいいます。そして、当該土地に、土地の使用収益を制限する権利が存する場合には、**これらの権利がないものとして**算定します。

これはどう？　H18−問29①

標準地の正常な価格は、土地鑑定委員会が毎年1回、2人以上の不動産鑑定士の鑑定評価を求め、その結果を審査し、必要な調整を行って判定し公示される。

○　そのとおりです。

(4) 誤　【標準地の選定】

地価公示の標準地は、自然的および社会的条件からみて類似の利用価値を有すると認められる地域において、土地の利用状況、環境等が通常と認められる一団の土地について選定します（「最も優れている」と認められる一団の土地について選定するのではありません）。

解答…(2)

難易度B 地価公示法

→教科書 CHAPTER04 SECTION03

問題22 地価公示法に関する次の記述のうち、正しいものはどれか。

［H26 問25］

(1) 土地鑑定委員会は、標準地の価格の総額を官報で公示する必要はない。

(2) 土地の使用収益を制限する権利が存する土地を標準地として選定することはできない。

(3) 不動産鑑定士が土地鑑定委員会の求めに応じて標準地の鑑定評価を行うに当たっては、標準地の鑑定評価額が前年の鑑定評価額と変わらない場合は、その旨を土地鑑定委員会に申告することにより、鑑定評価書の提出に代えることができる。

(4) 不動産鑑定士は、土地鑑定委員会の求めに応じて標準地の鑑定評価を行うに当たっては、近傍類地の取引価格から算定される推定の価格を基本とし、必要に応じて、近傍類地の地代等から算定される推定の価格及び同等の効用を有する土地の造成に要する推定の費用の額を勘案しなければならない。

	①	②	③	④	⑤
学習日					
理解度（○/△/×）					

解説

（1）正 【正常な価格の公示】

土地鑑定委員会は、標準地の単位面積あたりの正常な価格を公示する必要はありますが、標準地の価格の総額を公示する必要はありません。

（2）誤 【正常な価格の判定】

土地の使用収益を制限する権利が存する土地を標準地として選定することもできます。この場合において、正常な価格を判定するときには、それらの権利がないものとして成立すると認められる価格（更地価格）で判定します。

（3）誤 【鑑定評価書の提出】

このような規定はありません。

（4）誤 【標準地の鑑定評価】

不動産鑑定士は、鑑定評価を行うにあたって、**❶近傍類地の取引価格から算定される推定の価格、❷近傍類地の地代等から算定される推定の価格、❸同等の効用を有する土地の造成に要する推定の費用の額**の**3つ**を勘案しなければなりません。

本肢は「❶を基本とし、必要に応じて❷および❸を勘案しなければならない」といっているので誤りだよ。

解答…（1）

難易度 B

地価公示法

→教科書 CHAPTER04 SECTION03

問題23 地価公示法に関する次の記述のうち、正しいものはどれか。

［H29 問25］

(1) 土地鑑定委員会は、標準地の単位面積当たりの価格及び当該標準地の前回の公示価格からの変化率等一定の事項を官報により公示しなければならないとされている。

(2) 土地鑑定委員会は、公示区域内の標準地について、毎年2回、2人以上の不動産鑑定士の鑑定評価を求め、その結果を審査し、必要な調整を行って、一定の基準日における当該標準地の単位面積当たりの正常な価格を判定し、これを公示するものとされている。

(3) 標準地は、土地鑑定委員会が、自然的及び社会的条件からみて類似の利用価値を有すると認められる地域において、土地の利用状況、環境等が通常であると認められる一団の土地について選定するものとされている。

(4) 土地の取引を行なう者は、取引の対象となる土地が標準地である場合には、当該標準地について公示された価格により取引を行なう義務を有する。

	①	②	③	④	⑤
学習日					
理解度 (○/△/×)					

解説

(1) 誤 【公示事項】

土地鑑定委員会は、標準地の単位面積当たりの価格および価格判定の基準日、標準地の地積および形状など、一定の事項を官報により公示しなければなりませんが、**前回の公示価格からの変化率は公示しなければならないものではありません。**

(2) 誤 【鑑定評価】

土地鑑定委員会は、公示区域内の標準地について、**毎年1回、2人以上**の不動産鑑定士の鑑定評価を求め、その結果を審査し、必要な調整を行って、一定の基準日における当該標準地の単位面積当たりの正常な価格を判定し、これを公示するものとされています。

(3) 正 【標準地の選定】

標準地は、土地鑑定委員会が、自然的および社会的条件からみて類似の利用価値を有すると認められる地域において、土地の利用状況、環境等が通常であると認められる一団の土地について選定します。

(4) 誤 【土地の取引を行なう者の義務】

標準地の土地の取引を行う者は、**公示価格を指標**として取引を行なうよう努めなければならないという**努力義務**を負います。

解答…(3)

難易度 B

住宅金融支援機構法

登録講習修了者は免除項目

→教科書 CHAPTER04 SECTION04

問題24 独立行政法人住宅金融支援機構(以下この問において「機構」という。)に関する次の記述のうち、誤っているものはどれか。 [H20問46改]

(1) 機構は、民間金融機関により貸付けを受けた住宅ローン債務者の債務不履行により元利金を回収することができなかったことで生じる損害を塡補する住宅融資保険を引き受けている。

(2) 機構は、災害復興融資、財形住宅融資、子育て世帯向け・高齢者世帯向け賃貸住宅融資など、政策上重要で一般の金融機関による貸付けを補完するための融資業務を行っている。

(3) 機構は、あらかじめ貸付けを受けた者と一定の契約を締結し、その者が死亡した場合に支払われる生命保険金を当該貸付に係る債務の弁済に充てる団体信用生命保険を業務として行っている。

(4) 機構は、貸付けを受けた者が景況の悪化や消費者物価の上昇により元利金の支払が困難になった場合には、元利金の支払の免除をすることができる。

	①	②	③	④	⑤
学習日					
理解度(○/△/×)					

解説

（1）**正** 【機構の業務】

機構は、住宅融資保険法による保険業務を行っています。

（2）**正** 【機構の業務】

機構は、原則として直接融資は行っていませんが、本肢に記載されているようなもの（重要性は高いが、民間の金融機関では融資が困難なもの）については直接融資をしています。

（3）**正** 【機構の業務】

機構は、団体信用生命保険業務を行っています。

（4）**誤** 【機構の業務】

元利金の支払いが困難になった場合に、元利金の支払いの免除をすることができるといった規定はありません。

解答…(4)

Step Up

H21－問46③

機構は、貸付けを受けた者が経済事情の著しい変動に伴い、元利金の支払が著しく困難となった場合には、一定の貸付条件の変更又は元利金の支払方法の変更をすることができる。

○ そのとおりです。

機構は、「元利金の支払いの免除」はできないが、「貸付条件の変更または元利金の支払方法の変更」はできる！

ちょっと確認！

機構の業務

❶ 証券化支援事業←主要業務　❷ 融資保険業務　❸ 情報の提供

❹ 直接融資

→原則として直接融資は行わないが、災害復興融資、財形住宅融資、子育て世帯向け・高齢者世帯向け賃貸住宅融資など、重要性は高いが、民間の金融機関では融資が困難なものに限って、直接融資を行う

❺ 団体信用生命保険業務　❻ 住宅金融公庫の貸付債権の回収等

難易度 B

住宅金融支援機構法

登録講習修了者は免除項目

→教科書 CHAPTER04 SECTION04

問題25 独立行政法人住宅金融支援機構(以下この問において「機構」という。)に関する次の記述のうち、誤っているものはどれか。 ［H25問46］

(1) 機構は、住宅の建設又は購入に必要な資金の貸付けに係る金融機関の貸付債権の譲受けを業務として行っているが、当該住宅の建設又は購入に付随する土地又は借地権の取得に必要な資金の貸付けに係る貸付債権については、譲受けの対象としていない。

(2) 機構は、災害により、住宅が滅失した場合において、それに代わるべき建築物の建設又は購入に必要な資金の貸付けを業務として行っている。

(3) 機構は、貸付けを受けた者とあらかじめ契約を締結して、その者が死亡した場合に支払われる生命保険の保険金を当該貸付けに係る債務の弁済に充当する団体信用生命保険に関する業務を行っている。

(4) 機構が証券化支援事業(買取型)により譲り受ける貸付債権は、自ら居住する住宅又は自ら居住する住宅以外の親族の居住の用に供する住宅を建設し、又は購入する者に対する貸付けに係るものでなければならない。

	①	②	③	④	⑤
学習日					
理解度 (○/△/×)					

解説

（1）誤 【機構の業務】

住宅の建設・購入に付随する土地・借地権の取得に必要な資金の貸付けに係る貸付債権についても譲受けの対象としています。

（2）正 【機構の業務】

機構は、原則として直接融資は行っていませんが、災害関連等については、直接融資を行っています。

（3）正 【機構の業務】

機構は、団体信用生命保険業務を行っています。

（4）正 【機構の業務】

機構が証券化支援事業（買取型）により譲り受ける貸付債権は、**自らまたは親族が居住する住宅**を建設・購入する者に対する貸付けに係るものでなければなりません。

解答…（1）

ちょっと確認！

証券化支援事業（買取型）

民間の金融機関の住宅ローン債権※を機構が買い取って、証券化し、投資家に売却する

※ 住宅の建設または購入に必要な資金の貸付債権（**これに付随する土地・借地権の取得、住宅の購入に付随する当該住宅の改良に必要な資金の貸付債権も含む**）

難易度 **B**

住宅金融支援機構法

登録講習修了者は免除項目

→教科書 CHAPTER04 SECTION04

問題26 独立行政法人住宅金融支援機構(以下この問において「機構」という。)に関する次の記述のうち、誤っているものはどれか。 [H24問46]

(1) 機構は、証券化支援事業(買取型)において、民間金融機関から買い取った住宅ローン債権を担保としてMBS(資産担保証券)を発行している。

(2) 証券化支援事業(買取型)における民間金融機関の住宅ローン金利は、金融機関によって異なる場合がある。

(3) 機構は、証券化支援事業(買取型)における民間金融機関の住宅ローンについて、借入金の元金の返済を債務者本人の死亡時に一括して行う高齢者向け返済特例制度を設けている。

(4) 機構は、証券化支援事業(買取型)において、住宅の建設や新築住宅の購入に係る貸付債権のほか、中古住宅を購入するための貸付債権も買取りの対象としている。

	①	②	③	④	⑤
学習日					
理解度 (○/△/×)					

解説

(1) 正 【機構の業務】

証券化支援事業(買取型)において、民間金融機関から買い取った住宅ローン債権を担保としてMBS(資産担保証券)を発行しています。

(2) 正 【機構の業務】

住宅ローン金利は各民間金融機関が独自に決定するので、**金融機関によって異なる場合があります。**

(3) 誤 【機構の業務】

機構は、本肢にいう、高齢者向け返済特例制度を設けていますが、これは証券化支援事業(買取型)の話ではありません。

(4) 正 【機構の業務】

機構は、証券化支援事業(買取型)において、**中古住宅を購入するための貸付債権も買取りの対象としています。**

解答…(3)

? これはどう? R2(10月)－問46③

独立行政法人住宅金融支援機構は、証券化支援事業(買取型)において、賃貸住宅の建設又は購入に必要な資金の貸付けに係る金融機関の貸付債権については譲受けの対象としていない。

○ 機構は、証券化支援事業(買取型)において、賃貸住宅の建設または購入に必要な資金の貸付けに係る金融機関の貸付債権については譲受けの対象としていません。

ちょっと確認!

高齢者向け返済特例制度

60歳以上の高齢者が自ら居住する住宅に行うバリアフリー工事または耐震改修工事に係る貸付けについて、毎月の返済は利息のみとし、借入金の元金は申込人が死亡したときに一括して返済する制度

難易度 **B**

住宅金融支援機構法

登録講習修了者は免除項目

→教科書 CHAPTER04 SECTION04

問題27 独立行政法人住宅金融支援機構（以下この問において「機構」という。）が行う証券化支援事業（買取型）に関する次の記述のうち、誤っているものはどれか。 ［H22問46］

(1) 証券化支援事業（買取型）において、機構による買取りの対象となる貸付債権には、中古住宅の購入のための貸付債権も含まれる。

(2) 証券化支援事業（買取型）において、銀行、保険会社、農業協同組合、信用金庫、信用組合などが貸し付けた住宅ローンの債権を買い取ることができる。

(3) 証券化支援事業（買取型）の住宅ローン金利は全期間固定金利が適用され、どの取扱金融機関に申し込んでも必ず同一の金利になる。

(4) 証券化支援事業（買取型）において、機構は買い取った住宅ローン債権を担保としてMBS（資産担保証券）を発行することにより、債券市場（投資家）から資金を調達している。

	①	②	③	④	⑤
学習日					
理解度 (○/△/×)					

解説

（1）正 【機構の業務】

証券化支援事業（買取型）において、機構による買取りの対象となる貸付債権には、**中古住宅の購入のための貸付債権**も含まれます。

（2）正 【機構の業務】

機構は、証券化支援事業（買取型）において、民間金融機関（銀行、保険会社、農業協同組合、信用金庫、信用組合など）が貸し付けた住宅ローンの債権を買い取ることができます。

（3）誤 【機構の業務】

証券化支援事業（買取型）の住宅ローン金利は、**全期間固定金利**が適用されます。しかし、**住宅ローン金利**は各民間金融機関が独自に決定するので、**金融機関によって異なる場合があります**。

（4）正 【機構の業務】

証券化支援事業（買取型）において、機構は買い取った住宅ローン債権を担保としてMBS（資産担保証券）を発行することにより、債券市場（投資家）から資金を調達しています。

解答…（3）

Step Up

H29－問46①

独立行政法人住宅金融支援機構は、団体信用生命保険業務として、貸付けを受けた者が死亡した場合のみならず、重度障害となった場合においても、支払われる生命保険の保険金を当該貸付けに係る債務の弁済に充当することができる。

○ そのとおりです。

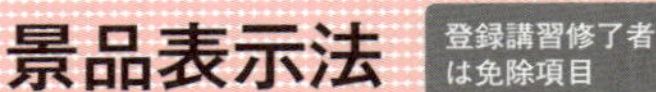

難易度 **A**

景品表示法

登録講習修了者は免除項目

→教科書 CHAPTER04 SECTION05

問題28 宅地建物取引業者が行う広告に関する次の記述のうち、不当景品類及び不当表示防止法(不動産の表示に関する公正競争規約を含む。)の規定によれば、正しいものはどれか。 [H25問47]

(1) 新築分譲マンションの販売広告で完成予想図により周囲の状況を表示する場合、完成予想図である旨及び周囲の状況はイメージであり実際とは異なる旨を表示すれば、実際に所在しない箇所に商業施設を表示するなど現況と異なる表示をしてもよい。
(2) 宅地の販売広告における地目の表示は、登記簿に記載されている地目と現況の地目が異なる場合には、登記簿上の地目のみを表示すればよい。
(3) 住戸により管理費が異なる分譲マンションの販売広告を行う場合、全ての住戸の管理費を示すことが広告スペースの関係で困難なときには、1住戸当たりの月額の最低額及び最高額を表示すればよい。
(4) 完成後8か月しか経過していない分譲住宅については、入居の有無にかかわらず新築分譲住宅と表示してもよい。

	①	②	③	④	⑤
学習日					
理解度 (○/△/×)					

解説

(1) 誤 【写真・絵図】

宅地または建物の見取図、完成図、完成予想図は、その旨を明示して用いなければなりません。また、当該物件の周囲の状況について表示するときは、**現況に反する表示をしてはいけません。**

(2) 誤 【物件の形質】

地目は登記簿に記載されているものを表示します。また、登記簿に記載されている地目と現況の地目が異なるときは、現況の地目を併記しなければなりません。

(3) 正 【価格・賃料】

管理費、共益費、修繕積立金については、1戸あたりの月額を表示しますが、住戸により金額が異なる場合で、すべての住戸の管理費、共益費、修繕積立金を示すことが困難であるときは、最低額と最高額のみで表示することができます。

(4) 誤 【特定用語の使用基準】

新築とは、**建築後1年未満であって、居住の用に供されたことがないもの**をいいます。本肢のように、完成後8カ月しか経過していなくても、入居があった場合には、新築と表示することはできません。

? これはどう? H27ー問47④

築15年の企業の社宅を買い取って大規模にリフォームし、分譲マンションとして販売する場合、一般消費者に販売することは初めてであるため、「新発売」と表示して広告を出すことができる。

× 新発売とは、新たに造成された宅地または新築の住宅について、一般購入者に対し、初めて購入の申込みの勧誘を行うことをいいます。また、新築とは、建築1年未満であって、居住の用に供されたことがないものをいいます。そのため、大規模にリフォームしたマンションについては「新発売」の表示を行うことはできません。

解答…(3)

難易度 A

景品表示法

登録講習修了者は免除項目

→教科書 CHAPTER04 SECTION05

問題29 宅地建物取引業者が行う広告等に関する次の記述のうち、不当景品類及び不当表示防止法(不動産の表示に関する公正競争規約を含む。)の規定によれば、正しいものはどれか。 [H23問47]

(1) 分譲宅地(50区画)の販売広告を新聞折込チラシに掲載する場合、広告スペースの関係ですべての区画の価格を表示することが困難なときは、1区画当たりの最低価格、最高価格及び最多価格帯並びにその価格帯に属する販売区画数を表示すれば足りる。

(2) 新築分譲マンションの販売において、モデル・ルームは、不当景品類及び不当表示防止法の規制対象となる「表示」には当たらないため、実際の居室には付属しない豪華な設備や家具等を設置した場合であっても、当該家具等は実際の居室には付属しない旨を明示する必要はない。

(3) 建売住宅の販売広告において、実際に当該物件から最寄駅まで歩いたときの所要時間が15分であれば、物件から最寄駅までの道路距離にかかわらず、広告中に「最寄駅まで徒歩15分」と表示することができる。

(4) 分譲住宅の販売広告において、当該物件周辺の地元住民が鉄道会社に駅の新設を要請している事実が報道されていれば、広告中に地元住民が要請している新設予定時期を明示して、新駅として表示することができる。

	①	②	③	④	⑤
学習日					
理解度 (○/△/×)					

解説

（1）**正**　【価格】

土地の価格については、1区画あたりの価格を表示しますが、すべての区画の価格を表示することが困難であるときは、分譲宅地の価格については、1区画あたりの**最低価格**、**最高価格**、**最多価格帯**、その価格帯に属する**販売区画数**を表示すれば足ります。

（2）**誤**　【表示】

モデル・ルームも規制対象となる「表示」に該当します。

これはどう？　H16－問47①

新聞で建売住宅の販売広告を行ったが、当該広告に関する一般消費者からの問合せが1件もなかった場合には、当該広告は、不当景品類及び不当表示防止法の規制対象となる「表示」には該当しない。

× 景品表示法の規制対象となる「表示」に該当するかどうかは、一般消費者からの問い合わせの有無は関係ありません。

（3）**誤**　【各施設までの距離、所要時間】

各施設までの所要時間は**道路距離80mにつき1分**として算出した数値を表示しなければなりません。

これはどう？　H15－問47②

各種施設までの徒歩による所要時間を表示する場合は、直線距離80mにつき1分間を要するものとして算出した数値を表示し、また、1分未満の端数が生じたときは1分間として計算して表示しなければならない。

× 「直線距離80mにつき1分間」ではなく、「道路距離80mにつき1分間」です。

（4）**誤**　【交通の利便性】

新設予定の鉄道の駅等やバスの停留所は、当該路線の**運行主体**が公表したものに限り、その**新設予定時期**を明示して表示することができます。

解答…（1）

→教科書 CHAPTER04 SECTION05

問題30 宅地建物取引業者が行う広告等に関する次の記述のうち、不当景品類及び不当表示防止法(不動産の表示に関する公正競争規約の規定を含む。)によれば、正しいものはどれか。 [H20問47]

(1) 最寄りの駅から特定の勤務地までの電車による通勤時間を表示する場合は、通勤時に電車に乗車している時間の合計を表示し、乗換えを要することや乗換えに要する時間を含んでいないことを表示する必要はない。

(2) 新聞広告や新聞折込チラシにおいては、物件の面積や価格といった、物件の内容等を消費者に知ってもらうための事項を表示するのに併せて、媒介、売主等の取引態様も表示しなければならない。

(3) インターネット広告においては、最初に掲載する時点で空室の物件であれば、その後、成約済みになったとしても、情報を更新することなく空室の物件として掲載し続けてもよい。

(4) 販売しようとしている売地が、都市計画法に基づく告示が行われた都市計画道路の区域に含まれている場合、都市計画道路の工事が未着手であれば、都市計画道路の区域に含まれている旨の表示は省略できる。

	①	②	③	④	⑤
学習日					
理解度 (○/△/×)					

解説

(1) 誤　【交通の利便性】

電車、バス等の交通機関の所要時間を表示する場合で、乗換えを要するときは、その旨を明示しなければなりません。

(2) 正　【取引態様】

新聞広告や新聞折込チラシにおいては、「売主」、「貸主」、「代理」、「媒介(仲介)」といった取引態様を表示しなければなりません。

これはどう?　H24－問47①

宅地建物取引業者が自ら所有する不動産を販売する場合の広告には、取引態様の別として「直販」と表示すればよい。

× 取引態様は「売主」、「貸主」、「代理」、「媒介(仲介)」の別を、これらの用語を用いて表示しなければなりません。

(3) 誤　【広告の内容の変更等】

広告の内容が変更となった場合には、すみやかに情報を修正し、または表示を取りやめなければなりません。

(4) 誤　【特定事項の明示義務】

道路法の規定により道路区域が決定され、または都市計画法の告示が行われた都市計画道路等の区域に係る土地については、工事が未着手であったとしてもその旨を明示しなければなりません。

解答…(2)

これはどう?　H27－問47③

新築分譲マンションの広告に住宅ローンについても記載する場合、返済例を表示すれば、当該ローンを扱っている金融機関や融資限度額等について表示する必要はない。

× 住宅ローンを扱っている金融機関の名称や融資限度額等についても表示する必要があります。

→教科書 CHAPTER04 SECTION05

問題31 宅地建物取引業者が行う広告等に関する次の記述のうち、不当景品類及び不当表示防止法(不動産の表示に関する公正競争規約を含む。)の規定によれば、正しいものはどれか。 ［H17問47］

(1) 土地上に廃屋が存在する自己所有の土地を販売する場合、売買契約が成立した後に、売主である宅地建物取引業者自らが費用を負担して撤去する予定のときは、広告においては、廃屋が存在している旨を表示しなくてもよい。

(2) 新築分譲マンションを販売するに当たり、契約者全員が四つの選択肢の中から景品を選ぶことができる総付景品のキャンペーンを企画している場合、選択肢の一つを現金200万円とし、他の選択肢を海外旅行として実施することができる。

(3) 建売住宅を販売するに当たり、当該住宅の壁に遮音性能が優れている壁材を使用している場合、完成した住宅としての遮音性能を裏付ける試験結果やデータがなくても、広告において、住宅としての遮音性能が優れているかのような表示をすることが、不当表示に該当することはない。

(4) 取引しようとする物件の周辺に、現在工事中で、将来確実に利用できると認められるスーパーマーケットが存在する場合、整備予定時期及び物件からの道路距離を明らかにすることにより、広告において表示することができる。

	①	②	③	④	⑤
学習日					
理解度 (○/△/×)					

解説

(1) 誤　【特定事項の明示義務】

土地取引において、土地上に**古屋、廃屋等**が存在するときは、(売買契約が成立した後に、売主自らが費用を負担して撤去する予定であったとしても)その旨を表示しなければなりません。

(2) 誤　【景品類の提供の制限】

「契約者全員が…景品を選ぶことができる」とあるので、本肢の景品類は「懸賞によらないで提供する景品類」に該当します。「懸賞によらないで提供する景品類」の場合、景品類の金額は、取引価額の**10分の1**または**100万円**のいずれか**低い**額でなければなりません。本肢の「現金200万円」は100万円を超えているため、このキャンペーンを実施することはできません。

ちなみに、「懸賞により提供する景品類」の場合には、取引価額の20倍または10万円のいずれか低い額(ただし、提供できる景品類の総額は、懸賞に係る取引予定総額の100分の2以内)となる!

(3) 誤　【不当表示】

住宅の壁に遮音性能が優れている壁材を使用していても、完成した住宅としての遮音性能を裏付ける試験結果やデータがない場合には、不当表示に該当する可能性があります。

(4) 正　【生活関連施設】

デパート、スーパーマーケット等の商業施設は、現に利用できるものを物件までの道路距離を明示して表示しなければなりませんが、工事中である等その施設が**将来確実に利用できる**と認められるものについては、**整備予定時期**を明示して表示することができます。

解答…(4)

Step Up

H19－問47④

残戸数が1戸の新築分譲住宅の広告を行う場合、建物の面積は延べ面積を表示し、これに車庫の面積を含むときには、車庫の面積を含む旨及びその面積を表示する必要がある。

○　建物の面積(マンションの場合は専有面積)は、延べ面積を表示し、これに車庫、地下室等の面積を含むときは、その旨、その面積を表示する必要があります。

→教科書 CHAPTER04 SECTION05

問題32 宅地建物取引業者が行う広告に関する次の記述のうち、不当景品類及び不当表示防止法（不動産の表示に関する公正競争規約を含む。）の規定によれば、正しいものはどれか。 ［H18問47］

(1) 新築分譲マンションの名称に、公園、庭園、旧跡その他の施設の名称を使用する場合には、当該物件がこれらの施設から最短の道路距離で300m以内に所在していなければならない。

(2) 市街化調整区域内に所在する土地を販売する際の新聞折込広告においては、市街化調整区域に所在する旨を16ポイント以上の大きさの文字で表示すれば、宅地の造成や建物の建築ができない旨を表示する必要はない。

(3) 新築分譲住宅の広告において物件及びその周辺を写した写真を掲載する際に、当該物件の至近に所在する高圧電線の鉄塔を消去する加工を施した場合には、不当表示に該当する。

(4) 分譲マンションを販売するに当たり、当該マンションが、何らかの事情により数年間工事が中断された経緯があったとしても、住居として未使用の状態で販売する場合は、着工時期及び中断していた期間を明示することなく、新築分譲マンションとして広告することができる。

	①	②	③	④	⑤
学習日					
理解度（○/△/×）					

解説

(1) 誤　【物件の名称の使用基準】

物件の名称として公園、庭園、旧跡その他の施設の名称を使用する場合には、当該物件が公園、庭園、旧跡その他の施設から「最短の道路距離」ではなく、「直線距離」で**300m以内**に所在していなければなりません。

(2) 誤　【特定事項の明示義務】

市街化調整区域に所在する土地については、「市街化調整区域。宅地の造成および建物の建築はできません。」と16ポイント以上の文字で明示しなければなりません。

「市街化調整区域だよ」と記載されているだけでは、シロートには建物の建築等ができないことはわからないよね。だからしっかり明示しないといけないのだ～

(3) 正　【不当表示】

事実に反する表示や、実際のものより優良にみえるような表示をしてはいけません。

あったり前だよね～

(4) 誤　【特定事項の明示義務】

建築工事に着手した後に、工事を相当の期間にわたり中断していた新築住宅・新築分譲マンションについては、**建築工事に着手した時期、中断していた期間**を明示しなければなりません。

解答…(3)

Step Up

H29－問47④

新築分譲マンションについて、パンフレットには当該マンションの全戸数の専有面積を表示したが、インターネット広告には当該マンションの全戸数の専有面積のうち、最小面積及び最大面積のみを表示した。この広告表示が不当表示に問われることはない。

○　新築分譲マンションについて、専有面積は、パンフレット等の媒体を除いてインターネット広告や新聞、雑誌広告では、最小面積**および**最大面積**のみの表示**をすることができます。

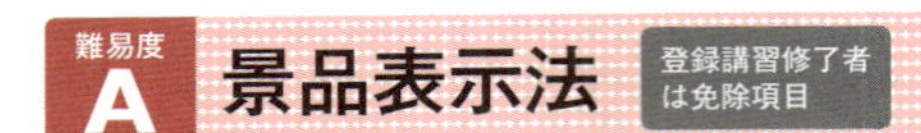

→教科書 CHAPTER04 SECTION05

問題33 宅地建物取引業者が行う広告に関する次の記述のうち、不当景品類及び不当表示防止法(不動産の表示に関する公正競争規約を含む。)の規定によれば、正しいものはどれか。 [H30問47]

(1) 新築分譲住宅について、価格Aで販売を開始してから3か月以上経過したため、価格Aから価格Bに値下げをすることとし、価格Aと価格Bを併記して、値下げをした旨を表示する場合、値下げ金額が明確になっていれば、価格Aの公表時期や値下げの時期を表示する必要はない。

(2) 土地上に古家が存在する場合に、当該古家が、住宅として使用することが可能な状態と認められる場合であっても、古家がある旨を表示すれば、売地と表示して販売しても不当表示に問われることはない。

(3) 新築分譲マンションの広告において、当該マンションの完成図を掲載する際に、敷地内にある電柱及び電線を消去する加工を施した場合であっても、当該マンションの外観を消費者に対し明確に示すためであれば、不当表示に問われることはない。

(4) 複数の売買物件を1枚の広告に掲載するに当たり、取引態様が複数混在している場合には、広告の下部にまとめて表示すれば、どの物件がどの取引態様かを明示していなくても不当表示に問われることはない。

	①	②	③	④	⑤
学習日					
理解度 (○/△/×)					

解説

(1) **誤** 【過去の販売価格を比較対照価格とする二重価格表示の要件】

過去の販売価格を比較対照価格とする二重価格表示は以下の要件をすべて満たし、かつ、実際に、当該期間、当該価格で販売していたことを資料により客観的に明らかにすることができる場合でなければ、不当な二重価格表示となります。

❶ **過去の販売価格の公表時期・値下げの時期を明示**
❷ 比較対照価格に用いる過去の販売価格が次の2つを満たすこと
(1) 値下げの3カ月以上前に公表された価格
(2) 値下げ前3カ月以上にわたり実際に販売のために公表していた価格
❸ 原則として、値下げした時期から6カ月以内に表示するもの
❹ 土地(現況有姿分譲地を除く)・建物(共有制リゾートクラブ会員権を除く)について行う表示

(2) **正** 【古家が存在する場合の土地取引】

土地取引において、土地上に古家・廃屋等が存在するときは、その旨を明示すれば売地と表示して販売しても不当表示に問われることはありません。

(3) **誤** 【不当表示】

見取図・完成図・完成予想図等による表示において、物件の規模・構造等について、事実に相違する表示または実際のものより優良であると誤認させるおそれのある表示をした場合は、不当表示に問われることがあります。

(4) **誤** 【取引態様の表示】

新聞広告・新聞折込チラシ等・パンフレット等においては、物件の種類ごとに、取引態様(売主・貸主・代理・媒介)の別をわかりやすい表現で明瞭に表示しなければ不当表示に問われることがあります。

解答…(2)

難易度 B

景品表示法

登録講習修了者は免除項目

→教科書 CHAPTER04 SECTION05

問題34 宅地建物取引業者が行う広告等に関する次の記述のうち、不当景品類及び不当表示防止法(不動産の表示に関する公正競争規約を含む。)の規定によれば、正しいものはどれか。 [H22問47]

(1) 路地状部分のみで道路に接する土地を取引する場合は、その路地状部分の面積が当該土地面積の50%以上を占めていなければ、路地状部分を含む旨及び路地状部分の割合又は面積を明示せずに表示してもよい。

(2) 不動産物件について表示する場合、当該物件の近隣に、現に利用できるデパートやスーパーマーケット等の商業施設が存在することを表示する場合は、当該施設までの徒歩所要時間を明示すれば足り、道路距離は明示せずに表示してもよい。

(3) 傾斜地を含むことにより当該土地の有効な利用が著しく阻害される場合は、原則として、傾斜地を含む旨及び傾斜地の割合又は面積を明示しなければならないが、マンションについては、これを明示せずに表示してもよい。

(4) 温泉法による温泉が付いたマンションであることを表示する場合、それが温泉に加温したものである場合であっても、その旨は明示せずに表示してもよい。

	①	②	③	④	⑤
学習日					
理解度(○/△/×)					

解説

(1) **誤**　　　　　　　　　　　　　　　　　　　　【特定事項の明示義務】

路地状部分のみで道路に接する土地で、その路地状部分の面積が当該土地面積のおおむね**30%以上**を占めるときは、路地状部分を含む旨、路地状部分の割合または面積を明示しなければなりません。

(2) **誤**　　　　　　　　　　　　　　　　　　　　【生活関連施設】

デパート、スーパーマーケット等の商業施設は、現に利用できるものを、物件までの**道路距離**を明示して表示しなければなりません。

(3) **正**　　　　　　　　　　　　　　　　　　　　【特定事項の明示義務】

傾斜地を含むことにより当該土地の有効な利用が著しく阻害される場合は、原則として、傾斜地を含む旨および傾斜地の割合または面積を明示しなければなりませんが、**マンションについては、これを明示しないで表示することができます。**

(4) **誤**　　　　　　　　　　　　　　　　　　　　【特定事項の明示義務】

温泉法による温泉が付いたマンションの場合、それが温泉に加温したものであるときは、その旨を明示しなければなりません。

「源泉かけ流し温泉だと思ったのに～」というクレームにつながらないようにね。

解答…(3)

温泉付マンション
うらやましすぎる…

Step Up　　　　　　　　　　　　　　　　　　　　H26－問47③

私道負担部分が含まれている新築住宅を販売する際、私道負担の面積が全体の5%以下であれば、私道負担部分がある旨を表示すれば足り、その面積までは表示する必要はない。

× 私道負担部分が含まれている新築住宅を販売するさいの広告には、私道負担部分の面積も表示する必要があります。

問題35　土地に関する次の記述のうち、最も不適当なものはどれか。

［H24問49］

(1) 台地は、一般的に地盤が安定しており、低地に比べ自然災害に対して安全度は高い。

(2) 台地や段丘上の浅い谷に見られる小さな池沼を埋め立てた所では、地震の際に液状化が生じる可能性がある。

(3) 丘陵地帯で地下水位が深く、砂質土で形成された地盤では、地震の際に液状化する可能性が高い。

(4) 崖崩れは降雨や豪雨などで発生することが多いので、崖に近い住宅では梅雨や台風の時期には注意が必要である。

	①	②	③	④	⑤
学習日					
理解度 (○/△/×)					

解説

(1) **適当** 【土地】

台地は一般的に地盤が安定しており、水はけもよく、低地に比べて自然災害に対する安全度は**高い**といえます。

これはどう? H26－問49④

台地や丘陵の縁辺部は、豪雨などによる崖崩れに対しては、安全である。

× 台地や丘陵は一般的には水はけがよく、地盤が安定していますが、その縁辺部(周辺)は、豪雨などによる崖崩れを起こすことが多く、安全とはいえません。

(2) **適当** 【土地】

液状化現象とは、地震のさいに、水分を多く含む砂地盤が振動によって液体状になる現象をいいます。台地や段丘上の浅い谷にみられる小さな池沼を埋め立てた所は水分を多く含んでいるため、液状化現象が生じる可能性があります。

(3) **不適当** 【土地】

液状化現象は、地下水位が**浅い**ところで発生します。本肢は「地下水位が深く、…液状化する可能性が高い」としているので不適当です。

(4) **適当** 【土地】

崖崩れは降雨や豪雨などで発生することが多いので、崖に近い住宅では梅雨や台風の時期には注意が必要です。

解答…(3)

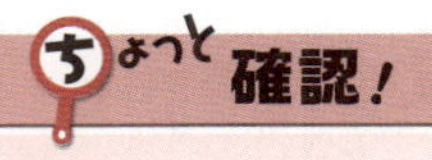

丘陵地、台地、段丘のポイント

☆ 一般的に水はけがよく、地盤が安定しているため、宅地に適している

→ただし!

❶ 丘陵地や台地の縁辺部は崖崩れの危険があるので注意が必要

❷ **丘陵地や台地の浅い谷にみられる小さな池沼を埋め立てたところでは、地盤沈下や液状化が生じる可能性があるので注意が必要**

問題36 土地に関する次の記述のうち、不適当なものはどれか。

［H22問49］

(1) 地すべり地の多くは、地すべり地形と呼ばれる独特の地形を呈し、棚田などの水田として利用されることがある。

(2) 谷出口に広がる扇状地は、地盤は堅固でないが、土石流災害に対して安全であることが多い。

(3) 土石流は、流域内で豪雨に伴う斜面崩壊の危険性の大きい場所に起こりやすい。

(4) 断層地形は、直線状の谷など、地形の急変する地点が連続して存在するといった特徴が見られることが多い。

	①	②	③	④	⑤
学習日					
理解度（○/△/×）					

解説

(1) **適当** 【土地】

地すべり地の多くは、地すべり地形とよばれる独特の地形をしています。また、地すべり地は棚田などの水田として利用されることがあります。

(2) **不適当** 【土地】

低地でも扇状地は比較的危険性が低い土地ですが、谷出口に広がる扇状地は、土石流災害に対して安全であるとはいえません。

(3) **適当** 【土地】

土石流は、流域内で豪雨に伴う斜面崩壊の危険性の大きい場所に起こりやすい現象です。

(4) **適当** 【土地】

断層地形は、直線状の谷など、地形の急変する地点が連続して存在するといった特徴がみられます。

解答…(2)

これはどう? H29－問49④

埋立地は、一般に海面に対して比高を持ち、干拓地に比べ、水害に対して危険である。

× 埋立地は、一般に海面に対して数メートルの比高を持つため、干拓地より水害に対して安全といえます。

ちょっと確認!

崩壊跡地、地すべり地、断層のポイント

崩壊跡地

☆ 再度崩壊のおそれがあり、安全ではない

地すべり地

☆ 再発性があり、安全ではない

☆ **棚田等の水田として利用される**

断　層

☆ 断層周辺では、地盤の強度が安定していないため、崩壊、地すべりが発生する可能性が高い

☆ **断層地形は、直線状の谷など、地形の急変する地点が連続して存在するといった特徴がみられることが多い**

難易度 A **土 地** 登録講習修了者は免除項目 →教科書 CHAPTER04 SECTION06

問題37 土地に関する次の記述のうち、不適当なものはどれか。

［H21問49］

(1) 山地の地形は、かなり急峻で大部分が森林となっている。
(2) 台地・段丘は、農地として利用され、また都市的な土地利用も多い。
(3) 低地は、大部分が水田として利用され、地震災害に対して安全である。
(4) 臨海部の低地は、水利、海陸の交通に恵まれているが、住宅地として利用するためには十分な防災対策が必要である。

	①	②	③	④	⑤
学習日					
理解度 (○/△/×)					

解説

(1) **適当** 【土地】

山地の地形は、かなり急峻で大部分が森林となっています。

「山」だから、斜面が急で、木がいっぱいある・・・よね。

(2) **適当** 【土地】

台地・段丘は、農地として利用されます。また水はけもよいので宅地にも適しています。したがって、台地・段丘は都市的な土地として利用されることも多い地形です。

(3) **不適当** 【土地】

低地は、一般的に地盤が軟弱です。したがって、地震災害に対して安全であるとはいえません。

(4) **適当** 【土地】

臨海部の低地は、水利、海陸の交通に恵まれていますが、洪水や地震に弱いため、住宅地として利用するためには十分な防災対策が必要です。

解答…(3)

ちょっと確認！

宅地に適している土地かどうか

山麓部
…地すべりや崩壊等がおこりやすいので、一般的には宅地に適しているとはいえない

丘陵地、台地、段丘
…一般的に水はけがよく、地盤が安定しているため、宅地に適しているといえる

低地部
…一般的に、洪水や地震に弱いため、宅地に適しているとはいえない

干拓地、埋立地
…一般的に、宅地に適しているとはいえない

難易度 A **土　地** 登録講習修了者は免除項目 →教科書 CHAPTER04 SECTION06

問題38　地盤の特徴に関する次の記述のうち、誤っているものはどれか。

［H19問49］

(1) 谷底平野は、周辺が山に囲まれ、小川や水路が多く、ローム、砂礫等が堆積した良質な地盤であり、宅地に適している。
(2) 後背湿地は、自然堤防や砂丘の背後に形成される軟弱な地盤であり、水田に利用されることが多く、宅地としての利用は少ない。
(3) 三角州は、河川の河口付近に見られる軟弱な地盤であり、地震時の液状化現象の発生に注意が必要である。
(4) 旧河道は、沖積平野の蛇行帯に分布する軟弱な地盤であり、建物の不同沈下が発生しやすい。

	①	②	③	④	⑤
学習日					
理解度 (○/△/×)					

解説

(1) **誤**　【土地】

谷底平野は、河川の堆積作用によって形成される、山間部の谷間の低平地です。したがって、一般的に災害に弱く、宅地に適しているとはいえません。

(2) **正**　【土地】

後背「湿地」なので、地盤は軟弱で、宅地としての利用は少ないといえます。

(3) **正**　【土地】

三角州は河川が押し流した土砂が河口付近に堆積してできた三角形の地形です。地盤は軟弱で、地震時の液状化現象の発生に注意が必要です。

(4) **正**　【土地】

旧河道は、昔は河だった土地なので、地盤は軟弱で、建物の不同沈下(建物が不均一に沈む現象)が発生しやすい土地です。

解答…(1)

ちょっと確認！

低地部

扇状地	河川によって、山地から運ばれた砂礫が堆積した扇形の地形
自然堤防	河川の氾濫によって、砂礫が河岸に堆積してできた堤防状の微高地
旧河道	**昔は河だった土地**
後背低地(後背湿地)	**自然堤防等の背後にできた低湿な地形**
三角州(デルタ地帯)	**河川が押し流した土砂が河口付近に堆積してできた三角形の地形**

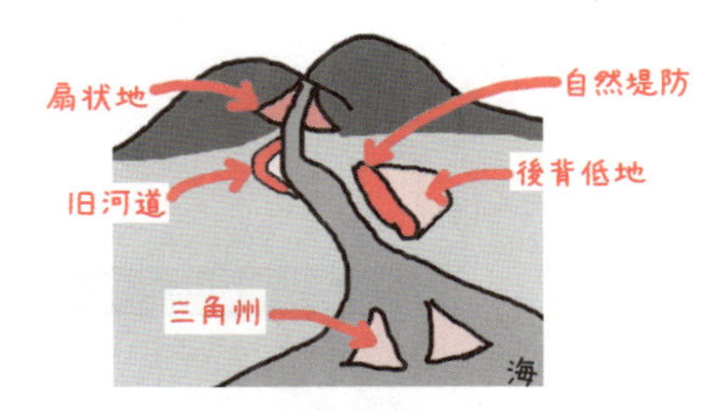

問題39 土地の形質に関する次の記述のうち、誤っているものはどれか。

［H20問49］

(1) 地表面の傾斜は、等高線の密度で読み取ることができ、等高線の密度が高い所は傾斜が急である。

(2) 扇状地は山地から平野部の出口で、勾配が急に緩やかになる所に見られ、等高線が同心円状になるのが特徴的である。

(3) 等高線が山頂に向かって高い方に弧を描いている部分は尾根で、山頂から見て等高線が張り出している部分は谷である。

(4) 等高線の間隔の大きい河口付近では、河川の氾濫により河川より離れた場所でも浸水する可能性が高くなる。

	①	②	③	④	⑤
学習日					
理解度 (○/△/×)					

解説

（1）正　【土地】

等高線の密度が高い所は**傾斜が**急で、等高線の密度が低い所は**傾斜が**緩やかです。

（2）正　【土地】

扇状地は、等高線が同心円状になる特徴があります。

（3）誤　【土地】

等高線が山頂に向かって高い方に弧を描いている部分は谷で、山頂からみて等高線が張り出している部分は尾根です。

（4）正　【土地】

等高線の間隔が大きいということは、なだらかな土地が続いているということです。したがって、等高線の間隔が大きい河口付近では、河川が氾濫したとき、河川より離れた場所でも浸水する可能性が高くなります。

解答…(3)

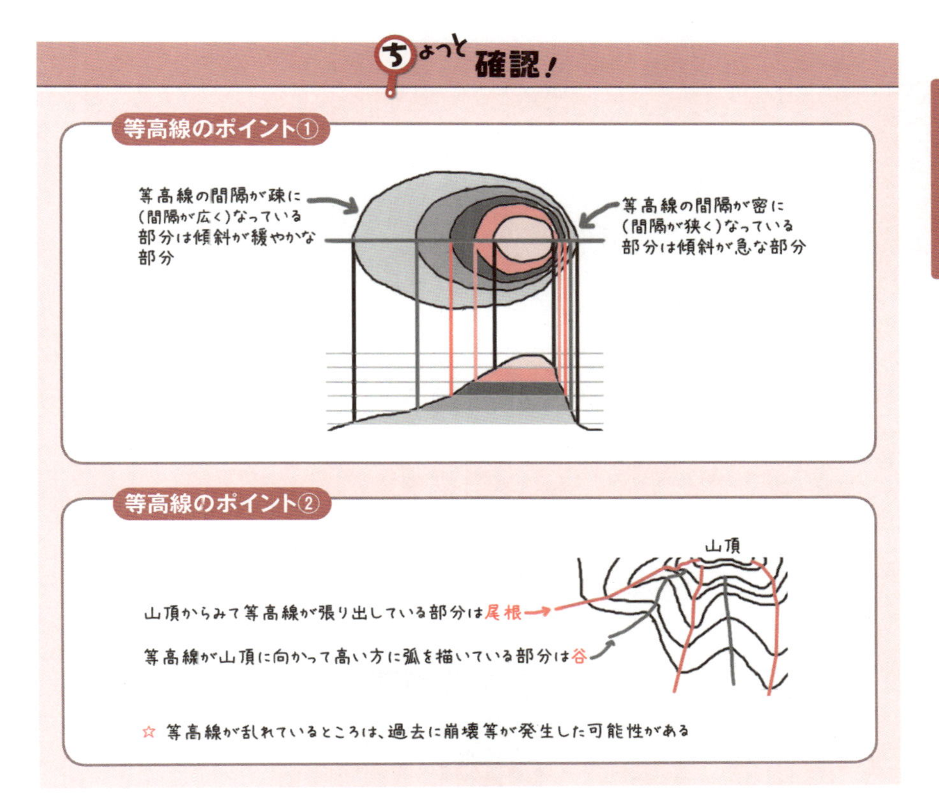

難易度 C

土　地

登録講習修了者は免除項目

→教科書 CHAPTER04 SECTION06

問題40 造成された宅地及び擁壁に関する次の記述のうち、誤っているものはどれか。 ［H17問50改］

(1) 盛土をする場合には、地表水の浸透により、地盤にゆるみ、沈下、崩壊又は滑りが生じないように締め固める。

(2) 切土又は盛土した崖面の擁壁は、鉄筋コンクリート造、無筋コンクリート造又は練積み造とする。

(3) 擁壁の背面の排水をよくするために、耐水性の材料での水抜き穴を設け、その周辺には砂利その他の資材を用いて透水層を設ける。

(4) 造成して平坦にした宅地では、一般に盛土部分に比べて切土部分で地盤沈下量が大きくなる。

	①	②	③	④	⑤
学習日					
理解度 (○/△/×)					

解説

(1) 正 【土地】

盛土をした場所は地盤が軟弱です。したがって、盛土をする場合には、地表水の浸透により、地盤にゆるみ、沈下、崩壊、または滑りが生じないように締め固める必要があります。

(2) 正 【土地】

切土または盛土した崖面の擁壁は、鉄筋コンクリート造、無筋コンクリート造、練積み造としなければなりません。

(3) 正 【土地】

擁壁には、その背面の排水をよくするために、耐水性の材料で水抜き穴を設けなければなりません。また、その周辺には砂利その他の資材を用いて透水層を設けなければなりません。

(4) 誤 【土地】

造成して平坦にした宅地では、一般に切土部分に比べて盛土部分で地盤沈下量が大きくなります。

解答…(4)

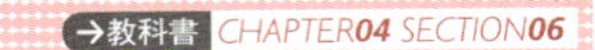

問題41　建物の構造に関する次の記述のうち、不適当なものはどれか。

［H21問50］

(1) 鉄骨構造の特徴は、自重が重く、耐火被覆しなくても耐火構造にすることができる。

(2) 鉄筋コンクリート構造は、耐火、耐久性が大きく骨組形態を自由にできる。

(3) 鉄骨鉄筋コンクリート構造は、鉄筋コンクリート構造よりさらに優れた強度、じん性があり高層建築物に用いられる。

(4) 集成木材構造は、集成木材で骨組を構成した構造で体育館等に用いられる。

	①	②	③	④	⑤
学習日					
理解度 (○/△/×)					

解説

(1) **不適当** 【建物】

鉄骨構造は自重が**軽い**ことが特徴です。また、耐火構造にするためには耐火材料で被覆する必要があります。

(2) **適当** 【建物】

鉄筋コンクリート構造は、耐火、耐久性が大きく骨組形態を自由にできます。

(3) **適当** 【建物】

鉄骨鉄筋コンクリート構造は、鉄筋コンクリート構造よりさらに優れた強度、じん性(粘り強さ)があり、高層建築物に用いられます。

(4) **適当** 【建物】

集成木材構造は、集成木材(薄い板を接着剤で張り付けて、重ね合わせて作る木材)で骨組みを構成した構造で、体育館等に用いられます。

解答…(1)

これはどう? H29－問50③

常温、常圧において、鉄筋と普通コンクリートを比較すると、熱膨張率はほぼ等しい。

○ 常温、常圧において、鉄筋と普通コンクリートの熱膨張率はほぼ一致します。

ちょっと確認!

鉄骨造のポイント

☆ 鉄骨造は不燃構造であるが、火熱にあうと耐力が減少する

→**耐火構造にするためには、耐火材料で被覆する必要がある**

☆ 鉄骨造は自重が軽い

☆ 鋼材はさびやすい

鉄筋コンクリート造のポイント

☆ 鉄筋コンクリート造は、耐火、耐久性が大きく、構造形態を自由にできる

☆ 常温における、鉄筋と普通コンクリートの熱膨張率は、ほぼ等しい

☆ コンクリートの引張強度は、圧縮強度よりも小さい

難易度 **B** ## 建　物

登録講習修了者は免除項目

→教科書 CHAPTER04 SECTION06

問題42 建物の構造に関する次の記述のうち、最も不適当なものはどれか。 ［H24問50］

(1) 鉄筋コンクリート構造の中性化は、構造体の耐久性や寿命に影響しない。

(2) 木造建物の寿命は、木材の乾燥状態や防虫対策などの影響を受ける。

(3) 鉄筋コンクリート構造のかぶり厚さとは、鉄筋の表面からこれを覆うコンクリート表面までの最短寸法をいう。

(4) 鉄骨構造は、不燃構造であるが、火熱に遭うと耐力が減少するので、耐火構造にするためには、耐火材料で被覆する必要がある。

	①	②	③	④	⑤
学習日					
理解度 (○/△/×)					

解説

(1) **不適当** 【建物】

鉄がさびるのは、鉄が(空気等に触れて)酸化するためです。コンクリートはアルカリ性なので、鉄筋コンクリート造では、コンクリートによって鉄筋がさびないように守られています。しかし、コンクリートが中性化する(アルカリ性から酸性に近づく)と、コンクリートによって守られている鉄筋がさびたり、腐食したりします。したがって、鉄筋コンクリート構造の中性化は、構造体の耐久性や寿命に影響を与えます。

(2) **適当** 【建物】

木材は乾燥しているほうが強度が大きくなります。また、防虫対策をしていればしろあり被害等を防ぐこともできます。したがって、木造建物の寿命は、木材の乾燥状態や防虫対策などの影響を受けます。

これはどう? H15－問50②

木材の強度は、含水率が大きい状態の方が大きくなるため、建築物に使用する際には、その含水率を確認することが好ましい。

× 含水率が大きい状態(湿った状態)だと、木材の強度は小さくなります。

(3) **適当** 【建物】

鉄筋コンクリート構造のかぶり厚さとは、鉄筋の表面からこれを覆うコンクリート表面までの最短寸法をいいます。

(4) **適当** 【建物】

鉄骨構造は不燃構造ですが、火熱に遭うと耐力が減少するので、耐火構造にするためには、耐火材料で被覆する必要があります。

解答…(1)

ちょっと確認!

木材の性質

- ☆ 木材は含水率が小さい(乾燥している)状態のほうが強度が大きくなる
- ☆ 木材は湿潤状態では、しろありの発生や腐朽等の被害を受けやすい
- ☆ 辺材は心材に比べて(水や腐り、菌などに)弱い
- ☆ 木材の圧縮強度は、繊維方向のほうが繊維に垂直方向よりも強い

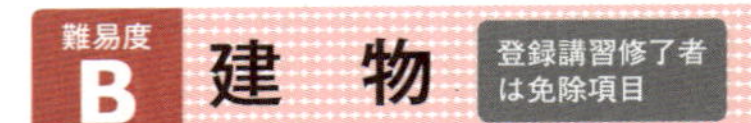

→教科書 CHAPTER04 SECTION06

問題43　鉄筋コンクリート造の建築物に関する次の記述のうち、誤っているものはどれか。　［H16問49］

(1) 原則として、鉄筋の末端は、かぎ状に折り曲げて、コンクリートから抜け出ないように定着しなければならない。

(2) 構造耐力上主要な部分に係る型わく及び支柱は、コンクリートが自重及び工事の施工中の荷重によって著しい変形又はひび割れその他の損傷を受けない強度になるまでは、取り外してはならない。

(3) 原則として、鉄筋コンクリート造の柱については、主筋は4本以上とし、主筋と帯筋は緊結しなければならない。

(4) 鉄筋に対するコンクリートのかぶり厚さは、耐力壁にあっては3cm以上としなければならないが、耐久性上必要な措置をした場合には、2cm以上とすることができる。

	①	②	③	④	⑤
学習日					
理解度 (○/△/×)					

解説

(1) **正** 【建物】

鉄筋の末端は、原則として、**かぎ状**に折り曲げて、コンクリートから抜け出ないように定着しなければなりません。

(2) **正** 【建物】

構造耐力上主要な部分に係る型わくおよび支柱は、コンクリートが一定の強度になるまでは取り外してはなりません。

(3) **正** 【建物】

原則として、鉄筋コンクリート造の柱については、主筋は**4本以上**とし、主筋と帯筋は緊結しなければなりません。

(4) **誤** 【建物】

鉄筋に対するコンクリートのかぶり厚さは、耐力壁にあっては**3cm以上**としなければなりません(耐久性上必要な措置をしたとしても、2cm以上とすることはできません)。

耐力壁以外の壁だったら、「2cm以上」なんだけどね・・・

解答…(4)

ちょっと確認!

鉄筋コンクリート造の規則

☆ 鉄筋コンクリート造に使用される骨材、水、混和材料は、鉄筋をさびさせ、またはコンクリートの凝結・硬化を妨げるような酸、塩、有機物、泥土を含んではならない

☆ **鉄筋の末端は、原則として<u>かぎ状</u>に折り曲げて、コンクリートから抜け出ないように定着させなければならない**

☆ **鉄筋コンクリート造の柱については、原則として、主筋は4本以上でなければならない**

☆ 主筋は、帯筋と緊結しなければならない

☆ 鉄筋に対するコンクリートのかぶり厚さは、原則として 次のよう にしなければならない

❶ 耐力壁以外の壁、床…2cm以上

❷ **耐力壁**、柱、はり…**3cm以上**

→教科書 CHAPTER04 SECTION06

問題44 建築物の構造に関する次の記述のうち、最も不適当なものはどれか。

［H23問50］

(1) ラーメン構造は、柱とはりを組み合わせた直方体で構成する骨組である。

(2) トラス式構造は、細長い部材を三角形に組み合わせた構成の構造である。

(3) アーチ式構造は、スポーツ施設のような大空間を構成するには適していない構造である。

(4) 壁式構造は、柱とはりではなく、壁板により構成する構造である。

	①	②	③	④	⑤
学習日					
理解度 (○/△/×)					

解説

(1) **適当** 【建物】

ラーメン構造は、柱とはりを組み合わせた直方体で構成する骨組みです。

(2) **適当** 【建物】

トラス式構造は、細長い部材を三角形に組み合わせた構成の構造です。

(3) **不適当** 【建物】

アーチ式構造は、アーチ型の骨組みでスポーツ施設のような大空間を構成するのに**適している**構造です。

(4) **適当** 【建物】

壁式構造は、壁板を組み合わせてつくる骨組みです。

解答…(3)

ちょっと確認！

建築物の構造①

ラーメン構造	柱とはりを組み合わせた直方体で構成する骨組み
トラス式構造	細長い部材を三角形に組み合わせた構成の構造
アーチ式構造	アーチ型の骨組みで、スポーツ施設のような大空間を構成するのに適した構造

問題45 建築の構造に関する次の記述のうち、最も不適当なものはどれか。 [H25問50]

(1) 耐震構造は、建物の柱、はり、耐震壁などで剛性を高め、地震に対して十分耐えられるようにした構造である。
(2) 免震構造は、建物の下部構造と上部構造との間に積層ゴムなどを設置し、揺れを減らす構造である。
(3) 制震構造は、制震ダンパーなどを設置し、揺れを制御する構造である。
(4) 既存不適格建築物の耐震補強として、制震構造や免震構造を用いることは適していない。

	①	②	③	④	⑤
学習日					
理解度 (○/△/×)					

解説

(1) **適当** 【建物】

耐震構造は、建物の柱、はり、耐震壁などで剛性を高め、地震に対して十分耐えられるようにした構造です。

地震の揺れに耐えることができる構造！

(2) **適当** 【建物】

免震構造は、建物の下部構造と上部構造との間に積層ゴムなどを設置し、揺れを減らす構造です。

ゴムがあるおかげで、あんまり揺れないのよ。

(3) **適当** 【建物】

制震構造は、制震ダンパーなどを設置し、揺れを制御する構造です。

揺れを小さくしたり、早く揺れがおさまるようにした構造！

(4) **不適当** 【建物】

既存不適格建築物とは、法令の改正によって、基準に合わなくなった建築物のことをいいます。このような建築物についても、制震構造や免震構造によって耐震補強をする必要があります。

解答…(4)

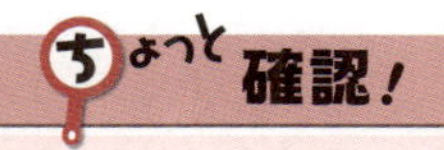

建築物の構造②

耐震構造	建物の柱、はり、耐震壁などで剛性を高め、地震に対して十分耐えられるようにした構造
免震構造	建物の下部構造と上部構造との間に積層ゴムなどを設置し、揺れを減らす構造
制震構造	制震ダンパーなどを設置し、揺れを制御する構造

問題46　建築物の構造に関する次の記述のうち、誤っているものはどれか。　［H20問50］

(1) 建築物の高さが60mを超える場合、必ずその構造方法について国土交通大臣の認定を受けなければならない。

(2) 階数が2以上又は延べ面積が50㎡を超える木造の建築物においては、必ず構造計算を行わなければならない。

(3) 建築物に異なる構造方法による基礎を併用した場合は、構造計算によって構造耐力上安全であることを確かめなければならない。

(4) 高さが20m以下の鉄筋コンクリート造の建築物の構造方法を国土交通大臣の認定を受けたプログラムによってその安全性を確認した場合、必ず構造計算適合性判定が必要となる。

	①	②	③	④	⑤
学習日					
理解度 (○/△/×)					

解説

（1）**正**　【建物】

高さが**60m**を超える建築物は、構造方法について、一定の構造計算によって安全性が確認されたものとして国土交通大臣の認定を受けたものでなければなりません。

（2）**誤**　【建物】

木造建築物については、以下のいずれかに該当する場合には、構造計算が必要となります。

構造計算が必要な場合
❶ 地階を含む階数が 3 以上
❷ 延べ面積が 500 ㎡超
❸ 高さが 13 m超
❹ 軒の高さが 9 m超

したがって、本肢の「階数が2以上」または「延べ面積が50㎡超」の木造建築物でも、上記に該当しなければ構造計算は不要です。

（3）**正**　【建物】

建築物には、原則として、異なる構造方法による基礎を併用することはできません。ただし、国土交通大臣が定める基準に従った構造計算によって構造耐力上安全であることを確かめた場合には、例外として併用することができます。

（4）**正**　【建物】

高さが60m以下の一定の建築物について、建築物の構造方法を国土交通大臣の認定を受けたプログラムによって安全性を確認した場合、必ず都道府県知事の構造計算適合性判定が必要となります。

解答…（2）

「土地・建物」は、「建物」のほうが難しい問題が多い。
だから「土地」で得点できるようにしておこう。

memo

memo

memo